石化设备典型失效案例分析

贾国栋　王　辉　杜晨阳　主编

中国石化出版社

内 容 提 要

本书精选出石化行业承压设备和动设备近40个典型失效案例，涉及制氢转化炉、乙烯裂解炉、气化炉、电站锅炉、工业管道、换热器、反应器、塔、压缩机转子叶片等。针对失效分析思路、失效件的宏观和微观形态、失效原因和机理以及预防控制措施进行了详尽的介绍，并重点对同类设备的失效规律进行探讨性的总结。

本书对从事石化及其他行业的失效分析技术人员具有一定的启发性及参考价值。

图书在版编目(CIP)数据

石化设备典型失效案例分析 / 贾国栋，王辉，杜晨阳主编. —北京：中国石化出版社，2015.7
ISBN 978-7-5114-3233-9

Ⅰ.①石… Ⅱ.①贾… ②王… ③杜… Ⅲ.①石油化工-化工设备-失效分析-案例 Ⅳ.①TQ050.6

中国版本图书馆 CIP 数据核字(2015)第 091588 号

中国石化出版社出版发行

地址：北京市东城区安定门外大街58号
邮编：100011 电话：(010)84271850
读者服务部电话：(010)84289974
http://www.sinopec-press.com
E-mail:press@sinopec.com
北京柏力行彩印有限公司印刷
全国各地新华书店经销

*

710×1000毫米 16开本 34.75印张 655千字
2015年7月第1版 2015年7月第1次印刷
定价：120.00元

《石化设备典型失效案例分析》
编　委　会

前　言

近年来，我国石化行业发展迅猛，各种与石化设备相关的腐蚀失效时有发生，由于其内部盛装高温、高压、有毒、易爆介质，承压设备一旦失效，容易导致有毒介质扩散或引发爆炸事故，不仅直接造成人员财产损失，还会带来更为严重的环境和社会问题。通过失效分析找到失效原因，不仅可以避免相同的失效事故重复发生，同时也可作为设计修正的反馈，并促进相关标准的完善和技术进步。

石化设备发生失效的原因错综复杂，失效形式多种多样，需要失效分析工作者具备较高的专业技术水平以及丰富的经验。本书编者在多年从事石化设备失效分析研究工作的基础上，精选出近40个典型失效案例加以总结分析，案例涉及制氢转化炉、乙烯裂解炉、气化炉、电站锅炉、工业管道、换热器、反应器、塔、压缩机转子叶片等。本书内容详实，对失效分析思路、样品选取保存、失效件的宏观和微观形态、失效原因和机理分析以及预防控制措施等均进行了详细的描述，并着重于对同类设备的失效规律进行探讨性的总结。

本书中所提及使用相关法规、标准是按照当时生产制造或检验调查的现行法规、标准选用的，由此给读者带来的不便，请广大读者见谅。

本书适用于从事石化及其他行业的失效分析技术工作者、企业设备管理人员，同时也供有关专业人员学习使用。

本书涉及内容广泛、专业性强，由于编者水平所限，书中难免有疏漏之处，恳请读者批评指正。

编　者

目　录

第1章　加热炉失效案例

第1节　制氢转化炉炉管开裂失效分析

1　炉管开裂背景

根据某炼油厂提供的资料，该厂制氢转化炉辐射段出口集合管总集合管与分集合管焊口发生开裂。该管道自2000年投产以来，一直没有开车，自2007年8月11日第一次开车，已有11次开停车记录，见表1-1-1，装置实际运行时间共580天，总计约13968h。该管道材质为Incoloy 800H，开裂部位正常运行温度805℃，操作压力2.5MPa，介质为转化气（主要组分有H_2、CO、CO_2、CH_4等）。

表1-1-1　第一作业部天然气制氢装置开停车统计

项目＼次数	第1次	第2次	第3次	第4次	第5次	第6次
开工时间	2007-8-11	2007-8-19	2007-8-22	2007-8-30	2007-11-30	2008-1-14
停工时间	2007-8-17	2007-8-22	2007-8-22	2007-11-17	2008-1-14	2008-6-23
停工原因	分水罐弯头漏	FV4203孔板漏	法兰材质不合格	调度安排	PSA故障停工	调度安排
项目＼次数	第7次	第8次	第9次	第10次	第11次	
开工时间	2008-7-4	2009-2-15	2009-7-7	2009-7-16	2009-9-13	
停工时间	2009-2-9	2009-3-14	2009-7-10	2009-8-16	2009-9-20	
停工原因	调度安排	调度安排	转化炉炉管裂纹	转化炉炉管裂纹	转化炉炉管裂纹	

2009年7月初该管道总集合管与分集合管焊口（东侧焊口）发生开裂，该厂采取了紧急停车后堆焊修复的措施；同年8月16日此焊口再次发生开裂，同时对称位置的西侧焊口也发生开裂，同样采取了紧急停车后堆焊修复的措施，并将运行温度从805℃降至790℃；管道修复后投用仅一周时间，东、西两道焊口又发生开裂，开裂形貌见图1-1-1，最后一次开裂导致装置紧急停车，将东侧失效管道取下并沿裂纹剖开后形貌见图1-1-2。为了防止类似事故的再次发生，对管

道的更换和使用加以指导，须对截取下来的管段进行失效分析，判定焊口开裂的原因。因为前两次开裂部位经过补焊后无法分析，所以只针对最后一次焊口开裂进行分析。

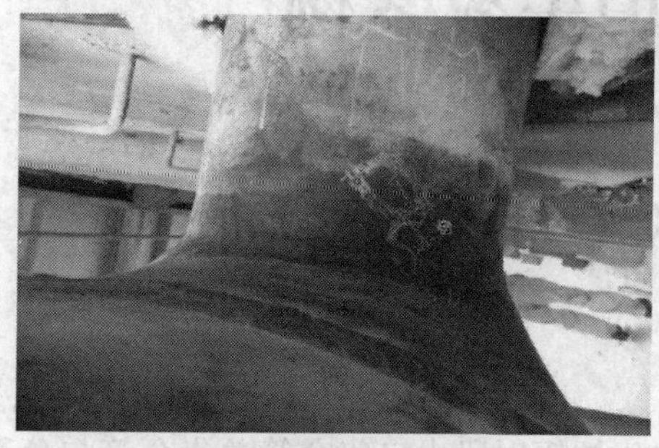

(a) 东侧焊口开裂形貌

(b) 西侧焊口开裂形貌

图 1-1-1 焊口开裂形貌

图 1-1-2 东侧焊口裂纹打开形貌

2 检验及试验分析

本次失效分析主要是通过宏观检查、壁厚测量、化学成分分析、硬度测试、低倍组织观察、金相分析、断口分析、能谱分析、冲击试验、常温拉伸试验、高温拉伸试验、管系应力校核等手段，综合判断焊口开裂原因。

(1) 宏观检查

总集合管和分集合管对接焊口示意图见图 1-1-3，二者以三通形式对焊。从图 1-1-4 来看，对接焊缝上有裂纹出现，裂纹清晰可见。裂纹出现在管段正下部，向两边延伸，裂纹的两个尖端见图 1-1-5，外部裂纹总长占对接焊口圆周总长的 60%左右。管段外表面光滑，无明显腐蚀痕迹。从图 1-1-6 来看，基体内表面光滑，但内表面焊缝处极不平坦，有 100mm 左右长的未焊满区域，未焊满凹槽里面有裂纹出现。从图 1-1-7 来看，断口附近有塑性变形，全裂透部位不能看到明显的起裂点，应为多源起裂，裂纹由内向外扩展。从宏观检查的结果来看，此处焊口开裂应与焊接质量问题有关。

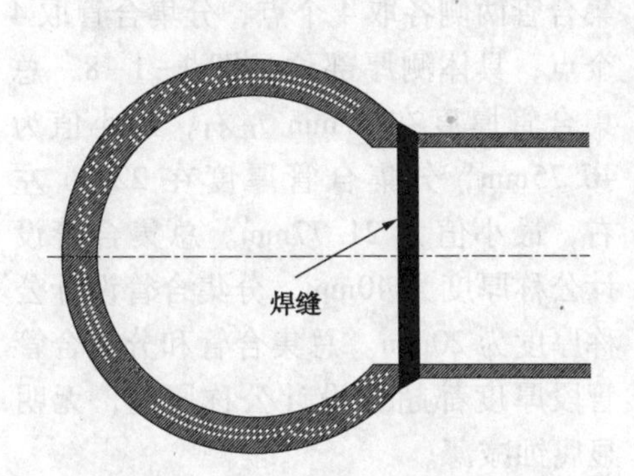

图 1-1-3　总集合管与分集合管对接焊口位置示意图

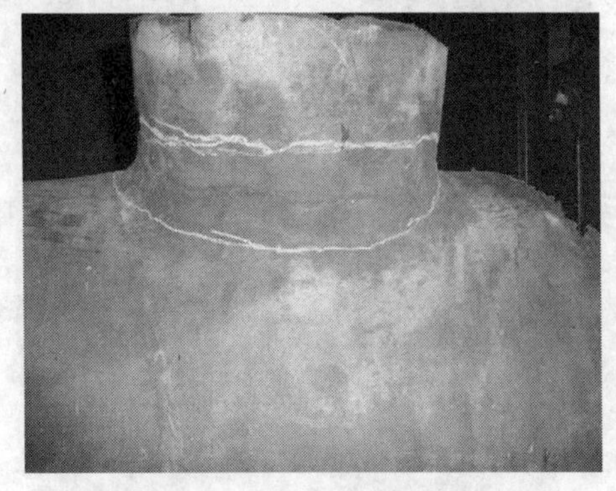

图 1-1-4　管段外部形貌

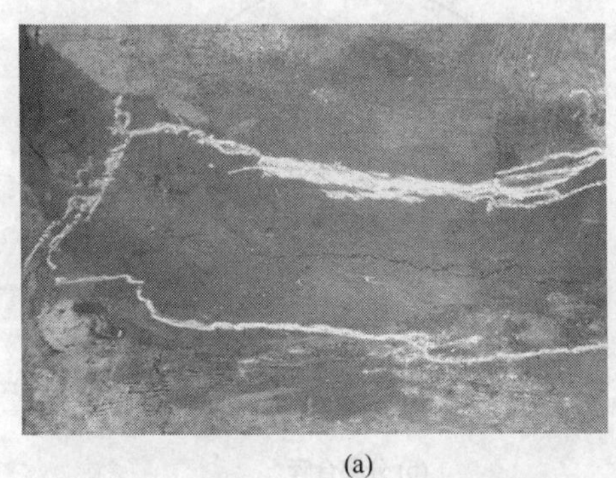

(a)

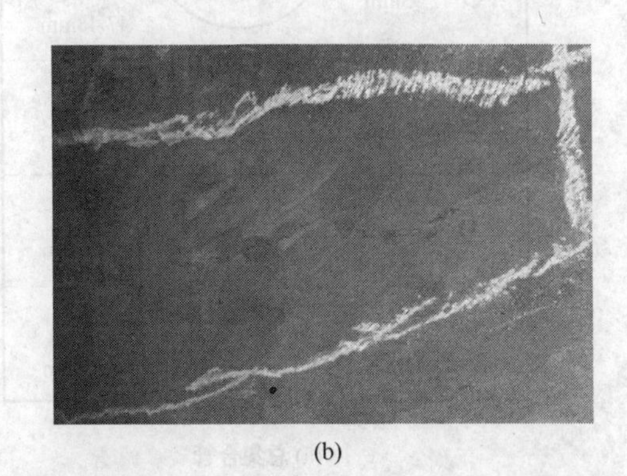

(b)

图 1-1-5　管段外部裂纹尖端

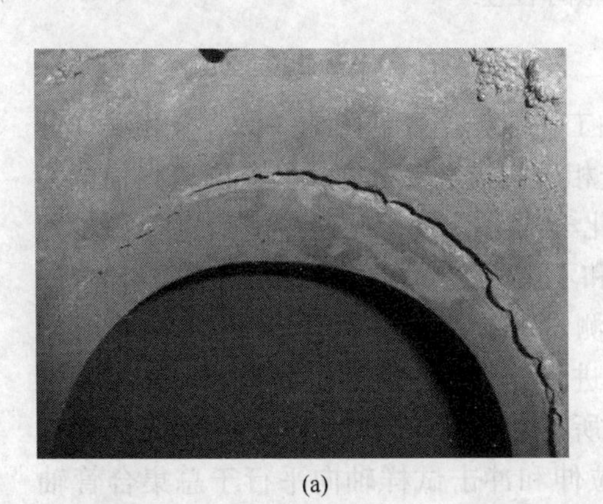

(a)

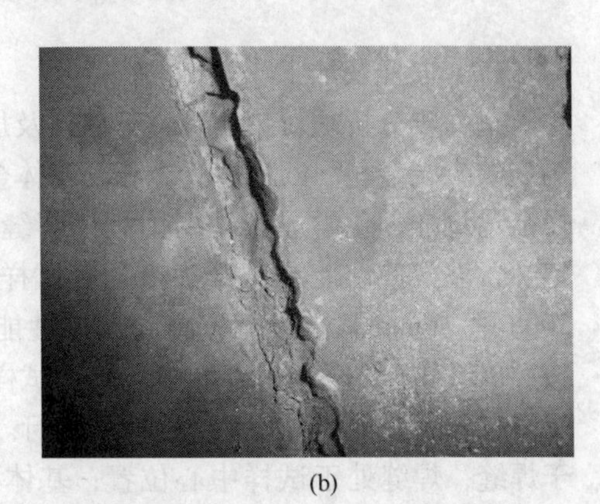

(b)

图 1-1-6　管段内部形貌

图 1-1-7　东侧焊口裂透部位宏观形貌

（2）壁厚测量

对截取下来的管段进行测厚，总集合管两侧各取 4 个点，分集合管取 4 个点，具体测厚部位见图 1-1-8，总集合管厚度在 47mm 左右，最小值为 46.75mm，分集合管厚度在 22mm 左右，最小值为 21.77mm。总集合管设计公称厚度为 40mm，分集合管设计公称厚度为 20mm。总集合管和分集合管管段厚度都超过设计公称厚度，无明显腐蚀减薄。

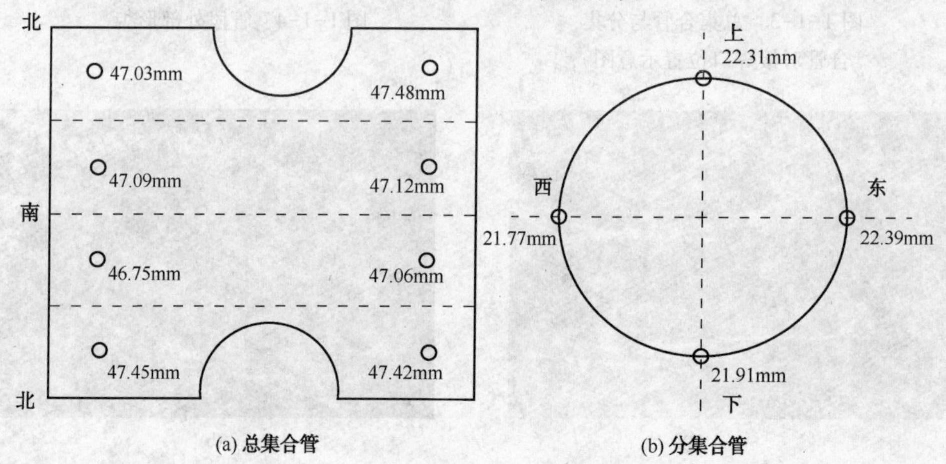

图 1-1-8　测厚位置

（3）取样及加工

进一步分析须对集合管进行取样及加工，取样位置见图 1-1-9。金相试样分为裂纹尖端金相、断口附近金相、基体金相，扫描电镜试样主要有断口扫描电镜及能谱试样，化学成分主要为远离焊缝化学成分分析，并通过能谱进行初步判定。常温拉伸性能测试分为带焊缝试样和不带焊缝试样，按照 ASTME8/E8M—2008 中 ϕ6mm 试样进行；高温拉伸性能测试分为带焊缝试样和不带焊缝试样，按照 ASTM E8/E8M—2008 中 ϕ6mm 试样进行；冲击性能测试分为带焊缝和不带焊缝试样，按照 ASTM E23—2008 进行。所有带焊缝拉伸和冲击试样轴向都垂直于焊缝，焊缝处于试样中心位置；基体拉伸和冲击试样轴向平行于总集合管轴向。另外，对部分拉伸试样断口进行了扫描电镜观察。焊缝、热影响区、基体都进行洛氏硬度的测量，洛氏硬度测量和焊缝低倍组织观察为同一试样，先进行低倍组织观察，确定焊缝位置后，分别测试焊缝、热影响区和基体洛氏硬度。

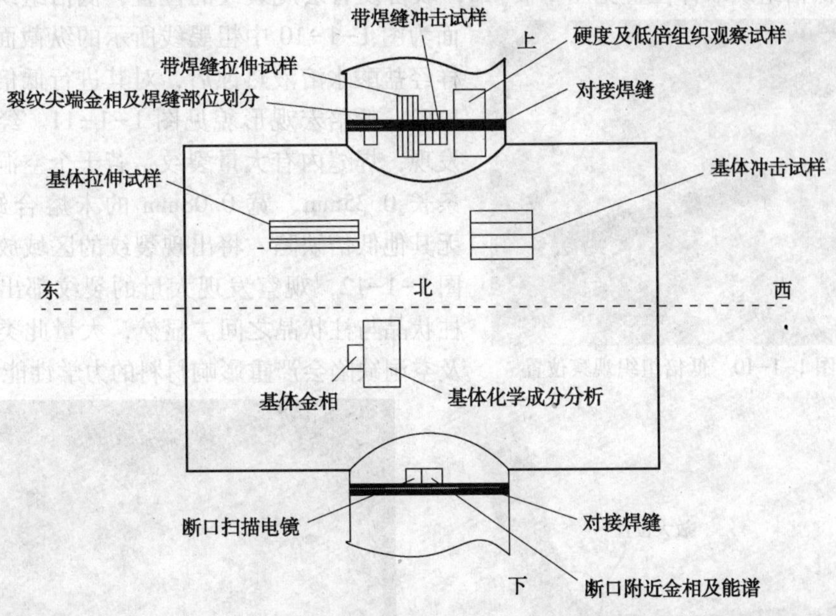

图 1-1-9　取样位置示意图

（4）化学成分分析

基体材料为 Incoloy 800H，对应 ASME B407 UNS NO 8810。填充焊条为 ENiCrFe-3(Inconel 182)，对应 ASME C-SFA-5.11 W86182，从基体取样按 GB/T 20123—2006 进行化学成分分析，结果可以看到，基体材料化学成分符合标准要求，焊缝处取样进行化学成分分析显示，焊缝材料成分基本在焊条标准范围之内。化学成分与标准对比数据见表 1-1-2。

表 1-1-2　化学成分与标准对比　%

钢种	C	Si	Mn	S	P	Cu	Fe	Ni	Cr	Ti	Nb	Al
800H 基体	0.070	0.43	1.24	0.0021		0.30	46.14	30.85	20.0	0.51		0.52
ASME B407	0.05~0.1	1.0	1.5	0.015		0.75	≥39.5	30~35	19.0~23.0	0.15~0.60		0.15~0.60
焊缝部位	0.042	0.61	6.17	0.0052	0.017	0.029	11.52	61.80	17	0.20	1.67	
ENiCrFe-3	0.10	1.00	5.0~9.5	0.015	0.03	0.50	10	≥59.0	13.0~17.0	1.0	1.0~2.5	

(5) 低倍组织观察

低倍组织取样位置见图 1-1-10，取自没有宏观裂纹的位置，低倍组织观察面为图 1-1-10 中粗黑线所示的纵截面。试样经盐酸水溶液热蚀后，对其进行低倍组织检验，低倍宏观形貌见图 1-1-11。经观察发现，焊缝内有大量裂纹、若干个空洞；一条长 0.25mm、宽 0.08mm 的未熔合缺陷，无其他低倍缺陷。将出现裂纹的区域放大见图 1-1-12，观察发现大量的裂纹都出现在柱状晶与柱状晶之间。显然，大量此类裂纹及空洞缺陷会严重影响材料的力学性能。

图 1-1-10　低倍组织观察位置

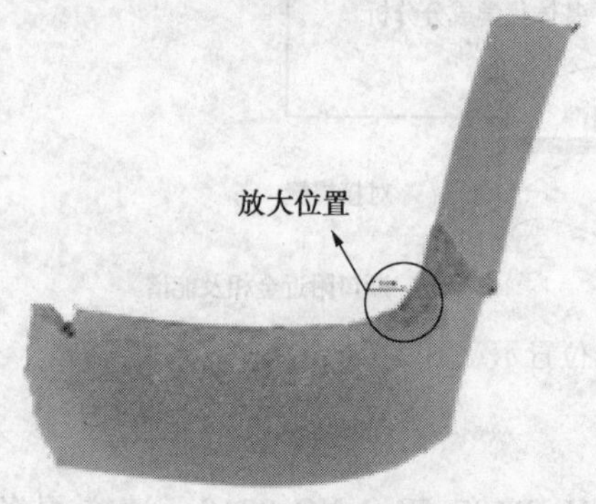

图 1-1-11　焊缝低倍宏观形貌

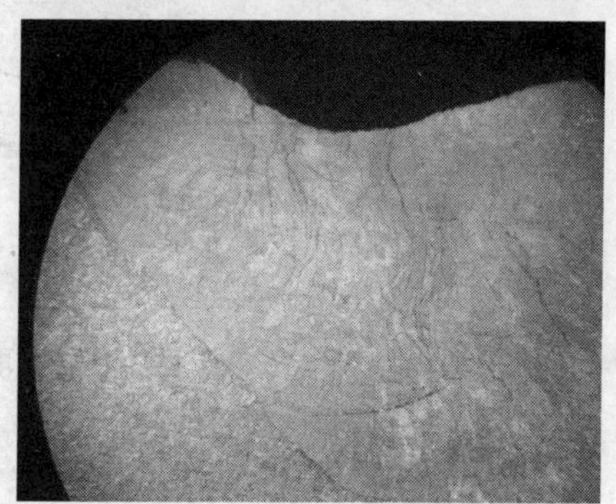

图 1-1-12　缺陷部位放大图

(6) 力学性能测试

① 洛氏硬度　对于侵蚀出焊缝的试样，分别测量焊缝、两边热影响区、两边基体的硬度。从表 1-1-3 中可以看出，焊缝硬度略高于热影响区硬度，热影响区硬度略高于基体硬度。原因是焊缝和热影响区偏析析出物较多，导致硬度增加，塑性下降。

表 1-1-3　焊缝、热影响区、基体硬度

试样号	试验温度/℃	硬度值/HRB			平均值/HRB
基体 1	20	81.5	79.5	80.0	80.33
基体 2	20	75.5	78.0	76.0	76.50
热影响区 1	20	85.5	84.5	86.0	85.33
热影响区 2	20	84.0	84.0	85.5	84.50
焊缝	20	89.5	89.0	88.5	89.00

② 冲击试验　在基体和焊缝处各取两个试样做夏比 V 形缺口冲击试验。基体试样远离焊缝，取样位置见图 1-1-9，带焊缝试样取在焊缝处，进行冲击试验后，得到基体和带焊缝试样冲击功见表 1-1-4。从表中可以看出，带焊缝的试样冲击功明显低于不带焊缝的试样，只有不带焊缝试样的一半左右。

表 1-1-4　V 形缺口冲击试验结果

试样编号	试验温度/℃	冲击吸收功/J
基体试样 1	20	113.0
基体试样 2	20	115.7
带焊口试样 1	20	59.2
带焊口试样 2	20	51.9

从图 1-1-13 也可以看出，带焊缝冲击试样和不带焊缝冲击试样断面有显著差异，带焊缝冲击试样断口有明显的条状特征，显然为枝晶开裂，表明枝晶的存在使韧性大大降低，其原因可能是存在枝晶偏析和微裂纹。

(a) 基体试样冲击断口

(b) 带焊缝试样冲击断口

图 1-1-13　冲击试验断口形貌

③ 常温拉伸试验　取基体和带焊缝的拉伸试样，取样位置见图 1-1-9。对于带焊缝试样，焊缝和热影响区都在拉伸试样的标距段。基体的常温拉伸性能如抗拉强度、屈服强度、伸长率都在 ASME B407 中 UNS NO 8810 标准范围之内。带焊缝的拉伸试样抗拉强度较基体低，屈服强度高，屈强比大，延伸率只有 7%，根据 ASME C-SFA-5. 11 中对 ENiCrFe-3 全焊缝试样力学性能的要求，抗拉强度应达到 550MPa，延伸率达到 30%。

在本次分析中由于样品形状的限制不能做到全焊缝拉伸试样，但带焊缝拉伸试样的试验结果有一定的参考性。从表 1-1-5 可以看到，带焊缝试样抗拉强度和延伸率都远远低于标准中全焊缝试样要求，显示出本试样延伸率低、塑性差。

表 1-1-5 常温拉伸试验结果

试样编号	试验温度/℃	抗拉强度 R_m/MPa	屈服强度 $R_{P0.2}$/MPa	伸长率 A/% ($L_0=4D$)	断面收缩率 Z/%
基体试样 1	20	550	237	43.0	58.5
基体试样 2	20	555	225	44.0	59.0
ASME B407 UNS NO 8810 标准		450	170	30	
带焊缝试样	20	455	321	7.0	11.0
ASME C-SFA-5.11 全焊缝拉伸试样		550		30	

为了分析不同试样延伸率的差异，对断后基体试样和带焊缝试样进行了详细的分析。从图 1-1-14(a)中可以看出，基体试样断后有明显的颈缩，断口上出现纤维区和剪切唇区。从图 1-1-14(b)和 1-1-14(c)中可以看出，拉伸断口为穿晶断裂，晶内有大量韧窝，为典型塑性断裂。从图 1-1-15(a)中可以看出，带焊缝试样断口没有明显的颈缩，断面较为平整，呈现出沿枝晶方向的一个个小刻面，明显为沿枝晶方向的断裂；从 1-1-15(b)中可以发现沿枝晶的微小裂纹，也说明试样主要沿枝晶间断裂；另外，在图 1-1-15(c)中的断面上发现大量析出物，直径在 2μm 左右。

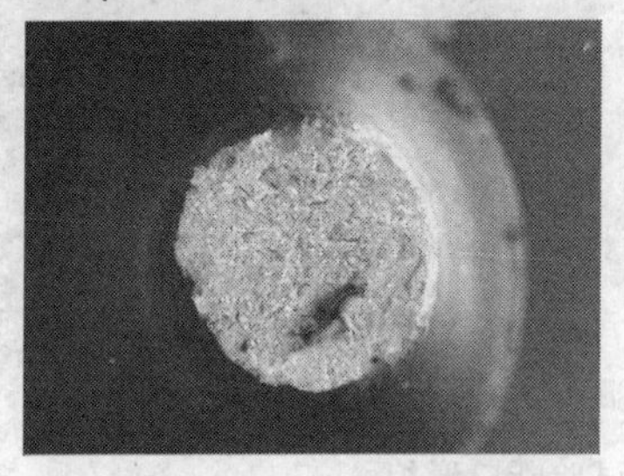

(a) 常温拉伸断口宏观形貌

(b) 常温拉伸断口局部形貌

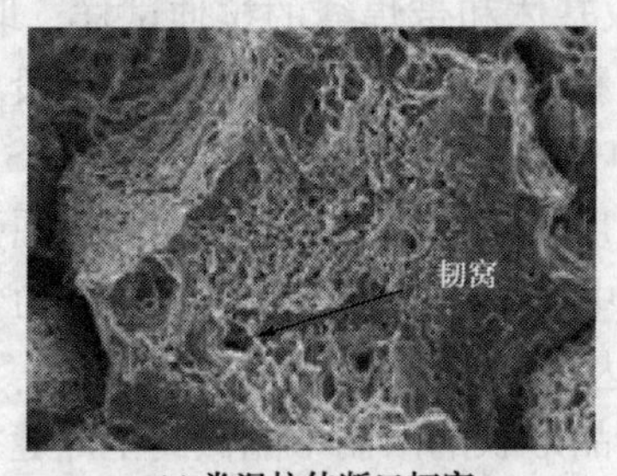

(c) 常温拉伸断口韧窝

图 1-1-14 基体试样常温拉伸断口形貌

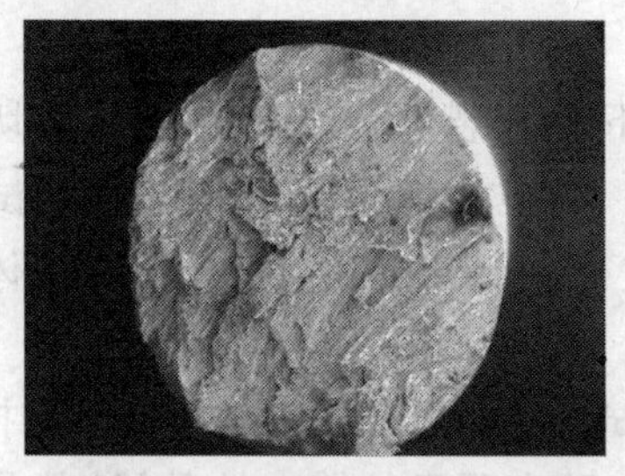
(a) 常温拉伸断口宏观形貌

(b) 常温拉伸断口枝晶间裂纹

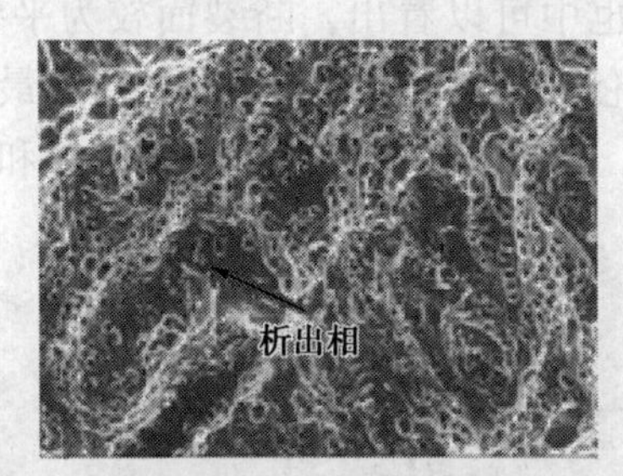

(c) 常温拉伸断口析出相

图 1-1-15　带焊缝试样常温拉伸断口形貌

综上分析，基体试样经过 10000 多小时使用后，强度和伸长率都满足要求，而带焊缝试样抗拉强度和伸长率都较低。从宏观观察的结果可以看到焊缝部位发生了塑性变形，变形会使带焊缝试样硬度、屈服强度上升，延伸率降低，同时抗拉强度应略有增加。实际试验观察显示带焊缝试样抗拉强度较低，表明焊缝附近塑性变形是带焊缝试样力学性能异常的重要原因但不是唯一原因。焊接裂纹和析出物在柱状晶间的存在，会使柱状晶的结合强度降低，材料整体塑性和韧性也大大降低，同时析出物的存在会使屈服强度升高。

④ 高温拉伸试验　为了研究材料在高温下的力学性能，取样进行高温拉伸试验，基体取样一个，带焊缝试样取样两个，试验结果见表 1-1-6。从表中可以看出，带焊缝拉伸试样和基体拉伸试样在 800℃下抗拉强度差别不大，延伸率差别较大。两个带焊缝高温拉伸试样延伸率差别较大，表明带焊缝试样的力学性能是不均匀的。

表 1-1-6　高温拉伸试验结果

试样编号	试验温度/℃	抗拉强度 R_m/MPa	屈服强度 $R_{p0.2}$/MPa	伸长率 A/% ($L_0=4D$)	断面收缩率 Z/%
基体试样	800	203.0	119.0	35.5	30.0
带焊缝试样 1	800	206.5	129.5	41.0	40.0
带焊缝试样 2	800	227.5	143.5	26.0	40.0

(7) 断口及金相分析

① 断口及金相分析试样　将管段正下方开裂部位及其附近部位切下见图1-1-16，可以明显看出，裂口在焊缝上。将三通切为两部分，对1#试样断口进行扫描电镜观察，对2#试样的纵截面进行金相分析和能谱分析。基体和裂纹尖端金相分析部位见图1-1-9。

② 断口分析　对图1-1-16所示的1#试样进行了化学清洗，通过扫描电子显微镜观察其特征，从图1-1-17上看，断口面有明显的铸态枝晶(铸状晶)特征，表现为台阶形状。从图也中可以看出，断裂面较为平整并沿着一定结晶方向破裂，应为解理断面。理论上认为，塑性断裂沿着受力最大的方向断裂，脆性断裂沿着最薄弱的方向断裂。由于焊接时产生的焊接裂纹和枝晶偏析以及金属间析出

图1-1-16　断口及金相分析试样外观

物的存在，使枝晶之间结合力变弱，在一定应力的作用下，裂纹发生，并沿着最弱的枝晶界扩展，形成台阶状花纹。

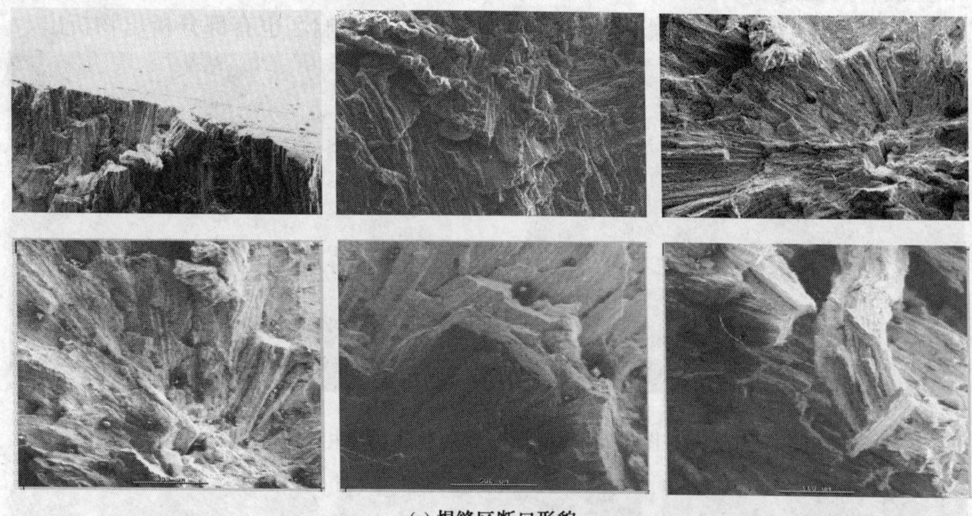

(a) 焊缝区断口形貌

(b) 焊缝区与热影响区结合部位表面形貌

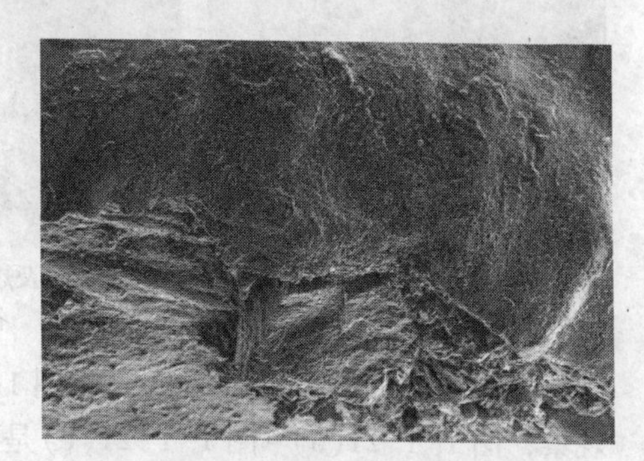

(c) 基体表面形貌

图 1-1-17 断口扫描电镜照片

③ 基体金相分析 对图 1-1-9 中基体试样分析位置纵截面进行金相分析，从图 1-1-18 中可以看出，远离焊缝的基体组织为奥氏体组织，有少量孪晶，金相组织有混晶现象。根据统计，晶粒度在 2~5 级之间，符合 ASME B407 中 5 级或者更粗的要求。

④ 开裂部位附近组织金相分析 从图 1-1-16 的宏观照片中可以清晰地看到焊接坡口中焊缝和基体部分的分界线。图 1-1-19 分别为焊缝和热影响区金相组织，可以看出焊缝为铸态凝固组织，柱状晶和枝晶明显。从图 1-1-20 的电子显微镜组织可以看到，在枝晶间有大量颗粒状析出相。一般情况下，此类析出相一定程度上可以提高该区域的强度，但是数量过多且分布在枝晶间也有可能成为裂

纹起源或裂纹扩展的通道。从图 1-1-20 中可以看出，焊缝枝晶间有大量的裂纹和空洞，并且裂纹和空洞连在一起，存在由于空洞导致的裂纹扩展的可能。这类空洞和裂纹的存在会严重影响焊缝的塑性，另外热影响区也有部分析出物析出。

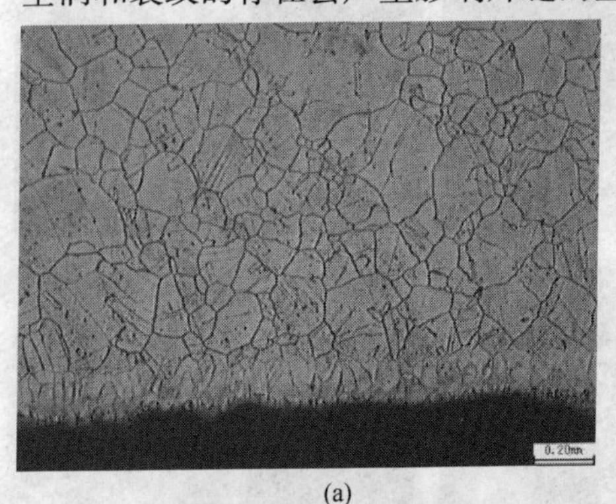

(a)

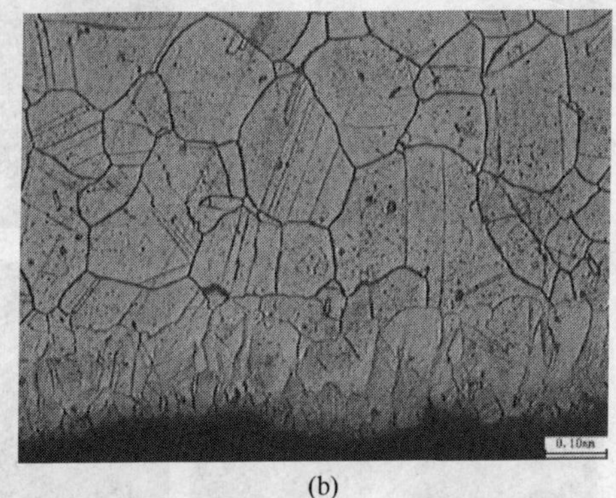

(b)

图 1-1-18　远离焊缝基体的金相

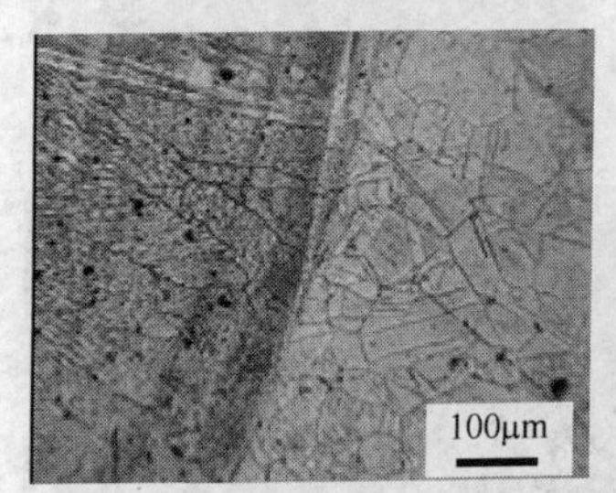

(a) 熔合线及热影响区金相组织

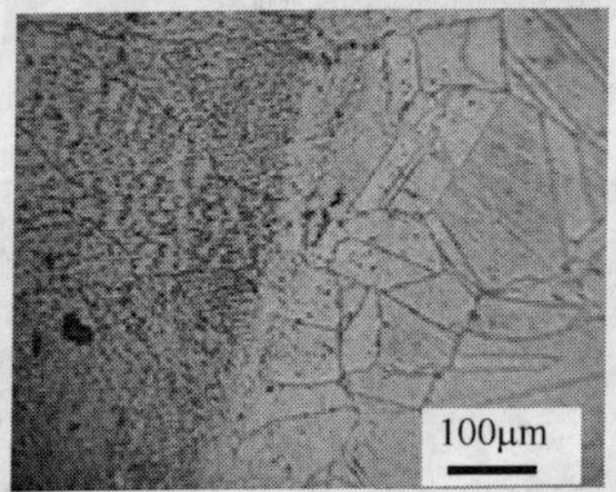

(b) 熔合线及热影响区金相组织

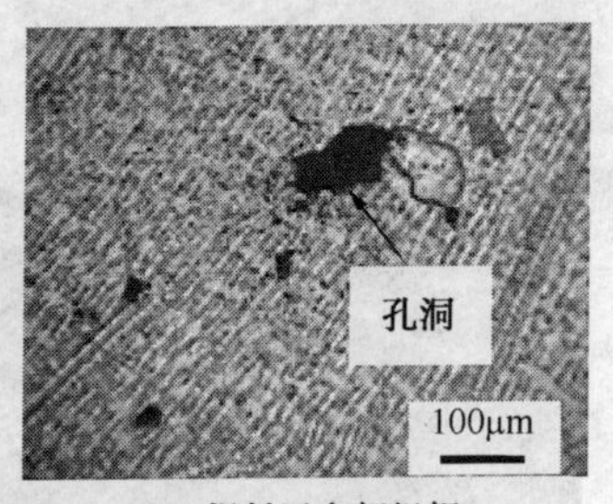

(c) 焊料区金相组织

图 1-1-19　各区域金相组织

⑤ 裂纹尖端部位金相分析　将图 1-1-9 中裂纹尖端部位切取下来进行金相观察，图 1-1-21(a)~图 1-1-21(c)是从外表面到内表面不同深度的裂纹形貌。从图中可以看出，主裂纹并非完全连续，有多条裂纹，且基本都出现在柱状晶之间。另外，从 1-1-21(f)中也可以看出，热影响区也有少量微小的晶间裂纹。

(8) 能谱分析

焊缝和热影响区有大量的析出物，进一步对焊缝组织和析出物进行了能谱分析。从图 1-1-22 和表 1-1-7 中可以看到，焊缝基本上符合 In182 合金的化学成分要求。图 1-1-23 和表 1-1-8 表明，晶内析出物富 Al、Ti、Nb 等元素，应为一次碳化物。从图 1-1-24 和表 1-1-9 中可以看出，晶界析出物与基体相比主要富含 Nb 元素，应为 DELTA 相(Ni3Nb)，该相熔点较低，高温下容易融化，导致晶界弱化。图 1-1-25 和表 1-1-10 显示，焊缝还有大块的夹杂物，富集钙、硅等元素，此类夹杂物是由焊接过程带入的，这类夹杂物的存在会影响材料的塑性。

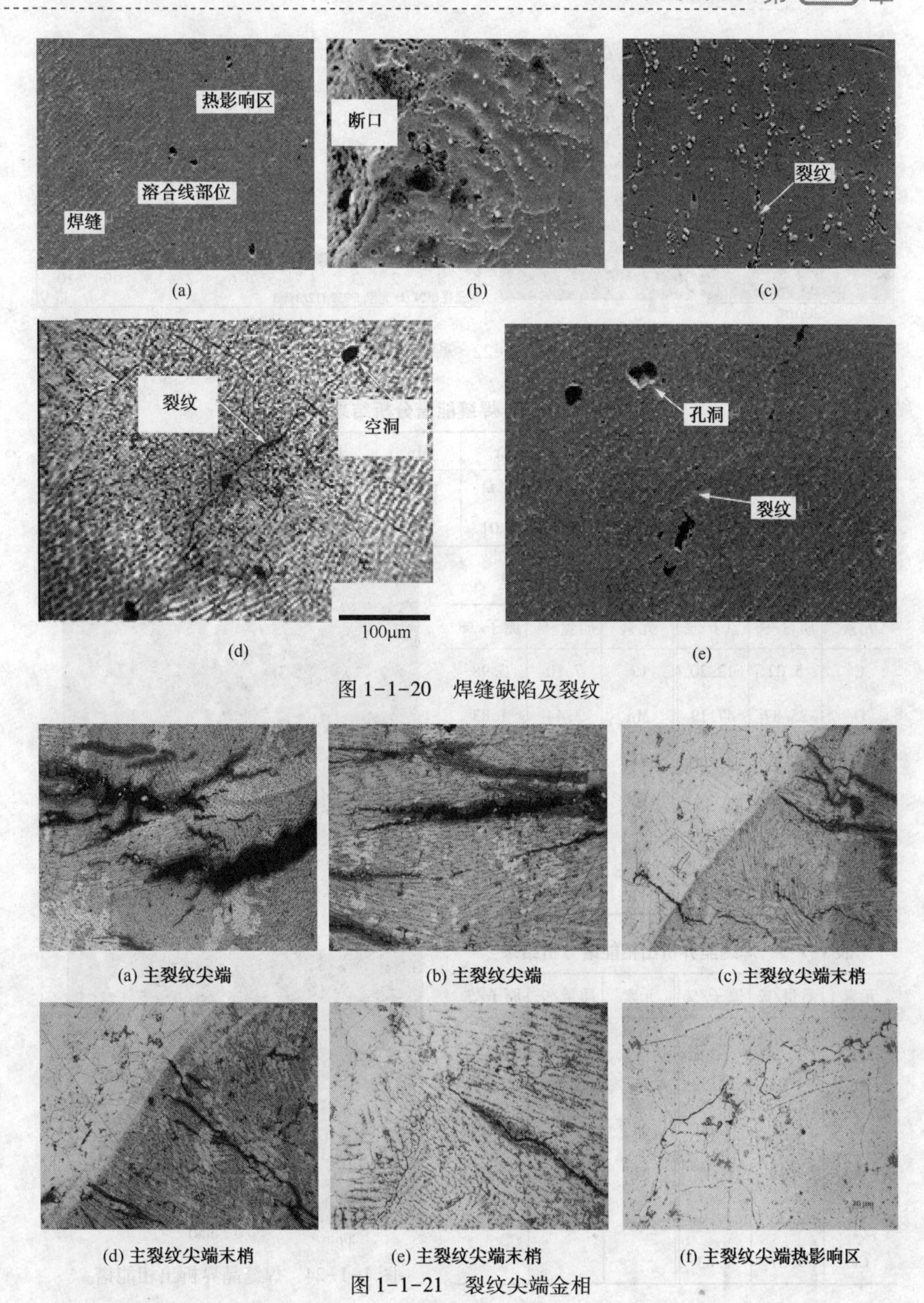

(a) (b) (c) (d) (e)

图 1-1-20 焊缝缺陷及裂纹

(a) 主裂纹尖端 (b) 主裂纹尖端 (c) 主裂纹尖端末梢

(d) 主裂纹尖端末梢 (e) 主裂纹尖端末梢 (f) 主裂纹尖端热影响区

图 1-1-21 裂纹尖端金相

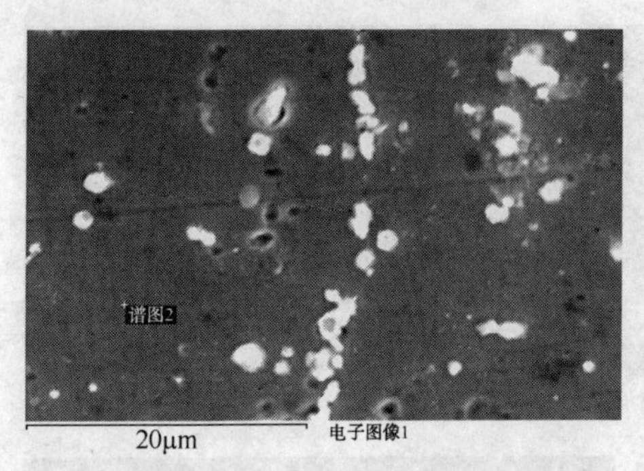

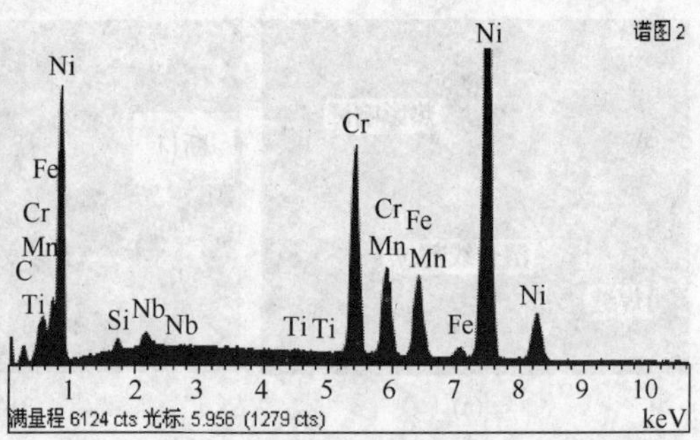

图 1-1-22　焊缝能谱

表 1-1-7　焊缝能谱分析结果

元素	C	Si	Ti	Cr	Mn	Fe	Ni	Nb	总量
质量/%	5.29	0.55	0.19	16.44	6.41	8.29	61.37	1.45	100
原子/%	20.91	0.93	0.19	15.01	5.54	7.05	49.63	0.74	

表 1-1-8　焊缝晶内析出相能谱分析结果

元素	质量/%	原子/%	元素	质量/%	原子/%
C	5.02	12.20	Cr	7.10	3.98
O	25.87	47.19	Mn	3.44	1.83
Mg	0.42	0.50	Fe	3.14	1.64
Al	8.71	9.43	Ni	20.30	10.09
Si	0.53	0.55	Nb	9.95	3.13
Ti	15.53	9.46	总量	100.00	

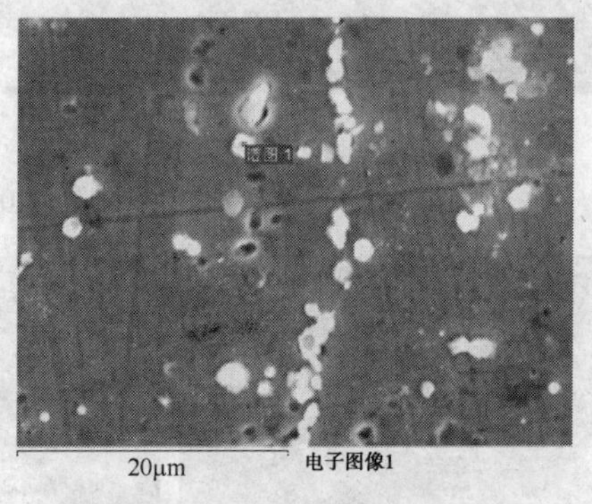

图 1-1-23　焊缝晶内析出相能谱

表 1-1-9　焊缝晶界析出相能谱分析结果

元素	质量/%	原子/%	元素	质量/%	原子/%
C	6.70	22.89	Mn	2.88	2.15
O	4.91	12.59	Fe	3.41	2.50
Al	1.71	2.60	Ni	50.55	35.33
Si	4.39	6.42	Nb	13.55	5.98
Ti	2.23	1.91	总量	100.00	
Cr	9.67	7.63			

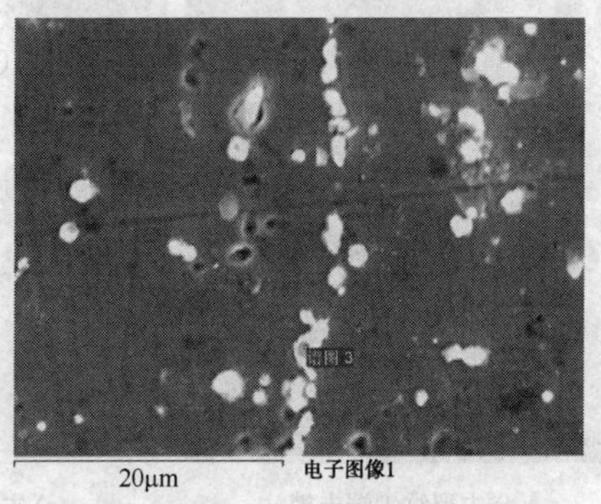

图 1-1-24　焊缝晶界析出相能谱

表 1-1-10 焊缝夹杂物能谱分析结果

元素	C	O	Mg	Al	Si	Ca
质量/%	14.43	49.80	0.86	1.90	2.62	16.84
原子/%	23.22	60.17	0.69	1.36	1.81	8.12
元素	Cr	Mn	Fe	Ni	总量	
质量/%	2.72	1.13	1.85	7.86	100	
原子/%	1.01	0.40	0.64	2.59		

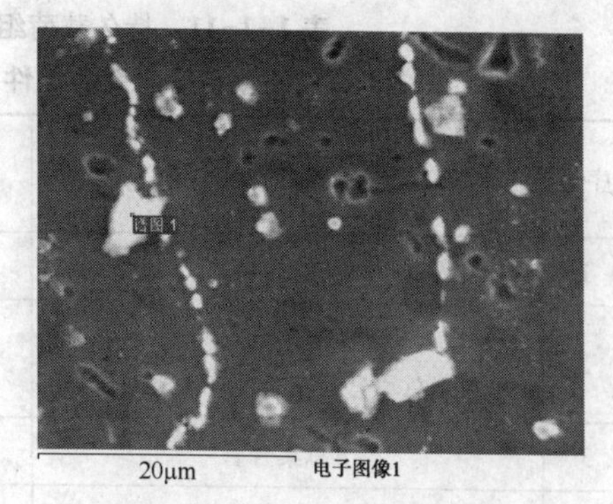

图 1-1-25 焊缝夹杂物能谱

（9）管系应力分析

采用标准 ASME B31.3—2004《工业管道管线弹性分析》，考虑下面两种工况进行分析：持久载荷组合工况（压力+重力）；温差引起的位移载荷工况。利用 ANSYS 软件进行分析，炉管管系模型见图 1-1-26。

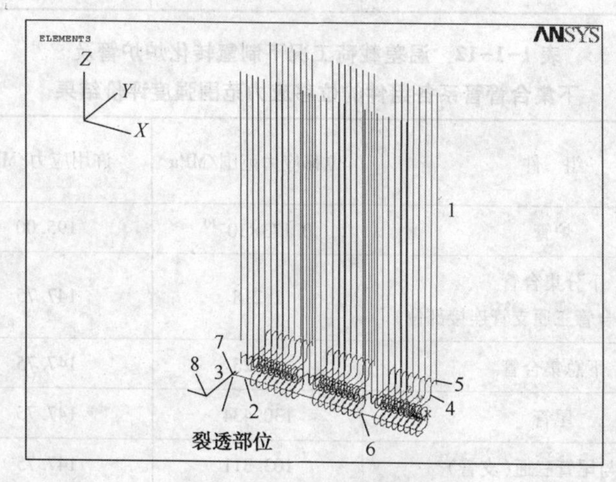

图 1-1-26 炉管管系模型

持久载荷组合工况下制氢转化炉炉管及下集合管管系各组件的轴向应力强度评价结果见表 1-1-11。从表 1-1-11 看出，开裂部位附近的 2~7 号位置未能通过持久载荷组合工况校核。温差载荷工况下制氢转化炉炉管及下集合管管系各组件的位移应力范围强度评价结果见表 1-1-12。从表 1-1-12 中可以得到，所有位置均通过了位移应力范围强度校核。

表 1-1-11 持久载荷组合工况下制氢转化炉炉管及下集合管管系各组件的轴向应力强度评价结果

序号	组 件	轴向应力 S_L/MPa	限制许用应力 ($S_h \cdot W$)/MPa	评价结果
1	炉管	7.688	15.00	通过
2	下分集合管（与下总集合管三通支管连接部位）	8.499	7.59	未通过
3	下总集合管	6.304	7.59	通过
4	尾管	19.932	7.59	未通过
5	炉管与尾管三通（支管）	16.129	7.59	未通过
6	尾管与下分集合管三通（支管）	12.247	7.59	未通过
7	下分集合管与下总集合管三通（支管）	9.626	7.59	未通过
8	下总集合管与换热器接口三通	6.304	7.59	通过

表 1-1-12 温差载荷工况下制氢转化炉炉管及下集合管管系各组件的位移应力范围强度评价结果

序号	组 件	位移应力范围/MPa	许用应力/MPa	评价结果
1	炉管	0.173×10^{-10}	195.00	通过
2	下分集合管（与下总集合管三通支管连接部位）	1.218	147.75	通过
3	下总集合管	0.123	147.75	通过
4	尾管	130.434	147.75	通过
5	炉管与尾管三通（支管）	103.311	147.75	通过
6	尾管与下分集合管三通（支管）	134.868	147.75	通过
7	下分集合管与下总集合管三通（支管）	1.210	147.75	通过
8	下总集合管与换热器接口三通	0.123	147.75	通过

3 综合分析

(1)工况分析

集合管第二次修补完成后，于2009年9月11日8时40分启动压缩机开始升压，10 时 40 分 F1001、F1002 开始升温，17 时达到 150℃后恒温并保温 20h。9 月 12 日 21 时 F1001、F1002 继续升温，到 9 月 13 日 9 时转化炉出口温度升至 500℃，开始配汽、配氢；12 时系统改氢气循环后，转化炉开始升温，至 21 时出口温度达 780℃，此后温度基本稳定在 790~810℃之间，至 9 月 20 日 3 时左右转化炉东侧出口集合管焊口处出现裂纹，装置停工处理。温度基本恒定后温度压力数值见表 1-1-13。从表中可以看出，温度压力基本恒定，温度在 20℃以内波动，在此种工况下，可以忽略因温度压力波动而造成的疲劳损伤，实际断口观察也未发现明显的疲劳辉纹。

转化炉稳定运行后，介质主要为 H_2、CO、CO_2、N_2、O_2 等，根据该厂提供的数据，H_2 占 75%左右，由此计算氢分压为 1.725MPa。根据材料和操作工况查阅 API 941—2004 中 Nelson 曲线，基体材料 Incoloy 800H 和焊缝材料 Inconel 182 在此种工况下不会发生高温氢损伤。

表 1-1-13 转化炉出口四路温度压力

日期	TI4229/℃	TI4230/℃	TI4231/℃	TI4232/℃	转化炉出口压力 PI4301/MPa
9-19	796.3	801.2	809.6	801.3	2.26
9-18	797.6	801.2	813	801.1	2.26
9-17	796.9	791.3	806.5	795.8	2.27
9-16	791.4	798.6	796.6	802.8	2.26
9-15	791.8	802.3	797.9	800.4	2.26
9-14	792.8	797.7	799.3	801.1	2.26
平均值	794.4667	798.7167	803.8167	800.4167	2.26

（2）试验结果综述

管段内外表面光滑，无明显腐蚀减薄痕迹，测厚数据也高于设计值，可以认为基本没有腐蚀减薄。取下管段发现，外部裂纹总长占对接焊口圆周总长的 60%左右，对接焊口内部有大约 100mm 未焊满凹槽。裂纹打开后可以看出，裂纹产生于焊缝，全裂透部位未能发现明显起裂点，应为多源开裂，裂纹由内向外扩展，裂纹附近有塑性变形痕迹。

经过化学分析，基体材料成分符合标准要求，焊缝成分基本在焊条成分标准范围内。低倍组织观察发现未开裂焊缝处有大量焊接缺陷如柱状晶间热裂纹、空洞、未焊透等。金相观察也可以发现，基体金相组织正常，裂纹所在焊缝柱状晶间有大量微裂纹、空洞、析出物、夹杂物等，并且裂纹和空洞相连。裂纹、空洞、未焊透等缺陷的存在会使焊缝塑性和韧性降低。冲击试验结果可以看出，焊缝冲击韧性低于基体组织；拉伸试验结果可以看出，基体组织力学性能正常，焊缝塑性降低，拉伸断口基本为柱状晶结合面，并在断面上发现微裂纹。

扫描电镜断口分析发现断面有明显的铸态枝晶(柱状晶)特征，表现为台阶形状。断裂面较为平整，应为解理断面。综合宏观观察结果和断口分析结果，可以判断此为韧脆结合断裂。从裂纹尖端金相可以看出，主裂纹尖端有大量柱状晶间裂纹，具有明显的撕裂特征。

(3) 开裂原因分析与讨论

① 缺陷原因分析　采用 Thermo-Calc 专业相平衡计算和热力学评估软件与相应的 Ni 基数据库进行热力学模拟计算，经热力学相平衡计算，得出 Incoloy 800H 合金主要平衡析出相为 γ'(GAMMA_PRIME)相 $M_{23}C_6$ 碳化物、MC 一次碳化物(FCC_A1#2)以及 α-Cr 相(BCC_A2)，σ 相(SIGMA)。对于焊条 In182 合金，由于 Ni 含量更高，所以析出相更为简单，主要有 MC 碳化物、δ 相和 $M_{23}C_6$碳化物，δ 相的存在会使材料的塑性降低。有文献认为，Incoloy 800H 合金在 800℃左右较长时间使用后容易在晶间析出碳化物、δ 相等。从前面的相平衡计算也可以看出此类析出相的析出是符合热力学平衡的，实际金相观察也可以看到晶间析出物的存在，此类析出物的存在会影响材料使用性能和焊接质量，焊接前一般采用固溶处理的方法使析出物回溶。

两次裂纹修复都采用 V 形坡口焊的方式，焊接前采用砂轮打磨清除缺陷并打磨成便于施工的 V 形凹槽，见图 1-1-27。焊条烘干温度为 300~500℃，烘干 1~2h。焊接时保温温度为 120~150℃，采用电弧焊的方法，由于现场条件限制，不能使用保护气氛。

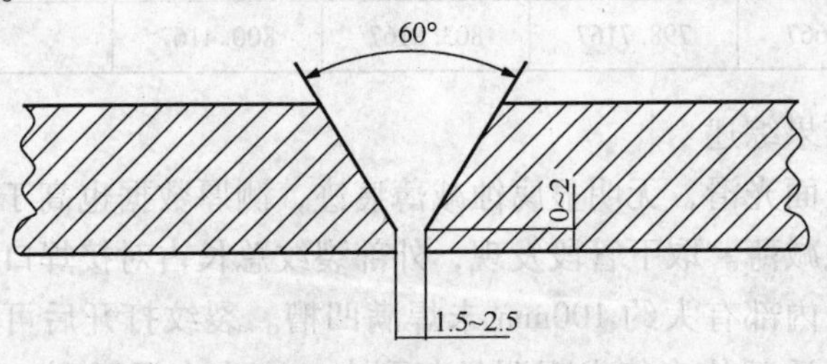

图 1-1-27　焊接坡口示意图

热裂纹是高铬镍奥氏体钢焊接过程中存在的主要问题，这种裂纹经常产生在晶粒之间，并且是在焊接过程中温度不低于 1000℃下形成的。产生热裂纹的主要原因是奥氏体柱状晶具有明显的方向性，因而易于导致杂质的偏析、晶格缺陷、金属间化合物聚集。同时 Incoloy 800H 合金线膨胀系数大，导热系数大，因而冷却时收缩应力大，加上补焊位置较大的残余应力及较多析出物等因素共同作用，故易出现热裂纹。同时由于空间位置的原因，操作难度较大等造成气体或硅酸盐等杂质无法及时上浮排出，容易产生氧化、未焊透、气孔等缺陷。低倍组织、金相分析、扫描电镜分析和能谱分析都可以看到柱状晶间裂纹、气孔、未焊透、大量晶间析出物及夹杂物等缺陷的存在。

② 开裂原因分析　持久载荷组合工况下(压力+重力)开裂部位附近的三通和分集合管都不能通过强度校核。使用过程中，在压力和重力载荷的作用下，开裂部位管段承受较大的轴向应力。集合管内部的未焊满凹槽部位承载面积小，容易导致局部应力集中，原来存在空洞、未焊透、焊接裂纹等缺陷的位置具备达到裂纹萌生和扩展的条件，裂纹沿最薄弱的柱状晶之间扩展，导致承载面积进一步减小，在轴向应力作用下沿塑性最差的部位发生撕裂。另外，从表1-1-11和表1-1-12也可以看出，尾管、炉管与尾管三通、尾管与下分集合管三通都不能通过持久载荷组合工况下强度校核，并且尾管、炉管与尾管三通、尾管与下分集合管三通温差应力载荷工况下位移应力与许用应力值非常接近。以上几个部位和开裂部位相比可以说承受了更加苛刻的应力，但并没有发生开裂，可以佐证此次焊口开裂应与焊接质量密切相关。

综合以上分析可以判定，本次产生开裂的东侧焊口其开裂部位在焊缝上，开裂的原因为焊缝内表面未焊满使承载面积减小，焊缝内焊接裂纹、空洞、未焊透等缺陷存在使塑性和韧性大大降低，在持久载荷组合(压力+重力)的作用产生的轴向应力下，由于缺陷的存在导致应力集中，应力集中使裂纹扩展导致承载面积进一步减小，发生撕裂。

4　结论及建议

(1) 结论

① 该炼油厂制氢转化炉出口集合管裂纹产生于焊缝；

② 焊缝内表面未焊满，焊缝组织中柱状晶间裂纹、夹杂物、孔洞、未焊透等缺陷是导致裂纹萌生及扩展的主要原因；

③ 采用标准 ASME B31.3—2004《工业管道管线弹性分析》进行校核，开裂部位附近持久载荷组合工况下(压力+重力)轴向应力超过限制许用应力。

(2) 建议

① 改善管系受力结构，减小管系轴向应力。可以通过安装吊架将两侧总集合管对称部位吊起，减少粗大的总集合管和换热器接口三通重力载荷，从而大大减小管系各管段的轴向应力。

② 严控焊接工艺，保证焊接质量。实施焊接前，应该制定详细的焊接方案。

加工坡口后，应该进行100%渗透检测，保证坡口面没有裂纹缺陷。焊接过程中，应该严格按照方案进行施焊，焊条使用前进行烘干，焊接过程中保证层间温度尽量低于150℃。焊接后，要实施100%渗透和射线检测，一旦发现超标缺陷，必须进行返修，每次返修都应该保证新加工的坡口面没有裂纹缺陷。另外，Incoloy 800H经过长时间使用后进行返修一定要制定特别的返修方案，返修前对材质进行分析，当组织中有大量析出物时，应该先进行高温固溶处理后再进行返修。

③ 使用过程中，应该保证操作工况的稳定，尽量避免温度、压力波动导致的高温疲劳损伤。同时应该尽量减少开停车次数，避免因为频繁开停车而导致的材料损伤。

④ 介质操作温度高，操作压力大，且介质主要为易燃易爆的氢气和一氧化碳。建议安装远程监控系统和紧急切断装置，同时减少运行状态下现场人员的活动时间和频次，避免介质泄漏可能导致的燃烧爆炸以及人员伤亡，同时针对此管道发生泄漏的情况做好应急预案。

第2节　制氢转化炉下尾管断裂失效分析

1　项目背景

相关失效经过如下。2012年7月某厂完成转化炉检修，在开工点火过程中因某种原因炉内发生爆炸事故。经现场检查，发现该炉一些下尾管加强短节临近焊缝的热影响区开裂。失效部位见图1-2-1，下尾管与炉管连接图见图1-2-2。

(a)

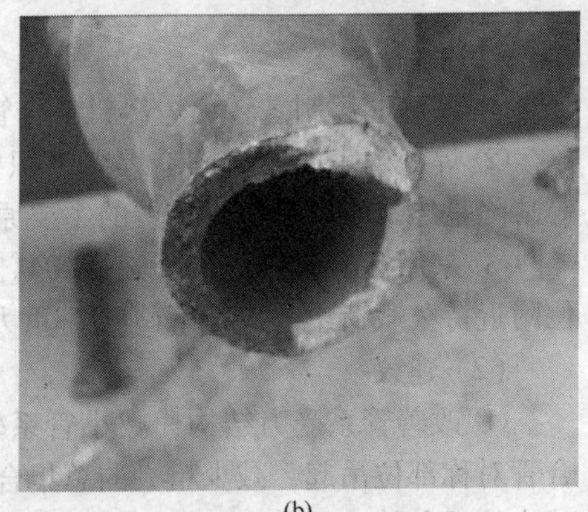
(b)

图1-2-1　失效下尾管

开工前系统气密性试验时发现转化炉上类似部位也有泄漏，经厂方打磨补焊后消除。经确认该部件是随本装置初期建设时安装的，至今未对其做过任何修理或改动。

炉管下尾管的相关参数见表1-2-1。该炉为甲方生产用氢气的主要来源，转化炉的正常运转关系到整个工厂的生产。所以有必要及时找到失效的原因，并寻求解决对策，以保证系统的安全运行。

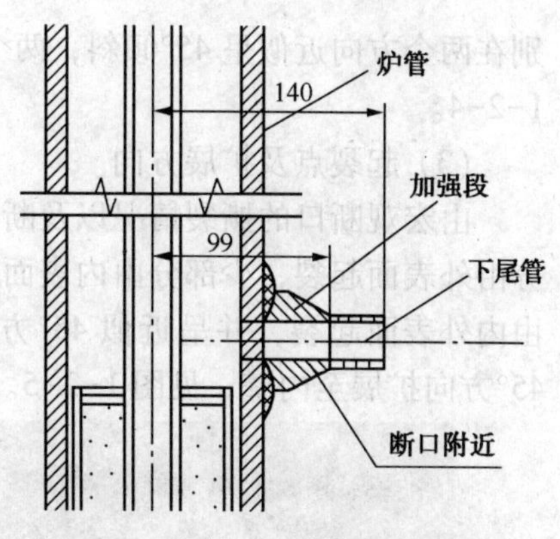

图1-2-2 失效下尾管与炉管连接图

表1-2-1 下尾管基本信息

规 格	ϕ32.0mm×4.5mm
材质	800HT(下尾管)/800H(加强段)
操作压力/MPa	2.4
操作温度/℃	780~800
介质	转化气
设计单位	SEI
保温材料	玻璃纤维
保温材料厚度/mm	40
投用日期	2004年12月

2 断裂部位宏观检查

（1）变形情况

宏观检查表明：失效件事故时形成的断口(以下简称旧断口)，旧断口区上无明显变形，如图1-2-3中4点钟~10点钟区域；失效件拆卸时形成的断口(以下简称新断口)，新断口区有一定程度的变形，如图1-2-3中10点钟~16点钟区域，新断口区有一定程度的变形；最后断裂的部位位于图1-2-3中12点30分方向。

图1-2-3 失效下尾管断口变形情况

（2）断口与主拉应力方向的关系

初始开裂与接管轴向垂直，后断裂部位分

别在两个方向近似呈 45°倾斜，两个倾斜面交会的位置为最后断裂的部位，见图 1-2-4。

（3）起裂点及扩展方向

由宏观断口的撕裂情况以及断口上剪切唇的分布位置判断，旧断口区绝大部分由外表面起裂，少部分由内表面起裂，新断口区上裂纹由旧断口处开始，分别由内外表面起裂，并呈近似 45°方向扩展，最后断裂区由外表面开始断裂，呈 45°方向扩展至内壁，见图 1-2-5。

图 1-2-4　失效下尾管断口裂纹扩展方向

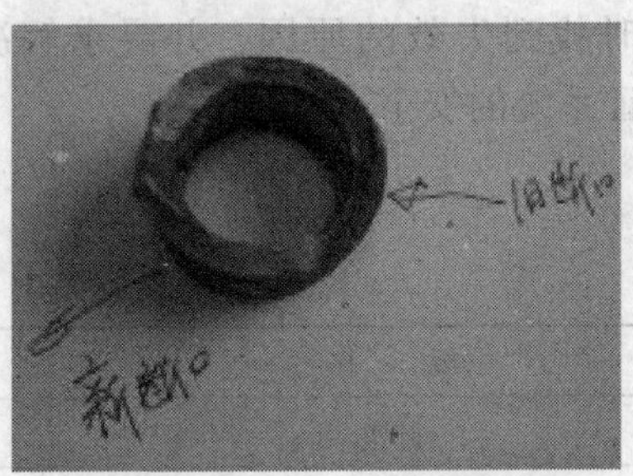

图 1-2-5　失效下尾管宏观结构

（4）宏观检查结论

旧断口上的裂纹首先由下尾管加强短节外表面临近焊缝热影响区的一点起裂，向内和环向扩展的同时，先是在外壁断开，最后在内壁断开；新断口上的裂纹由旧断口开始，分别沿内外表面开裂扩展并最终在外表面首先开裂，最后断裂的部位为内壁，这可以由新断口的变形最大位置加以佐证。

3　失效件外直径测量（表 1-2-2）

表 1-2-2　下尾管外直径测量数据

测点[1]	直径 1/mm	直径 2/mm	直径平均值/mm	公称直径[2]/mm	直径变化率/%
1	33.600	33.550	33.575	32.000	4.92
2	33.600	33.650	33.625	32.000	5.08
3	33.700	33.600	33.650	32.000	5.16
4	33.650	33.600	33.625	32.000	5.08
5	33.700	33.600	33.650	32.000	5.16
6	33.650	33.700	33.675	32.000	5.23

续表

测点[①]	直径 1/mm	直径 2/mm	直径平均值/mm	公称直径[②]/mm	直径变化率/%
7	33.700	33.700	33.700	32.000	5.31
8	33.700	33.650	33.675	32.000	5.23
9	33.650	33.700	33.675	32.000	5.23
10	33.600	33.800	33.700	32.000	5.31
11	33.700	33.750	33.725	32.000	5.39
12	33.600	33.650	33.625	32.000	5.08
13	33.450	33.650	33.550	32.000	4.84
14	33.450	33.600	33.525	32.000	4.77
15	33.500	33.600	33.550	32.000	4.84
16	33.550	33.700	33.625	32.000	5.08
17	33.600	33.650	33.625	32.000	5.08
18	33.650	33.600	33.625	32.000	5.08
19	33.750	33.600	33.675	32.000	5.23

注：①测点1#~19#分别为焊缝开始沿管轴线方向均布；

②宏观观察未发现下尾管有明显的形状变化，壁厚测量在4.5mm左右，未见明显减薄，内径测量在23.5~23.9mm，所以表明实际给定的外径有可能不准确，下尾管施工过程中实际采用的规格应为ϕ33.5mm×4.5mm，按照ϕ33.5mm计算，直径变化率分布在0.07%~0.60%。

4 失效件切割与试验

根据宏观检查的结果对失效件进行分割，包括断口区域和直管区域，断口区域分为新断口、旧断口以及新旧断口过渡区。断口上进行微观形貌观察、化学成分分析。人工断口上进行化学成分分析，两个截面上的外表面、芯部和内表面进行宏观金相。直管区域进行常温拉伸试验以确定材料目前的机械性能，并进行化学成分分析。分割后如图1-2-6所示。

5 金相分析

为确定材料损伤机理，需对有关部位进行金相分析，分析材料是否有蠕变空洞、蠕变裂纹等缺陷出现。对人工切割横断面(图1-2-7)进行金相分析，为辅助了解材料损伤程度，对图1-2-7中间竖线标示的部位进行显微硬度测试。断面上金相分析部位为外表面、芯部和内表面，金相分析结果见图 1-2-8。分析表明失效件的组织为孪晶奥氏体+碳化物，其中外表面有明显的沿晶开裂，并在晶内外有较多的碳化物，发生损伤的深度约为 150μm，见图 1-2-8(a)和图 1-2-8(b)；芯部未见蠕变损伤迹象，见图 1-2-8(c)；内表面同样有较明显的沿晶开裂，发生损伤的深度约为 50μm，但是程度轻于外表面，见图 1-2-8(d)和图 1-2-8(e)。金相分析表明材料经过多年的使用内外表面均有一定程度的蠕变损伤，外表面的损伤程度大于内表面和芯部的现象符合操作温度的分布特点。从碳化物析出的形态和部位看，主要以晶间分散析出为主，具有高温低应力蠕变损伤的特征。

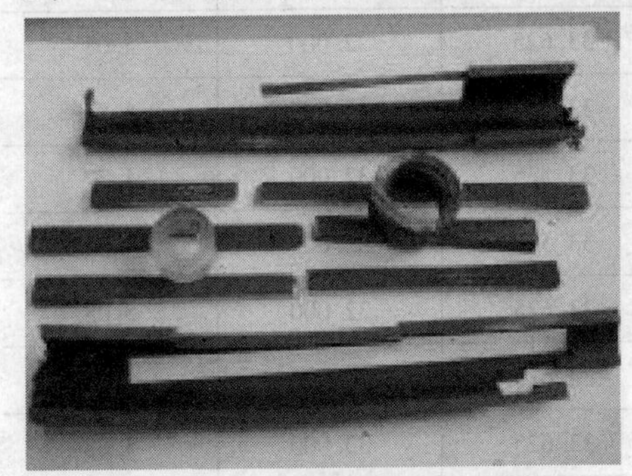

图 1-2-6 失效下尾管分割

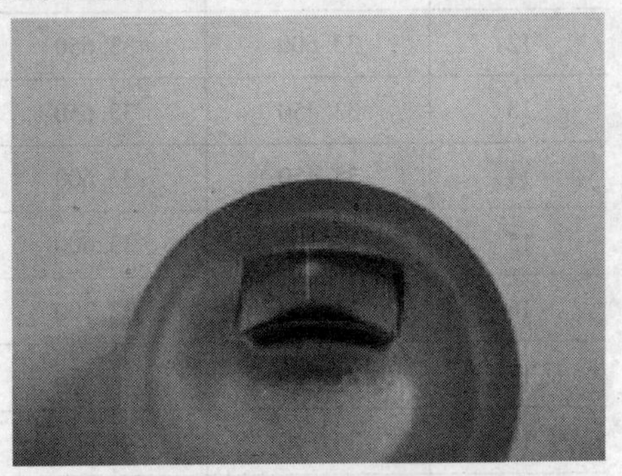

图 1-2-7 人工切割横截面

注：图中间竖线为显微硬度测试位置。

(a) 外表面金相

(b) 外表面金相

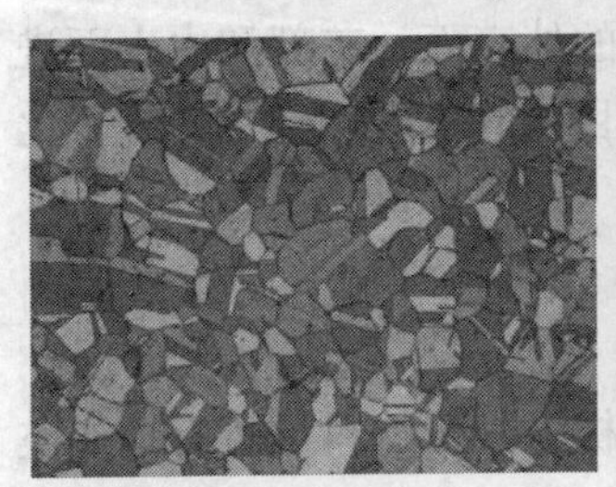

(c) 芯部金相

(d) 内表面金相

(e) 内表面金相

图 1-2-8 失效下尾管人工切割横截面金相

6 微观形貌分析

对失效下尾管断口上典型区域中的新断口区、旧断口区以及新旧断口混合区进行微观形貌分析。新断口区的微观形貌见图 1-2-9，断口形貌呈现等轴韧窝结构，部分韧窝内可见二次裂纹和蠕变空洞。表明材料有一定程度的蠕变损伤，发生断裂时以拉伸应力为主。

(a) 22×　(b) 100×　(c) 500×

图 1-2-9　失效下尾管断口上新断口区微观形貌

旧断口区的微观形貌见图 1-2-10，旧断口上有较厚的腐蚀产物覆盖，部分腐蚀产物上呈现开裂状，对未覆盖腐蚀产物的区域进行微观形貌观察，分析表明旧断口区呈现高温下的沿晶断裂特征，部分区域存在二次裂纹。新、旧断口区的微观形貌见图 1-2-11，图中可明显看见区域的边界，该区域沿晶断裂与韧窝断裂并存，在这两个区域内均发现蠕变空洞存在，在临近新断口区的韧窝结构上发现有明显的蛇形痕迹，表明炉管在拆卸过程中该部位发生过较大的变形。

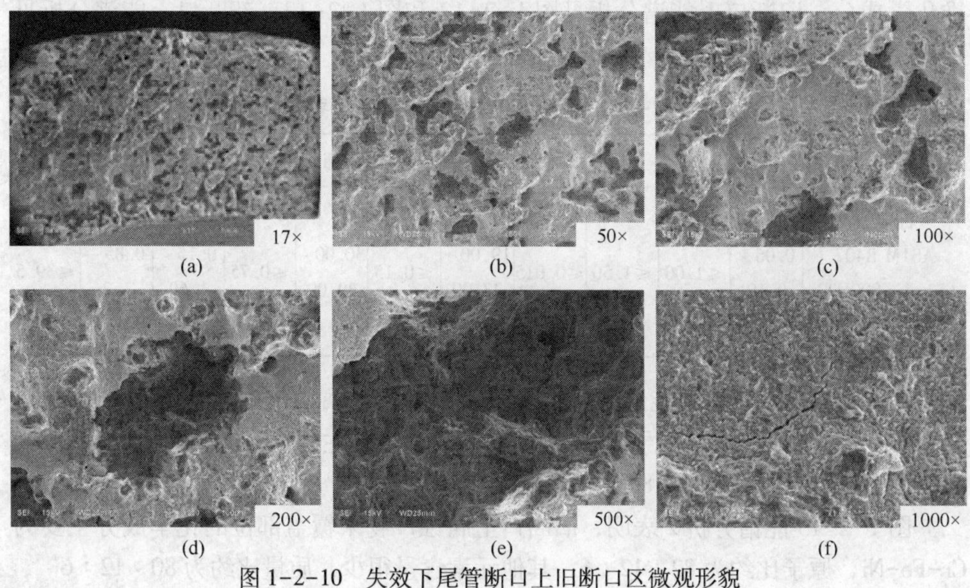

(a)　(b)　(c)　(d)　(e)　(f)

图 1-2-10　失效下尾管断口上旧断口区微观形貌

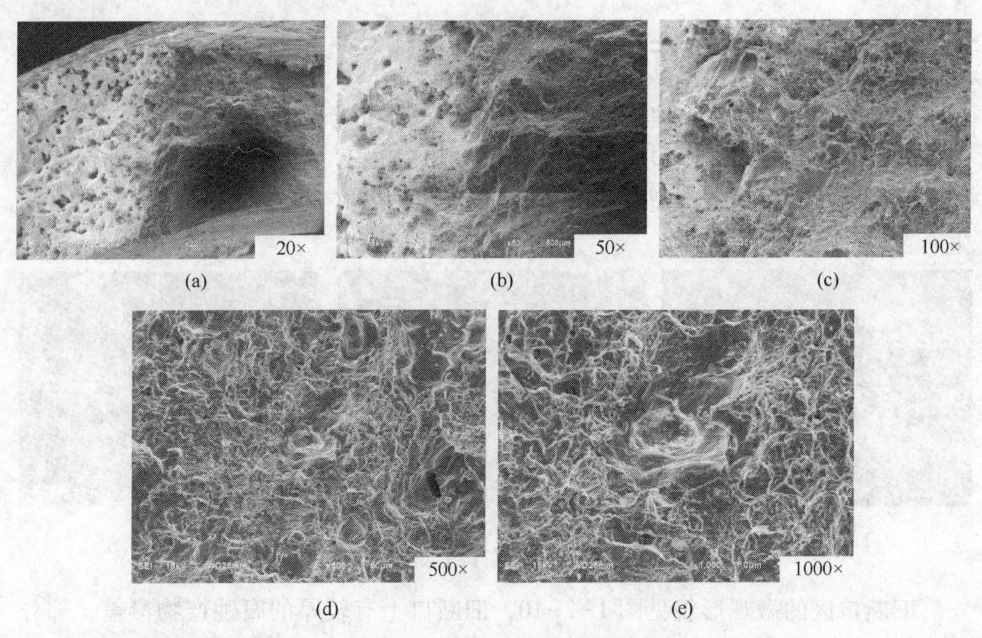

图 1-2-11 失效下尾管断口上新旧断口交汇区微观形貌

7 断口能谱分析及介质中杂质分析

选择断口上的新、旧断口进行能谱分析，为便于比较，表 1-2-3 中给出标准化学成分，旧断口上能谱分析见图 1-2-12 和图 1-2-13，新断口上能谱分析见图 1-2-14 和图 1-2-15。

表 1-2-3 Incoloy 800HT 标准化学元素组成

元素	C	Si	Mn	S	Cr	Al	Ni	Cu	Ti	Al+Ti	Fe
标准值 ASTM B407 (Incoloy 800HT) /%(质)	0.06~0.10	≤1.00	≤1.50	≤0.015	19.00~23.00	≤0.15	30.00~39.00	≤0.75	0.15~1.60	0.85~1.2	≤39.5

图 1-2-12 旧断口区能谱分析 1 表明，旧断口上腐蚀产物所在部位的化学成分主要为 Cr-Fe-Ni-O，原子比约为 1：2：60：34，主要为 Ni 的氧化物，近似为 Ni_2O_3，质量比约为 2：3：82：12。

图 1-2-13 能谱分析 2 表明，旧断口上腐蚀产物未覆盖部位的化学成分主要为 Cr-Fe-Ni，原子比约为 82：12：6，其他元素含量很少，质量比约为 80：12：6。

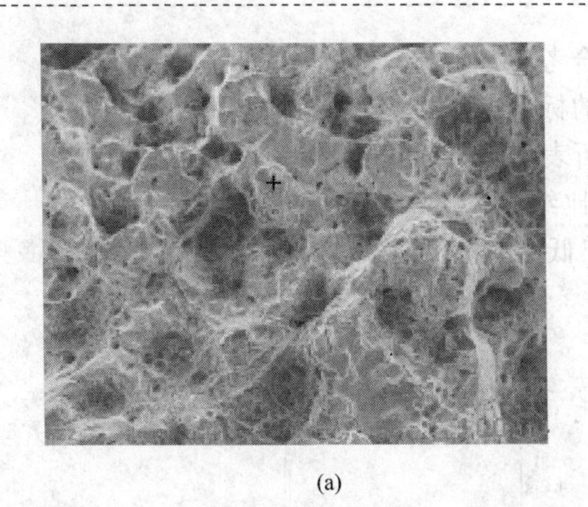

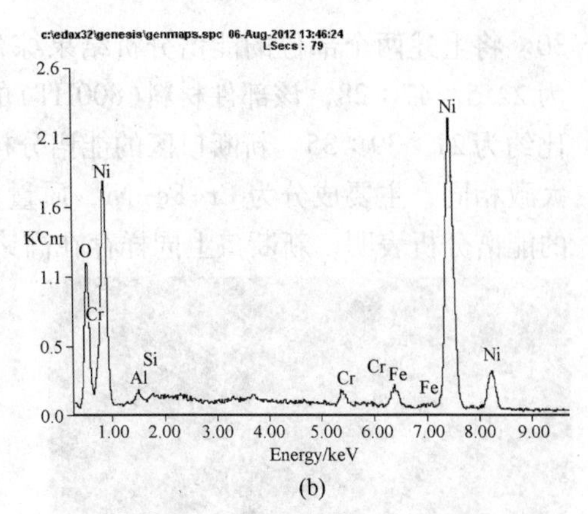

(a) (b)

图 1-2-12 失效下尾管旧断口区能谱分析 1

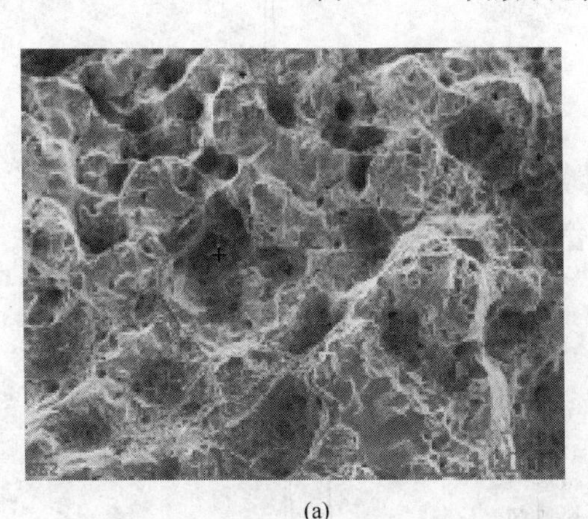

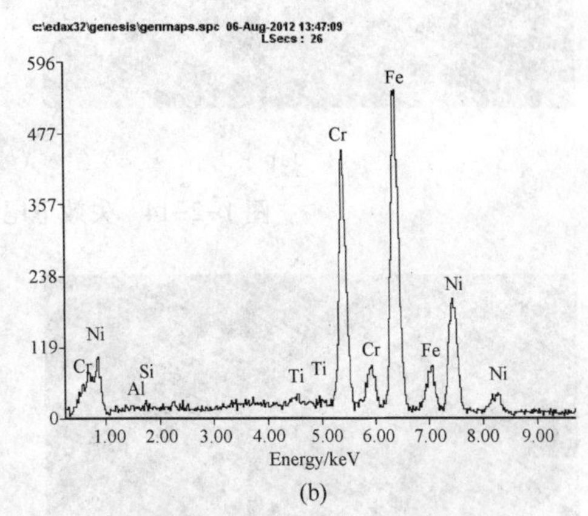

(a) (b)

图 1-2-13 失效下尾管旧断口区能谱分析 2

将上述两个部位的能谱分析结果综合考虑，旧断口上 Cr-Fe-Ni 的质量比约为 41∶7.5∶33，该部件材料(800HT)的标准化学成分组成为 Cr-Fe-Ni，质量比约为 21∶39∶35。旧断口区的能谱分析表明：Ni_2O_3是事故时高温形成的，由于该氧化物在 600℃以上就会分解为一氧化镍和氧气，这也说明事故工况下失效部位的温度不超过 600℃；对腐蚀产物未覆盖区域的能谱分析表明，发生开裂的部位存在高铬低镍的偏析现象。

图 1-2-14 能谱分析 1 表明，新断口区韧窝内部的化学成分主要为 Cr-Fe-Ni，原子比约为 25∶48∶24，其他元素含量很少，质量比约为 24∶49∶26。

图 1-2-15 能谱分析 2 表明，新断口上相邻韧窝边缘的化学成分主要为 Cr-Fe-Ni，原子比约为 21∶44∶27，其他元素含量很少，质量比约为 21∶45∶

30。将上述两个部位的能谱分析结果综合考虑，新断口上 Cr-Fe-Ni 的质量比约为 22.5∶47∶28，该部件材料(800HT)的标准化学成分组成为 Cr-Fe-Ni，质量比约为 21∶39∶35。新断口区的能谱分析表明，断口上主要元素组成与标准成分大致相同，主要成分为 Cr-Fe-Ni，质量比约为 22.5∶47∶28；韧窝内部和边缘的能谱分析表明，新断口上同样存在高铬低镍的偏析现象。

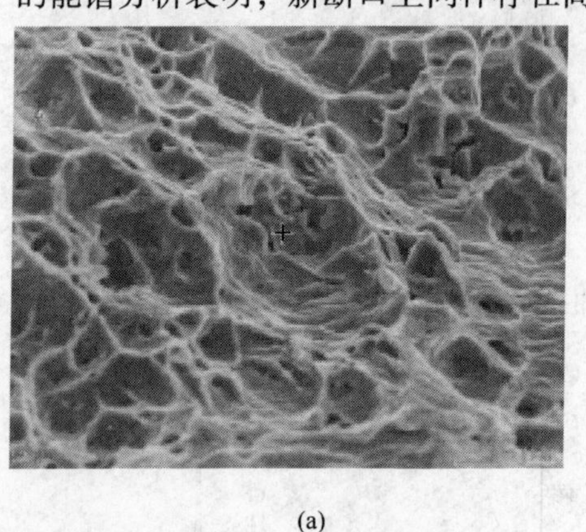

(a)

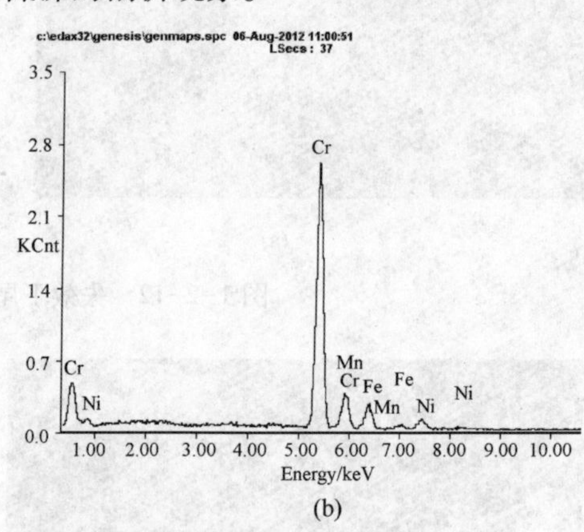

(b)

图 1-2-14　失效下尾管新断口区能谱分析 1

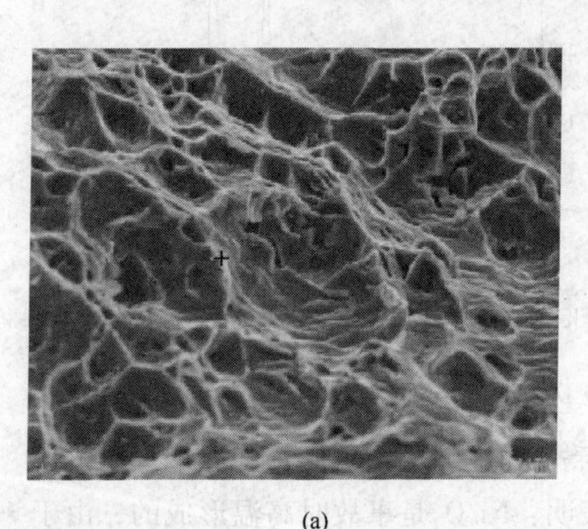

(a)

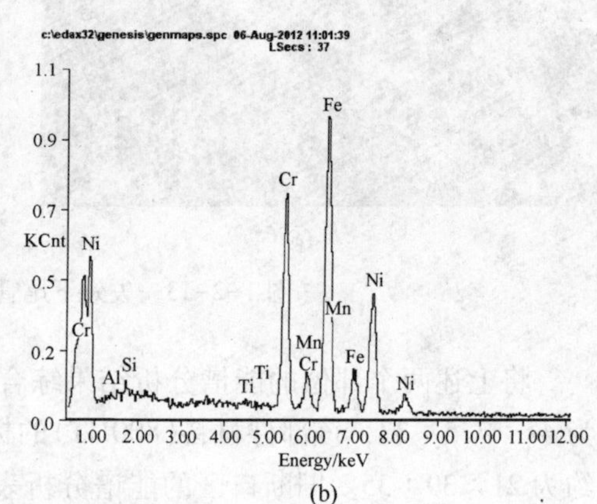

(b)

图 1-2-15　失效下尾管新断口区能谱分析 2

8　失效件材料化学成分分析

化学成分分析(表 1-2-4)表明主体材料基本满足标准要求，下尾管与加强段间的焊缝采用镍基材料焊接完成。

表 1-2-4 下尾管材料光谱分析结果

检测部位	C	Si	Mn	S	Cr	Al	Ni	Cu	Ti	Al+Ti	Fe
加强接头(800HT)			1.09		20.00	0.60	34.70	0.67	0.46		
焊缝			2.51		20.90	0.15	55.80	1.27	0.40		
直管(800H)	0.06	0.32	1.08	0.011	19.75	0.38	32.40		0.44	0.82	
标准值 ASTM B407(800HT)	0.06~0.10	≤1.00	≤1.50	≤0.015	19.00~23.00	≤0.15	30.00~39.00	≤0.75	0.15~1.60	0.85~1.2	≤39.5
标准值 ASTM B407(800H)	0.05~0.10	≤1.00	≤1.50	≤0.015	19.00~23.00	≤0.15	30.00~39.00	≤0.75	0.15~1.60		≤39.5

9 断面显微硬度测试

为了解材料沿截面(壁厚)方向上蠕变损伤的程度，对下尾管上人工断口进行显微硬度检测，分布图见图 1-2-16。

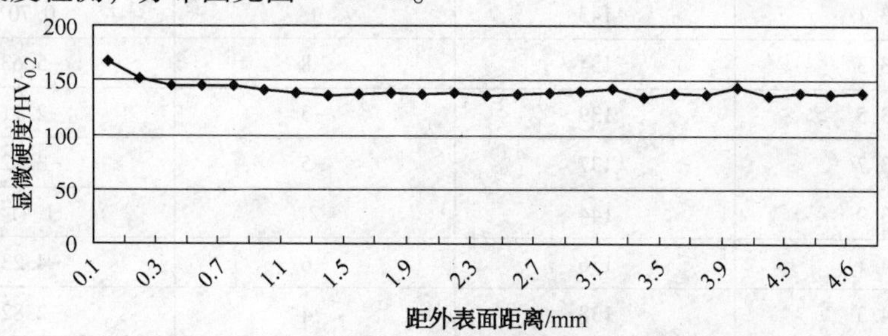

图 1-2-16 失效下尾管人工断口横截面上显微硬度分布

显微硬度分析表明沿壁厚方向外表面显微硬度较大，内表面显微硬度较小。根据相关文献中测定的未发生蠕变损伤的同牌号材料的最小显微硬度为 142HV，通过本次测得显微硬度值可知下尾管实际遭受的蠕变损伤并不严重，检测结果见表 1-2-5。

表 1-2-5 下尾管人工断口上显微硬度检测结果

距外表面距离/mm	实测/HV	ΔHV=(HV-142)	ΔHV/142×100%
0.1	167	25	17.61
0.2	152	10	7.04
0.3	145	3	2.11
0.5	145	3	2.11
0.7	145	3	2.11

续表

距外表面距离/mm	实测/HV	ΔHV=(HV-142)	ΔHV/142×100%
0.9	141	-1	-0.70
1.1	139	-3	-2.11
1.3	136	-6	-4.23
1.5	137	-5	-3.52
1.7	139	-3	-2.11
1.9	137	-5	-3.52
2.1	139	-3	-2.11
2.3	136	-6	-4.23
2.5	137	-5	-3.52
2.7	138	-4	-2.82
2.9	140	-2	-1.41
3.1	143	1	0.70
3.3	134	-8	-5.63
3.5	139	-3	-2.11
3.7	137	-5	-3.52
3.9	144	2	1.41
4.1	136	-6	-4.23
4.3	138	-4	-2.82
4.5	137	-5	-3.52
4.6	139	-3	-2.11

10 应力分析

炉管系统包括上下尾管、炉管本身以及上下集箱组成，上尾管有两种空间结构形式，下尾管有三种空间结构形式，炉管系统示意图见图 1-2-17，本次应力分析仅包括下尾管与炉管局部结构和下尾管与下集箱局部结构的有限元分析。管系应力分析采用 Caesar Ⅱ软件，局部结构有限元分析采用 ANSYS 软件完成并将管系应力分析得到的边界条件作为相应分析的接管载荷边界条件。

(1) 下尾管管系应力分析

由于现场管线均已拆除，根据设计图纸的相关信息进行建模。考虑到炉管和下集箱相对于下尾管而言刚度很大，保守地将下尾管的两端简化为固定支撑。分析过程中采用的压力、温度边界条件见表 1-2-1，相应的材质物性采用软件中自动给定的数据，分析过程包括持续载荷作用以及热膨胀载荷作用两种工况。建模后的管系见图 1-2-18，根据两种工况下应力分析的结果，将软件分析结果与设计规范进行比较，结果见表 1-2-6。

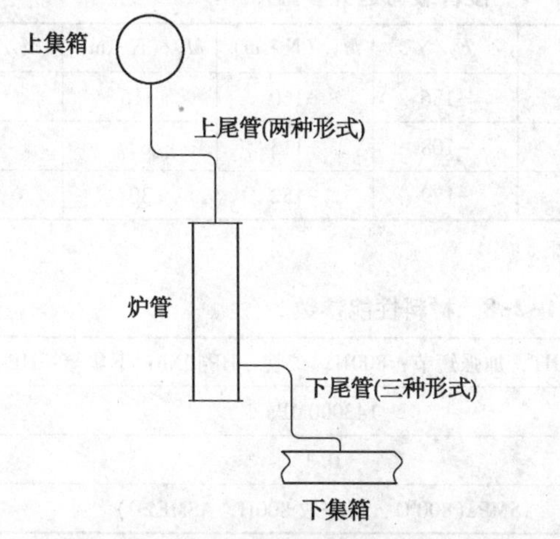

图 1-2-17　炉管系统示意图

图 1-2-18　下尾管分析模型

表 1-2-6　下尾管结构应力分析汇总

结构形式	持续载荷作用	热膨胀载荷作用	综合结论
1	通过	未通过	未通过
2	通过	通过	通过
3	通过	通过	通过

除形式 1 在热膨胀载荷作用下不满足标准要求外，其他的下尾管在工况条件下均满足标准的要求。由于持续载荷作用下下尾管形式 1 上的最大应力位于其与下集合管连接部位，而该处边界条件分析过程保守简化为固支，所以该处的应力结果需进一步校核。

（2）下尾管与炉管连接部位局部结构有限元分析

基于部件的图纸以及实测最小壁厚进行实体单元建模，分析评价仅考虑操作工况。操作工况下分析结果评价依据 JB 4732— 1995 中 5. 3 条进行。由于在总体不连续区内的一次弯曲应力强度可归类为二次应力，并且由于炉管系统没有较大操作条件的波动，故本次分析不需要考虑校核峰值应力强度。

操作工况下分析过程评价准则如下：

① 局部薄膜应力强度 $S_{II} \leqslant 1.5KS_m$；

② 一次应力+二次应力之和 $S_{IV} \leqslant 3.0S_m$。

分析时取该批部件的实测壁厚采用实体单元 3D SOLID 95 进行建模，分析过程中主要的输入项目如表 1-2-7 和表 1-2-8。

表 1-2-7　接管载荷边界参数①

下尾管类型	F_X/N	F_Y/N	F_Z/N	M_X/(N·m)	M_Y/(N·m)	M_Z/(N·m)
1	-65	494	-186	-160	-16	19
2	81	308	-108	-113	62	86
3	14	470	-179	-152	30	61

注：①数据来自下尾管系应力分析结果。

表 1-2-8　材料性能参数

主体材质	下尾管：800HT；加强短节：800H；炉管：HP40Nb；下集箱：HP40Nb
杨氏模量	143000MPa
泊松比	0.3
应力强度	15MPa(800℃，保守取 800H，ASME2D)

建立模型如图 1-2-19 所示。

针对上述分析任务，对模型施加的位移边界为：在炉管下端施加固定约束。对模型施加的应力边界为：炉管上端施加操作压力产生的轴向应力，接管端施加表 1-2-7 中的载荷边界条件。载荷及约束施加后的模型见图 1-2-20。

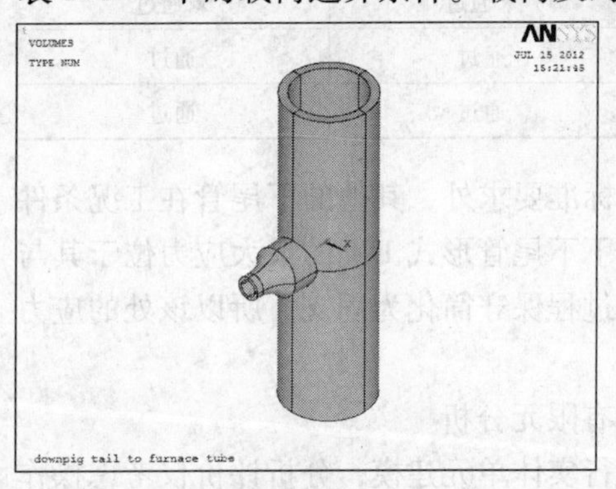

图 1-2-19　下尾管与炉管连接部位局部结构模型

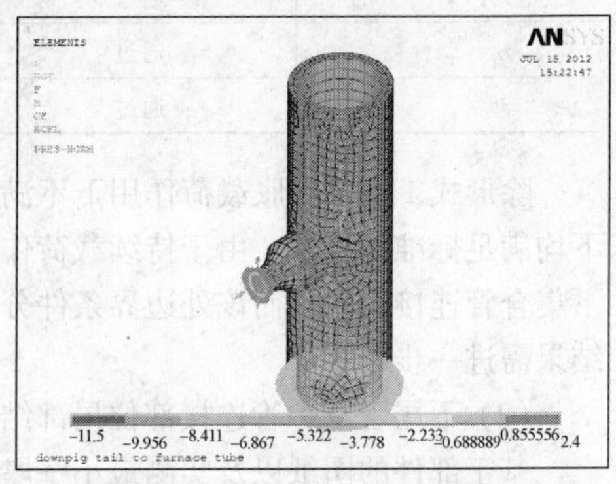

图 1-2-20　下尾管与炉管连接部位局部结构加载

采用扫掠网格划分，对于模型进行相应的细化，网格划分后的模型如图 1-2-21 所示。其次，通过相应的分析，得到制氢转化炉辐射段炉管下尾管与炉管连接部位局部结构内各节点的 SINT 当量应力。结构类型 1~3 分别见图 1-2-22、图 1-2-24 和图 1-2-26，局部详图分别见图 1-1-23、图 1-2-25 和图 1-2-27。

由图 1-2-23 可知，制氢转化炉辐射段炉管下尾管 1 与炉管连接部位局部结构各节点的 SINT 当量应力的最大值位于制氢转化炉辐射段炉管下尾管加强短节与炉管的相贯区内表面，最大值为 26.804MPa。

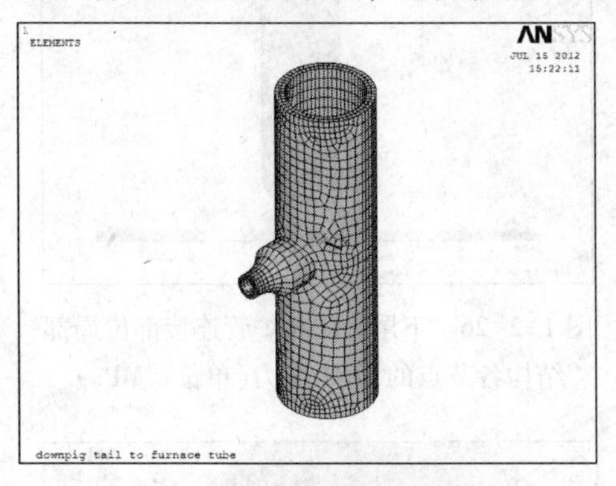

图 1-2-21　下尾管与炉管连接部位局部结构网格

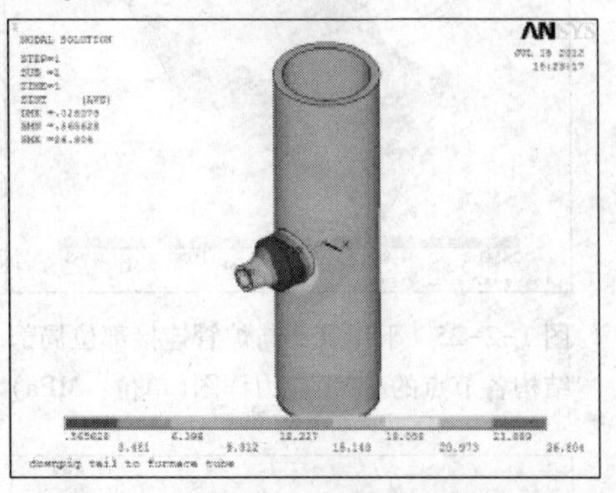

图 1-2-22　下尾管 1 与炉管连接部位局部结构各节点的 SINT 应力(单位：MPa)

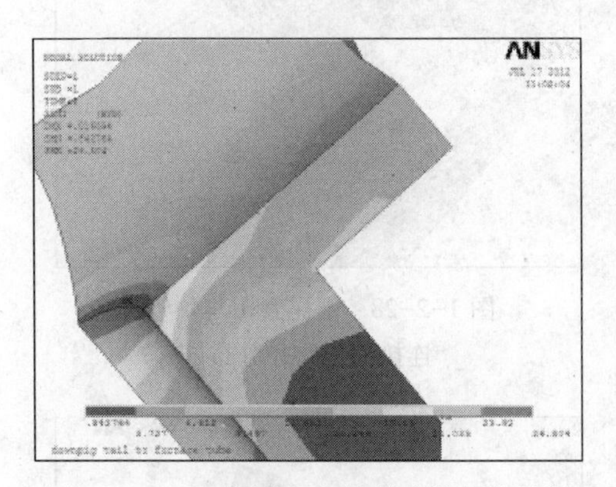

图 1-2-23　下尾管 1 与炉管连接部位局部结构各节点的 SINT 应力详图(单位：MPa)

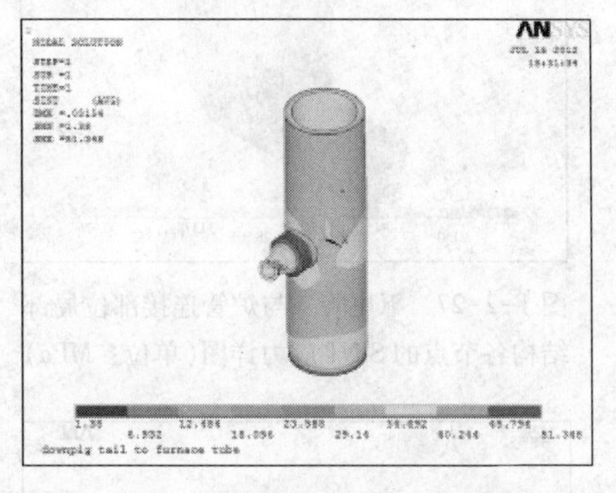

图 1-2-24　下尾管 2 与炉管连接部位局部结构各节点的 SINT 应力(单位：MPa)

由图 1-2-25 可知，制氢转化炉辐射段炉管下尾管 2 与炉管连接部位局部结构各节点的 SINT 当量应力的最大值位于制氢转化炉辐射段炉管下尾管的外表面，最大值为 51.364MPa。

由图 1-2-27 可知，制氢转化炉辐射段炉管下尾管 3 与炉管连接部位局部结构各节点的 SINT 当量应力的最大值位于制氢转化炉辐射段炉管下尾管的外表面，最大值为 35.199MPa。

定义分析路径 PATH 位于制氢转化炉辐射段炉管下尾管与炉管连接部位，见图 1-2-28～图 1-2-30。

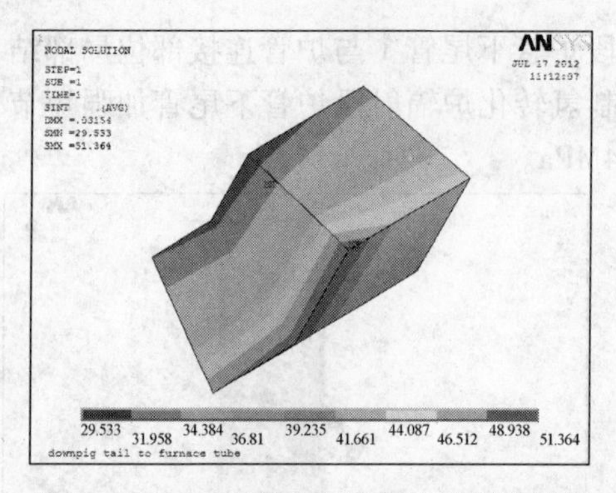

图 1-2-25 下尾管 2 与炉管连接部位局部结构各节点的 SINT 应力详图(单位：MPa)

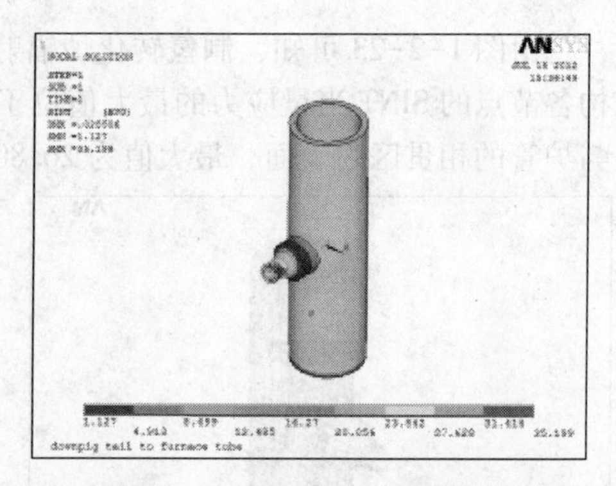

图 1-2-26 下尾管 3 与炉管连接部位局部结构各节点的 SINT 应力(单位：MPa)

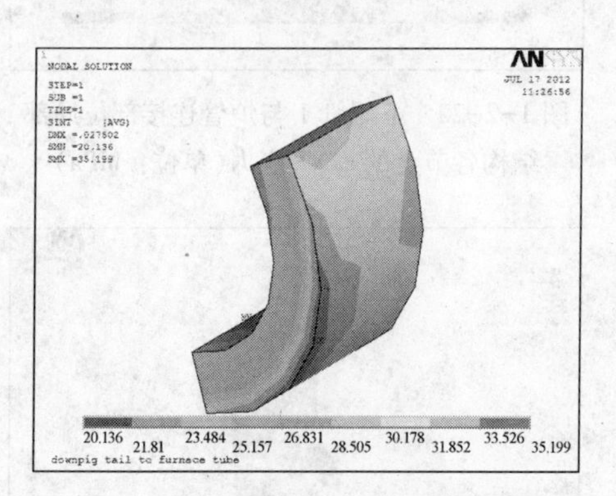

图 1-2-27 下尾管 3 与炉管连接部位局部结构各节点的 SINT 应力详图(单位：MPa)

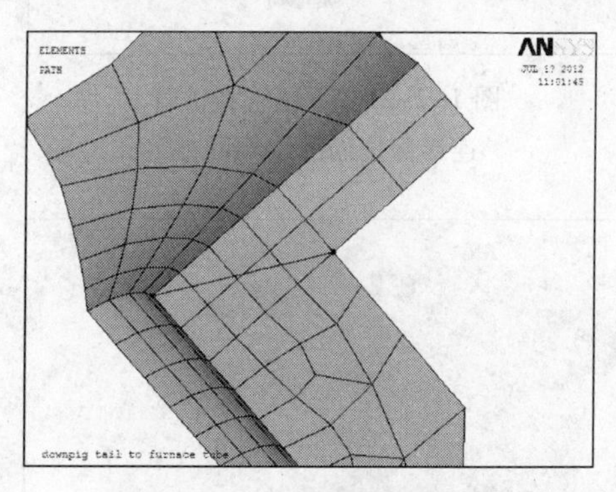

图 1-2-28 下尾管 1 与炉管连接部位路径分布

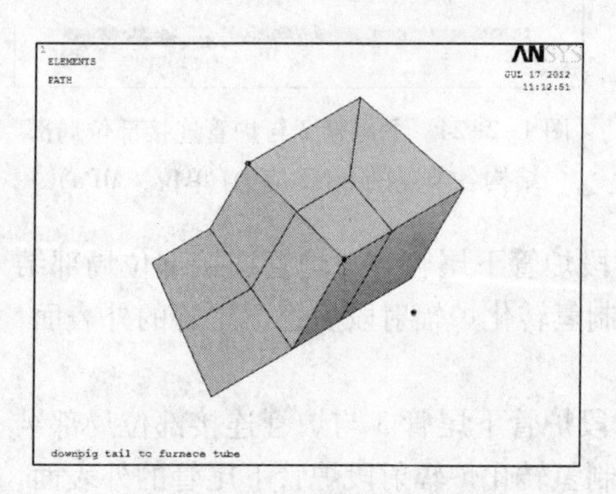

图 1-2-29 下尾管 2 与炉管连接部位路径分布

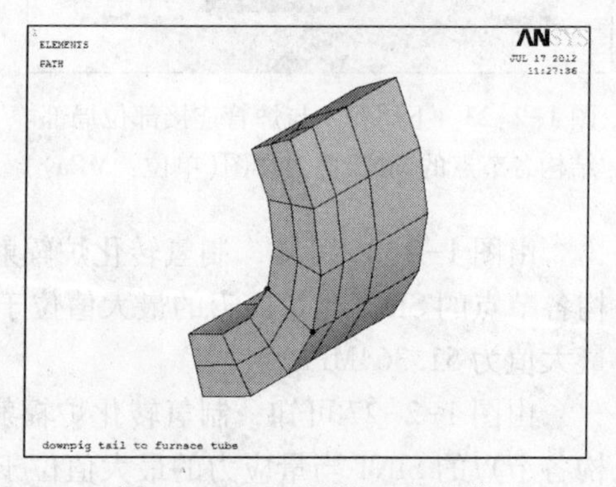

图 1-2-30 下尾管 3 与炉管连接部位路径分布

将各应力分量在路径PATH上进行线性化，得到总应力、薄膜应力、弯曲应力等应力分布。将路径上的各应力分量分别进行叠加，求得应力强度SINT，并将结果与规范要求比较见表1-2-9。

表1-2-9 下尾管与炉管连接部位操作条件下各路径上的应力强度比较(K=1.0)

下尾管类型	S_{II}			S_{IV}		
	计算值/MPa	许用极限/MPa	校核结论	计算值/MPa	许用极限/MPa	校核结论
1	14.59	22.5	符合	22.37	45	符合
2	38.21	22.5	不符合	49.36	45	不符合
3	27.94	22.5	不符合	34.25	45	符合

制氢转化炉辐射段炉管下尾管与炉管连接部位的应力强度在操作内压条件下，除下尾管1与炉管连接部位外均不能满足JB 4732—1995的要求。

为方便随后的蠕变寿命评价，将下尾管失效部位当量应力最大部位上的各主应力见表1-2-10。

表1-2-10 下尾管失效部位当量主应力最大部位上的各主应力

下尾管类型	S_{I}/MPa	S_{II}/MPa	S_{III}/MPa	屈服准则(Von Mises)/MPa
1	11.186	2.106	-1.266	11.155
2	9.764	-5.088	-27.719	32.693
3	9.260	-1.737	-18.066	23.724

11 下尾管、加强接头按API 579—2007《合于使用》蠕变寿命评价计算(表1-2-11)

表1-2-11 制氢转化炉下尾管、加强接头按API 579—2007《合于使用》蠕变寿命评价计算

项　目	参　量	符号及单位	计算公式	计算结果	
				下尾管	下尾管加强接头
基本参数	管道外径	ϕ/mm	—	32.000	32.000
	名义厚度	B/mm	—	4.500	4.500
	操作压力	p/MPa	—	2.400	2.400
	操作温度	℃	—	800.000	800.000
	投用日期	—	—	2004.000	2004.000
	检验日期	—	—	2012.000	2012.000
	评价周期	年	—	0.0	0.0
	管道材质	—	—	800HT	800H

续表

项目	参量	符号及单位	计算公式	计算结果	
				下尾管	下尾管加强接头
管道材料性能	应变率参数	A_0	按照API 579-1附录	-20.250	-18.800
		A_1		59415.000	55548.000
		A_2		-13677.000	-15877.000
		A_3		-1009.000	3380.000
		A_4		625.000	-993.000
	Ω参数	B_0		-3.400	-3.600
		B_1		11250.000	11250.000
		B_2		-5635.000	-5635.000
		B_3		3380.000	3380.000
		B_4		-993.000	-993.000

项目	参量	符号及单位	计算公式	计算结果					
				下尾管1	下尾管加强接头1	下尾管2	下尾管加强接头2	下尾管3	下尾管加强接头3
应力计算	操作温度	℉	℉=(℃-32)×5/9	1472.0	1472.0	1472.0	1472.0	1472.0	1472.0
	第一主应力	σ_1/MPa	见表1-2-10	11.186	11.186	9.764	9.764	9.260	9.260
	第二主应力	σ_2/MPa	见表1-2-10	2.106	2.106	-5.088	-5.088	-1.737	-1.737
	第三主应力	σ_3/MPa	见表1-2-10	-1.266	-1.266	-27.719	-27.719	-18.066	-18.066
	当量应力	σ_{eff}/MPa	见表1-2-10	11.156	11.156	32.698	32.698	23.818	23.818
蠕变参数	应力状态参数	α_{Ω}	球形或其他成形封头：3.0 圆筒或锥段：2.0 其他：1.0	2.000	2.000	2.000	2.000	2.000	2.000
	蠕变韧性调整系数	Δ_{Ω}^{cd}	脆性：0.3 韧性：-0.3	0.300	0.300	0.300	0.300	0.300	0.300
	考虑材料分散带时蠕变应变率调整系数	Δ_{Ω}^{sr}	+/-0.5	0.500	0.500	0.500	0.500	0.500	0.500
	寿命评价模型布拉格参数	β_{Ω}		0.330	0.330	0.330	0.330	0.330	0.330

续表

项目	参量	符号及单位	计算公式	计算结果					
				下尾管1	下尾管加强接头1	下尾管2	下尾管加强接头2	下尾管3	下尾管加强接头3
评价计算		S_1	$\log\sigma_{eff}$	0.209	0.209	0.676	0.676	0.539	0.539
	Bailey-Norton系数	n_{BN}	$n_{BN}=\left\{\begin{matrix}\left[\frac{1}{460+T}\right]\\ \left[\begin{matrix}A_2+2A_3S_1\\+3A_4S_1^2\end{matrix}\right]\end{matrix}\right\}$	7.255	7.553	7.342	6.557	7.360	6.781
	MPC项目Ω参数	δ_Ω	$\delta_\Omega=\beta_\Omega\left(\frac{\sigma_1+\sigma_2+\sigma_3}{\sigma_{eff}}-1.0\right)$	0.026	0.026	-0.563	-0.563	-0.476	-0.476
			$\log\Omega=(B_0+\Delta_\Omega^{cd})+\left[\frac{1}{460+T}\right]\times[B_1+B_2S_1+B_3S_1^2+B_4S_1^3]$	2.184	1.984	1.392	1.192	1.579	1.379
	调整后单轴Ω损伤系数	Ω_n	$\Omega_n=\max((\Omega-n_{BN}),\ 3.0)$	145.655	88.927	17.297	8.989	30.584	17.161
	多轴Ω损伤系数	Ω_m	$\Omega_m=\Omega_{n}^{\delta_\Omega+1}+\alpha_\Omega\times n_{BN}$	180.091	114.922	18.163	15.727	20.722	17.995
		$\log_{10}\varepsilon_{co}$	$\log_{10}\varepsilon_{co}=-\left\{\begin{matrix}(A_0+\Delta_\Omega^{cd})+\\ \left[\frac{1}{460+T}\right]\\ \times\left[\begin{matrix}A_1+A_2S_1+\\A_3S_1^2+A_4S_1^3\end{matrix}\right]\end{matrix}\right\}$	-9.301	-8.603	-5.877	-5.335	-6.889	-6.252
	剩余寿命	$L_{residual}$/h	$L_{residual}=\frac{1}{\varepsilon_{co}\Omega_m}$	1.112×10^7	3.492×10^6	4.144×10^4	1.375×10^4	3.735×10^5	9.928×10^4
	已使用寿命	L_{passed}/h		7.008×10^4	7.008×10^4	7.008×10^4	7.008×10^4	7.008×10^4	7.008×10^4
	本次评价计划寿命	$L_{planned}$/h		0.000	0.000	0.000	0.000	0.000	0.000
	本次评价结束时/剩余寿命	L_{ratio}	$L_{ratio}=\frac{L_{passed}+L_{planned}}{L_{residual}}$	5.343×10^{-3}	1.701×10^{-2}	1.433	4.320	1.591×10^{-1}	5.983×10^{-1}
	评价结论			通过	通过	未通过	未通过	通过	通过

结论：制氢转化炉下尾管1、3，加强接头1、加强接头3在事故发生时能够通过按API 579—2007蠕变寿命评价，制氢转化炉下尾管2、加强接头2在事故发生时未能够通过按API 579—2007蠕变寿命评价。

12　下尾管、下尾管加强接头按文献提供的图表进行蠕变寿命评价计算

表 1-2-12　制氢转化炉下尾管、下尾管加强接头按文献提供的图表蠕变寿命评价计算

项目	参量	符号及单位	计算公式	计算结果					
				下尾管 1	下尾管加强接头 1	下尾管 2	下尾管加强接头 2	下尾管 3	下尾管加强接头 3
应力计算	操作温度	℉	℉=(℃-32)×5/9	1472.0	1472.0	1472.0	1472.0	1472.0	1472.0
	当量应力	σ_{eff}/MPa	见表 1-2-10	11.156	11.156	32.698	32.698	23.818	23.818
评价计算	设计寿命	$L_{residual}$/h		$>10^5$	$>10^5$	8×10^3	8×10^3	2×10^4	2×10^4
	已使用寿命	L_{passed}/h		7.008×10^4	7.008×10^4	7.008×10^4	7.008×10^4	7.008×10^4	7.008×10^4
	本次评价计划寿命	$L_{planned}$/h		0.000	0.000	0.000	0.000	0.000	0.000
	评价结论			通过	通过	未通过	未通过	未通过	未通过

结论：制氢转化炉下尾管 1、下尾管加强接头 1 在事故发生时能够通过按文献提供的图表(表 1-2-12)蠕变寿命评价，制氢转化炉下尾管 2、3，下尾管加强接头 2、3 在事故发生时未能够通过按按文献提供的图表蠕变寿命评价。

13　失效部件材料性能测试

在管上切取试样按照 GB/T 228—2002 进行常温拉伸试验。重点确定性能值是否满足规范要求，并观察断口宏观形貌。横向拉伸试验：采用由管壁厚度加工矩形截面试样，拉伸断裂后见图 1-2-31。常温拉伸试验结果表明材料常温下满足标准要求。由断口部位内外表面的伸长程度可知，室温下断裂由外表面开始，这与实际金相分析结果表明外表面的损伤程度比内表面严重是吻合的。

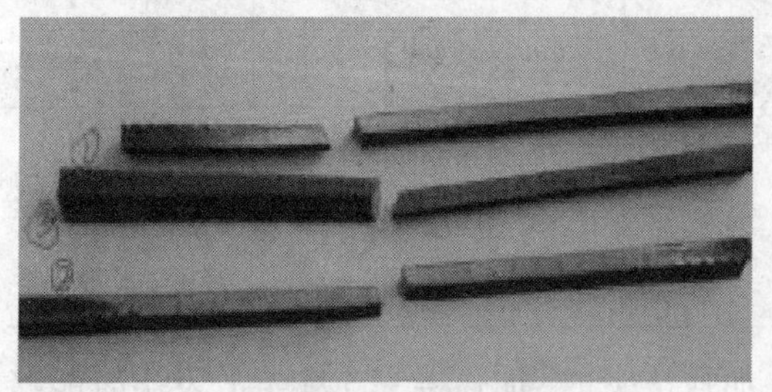

(a) 拉伸试样总体断裂宏观形貌

(b) 拉伸试样局部放大

图 1-2-31　常温拉伸

测试结果见表1-2-13。

表1-2-13 失效部件材料性能测试结果

试验项目		拉伸试验		
符号及单位		R_m/MPa	$R_{P0.2}$/MPa	A/%
标准值①		450	≥170	≥30
试验值	1	535	215	33
	2	564	248	34
	3	539	237	32

注：①表中的标准值摘自ASME IIB—2010中的SB-407标准值。

14 分析汇总

① 旧断口上的裂纹首先由下尾管加强段临近焊缝的外表面一点起裂，向内和环向扩展的同时，先是在外壁断开，最后在内壁断开。

② 新断口上的裂纹由旧断口开始，分别沿内、外表面开裂扩展并在最终区的外表面首先开裂，最后断裂的部位为内壁。

③ 下尾管外径测量表明最大变化率5%左右；宏观观察未发现下尾管有明显的形状变化，壁厚测量表明实际壁厚在4.5mm左右未见明显减薄，内径测量表明在内径在23.5~23.9mm之间，这表明实际施工过程中采用的管道规格应为ϕ33.5mm×4.5mm，按照外径为ϕ33.5mm计算表明最大直径变化率分布在0.60%，这表明蠕变损伤的程度不大。

④ 金相分析中从碳化物析出的形态和部位看，内外表面上的析出碳化物主要以晶间析出为主，属于高温低应力的蠕变损伤，但是整体的蠕变损伤程度不大。

⑤ 新断口区的微观形貌呈现等轴韧窝结构，部分韧窝内可见二次裂纹和蠕变空洞，这表明材料有一定程度的蠕变损伤。旧断口区上有较厚的腐蚀产物覆盖，部分腐蚀产物上呈现开裂状，对于腐蚀产物未覆盖区域的微观形貌观察表明旧断口区呈沿晶断裂，个别区域内存在二次裂纹。新旧断口区的微观形貌中可见明显的区域边界，为沿晶断裂与韧窝断裂并存区域，两个区域内均有蠕变空洞发现，在临近新断口区的一韧窝结构上发现有明显的蛇形痕迹，表明发生过较大的变形。

⑥ 旧断口能谱分析表明，位置1化学成分主要为Cr-Fe-Ni-O，原子比约为1∶2∶60∶34，应主要为Ni的氧化物。位置2化学成分主要为Cr-Fe-Ni，原子比约为82∶12∶6，其他元素含量很少。旧断口上能谱分析表明该部位材料存在高铬低镍的化学成分偏析。

⑦ 新断口能谱分析表明，位置 1 化学成分主要为 Cr-Fe-Ni，质量比约为 24∶49∶26，其他元素含量很少。位置 2 化学成分主要为 Cr-Fe-Ni，质量比约为 21∶45∶30，其他元素含量很少，新断口上能谱分析表明该部位材料同样存在高铬低镍的化学成分偏析。

⑧ 光谱分析表明材料中主要合金元素满足标准中的规定值，焊缝采用镍基焊材焊接完成。

⑨ 显微硬度分析表明沿壁厚方向上外表面显微硬度较大，深度约为 0.2mm，内表面显微硬度较小，但整个截面上的显微硬度与参考文献中的无蠕变损伤的同牌号的新材料相比，最小显微硬度最大下降比例约 6%，这说明材料蠕变损伤的程度不大。

⑩ 管系应力分析表明除形式 1 在热膨胀载荷作用下不满足标准要求外，其他形式下尾管在工况条件下均满足标准的要求。由于持续载荷作用下下尾管形式 1 上的最大应力位于其与下集合管连接部位，而该处边界条件保守简化为固支，所以该处的应力结果需进一步局部校核；随后的局部应力分析结果表明该位置应力状态满足标准要求。

⑪ 局部应力分析表明制氢转化炉辐射段炉管下尾管与炉管连接部位的应力强度在操作内压条件下，除下尾管 1 与炉管连接部位外均不能满足 JB 4732—1995 的要求。

⑫ 制氢转化炉下尾管 1、3 和下尾管加强接头 1、3 在未来的 3 年内能够通过按 API 579—2007《合于使用》蠕变寿命评价，制氢转化炉下尾管 2 和下尾管加强接头 2 在事故发生时不能够通过按 API 579—2007 蠕变寿命评价。

⑬ 制氢转化炉下尾管 1、下尾管加强接头 1 在事故发生时能够通过按文献提供的图表蠕变寿命评价，制氢转化炉下尾管 2、3，下尾管加强接头 2、3 在事故发生时未能够通过按文献提供的图表蠕变寿命评价。

⑭ 材料性能测试的结果表明失效件材料常温下性能指标均满足标准的要求值，断裂由外表面起裂。

15 失效分析结论

旧断口上的能谱分析表明其上存在三氧化二镍，表明发生失效时该部位的温度不超过 600℃；结构测量、显微硬度测量、断面金相分析均表明材料实际遭受的蠕变损伤程度不大；而该材料事故发生时操作温度不超过 600℃，不存在超温导致材料强度不足的问题。

断口部位位于焊接热影响区，且裂纹的扩展方向平行于焊缝；能谱分析结果表明断口上存在高铬低镍的成分偏析；旧断口上裂纹扩展为沿晶扩展，这说明材料晶界上存在成分偏析现象，这种偏析现象可能是由于诸如焊接、长期高温操作等热过程的作用所产生的，偏析导致的后果可能会使强度下降。该部位为下尾管与加厚的加强段过渡区的厚壁侧，焊接过程中可能由于加强段侧的壁厚较大导致这一侧的冷却速度较快，影响所在区域扩散困难，进而产生诸如偏析等某些不利影响。

综上所述，下尾管加强段失效的原因为外部某种原因导致的高速冲击载荷，使得结构薄弱区来不及发生变形而产生沿晶的脆性断裂，而发生沿晶断裂的原因有以下两点：该部位材料的晶界上存在材料偏析；同时也存在操作因素导致的一定程度的蠕变损伤。

16 安全建议及敏感性分析

(1) 安全建议

为安全起见，建议使用单位尽快展开对炉管上类似结构，包括下尾管、下尾管加强接头进行相关检测与评估，或尽快更换相应部件。

(2) 敏感性分析

上述失效分析过程中存在如下的不确定性因素导致分析结论存在不确定性。

① 由于无法对下尾管加强段实际材料进行相关检测，本次失效分析过程中仅是取对应的下尾管进行，这可能会导致失效分析结果的不确定性。

② 由于材料限制无法对下尾管和加强段进行高温持久测试和高温拉伸试验，这可能会导致对于实际材料高温性能的不确定，进而导致失效分析结果的不确定性。

③ 下尾管、加强段的蠕变寿命评价根据设定的操作温度进行评价计算，可能会因为实际操作温度的不同，导致分析结论的不确定性。

第3节 裂解炉对流段盘管泄漏原因分析

1 工艺与设备概况

该裂解炉的结构见图1-3-1，炉内分布多层带翅片盘管，其中上两层盘管材质为不锈钢，其余盘管材质为碳钢，盘管从上至下通入常温石脑油，炉底通入高温烟气并由炉顶的两个排风扇排出。

该裂解炉对流段盘管的工作参数见表1-3-1，于2005年2月投产，运行9个月后，靠近顶端的碳钢盘管已发生严重腐蚀，其上的翅片被腐蚀成薄片，据厂里反映，裂解炉排出的烟气温度在一段时间内低于100℃，顶端盘管发生露点腐蚀，即顶端盘管上凝结水滴，溶入烟气中酸性成分后对碳钢盘管产生了腐蚀。对烟气的成分分析发现烟气中可燃物含量较高，经盘管泄漏试验检测发现顶端不锈钢盘管多处出现气泡，怀疑盘管内的石脑油有泄漏。于是设备停车查找泄漏原因并截取了裂解炉上段的一根盘管(图 1-3-2)，经宏观检查发现该盘管存在一处断口，该盘管上的部分翅片已松动、脱落，并且在翅片上发现大量裂纹。由于盘管和翅片已多处开裂，急需对其失效机理进行分析，以保证安全生产，并对该设备的修补、更新及以后的运行维护提出改进措施，同时也对预防其他类似裂解炉盘管的失效提供参考。

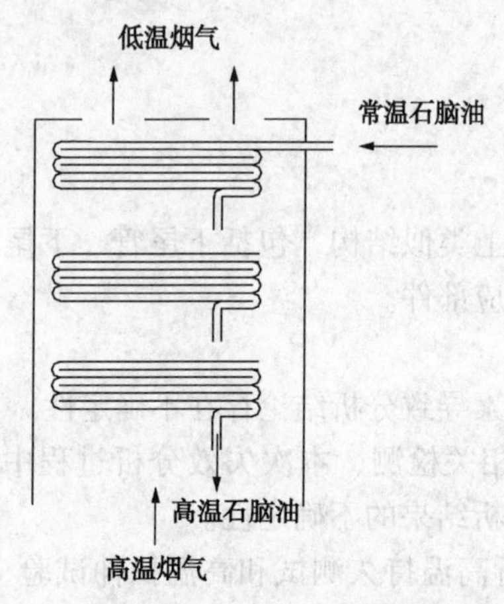

图 1-3-1　裂解炉结构简图

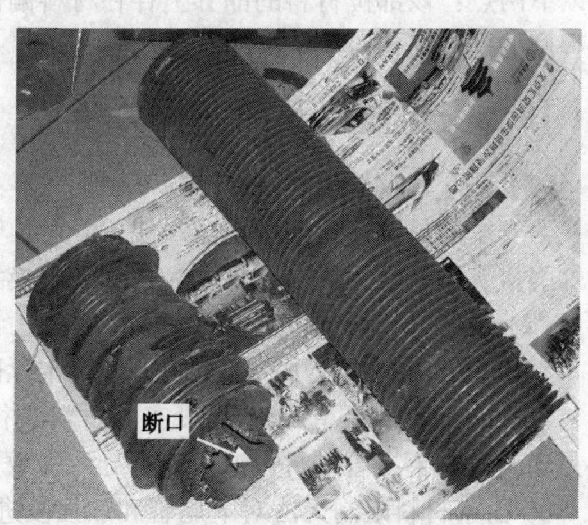

图 1-3-2　已泄漏的裂解炉炉管

表 1-3-1　裂解炉上层不锈钢对流段盘管的工作参数

部件名称		6#裂解炉对流段 FPH-A&B 盘管
主体材质		盘管：A312-TP316 翅片：316
设计单位		—
制造单位		茂名石化机械厂
安装单位		—
盘管规格	内径/mm	60.3
	厚度/mm	3.91
翅片规格	厚度/mm	1.27
工作参数	工作压力/MPa	管内<0.1
	温度/℃	管内：58~60/管外：120
	介质	管内：石脑油(直链占 40%~50%) 管外：烟气(氢气、甲烷的燃烧产物)

2 检查及试验分析

(1) 主要合金元素光谱分析

对截取的盘管进行光谱分析(光谱仪型号 NITON898，编号 744503-001)，见表 1-3-2，其主要合金元素含量在试验条件的较小误差范围内基本能满足 ASME 第 2 卷材料牌号 SA312-TP316 的相关要求。

对截取的翅片进行光谱分析(光谱仪型号 NITON898、编号 744503-001)，见表 1-3-3，其化学成分在试验条件较小的误差范围内基本能满足 0Cr17Ni12Mo2 (316)的相关要求，由于翅片没有相应的材质证明书，所以这里仅就翅片光谱分析结果与国内相关材料手册中 316 的化学成分进行比较，0Cr17Ni12Mo2 的化学成分来源于东北工学院出版社出版的《锅炉压力容器材料手册》第 279 页。

表 1-3-2 盘管半定量光谱分析结果汇总

部件名称	测定次数	Cr/%	Ni/%	Mo/%	Mn/%
盘管	ASME 标准要求值	16.0~18.0	11.0~14.0	2.00~3.00	Max 2.0
	材质证明书值	17.20	12.23	2.14	1.37
	1	16.37	10.24	2.26	1.12
	2	16.62	10.51	2.29	1.14
	3	16.43	10.35	2.29	1.07

表 1-3-3 翅片半定量光谱分析结果汇总

部件名称	测定次数	Cr/%	Ni/%	Mo/%	Mn/%
翅片	标准要求值	16.0~18.0	11.0~14.0	2.00~3.00	Max 2.0
	1	18.22	10.36	2.40	0.99
	2	18.53	10.53	2.42	0.93
	3	18.97	10.44	2.47	1.07

(2) 宏观检查

通过对去除翅片的盘管内、外表面及其横截面的宏观检查，发现管子外表面存在较密的腐蚀坑(图 1-3-3)，内表面则较光滑(图 1-3-4)，但从内、外表面都能看到较密集的裂纹，表明该管已被较密集的裂纹穿透。从盘管的横截面观察(图 1-3-5)，裂纹从盘管外表面起裂，并向内表面扩展。

(3) 金相试验

对含裂纹的翅片进行了金相试验，见图 1-3-6 和图 1-3-7，金相组织为奥氏体组织，裂纹的扩展绝大部分为穿晶的，见图 1-3-8 和图 1-3-9，裂纹成树枝状，这些裂纹特征都与奥氏体不锈钢的氯化物应力腐蚀断裂特征一致。

图 1-3-3　不锈钢管除去翅片后的外表面

图 1-3-4　不锈钢管除去翅片后的内表面

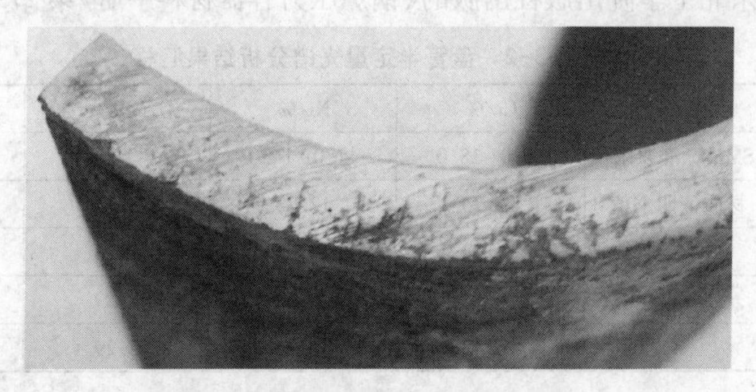

图 1-3-5　不锈钢管端面裂纹分布图

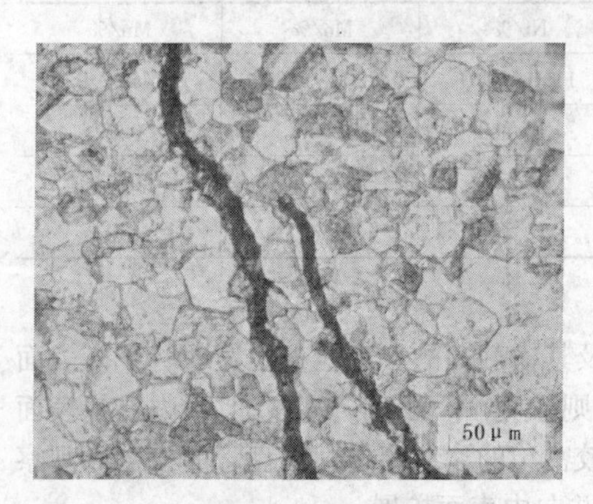

图 1-3-6　高倍下显示为穿晶裂纹 1

图 1-3-7　高倍下显示为穿晶裂纹 2

（4）扫描电镜试验

对盘管断口进行扫描电子显微镜试验分析，显示裂纹断面为解理状(图 1-3-10

和图1-3-11)，裂纹由盘管的外表面起裂并向内表面扩展(图1-3-12~图1-3-15)，未见明显疲劳断裂特征。

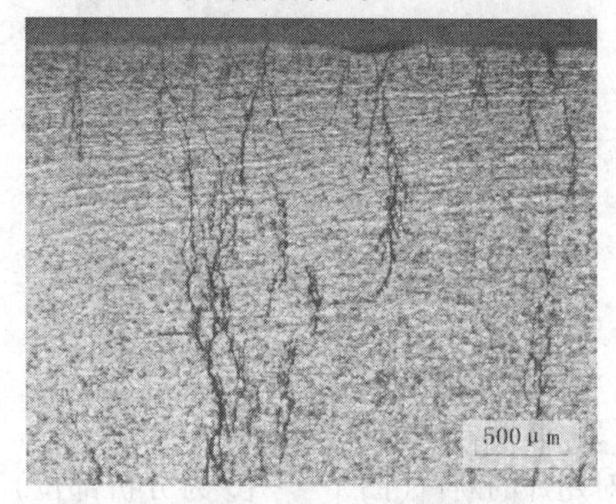

图1-3-8　低倍下显示为树枝状裂纹1

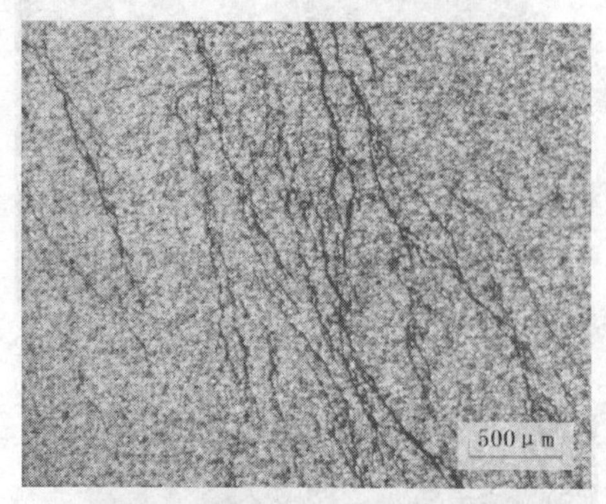

图1-3-9　低倍下显示为树枝状裂纹2

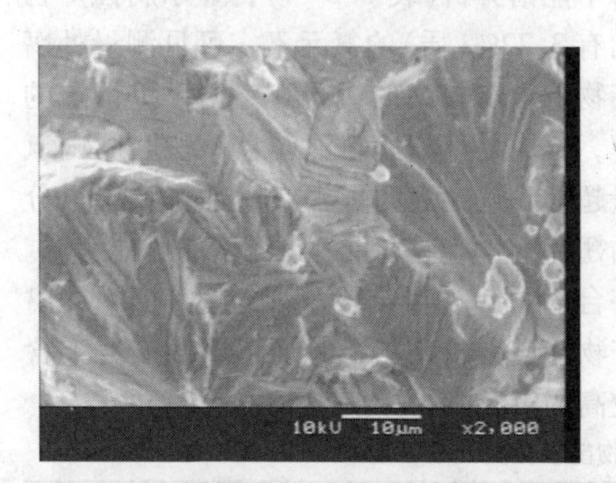

图1-3-10　高倍下显示为解理状裂纹断面1

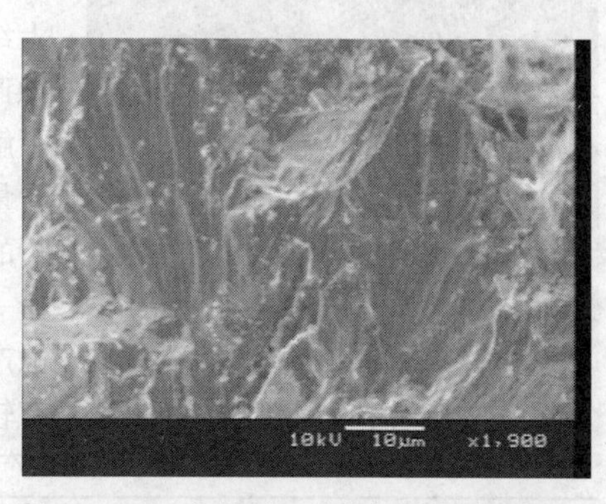

图1-3-11　高倍下显示为解理状裂纹断面2

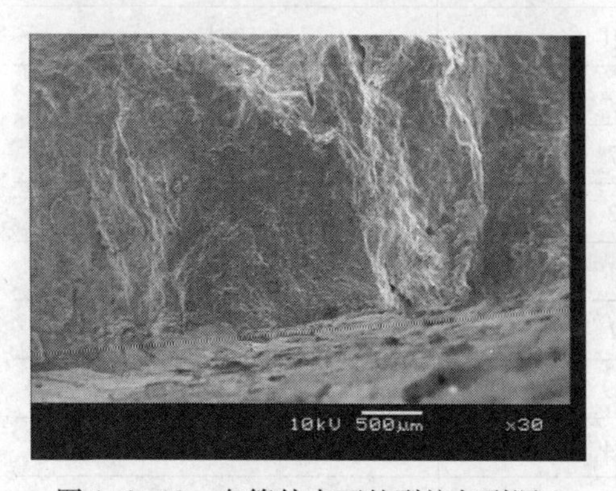

图1-3-12　盘管外表面的裂纹起裂源1

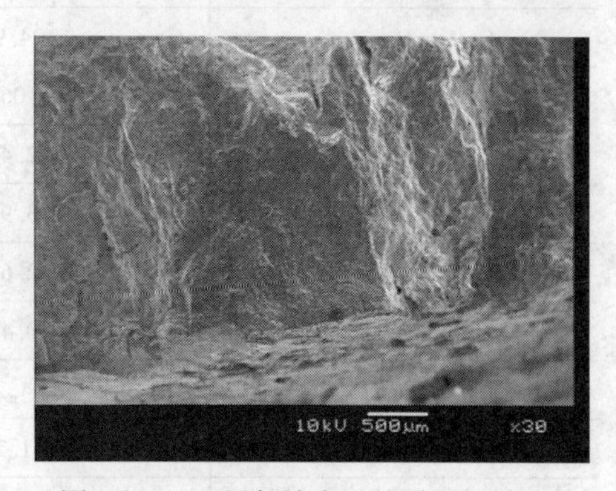

图1-3-13　局部放大后的裂纹起裂源1

图 1-3-14　盘管外表面的裂纹起裂源 2

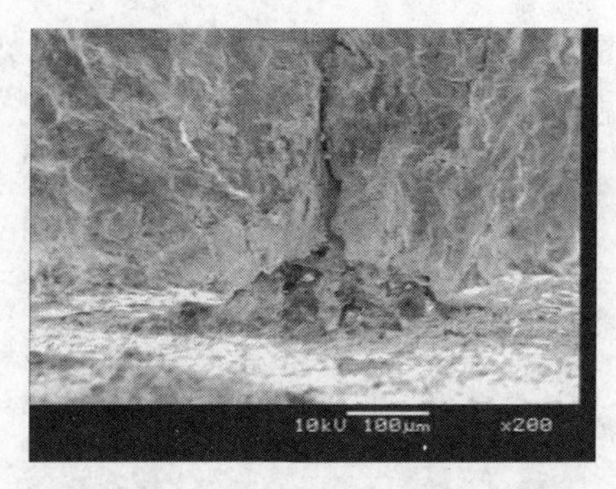

图 1-3-15　局部放大后的裂纹起裂源 2

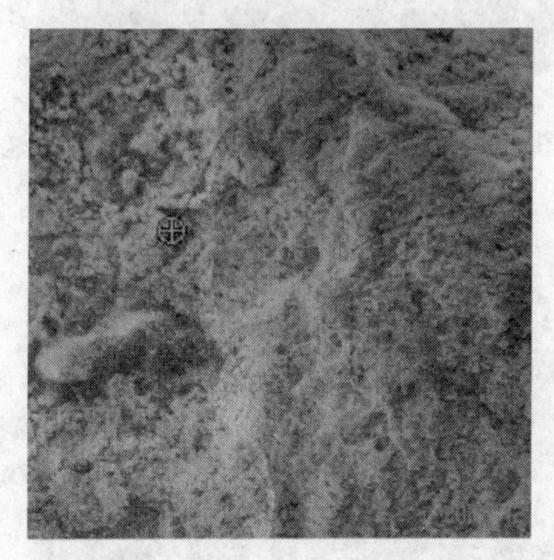

图 1-3-16　腐蚀产物能谱分析位置

（5）能谱分析

对翅片的断口（图 1-3-16 为分析部位）进行了能谱分析（表 1-3-4），显示腐蚀产物上约有 3.72%（质）的氯元素，可见测量处腐蚀产物上含有较高的氯元素。据厂里情况的了解，生成烟气的燃料油曾在一段时间内氯含量超标，这也表明了本次腐蚀产物能谱分析的翅片上含有一定量的氯元素的可能来源。另一台 4#裂解炉对流段盘管的翅片断口的腐蚀产物能谱分析结果，旁证了腐蚀产物上含有较高的氯元素。

表 1-3-4　腐蚀产物能谱分析元素含量

元素	质量/%	原子/%
O	24.91	52.43
Si	0.06 *	0.07 *
S	2.47	2.60
Cl	3.92	3.72
Cr	2.64	1.71
Mn	0.47	0.29
Fe	54.29	32.74
Ni	11.24	6.45
总量	100.00	100.00

* $\leq 2\sigma$

3 综合分析

（1）盘管和翅片的材料质量

盘管和翅片的化学成分基本满足相关标准要求，金相组织正常，这说明盘管和翅片的材质满足设备使用要求。

（2）裂纹性质

对翅片的金相检查表明，裂纹表现出穿晶的特征，裂纹的形貌为树枝状；对盘管断口的扫描电镜检查表明，断口为解理断裂；对翅片的能谱分析检查表明，裂纹上的腐蚀产物中存在一定的氯元素。以上特征均与奥氏体不锈钢的氯化物应力腐蚀断裂特征一致。

（3）裂纹源

对去除翅片的盘管内、外表面及其横截面进行宏观检查表明，管子外表面腐蚀较严重，内表面不存在腐蚀，盘管的内、外表面均见较密集的裂纹，说明该段盘管已被较密集的裂纹穿透。从盘管横截面的宏观观察和对断口的扫描电镜检查表明，裂纹从盘管外表面起裂，并向内表面扩展。

4 结论及建议

（1）结论

综合上述分析，裂纹形成的机理可描述为：由于盘管烟气侧存在一定量的氯元素，这些氯元素在裂解炉排出烟气温度小于100℃并发生露点腐蚀的情况下溶解到凝结的水滴中，又由于不锈钢材料和氯离子水溶液介质是易产生应力腐蚀的组合，同时盘管在内压作用下和翅片在焊接残余应力作用下均产生拉应力，从而导致不锈钢盘管由外至内扩展的氯化物应力腐蚀裂纹和翅片上的氯化物应力腐蚀裂纹。

（2）建议

为了及时发现在用设备中存在的危险缺陷，并避免同类设备出现类似问题，建议业主做好以下工作：

① 及早对目前在用的同类裂解炉进行停机状态下的全面检验；

② 控制烟气中氯离子的含量；

③ 控制裂解炉排出烟气的温度，使其高于水的沸点。

第4节　乙烯装置裂解炉炉管失效分析

1　泄漏失效背景介绍

某化工厂裂解炉 BA114 是 SINOPEC Tech. 和 ABB Lummus Global 共同开发的，以 HVGO 为基础原料，HGO 和石脑油为替代原料。裂解炉 BA114 辐射段炉管焊缝泄漏主要集中在 2011 年 8 月至 2011 年 10 月 30 日期间检修产生的新焊缝上，主要时间点见表 1-4-1。

根据厂设备管理人员对情况描述可知，所有发生泄漏的炉管在开炉和停炉过程中，严格按乙烯装置裂解炉管理操作指南进行操作，在运行过程中运行平稳，而且操作条件未发生异常变化。

表 1-4-1　裂解炉 BA114 辐射段炉管焊缝泄漏主要时间点

日　期	工作性质或工作内容
2008-4	开始投用
2011-8	辐射段炉管堵塞，停炉检修至 2011 年 09 月 13 日
2011-9-13	开炉运行约 19 天
2011-10-02	第二组炉管焊缝泄漏，监护运行至 2011 年 10 月 15 日
2011-10-15	停炉检修
2011-10-20	开炉运行约 10 天
2011-10-30	第四组炉管焊缝泄漏，停炉检修，新焊缝 100%射线检测合格
2011-11-07	开炉运行约 6 天
2011-11-13	第二组和第四组炉管 5 道焊缝泄漏

对失效炉管取样宏观检查，发现除了炉管焊缝腐蚀穿透部位外，炉管外表面状况良好，见图 1-4-1。

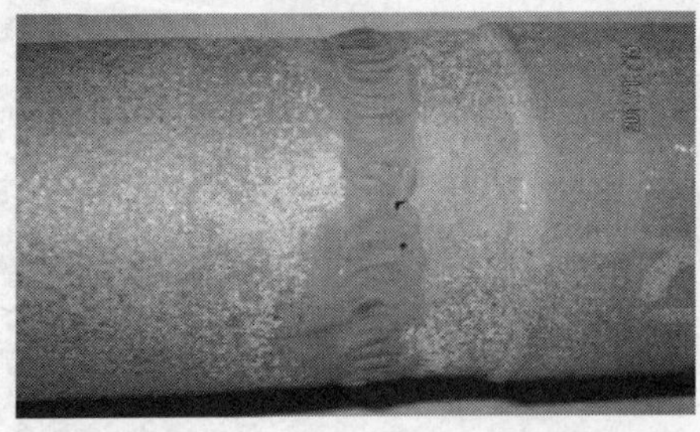

(a)　(b)

图 1-4-1　辐射段失效炉管外表面

失效炉管内壁母材未见异常现象，失效部位焊缝内表面有整圈“减薄沟槽”，局部已由内向外扩展至穿透，“减薄沟槽”边界圆滑并且相互交连，呈现典型的烧蚀形貌，见图1-4-2。仔细观察腐蚀部位“减薄沟槽”表现为熔化断口状，并且表面有大量腐蚀产物。

(a)

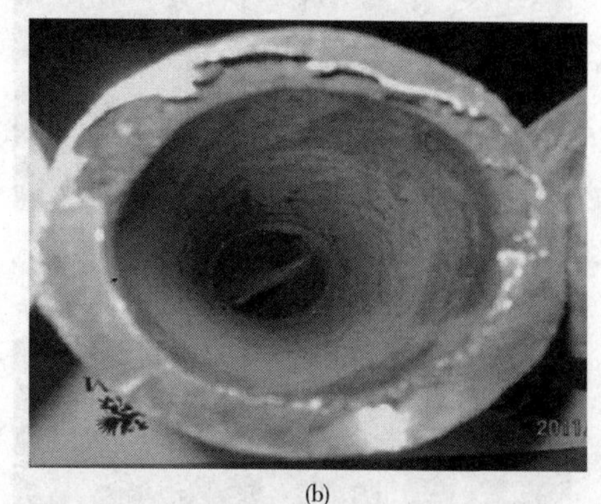
(b)

图1-4-2 失效部位焊缝内表面减薄沟槽

2 理化检验

（1）硬度检测

对失效炉管母材和焊缝进行硬度检测，检测部位见图1-4-3。对未失效炉管母材和焊缝进行硬度检测，失效炉管与未失效炉管母材和焊缝硬度值相比偏差不大，且均属正常。

（2）金相分析

对取样失效炉管(样品1~3部位)进行金相检测，样品金相检测部位见图1-4-3。

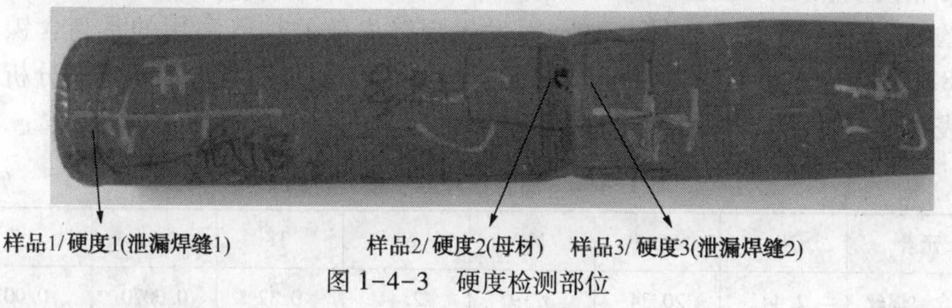

图1-4-3 硬度检测部位

样品1~4部位金相检测相片见图1-4-4~图1-4-7。金相相片显示，失效炉管与未失效炉管金相检测未见异常。炉管母材的组织为奥氏体+少量碳化物，焊缝组织呈细小枝晶状，未发现明显的非金属夹杂物、异常组织以及高温造成的碳化物析出现象，焊缝与母材的连接情况基本相似，金相组织良好。

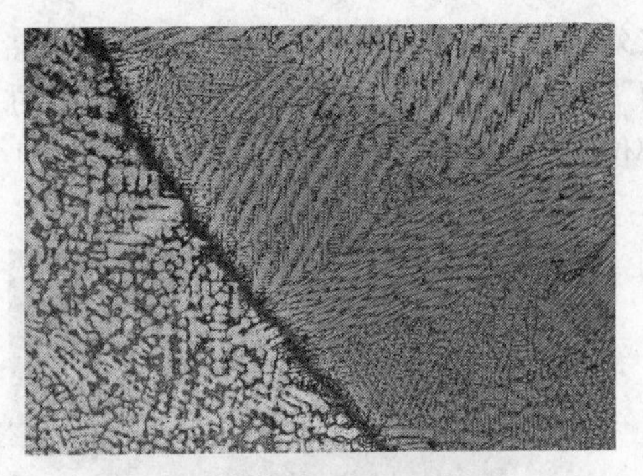

图 1-4-4 样品 1-100×

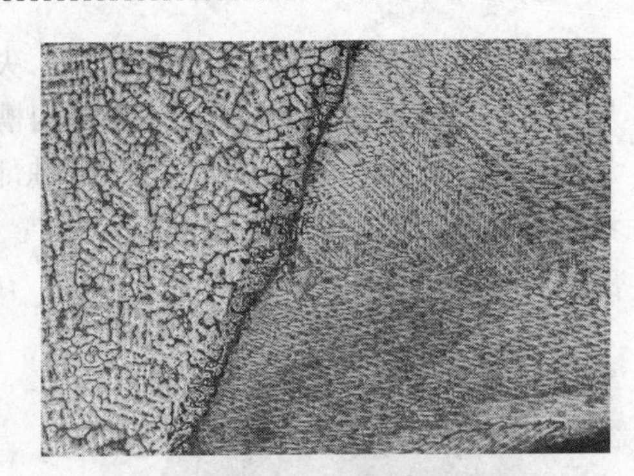

图 1-4-5 样品 2-100×

图 1-4-6 样品 3-100×

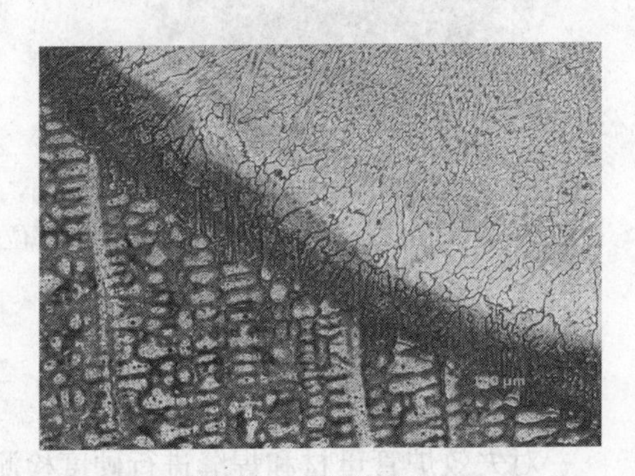

图 1-4-7 样品 4-100×

(3) 化学成分分析

据使用单位提供信息可知，未发生焊缝失效的炉管采用的都是与母材化学成分相同或相近的焊丝焊接的，同质焊丝中最主要的两个合金元素含量 Cr 元素约为 25%，Ni 元素约为 33%；而发生焊缝失效的炉管采用的是高含镍焊丝 ER82，其中 Cr 元素约为 20%，Ni 元素超过 70%，对高含镍焊丝定量分析结果见表 1-4-2。

表 1-4-2 高含镍焊丝定量分析结果 %

元素	Nb	Cr	Mn	Ni	Ti	C	S
高含镍焊丝	2.44	20.34	3.19	72.44	0.32	0.0070	0.0014

炉管材料采用的是高温用离心铸造合金炉管钢 ZG40Ni35Cr25NbM，取样炉管母材和焊缝化学成分分析结果见表 1-4-3 和表 1-4-4。从表 1-4-3 中母材化学成分分析数据可知，Nb 元素含量低于标准值范围，其他元素均在标准范围内。

Nb元素含量较低主要影响炉管材料抗晶间腐蚀的能力，同时在焊接过程中易产生焊接热裂纹。

（4）能谱分析

除了发现Cr、Ni、O、Fe等元素外，值得注意的是，穿透焊缝的内壁沟槽表面硫含量为3.9%，而相邻母材内壁硫含量为0.017%（甚至部分位置未检测到硫），说明沟槽表面有硫聚集现象。导致硫存在的原因可能有：一是介质中含硫组份在内壁附着；二是发生高温硫腐蚀，硫化物聚集。根据沟槽表面硫含量远高于母材内表面硫含量的情况，同时考虑到管内介质为高温含硫还原性气氛，可以判断出焊缝发生了高温硫腐蚀，才能形成如此高的硫含量。

表1-4-3 母材化学成分分析 %

编　号	Ni	P	Si	Cr	Nb	Mn	C	S
A	34.30	0.016	1.40	25.01	0.40	0.95	0.44	0.010
B	34.35	0.016	1.47	24.61	0.39	0.96	0.44	0.017
C	33.0~37.0	≤0.030	≤1.50	23.0~27.0	0.7~1.5	≤1.00	0.40~0.45	≤0.030

注：A为未发生失效的同质焊缝（采用同质或与母材化学成分非常相近的焊丝焊接的焊缝）炉管；B为焊缝失效的炉管；C为标准规定化学成分范围要求。

表1-4-4 焊缝失效炉管焊缝化学成分分析 %

编　号	Ni	P	Si	Cr	Nb	Mn	Mo	C	S
B1	64.45	<0.01	0.72	21.12	1.88	2.41	<0.01	0.15	0.0050
B2	60.38	<0.01	0.72	21.69	1.83	2.42	<0.01	0.15	0.0056

3 焊缝腐蚀机理分析

本次失效炉管焊缝投用前的检修过程中均经射线检测合格，在开炉运行最短6天（最长19天）就发生了焊缝腐蚀穿透，并且失效炉管内壁母材未见异常，失效部位焊缝呈现典型的烧蚀形貌。介质中的硫在高温下对炉管产生高温硫腐蚀，反应类型有两类：高温混合气氛下的高温金属硫化、含硫介质与杂质反应生成硫酸盐在金属表面沉积产生的热腐蚀。

在含Cr量大于50%~60%时，或含Ni大于65%时，Ni元素含量变化对硫腐蚀的影响并不明显；在含Cr量为20%~25%时，Ni含量如小于20%时，Ni元素含量的不利影响也不明显，但是当Ni量超过20%时，其不利影响逐渐显现，且随Ni增加硫腐蚀速率增加。

化学成分分析表明本次失效炉管焊缝的Cr含量约为21%、Ni含量大于

60%，正处于腐蚀最敏感的合金组合情况，反应形成疏松的硫化镍，特别是低熔点共晶物 $Ni+Ni_3S_2$(熔点仅为635℃)，硫腐蚀速率激增，造成快速失效。

4 结论与建议

针对裂解炉管的特点，提出以下三方面建议：

① 选材。选择与炉管同质的焊丝(如 A2535Nb)、或 Cr≥25%且 Ni 含量较低的焊丝(条)进行焊接，避免使用硫腐蚀速率高的高 Ni 合金类焊条、焊丝。

② 工艺。降低介质的 S 含量，减少对材料的腐蚀。

③ 焊接。对于 ZG40Ni35Cr25NbM，因焊接极易产生热裂纹，建议采用全焊道氩弧焊，多层多道窄焊道焊接工艺，采用小线能量短电弧不摆动或小摆动的焊接方法，尽可能减小线能量输入，降低焊缝开裂的可能性。

第5节 乙烯裂解炉新、旧炉管焊接开裂问题分析

1 背景概况

乙烯裂解炉为乙烯裂解装置核心设备，裂解炉辐射段炉管长期运行于高温状态，检修中常会遇到辐射段炉管的局部损伤、更换。在更换过程中需要新管和旧管焊接，而焊接时在旧管一侧很容易开裂，有时需要数天才能将管子焊接好，这就导致了裂解炉无法按时开车，影响了整个装置的生产。为了解决这个问题，我们选择了一段焊接后开裂的管子，来分析其开裂的原因，并提出相应的解决方案。

该炉管材料是铸造 25Cr-35Ni+Nb+Ma，开裂发生于焊接过程中，因此，用于分析开裂的样品是开裂的焊接接头及其管段。

2 检查结果与分析

(1) 外观检查

试件为一段环缝对接接头，新、旧管位于焊缝两侧，旧管尺寸 ϕ76mm×6.4mm，新管尺寸 ϕ78mm×7.5mm，采用手工 TIG 工艺焊接，填充材料为 20.70NbERNiCr-3 焊丝。经检查发现，开裂出现在旧管一侧，裂纹起始于焊缝熔合线，沿熔合线扩展一段距离后经热影响区向母材方向发展。外表面裂纹长度大于内表面，穿透管壁厚度的部分基本位于熔合线处，长度约 45mm。未完全穿透管壁的裂纹，向旧管母材方向扩展，由此判断，裂纹是由外向内发展的。裂纹的外观照片见图 1-5-1，图 1-5-2 是沿熔合线开裂的断口宏观照片，可以观察到

脆性断裂的形貌。间断出现的金黄色和蓝色是由焊接电弧加热引起的氧化，这证实部分区域在焊接过程中已经发生了开裂。

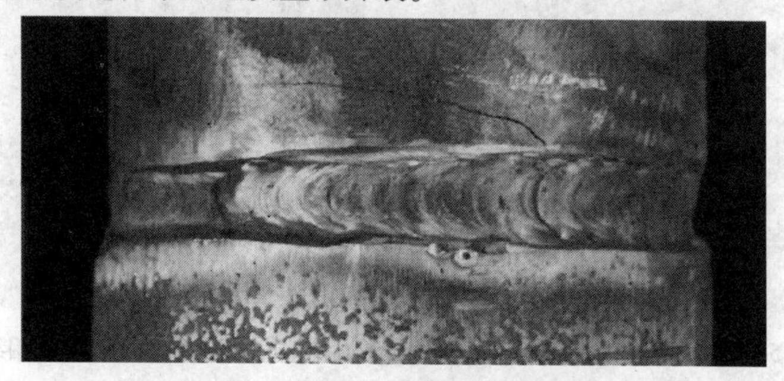

图 1-5-1 裂纹向旧管母材方向发展

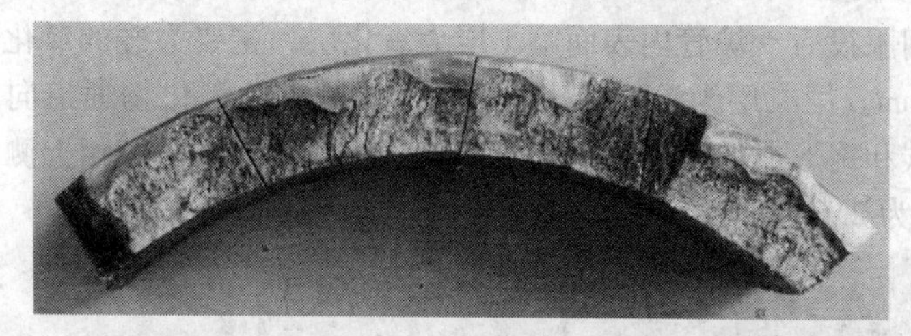

图 1-5-2 断口宏观照片(靠近外圈的平面是焊接坡口)

(2) 化学成分分析

所分析的元素中除了旧管碳含量较高，并超过了其供货要求中的技术条件外，其他成分都合格。从化学成分上看，旧管很可能在服役过程中发生了增碳，见表 1-5-1。

表 1-5-1 炉管化学成分分析 %(质)

样品名称	C	Cr	Ni	P	S
旧管	0.55	24.52	34.05	0.026	0.013
新管	0.49	24.50	34.00	0.018	0.0082
技术条件①	0.4~0.5	24~27	344~37	≤0.03	≤0.03

注：①由该化工厂提供。

(3) 金相检验

① 材料的金相组织 图 1-5-3 和图 1-5-4 分别是旧管和新管的金相组织。旧管材料的奥氏体基体上析出碳化物相数量较多，长条状、块状，尺寸较大，多呈链状分布。而新管的析出相则比较细小，大多沿晶界呈网状分布，此外，基体上也弥散分布一些析出相，尺寸较小。

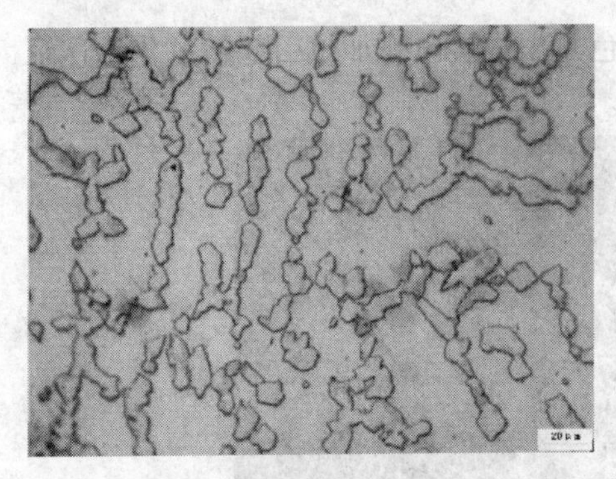

图 1-5-3 旧管金相组织

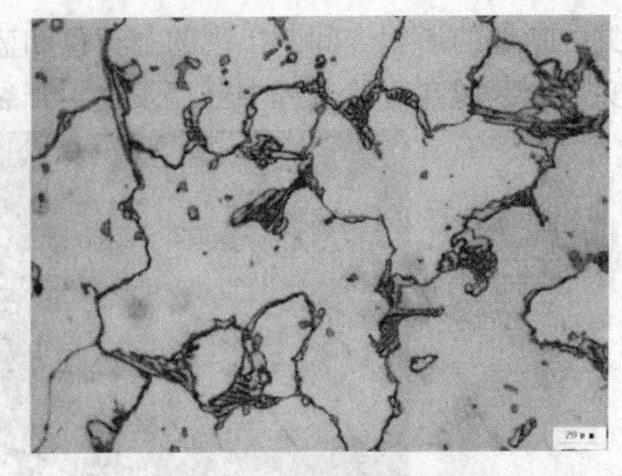

图 1-5-4 新管金相组织

② 旧管渗碳层 图 1-5-5 是旧管内表面到外表面的金相照片，可以发现，经过一段时间服役后，炉管内表面第 1 层为氧化层，主要为硅的氧化物，氧化层厚度为 0.40mm。第二层为渗碳层，从氧化层中形成的氧化物通道向里渗碳，发生渗碳后，碳和铬形成的链状碳化物分布在基体晶界上。从金相上测量发现渗碳层+氧化层约为 2.60mm。

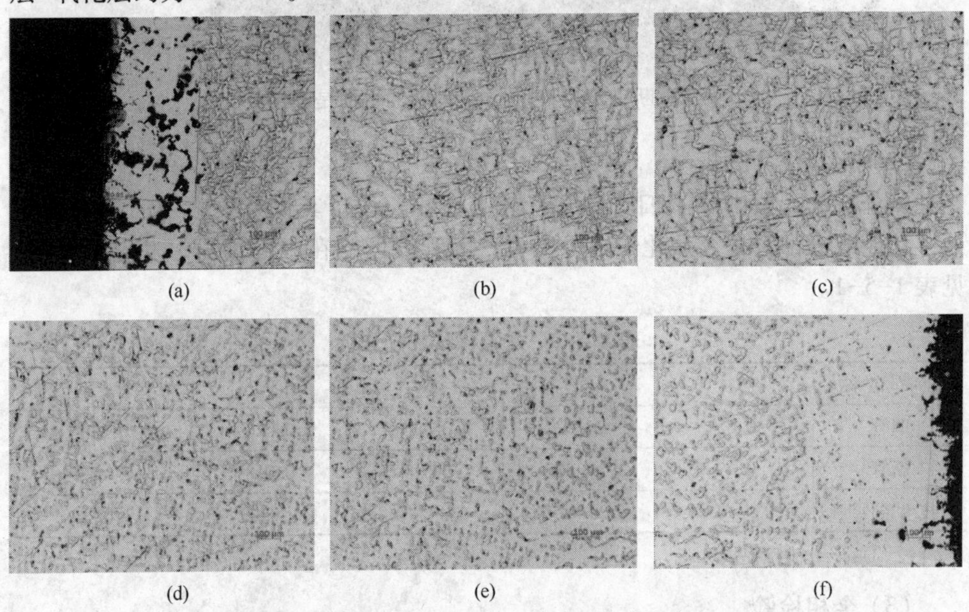

(a) (b) (c)

(d) (e) (f)

图 1-5-5 旧管内表面至外表面金相组织

（4）析出相能谱分析

图 1-5-6 和图 1-5-7 分别是旧管和新管的析出相能谱分析结果。旧管和新管的析出相都是富 Cr 的碳化物，Cr 的质量百分数在 70%左右。新管有少量 Nb

的碳化物析出，呈短棒状和颗粒状。旧管基体中 Cr 含量明显低于新管，表明在碳化物长大的过程中，不断从基体中富集 Cr。

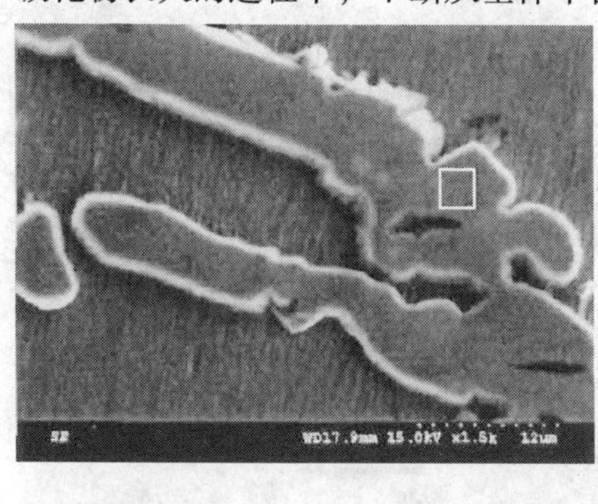

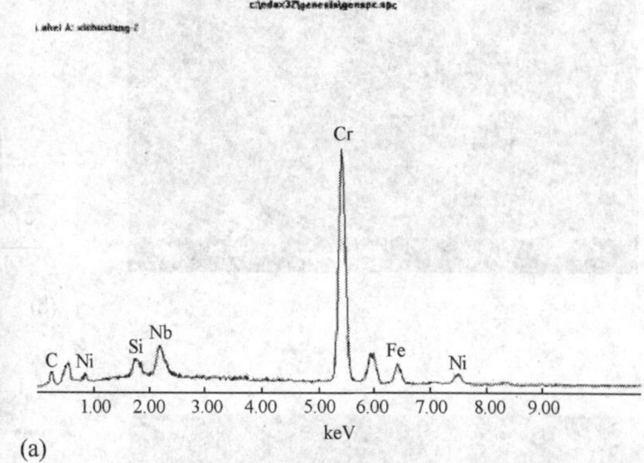

(a)

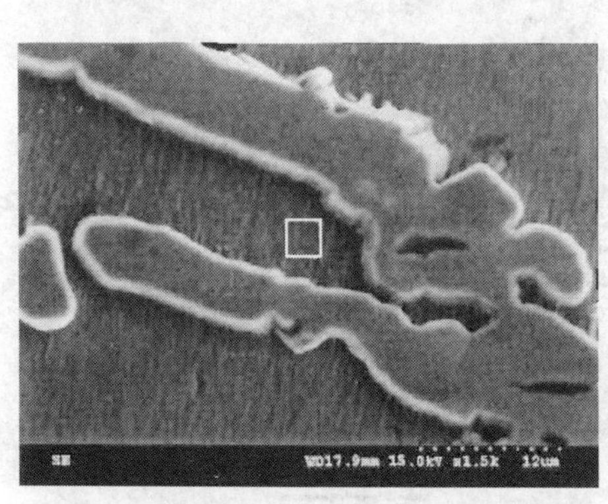

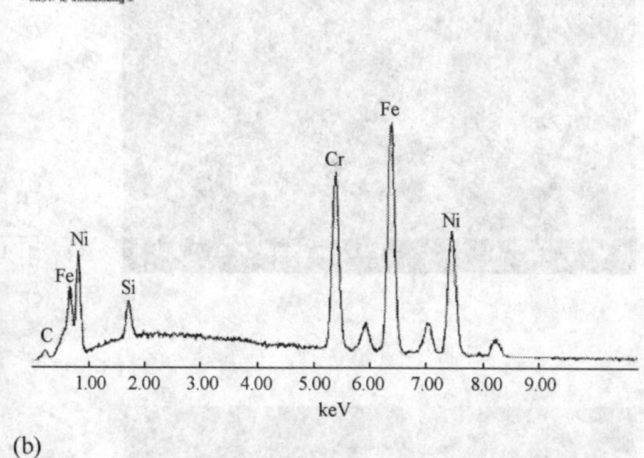

(b)

图 1-5-6　旧管碳化物析出相能谱分析

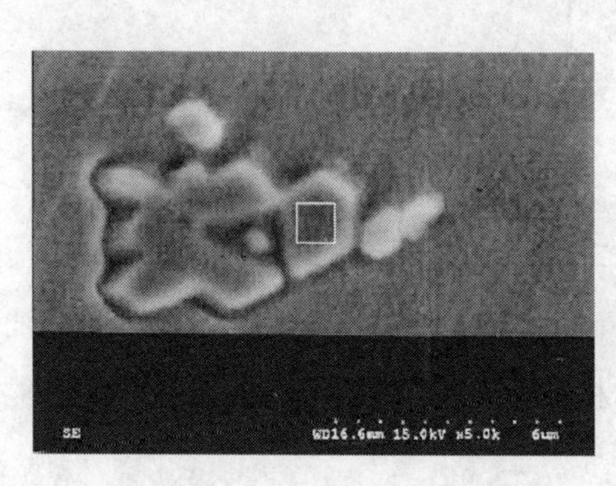

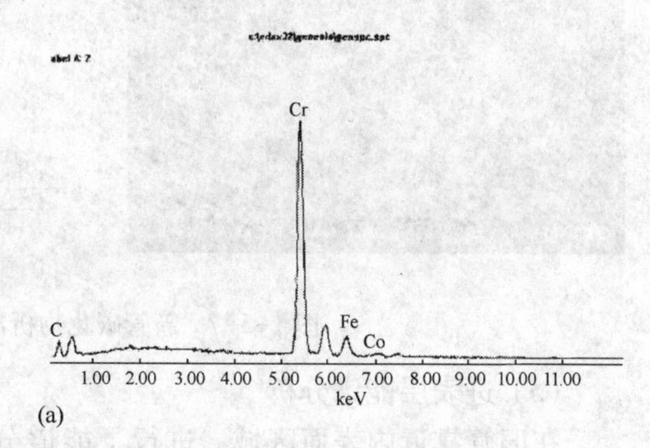

(a)

图 1-5-7　新管碳化物析出相能谱分析

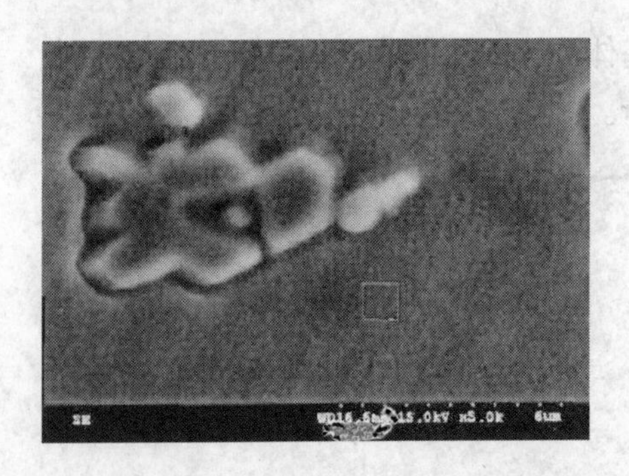

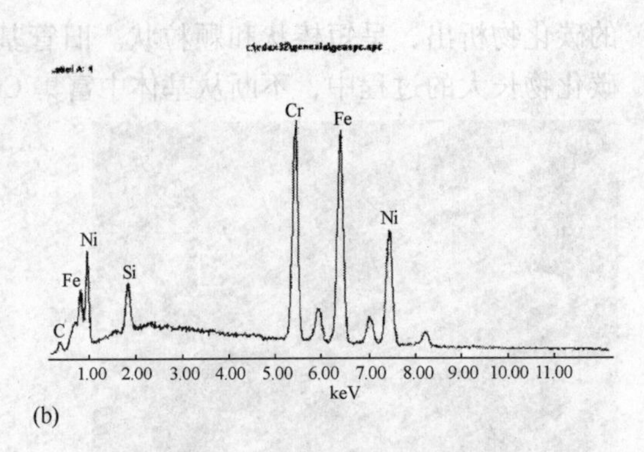

(b)

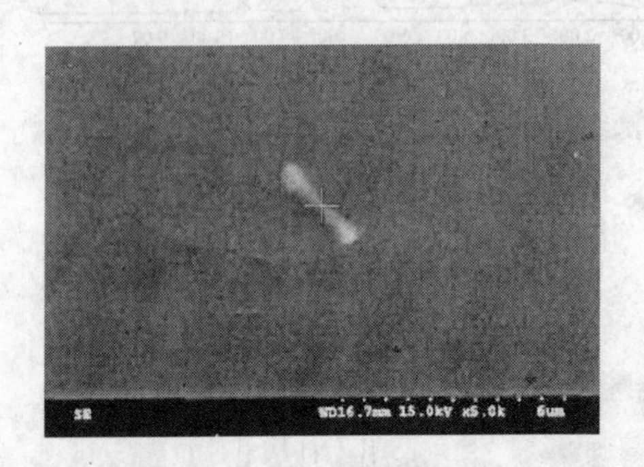

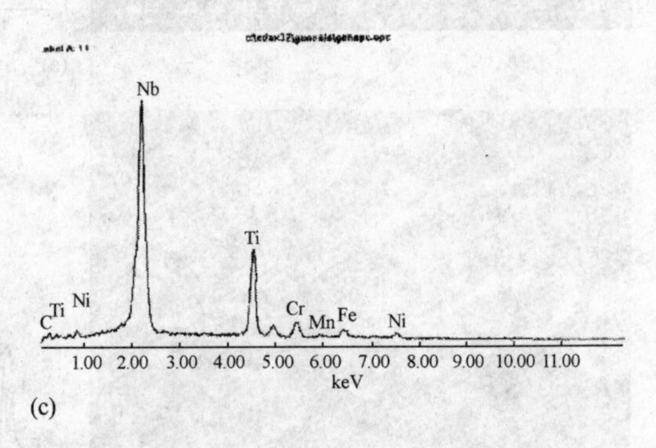

(c)

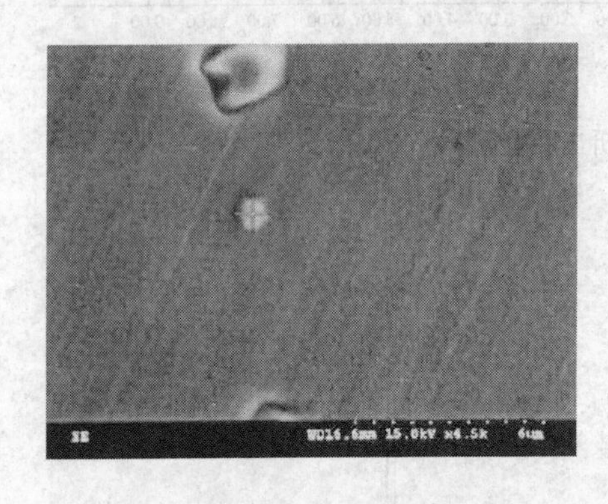

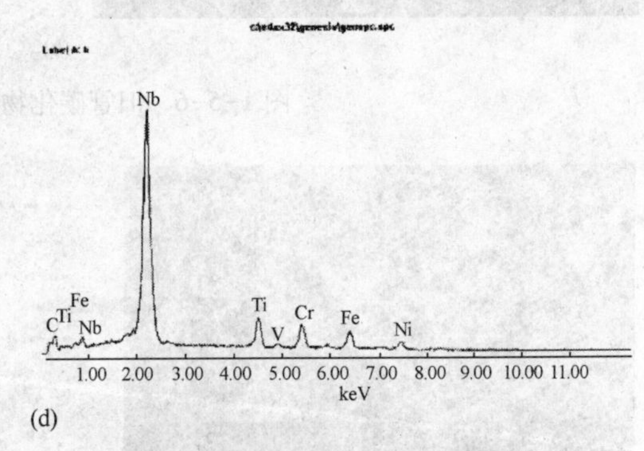

(d)

图 1-5-7　新管碳化物析出相能谱分析(续)

(5) 进表层能谱分析

在旧管靠近内表面区域，进行了能谱分析，结果见图 1-5-8 和表 1-5-2。能谱分析结果表明：管内壁表面发生了严重渗碳、Cr 向表面富集、越接近表面氧化越严重。

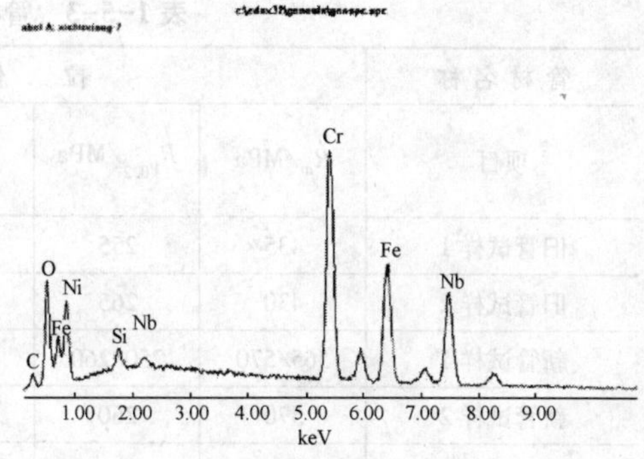

(a) a区域

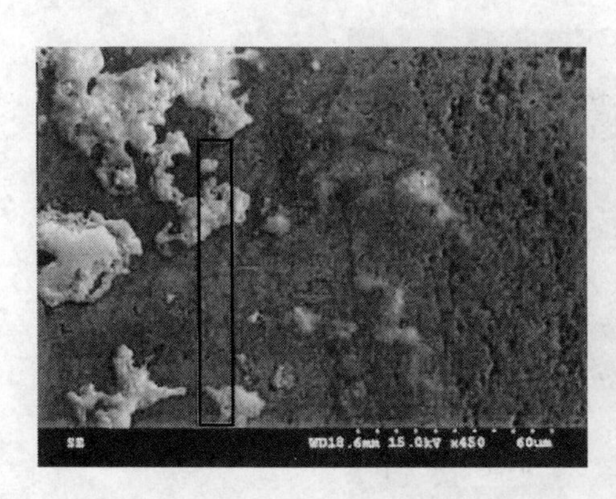

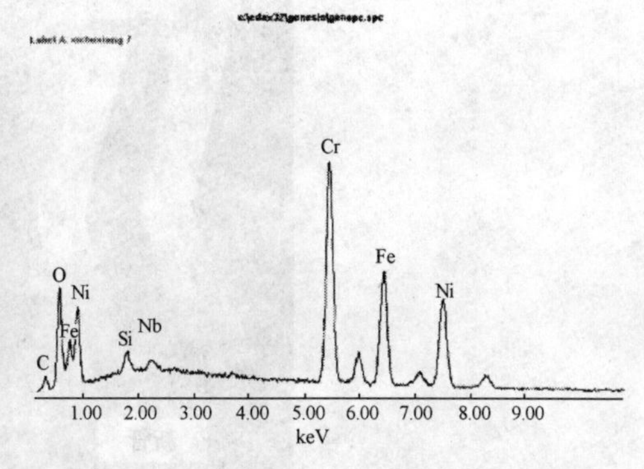

(b) b区域

图 1-5-8 SEM 照片及能谱分析

表 1-5-2 近表层能谱分析结果 %

能谱位置	C	Si	Cr	Ni	O	Nb	Fe
a	0.84	1.02	34.72	14.07	14.74	1.93	32.68
b	0.55	1.75	29.00	33.58	9.32	1.77	24.04

(6) 力学性能测试

分别在旧管和新管中取试样，进行室温拉伸和弯曲试验。从表 1-5-3 中可看到旧管的延伸率极低，只有新管的 1/10。弯曲试验的目的是考核材料塑性，其过程是逐渐、缓慢加载至材料开裂为止，弯曲试验结果见表 1-5-3。图 1-5-9 是弯曲后试样的照片，与新管相比，旧管材料在发生破坏前的变形量要小很多。

表 1-5-3　管材的力学性能

管材名称	拉伸				弯曲	
项目	R_m/MPa	$R_{p0.2}$/MPa	A/%	Z/%	抗弯强度/MPa	压头位移量/mm①
旧管试样 1	435	255	1.0	2.5	765	0.62
旧管试样 2	430	265	1.5	4.0	765	0.64
新管试样 1	565/570	250/260	15.0	9.0	1270	3.25
新管试样 2	570	260	17.5	18.5	1310	3.52
技术条件	450	250	≤6	—	—	—

注：①根据 MTS 试验机绘出的应力-应变曲线，该数值为应力最大值时的位移量。

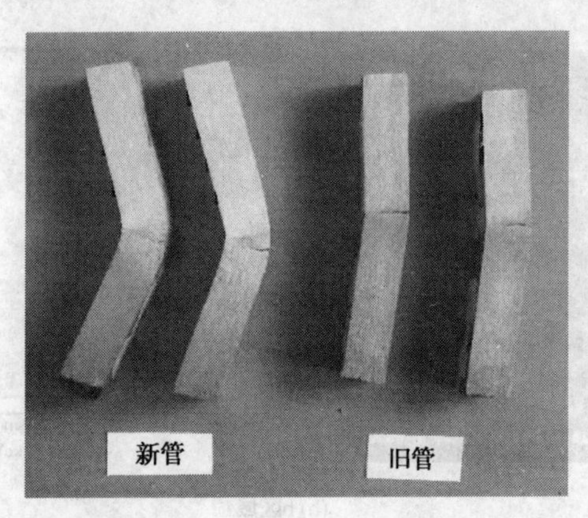

图 1-5-9　管材弯曲试样照片

3　焊接开裂原因

① 在长期高温服役中，炉管材料性能产生了退化，管内壁发生了严重渗碳；从奥氏体基体中析出大量、大尺寸碳化物；材料的强度下降、硬度升高、原有的室温塑性几乎全部丧失，发生了严重的脆化。

② 严重脆化的旧炉管无法承受焊接热应力引起的变形，一旦材料开裂也无法阻止裂纹扩展。因此，炉管材料的脆性是产生焊接裂纹的直接原因。

4　解决方案

乙烯裂解炉炉管在长期高温工况中服役，炉管内壁发生了严重的渗碳，从奥氏体基体中析出大量、大尺寸碳化物，使炉管材料的强度下降、硬度升高、原有的室温塑性几乎全部丧失，发生了严重的脆化，在焊接过程中便无法承受焊接热应力引起的变形，从而产生了焊接裂纹。可以说，炉管材料的脆化是产生焊接裂纹的最直接原因。基于此，我们提出了以下两种新的焊接方法，来探讨解决渗碳炉管的焊接开裂问题。

(1) 热焊法

虽然渗碳炉管材料的常温塑性很低，几乎等于零，但是随着加热温度的提高，高Cr-Ni合金的渗碳炉管却都表现出较好的高温塑性。资料显示，900℃以上渗碳严重的HP系列炉管都表现出较高的塑性。利用这个特性，焊接时可采用焊前预热及焊接中保温的措施，亦称之为热焊法。据了解，大庆石化、独山子石化等公司都采用过该种焊接方法，一次焊接成功率都达到了95%以上，不过此种方法的现场实施难度较大。下面为文献中大庆石化曾采用的该焊接方法的工艺要点：

① 焊接方法采用TIG焊；

② 预热950℃，恒温0.5h，预热采用电热绳；

③ 终焊温度控制在700℃以上，焊后将焊口升温至950℃保温1h，然后以不大于100℃/h的速率冷却；

④ 焊接规范：电流90~100A，电压12~14V，焊速5~6cm/min；

⑤ 背面充气流量：8~10L/min。

(2) 堆焊法

新、旧炉管焊接时，多在封底焊时产生裂纹，同时多出现在旧管侧的热影响区，邻近熔合线，方向与焊缝平行或垂直，分别由焊缝的横向或纵向收缩应力引起，但未能进入焊缝金属，裂纹不进入焊缝说明焊缝有一定的抗裂纹扩展的能力。据此，提出“先堆焊旧炉管坡口，然后再实施新旧炉管之间的焊接”，以提高新、旧炉管之间的焊接成功率。

首先在旧炉管坡口表面用Ni基WELTIG82焊丝或R-P3焊丝堆焊一层。其作用是消除表面裂纹，而且对表层相当于做了一次重熔-改变化学成分-再结晶的冶金处理。堆焊层和堆焊过程中再结晶区金属的化学成分和金相都发生了彻底的变化。使用Ni基焊丝堆焊的出发点是利用其超常的焊接性、常温和高温塑性、常温和高温强度以及抗氧化性。尽管堆焊后再施焊不能完全避免产生焊接裂纹，但若堆焊后的坡口表面没有裂纹，则对焊过程中也不会产生焊接裂纹。堆焊是否产生裂纹与母材组织、焊材、焊接工艺有关。一般可以在旧管上先堆焊出高度10mm左右的堆焊层，再修磨出坡口施焊，或直接堆焊出坡口，然后再施焊。堆焊后的旧炉管与新炉管焊接时，旧管侧的熔合区和热影响区皆在堆焊层中。这样，在对接施焊时，旧管就处在了拉应力很小的区域，有效地防止了裂纹。因此先堆焊旧炉管坡口，然后再实施新、旧炉管之间对焊的方法能提高焊接成功率。

建议该厂对以上提出的两种焊接方法进行试验，以找出最适合其实际情况的焊接方法。另外在焊接过程中还应注意以下几点：

① 尽可能避免错边，以免引起应力集中；

② 当新旧管组对时，由于炉管批次不同，壁厚有时相差很大，需要将较厚件削薄成缓坡状，然后组对焊接；

③ 炉管更换中，尺寸必须准确，要避免强行组对，以免产生附加应力；

④ 应采用尽可能小的线能量以减小变形量及热影响区宽度，并防止晶粒过于粗大而导致的各种缺陷产生；

⑤ 采用多层多道焊可以压低各道的线能量，减小变形及热影响区宽度；

⑥ 焊后进行保温，使其缓慢冷却。

5 服役炉管定量评价方法的探讨

裂解炉为乙烯装置中的关键设备，而裂解炉的辐射段炉管则为重中之重。虽然炉管设计寿命一般为6~10年，但炉管在使用过程中由于组织恶化、性能降低、高温蠕变损伤、渗碳、高温氧化、结焦、冲刷等原因造成某些炉管在未达到设计寿命之前就严重损伤和破坏，从而不得不更换。在更换旧炉管时，需进行新管与旧管焊接，而焊后在旧管一侧很易开裂，这就影响了焊接修复。因此希望研究出炉管本身损伤规律及探讨炉管损伤与焊接的关联性，从而提高更换和修复服役炉管的速度，保证裂解炉长期安全运行。

一般来说不同服役时间的炉管都有程度不同的晶界损伤，比如说渗碳，虽然主要是炉管的内表面发生渗碳，但是其外表面的金相组织也会有相应的变化，因此我们可以通过炉管外表面的组织观察，对裂解炉服役炉管损伤进行分级，这样就可以利用炉管损伤等级特征来预测炉管的焊接性和寿命消耗情况，这对于充分发挥炉管的使用性能和保证其安全运行将有着较好的实际意义。

比如说可以建立起下面这样的炉管损伤分级和炉管焊接性、剩余寿命的关系。炉管外表面显微组织分为5级，每一级都对应该炉管不同的焊接性和剩余寿命，见表1-5-4。

表1-5-4 炉管损伤等级与焊接性、剩余寿命的关系

损伤等级	剩余寿命	焊接性
1	90%	可以施焊
2	80%	可以施焊
3	40%	需特殊方法施焊(比如上文提到的两种方法)
4	20%	难以施焊
5	无剩余寿命	不可施焊

如能建立起这样的损伤分级表，那么在现场停车时对不同服役时间的炉管外表面进行显微组织观察，就能很快判断炉管的焊接性、哪根炉管需要更换、具体更换部位，这有利于缩短工厂检修时间和增加炉管使用的安全性。

第6节 合成氨厂渣油气化炉过热壳体安全性分析

1 背景概况

某公司合成氨厂渣油气化炉（1#R0201）由意大利 Industrie Meccaniche Di Bagnolo S. P. A公司在1993年制造，2004年11月由于其燃烧室中耐火砖开裂导致高温火焰（燃烧室内炉温1200℃）穿透挡板进入到无耐火层保护的急冷室壳体表面，造成局部壳体鼓包，鼓包区域周向弧长约为2600mm，轴向长度约为1000mm，外凸约为50mm，内表面黑亮，外表面铁红色。渣油气化炉内径2090mm，设计壁厚75mm，材料为SA387Gr. 11Cl. 2，操作介质为$CO+CO_2+H_2$，腐蚀裕量6mm，设计压力9.25MPa，设计温度427℃，操作压力8.0MPa，操作温度300℃，燃烧室内有360mm厚的耐火砖，设备外有220mm厚的保温层。初步金相分析见图1-6-1。

某压力容器检验研究所对现场过热部位进行了两次理化检验。第一次理化检验发现鼓包处组织已发生变化，内表面鼓包处组织为网状铁素体+贝氏体，硬度234HB；内表面正常组织为铁素体+珠光体，硬度163HB；外表面鼓包处组织为铁素体+贝氏体，硬度192HB；外表面正常组织为铁素体+珠光体，硬度137HB；从鼓包处组织的变化来看，晶粒度较正常处有明显长大，具有过热组织特征。

为了了解过热区域组织变化的程度，在第一次的基础上将表层打磨掉约1mm后，进行第二次理化检验，共检验6处，编号分别为J01~J06，具体位置为：J01，内表面鼓包最大处；J02，内表面距鼓包最大处下方100mm；J03，内表面距鼓包最大处下方200mm；J04，外表面鼓包最大处；J05，外表面距鼓包最大处左100mm；J06，外表面距鼓包最大处左200mm。其中J01、J04与第一次检验位置相同，但在上次基础上打磨掉约1mm。各处组织为：J03为铁素体+珠光体，其余为铁素体+贝氏体。各处硬度为：J01，217HB；J02，208HB；J03，160HB；J04，194HB；J05，176HB；J06，152HB。

金相分析结果表明鼓包部位金相组织发生变化，晶粒明显长大，硬度测定值异常偏高。为了科学合理地确定设备的安全状况，对该过热壳体进行安全性分析。

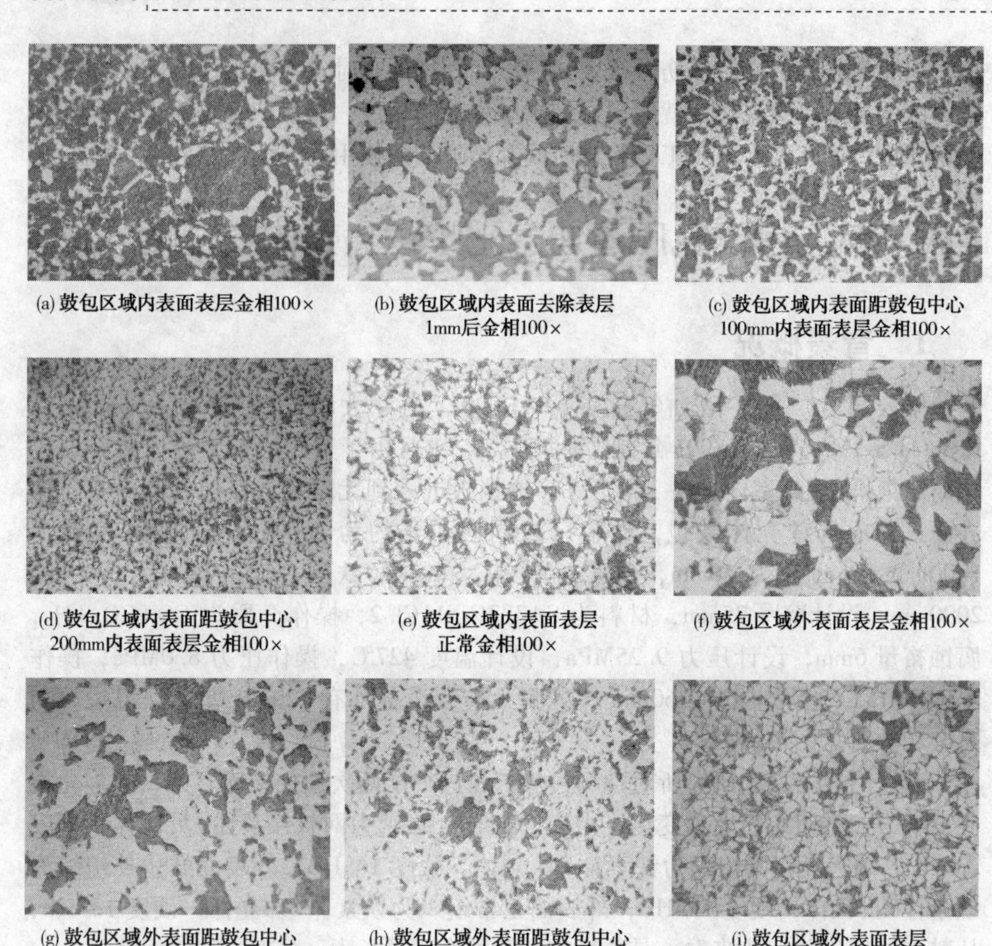

(a) 鼓包区域内表面表层金相100×
(b) 鼓包区域内表面去除表层1mm后金相100×
(c) 鼓包区域内表面距鼓包中心100mm内表面表层金相100×
(d) 鼓包区域内表面距鼓包中心200mm内表面表层金相100×
(e) 鼓包区域内表面表层正常金相100×
(f) 鼓包区域外表面表层金相100×
(g) 鼓包区域外表面距鼓包中心左100 mm表层金相100×
(h) 鼓包区域外表面距鼓包中心左200 mm表层金相100×
(i) 鼓包区域外表面表层正常金相100×

图 1-6-1 初步金相分析

2 实施内容

由现场检验的初步结果可知过热区域内的材料硬度及晶粒度增加较大，表面材料的强度必然也会增加，随之带来的必将是材料韧塑性能的下降。由于不能在设备上取材进行相应的试验，所以无法直接准确地评判本次过热对于设备安全性的具体影响。但可以通过模拟热处理的方法，即通过调整加热速度、保温温度、保温时间和冷却速度来模拟过热对设备材料的损伤，间接地确定出过热对于设备安全性的具体影响，模拟试验应做到如下要求：尽可能使试样上的金相组织与过热区域中的金相组织相同或稍劣于过热区域中的金相组织；尽可能使试样上的硬度与过热区域中材料的硬度相同或稍高于过热区域中材料的硬度。

根据上述思路，确定实施内容如下：

① 选取试验用材料；

② 确定模拟热处理工艺；

③ 试样分割；

④ 材料性能测试及鼓包部位的化学成分分析；

⑤ 鼓包部位的应力分析；

⑥ 试验数据的比较与分析；

⑦ 在现场可进行热处理的前提下，过热部位材料性能改善试验(必要时)；

⑧ 现场补充检验；

⑨ 分析结论；

⑩ 安全保障措施。

3 模拟热处理

(1) 试样的选取

选取与渣油气化炉筒体材料牌号及热处理状态均相同的试验板材一块，厚度为50mm，将其按试验分析用途分割为$1^{\#}$试板300mm×300mm(用于模拟热处理工艺)，$2^{\#}$试板300mm×600mm(用于试验分析)，$3^{\#}$试板300mm×300mm(分析基准)。模拟材料的化学成分及相关的机械性能见表1-6-1~表1-6-6。

表1-6-1 标准规定的机械性能范围

交货状态	试验方向	板厚/mm	抗拉强度/MPa	屈服强度/MPa	断后伸长率/%
N+T	横向	6~100	515~690	310	>18

表1-6-2 标准规定的化学成分 %

元素	C	Si	Mo	S	Mn	Cr	P
标准	<0.17	0.50~0.80	0.45~0.65	<0.030	0.40~0.65	1.00~1.50	<0.030

表1-6-3 试验材料材质证明书上的机械性能

试验方向	试验温度/℃	屈服强度/MPa	抗拉强度/MPa	断面收缩率(2in)/%
横向	380.0	338.0	476.0	—
	20	388.0	519.0	62
冲击试验温度/℃	冲击吸收功/J			
-10	353, 346, 256, 250, 254, 259			
硬度试验温度/℃	HV			
20	161, 162, 156, 155, 159, 158			

表 1-6-4　试验材料材质证明书上的化学成分　%

元素	C	P	Si	Ni	Sn	Al	V	Mn
	0.098	0.005	0.528	0.128	0.008	0.034	0.001	0.425
S	Cu	Cr	Mo	Nb	Ceq	J	Mn+Si	X
0.0026	0.088	1.056	0.470	0.001	0.489	123.9	0.953	8.2*

注：标有*的数值为依据相应公式的计算值。

表 1-6-5　设备本体材料材质证明书上的机械性能

试验方向	试验温度/℃	屈服强度/MPa	抗拉强度/MPa	断面收缩率(2in)/%
横向	20	350.0	556.0	31.6
冲击试验温度/℃	冲击吸收功/J			
0	149, 153, 115			
20	106			

表 1-6-6　设备本体材料材质证明书上的化学成分　%

元素	C	P	Si	Ni	Sn	Al	V	Mn	S
	0.14	0.01	0.64	0.17	0.001	0.054	0.002	0.59	0.0005
Cu	Cr	Mo	Nb	Sb	As	Ceq	J	Mn+Si	X
0.18	1.42	0.58	0.001	0.0003	0.001	0.662*	135.3*	1.23*	1.065*

注：标有*的数值为依据相应公式的计算值。

（2）模拟热处理工艺的确定

原则上将1#试板按照热处理试验的要求分割成若干小块，通过调整加热速度、保温温度、保温时间和冷却速度，尽可能使试样上的金相组织与过热区域中的金相组织相同或稍劣于过热区域中的金相组织。在第四次模拟试验时，取试板两块，920～950℃保温1.5h，全部水冷，淬火温度830～840℃。硬度一块为216HB，另一块为225HB。模拟试板金相组织见图1-6-2。

经分析，本次模拟试验所得到的金相组织形态及硬度指标与实际设备上检验所确定的情形相近。确定相应的试样可代表设备上材料的过热损伤情况。

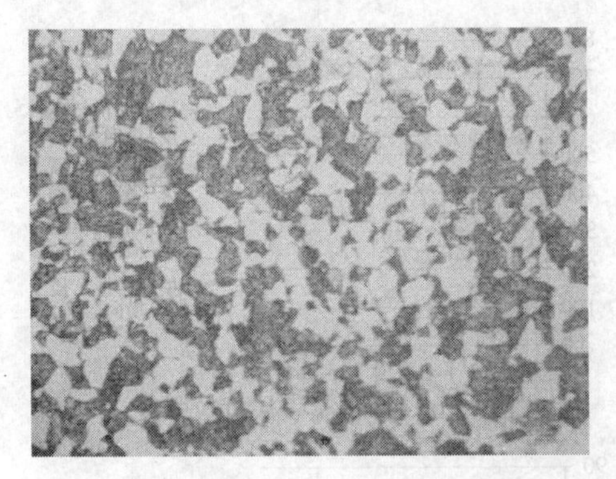
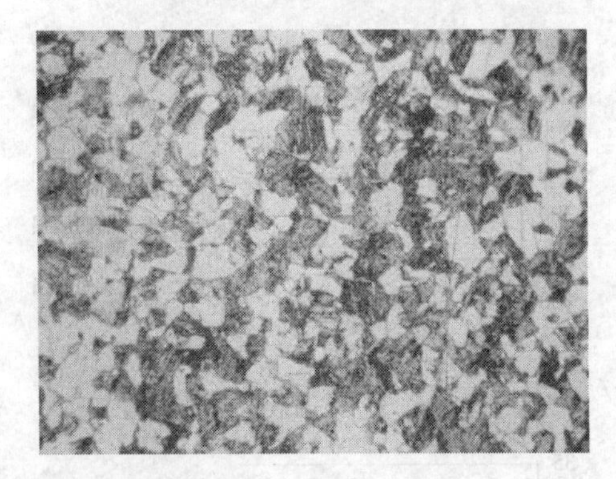

图 1-6-2 模拟试板金相组织

4 试样分割及机械性能测试、比较与分析

(1) 试样分割

按照上面确定的热处理工艺，将2#试板进行热处理，通过金相分析确定2#试板的组织与过热区域中的金相组织相同或稍劣于过热区域中的金相组织。满足要求后将试板分割成2A和2B两块，其中试板2A用于测试相应的机械性能和断裂韧度，试板2B用于过热材料性能改善试验。

(2) 材料性能测试

由某大学机械测试中心完成相应的测试工作，按照相应的测试标准，对试板2A和3#进行室温机械性能(抗拉强度、屈服强度、断面收缩率、断后伸长率、冲击功、断裂韧度)测试及高温机械性能(抗拉强度、屈服强度、断面收缩率、断后伸长率)测试。取样部位按照GB 2975—1998标准。

① 室温拉伸试验按照GB/T 228 采用R7规格试样，按取样部位，分为表面纵向、表面横向、芯部纵向、芯部横向共四组，每组试验试样不少于6个，分别测量出屈服极限、抗拉强度、断后伸长率、断面收缩率，另每组各准备3个备用试样。模拟材料的室温机械性能试验温度为18℃，试验结果经整理见图1-6-3~图1-6-10。

② 高温拉伸试验按照GB 2038—1995 采用GR2规格式样，按取样部位分为表面纵向、表面横向、芯部纵向、芯部横向共四组，每组试验试样不少于6个，分别测量出高温屈服极限、抗拉强度、断后伸长率、断面收缩率，测试温度拟定为300℃，另每组各准备3个备用试样。

模拟材料的高温机械性能试验温度为300℃(设备急冷室的操作温度)，试验结果经整理见图1-6-11~图1-6-18。

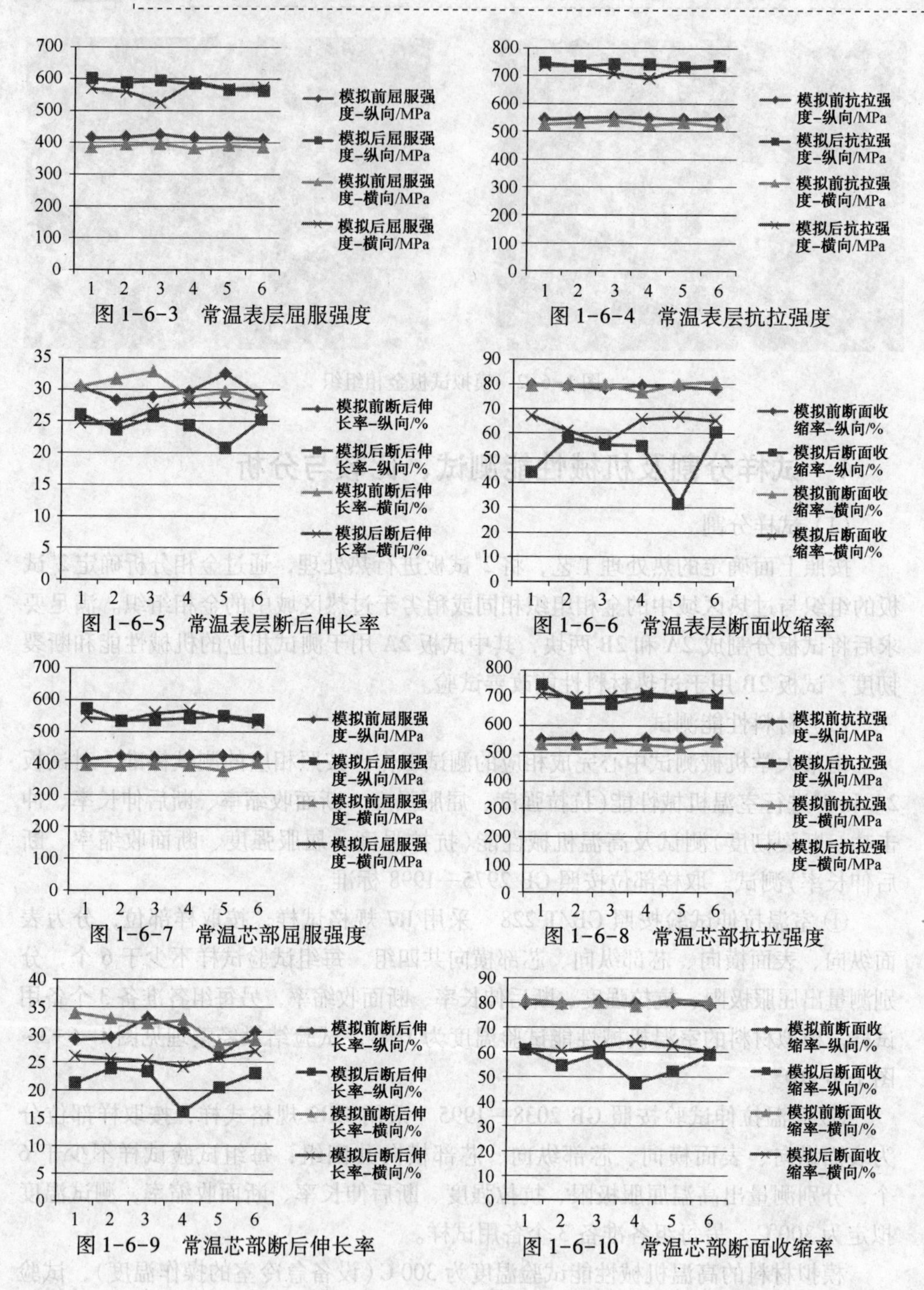

图 1-6-3　常温表层屈服强度

图 1-6-4　常温表层抗拉强度

图 1-6-5　常温表层断后伸长率

图 1-6-6　常温表层断面收缩率

图 1-6-7　常温芯部屈服强度

图 1-6-8　常温芯部抗拉强度

图 1-6-9　常温芯部断后伸长率

图 1-6-10　常温芯部断面收缩率

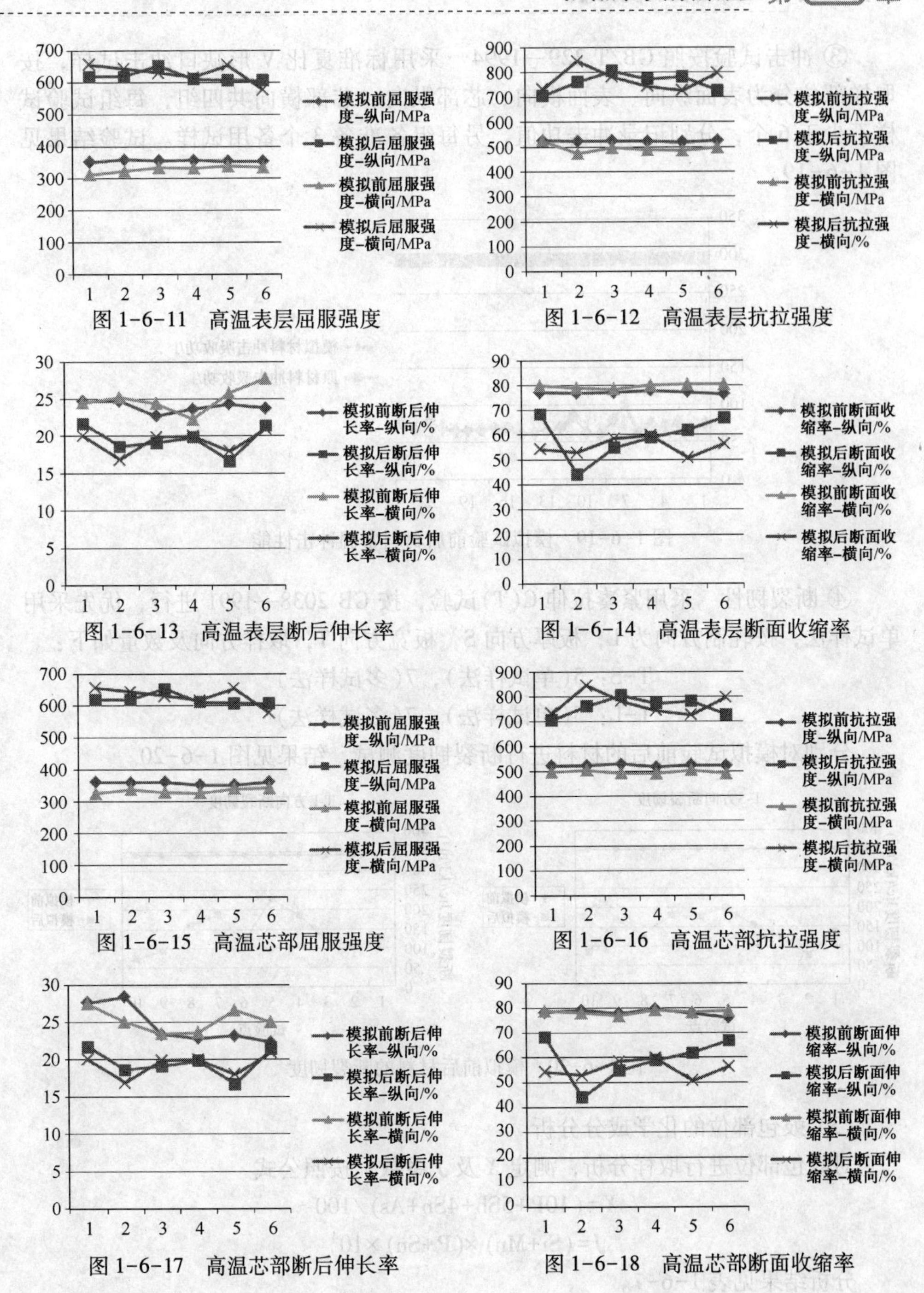

图 1-6-11 高温表层屈服强度

图 1-6-12 高温表层抗拉强度

图 1-6-13 高温表层断后伸长率

图 1-6-14 高温表层断面收缩率

图 1-6-15 高温芯部屈服强度

图 1-6-16 高温芯部抗拉强度

图 1-6-17 高温芯部断后伸长率

图 1-6-18 高温芯部断面收缩率

③ 冲击试验按照 GB/T 229—1994　采用标准夏比 V 形缺口冲击试样，按取样部位分为表面纵向、表面横向、芯部纵向、芯部横向共四组，每组试验试样不少于 6 个，分别记录冲击功值，另每组各准备 3 个备用试样。试验结果见图 1-6-19。

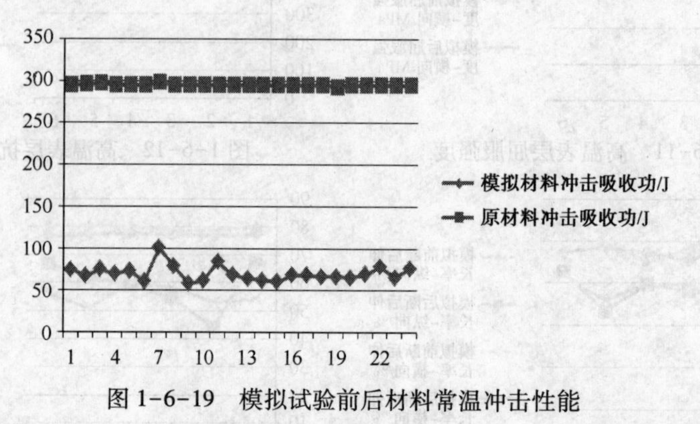

图 1-6-19　模拟试验前后材料常温冲击性能

④ 断裂韧性　采用紧凑拉伸 C(T)试验，按 GB 2038—1991 进行，优先采用单试样法，按轧制方向为 L，板厚方向 S，板宽方向 T，取样方向及数量如下：

T-S：5(单试样法)，7(多试样法)

T-L：5(单试样法)，7(多试样法)

分别对模拟试验前后的材料进行断裂韧度测试，结果见图 1-6-20。

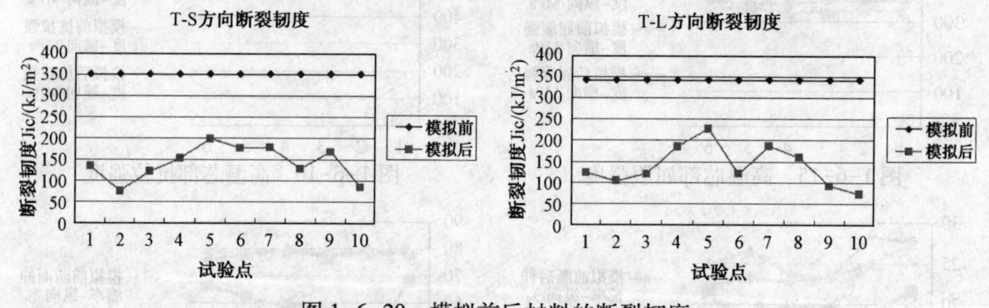

图 1-6-20　模拟前后材料的断裂韧度

(3) 鼓包部位的化学成分分析

对鼓包部位进行取样分析，测定 X 及 J 系数。按照公式

$$X=(10P+5Sb+4Sn+As)/100$$

$$J=(Si+Mn)\times(P+Sn)\times10^4$$

分析结果见表 1-6-7。

表 1-6-7 鼓包部位化学成分 %

元素	Mn	P	Si	Sn	Sb	As
含量	0.64	0.018	0.63	0.002	0.0012	0.0016

计算 X 及 J 系数：

$$
\begin{aligned}
X &= 10\text{P}+5\text{Sb}+4\text{Sn}+\text{As}/100 \\
&= 10\times0.64+5\times0.0012+4\times0.002+0.0016/100 \\
&= 6.41
\end{aligned}
$$

$$
\begin{aligned}
J &= (\text{Si}+\text{Mn})\times(\text{P}+\text{Sn})\times10^{4} \\
&= (0.63+0.64)\times(0.018+0.002)\times10^{4} \\
&= 254.0
\end{aligned}
$$

（4）试验数据的比较与分析

将试板 2A 的试验数据与试板 3#的试验数据进行比较见表 1-6-8。

表 1-6-8 试验数据比较结果 %

方向	横向				纵向			
性能指标	屈服强度平均值	抗拉强度平均值	断后伸长率平均值	断面收缩率平均值	屈服强度平均值	抗拉强度平均值	断后伸长率平均值	断面收缩率平均值
常温表层	上升为原值 145.5	上升为原值 136.6	下降为原值 87.3	下降为原值 80.4	上升为原值 140.0	上升为原值 135.2	下降为原值 81.9	下降为原值 64.5
常温芯部	上升为原值 139.0	上升为原值 132.9	下降为原值 82.1	下降为原值 77.3	上升为原值 129.9	上升为原值 126.8	下降为原值 71.9	下降为原值 69.9
高温表层	上升为原值 191.4	上升为原值 156.3	下降为原值 77.5	下降为原值 69.6	上升为原值 174.1	上升为原值 144.9	下降为原值 81.6	下降为原值 76.7
高温芯部	上升为原值 188.9	上升为原值 155.1	下降为原值 76.9	下降为原值 70.7	上升为原值 173.1	上升为原值 145.0	下降为原值 80.1	下降为原值 75.7

性能指标	冲击功平均值	断裂韧度	
		T-S 方向平均值	T-L 方向平均值
	下降为原值 23.4	下降为原值 40.4	下降为原值 40.8

考虑到热损伤的影响范围可取热损伤后筒体材料的相关性能变化如下：

① 冲击功下降为原值的 20%；

② 断裂韧度下降为原值的 30%；

③ 抗拉强度上升为原值的 140%；

④ 屈服强度上升为原值的 150%；

⑤ 断后伸长率下降为原值的 80%；

⑥ 断面收缩率下降为原值的 75%。

将同样的材料性能变化趋势应用于设备本体材料上，可推知热损伤后设备本体材料的相应性能的变化情况，再由设备材料的材质证明书(表 1-6-5)可查得下述相关数据，见表 1-6-9。

表 1-6-9　热损伤后的设备本体材料机械性能估计值

试验方向	试验温度/℃	屈服强度/MPa	抗拉强度/MPa	断面收缩率(2in)/%	冲击功/J
横向	20	490.0	778.0	23.7	21

将热损伤后的本体材料的相关性能与材料标准要求分别进行比较，按照 ASME 标准中对于 SA387Gr. 11Cl. 2 与 JB 4732—1995 标准中附录 F 有关 14Cr1MoR 的化学成分及机械性能完全相同，区别仅在 JB 4732—1995 要求在选用美国 ASME 标准的 SA387Gr. 11Cl. 2 钢板时，应增加常温夏比(V 形缺口)冲击试验，横向试样的冲击功为 20℃时大于等于 31J，见表 1-6-1。通过对上述数据的分析可知，热损伤后设备本体材料的韧性损失保守地高达 40%。

5　鼓包部位的应力分析

针对渣油气化炉上因过热造成的局部筒体鼓包在操作条件下的应力分布情况，采用有限元分析方法，对筒体鼓包部位进行弹性应力分析。

分析采用 ANSYS 程序，根据现场测绘的结果，并采用实体建模，模型见图 1-6-21。

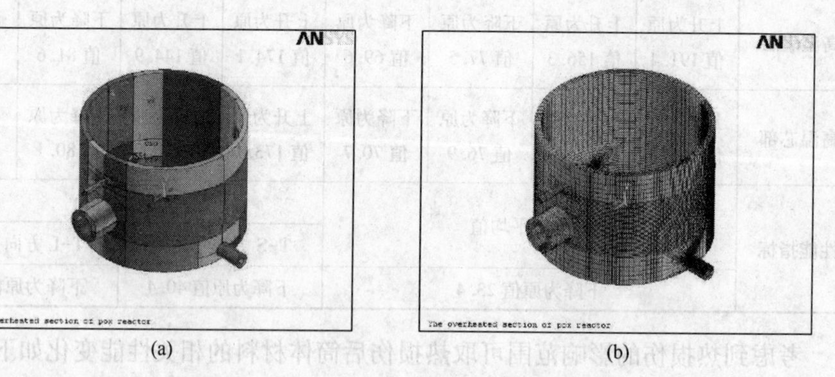
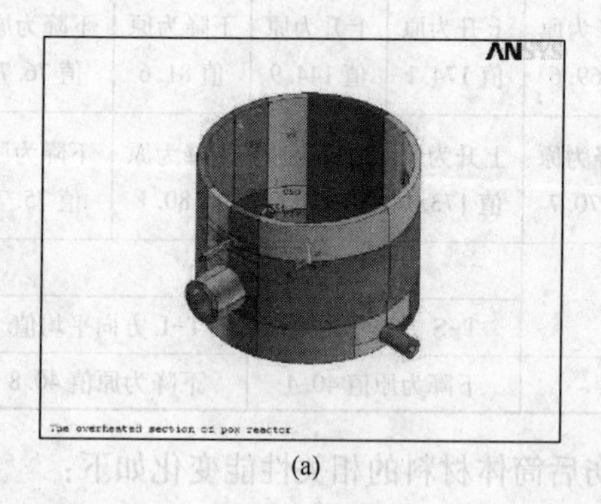

(a)　　(b)

图 1-6-21　鼓包区域模型及网格划分

鼓包区域上需加载操作内压载荷，边界条件包括上下筒体表面上的位移约束、应力边界以及四个接管断面上的应力边界，分别将上述载荷及边界条件加载到模型上，见图 1-6-22。通过 POST1 进行弹性有限元分析，计算结构中当量应力 SINT 见图 1-6-23。

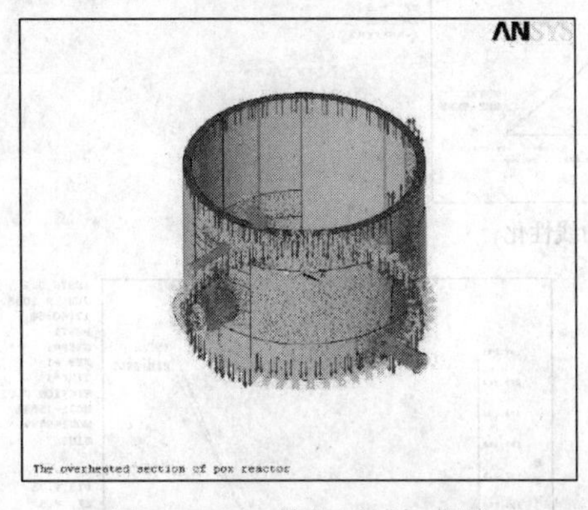

图 1-6-22　鼓包区域加载图

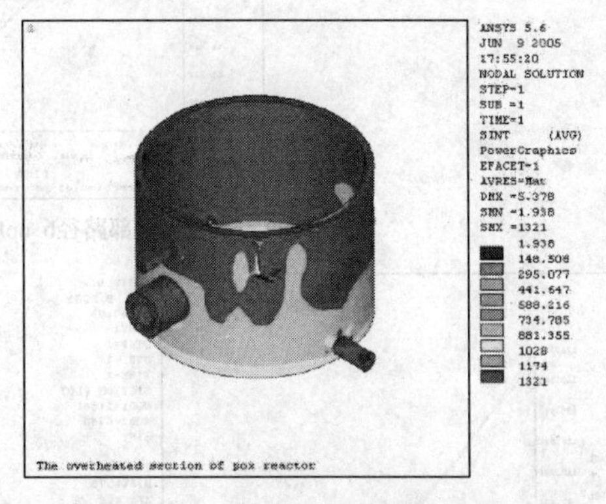

图 1-6-23　鼓包区域当量应力 SINT

为了评价鼓包区域内的应力分布情况，现将鼓包区域轴向剖开见图 1-6-24，对于鼓包区域上部、中部、下部的三个位置做路径操作，将路径上的应力进行线性化，得到三个路径上的应力线性化见图 1-6-25。

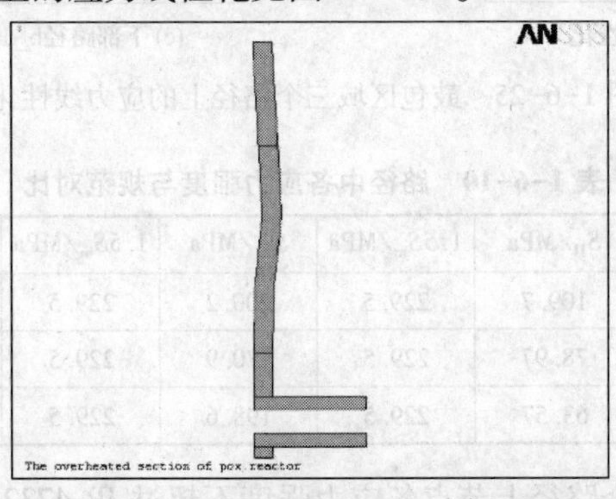

图 1-6-24　鼓包区域中心剖面图

查阅 JB 4732—1995 中的相应材料(14Cr1MoR)在 300℃ 下的许用设计应力强度 S_m 为 153MPa，JB 4732—1995 标准有关节点各应力强度有如下规定：

① 一次局部薄膜应力强度 S_{II} 小于 1.5 倍材料许用应力强度；

② 一次薄膜加一次弯曲应力强度 S_{III} 小于 1.5 倍材料许用应力强度；

③ 一次加二次应力强度 S_{IV} 小于 3.0 倍材料许用应力强度。

将上述路径中的各应力强度与规范比较列表见表 1-6-10。

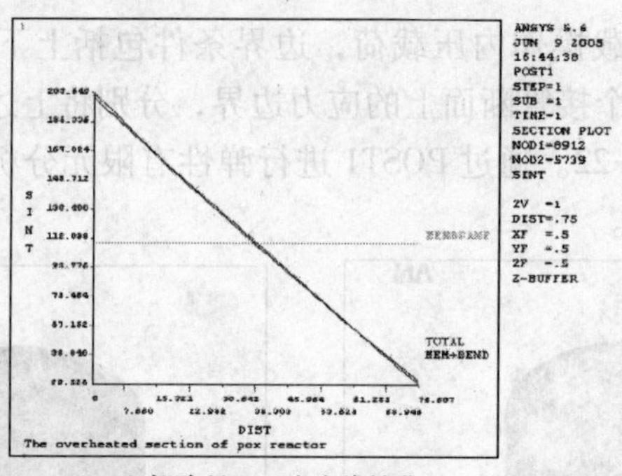

(a) 上部路径b_up应力线性化

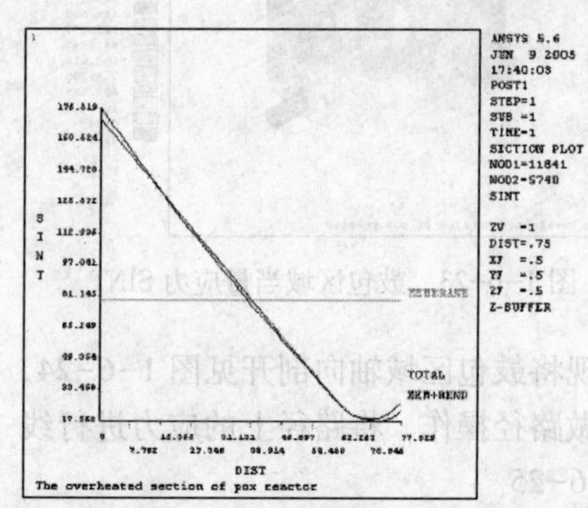

(b) 中部路径b_c应力线性化

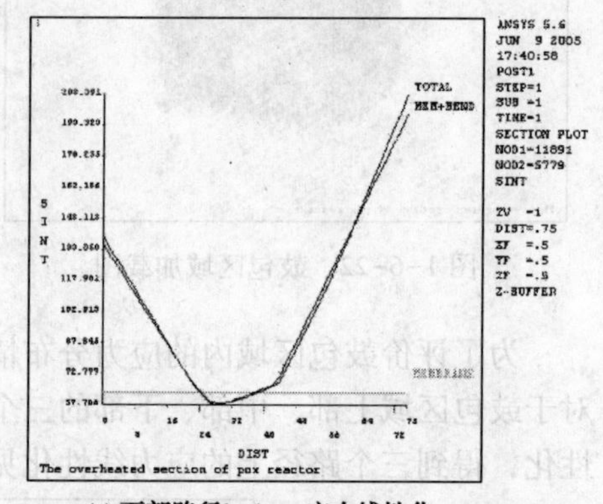

(c) 下部路径b_down应力线性化

图 1-6-25　鼓包区域三个路径上的应力线性化

表 1-6-10　路径中各应力强度与规范对比

路径名	S_m/MPa	S_{II}/MPa	$1.5S_m$/MPa	S_{III}/MPa	$1.5S_m$/MPa	S_{IV}/MPa	$3.0S_m$/MPa
b_ up	153	109.7	229.5	200.2	229.5	203.6	459.0
b_ c	153	78.97	229.5	170.9	229.5	176.5	459.0
b_ down	153	63.57	229.5	198.6	229.5	208.4	459.0

由上表可知，三个路径上节点各应力强度不超过 JB 4732—1995 规定的许用力强度，此外，由于此气化炉操作条件稳定，温度及压力波动不大，故无需考虑峰值应力的影响。综上，可知鼓包区域内应力强度满足 JB 4732—1995 的相应要求。

6　气化炉过热区允许的最大缺陷计算

(1) 综述

为了进一步评价过热后材料的韧性损伤程度对气化炉安全运行的影响，假想在气化炉鼓包区域最高点处内表面存在长为 1000mm (鼓包区域高度约为

1000mm)的纵向半椭圆裂纹和长为2700mm(鼓包区域宽度约为2700mm)的环向半椭圆表面裂纹。依据国家“八五”科技攻关成果，GB/T 19624—2004《在用含缺陷压力容器安全评定》，通过试算确定气化炉过热区允许缺陷的最大自身高度。

(2) 确定计算壁厚

在鼓包区域所在部位进行了超声波测厚，最小实测壁厚为73.00mm。由于实际壁厚腐蚀速率为0.2mm/a，下一检验周期为3年。故此以下评价计算中均取缺陷部位的计算壁厚为71.8mm。

(3) 评价依据

本次缺陷安全性评价依据如下：

①《压力容器安全技术监察规程》;

②《压力定期容器检验规则》;

③ JB 4730—1994《压力容器无损检测》;

④ GB/T 19624—2004《在用含缺陷压力容器安全评定》。

(4) 失效模式分析及评价方法确定

该气化炉材料为SA387GR11CL2，相当于14Cr1MoR，气化炉操作温度为300℃，操作压力8.0MPa，可排除材料高温劣化，加之操作条件无明显波动，可排除疲劳等影响因素。由于内部介质为CO、CO_2和H_2，可排除应力腐蚀等影响因素。综上，超标缺陷的潜在破坏模式为静载下的弹塑性断裂或塑性失稳。

故采用国家“八五”科技攻关课题(85-924-02“在役锅炉压力容器安全评估与爆炸预防技术研究”)研究成果，GB/T 19624—2004《在用含缺陷压力容器安全评定》进行评价计算。该标准使用的断裂参量为J积分，常规评定部分采用了国际上通用的基于失效评定图技术的双判据评价准则，在一次计算中可同时完成弹塑性断裂评定及塑性失稳评定。

(5) 基本参数选择

① 气化炉内径：$D=2090.00$mm。

② 设计压力：$p_{设}=9.25$MPa，操作压力$p_{操}=8.0$MPa；由于设备实际使用期间不会进行耐压试验，所以计算压力不考虑耐压试验的情况，取计算压力$p=p_{操}=8.0$MPa。

③ 设计温度：427℃，操作温度：300℃。

④ 材料：SA387GR11CL2，查ASME卷Ⅱ中D篇，可得操作温度300℃下材料的常规性能参数选取如下：

弹性模量$E=1.85\times10^5$MPa，泊松比$\nu=0.3$，材料屈服强度$\sigma_y=188.8$MPa，抗拉强度$\sigma_b=413.4$MPa；

对于$J_{0.2}$参照本次断裂韧性测试中测定下限值，保守取$J_{0.2}=98.6\text{kJ/m}^2$。

⑤ 计算壁厚为 $B_s=71.8$mm。

⑥鼓包区域内缺陷处的最大错边量为0mm，保守地将鼓包区域内径向变形量视为棱角度，通过相应计算转化为鼓包区域内最大棱角度为39.0mm；鼓包区域内缺陷处的最大焊缝余高为0mm。

⑦ 下一检验周期为3年。

(6) 操作条件下允许纵向内表面裂纹缺陷的最大自身高度计算

① 材料断裂韧度的确定：

取1.0倍安全系数后，材料的断裂韧度为

$$K_p=\frac{K_{0.05}}{1.0}=\frac{\sqrt{\dfrac{EJ_{0.2}}{1-\nu^2}}}{1.0}=\frac{\sqrt{\dfrac{185000\times98.6}{1-0.3^2}}}{1.0}=4477.17\text{N}\cdot\text{mm}^{-3/2}$$

② 应力的计算：

a. 一次薄膜应力 P_m

$$P_m=\frac{P(D_i+B_s)}{2B_s}=\frac{8.0\times(2090+71.8)}{2\times71.8}=120.43\text{MPa}$$

b. 一次弯曲应力 P_b

通过对鼓包区域内沿厚度方向上应力的线性化，得到一次弯曲应力为

$$P_b=88.42\text{MPa}$$

c. 二次应力 Q

本台设备制造过程中经过整体热处理，但是本次评价过程中仍保守地估计焊接残余应力达到工作温度下材料屈服限的60%，所以有

$$Q_m=0.6\times\sigma_s=0.6\times188.8=113.3\text{MPa}$$

由错边引起的二次应力 $Q_{b1}=0.0$MPa；

由角变形引起的二次应力 Q_{b2}：

$$l=\sqrt{(D_i+B_s)d-d^2}=\sqrt{(2090+71.8)\times39.0-39.0^2}=287.731\text{mm}$$

$$\beta=\frac{2l}{B}\left[\frac{3(1-\nu^2)P_m}{E}\right]^{0.5}=\frac{2\times287.731}{71.8}\times\left[\frac{3\times(1-0.3^2)\times120.43}{185000}\right]^{0.5}=0.239$$

按固支计算：

$$Q_{b2固}=P_m\frac{3d}{B(1-\nu^2)}\left[\frac{\tanh(\beta/2)}{\beta/2}\right]$$

$$=120.43\times\frac{3\times39.0}{71.8\times(1-0.3^2)}\times\left[\frac{\tanh(0.239/2)}{0.239/2}\right]=107.32\text{MPa}$$

按铰支计算：

$$Q_{b2铰}=P_m\frac{6d}{B(1-\nu^2)}\left[\frac{\tanh\beta}{\beta}\right]$$

$$=120.43\times\frac{6\times39.0}{71.8\times(1-0.3^2)}\times\left[\frac{\tanh0.239}{0.239}\right]=211.649\text{MPa}$$

取较大的按铰支计算的结果，则 $Q_{b2}=211.649\text{MPa}$。

所以，$Q_b=Q_{b1}+Q_{b2}=0.0+211.649=211.649\text{MPa}$。

③ L_r参量的计算　计算 L_r参量时不考虑二次应力，而一次应力需考虑 1.0 倍的安全系数。通过试算确定出允许缺陷的最大自身高度为 4.0mm。

$$L_r=1.0\times\frac{P_b+\sqrt{P_b2+9\ (1-\zeta)^2P_m^2}}{3\ (1-\zeta)^2\sigma_S}$$

其中

$$\zeta=\frac{ac}{B_s(c+B_s)}=\frac{4.0.0\times500.0}{71.8\times(500.0+71.8)}=0.049$$

$$(1-\zeta)^2=(1-0.049)^2=0.9044$$

则

$$L_r=1.0\times\frac{88.42+\sqrt{88.42^2+9\times0.9044\times120.43^2}}{3\times0.9044\times188.8}=0.865$$

④ K_r的计算

$$K=\sqrt{\pi a}\,(f_m\sigma_m+f_b\sigma_b)$$

a. 形状系数

对于表面裂纹，应力强度因子 K 的最大值出现在最接近自由表面的短轴端点处。其形状系数 f 分别为：

$$f_m=\frac{1}{\left[1+1.464\left(\frac{a}{c}\right)^{1.65}\right]^{0.5}}\times\left[1.13-0.09\frac{a}{c}+\left(-0.54+\frac{0.89}{0.2+\frac{a}{c}}\right)\left(\frac{a}{B_s}\right)^2+\left(0.5-\frac{1}{0.65+\frac{a}{c}}+14\left(1-\frac{a}{c}\right)^{24}\left(\frac{a}{B_s}\right)^4\right)\right]$$

$$f_b=\left[1+\left(-1.22-0.12\frac{a}{c}\right)\frac{a}{B_s}+\left(0.55-1.05\left(\frac{a}{c}\right)^{0.75}+0.47\left(\frac{a}{c}\right)^{1.5}\left(\frac{a}{B_s}\right)^2\right)\right]f_m$$

则

$$f_m=\frac{1}{\left[1+1.464\left(\frac{a}{c}\right)^{1.65}\right]^{0.5}}\left[1.13-0.09\frac{a}{c}+\left(-0.54+\frac{0.89}{0.2+\frac{a}{c}}\right)\left(\frac{a}{B_s}\right)^2+\right.$$

$$\left(0.5-\frac{1}{0.65+\frac{a}{c}}+14\left(1-\frac{a}{c}\right)^{24}\left(\frac{a}{B_s}\right)^{4}\right)\Bigg]\Bigg]$$

$$=\frac{1}{\left[1+1.464\left(\frac{4.0}{500.0}\right)^{1.65}\right]^{0.5}}\left[1.13-0.09\frac{4.0}{500.0}+\left(-0.54+\frac{0.89}{0.2+\frac{4.4}{500.0}}\right)\left(\frac{4.0}{71.8}\right)^{2}+\right.$$

$$\left.\left(0.5-\frac{1}{0.65+\frac{4.0}{500.0}}+14\left(1-\frac{4.0}{500.0}\right)^{24}\left(\frac{4.0}{71.8}\right)^{4}\right)\right]=1.141$$

$$f_b=\left[1+\left(-1.22-0.12\frac{a}{c}\right)\frac{a}{B_s}+\left(0.55-1.05\left(\frac{a}{c}\right)^{0.75}+0.47\left(\frac{a}{c}\right)^{1.5}\right)\left(\frac{a}{B_s}\right)^{2}\right]f_m$$

$$=\left[1+\left(-1.22-0.12\frac{4.0}{500.0}\right)\frac{4.0}{71.8}+\left(0.55-1.05\left(\frac{4.0}{500.0}\right)^{0.75}+0.47\left(\frac{4.0}{500.0}\right)^{1.5}\right)\left(\frac{4.0}{500.0}\right)^{2}\right]\times1.141$$

$$=1.065$$

b. 一次应力的应力强度因子

计算一次应力的应力强度因子时，需对载荷乘以1.0倍的安全系数。

$$K_I^P=1.0f_m\sqrt{\pi a}P_m=1.0\times1.141\times\sqrt{4.0\pi}\times120.43=486.873\text{N}\cdot\text{mm}^{-3/2}$$

c. 二次应力的应力强度因子

计算二次应力的应力强度因子时，无需安全系数。

$$K_I^S=\sqrt{\pi a}(f_mQ_m+f_bQ_b)=\sqrt{4.0\pi}(1.141\times113.3+1.065\times211.649)$$

$$=2026.602\text{N}\cdot\text{mm}^{-3/2}$$

d. 塑性修正因子

由 $\frac{K_I^S}{\sigma_s\sqrt{\pi a}}=\frac{2026.602}{188.8\times\sqrt{4.0\pi}}=3.029$，该值已超出 GB/T 19624—2004 的适用范围，根据国际上成熟的技术规程——《CEGB R/H/R6 Rev. 3》，确定塑性修正因子为

$$X=\frac{K_I^SL_r}{K_I^P}=\frac{2026.602\times0.865}{486.873}=3.601$$

$$\rho=0.1X^{0.714}-0.007X^2+0.00003X^5$$

$$=0.131$$

$$\rho=\psi_1=0.131$$

e. K_r的计算

$$K_r = G\frac{K_I^P + K_I^S}{K_p} + \rho$$

$$= 1.0 \times \frac{486.873 + 2026.602}{4477.170} + 0.131$$

$$= 0.692$$

⑤ 断裂评定　将评定点(L_r、K_r)绘制在通用失效评定图中，见图 1-6-26。由于评定试算过程中，材料断裂韧度、缺陷长度、一次应力均未计入安全系数，如欲使缺陷点位于安全区内，半椭圆表面裂纹最大尺寸为，半长轴长 c=500.0mm、半短轴长 a=4.0mm(此时安全系数为1.043)。

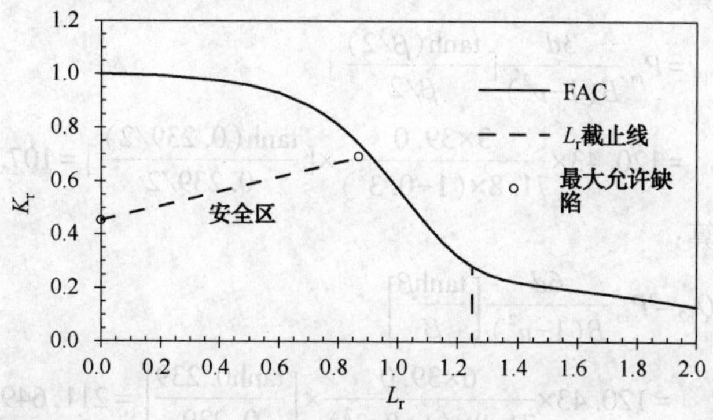

图 1-6-26　失效评定图及断裂评定

(7) 操作条件下允许环向内表面裂纹缺陷的最大自身高度计算

① 材料断裂韧度的确定：

取1.0倍安全系数后，材料的断裂韧度为

$$K_p = \frac{K_{0.05}}{1.0} = \frac{\sqrt{\frac{EJ_{0.2}}{1-\nu^2}}}{1.0} = \frac{\sqrt{\frac{185000 \times 98.6}{1-0.3^2}}}{1.0} = 4477.17\text{N} \cdot \text{mm}^{-3/2}$$

② 应力的计算：

a. 一次薄膜应力 P_m

$$P_m = \frac{P(D_i + B_s)}{4B_s} = \frac{8.0 \times (2090 + 71.8)}{4 \times 71.8} = 60.22\text{MPa}$$

b. 一次弯曲应力 P_b

通过对鼓包区域内沿厚度方向上应力的线性化，得到一次弯曲应力为

$$P_b = 49.02\text{MPa}$$

c. 二次应力 Q

本台设备制造过程中经过整体热处理，但是本次评价过程中仍保守地估计焊接残余应力达到工作温度下材料屈服极限的60%，所以有

$$Q_m = 0.6\times\sigma_s = 0.6\times188.8 = 113.3\text{MPa}$$

由错边引起的二次应力 $Q_{b1} = 0.0$MPa；

由角变形引起的二次应力 Q_{b2}：

$$l=\sqrt{(D_i+B_s)d-d^2}=\sqrt{(2090+71.8)\times39.0-39.0^2}=287.731\text{mm}$$

$$\beta=\frac{2l}{B}\left[\frac{3(1-\nu^2)P_m}{E}\right]^{0.5}=\frac{2\times287.731}{71.8}\times\left[\frac{3\times(1-0.3^2)\times120.43}{185000}\right]^{0.5}=0.239$$

按固支计算：

$$Q_{b2固}=P_m\frac{3d}{B(1-\nu^2)}\left[\frac{\tanh(\beta/2)}{\beta/2}\right]$$

$$=120.43\times\frac{3\times39.0}{71.8\times(1-0.3^2)}\times\left[\frac{\tanh(0.239/2)}{0.239/2}\right]=107.32\text{MPa}$$

按铰支计算：

$$Q_{b2}=P_m\frac{6d}{B(1-\nu^2)}\left[\frac{\tanh\beta}{\beta}\right]$$

$$=120.43\times\frac{6\times39.0}{71.8\times(1-0.3^2)}\times\left[\frac{\tanh0.239}{0.239}\right]=211.649\text{MPa}$$

取较大的按铰支计算的结果，则 $Q_{b2}=211.649$MPa。

所以，$Q_b=Q_{b1}+Q_{b2}=0+211.649=211.649$MPa。

③ L_r参量的计算　计算 L_r参量时不考虑二次应力，而一次应力需考虑1.0倍的安全系数。通过试算确定出允许缺陷的最大自身高度为18.0mm。

$$L_r=1.0\times\frac{P_b+\sqrt{P_b{}^2+9(1-\zeta)^2P_m^2}}{3(1-\zeta)^2\sigma_S}$$

其中，

$$\zeta=\frac{ac}{B_s(c+B_s)}=\frac{18.0\times1350.0}{71.8\times(1350.0+71.8)}=0.238$$

则 $(1-\zeta)^2=(1-0.238)^2=0.581$

则 $$L_r=1.0\times\frac{49.02+\sqrt{49.02^2+9\times0.581\times60.22^2}}{3\times0.581\times188.8}=0.593$$

④ K_r的计算：

$$K=\sqrt{\pi a}(f_m\sigma_m+f_b\sigma_b)$$

a. 形状系数

对于表面裂纹，应力强度因子 K 的最大值出现在最接近自由表面的短轴端点处。其形状系数 f 分别为

$$f_m=\frac{1}{\left[1+1.464\left(\frac{a}{c}\right)^{1.65}\right]^{0.5}}\times\left[\begin{array}{l}1.13-0.09\frac{a}{c}+\left(-0.54+\frac{0.89}{0.2+\frac{a}{c}}\right)\left(\frac{a}{B_s}\right)^2+\\ \left(0.5-\frac{1}{0.65+\frac{a}{c}}+14\left(1-\frac{a}{c}\right)^{24}\left(\frac{a}{B_s}\right)^4\right)\end{array}\right]$$

$$f_b=\left[1+\left(-1.22-0.12\frac{a}{c}\right)\frac{a}{B_s}+\left(0.55-1.05\left(\frac{a}{c}\right)^{0.75}+0.47\left(\frac{a}{c}\right)^{1.5}\left(\frac{a}{B_s}\right)^2\right)\right]f_m$$

则

$$f_m=\frac{1}{\left(1+1.464\left(\frac{a}{c}\right)^{1.65}\right]^{0.5}}\left[\begin{array}{l}1.13-0.09\frac{a}{c}+\left(-0.54+\frac{0.89}{0.2+\frac{a}{c}}\right)\left(\frac{a}{B_s}\right)^2+\\ \left(0.5-\frac{1}{0.65+\frac{a}{c}}+14\left(1-\frac{a}{c}\right)^{24}\left(\frac{a}{B_s}\right)^4\right)\end{array}\right]$$

$$=\frac{1}{\left[1+1.464\left(\frac{18.0}{1350.0}\right)^{1.65}\right]^{0.5}}\left[\begin{array}{l}1.13-0.09\frac{18.0}{1350.0}+\left(-0.54+\frac{0.89}{0.2+\frac{18.0}{1350.0}}\right)\left(\frac{18.0}{71.8}\right)^2+\\ \left(0.5-\frac{1}{0.65+\frac{18.0}{1350.0}}+14\left(1-\frac{18.0}{1350.0}\right)^{24}\left(\frac{18.0}{71.8}\right)^4\right)\end{array}\right]$$

$$=1.392$$

$$f_b=\left[1+\left(-1.22-0.12\frac{a}{c}\right)\frac{a}{B_s}+\left(0.55-1.05\left(\frac{a}{c}\right)^{0.75}+0.47\left(\frac{a}{c}\right)^{1.5}\right)\left(\frac{a}{B_s}\right)^2\right]f_m$$

$$=\left[1+\left(-1.22-0.12\frac{18.0}{1350.0}\right)\frac{18.0}{71.8}+\left(\begin{array}{l}0.55-1.05\left(\frac{18.0}{1350.0}\right)^{0.75}+\\ 0.47\left(\frac{18.0}{1350.0}\right)^{1.5}\end{array}\right)\left(\frac{18.0}{1350.0}\right)^2\right]\times1.392$$

$$=1.011$$

b. 一次应力的应力强度因子

计算一次应力的应力强度因子时，需对载荷乘以 1.0 倍的安全系数。

$$K_I^P=1.0f_m\sqrt{\pi a}P_m=1.0\times1.392\times\sqrt{18.0\pi}\times60.22=630.323\text{N}\cdot\text{mm}^{-3/2}$$

c. 二次应力的应力强度因子

计算二次应力的应力强度因子时，无需安全系数。

$$K_I^S = \sqrt{\pi a}(f_m Q_m + f_b Q_b) = \sqrt{18.0\pi}(1.323 \times 113.3 + 1.011 \times 211.649)$$
$$= 2793.656 \text{N} \cdot \text{mm}^{-3/2}$$

d. 塑性修正因子

由 $\dfrac{K_I^S}{\sigma_s \sqrt{\pi a}} = \dfrac{2793.656}{188.8.5 \times \sqrt{18.0\pi}} = 1.968$，该值已超出 GB/T 19624—2004 的适用范围，根据国际上成熟的技术规程——《CEGB R/H/R6 Rev. 3》，确定塑性修正因子为

$$X = \frac{K_I^S L_r}{K_I^P} = \frac{2793.656 \times 0.593}{630.323} = 2.630$$

$$\rho = 0.1X^{0.714} - 0.007X^2 + 0.00003X^5 = 0.155$$

$$\rho = \psi_1 = 0.155$$

e. K_r的计算

$$K_r = G\frac{K_I^P + K_I^S}{K_p} + \rho$$

$$= 1.0 \times \frac{630.323 + 2793.656}{4477.170} + 0.155$$

$$= 0.920$$

⑤ 断裂评定　将评定点(L_r、K_r)绘制在通用失效评定图中，见图 1-6-27。

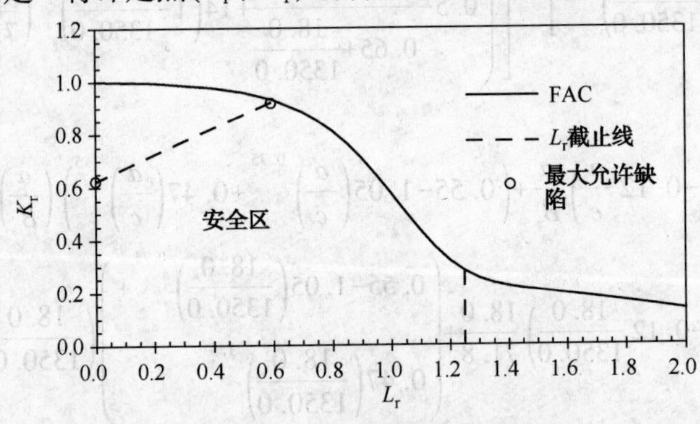

图 1-6-27　失效评定图及断裂评定

由于评定试算过程中，材料断裂韧度、缺陷长度、一次应力均未计入安全系数，如欲使缺陷点位于安全区内，半椭圆表面裂纹最大尺寸为，半长轴长 c = 1350.0mm、半短轴长 a = 18.0mm(此时安全系数为 1.025)。

(8) 结论

通过在操作条件下的弹塑性断裂力学评价试算。在压力不超过操作压力8.0MPa、工作温度为300℃、介质为焦化干气的气化炉条件下，鼓包区域内允许的最大内表面超标缺陷为：

① 纵向半椭圆表面裂纹尺寸为，半长轴长 $c=500.0$mm、半短轴长 $a=4.0$mm（此时安全系数为1.043）；

② 环向半椭圆表面裂纹尺寸为，半长轴长 $c=1350.0$mm、半短轴长 $a=18.0$mm（此时安全系数为1.025）。

若实际气化炉鼓包区域内存在的超标缺陷不超过上述限制，则在下一检验周期内均不影响气化炉的安全运行，并建议使用单位在下一检验周期后对鼓包区域进行重点检验。

7 结论及安全保障措施

(1) 结论

综合上述各项分析结果，气化炉过热损伤分析结论如下：

可在操作压力为8.0MPa、操作温度为300℃以及目前的操作介质下运行3年。

(2) 安全保障措施

为保证设备的安全运行，特制定如下安全保障运行措施：

① 严格控制操作条件，操作压力为8.0MPa，操作温度为300℃，开车时应先升温，后升压，停车时，应先降压，后降温；

② 每日对在役设备鼓包部位进行三次外观检查，并做好记录；

③ 若正常使用过程中，发现鼓包区域有异常变形发生，应尽快采取安全措施加以消除。

第7节 小结——高温炉管腐蚀

大型管式燃料加热炉是石油化工企业中广泛应用且必不可少的重要设备，能否实现长周期、满负荷、优质运行，对保证石化企业的安全生产及社会经济的快速发展至关重要。

由于炉管长期在火焰、烟气、飞灰等十分恶劣环境下运行，服役过程中的介质腐蚀、磨损、拉裂等因素的影响，炉管极易产生渗碳、渗碳开裂、弯曲、蠕变开裂、热疲劳开裂、鼓胀、氧化及高温硫腐蚀等失效事故，不仅会导致装置的非计划停车给生产上造成巨大的损失，而且还严重影响着石化企业的安全生产。

1　炉管材料发展

由于炉管在高温下运行，炉管材料应具有良好的高温强度和塑性、高温抗氧化性、高温抗蠕变性、抗渗碳性及良好的高温持久性能。高温炉管的材料开发经历了三个重要阶段。最早使用的材料为18Cr/8Ni系列，其使用温度和压力都不高(600℃以下保证耐热强度)。在对材料中Cr和Ni的成分多次调整后，发现25Cr20Ni的热强度较好，为进一步提高材料的强度，将碳的质量分数由0.1%提高到0.4%，开发出了HK40高温离心铸造炉管。在20世纪50年代，HK40是用于制造高温炉管的主要材料。

但HK40材料本身存在着很多不足，如耐热温度和高温强度较低、并且在800℃左右时易析出有害的σ相。为了减少σ相的产生，在HK系列材料的基础上发展了HP耐热合金钢，其中Ni的质量百分数提高了15%。由于Ni是强烈形成并稳定奥氏体且扩大奥氏体相区的元素，故随着Ni含量的增加，σ相形成的倾向显著降低，HP耐热合金钢的使用温度可到达1100℃。

为了进一步提高炉管的高温蠕变断裂强度和高温韧性，在HP的基础上又添加了Nb、W、Mo和Ti等合金元素，形成了一系列合金炉管的钢种牌号，其中HP40Nb是目前应用最为广泛的一种材料。与HK40相比，HP40Nb中添加了Nb和W元素，Nb和W元素均能提高材料的抗渗碳性，增加温度剧变时的抗裂性，从而提高材料的高温韧性；HP40Nb线膨胀系数较HK40小，而导热系数较HK40高，从而提高了材料的抗热冲击性能；另外HP 40Nb中元素Nb，可以在合金基体中产生细小而均匀分布的Nb(C和N)化合物，大大提高了合金的高温抗蠕变强度，在1000℃时的高温强度比HK40提高约80%。HP40Nb是目前应用最为广泛的转化炉管和裂解炉管材料。

为了进一步提高材质的性能，炉管生产厂家不断进行着新的尝试，例如在HP40Nb的基础上，加入以Ti为主的部分微量合金元素，与碳、氮结合形成细小而复杂的碳氮化物，使得HP40Nb的抗高温蠕变强度明显提高。同时为了适应更严劣工作环境的要求，特别是燃灰的侵蚀，将Cr含量提高到35%时，Ni含量提高至45%，大大提高了炉管材料的抗腐蚀性能。

2　HP系列合金炉管的组织

HP系列耐热合金炉管均采用离心铸造法制造。浇注时，合金首先凝固到最外层的型筒模壁上，由于冷却速度较大，使靠近模壁的一薄层液体产生极大地过冷，加上模壁可以作为非均匀形核的基底，因此形成很薄的细晶区。此后钢水逐渐在里面凝固，形成方向性很强的柱状晶。随着柱状晶的发展，剩余液体温度全部降至熔点以下，同时冷却失去方向性，因此形成等轴晶，见图 1-7-1。

在缓慢状态下冷却时，HP 系列炉管室温下的组织是奥氏体+共晶体(奥氏体+$M_{23}C_6$)，但由于离心铸造冷却速度很快，凝固过程是一个非平衡过程，使得先结晶的 M_7C_3 型碳化物来不及转变为 $M_{23}C_6$ 型碳化物，故室温下铸态组织是过饱和的奥氏体+共晶体(奥氏体+$M_{23}C_6$+少量 M_7C_3)，共晶碳化物主要有骨架状和块状两种形态，骨架状分布在晶界上，块状分布在枝晶间，见图 1-7-2。

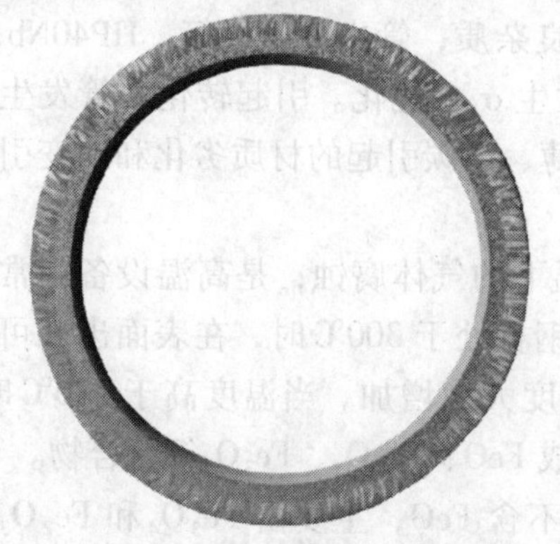

图 1-7-1　HP40 钢原始宏观组织

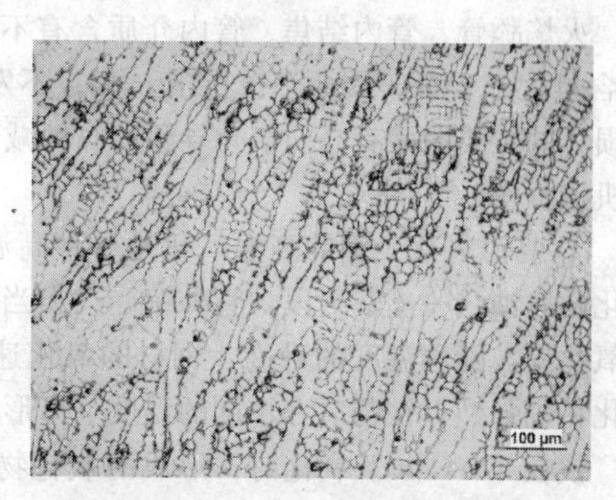

图 1-7-2　HP40 钢原始显微组织

过饱和的奥氏体+共晶体(奥氏体+$M_{23}C_6$+少量 M_7C_3)的组织形态是引发炉管长期高温运行过程中蠕变断裂、渗碳和高温氧化的根本原因。随着炉管在高温下的运行，共晶相组织会逐步发生变化。初始阶段，高温下 M_7C_3 逐步转变为 $M_{23}C_6$，在奥氏体内部析出细小的弥散度很高的 $M_{23}C_6$ 碳化物，炉管的综合高温性能得到提高。但是，随着炉管使用年限的增加，细小的 $M_{23}C_6$ 碳化物颗粒会逐渐聚集长大，骨架状的碳化物会逐步转变为网链状，运行时间越长，炉管组织的网链状越明显，且有蠕变空洞出现，最终导致炉管破坏。而长期暴露于高温下含碳气氛中的炉管，吸附在其表面的碳原子连续不断的渗入金属内部，引起了大量 M_7C_3 的析出，使得金属贫铬，导致炉管变质脆化和开裂。

3　转化炉管操作工况及损伤机理

以烃类为原料，采用蒸气转化法生产氢气的工艺，在合成氨、炼油、石油化工、天然气化工、冶金等工业具有十分重要的地位。转化炉是烃类蒸气转化工艺过程的关键设备，转化炉在生产装置中占据十分重要的地位，而转化炉的炉管系统更为关键。

(1) 转化炉管的操作工况

转化炉管运行条件较为苛刻，管壁表面最高工作温度一般为 800℃左右，承受一定的内压，管内操作压力最高可达 3.5MPa，并承受开停工引起的热疲劳和热冲击。所以要求转化炉管材质不仅要抗氧化性能好、耐高温强度高，而且要求其在高温下组织较为稳定，能抵抗各种介质的腐蚀。目前，转化炉管的常用材料为 HP40Nb 耐热合金钢。

(2) 转化炉炉管损伤机理

转化炉管发生损坏往往是多种原因综合作用的结果，如传热恶化，局部过热，火焰舔管，管内结焦，管内介质含有不良杂质，管内外腐蚀等。HP40Nb 钢 Ni 含量大于 34%，因而不会析出 σ 相，不发生 σ 相脆化。引起转化炉管发生高温损坏的主要因素有高温氧化导致的腐蚀减薄、渗碳引起的材质劣化和蠕变引发的机械损伤。

① 高温氧化　钢的高温氧化是一种高温下的气体腐蚀，是高温设备中常见的化学腐蚀之一。辐射段炉管外壁受火，当钢材处于 300℃时，在表面出现可见的氧化皮。随着温度的升高，钢材的氧化速度大为增加。当温度高于 570℃时，氧化特别强烈，铁与氧在不同的温度下可形成 FeO、Fe_2O_3、Fe_3O_4等化合物。

铁在 570℃以下氧化时，形成的氧化物不含 FeO，主要由 Fe_3O_4和 Fe_2O_3组成，此两种氧化物晶格较复杂、组织致密，因而原子在这种氧化层中的扩散较难，且氧化皮与铁结合比较牢靠，故有一定的抗氧化性。

铁在 570℃以上氧化时，可形成由 Fe_3O_4、Fe_2O_3和 FeO 三层所组成的氧化膜，其厚度比例大致为 1∶10∶100，氧化层的主要成分是 FeO。由于 FeO 的结构为简单的立方晶格，在结构中原子空位较多，结构疏松，因此氧原子容易通过氧化层空隙扩散到基体表面，使铁继续氧化，温度愈高，氧化愈严重。由于氧化层下的铁不断氧化，氧化层愈来愈厚，当氧化膜达到一定厚度时，在膜内应力的作用下氧化膜会发生开裂、剥落，使炉管表面再次裸露出新鲜基体，氧化作用不断地、周期性地进行，从而造成炉管壁厚逐渐减薄。

② 渗碳　HP40Nb 炉管在离心铸造时由于冷却条件的不同，获得的组织为柱状晶组织或等轴晶加柱状晶的混合组织。由于离心铸造过程中冷却速度很快，为一不平衡凝固过程，先结晶的 M_7C_3型碳化物来不及转变成 $M_{23}C_6$型碳化物，因此在室温下 HP40Nb 钢的铸态组织为过饱和的奥氏体+共晶体(奥氏体+$M_{23}C_6$+少量 M_7C_3)，共晶碳化物主要有骨架状和块状两种形态。HP40Nb 受到高温加热初期，在奥氏体内部会析出细小的弥散度很高的 $M_{23}C_7$碳化物，随着炉管使用年限的增加，炉管高温的运行时间越来越长，细小的 $M_{23}C_7$碳化物颗粒会逐渐聚集长大，使材料变脆。

炉管内壁长期暴露于高温下的含碳气体或液体环境中，吸附在其表面的碳原子连续不断的渗入金属内部，引起了大量 M_7C_3 的析出，使得金属贫铬，导致炉管变质脆化和开裂。由于 M_7C_3 型碳化物的密度低于奥氏体的密度，渗碳导致体积膨胀，而且含碳量越高，密度越小，渗碳层的体积膨胀就越严重。

渗碳现象实际上是渗碳、氧化、局部蠕变等联合作用的结果。碳化物比基体更易于氧化，在高温长期使用过程中，铬的氧化膜逐步长大，由于氧化膜的膨胀系数与基体金属有很大差别，氧化膜将随温度的波动而产生裂纹，最后鼓起、剥落。M_7C_3 的析出导致氧化膜下面基体金属贫铬，氧化膜再生困难，从而又加速渗碳。

渗碳现象对转化炉管内表面的加工状态很敏感，转化管内表面越粗糙和越疏松，越容易渗。因而对离心铸造管内表面进行机加工，除去铸造缺陷层，可使渗碳问题得到部分解决。渗碳的主要影响因素有：

a. 发生渗碳须同时满足三个条件，即暴露于渗碳环境或与含碳材料接触、足够高的温度使碳在金属内部可以扩散(通常大于593℃)、对渗碳敏感的材料。

b. 温度。温度越高，渗碳发展越快。

c. 深度。初始阶段碳扩散速率大，渗碳层发展速度快，但随着渗碳层向壁厚的深度方向移动，渗碳层发展速度减缓，并逐渐趋于停止。

d. 材质。提高 Cr、Ni 元素含量，可增加渗碳层发展阻力。

e. 环境。高碳活性气相(如含烃、焦炭、CO、CO_2、甲烷或乙烷的气体)和低氧分压(微量 O_2 或蒸汽)有利于渗碳损伤的发展。

与裂解炉管相比，转化炉管的操作温度较低，因此，由于渗碳导致的转化炉管失效的情况较少。

③ 蠕变　金属在高温和应力作用下逐渐产生塑性变形的现象称为蠕变。对烃类蒸气转化炉，高温蠕变破裂是转化炉管发生损坏的最主要形式，其比例高达70%以上。转化炉管基本上承受着不变的应力作用，由于内压引起的一次应力中环向应力是轴向应力的2倍，转化炉管直管段的裂纹通常沿轴向延伸。但蠕变破坏发生在焊缝区附近时，由于在焊缝区域除内压以外还存在着焊接缺陷、焊接引起的材料劣化以及热应力等，有时也会出现沿圆周方向的裂纹。

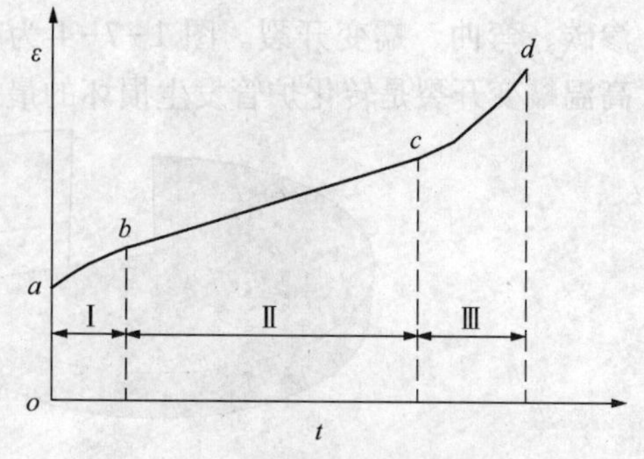

图 1-7-3　典型的高温蠕变曲线

高温下蠕变的发展过程一般用“时间-变形量”曲线表示。图 1-7-3 是典型的高温蠕变曲线。该曲线 *oa* 段代表材料刚刚加上载荷时产生的弹性变形；*ab* 段是变形的“减速期”，在此段区域内蠕变速度由大变小；*bc* 段是“等速区”，在这一区域蠕变速度恒定不变；*cd* 段是引起破坏的区域，在此区域内蠕变速度迅猛升高，材料至 *d* 点破断，此区域叫做“加速期”。通过“时间-变形量”曲线可以把高温蠕变分成三个阶段——减速期、等速期、加速期。

蠕变损伤形态具有如下特征：

a. 蠕变损伤的初始阶段一般无明显特征，但可通过扫描电子显微镜观察来识别。蠕变空洞多在晶界处出现，在中后期形成微裂纹，最终形成宏观裂纹。

b. 运行温度远高于蠕变温度阈值时，可观察到明显的鼓胀、升长等变形，变形量主要取决于材质、温度与应力水平三者的组合。

c. 承压设备中温度高、应力集中的部位易发生蠕变，尤其在三通、接管、缺陷和焊接接头等结构不连续处。

蠕变损伤的主要影响因素有：

a. 蠕变变形速率的主要影响因素为材料、应力和温度，损伤速率(或应变速率)对应力和温度比较敏感，比如合金温度增加 12℃或应力增加 15%可能使剩余寿命缩短一半以上。

b. 温度。高于温度阈值时，蠕变损伤就可能发生。在阈值温度下服役的设备，即使裂纹尖端附近的应力较高，金属部件的寿命也几乎不受影响。

c. 应力。应力水平越高，蠕变变形速率越大。

d. 蠕变韧性。蠕变韧性低的材料发生蠕变时变形小或没有明显变形。通常高抗拉强度的材料、焊接接头部位、粗晶材料的蠕变韧性较低。

常采用“在一定的工作温度下，在规定的使用时间内，使试件发生一定量的总变形的应力值”来表示转化管的蠕变极限，如 1/100000 表示经 10×10^4h 总变形为 1%的条件蠕变极限。

④ 转化炉管损伤情况统计　转化炉管的失效形式有高温氧化导致的减薄、渗碳、弯曲、蠕变开裂。图 1-7-4 为转化炉管损伤形式统计情况，由图可知，高温蠕变开裂是转化炉管发生损坏的最主要形式。

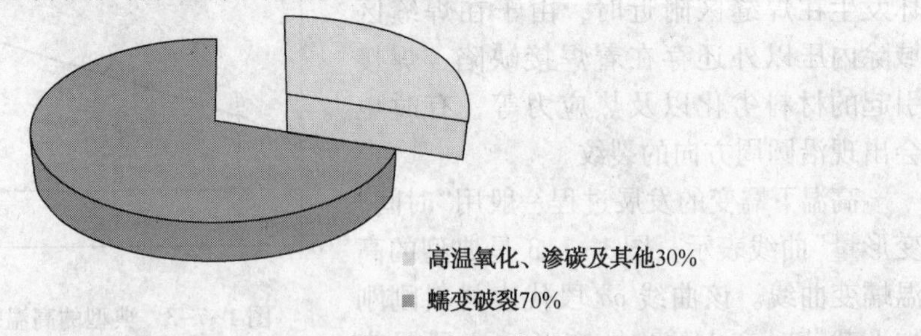

图 1-7-4　转化炉管失效形式比例统计

4 裂解炉管的操作工况及损伤机理

乙烯是石油化工行业最重要的单体，也是生产有机原料的基础，乙烯产量的大小代表着一个国家石油化工发展水平。在乙烯生产工艺中，管式裂解炉基建投资费用一般可占炼油装置总投资的10%~20%，占设备费用的30%左右，支配着整个工厂或装置的产品质量，产品收率、能耗和操作周期等。而在裂解炉内，炉管系统的投资约占裂解炉总投资的50%~60%，耗钢量占总量的40%~60%，因此炉管系统是裂解炉的重要构件。受炉内高温及管内介质压力的作用，炉管往往容易发生失效，裂解炉管的安全性对保证装置长周期安全运行具有重要意义。

（1）裂解炉管的操作工况

乙烯裂解过程非常复杂，反应须在高温下进行，裂解原料气为碳氢气体与水蒸气的混合气。在使用过程中，炉管外壁长期经受火焰加热，内壁则长期受碳氢气等混合气体的侵蚀，服役环境非常苛刻。

① 高温　在乙烯生产过程中，裂解炉内的温度高达1150℃，裂解气反应所需的热量由炉管管壁传递完成，裂解炉管处于高温状态；裂解炉管所承受的工作压力较低，一般为0.5MPa。为了提高烯烃类产品的收率，裂解气在炉管内停留时间很短，流速较大。

② 渗碳和结焦：

a. 渗碳　裂解气主要由各种烷烃、烯烃、炔、氢气、芳烃、焦油、H_2O、CO、CO_2等组成，各种烃类经过裂解后会析出活性碳，主要反应为

$$\left.\begin{array}{l} CH_4 \rightleftharpoons C + 2H_2 \\ 2CO \rightleftharpoons CO_2 + C \end{array}\right\rangle \longrightarrow CH_4 + 2CO \rightleftharpoons 2C + CO_2 + 2H_2$$

由反应方程式可以看出在裂解气发生反应中有碳生成。反应中生成的碳吸附在金属表面上，在高温下由碳势高的裂解气向炉管中扩散，经扩展进入金属里而产生渗碳。渗碳程度与温度、裂解气性质、炉管材料和炉管表面情况等因素相关。

b. 结焦　裂解气在一次反应生成烯烃类的同时，还发生二次反应。原料中芳烃缩聚反应和裂解气二次反应引发了炉管的结焦。反应生成的结焦母体向炉管内壁迁移，当结焦母体到达管壁后，在管壁表面发生结焦反应。结焦速度受管壁温度的影响很大，温度越高，结焦速度越快。由于裂解反应中有碳生成，裂解炉管在运行中内壁必然要发生渗碳和结焦。

③ 热疲劳作用　炉管运行时间越长，炉管内壁渗碳层和结焦层也就越厚，结焦层的传热系数远小于炉管的传热系数，为了达到裂解气反应所需的温度，就

必须提高炉管壁温，而炉管壁温的提高又加剧了渗碳速率，影响了炉管的使用寿命。为此在工艺上要对裂解炉管定期进行烧焦以保证炉管的传热效果。所谓烧焦就是将炉管的操作温度由1000℃左右降低到800℃左右，然后对炉管内通入空气使结焦层燃烧来达到清除结焦层的目的。由于定期的烧焦使得炉管承受热疲劳的作用，当热疲劳达到一定的次数时炉管就会发生疲劳断裂，造成裂解炉的停用。

总之，裂解炉管在正常运行中要受到高温、渗碳、结焦及清焦疲劳等因素的作用，这些因素是引起裂解炉管损伤的重要原因。探索裂解炉管的损伤机理和寿命预测方法一直都是裂解炉管研究的重点。

（2）裂解炉管损伤机理

乙烯裂解炉炉管的工作环境非常恶劣，炉膛烟气温度在1100℃左右；炉管外壁温度1050~1100℃；管内介质温度900℃左右；炉管管内存在烃类渗碳、结焦，管内外壁处于氧化、硫化及高温环境下，同时又承受内压、自重、温差及开停车所引起的疲劳和热冲击等复杂的应力作用，其常见的失效形式有渗碳、高温蠕变开裂、腐蚀减薄(高温硫腐蚀、高温氧化及冲刷)、热冲击和热疲劳、过热、蠕胀、弯曲等。

① 渗碳造成裂纹或材质裂化　渗碳是由于碳氢化合物的裂解和分解释放出来的活性炭原子在管壁吸附，继而向合金基体渗透和扩散，引起合金中金属碳化物的大量析出和碳化物类型的改变，导致炉管变质脆化和开裂的一种破坏形式，是炉管的主要破坏形式之一。炉管的渗碳，使得共析碳化物 $M_{23}C_6$ 的晶体变得粗大，且转化成为 M_7C_3 的碳化物，导致炉管内壁材料组成和材料性能发生变化。材料性能的改变是引发炉管开裂的根本原因。

a. 渗碳炉管的物理性能：

密度　裂解炉管渗碳的过程中形成了大量的碳化物 M_7C_3，由于 M_7C_3 的密度较小，仅为6.95，低于奥氏体的密度，故使得渗碳后HP40Nb耐热钢炉管的密度下降。

热膨胀系数　王富岗等对不同渗碳层厚度的裂解炉管材料的热膨胀系数进行了测定。沿管壁径向逐层取试样，越靠近内表面，渗碳层越致密，热膨胀系数越低。渗碳炉管热膨胀系数的差异恶化了炉管的受力状况，加速了裂解炉管的损伤。

b. 常温和高温短时机械性能　根据对长期运行的炉管和未渗碳炉管的常温和高温短时拉伸试验数据可知，长期运行炉管的室温和高温强度和塑性与相应的新炉管相比均有明显的降低。

持久强度和蠕变　根据试验数据获得了不同应力条件下材料的表明，渗碳降低了炉管的持久性能，使得渗碳炉管抵抗变形的能力下降，从而加速了渗碳炉管的断裂。随着渗碳层厚度的增加，材料的最小蠕变速率和持久断裂延伸率不断减小，持久断裂时间逐渐增加。从高温强度的角度看，渗碳可以强化耐热钢，但这种强化是从牺牲塑性为代价的，裂解炉管要经常受到热疲劳或热冲击的作用，因此炉管的高温塑性更为重要，渗碳后塑性的下降使得渗碳层中很容易产生裂纹。

热疲劳性能 炉管在未渗碳前具有很好的热疲劳性能，渗碳后炉管的塑性和冲击韧性明显降低，且存在"体积应力"和温度变化引起的变形不协调产生的"变形应力"，使得炉管的热疲劳性能降低。对于渗碳严重的炉管，炉管承受的疲劳次数非常低，当渗碳层厚度为4~5mm时，疲劳周次10次即可产生裂纹。

热冲击性能 热冲击是指炉管在温度骤冷骤热时所受到的温差作用。渗碳降低了炉管的抗冲击性能，使得炉管的渗碳层在热冲击的作用下很容易发生开裂。

综上所述，渗碳一方面改变了炉管的金属机械性能，使得高温蠕变断裂强度和中低温韧性下降，材料脆化，材质劣化而造成炉管破坏。另一方面，由于M_7C_3的密度较小，使得渗碳层的密度和热膨胀系数均变小，碳含量越高，密度和热膨胀系数越低。因此，在操作升降温时，由于膨胀不同，在渗碳层附近组织界面将产生应力。升温时，渗碳层金属膨胀，形成的渗碳层处于压缩状态，而未渗碳层处于拉伸状态。在清焦或停车的冷却期间，渗碳层的收缩小于未渗碳层，未渗碳层金属处于一种条件拉伸应力下，应力大小取决于渗碳程度大小及管壁中的碳梯度，这种拉应力就是产生裂纹的起因。材质裂化以及附加应力的共同作用，使得渗碳成为炉管开裂的重要原因。

② 高温蠕变损伤 金属材料在长期高温和应力作用下会产生蠕变变形。蠕变断裂破坏在加热炉失效中占很大的部分，炉管发生高温蠕变损伤的主要特征为：a. 在直径或轴线方向上产生塑性变形，如炉管直径涨大，局部鼓凸或炉管变长、弯曲等；b. 管壁出现较多的蠕变裂纹，蠕变裂纹多发生在距内壁1/3~1/4壁厚处，再向内壁和外壁发展，产生破坏的裂纹以轴向为主；c. 显微组织变化。蠕变裂纹基本是沿晶裂纹，裂纹发生前出现晶界碳化物，是较粗的不连续网链状，二次碳化物粗化，产生蠕变空洞和显微裂纹等。裂解炉炉管强度设计就是按蠕变强度进行的，金属的蠕变强度随温度的上升而减少，在相同的应力作用下，温度越高，蠕变速率越快，尤其是当炉管结焦物较厚时，炉管产生的蠕变损伤将会更严重。

蠕胀是炉管高温长期使用蠕变变形的结果，它的大小可以反映炉管损伤程度，以此可以作为判据来评估炉管的使用寿命。

③ 腐蚀减薄造成炉管损伤 炉管腐蚀减薄是高温硫腐蚀、高温氧化和物料冲刷综合作用的结果。

a. 高温硫腐蚀 裂解原料中含有微量的硫是造成炉管内部腐蚀减薄主要原

因之一。根据硫和硫化物对金属的化学作用，分为活性硫化物和非活性硫化物。在炉管腐蚀过程中，主要以活性硫化物为主，活性硫化物如 H_2S，硫醇和单质硫，这些成分在大约 350~400℃能与金属直接发生化学反应。影响到高温硫腐蚀的因素很多，腐蚀的大小随温度，硫化氢浓度以及材质的不同而改变。温度影响表现在两个方面，一是温度升高促进了硫等与金属的反应；二是促进了原油中非活性硫的分解。材料不同，抗高温硫腐蚀的性能也不同，抵抗能力主要随设备材质中铬含量的增加而增加。

b. 冲刷腐蚀　为了防止裂解气发生二次反应，裂解气在炉管内的停留时间很短，流动速度很高，高速流动物料的冲刷，是引发炉管内部减薄的又一个原因。

c. 高温氧化　在高温下，炉管内壁发生渗碳后，析出碳化物 M_7C_3，与基体相比，碳化物更易于被氧化，碳化物的高温氧化促进了裂纹的进一步扩展。由于炉管外壁直接受火，在高温条件和含氧环境中，炉管外壁发生高温氧化。辐射炉管表面的氧化损坏程度与裂解炉喷嘴火焰的分布状况相关，迎火面较背火面重得多，如果由于对流室不畅等原因导致火嘴偏火，则火焰偏向面较偏离面严重 2~3 倍，辐射炉管的严重氧化不仅导致了炉管的频繁更换，而且也给安全生产带来了隐患，尤其是当炉管局部结焦导致该处过热时，很容易造成炉管烧穿。

总之，在高温硫腐蚀、高温氧化和物料冲刷的综合作用下，炉管发生减薄。在直管上，流体在管子内表面圆周方向分布均匀，因此直管段发生均匀减薄；弯头附近，气流经弯头后的分布发生变化，气流沿一侧流动，减薄主要在该侧发生，且越靠近弯头，减薄得越严重。

④ 热冲击、热疲劳造成的损伤　裂解炉开、停车过程中，炉管温度由室温上升到几百摄氏度甚至上千摄氏度，将产生巨大的热应力和热冲击。炉管材料在使用时，组织中的二次碳化物和晶界碳化物会不断析出、粗化，使材料的中低温韧性大大降低，在低温下明显脆化。在巨大的热应力和热冲击下，炉管将发生断裂破坏。加热炉周期性的升温、烧焦，使炉管产生了很大的周期性应力。在炉子正常运行时，炉膛热量从炉管外壁传向内壁，产生由外壁向内壁的温差，相应地产生一定的热应力。当管内壁结焦后，低传热系数的焦层会使管壁温度上升，产生的热应力也相应增大，当停炉或烧焦时热流动趋近于零，烧焦过程的放热反应甚至会使内壁温度高于外壁温度，产生与运行时相反的温度梯度和热应力。周期性应力导致的热疲劳损伤是炉管晚期发生的故障之一。

⑤ 结焦等造成的局部过热损伤　裂解炉管局部过热的主要原因有：a. 炉管结焦较厚，烧焦不彻底，裂解炉定期进行烧焦，主要是为了去除炉管内表面的焦炭层，防治炉管超温及表面渗碳，在实际生产过程中可能由于烧焦的空气量不

足，或是烧焦时间较短，从而导致烧焦不彻底，在短时间内造成炉管局部过热超温；b. 由于渗碳及高温蠕变等原因使炉管发生弯曲变形，弯曲部位离侧壁烧嘴太近，使炉管迎火侧局部过热超温，背火侧低温，这一温差加速了炉管弯曲变形，同时由于炉管迎火面的超温，加速了炉管结焦速度和渗碳速率，从而缩短了炉管的使用寿命；c. 为了提高乙烯效率，提高炉出口温度，造成炉管表面温度升高，也会致使炉管严重过热超温。

⑥ 裂解炉管的弯曲变形　由于自身重力和配重产生的拉力的作用，裂解炉管使用一段时间后，均不同程度地存在着弯曲现象，炉管弯曲严重将直接影响炉管的安全使用。

5　气化炉的操作工况及损伤机理

水煤浆气化装置是煤化工产业链的龙头装置，主要作用是将煤炭或煤焦气化反应得到粗煤气，工艺技术路线采用美国 GE 公司水煤浆加压技术，主要包括磨焦制浆、水煤浆气化、水煤气洗涤和黑水闪蒸、气化炉排渣系统、黑水过滤系统等几个主要工艺单元。水煤浆气化工艺采用石油焦和煤作为气化原料，在压力 6.5MPa、温度 1350～1450℃ 的气化条件下，生产粗煤气，并进行初步的除渣、脱水处理，然后送到下游装置。装置的加工原料主要以煤和石油焦为原料。

(1) 气化炉的操作工况

气化装置包括磨焦制浆、水煤浆气化、合成气冷却及炭黑洗涤、气化炉排渣、灰水处理等几个主要工艺单元。

气化炉是水煤浆气化装置的重要设备，它在整个装置的总投资中占着很大的比例。水煤浆和氧气在其内发生燃烧和气化反应，生成一氧化碳和氢气为主要成分的粗合成气。由于煤气化反应的特殊性，对气化炉有苛刻的要求：耐高温高压环境下的冲刷腐蚀等。

① 气化炉内的反应　水煤浆和纯氧经德士古烧嘴进入气化炉，在压力 6.5MPa、温度 1400℃左右的条件下进行反应，生成 $CO+H_2$ 为主要成分的粗合成气。在气化炉内进行的反应相当复杂，一般认为分三步进行：

a. 煤的裂解和挥发份的燃烧　水煤浆和纯氧进入高温气化炉后，水分迅速蒸发为水蒸气。煤粉发生热裂解并释放出挥发份。裂解产物及易挥发份在高温、高氧浓度的条件下迅速完全燃烧，同时煤粉变成煤焦，放出大量的反应热，因此在合成气中不含焦油、酚类和高分子烃类。该过程进行的相当短促。

b. 燃烧和气化反应　煤裂解后生成的煤焦一方面和剩余的氧气发生燃烧反应，生成 CO、CO_2 等气体，放出反应热；另一方面，煤焦又和水蒸气、CO_2 等发生气化反应，生成 CO、H_2。

c. 其他反应　经过前两步反应后，气化炉中的氧气已基本完全消耗。这时主要进行的是煤焦、甲烷等与水蒸气、CO_2 发生的气化反应，生成 CO 和 H_2。

副反应生成的酸性产物可能会使渣水的 pH 值降低，呈酸性，造成渣水系统设备和管道的腐蚀。气化反应中生成的硫化物主要以无机硫 H_2S 的形式存在，有机硫 COS 的含量很少。

② 气化炉的影响因素　气化炉内的主要原料是煤和石油焦。煤是复杂的高分子有机化合物，主要由碳、氢、氧、氮、硫和磷等元素组成，其中占 95%以上的组分是碳、氢、氧，煤中还含有少量的灰分和水分。石油焦是原油经过蒸馏将轻重质油分离后，重质油再经过热裂的过程，转化而成的产品，主要的元素组成为碳，占 80%(质)，其余的为氢、氧、氮、硫和金属元素。

在水煤浆气化的操作条件下，煤中所含的 S、Cl、N 等元素发生反应，生成硫化氢、氯离子、氰根离子和氨气，这些有害介质会混入合成气、黑水、渣水、灰水系统中造成设备和管道的腐蚀。气化炉主要腐蚀是高温部位(温度大于 220℃)的硫化氢/氢腐蚀。

在水煤浆发生气化反应后生成了 H_2S、HCN 和 NH_3，同时水煤浆中还会含有部分氯元素，在气化反应后，也会以氯离子的状态出现。气化反应完成后，生成合成气和凝固的煤渣。

合成气中存在 H_2S、HCN 和 NH_3 等有害介质，从气化炉进入洗涤塔，然后经过循环黑水或循环灰水的洗涤，脱除气体中携带的固体颗粒后从洗涤塔顶出去下游装置，在这个过程，合成气都处于潮湿的环境中，在 H_2S、HCN 和 NH_3 等有害介质作用下，会发生酸性水腐蚀、碳钢和低合金钢的湿硫化氢破坏、奥氏体不锈钢的氯离子应力腐蚀开裂(ClSCC)。

气化装置中最主要的对设备和管道的损伤是固液相介质的冲蚀。从水煤浆磨浆开始，固体颗粒就对设备产生冲刷腐蚀，以料浆槽搅拌器为例，料浆槽搅拌器为单台公用设备，负责气化炉合格煤浆的供给。浆叶耐磨层因磨蚀经常会发生脱落，减速箱齿轮会发生疲劳断裂失效事故，高压煤浆泵和渣水泵叶轮都会出现严重的磨损，水煤浆管线多条存在冲蚀减薄的现象。

气化装置的腐蚀减薄，或是开裂，基本上都是冲蚀和其他腐蚀机理共同作用的结果。

(2) 气化炉的损伤机理

① 固液相冲刷腐蚀　固液相的冲刷腐蚀是煤气化装置中最普遍存在的一种腐蚀机理，不论是进料系统的水煤浆，还是气化反应后生成的煤渣，都会形成固液混合相，在流动的过程中对装置的设备和管道产生冲刷腐蚀。主要影响因素可

分为流体力学因素，材料因素，两相流体中的固相颗粒因素，液相方面的因素等四个方面，这些因素交织在一起，影响材料冲刷腐蚀性能。

流体流速、介质的流动对冲刷腐蚀有两种作用：质量传递效应和表面切应力效应，因此流体流速在冲刷腐蚀过程中起着重要作用，并直接影响冲刷腐蚀的机制。对于不具有钝化特性的金属，特别是在中性条件下，氧的存在将会加速阳极金属的溶解。因此随流速的提高，氧、二氧化碳等腐蚀剂的传质变得容易，从而与金属表面充分地接触，促进腐蚀；另外，液流冲击金属表面，随流速的提高，在悬浮固相颗粒作用下，切力矩作用增强，将腐蚀产物不断从金属表面剥离，并且在金属基体上产生划痕，使腐蚀加剧。所以，不具钝化特性的金属其冲刷腐蚀失重率随冲刷速度的增加而增大。对于有钝性的金属只有当介质中加入了足够的氧化剂，才能产生钝态。流速对有钝性的金属材料抗冲刷腐蚀性能的影响分为两种情况：低速条件下，流速的提高增加了氧的传质过程，使钝化和再钝化能力提高，金属钝化占主导地位，而冲刷作用相对较弱；而在高流速下，流体对金属表面产生的附加剪切力增大，同时固相颗粒碰撞金属表面的速度和频率也增大，冲刷作用占主导地位，随流速的提高，液固双相流冲刷对表面膜的破坏作用加剧，导致钝化膜剥落，金属重新暴露，从而腐蚀加剧。除此之外流体的流动状态是层流还是湍流也对冲刷腐蚀其重要作用。

材料因素：材料抵抗冲刷腐蚀的能力主要与材料的耐蚀性和材料的机械性能(尤其是硬度)有关，同时也与材料表面膜的形成难易有关。因此金属的组织与性能都会影响冲刷腐蚀行为。

两相流体中的固相颗粒悬浮颗粒物的硬度，形状大小及其数量是影响冲蚀行为的主要参数。一般条件下，颗粒硬度越高，冲刷越严重；多角粒子的切削作用要比球形离子的切削作用大很多。

冲刷腐蚀常为局部减薄，一般存在于弯头、三通、大小头等流速、流向突变的地点。表现出来的是介质冲刷对设备金属的层层剥落。

② 高温硫引起的腐蚀　高温硫的腐蚀，实际上是以 H_2S 为主的活性硫的腐蚀。煤中所含的无机硫在气化反应过程中生成硫化氢。在一定温度下，硫化氢能分解成硫和氢气，分解出来的硫，其活性很高，腐蚀性很强，成为活性硫。

温度升高到 375~425℃时，未分解的 H_2S 也能与铁直接反应生成 FeS 和 H_2。由于硫化铁的附着力很强，也较致密，对进一步的腐蚀反应有一定的阻滞作用，所以在腐蚀开始时速度很高，而在一定时间后，腐蚀有所减轻。但是，如果这种保护膜遭到破坏则腐蚀将继续下去。影响高温硫腐蚀的主要因素是合金组分、温度及腐蚀硫化物的百分含量。一般说来，铁和镍合金的防蚀性由金属里的铬含量所决定。提高铬的含量能明显增强防硫化腐蚀的能力。镍合金类似于不锈钢，能提供类似于铬相似水平的耐硫化性。

气化反应单元高温部分都会发生高温硫腐蚀。腐蚀最常以均匀变薄的形式出现，但也会发生例如局部腐蚀或高腐蚀速率破坏。硫氧化物通常将覆盖部件的表面，沉积物厚度可能厚或薄，这取决于这个合金流液的侵蚀性，流速和污染物的百分含量。

③ 高温 H_2S/H_2 腐蚀　水煤浆在气化反应器内，煤浆气化反应会生成硫化氢和氢气。高温下(200℃以上)硫化氢对钢材的腐蚀性很强，氢气的存在会增加高温硫化物腐蚀的严重性。主要影响因素是温度、氢气含量、硫化氢浓度、以及合金成分。随着温度、氢含量以及硫化氢浓度的增加，腐蚀速率加快。

气化反应单元高温气相部分已发生此种腐蚀状况。高温硫化氢/氢气腐蚀形态为均匀减薄，并伴有硫化铁腐蚀产物的形成。

④ 高温氢腐蚀(HTHA)　因为气化炉内存在热的高压氢气，所以选用能够耐高温氢腐蚀的结构材料非常重要的。当温度高于 232℃、氢的分压大于 $7kgf/cm^2$ 时，碳钢和低合金钢可能发生氢腐蚀，从而造成钢材脱碳，削弱了金属强度。此外，在间隙中能够生成甲烷，造成裂纹、鼓泡，从而使材料失效。

对某一特定钢材而言，HTHA 敏感性依赖于温度、氢分压、时间和应力，且服役时间具有累积效应。在装置正常操作条件下，300 系列不锈钢，以及 5Cr、9Cr、12Cr 合金对 HTHA 并不敏感。

气化反应单元存在氢气的高温高压部分已发生此种腐蚀状况。HTHA 表现为钢材表面和内部脱碳，以及沿晶开裂。

⑤ 铬钼钢的回火脆　如果铬-钼钢，特别是 2.25Cr-1Mo 钢，长时间在 360~566℃的温度下加热时，就会发生回火致脆，使延脆转变温度明显升高。气化反应器的操作温度又恰好处于该钢种产生回火脆性的温度范围内，所以长期操作会发生回火脆性断裂。回火脆性敏感性在很大程度上是由于合金中锰和硅的存在，以及杂质元素磷、锡、锑、砷。强度水平及热处理历史也应考虑。尽管操作温度下材料韧性降低并不明显，但在开停车阶段设备有可能因回火脆性而发生脆性断裂。

回火脆性发生在材质为铬-钼钢制高压蒸汽和超高压蒸汽管道，一般发生在开停车阶段。回火脆是冶金改变，并不容易通过检验检测发现，但可以通过冲击试验验证。

⑥ 连多硫酸应力腐蚀开裂(PTASCC)　只有奥氏体不锈钢和少数有关的奥氏体合金如合金 800，才发生连多硫酸应力腐蚀开裂。当这些合金因为焊接、焊后热处理被敏化，或者因为暴露在 371~454℃的高温下时，这些合金就能够发生开裂。连多硫酸是硫化铁膜与氧及水分发生反应而生成的，因此停工期间设备暴露

在空气和水分中时，就会造成敏化态的奥氏体不锈钢发生这样的应力腐蚀开裂。

PASCC 发生在开停车阶段，材质为不锈钢或不锈钢衬里且介质含硫的设备，如气化反应单元高温部分的符合这些条件的设备和管道。PASCC 通常发生在焊缝区域，少数在母材高应力区。具有高度的局域性，裂纹形态为沿晶开裂，不会造成壁厚减薄。

⑦ 奥氏体不锈钢堆焊层的氢致剥离　堆焊层剥离也是氢致延迟开裂的一种形式。高温、高压、临氢环境下操作的反应器，氢会渗透到器壁中。由于反应器本体材料(Cr-Mo)与堆焊层材料(316L)结晶结构不同，因而氢的溶解度和扩散速度都不一样，湿堆焊层界面上氢浓度形成不连续状态。当反应器从正常运行状态下停工冷却到常温时，氢在基材中的溶解度的过饱和度要比堆焊层大得多，使氢由基材向堆焊层的过渡层扩散，而氢在奥氏体不锈钢中的扩散系数比 Cr-Mo 小，所以氢在过渡层扩散缓慢，导致大量聚集而引起脆化。

气化炉反应器容易发生此种损伤，一般出现在停工阶段。从宏观看，剥离沿着堆焊层和基材的界面扩展，从微观看，剥离裂纹沿着熔合线碳化铬析出区或沿着长大的奥氏体晶界扩展。

⑧ 高温氧化　高温下氧与金属反应生成氧化皮。金属损失是由于金属和周围环境中的氧气发生了反应。通常，当温度达到氧化温度时，在其表面会形成具有相对保护作用的氧化物，它可以减少金属的损失速率。

碳钢发生高温氧化腐蚀的温度高于 482℃，高于 538℃ 则程度明显。而合金的温度则更高些(如 300 系列不锈钢在 816℃ 以下具有抗力)。金属中的含铬量越高，氧化层的保护作用越强。对炉管而言，外壁高温氧化腐蚀更严重，氧化速率与炉内温度和氧气的数量相关。气化炉内部件容易发生高温氧化。

第2章 锅炉四管失效案例

第1节 锅炉水冷壁管氢腐蚀失效案例分析

1 背景介绍

锅炉热交换面中的水冷壁、过热器、再热器和省煤器四种受热面管子由于过热、腐蚀、磨损等各种原因发生破裂、泄漏，导致炉管失效，甚至引起锅炉事故停机，是影响锅炉安全稳定运行的常见问题。据我国电厂统计，200MW 机组爆漏的第一位原因是磨损，占 30%，主要是飞灰磨损，其次是机械磨损；第二位原因是焊缝质量问题，占 26%；第三位原因是过热，占 16.5%。300MW 及以上机组爆漏的第一位原因是焊缝质量，占 24.4%，其次是磨损与过热，各占 18.5%和 17.2%。腐蚀引起的爆漏在大机组中占 3%左右。

发生爆管的锅炉是某化工厂动力车间的 220t 工业锅炉，燃烧介质为煤，该锅炉水冷壁管的材质为 20G，规格为 ϕ60mm×6mm，工作压力为 10MPa，锅炉水工作温度为 310℃，管外烟气为 1000℃。2008 年 2 月 2 日西侧水冷壁管直管段从下向上 200mm 处的炉内侧发生爆管，水冷壁爆管后将炉膛内炉火浇灭，裂开的部位沿轴向开裂，长约 320mm、宽约 60mm，爆管部位的残片整体飞出，插入对面水冷壁的膜片上，无减薄。

为了弄清爆管的原因，及时消除已存在的事故隐患并预防类似事故再次发生，对该水冷壁管的爆管原因进行分析，并提出相应的解决对策。

2 锅炉水冷壁管失效的检查

(1) 宏观检查

对现场取样的水冷壁管(图 2-1-1 和图 2-1-2)进行宏观检查发现，没有明显的变形和壁厚减薄。断口呈脆性特征，有明显的材料分层痕迹，外壁腐蚀轻微，内壁存在较厚的腐蚀垢层。

图 2-1-1 中截取左侧管段在沿水冷壁管与膜片的高温侧焊缝热影响区处存在长为 300mm 的轴向穿透性裂纹，只存在一条主裂纹，无法判断该裂纹起源于内壁还是外壁，内壁存在较多的轴向和环向腐蚀痕迹，而外壁没有明显的腐蚀。

图2-1-1中所截取的右侧管段在外壁上距离两侧膜片最远处存在长为20mm的轴向穿透性裂纹，图2-1-3为该管段的截面图，可见存在较多的沿管段内壁起裂裂纹和内部裂纹，裂纹起始于管段内壁，并沿径向向外壁扩展。外壁腐蚀轻微，内壁存在较厚的疏松腐蚀垢层。

可以初步判断，该炉管的开裂为脆性断裂，裂纹起源于内壁并向外壁扩展。

图2-1-1 现场截取的水冷壁管(中间的断口已取样)

图2-1-2 爆管段部分断口图

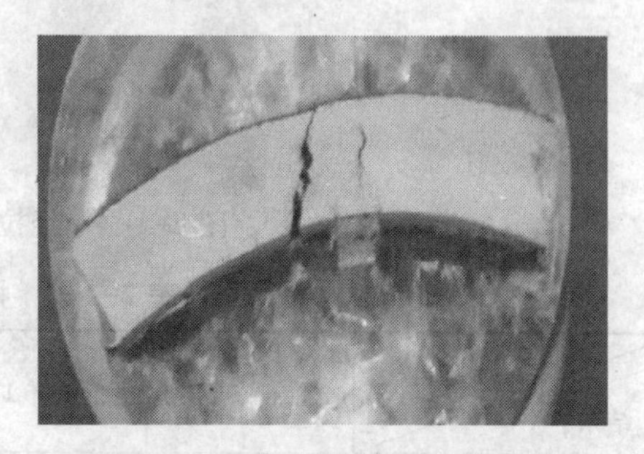

图2-1-3 短裂纹管段的截面图

(2) 材质成分化学分析

对图2-1-1中长裂纹附近的管段取样进行化学成分分析，见表2-1-1，并与GB 5310—1995中对20g的化学成分要求值进行了对比，由对比结果可知该管件除了碳以外的其他化验成分均符合要求(全壁厚C含量为0.16%，根据GB/T 222的规定，其上下偏差均为0.02%，因此满足GB 5310—1995中C含量0.17%~0.24%的要求)，但内壁严重脱碳。

表2-1-1 材质成分化学分析结果 %

分析元素	C(全壁厚)	C(内壁)	Si	Mn	S	P
标准要求值	0.17~0.24	0.17~0.24	0.17~0.37	0.35~0.65	≤0.035	≤0.035
分析结果	0.16	0.019	0.20	0.44	0.0098	0.015

(3) 材质力学性能分析

分别对不接触烟气侧和接触烟气侧的水冷壁管取样进行拉伸试验，见图2-1-4，从左至右分别为试样1、试样2、试样3和试样4，其中试样1和试样2取样于不接触烟气侧，而试样3和试样4取样于接触烟气侧，在表2-1-2中将试验结果与GB 5310—1995的20g钢管纵向力学性能标准值进行了比较，可见不接触烟气侧的管段的力学性能基本满足标准要求，接触烟气侧的抗拉强度和延伸率远低于标准要求值，试样3和试样4的夹持端经压紧后均出现轴向开裂，这说明本次取样分析的烟气侧的水冷壁管存在严重的材质劣化现象。

图2-1-4 经拉伸试验后的试样

表2-1-2 拉伸试验结果

结果＼件号	标准要求值	试样1	试样2	试样3	试样4
屈服强度 R_p/MPa	≥245	382.23	371.68	301.65	278.97
抗拉强度 R_m/MPa	412~549	530.65	517.44	395.3	364.84
断面延伸率/%	≥24	23	21.5	10.7	10.7

注：拉伸试件宽为14.5mm，厚为5mm，标距为65mm。

(4) 金相检查

对图2-1-1中左侧带长裂纹管段的含裂纹横截面进行了金相检查，管段母材的晶粒度为8级，金相组织为铁素体和珠光体(图2-1-5)，满足材料的使用要求，主裂纹附近的焊缝组织正常，裂纹面腐蚀较严重。图2-1-6为裂纹断面的放大图，可见裂纹为沿晶开裂，材质内部存在沿晶微裂纹，所检查区域的母材严重脱碳。主裂纹附近没发现起源于内壁的微裂纹，无法判断裂纹的起裂位置。

对图2-1-1中右侧带短裂纹管段的截面进行了金相检查(图2-1-3)，图2-1-7为起源于内壁的微裂纹图，同时也存在许多细小内部裂纹，可见裂纹起始于管段的内壁和内部，分别向外壁和内外壁扩展，所有开裂均为沿晶开裂，晶粒度正常，图2-1-8为主裂纹放大图，可见管段内壁附近严重脱碳，在沿管段环面上存在脱碳分层面。

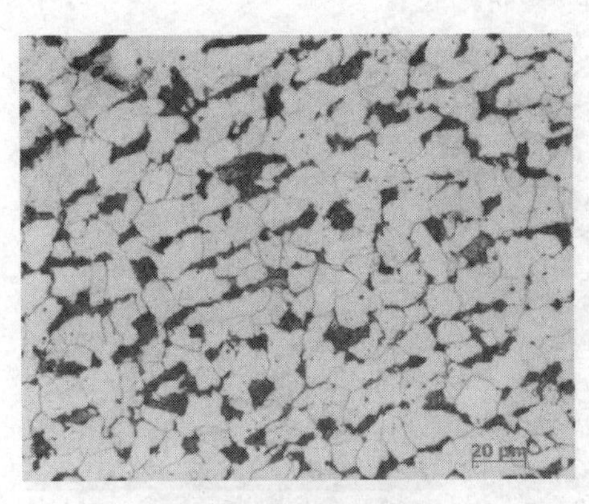

图 2-1-5 母材组织

图 2-1-6 断口放大图

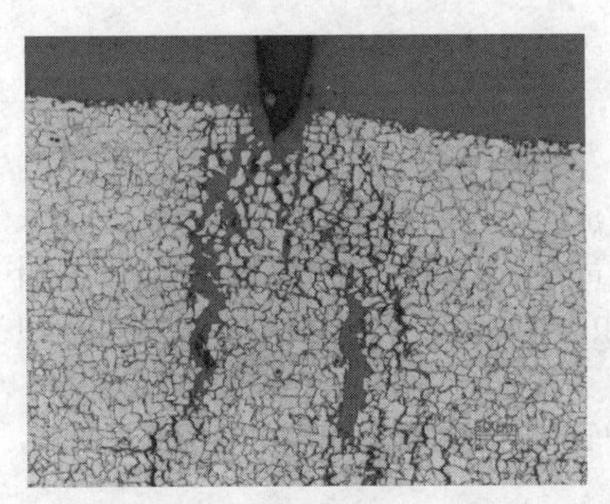

图 2-1-7 起始于内壁的微裂纹

图 2-1-8 管段沿壁厚方向的脱碳分层线

(5) 断口分析

对图 2-1-1 中的爆管断口进行扫描电镜分析，在高倍下断口表面被较厚的氧化层所覆盖，不能判断其断口形貌。

对拉伸试样 4 的断口进行扫描电镜分析，见图 2-1-9，可见试样 4 的断口分为颜色不同的两层，其中靠近外壁侧为银亮色的韧断形貌，外壁断口为典型的韧窝结构。图 2-1-10 为炉管内壁断口形貌，附近呈灰色，存在较多的微裂纹，为沿晶脆断形貌，断口以沿晶开裂为主，说明该区域已发生严重的晶界弱化，在拉伸应力的作用下，晶粒被拉长断裂的同时晶界相对向下凹陷，形成沿晶断裂形貌。

(6) X 射线衍射分析

对产生开裂处的炉管内壁的垢层进行 X 射线衍射分析，确定垢层的成分为 Fe_3O_4，并存在极少量的钙和镁元素。

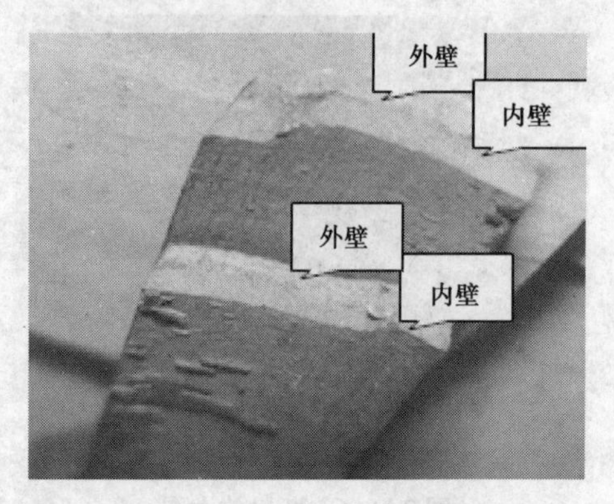

图 2-1-9　拉伸试样 4 的断口

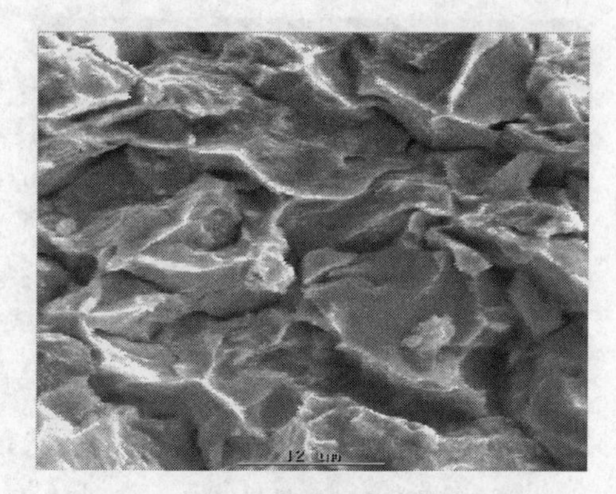
图 2-1-10　沿晶脆断区的形貌放大图

3　失效原因分析

（1）炉管质量

经化学成分分析和对不接触烟气侧的炉管的力学性能测试，炉管的材质基本满足标准要求。经对炉管进行的金相检查可知，晶粒度为 8 级，除烟气侧炉管内壁在运行过程中产生脱碳外，其他的组织为正常的铁素体和珠光体，金相组织正常。

烟气侧炉管的力学性能下降是由于炉管在运行过程中脱碳引起的晶界弱化，晶界弱化与制造质量无关。

（2）裂纹性质

经金相检查，裂纹起始于炉管内壁和内部，为沿晶开裂，断口为沿晶断口，在裂纹起始开裂处伴随着金相组织的严重脱碳，微裂纹为黑色条状，这与国内其他锅炉上发现的氢腐蚀特征一致。

（3）腐蚀源

在实际工况下锅炉水会与 Fe 反应生成氢气，在一定的温度和压力下，氢气会和 Fe_3C 反应生成甲烷，$Fe_3C+2H_2 \longrightarrow 3Fe+CH_4$；$C+2H_2 \longrightarrow CH_4$。甲烷在金属中扩散度低，就积聚在晶界上，使晶界上甲烷浓度过高，形成局部压力，造成应力集中和晶界断裂，形成微裂缝。裂缝逐渐扩展并形成网络，使金属强度严重降低，最终脆断。

水冷壁管内壁的结垢会影响锅炉水对炉管的降温作用，这样其管壁温度会升高，随着温度的升高，发生氢腐蚀的临界氢分压会降低，这样增加了发生氢腐蚀的可能。

炉管爆裂是由于炉管内壁附近的晶界弱化造成的，并且裂纹起源于内壁，并向外壁方向扩展，烟气并不是裂纹起裂和扩展的腐蚀源，但烟气给炉管的氢腐蚀提供了热源。

（4）炉管的分层现象

在本次分析中，发现炉管的宏观断口具有分层痕迹（图 2-1-2），对炉管横截面进行金相检查时存在脱碳分层的现象（图 2-1-8），对烟气侧炉管取样进行拉伸试验时断口出现颜色分层，并且不同的分层区域具有不同的开裂特征（图 2-1-9），从以上炉管的三种分层现象可知氢腐蚀沿炉管壁厚方向存在分层线，氢腐蚀的区域首先出现在炉管内壁并且随着时间的推移逐渐向外壁扩展，氢腐蚀的区域已超过炉管壁厚的 2/3，按氢腐蚀区域沿壁厚扩展的速度为匀速估算，一年内该工况下的炉管就会发生沿壁厚整体氢腐蚀，在炉管整体氢腐蚀前可能会多次发生爆管事故。

4 结论及建议

综合上述分析，该炉管的损伤机理为氢腐蚀，具体可描述为：由于垢层和水冷壁沸腾区气泡的存在，影响了锅炉水对炉管的降温作用，致使炉管温度偏高，又由于炉管所承受的内压高达 10MPa，大大地增加了氢在炉管内的溶解度，使氢持续地向管壁金属扩散。由于高温下金属晶界强度低，因此氢扩散到晶界，与钢中的碳发生化学反应生成甲烷，这一反应使钢的内部或表面脱碳，并在晶界上形成压力很高的甲烷气泡，这些气泡的数目和尺寸随时间而增加，气泡扩大并互相连接，形成微裂缝。裂缝逐渐扩展并形成网络，使金属强度严重降低，最终脆断。

为了及时发现锅炉中潜在的危险缺陷，并避免再次出现爆管事故，建议做好以下工作：

① 加强对锅炉水质的分析和监测；

② 分别在水冷壁管不同的高度上（含出现爆管的同一高度上）对氢腐蚀严重程度进行抽查检测；

③ 分别在水冷壁管不同的高度上（含出现爆管的同一高度上）对氢腐蚀严重程度进行取样分析，找到氢腐蚀在锅炉中的分布规律，以便对易出现和已出现氢腐蚀的炉管进行更换，更换时优先选择具有较好抗氢腐蚀性能的钢管；

④ 在水冷壁没有彻底修复前，进行锅炉耐压试验时，易发生水冷壁爆管，应予以预防。

第2节 锅炉水冷壁管爆管失效案例分析

1 背景介绍

按某化工厂提供的资料，动力厂1#锅炉(240t/h)系1999年12月投入运行的非标高温高压煤粉锅炉，型号为WGZ240/10.3-2型，该炉为正四角布置、切圆燃烧方式，配钢球磨中间仓储式制粉系统，送粉采用热风对冷风方式。3#锅炉为220t/h，2008年投入运行，其余参数与1#锅炉完全一样。

锅炉参数为：额定蒸发量为240t/h/220t/h；过热蒸汽压力10.3MPa；过热蒸汽温度540℃；给水温度210℃。锅炉使用煤质见表2-2-1。

表2-2-1 锅炉使用煤质 %

元素	设计煤种	元素	设计煤种
C^y	52.15	W^f	1.13
H^y	3.5	A^y	26.84
O^y	5.76	V^r	35.12
N^y	0.98	Q^y_{DW}	20134kJ/kg(4809kcal/kg)
S^y	1.07	K_{km}	1.1
W^y	9.7		

1#锅炉在2012年5月9日发生水冷壁爆管，停车前1#锅炉运行总负荷230t/h左右。9时30分1#锅炉突然火焰熄灭，炉膛打焦孔被气浪冲开，大量汽水外喷，锅炉MFT跳闸。按照事故预案，汽机立即拉闸停机，尿素二氧化碳压缩机联锁停机，合成装置自保。5月12日开炉门检查，水冷壁爆管发生在燃烧器三次风水平区域，前墙中部，同时临近有12根管子存在微变形现象，检查后墙水冷壁在相同部位也有15根管子存在微变形现象。割管检查，这些管子结垢非常严重，见图2-2-1。爆破处管壁减薄，呈喇叭口状，微变形处内壁有腐蚀坑，外壁有白色盐分析出，见图2-2-2。查看当时运行工况，主蒸汽压力10.3MPa，温度528℃，负荷230t/h，运行一直很稳定，基本排除当时超温、超压、超负荷的情况。但1~3月份水质较差，1月份给水硅含量最高达465ppb($1ppb=10^{-9}$)，合格率仅47.62%，炉水硅含量最高达27.8ppm($1ppm=10^{-6}$)，合格率52.5%，给水pH在8.2~9.6区间，炉水pH在7.8~10.4区间；2月份给水硅含量最高231ppb，合格率38.1%，炉水硅含量最

高达 29.1ppm，合格率 34.15%，给水 pH 在 8.3~9.4 区间，炉水 pH 在 7.5~10.1 区间；3 月份给水硅含量更高达 730ppb，合格率 77.27%。2#混床出水硅含量最高达 2781ppb，总管硅含量最高达 1879ppb。

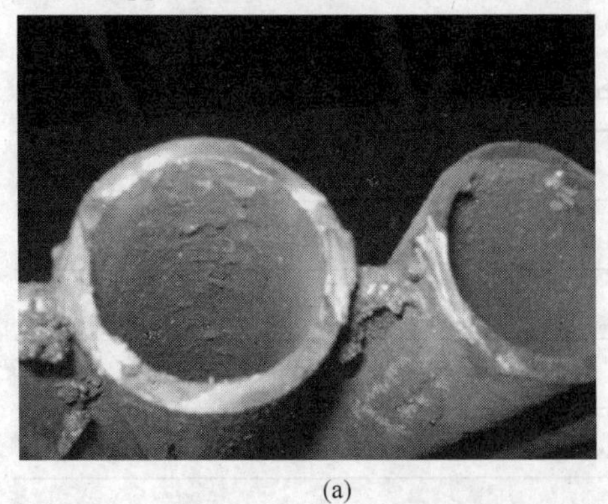

(a)

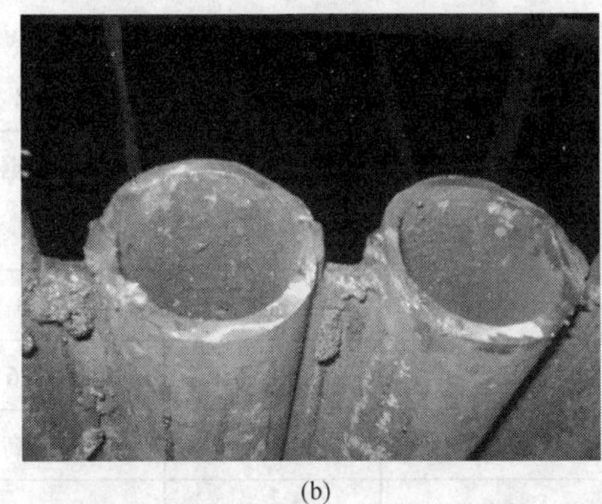

(b)

图 2-2-1 管内壁向火侧结垢形貌

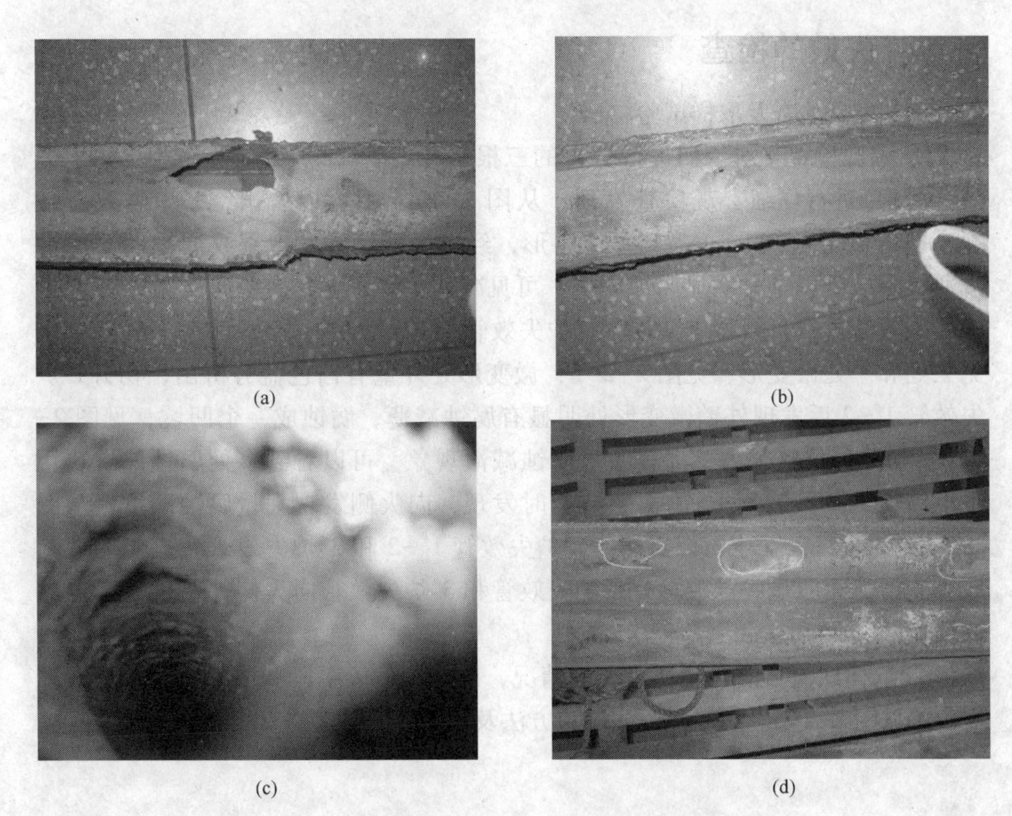

(a) (b) (c) (d)

图 2-2-2 锅炉爆管形貌

水冷壁管前后墙各94根换热管，侧墙换热管为84+15+22共121根，管子规格为ϕ60mm×5mm，材质为20g。锅炉设备特性见表2-2-2。

3#锅炉自投用以来也发生过水冷壁爆管失效现象，此次失效分析也进行取样。

表2-2-2 锅炉设备特性

项　目	单　位	数　据	备　注
燃烧室	—	—	燃烧器四角切向布置，假想切圆尺寸为ϕ608mm
容积	m^3	1255.3	—
宽度×深度	m×m	7.6×7.6	—
高度	m	33.8(总高)	—
热负荷	kW/m^3	145.3	—

2 失效的检查

(1) 宏观检查及取样试验

① 宏观检查　对取回进行分析的三根水冷壁管(3#炉失效管一根，1#炉失效管两根)进行仔细宏观检查发现：从图2-2-4中可以看出，3#炉失效管破裂，裂口长度为40mm，裂口呈Z字形，经过目视检查发现裂纹周围明显腐蚀减薄，爆裂处内壁见明显腐蚀凹坑。可见减薄主要发生在内壁向火侧；对1#炉两根失效管进行目视检查发现，1#炉失效管1#-1和1#炉失效管1#-2外壁分别见三处和一处微变形，见图2-2-3，微变形处外壁有白色盐分析出，切开1#炉失效管1#-2后发现外壁微变形处明显有腐蚀减薄，腐蚀成一个凹坑，见图2-2-5，切开部位整个内壁都有明显腐蚀减薄现象，可以看到多处腐蚀凹坑；用手电筒往1#炉失效管1#-1内壁照射时发现，向火侧发现大量腐蚀凹坑；从图2-2-4和图2-2-5中可以看出，1#炉失效管1#-2和3#炉失效管背火侧内壁都较为光滑，无明显腐蚀痕迹；1#炉失效管和3#炉失效管向火侧外壁也有明显的锈层。

② 取样试验　根据宏观检查的情况，确定了试验手段和取样试验位置。取样位置见图2-2-3。试验手段和试验方法及相关说明见表2-2-3。

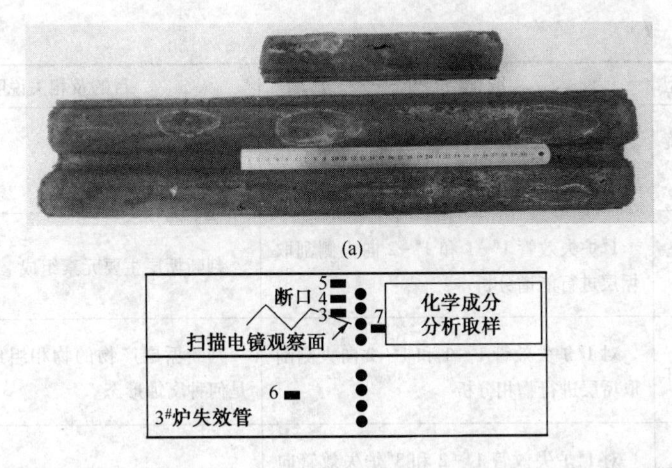

(a)

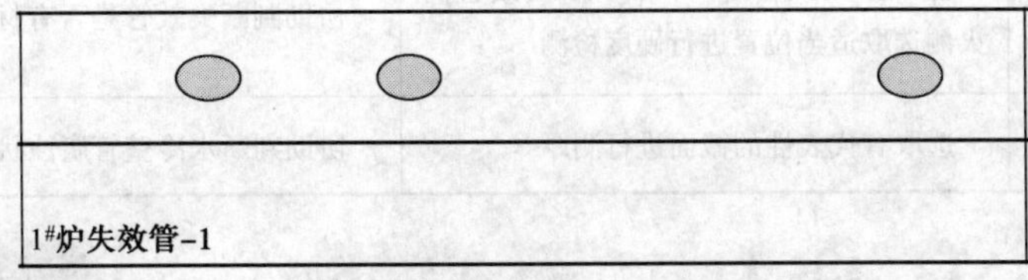

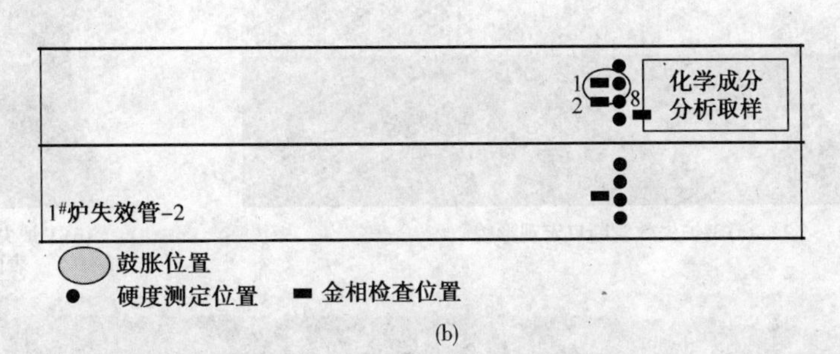

(b)

图 2-2-3 取样管子形貌及取样位置示意图(示意图为展开图)

表 2-2-3 试验手段和取样位置列表

序号	试验类型	取样位置	目的及相关说明
1	金相检查	3#炉失效管断口附近不同距离位置(3个)	看断口附近是否有材质劣化
		3#炉失效管向火侧垢层较厚处	观察垢层微观结构
		3#炉失效管背火侧	判断背火侧有无材质劣化
		1#炉失效管 1#-2 最深腐蚀凹坑处	观察凹坑处是否有材质劣化现象
		1#炉失效管 1#-2 向火侧垢层较厚处	观察 1#炉失效管 1#-2 垢层微观结构
2	化学成分分析	3#炉失效管向火侧取样	判断水冷壁管成分是否满足 20g 要求
		1#炉失效管 1#-2 向火侧取样	判断水冷壁管成分是否满足 20g 要求

续表

序号	试验类型	取样位置	目的及相关说明
3	扫描电镜观察	3#炉断口面取样进行扫描电镜观察	判断断口形貌
4	能谱分析	1#炉失效管1#-1和1#-2向火侧刮取垢层进行能谱分析	判断垢层主要元素组成
5	物相分析	对1#炉失效管1#-1和1#-2向火侧刮取垢层进行物相分析	判断垢层产物的物相组成，帮助判断是何种腐蚀形态
6	硬度测试	对1#炉失效管1#-2和3#炉失效管向火侧选取适当位置进行硬度检测	协助判断失效管是否有材质劣化现象
7	壁厚测定	选取有代表性的截面进行测厚	协助判断水冷壁管腐蚀状况

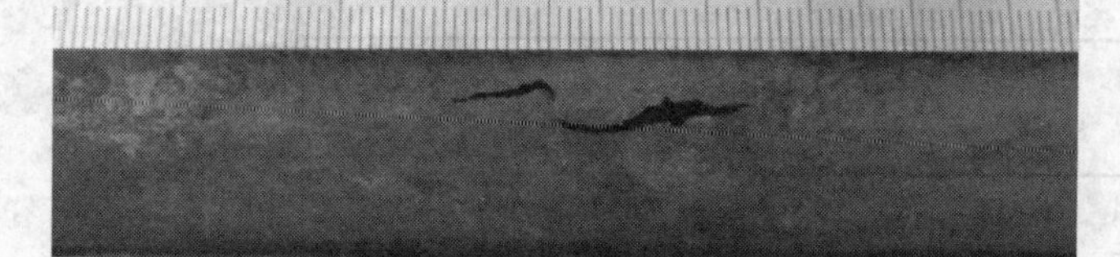

(a) 3#炉失效管断口宏观形貌

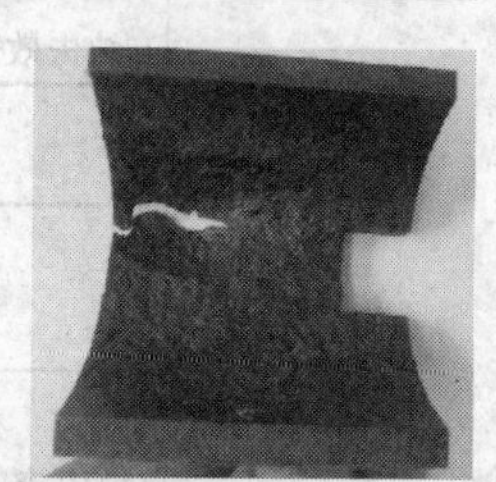
(b) 3#炉失效管断口内表面形貌

(c) 3#炉失效管背火侧内表面形貌

图 2-2-4　3#炉失效管形貌

（2）化学成分分析

在1#炉失效管1#-2和3#炉失效管向火侧取样进行化学成分分析，分析得化学成分及标准要求成分见表2-2-4。从表中可以看出，化学成分基本在标准范围内。

(a) 1#炉失效管1#-2向火侧内表面形貌

(b) 1#炉失效管1#-2背火侧内表面形貌

图 2-2-5 1#炉失效管 1#-2 内表面形貌

表 2-2-4 化学成分分析表

元 素	C	Si	Mn	P	S	Al
1#炉失效管 1#-1 向火侧	0.20	0.26	0.66	0.011	0.015	0.022
3#炉失效管	0.18	0.26	0.44	0.0072	0.015	<0.005
标准要求（GB 5310—1995）	0.17~0.24	0.17~0.37	0.35~0.65 上偏差 0.05	≤0.030	≤0.030	

（3）硬度测定

标准 GB/T 5310—1995 中对 20g 硬度无明确要求。为辅助判断向火侧是否有材质劣化现象。对 1#炉失效管 1#-2 和 3#炉失效管外壁进行硬度检测。检测结果见表 2-2-5，从表中可以看出，两根炉管背火侧硬度比向火侧高(图 2-2-6)。

表 2-2-5 硬度测定表

位置/HL	1	2	3	4	5	平均值
1#炉失效管 1#-2 向火侧	353	347	359	350	351	352
1#炉失效管 1#-2 背火侧	367	373	374	364	364	368
3#炉失效管向火侧	314	323	309	321	317	317
3#炉失效管背火侧	406	418	410	406	406	409

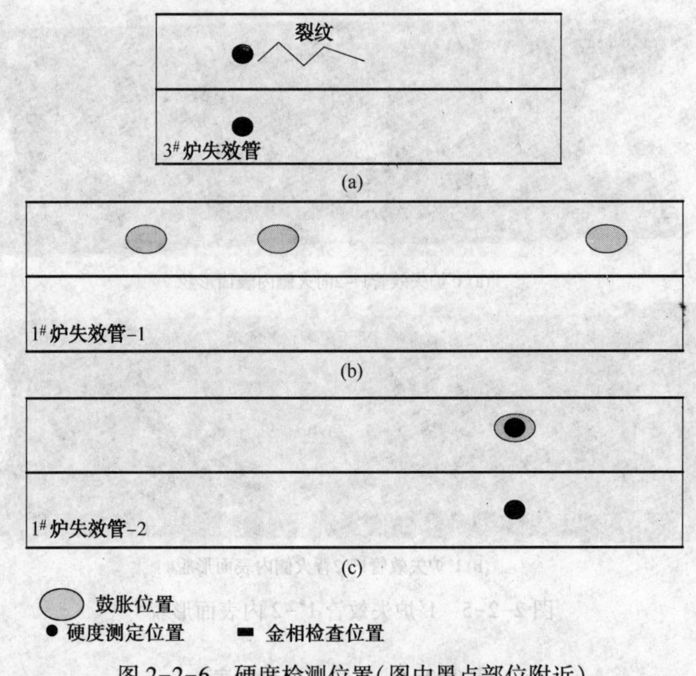

图 2-2-6 硬度检测位置(图中黑点部位附近)

(4) 厚度测量

厚度测量位置见图 2-2-7，为图中所标注的 6 个截面。分别为 3#炉失效管向火侧断口位置截面，向火侧任选一其他截面，背火侧截面；1#炉失效管 1#-2 凹坑最深处截面，向火侧任选一其他截面，背火侧截面。每个截面测量 3~5 个点，测量结果见表 2-2-6。从表中可以看出，向火侧有明显腐蚀减薄，弧顶最外处壁厚最薄，靠近弧顶的 1 点钟方向和 10 点半钟方向壁厚也有减薄。两根炉管背火侧未见明显腐蚀减薄。

表 2-2-6 厚度测量表

位置/mm	0 点方向	1 点半方向	10 点半方向	3 点方向	9 点方向
1 号截面	1.34	3.30	3.80	4.62	4.92
2 号截面	4.20	4.70	4.40	5.06	5.00
3 号截面	5.00	5.00	5.00	5.30	5.24
4 号截面	2.80	3.84	3.30		
5 号截面	4.52	5.20	5.60	5.30	5.12
6 号截面	5.00	5.10	5.20	5.10	5.30

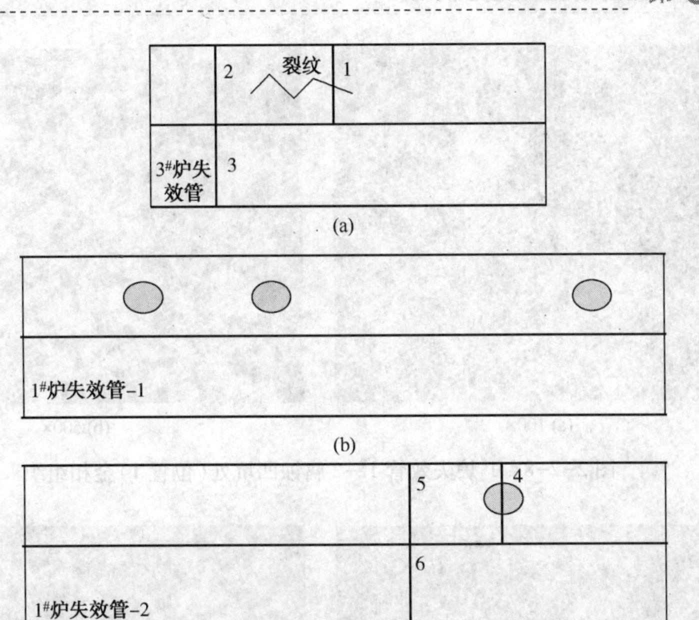

(a)

(b)

(c)

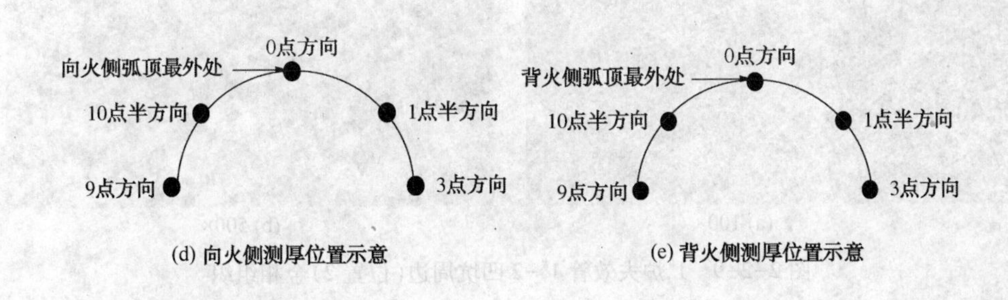

(d) 向火侧测厚位置示意　　(e) 背火侧测厚位置示意

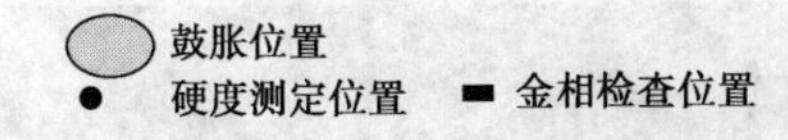

图 2-2-7　厚度测量位置示意图

(5) 金相分析

图 2-2-8~图 2-2-13 给出了金相分析的结果。金相分析认为，1#炉失效管 1#-2 腐蚀坑部位和腐蚀坑附近组织正常，均为典型的铁素体+珠光体组织。未见明显的珠光体组织球化和晶粒长大现象。3#炉失效管断口附近组织正常，也未见明显的珠光体组织球化和晶粒长大现象。同时，在金相组织中未发现微裂纹、空洞等，可见水冷壁管未发生严重高温蠕变现象。管壁中间部位组织和背火侧管壁中间部位组织无明显差别。从图 2-2-10 中还可以看出，离断口最近部位组织有轻微变形伸长。

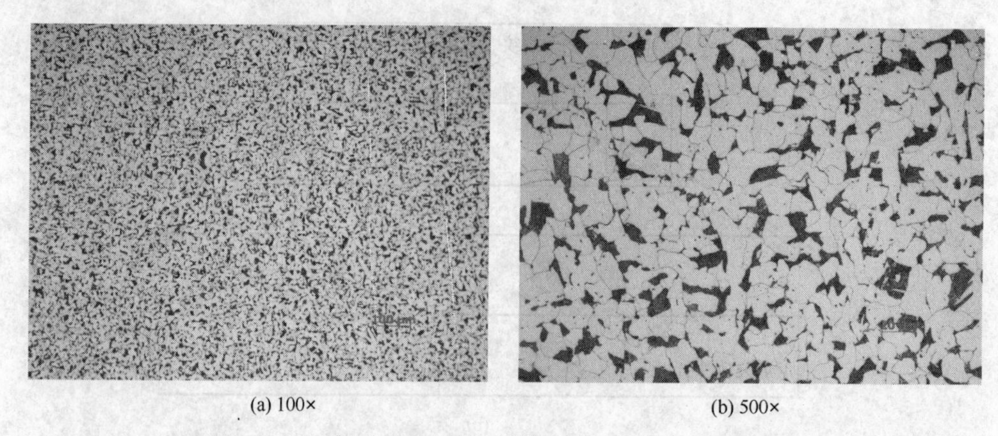

(a) 100×　　(b) 500×

图 2-2-8　$1^{\#}$炉失效管 $1^{\#}$-2 腐蚀凹坑处(位置 1)金相组织

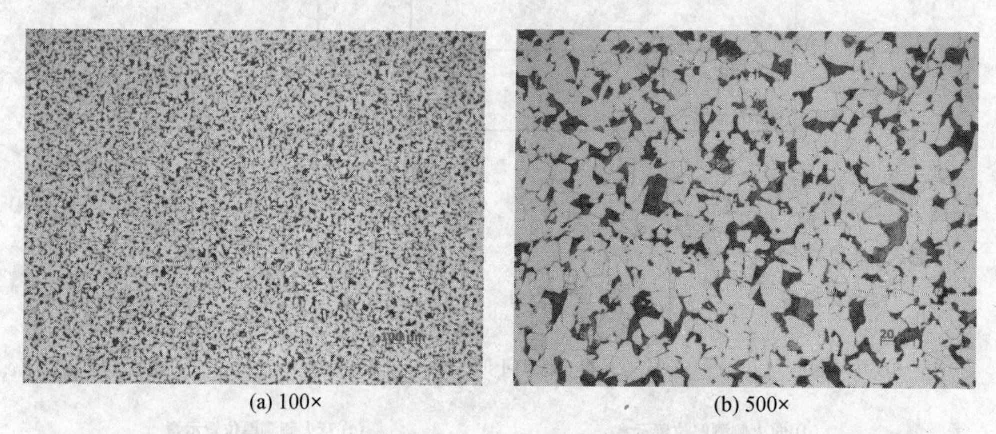

(a) 100×　　(b) 500×

图 2-2-9　$1^{\#}$炉失效管 $1^{\#}$-2 凹坑周边(位置 2)金相组织

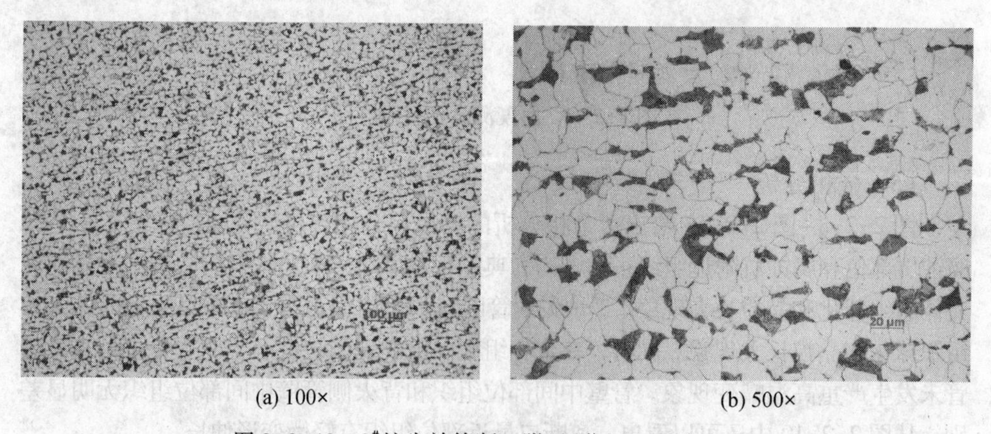

(a) 100×　　(b) 500×

图 2-2-10　$3^{\#}$炉失效管断口附近(位置 3)金相组织

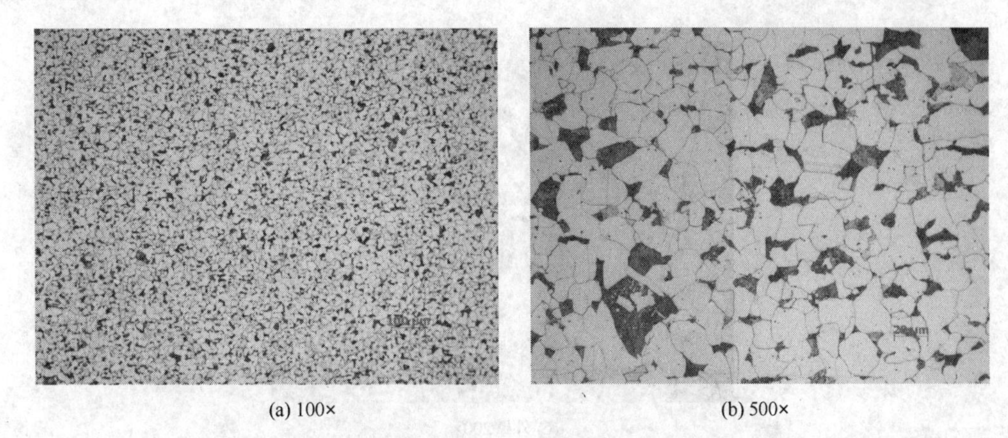

(a) 100×　　(b) 500×

图 2-2-11　3#炉失效管离断口稍远处(位置 4)金相组织

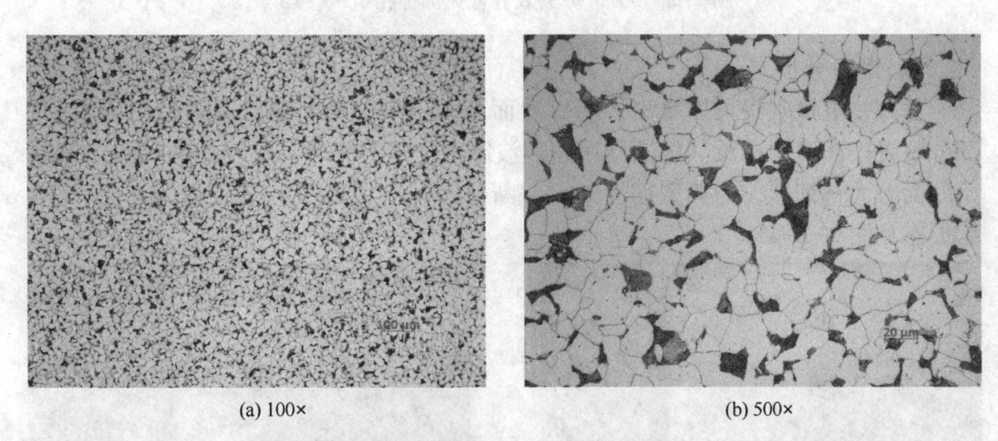

(a) 100×　　(b) 500×

图 2-2-12　3#炉失效管远离断口处(位置 5)金相组织

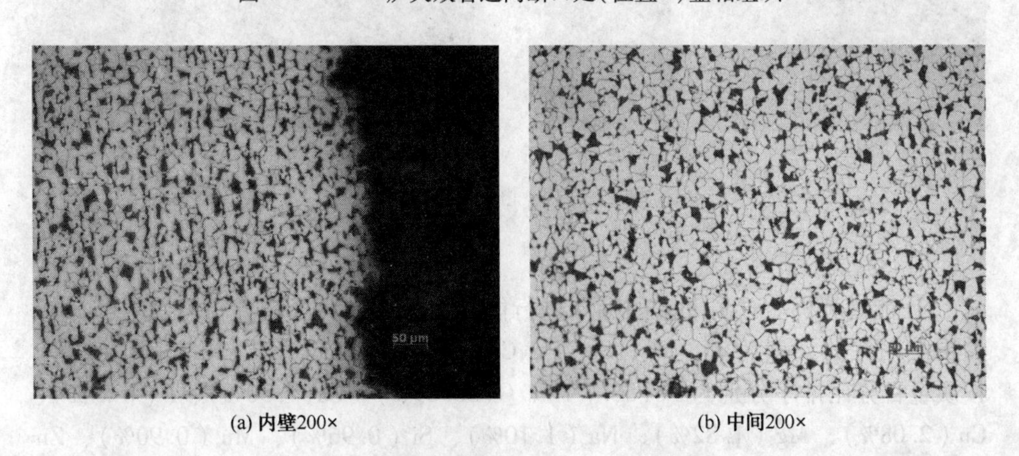

(a) 内壁200×　　(b) 中间200×

图 2-2-13　3#炉失效管背火侧金相组织

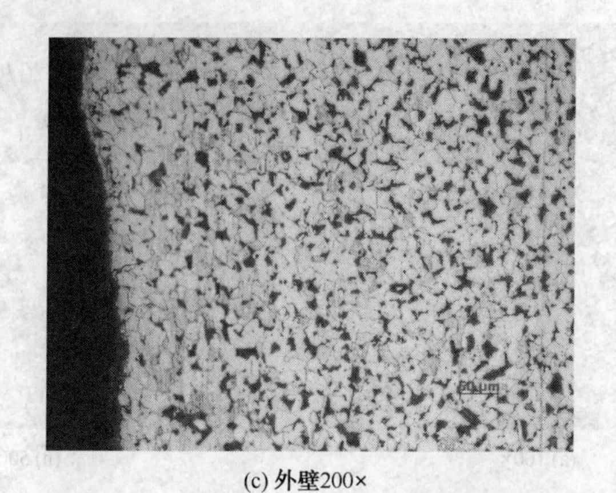

(c) 外壁200×

图 2-2-13　3#炉失效管背火侧金相组织(续)

(6)断口分析

从扫描电镜观察可以看出，断口表面凸凹不平。从断口微观图片可以看出，部分位置表面腐蚀严重。将试样用超声波酒精仔细清洗后，发现部分裸露出的原始断面有大量韧窝，为典型韧性断口。断口宏观形貌见图 2-2-14，断口微观组织形态见图 2-2-15。

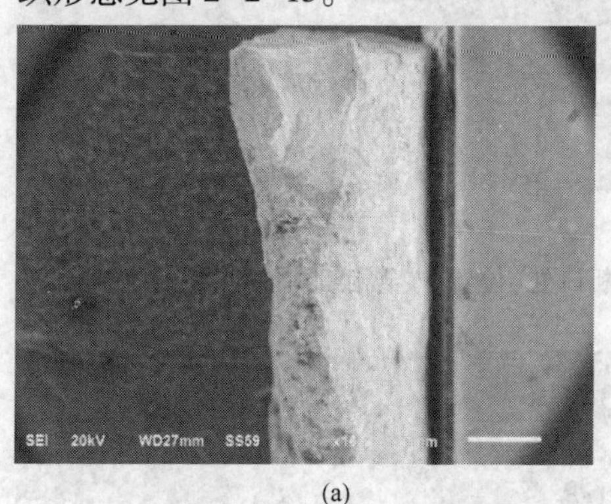

(a)

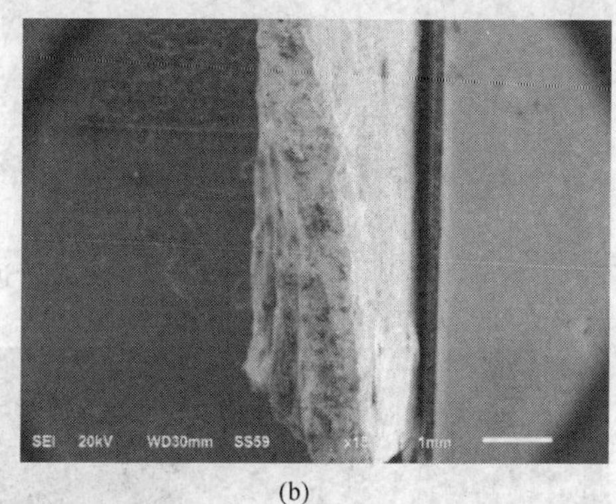

(b)

图 2-2-14　断口宏观形貌

(7) 垢层分析

① 能谱分析　对刮下来的垢层进行能谱分析，采用区域分析方法。经分析垢层中存在的元素为 O、Mg、Si、P、Ca、Mn、Fe、Cu、Zn、Na、Al、Cr 等。按质量百分比排序分别为 Fe(58.7%)、O(20.89%)、Ca(7.50%)、P(4.74%)、Cu(2.08%)、Mg(1.82%)、Na(1.10%)、Si(0.96%)、Mn(0.90%)、Zn(0.60%)、Al(0.52%)、Cr(0.10%)。垢层中最主要的物质为铁的氧化物形成元

素，其次有 Ca、Cu、Na、Mg、Zn 等金属元素。能谱分析见图 2-2-16，分析结果见表 2-2-7。

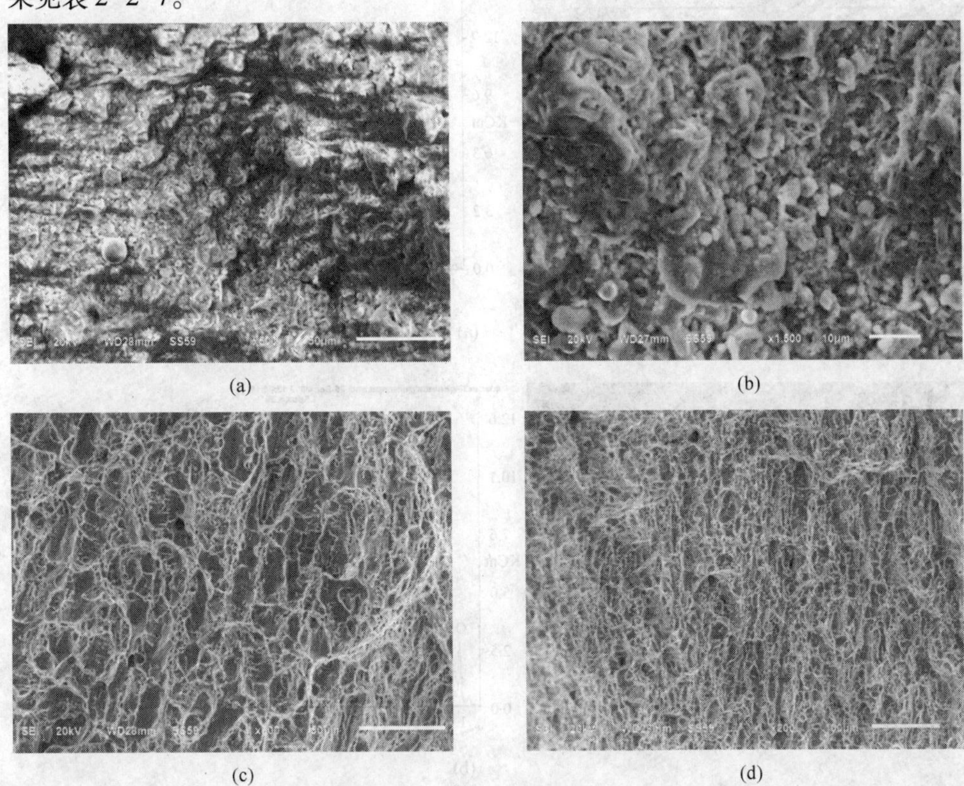

图 2-2-15　断口微观组织形态

表 2-2-7　能谱分析元素列表　%(质)

序号	O	Mg	Si	P	Ca	Mn	Fe	Cu	Zn	Na	Al	Cr
1	22.08	1.61	0.61	6.09	11.37	0.77	52.27	5.18	0	0	0	0
2	22.64	2.30	0.41	6.18	8.51	0.55	56.12	2.02	0.81	0	0	0
3	17.82	1.23	2.01	2.10	2.27	0.97	68.21	0.54	0	3.05	1.80	0
4	21.03	2.14	0.79	4.60	7.86	1.30	58.13	0.56	1.60	1.34	0.27	0.38
平均	20.89	1.82	0.96	4.74	7.50	0.90	58.7	2.08	0.60	1.10	0.52	0.10

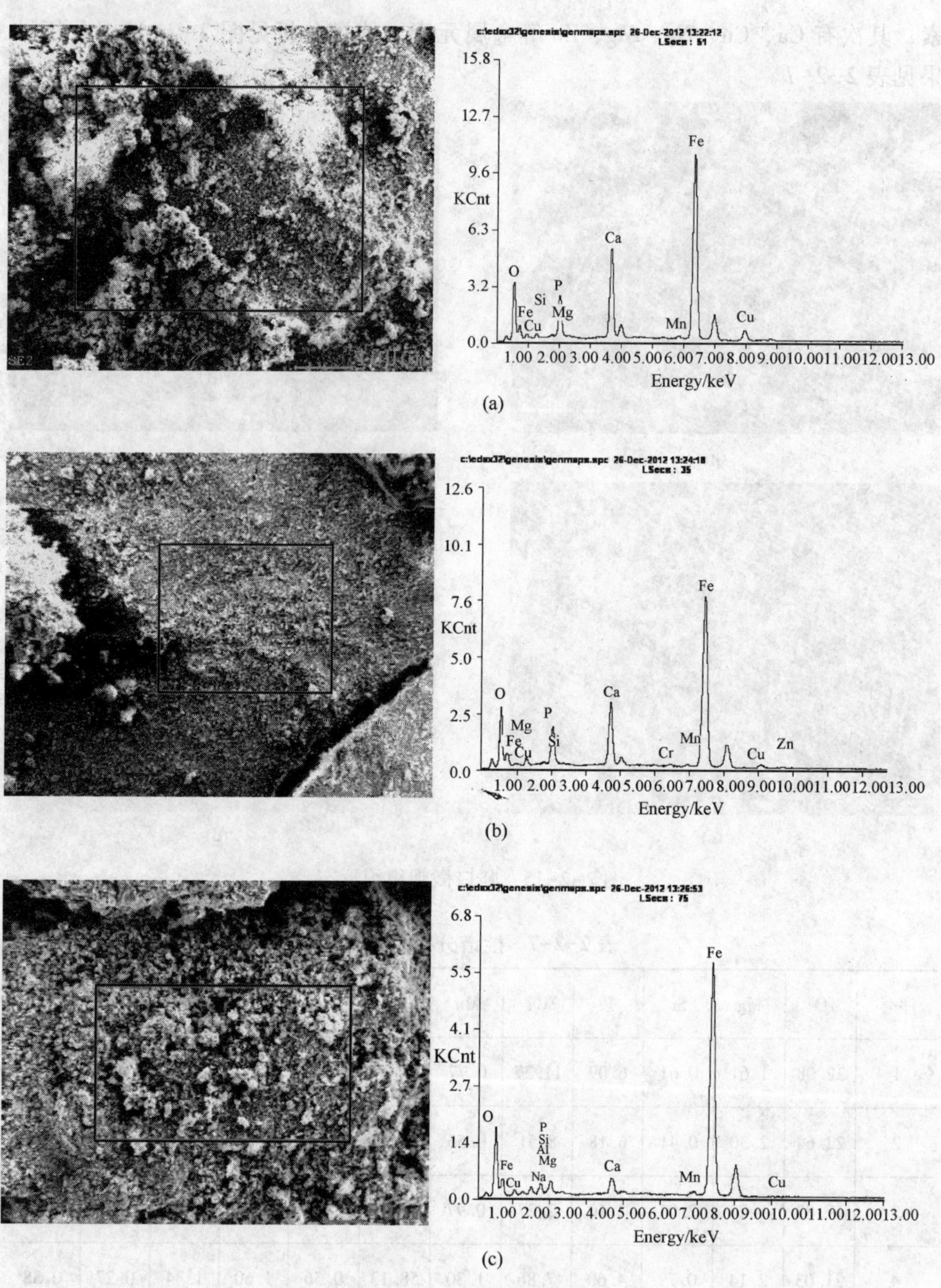
c:\edax32\genesis\genmaps.spc 26-Dec-2012 13:22:12
LSecs : 51
15.8
12.7
9.6
KCnt
6.3
3.2
0.0
O
Fe
Cu
Si
P
Mg
Ca
Mn
Fe
Cu
1.00 2.00 3.00 4.00 5.00 6.00 7.00 8.00 9.00 10.00 11.00 12.00 13.00
Energy/keV
(a)
c:\edax32\genesis\genmaps.spc 26-Dec-2012 13:24:18
LSecs : 35
12.6
10.1
7.6
KCnt
5.0
2.5
0.0
O
Mg
Fe
Cu
P
Si
Ca
Cr
Mn
Fe
Cu
Zn
1.00 2.00 3.00 4.00 5.00 6.00 7.00 8.00 9.00 10.00 11.00 12.00 13.00
Energy/keV
(b)
c:\edax32\genesis\genmaps.spc 26-Dec-2012 13:26:53
LSecs : 75
6.8
5.5
4.1
KCnt
2.7
1.4
0.0
O
Fe
Cu
Na
P
Si
Al
Mg
Ca
Mn
Fe
Cu
1.00 2.00 3.00 4.00 5.00 6.00 7.00 8.00 9.00 10.00 11.00 12.00 13.00
Energy/keV
(c)

图 2-2-16 能谱分析

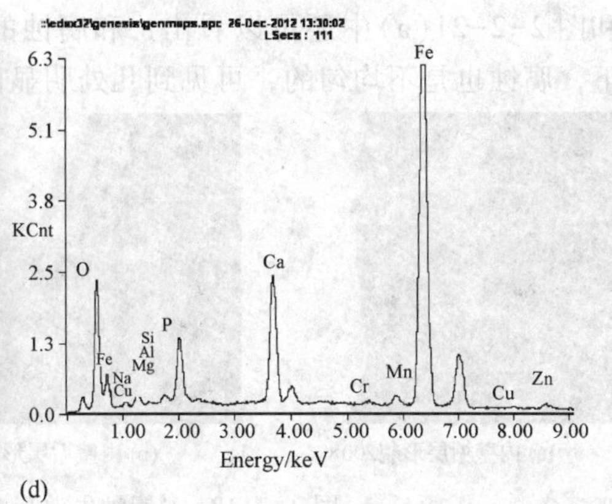

(d)

图 2-2-16 能谱分析(续)

② 物相分析 如图 2-2-17 物相分析发现，垢中主要物质为 Fe_3O_4，可以看出，5 个最明显的衍射峰都为 Fe_3O_4。其余物质还有 Fe_2O_3、钙垢等。物相分析的结果与能谱分析结果是相符的。

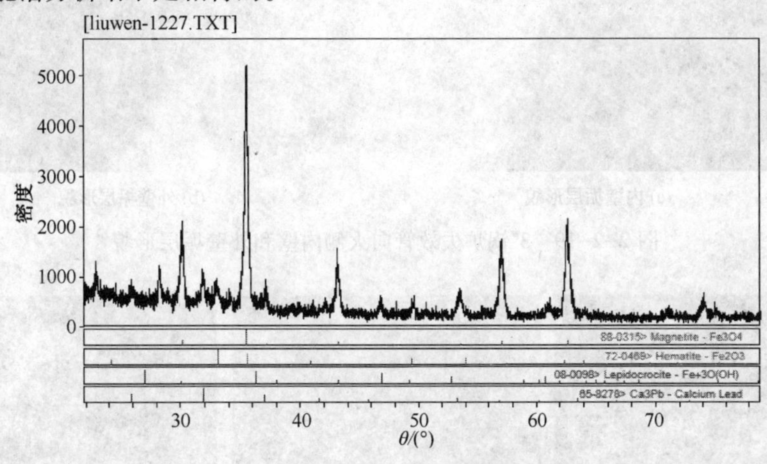

图 2-2-17 物相分析图谱

③ 垢层微观组织观察 图 2-2-18~图 2-2-21 给出了对 1#炉失效管 1#-2 和 3#炉失效管向火侧取样进行垢层微观组织观察的分析结果。取样位置见图 2-2-3中 7 号位置和 8 号位置。1#炉失效管和 3#炉失效管向火侧靠近内壁处垢层有明显的分层现象，靠近内壁的垢层金相组织中未发现明显的微裂纹。从侵蚀后的金相组织中可以看出，内壁金相组织和管壁中间部位没有明显的区别，都为典型的铁素体加珠光体组织。靠近管外壁可见明显的脱碳现象，其中 3#炉失效管外壁脱碳明显，这与其所测硬度明显降低是相符的。从图 2-2-18(b)

和图 2-2-21(a)中还可以看出，和腐蚀的宏观形貌不均匀一样，在微观状态下，腐蚀也是不均匀的，可见到几处明显向基体延伸的腐蚀坑。

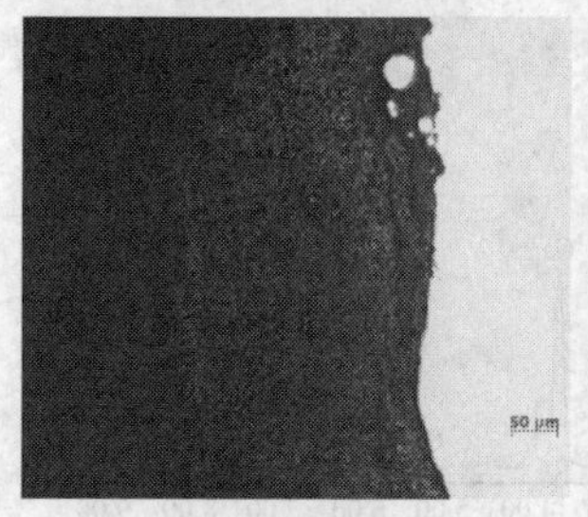

(a) 内壁垢层形貌200×

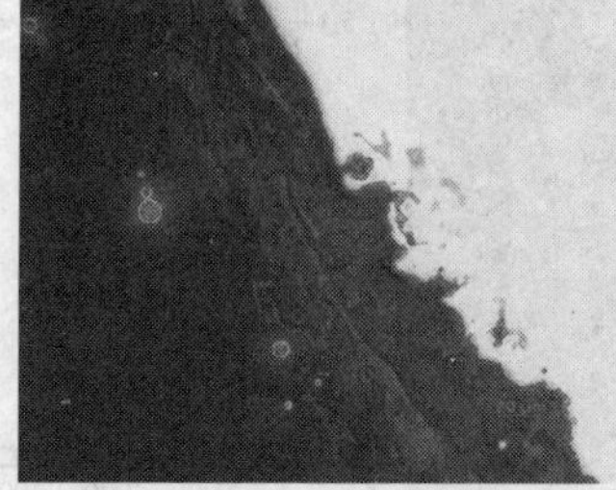

(b) 内壁垢层形貌500×

(c) 外壁垢层形貌

图 2-2-18　1#锅炉失效管 1#-2 向火侧垢层形貌

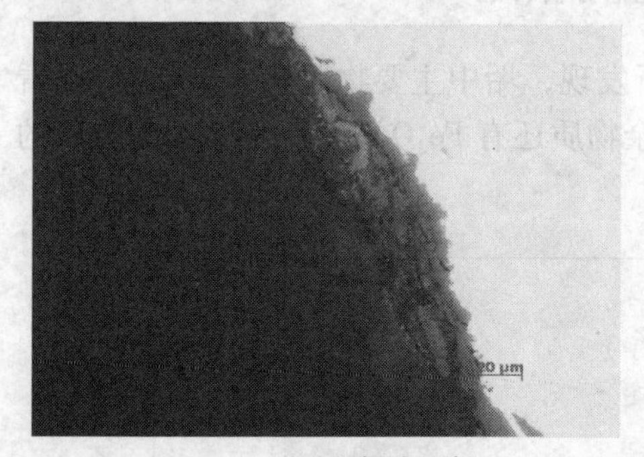

(a) 内壁垢层形貌

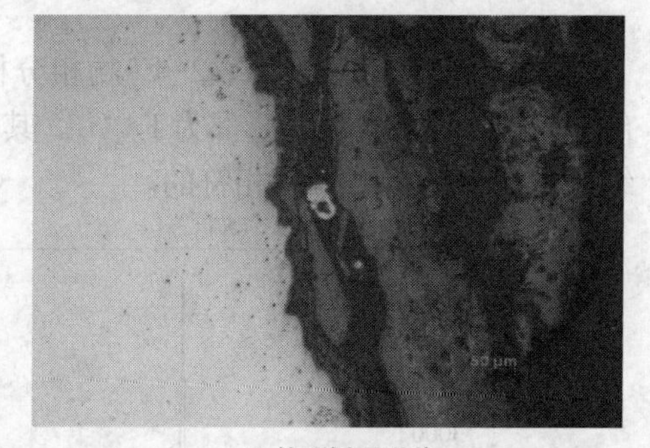

(b) 外壁垢层形貌

图 2-2-19　3#锅炉失效管向火侧内壁和外壁垢层形貌

(a) 内壁形貌

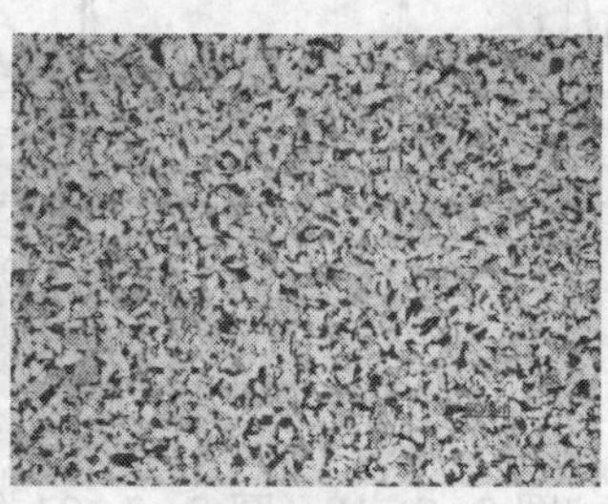

(b) 中间形貌

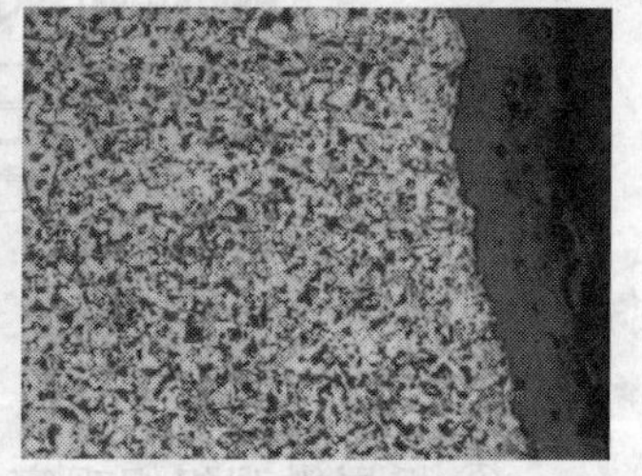

(c) 外壁形貌

图 2-2-20　1#锅炉失效管 1#-2 向火侧形貌

3　失效原因分析

(1) 试验结果概述

宏观检查发现，3 根锅炉失效管向火侧内壁都分布着大小、深浅不一的腐蚀凹坑，其中3#炉失效管最深的腐蚀凹坑处已发生开裂。同时，向火侧内壁有大量腐蚀垢层，背火侧内壁未见明显腐蚀。从测厚结果进一步证实宏观检查结论，背火侧未发生明显腐蚀，向火侧腐蚀最严重部位发生在最外弧处。

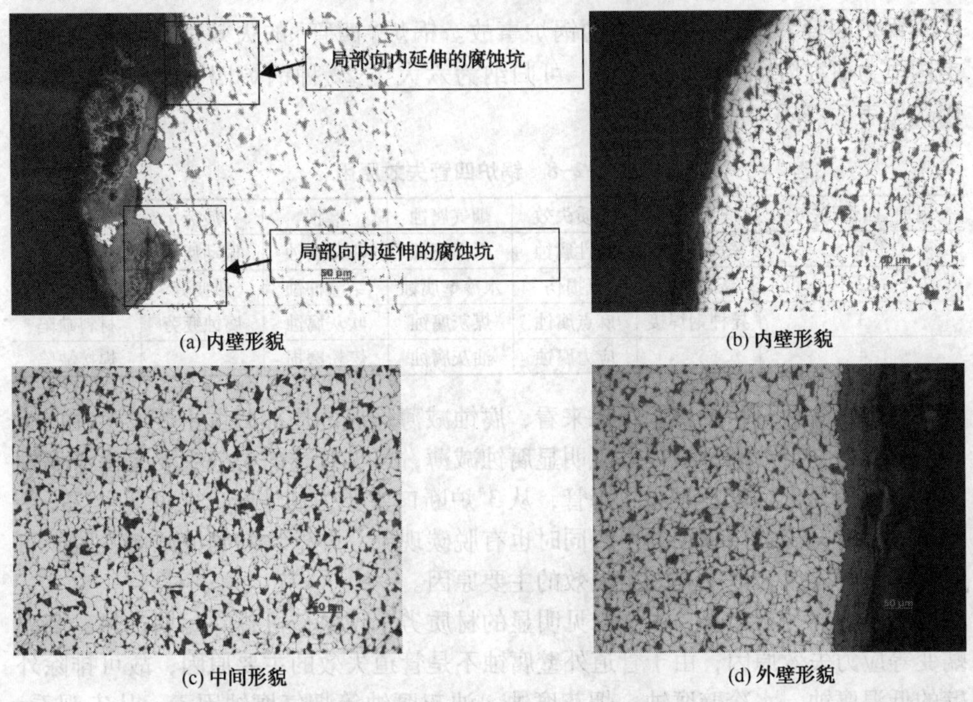

(a) 内壁形貌　(b) 内壁形貌

(c) 中间形貌　(d) 外壁形貌

图 2-2-21　3#锅炉失效管向火侧形貌

化学成分分析发现，1#炉失效管1#-2和3#炉失效管化学成分均满足GB 5310—1995《高压锅炉用无缝钢管》的要求。硬度检测发现1#锅炉失效管1#-2和3#锅炉失效管向火侧外壁硬度低于背火侧，其中3#锅炉失效管向火侧硬度比背火侧小15%左右。

金相分析认为，1#锅炉失效管1#-2和3#锅炉失效管向火侧除外表面有脱碳现象外，未见其他明显材质劣化现象，为典型的铁素体+珠光体组织。未见晶粒长大、珠光体球化、蠕变空洞和裂纹等。

对垢层进行仔细分析后发现，垢层中主要元素分别为Fe(58.7%)、O(20.89%)、Ca(7.50%)、P(4.74%)、Cu(2.08%)、Mg(1.82%)、Na(1.10%)、Si(0.96%)、Mn(0.90%)、Zn(0.60%)、Al(0.52%)、Cr(0.10%)等。物相分析认为，垢层中铁氧化物主要为Fe_3O_4。据文献称，生成Fe_3O_4是锅炉管碱腐蚀的一个主要特征。从垢层形貌上看，内壁接近基体金属的垢层有分层现象，同时在内壁可看见有明显的微观腐蚀凹坑，内壁基体金属未见明显材质劣化现象，外壁有明显的脱碳现象。

（2）失效原因判断

锅炉四管失效是一种常见的锅炉事故。锅炉“四管”的失效类型很多，按照美国电力研究院（EPRI）的分法，可归纳为六大类22种锅炉四管失效的主要原因，见表2-2-8。

表2-2-8 锅炉四管失效原因

锅炉“四管”失效	应力失效	工质失效	烟气腐蚀	磨损	疲劳	质量控制失误
1	短期过热	碱性腐蚀	低温腐蚀	飞灰腐蚀	振动疲劳	维修清洗损坏
2	高温蠕变	氢损伤	水冷壁腐蚀	结渣冲蚀	热疲劳	化学偏差损坏
3	异种钢焊接	麻点腐蚀	煤灰腐蚀	吹灰腐蚀	腐蚀疲劳	材料缺陷
4		应力腐蚀	油灰腐蚀	煤粉磨损		焊接缺陷

从本次失效分析的试验结果来看，腐蚀减薄形成的局部凹坑主要发生在向火侧内壁，微变形处和开裂处发现明显腐蚀减薄，可见管子的失效主要是由于腐蚀减薄造成的局部强度不足导致爆管，从3#炉断口主要为韧性断口也可证实这一结论。外壁有轻微均匀腐蚀发生，同时也有脱碳现象。外壁均匀腐蚀减薄及脱碳可促进爆破的发生，但不是发生失效的主要原因。

结合金相分析结果，由于未见明显的材质劣化现象，可排除短期过热、高温蠕变等应力失效原因；由于管道外壁腐蚀不是管道失效的主要原因，故可排除外壁的低温腐蚀、水冷壁腐蚀、烟灰腐蚀、油灰腐蚀等烟气腐蚀因素；从宏观看，未见磨损失效的主要特征，故可排除飞灰腐蚀、结渣冲蚀、吹灰腐蚀、煤粉磨损等磨损腐蚀失效原因；由于1#炉换热管已经使用14年，金相中也未见材料缺陷和化学偏差等，故可排除化学偏差损坏、维修清理损坏、材料缺陷、焊接缺陷等质量控制失误原因；同时，管子无明显振动、操作工况无大的波动，故可排除振动疲劳、腐蚀疲劳等因素。

结合以上分析可以看出，管子失效的主要原因为内壁的工质导致的腐蚀失效，不能排除热疲劳以及外壁的腐蚀和脱碳的加速作用。

结合本次试验结果以及现场提供的检测数据，工质导致的内壁腐蚀中，碱腐蚀应为内壁腐蚀的主要原因，可从以下几点来判断：①内壁无明显的麻点特征，而是腐蚀坑，故可排除麻点腐蚀；②内壁未见明显的脱碳现象及微观裂纹，故可排除氢损伤；③水冷壁管爆破口及腐蚀凹坑呈凿槽型，符合碱腐蚀的典型特征；④垢层分析未发现酸式磷酸盐 $NaFePO_4$ 的存在，以及炉水分析也可排除酸式磷酸盐腐蚀的可能性；⑤垢层中主要为 Fe_3O_4 以及靠近金属基体处垢层有分层现象也是锅炉管碱腐蚀的特征。

（3）碱腐蚀发生的原因

发生碱腐蚀的充分必要条件是炉水中存在过量游离碱且水冷壁中存在局部过热。从车间提供的炉水分析结果来看，硅含量明显超标，容易在锅炉上形成硅酸盐垢。同时，部分时间段炉水中碱溶度较高，以及垢层中发现大量钠元素，都表明炉水中有游离碱存在，满足了发生碱腐蚀的两个条件。在正常运行条件下，锅炉管内表面上常覆盖一层致密的 Fe_3O_4膜，避免了锅炉管发生腐蚀，这是金属表面在高温炉水中形成的。当炉管金属表面有沉积物时，情况就发生了变化。从能谱分析和物相分析中可以看到，表面可能有钙镁垢、硅酸盐垢等。由于垢层传热性差，沉积物下金属管壁温度升高，渗透到沉积物下面的碱性炉水发生急剧蒸浓，浓缩的炉水由于沉积物的阻碍，不易和处于炉管中的炉水混匀，沉积物下炉水中的各种杂质浓度变的很高，这些浓液具有极强的侵蚀性，使炉管金属遭到腐蚀。当蒸浓炉水的 pH 值大于 13 时，金属表面的 Fe_3O_4保护膜溶于溶液中而遭到破坏，反应式为

$$Fe_3O_4+4NaOH \longrightarrow 2Na_2FeO_2+Na_2FeO_2+2H_2O$$

保护膜破坏后，由于向火侧垢下金属管壁温度相当高，且垢下与炉管中炉水相比，前者 OH^-浓度高，H^+浓度低，后者 H^+浓度高、OH^-浓度低。浓度差使垢下 Fe 电位降低作为阳极而遭到腐蚀。阳极反应式如下，生成的 Fe_3O_4具有铁磁性，所以垢层中靠近基体部位具有分层的组织结构。

$$Fe+3OH^- \longrightarrow HFeO_2^-+H_2O+2e$$

$$3HFeO_2^-+H^+ \longrightarrow Fe_3O_4+2H_2O+2e$$

炉水中 NaOH 的来源一般有 3 个：添加到炉水中的 NaOH；磷酸盐溶解所产生的 NaOH；补给水中含有 NaOH 或碳酸盐碱度。从分析结果来看，失效前几个月补给水 pH 值在 8.2～9.4 之间，碱度来自补给水及磷酸盐溶解的可能性非常大。

4 结论及建议

（1）结论

① 水冷壁管内壁发生局部碱腐蚀减薄是导致管子爆破失效的主要原因，外壁腐蚀及脱碳对破裂有一定的促进作用。

② 炉水中存在游离 NaOH 和水冷壁管存在局部过热是造成炉管碱腐蚀的两个基本原因。其中水冷壁管局部过热可能是结垢引起的，垢层主要为镁钙垢、硅酸盐垢、氧化铁垢等。

(2) 建议

根据锅炉水冷壁管失效的原因，提出以下几点建议：

① 建议分析炉水中游离 NaOH 的主要来源，降低炉水中游离 NaOH 含量。

② 分析钙镁垢、硅酸盐垢、氧化铁垢的主要来源，降低炉水中垢量，一般钙镁水垢主要来源于不合格的补给水、凝汽器泄漏及冷却水中的钙、镁盐。硅酸盐垢化学成分一般主要为铁、铝的硅酸盐，锅炉给水中铁、铝和硅的化合物含量较高，凝汽器因泄漏而漏入冷却水及锅炉受热面上热负荷过高等因素是生成硅酸盐水垢的主要原因。氧化铁垢形成的主要原因是炉水中含铁量及锅炉的热负荷太高，炉管上的金属腐蚀产物转化成氧化铁垢。

③ 严格控制补给水和凝结水水质。

④ 加强各岗位技术培训，控制检化验系统的质量管理体系。

⑤ 改造送风机，加大送风量，提高煤质，使炉膛形成正常的切圆燃烧方式，无偏烧及过热等现象。

⑥ 为排除事故隐患，保障锅炉长周期安全稳定运行，可在炉管腐蚀失效前期对水冷壁管进行检测，提前发现向火侧内壁腐蚀减薄，目前行之有效的检测技术手段有以下几种：

a. 超声波 A 扫/B 扫/C 扫检测。该方法可较精确地测量内壁剩余壁厚，判断是否存在壁厚减薄，检测部位需要打磨，检测标准参考 GB/T 11344—2008《无损检测接触式超声脉冲回波法测厚方法》。

b. 高频导波检测。经实测，该方法可快速地检出探头前方 2m 范围内水冷壁管管壁上直径 5mm、壁厚减薄量为 30%的单个腐蚀坑，仅探头放置部位需打磨。

c. 远场涡流检测。该方法利用手持外置式多通道探头，从外部对水冷壁管进行扫查，可实时检测管壁内外的壁厚减薄，该方法无需打磨，且可配备管壁爬行器提高检测效率。

第 3 节　辅锅爆管失效案例分析

1　背景介绍

该案例研究的是某公司辅锅爆管的失效原因，发生爆管的是甲醇装置的辅锅，于 2006 年 5 月投用，其正常操作压力为 4.5MPa，产汽量为 55t/h。辅锅烟囱导淋排放管从 2009 年 1 月起排放量较大，分析原因可能是辅锅炉管泄漏，2 月下旬分析排放冷凝液磷酸盐含量，确认为锅炉水泄漏。

炉管参数：操作压力为 4.5MPa；设计壁温为 289℃；材质为 20g；炉管外径为 60mm；壁厚为 5mm。

辅锅停车打开炉门后，检查发现锅炉水冷壁炉管的向火侧有两处泄漏，一处爆管(图 2-3-1 和图 2-3-2)，一处裂口(图 2-3-3 和图 2-3-4)，位置均在靠近安装辅锅烧嘴的墙面上。炉管检修方案由哈尔滨锅炉厂提供，爆管处采取换管检修，换管 500mm，裂口管位于烧嘴附近(距离烧嘴中心 1000mm 左右)，其外部为 470mm 重质耐火浇铸墙，因停车检修时间紧张，故采用打磨消除裂纹，然后补焊处理。

为了查明爆管的具体原因，及时消除已存在的事故隐患并预防类似事故再次发生，检测人员对其检修时截取下的一段爆管进行分析，得出该水冷壁管的爆管原因，并提出相应解决对策的建议。

图 2-3-1 爆管泄漏处

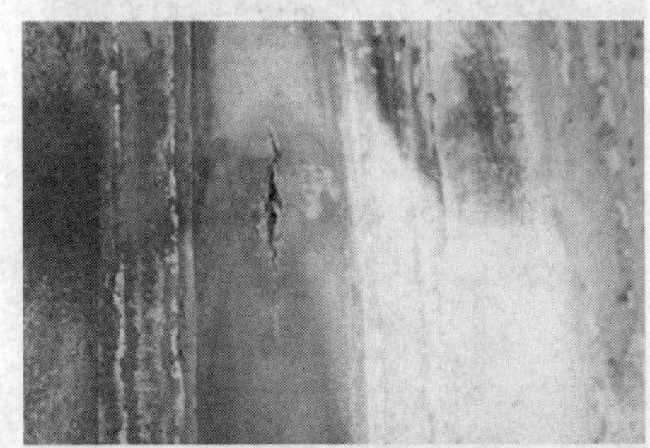

图 2-3-2 爆管

图 2-3-3 裂口管

图 2-3-4 裂口

2 检验及试验分析

(1) 宏观检查

对截取下的爆管段(图 2-3-5)进行检查，发现破口处管径略有鼓胀(图 2-3-6)，破口呈轴向长条状，破口张开不大，长约 50mm，最宽处约为 4mm。破口边缘为钝边，不锋利，断裂面粗糙不平整(图 2-3-7)，破口周围密布着众多平行于破口方向的轴向小裂纹(图2-3-8)。破口处管壁厚度有明显减薄，经测厚发现最薄处约为3mm。初步判断，这和现场常见的由于过热造成的炉管爆漏所形成的爆口特征相吻合，并且针对该水冷壁管断裂的可能机理，进行了以下其他试验，取样位置见图2-3-9。

图2-3-5 截取下的一段爆管

图2-3-6 爆口处鼓胀

图2-3-7 爆口处放大照片(1)

图2-3-8 爆口处放大照片(2)

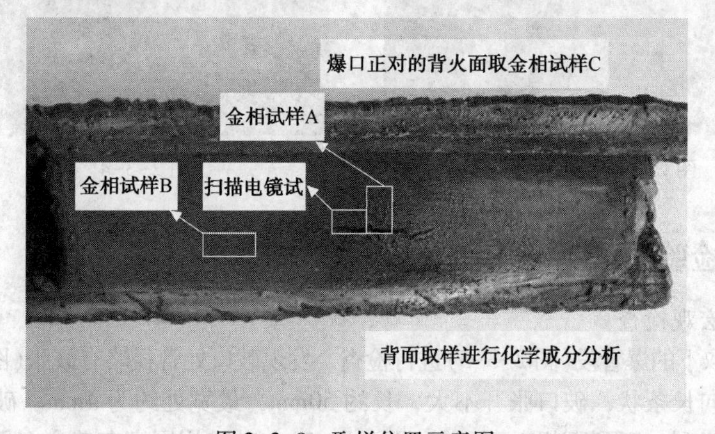

图2-3-9 取样位置示意图

（2）化学成分分析

在炉管背火面取样进行化学成分分析，见表2-3-1，并与GB 5310—1995中对20g的化学成分要求值进行了对比，由对比结果可知该炉管成分符合要求。

表2-3-1 材质成分化学分析结果

分析元素	C	Mn	Si	S	P
标准要求值/%	0.17~0.24	0.35~0.65	0.17~0.37	≤0.030	≤0.030
分析结果/%	0.20	0.51	0.28	0.027	0.023

（3）力学性能分析

在炉管的背火面取2个拉伸试样进行拉伸试验，在表2-3-2中将试验结果与GB 5310—1995的20g钢管纵向力学性能标准值进行了比较，可见其屈服强度、抗拉强度和断后伸长率均满足标准要求。

表2-3-2 拉伸试验结果

	标准要求值	试件1	试件2
屈服强度$R_{p0.2}$/MPa	≥245	290	295
抗拉强度R_m/MPa	≥400	440	445
断后伸长率A/%	≥22	29.5	30

（4）金相分析

在炉管爆口处取金相试样A（图2-3-9），进行观察，其晶粒度为8级，发现有严重球化现象，从图2-3-10可以看出，其珠光体形态已经基本消失，球状碳化物向晶界聚集。参照电力行业标准DL/T 674—1999《火电厂用20号钢珠光体球化评级标准》，球化程度评级为4.5级（球化程度最严重为5级）；向火面取金相试样B，其晶粒度也为8级，从图2-3-11可以看出，该处组织和试样A处的基本相似，也有严重的球化现象，其球化程度也为4.5级；背火面取金相试样C，其晶粒度也为8级，从图2-3-12可以看出，该处组织珠光体形态明显，珠光体区域中的碳化物开始分散，有开始球化的倾向，球化级别为2级。

（5）断口分析

① 微观断口分析　图2-3-13是水冷壁管断口处的微观形貌，可以看出断口表面有一层锈层。新打开的瞬断区如图2-3-14所示，从瞬断区的微观形貌可以看出，均为典型的韧性断裂所形成的微观形貌特征——韧窝。图2-3-15是破口旁小裂纹的放大形貌。

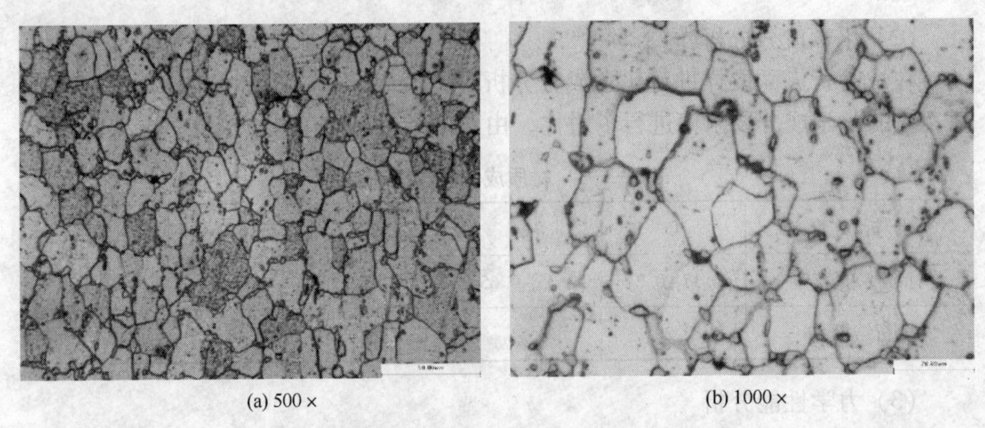

(a) 500 ×　　(b) 1000 ×

图 2-3-10　破口处组织(A 处)

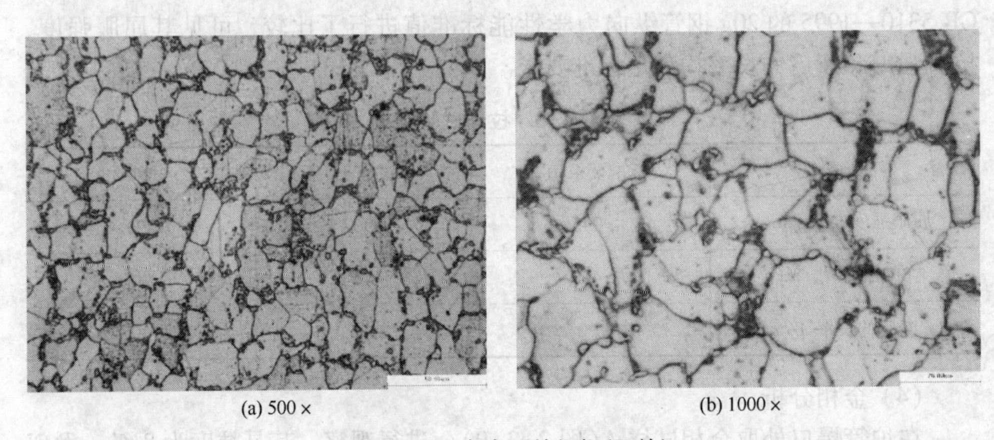

(a) 500 ×　　(b) 1000 ×

图 2-3-11　向火面处组织(B 处)

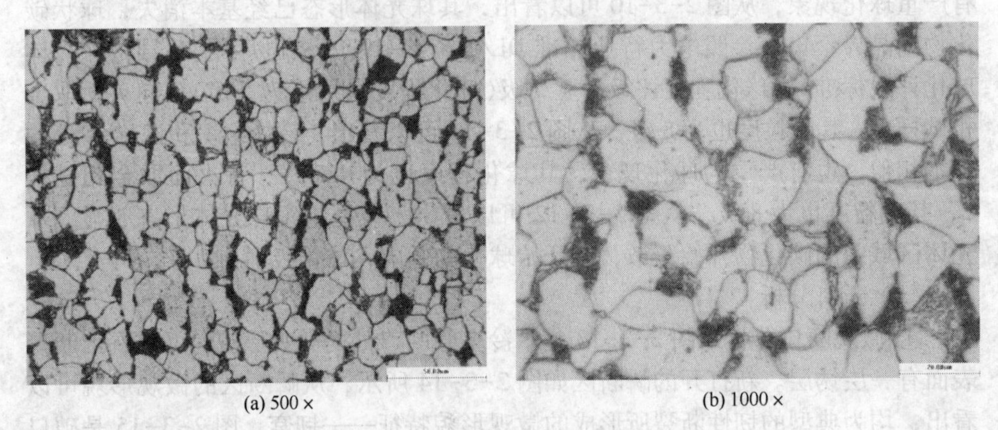

(a) 500 ×　　(b) 1000 ×

图 2-3-12　背火面处组织(C 处)

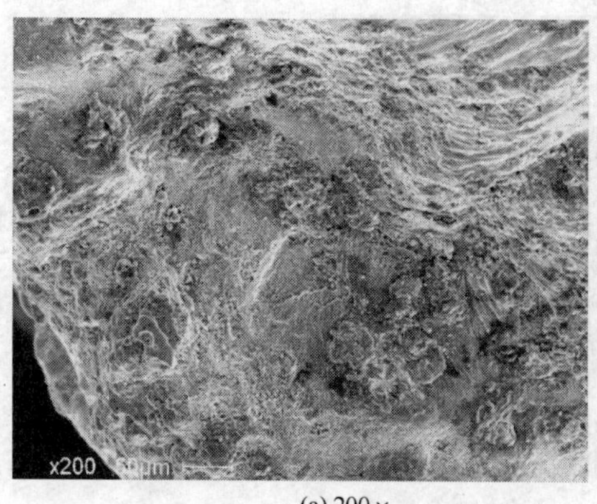

(a) 200×

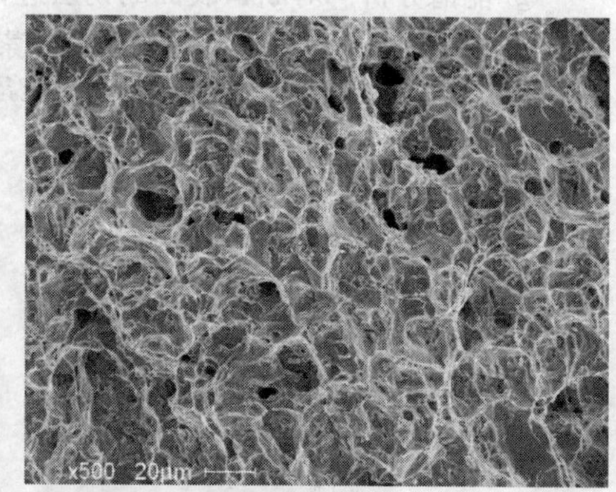

(b) 2000×

图 2-3-13 断口内表面锈层微观形貌

(a) 30×

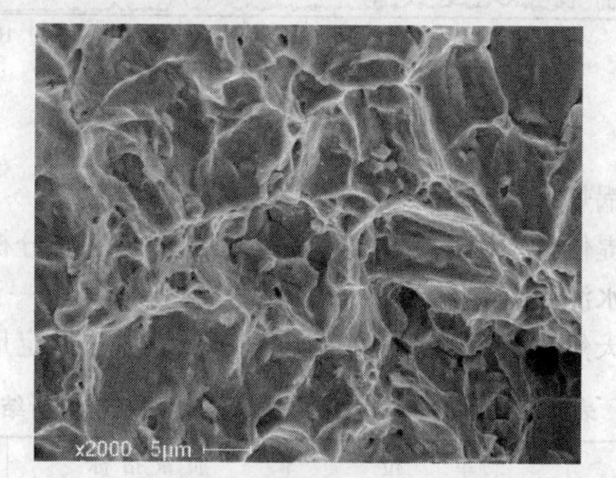

(b) 500×

(c) 2000×

图 2-3-14 瞬断区心部微观形貌

图 2-3-15 破口旁小裂纹 18×

② 能谱分析 对断口表面的锈层进行能谱分析(图 2-3-16)，结果表明，锈层为铁的氧化物，未发现其他腐蚀性元素。

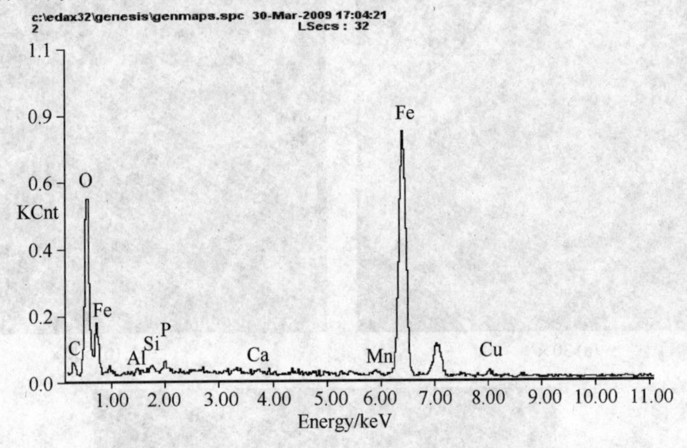

图 2-3-16 断口表面锈层能量 X 射线谱

(6) 烟气及锅炉水质分析

根据该公司提供的水冷壁管爆管前一个月的锅炉水质分析记录，从分析记录上来看，锅炉给水满足控制指标要求，表 2-3-3 为其中一天的水质分析结果。另该锅炉燃料为天然气，因此烟气中硫含量极低，无法做定量分析。

表 2-3-3 2009 年 2 月 23 日锅炉水质取样分析结果

分析项目	单位	质量指标	分析结果
pH(25℃)		≥8.8，≤10.2	9.7
电导率		<50	38.4

续表

分析项目	单位	质量指标	分析结果
PO_4^{3-}	mg/L	>5，<12	7.6
SiO_2	mg/L	<10	0.044
碱度	mol/L	<2	0.40
Fe	mg/L	<0.02	
Cl^-	mg/L	<2.5	
Cu	mg/L	<0.2	
Na^+	mg/L		
溶解物	mg/L	<2	

3 失效原因分析

20g在高温长期使用过程中，其组织中的珠光体会发生球化现象，即珠光体中的渗碳体(碳化物)形态由最初的层片状逐渐转变成球状，材料的力学性能也随之下降。球化现象的产生是因为层片状渗碳体的表面能量较高，它总是要向能量低的球状渗碳体形状转变。在常温下，由于原子的扩散速度非常缓慢，即使使用很长时间，也不易察觉到这种转变过程。随着温度的提高，原子扩散速度加快，球化过程就变得明显，性能渐趋劣化。从化学成分分析及室温力学性能分析可以看出材料成分和室温力学性能是合格的，从烟气及锅炉水的分析结果可以看出，水冷壁管内外环境中没有明显的腐蚀性介质。断口的宏观形貌特征和过热造成的断口特征也基本吻合。因此可以判定水冷壁管的爆裂是由于过热造成管子材料的严重球化，使其在高温时的性能发生劣化，从而发生爆裂。

4 结论

① 该辅锅水冷壁管爆裂是过热造成的；

② 该水冷壁管的向火面材料已发生较严重球化，金相检查结果显示其球化级别为4.5级；

③ 该结论仅针对爆管样品。

5 建议

结合现场勘察情况和相关参考资料分析过热的原因可能有：

① 火焰喷嘴方向不合理，导致局部受热，偏烧；

② 管道堵塞或结垢，影响传热；

③ 水位控制失效，造成低水位。

因此建议在设备检修时做如下工作：

① 检查火嘴布置是否合理；

② 对联箱进行内窥镜检查，确定是否存在结垢；

③ 对爆管附近其他水冷壁管进行宏观检查和金相抽查，确定是否存在鼓胀和珠光体球化。

第4节　小结——锅炉管道爆管原因分析

近年来，随着锅炉向大容量高参数发展，锅炉结构及运行更加趋于复杂，不可避免地导致并联各管内的流量与吸热量发生差异。当工作在恶劣条件下的承压受热部件的工作条件与设计工况偏离时，就容易造成锅炉爆管。电站锅炉关键部件主要是锅炉的“四管”，即水冷壁、省煤器、过热器和再热器，四管直接承担着锅炉的全部蒸发任务，是锅炉完成由给水转化为合格干蒸汽的主要载体，也是自燃循环锅炉的主要受热面，四管内的介质通过吸热蒸发推动整个给水流动。由于四管直接接触外部燃烧的流动介质，内部受给水流动的冲刷。外部燃烧后的飞灰磨损和内部流体的冲刷，导致其管壁在运行中逐渐变薄。当管壁变薄到一定程度，不能承受了内部流体的压力时，就会出现爆裂，高压力的介质直接喷向接近大气压的炉膛内部，引起其他四管的冲刷而泄漏，封闭循环被打破，后面管道内介质流动变缓，影响到整个循环的正常进行，锅炉会被迫停运，机组稳定运行中止。四管泄漏直接影响到发电机组的安全运行和稳发多供，是电站非计划停运的主要因素。

事实上，当爆管发生时常采用所谓快速维修的方法，如喷涂或衬垫焊接来修复，一段时间后又再爆管。爆管在同一根管子、同一种材料或锅炉的同一区域的相同断面上反复发生，这一现象说明锅炉爆管的根本问题还未被解决。因此，了解锅炉四管爆管事故的直接原因和根本原因，搞清管子失效的机理，并提出预防措施，减少锅炉管道爆管的发生是当前的首要问题。

发生爆管的根本原因，归纳起来有以下各点：

a. 升火、停炉操作程序不当，使管子的加热或冷却不均匀，产生较大的热应力。

b. 运行过程中，汽压、汽温超限，或热偏差过大，使管子蠕胀速度加快。

c. 运行调节不当，如使火焰偏斜、局部结渣、尾部再燃烧等，都会导致局部管子过热。

d. 负荷变动率过大，引起汽压突变，使水循环不正常（变慢、停滞），使管子过热或出现交变应力而疲劳破坏。

e. 飞灰磨损是导致省煤器爆管的主要原因。燃烧器出口气流偏斜，出现“飞边”、“贴壁”现象，使水冷管磨损，是引起水冷壁爆管的原因之一。

f. 管壁腐蚀或管内积盐。当给水含氧量较高，或水速过低，常引起省煤器内壁点状腐蚀而爆管；锅水品质不合格、饱和蒸汽带水，造成过热器管内积盐，导致管壁过热而爆管；高温腐蚀是引起过热器和水冷壁爆管的原因之一。

g. 制造、安装、检修质量不良。如管材质量不良或管子钢号用错；管子焊口质量不合格；弯头处壁厚减薄严重；管内有异物使通道面积减小或堵塞；检修时对已蠕胀超限的管子漏检，已经磨薄的管子没有发现等。

1 发生爆管的直接原因

造成锅炉爆管的直接原因有很多，主要可以从以下几个方面来进行分析。

(1) 设计因素

① 热力计算结果与实际不符　热力计算不准的焦点在于炉膛的传热计算，即如何从理论计算上较合理的确定炉膛出口烟温和屏式过热器的传热系数缺乏经验，致使过热器受热面的面积布置不够恰当，造成一、二次汽温偏离设计值或受热面超温。

② 设计时选用系数不合理　如华能上安电厂由 B&W 公司设计、制造的“W”型锅炉，选用了不合理的受热面系数，使炉膛出口烟温实测值比设计值高 80~100℃；又如富拉尔基发电总厂 2#炉(HG-670/140-6 型)选用的锅炉高宽比不合理，使炉膛出口实测烟温高于设计值 160℃。

③ 炉膛选型不当　我国大容量锅炉的早期产品，除计算方法上存在问题外，缺乏根据燃料特性选择炉膛尺寸的可靠依据，使设计出的炉膛不能适应煤种多变的运行条件。炉膛结构不合理，导致过热器超温爆管。炉膛高度偏高，引起汽温偏低。相反，炉膛高度偏低则引起超温。

④ 过热器系统结构设计及受热面布置不合理　调研结果表明，对于大容量电站锅炉，过热器结构设计及受热面布置不合理，是导致一、二次汽温偏离设计值或受热面超温爆管的主要原因之一。

过热器系统结构设计及受热面布置的不合理性体现在以下几个方面：

a. 过热器管组的进出口集箱的引入、引出方式布置不当，使蒸汽在集箱中流动时静压变化过大而造成较大的流量偏差。

b. 对于蒸汽由径向引入进口集箱的并联管组，因进口集箱与引入管的三通处形成局部涡流，使得该涡流区附近管组的流量较小，从而引起较大的流量偏差。引进美国 CE 公司技术设计的配 300MW 和 600MW 机组的控制循环锅炉屏再与末再之间不设中间混合集箱，屏再的各种偏差被带到末级去，导致末级再热器产生过大的热偏差。如宝钢自备电厂、华能福州和大连电厂配350MW机组锅炉，石横电厂配300MW机组锅炉以及平圩电厂配600MW机组锅炉再热器超温均与此有关。

c. 因同屏(片)并联各管的结构(如管长、内径、弯头数)差异，引起各管的阻力系数相差较大，造成较大的同屏(片)流量偏差、结构偏差和热偏差，如陡河电厂日立850t/h锅炉高温过热器超温就是如此。

d. 过热器或再热器的前后级之间没有布置中间混合联箱而直接连接，或者未进行左右交叉，这样使得前后级的热偏差相互叠加。

在实际运行过程中，上述结构设计和布置的不合理性往往是几种方式同时存在，这样加剧了受热面超温爆管的发生。

⑤ 壁温计算方法不完善，导致材质选用不当　从原理上讲，在对过热器和再热器受热面作壁温校核时，应保证偏差管在最危险点的壁温也不超过所用材质的许用温度。而在实际设计中，由于对各种偏差的综合影响往往未能充分计及，导致校核点计算壁温比实际运行低，或者校核点的选择不合理，这样选用的材质就可能难以满足实际运行的要求，或高等级钢材未能充分利用。

⑥ 计算中没有充分考虑热偏差　如淮北电厂5#炉过热器在后屏设计中没有将前屏造成的偏差考虑进去，影响了管材的正确使用，引起过热器爆管。

（2）制造工艺、安装及检修质量

从实际运行状况来看，由于制造厂工艺问题、现场安装及电厂检修质量等原因而造成的过热器和再热器受热面超温爆管与泄漏事故也颇为常见，其主要问题包括以下几个方面。

① 焊接质量差　如大同电厂6#炉，在进行锅炉过热器爆管后的换管补焊时，管子对口处发生错位，使管子焊接后存在较大的残余应力，管壁强度降低，长期运行后又发生泄漏。

② 联箱中间隔板焊接问题　联箱中间隔板在装隔板时没有按设计要求加以满焊，引起联箱中蒸汽短路，导致部分管子冷却不良而爆管。

③ 联箱管座角焊缝问题　据调查，由于角焊缝未焊透等质量问题引起的泄漏或爆管事故也相当普遍。如神头电厂5#炉(捷克650t/h亚临界直流锅炉)包墙过热器出口联箱至混合联箱之间导汽管曾在水压试验突然断裂飞脱，主要原因是导汽管与联箱连接的管角焊缝存在焊接冷裂纹。

④ 异种钢管的焊接问题　在过热器和再热器受热面中，常采用奥氏体钢材的零件作为管卡和夹板，也有用奥氏体管作为受热面以提高安全裕度。奥氏体钢与珠光体钢焊接时，由于膨胀系数相差悬殊，已发生过数次受热面管子撕裂事故。

此外，一种钢管焊接时往往有接头两边壁厚不等的问题，不同壁厚主蒸汽管的焊接接头损坏事故也多次发生。一些厂家认为，在这种情况下应考虑采用短节，以保证焊接接头两侧及其热影响区范围内壁厚不变。

⑤ 普通焊口质量问题　锅炉的受热面绝大多数是受压元件，尤其是过热器和再热器系统，其管内工质的温度和压力均很高，工作状况较差，此时对于焊口质量的要求就尤为严格。但在实际运行中，由于制造厂焊口、安装焊口和电厂检修焊口质量不合格(如焊口毛刺、砂眼等)而引起的爆管、泄漏事故相当普遍，其后果也相当严重。

⑥ 管子弯头椭圆度和管壁减薄问题　GB 9222—2008 水管锅炉受压无件强度计算标准规定了弯头的椭圆度，同时考虑了弯管减薄所需的附加厚度。该标准规定，对弯管半径 $R>4D$ 的弯头，弯管椭圆度不大于 8%。但实测数据往往大于此值，最大达 21%，有相当一部分弯头的椭圆度在 9%~12%之间。

另外，实测数据表明，有不少管子弯头的减薄量达 23%~28%，小于直管的最小需要壁厚。因此，希望对弯管工艺加以适当的改进，以降低椭圆度和弯管减薄量，或者增加弯头的壁厚。

⑦ 异物堵塞管路　锅炉在长期运行中，锈蚀量较大，但因管径小，无法彻底清除，管内锈蚀物沉积在管子底部水平段或弯头处，造成过热而爆管。在过热器的爆管事故中，由于管内存在制造、安装或检修遗留物引起的事故也占相当的比例。如长春热电二厂 1#炉因管路堵塞造成短时超温爆管。

⑧ 管材质量问题　钢材质量差。管子本身存在分层、夹渣等缺陷，运行时受温度和应力影响缺陷扩大而爆管。由于管材本身的质量不合格造成的爆破事故不像前述几个问题那么普遍，但在运行中也确实存在。

⑨ 错用钢材　如靖远电厂 4#炉的制造、维修过程中，应该用合金钢的高温过热器出口联箱管座错用碳钢，使碳钢管座长期过热爆破。为此，在制造厂制造加工和电厂检修时应注意严格检查管材的质量，加以避免。

⑩ 安装质量问题　如扬州发电厂 DG-670/140-8 型固态排渣煤粉炉的包墙过热器未按照图纸要求施工，使管子排列、固定和膨胀间隙出现问题，从而导致爆管。这类问题在机组试运行期间更为多见。

(3) 调温装置设计不合理或不能正常工作

为确保锅炉的安全、经济运行，除设计计算应力求准确外，汽温调节也是很重要的一环。大容量电站锅炉的汽温调节方式较多，在实际运行中，由于调温装置原因带来的问题也较多，据有关部门调查，配 200MW 机组的锅炉 80%以上的再热蒸汽调温装置不能正常使用。

① 减温水系统设计不合理　某些锅炉在喷水减温系统设计中，往往用一只

喷水调节阀来调节一级喷水的总量，然后将喷水分为左右两个回路。这时，当左、右两侧的燃烧工况或汽温有较大偏差时，就无法用调整左、右两侧喷水量来平衡两侧的汽温。

② 喷水减温器容量不合适　喷水式减温器一般设计喷水量约为锅炉额定蒸发量的3%~5%，但配200MW机组的锅炉由于其汽温偏离设计值问题比较突出，许多电厂均发现喷水减温器容量不够。如，邢台电厂、沙角A电厂和通辽电厂等都将原减温水管口放大，以满足调温需要；对再热蒸汽，由于大量喷水对机组运行的经济性影响较大，故设计时再热蒸汽的微量喷水一般都很小，或不用喷水。然而，在实际运行中，因再热器超温，有些电厂不得不用加大喷水量来解决。

③ 喷水减温器调节阀调节性能问题　喷水减温器的喷水调节阀的调节性能也是影响减温系统调温效果的因素之一。调研结果表明，许多国产阀门的调节性能比较差，且漏流严重，这在一定程度上影响了机组的可靠性和经济性。

④ 减温器发生故障　如巴陵石化公司动力厂5#炉，将减温器Ⅰ级调节阀固定，用Ⅱ级调节阀调节。因起主调作用的Ⅰ级减温器减温水投入少，冷却屏式过热器、高温过热器的效果差，增加过热器超温的可能。

⑤ 再热器调节受热面　所谓再热器调节受热面是指用改变通过的蒸汽量来改变再热蒸汽的吸热量，从而达到调节再热汽温的一种附加受热面。苏制Efl670/140型锅炉的再热汽温的调节就是利用这一装置实现的。但是由于运行时蒸汽的质量流速低于设计值，而锅炉负荷则高于设计值，因而马头电厂5#、6#炉都曾发生再热器调节受热面管子过热超温事故，后经减少调节受热面面积和流通截面积，才解决了过热问题。

⑥ 挡板调温装置　采用烟气挡板调温装置的锅炉再热蒸汽温度问题要好于采用汽-汽热交换器的锅炉。挡板调温可改变烟气量的分配，较适合纯对流传热的再热蒸汽调温，但在烟气挡板的实际应用中也存在一些问题：

a. 挡板开启不太灵活，有的电厂出现锈死现象；

b. 再热器侧和过热器侧挡板开度较难匹配，挡板的最佳工作点也不易控制，运行人员操作不便，往往只要主蒸汽温度满足就不再调节。有些电厂还反映用调节挡板时，汽温变化滞后较为严重。

⑦ 烟气再循环　烟气再循环是将省煤器后温度为250~350℃的一部分烟气，通过再循环风机送入炉膛，改变辐射受热面与对流受热面的吸热量比例，以调节汽温。

采用这种调温方式能够降低和均匀炉膛出口烟温，防止对流过热器结渣及减小热偏差，保护屏式过热器及高温对流过热器的安全。一般在锅炉低负荷时，从炉膛下部送入，起调温作用；在高负荷时，从炉膛上部送入，起保护高温对流受热面的作用。此外，还可利用烟气再循环降低炉膛的热负荷，防止管内沸腾传热恶化的发生，并能抑制烟气中 NO_x 的形成，减轻对大气的污染。但是，由于这种方式需要增加工作于高烟温的再循环风机，要消耗一定的能量，且因目前再循环风机的防腐和防磨问题远未得到解决，因而限制了烟气再循环的应用。此外，采用烟气再循环后，对炉膛内烟气动力场及燃烧的影响究竟如何也有待于进一步研究。

因此，从原理上讲烟气再循环是一种较理想的调温手段，对于大型电站锅炉的运行是十分有利的。但因种种原因，实际运行时极少有电厂采用。

⑧ 火焰中心的调节　改变炉膛火焰中心位置可以增加或减少炉膛受热面的吸热量和改变炉膛出口烟气温度，因而可以调节过热器汽温和再热器汽温。但要在运行中控制炉膛出口烟温，必须组织好炉内空气动力场，根据锅炉负荷和燃料的变化，合理选择燃烧器的运行方式。按燃烧器形式的不同，改变火焰中心位置的方法一般分为两类，即摆动式燃烧器和多层燃烧器。摆动式燃烧器多用于四角布置的锅炉中，在配 300MW 和 600MW 机组的锅炉中应用尤为普遍。试验表明，燃烧器喷嘴倾角的变化对再热器温度和过热器温度都有很大的影响，当采用多层燃烧器时，火焰位置改变可以通过停用一层燃烧器或调节上、下，一、二次风的配比来实现，如停用下排燃烧器可使火焰位置提高。遗憾的是，在实际运行时效果不甚理想。

(4) 运行状况对过热器超温、爆管的影响

过热器调温装置的设计和布置固然对于过热器系统的可靠运行起着决定性的作用，但是，锅炉及其相关设备的运行状况也会对此造成很大的影响，而后者又往往受到众多因素的综合影响。因此，如何确保锅炉在理想工况下运行是一个有待深入研究的问题。

① 蒸汽品质不良　引起管内结垢严重，导致管壁过热爆管，如镇海发电厂 6#炉(DG-670/140-8)曾因这类问题引起 7 次爆管。

② 炉内燃烧工况　随着锅炉容量的增大，炉内燃烧及气流情况对过热器和再热器系统的影响就相应增大。如果运行中炉内烟气动力场和温度场出现偏斜，则沿炉膛宽度和深度方向的烟温偏差就会增加，从而使水平烟道受热面沿高度和宽度方向以及尾部竖井受热面沿宽度和深度方向上的烟温和烟速偏差都相应增大；而运行中一次风率的提高，有可能造成燃烧延迟，炉膛出口烟温升高。我国大容量锅炉中应用最广泛的四角布置切圆燃烧技术常常出现炉膛出口较大的烟温或烟速偏差，炉内烟气右旋时，右侧烟温高；左旋时左侧烟温高。有时，两侧的烟温偏差还相当大(石横电厂 6# 1025t/h 炉最大时曾达 250℃)，因而引起较大的汽温偏差。

③高压加热器投入率低　我国大容量机组的高压加热器投入率普遍较低，有的机组长期停运。对于200MW机组，高压加热器投与不投影响给水温度80℃左右。计算及运行经验表明，给水温度每降低1℃，过热蒸汽温度上升0.4~0.5℃。因此，高压加热器停运时，汽温将升高32~40℃。可见给水温度变化对蒸汽温度影响之大。

④ 煤种的差异　我国大容量锅炉绝大部分处于非设计煤种下运行，主要表现在实际用煤与设计煤种不符、煤种多变和煤质下降等。燃烧煤种偏离设计煤种，使着火点延迟，火焰中心上移，当炉膛高度不足，过热器就会过热爆管。

燃料成分对汽温的影响是复杂的。一般说来，直接影响燃烧稳定性和经济性的主要因素是燃料的低位发热量、挥发分和水分等。此外，灰熔点及煤灰组分与炉膛结焦和受热面沾污的关系极为密切。当燃料热值提高时，由于理论燃烧温度和炉膛出口烟温升高，可能导致炉膛结焦，过热器和再热器超温。当灰分增加时，会使燃烧恶化，燃烧过程延迟，火焰温度下降，一般，燃料中灰分越多，在实际运行中汽温下降幅度越大。另外，灰分增加，还会使受热面磨损和沾污加剧；挥发分增大时，燃烧过程加快，蒸发受热面的吸热量增加，因而汽温呈下降趋势。当水分增加时，如燃料量不变，则烟温降低，烟气体积增加，最终使汽温上升。据有关部门计算，水分增加1%，过热器出口蒸汽温度升高1℃左右。

⑤ 受热面沾污　国产大容量锅炉有的不装吹灰器(前期产品)，或有吹灰器不能正常投用，往往造成炉膛和过热器受热面积灰，特别在燃用高灰分的燃料时，容易造成炉膛结焦，使过热器超温。对于汽温偏低的锅炉，如过热器积灰，将使汽温愈加偏低。因此，吹灰器能否正常投用，对锅炉安全和经济运行有一定影响。

⑥ 磨损与腐蚀　锅炉燃料燃烧时产生的烟气中带有大量灰粒，灰粒随烟气冲刷受热面管子时，因灰粒的冲击和切削作用对受热面管子产生磨损，在燃用发热量低而灰分高的燃料时更为严重。当燃用含有一定量硫、钠和钾等化合物的燃料时，在550~700℃的金属管壁上还会发生高温腐蚀，当火焰冲刷水冷壁时也会发生；此外，当烟气中存在SO_2和SO_3且受热面壁温低于烟气露点时会发生受热面低温腐蚀。在过热器与再热器受热面中易发生的主要是高温腐蚀。

受热面管子磨损程度在同一烟道截面和同一管子圆周都是不同的。对于过热器和再热器系统出现磨损的常常是布置于尾部竖井的低温受热面。一般靠近竖井后墙处的蛇形管磨损严重，当设计烟速过高或由于结构设计不合理存在烟气走廊时，易导致局部区域受热面管子的磨损。锅炉受热面的高温腐蚀发生于烟温大于

700℃的区域内。当燃料使用 K、Na、S 等成分含量较多的煤时，灰垢中 K_2SO_4 和 Na_2SO_4；在含有 SO_2 的烟气中会与管子表面氧化铁作用形成碱金属复合硫酸盐 $K_2Fe(SO_4)$ 及 $Na_5Fe(SO_4)_5$，这种复合硫酸盐在 550~710℃范围内熔化成液态，具有强烈腐蚀性，壁温在 600~700℃时腐蚀最严重。据调查，导致受热面高温腐蚀的主要原因是炉内燃烧不良和烟气动力场不合理，控制管壁温度是减轻和防止过热器和再热器外部腐蚀的主要方法。因而，目前国内对高压、超高压和亚临界压力机组的锅炉过热蒸汽温度，趋向于定为 540℃，在设计布置过热器时，则尽量避免其蒸汽出口段布置于烟温过高处。

管间振动磨损。如耒阳电厂 1#炉，固定件与过热器管屏间的连接焊缝烧裂，管屏发生振动，固定件与管屏内圈发生摩擦，使管壁磨损减薄，在内压力的作用下发生爆管。

管内壁积垢、外壁氧化。如洛河电厂 2#炉管内壁结垢 0.7mm，使过热器壁温升高 20~30℃；外壁产生 1.0mm 氧化皮，又使管壁减薄，因此爆管频繁。

⑦ 超期服役　如黄台 2#炉过热器管已运行 23×10^4h 以上，管材球化、氧化严重，已出现蠕变裂纹，如不及时更换，迟早会发生爆管。

⑧ 运行管理　在实际运行中，由于运行人员误操作及检修时未按有关规定进行或未达到有关要求而导致过热器或再热器受热面爆管的事故也时有发生。

运行调整不当。如浑江发电厂 3#炉，过热器使用的材质基本都工作在材质允许的极限温度中，在运行工况发生变化时调整不当，导致瞬时超温爆管。

2　发生爆管的根本原因及对策

20 世纪 80 年代初，美国电力研究院经过长期大量研究，把锅炉爆管机理分成六大类，共 22 种。在 22 种锅炉爆管机理中，有 7 种受到循环化学剂的影响，12 种受到动力装置维护行为的影响。我国学者结合我国电站锅炉过热器爆管事故做了大量研究，把电站锅炉爆管归纳为以下 9 种不同的机理。

(1) 长期过热

① 失效机理　长期过热是指管壁温度长期处于设计温度以上而低于材料的下临界温度，超温幅度不大但时间较长，锅炉管子发生碳化物球化，管壁氧化减薄，持久强度下降，蠕变速度加快，使管径均匀胀粗，最后在管子的最薄弱部位导致脆裂的爆管现象。这样，管子的使用寿命便短于设计使用寿命。超温程度越高，寿命越短。在正常状态下，长期超温爆管主要发生在高温过热器的外圈和高温再热器的向火面。在不正常运行状态下，低温过热器、低温再热器的向火面均

可能发生长期超温爆管。发生长时超温爆管根据工作应力水平可分为三种：高温蠕变型、应力氧化裂纹型、氧化减薄型。

② 产生失效的原因　产生失效的原因包括：管内汽水流量分配不均；炉内局部热负荷偏高；管子内部结垢；异物堵塞管子；错用材料；最初设计不合理。

③ 故障位置　高温蠕变型和应力氧化裂纹型主要发生在高温过热器的外圈的向火面，在不正常的情况下，低温过热器也可能发生；氧化减薄型主要发生在再热器中。

④ 爆口特征　长期过热爆管的破口形貌，具有蠕变断裂的一般特性。管子破口呈脆性断口特征。爆口粗糙，边缘为不平整的钝边，爆口处管壁厚度减薄不多。管壁发生蠕胀，管径胀粗情况与管子材料有关，碳钢管径胀粗较大。20 号钢高压锅炉低温过热器管破裂，最大胀粗值达管径的 15%，而 12CrMoV 钢高温过热器管破裂只有管径 5%左右的胀粗。

高温蠕变型爆口特征形貌如下：

a. 管子的蠕胀量明显超过金属监督的规定值，爆口边缘较钝；

b. 爆口周围氧化皮有密集的纵向裂纹，内外壁氧化皮比短时超温爆管厚，超温程度越低，时间越长，则氧化皮越厚和氧化皮的纵向裂纹分布的范围也越广；

c. 在爆口周围的较大范围内存在着蠕变空洞和微裂纹；

d. 向火侧管子表面已完全球化；

e. 弯头处的组织可能发生再结晶；

f. 向火侧和背火侧的碳化物球化程度差别较大，一般向火侧的碳化物已完全球化。

应力氧化裂纹型爆口特征形貌如下：

a. 管子的蠕胀量接近或低于金属监督的规定值，爆口边缘较钝，呈典型的厚唇状；

b. 靠近爆口的向火侧外壁氧化层上存在着多条纵向裂纹，分布范围可达整个向火侧。内外壁氧化皮比短时超温爆管时的氧化皮厚；

c. 纵向应力氧化裂纹从外壁向内壁扩展，裂纹尖端可能有少量空洞；

d. 向火侧和背火侧均发生严重球化现象，并且管材的强度和硬度下降；

e. 管子内壁和外壁的氧化皮发生分层；

f. 燃烧产物中的 S、Cl、Mn、Ca 等元素在外壁氧化层沉积和富集。

氧化减薄型爆口特征形貌如下：

a. 管子向火侧、背火侧的内外壁均产生厚度可达1.0~1.5mm的氧化皮；

b. 管壁严重减薄，仅为原壁厚的1/3~1/8；

c. 内、外壁氧化皮均分层，为均匀氧化。内壁氧化皮的内层呈环状条纹；

d. 向火侧组织已经完全球化，背火侧组织球化严重，并且强度和硬度下降；

e. 燃烧产物中的S、Cl、Mn、Ca等元素在外壁氧化层沉积和富集，促进外壁氧化。

⑤ 防止措施　对高温蠕变型可通过改进受热面、使介质流量分配合理；改善炉内燃烧、防止燃烧中心偏高；进行化学清洗，去除异物、沉积物等方法预防。对应力氧化裂纹型因管子寿命已接近设计寿命，可将损坏的管子予以更换。对氧化减薄型应完善过热器的保护措施。

⑥ 检测/监测方法：

a. 外观检查，对炉管采用表面热电偶或红外线方法监控温度；

b. 有耐火衬里的设备使用变色漆和定期红外线扫描监控过热情况，停机期间检查耐火材料是否有损坏；

c. 对反应器床层热电偶和反应器表面热电偶的检测结果进行监控。

（2）短期过热

① 失效机理　短期过热是指当管壁温度超过材料的下临界温度时，材料强度明显下降，在内压力作用下，发生胀粗和爆管现象。

② 产生失效的原因：

a. 过热器管内工质的流量分配不均匀，在流量较小的管子内，工质对管壁的冷却能力较差，使管壁温度升高，造成管壁超温；

b. 炉内局部热负荷过高(或燃烧中心偏离)，使附近管壁温度超过设计的允许值；

c. 过热器管子内部严重结垢，造成管壁温度超温；

d. 异物堵塞管子，使过热器管得不到有效的冷却；

e. 错用低级钢材会造成短期过热，随着温度升高，低级钢材的许用应力迅速降低，强度不足使管子爆破；

f. 管子内壁的氧化垢剥落使下弯头处堵塞；

g. 在低负荷运行时，投入减温水不当，喷入过量，造成管内水塞，从而引起局部过热；

h. 炉内烟气温度失常。

③ 故障位置　常发生在过热器的向火面直接和火焰接触及直接受辐射热的受热面管子上。

④ 爆口形状：

a. 爆口塑性变形大，管径有明显胀粗，管壁减薄呈刀刃状；

b. 一般情况下爆口较大，呈喇叭状；

c. 爆口呈典型的薄唇形爆破；

d. 爆口的微观形貌为韧窝断口（断口由许多凹坑构成）；

e. 爆口周围管子材料的硬度显著升高；

f. 爆口周围内、外壁氧化皮的厚度，取决于短时超温爆管前长时超温的程度，长时超温程度越严重，氧化皮越厚。

⑤ 防止措施　预防短期过热的方法有：改进受热面，使介质流量分配合理；稳定运行工况，改善炉内燃烧，防止燃烧中心偏离；进行化学清洗；去除异物、沉积物；防止错用钢材，发现错用及时采取措施。

⑥ 检测/监测方法：

a. 外观检查，对炉管采用表面热电偶或红外线方法监控温度；

b. 有耐火衬里的设备使用变色漆和定期红外线扫描监控过热情况，停机期间检查耐火材料是否有损坏；

c. 对反应器床层热电偶和反应器表面热电偶的检测结果进行监控。

（3）磨损

① 失效机理　包括飞灰磨损、落渣磨损、吹灰磨损和煤粒磨损。以飞灰磨损为例进行分析，飞灰磨损是指飞灰中夹带 SiO_2，FeO_3，Al_2O_3 等硬颗粒高速冲刷管子表面，使管壁减薄爆管。

② 产生失效的原因：

a. 燃煤锅炉飞灰中夹带硬颗粒；

b. 烟速过高或管子的局部烟气速度过高（如积灰时烟气通道变小，提高了烟气流动速度）；

c. 烟气含灰浓度分布不均，局部灰浓度过高。

③ 故障位置　常发生在过热器烟气入口处的弯头、出列管子和横向节距不均匀的管子上。

④ 爆口特征：

a. 断口处管壁减薄，呈刀刃状；

b. 磨损表面平滑，呈灰色；

c. 金相组织不变化，管径一般不胀粗。

⑤ 防止措施　通常采用减少飞灰撞击管子的数量、速度或增加管子的抗磨性来防止飞灰磨损，如通过加屏等方法改变流动方向和速度场；加设装炉内除尘装置；杜绝局部烟速过高；在易磨损管子表面加装防磨盖板。还应选用适于煤种的炉型、改善煤粉细度、调整好燃烧、保证燃烧完全。

⑥ 检测/监测方法　目视检测、称重测量、尺寸测量、声发射监控。

(4) 腐蚀疲劳

① 失效机理　腐蚀疲劳(汽侧的氧腐蚀)主要是因为水的化学性质所引起的，水中氧含量和 pH 值是影响腐蚀疲劳的主要因素。管内的介质由于氧的去极化作用，发生电化学反应，在管内的钝化膜破裂处发生点蚀形成腐蚀介质，在腐蚀介质和循环应力(包括启停和振动引起的内应力)的共同作用下造成腐蚀疲劳爆管。

② 产生失效的原因：

a. 弯头的应力集中，促使点蚀产生；

b. 弯头处受到热冲击，使弯头内壁中性区产生疲劳裂纹；

c. 下弯头在停炉时积水；

d. 管内介质中含有少量碱或游离的二氧化碳；

e. 装置启动及化学清洗次数过多。

③ 故障位置　常发生在水侧，然后扩展到外表面。过热器的管弯头内壁产生点状或坑状腐蚀，主要在停炉时产生腐蚀疲劳。

④ 爆口特征：

a. 在过热器的管内壁产生点状或坑状腐蚀，典型的腐蚀形状为贝壳状；

b. 运行时腐蚀疲劳的产物为黑色磁性氧化铁，与金属结合牢固；停炉时，腐蚀疲劳的产物为砖红色氧化铁；

c. 点状和坑状腐蚀区的金属组织不发生变化；

d. 腐蚀坑沿管轴方向发展，裂纹是横断面开裂，相对宽而钝，裂缝处有氧化皮。

⑤ 防止措施　防止氧腐蚀应注意停炉保护，新炉启用时，应进行化学清洗，去除铁锈和脏物，在内壁形成一层均匀的保护膜；运行中使水质符合标准，适当减小 pH 值或增加锅炉中氯化物和硫酸盐的含量。

⑥ 检测/监测方法　开裂可能会发生于高应力区，如与支柱连接的水冷壁管冷侧上的针孔裂纹。用超声检测或电磁检测检查高应力区，尤其是支柱拐角处。

(5) 应力腐蚀裂纹

① 失效机理　这是指在介质含氯离子和高温条件下，由于静态拉应力或残余应力作用产生的管子破裂现象。

② 产生失效的原因：

a. 介质中含氯离子、高温环境和受高拉应力，这是产生应力腐蚀裂纹的三个基本条件；

b. 在湿空气的作用下，也会造成应力腐蚀裂纹；

c. 启动和停炉时，可能有含氯和氧的水团进入钢管；

d. 加工和焊接产生的残余应力引起的热应力。

③ 故障位置　常发生在过热器的高温区管和取样管处。

④ 爆口特征：

a. 爆口为脆性形貌，一般为穿晶应力腐蚀断口；

b. 爆口上可能会有腐蚀介质和腐蚀产物；

c. 裂纹具有树枝状的分叉特点，裂纹从蚀处产生，裂源较多。

⑤ 防止措施　防止应力腐蚀裂纹应注意去除管子的残余应力；加强安装期的保护，注意停炉时的防腐；防止凝汽器泄漏，降低蒸汽中氯离子和氧的含量。

⑥ 检测/监测方法：

a. 材料表面宏观检查和怀疑部位渗透检测；

b. 管道、换热器管束和设备表面的检测可采用涡流检测法；

c. 极细微裂纹主要采用金相检测。

(6) 热疲劳

① 失效机理　热疲劳是指炉管因锅炉启停产生的热应力、汽膜的反复出现和消失引起的热应力和由振动引起的交变应力作用而发生的疲劳损坏。

② 产生失效的原因：

a. 烟气中的 S、Na、V、Cl 等物质促进腐蚀疲劳损坏；

b. 炉膛采用水吹灰，管壁温度急剧变化，产生热冲击；

c. 超温导致管材的疲劳强度严重下降；

d. 按基本负荷设计的机组改变为调峰运行。

③ 故障位置　常发生在过热器高热流区域的管子外表面。

④ 防止措施　防止热疲劳产生的措施有改变交变应力集中区域的部件结构；改变运行参数以减少压力和温度梯度的变化幅度；设计时考虑间歇运行造成的热胀冷缩；避免运行时的机械振动；调整管屏间的流量分配，减少热偏差和相邻管壁的温度；适当提高吹灰介质的温度，降低热冲击。

V_2O_5 和 Na_2SO_4 等低熔点化合物破坏管子外表面的氧化保护层，与金属部件相互作用，在界面上生成新的松散结构的氧化物，使管壁减薄，导致爆管。

⑤ 检测/监测方法：

a. 目视检测，表面磁粉检测或渗透检测；

b. 超声横波检测；

c. 采用特殊的超声波检测方法检测厚壁反应器的焊接接头。

(7) 高温腐蚀

① 失效机理　高温腐蚀是一个复杂的物理化学过程，其通常发生在锅炉水冷壁、过热器及再热器区域。尤其以水冷壁区域最为常见。水冷壁区域的高温腐蚀是指炉内水冷壁管在高温烟气的环境里，具有较高管壁温度时所发生的锈蚀现象。煤粉锅炉水冷壁高温腐蚀一般可以分为以下几种类型：硫酸盐型高温腐蚀、硫化物型高温腐蚀、氯化物型高温腐蚀以及由还原性气氛引起的高温腐蚀。

② 产生失效的原因：

a. 燃料中含有 V、Na 和 S 等低熔点化合物；

b. 局部烟温过高，腐蚀性的低熔点化合物黏附在金属表面，导致高温腐蚀；

c. 腐蚀区内的覆盖物、烟气中的还原性气体和烟气的直接冲刷，将促进高温腐蚀的产生。

③ 故障位置　高温腐蚀常发生在过热器及吊挂和定位零件的向火侧外表面。水冷壁区域的高温腐蚀通常集中在燃烧器附近。

④ 爆口特征：

a. 裂纹萌生于管子外壁，断口为脆性厚唇式；

b. 沿纵向开裂，在相当于时钟面 10 点和 2 点处有浅沟槽腐蚀坑，呈鼠啃状；

c. 外壁有明显减薄，但不均匀，无明显胀粗；

d. 外壁有氧化垢，呈鳄鱼皮花样，垢中含黄色、白色、褐色产物，较疏松，为熔融状沉积物，最内层氧化物为硬而脆的黑灰色。

⑤ 防止措施　防止高温腐蚀的方法有控制局部烟温，防止低熔点腐蚀性化合物贴附在金属表面上；使烟气流程合理，尽量减少热偏差；在燃煤锅炉中加入 $CaSO_4$ 和 $MgSO_4$ 等附加剂；易发生高温腐蚀的区域采用表面防护层或设置挡板；除去管子表面的附着物。

(8) 异种金属焊接

① 失效机理及原因　焊接接头处因两种金属的蠕变强度不匹配，以及焊缝界面附近的碳迁移，使异种金属焊接界面断裂失效。其中，两种金属的蠕变强度相差极大是异种金属焊接早期失效的主要原因。

② 故障位置　常发生在过热器出口两种金属的焊接接头处，当焊缝的蠕变强度相当于其中一种金属的蠕变强度时，断裂发生在另一种金属的焊缝界面上。

③ 防止措施　稳定运行是减少异种金属焊接失效最关键的因素；当两种金属焊接时，在其中加入具有中间蠕变强度的过渡段，使焊缝界面两侧蠕变强度差值明显减少；在过渡段的两侧选用性质不同的焊条，使其分别与两种金属的性质相匹配。

④ 检测/监测方法：

a. 加热炉炉管异种金属焊接接头可进行外部宏观检查，并对怀疑部位进行表面磁粉检测或渗透检测；

b. 内壁可能因受服役环境影响发生开裂的异种金属焊接接头，可采用超声波探伤进行检测。

(9) 高温氢腐蚀

① 失效机理　钢暴露在高温、高压的氢气环境中，氢原子在设备表面或渗入钢内部与不稳定的碳化物发生反应生成甲烷，使钢脱碳，机械强度受到永久性的破坏。在钢内部生成的甲烷无法外溢而集聚在钢内部形成巨大的局部压力，从而发展为严重的鼓包开裂。

② 产生失效的原因　由于垢层和水冷壁沸腾区气泡的存在，影响了锅炉水对炉管的降温作用，致使炉管温度偏高，又由于炉管所承受的内压较高，大大增加了氢在炉管内的溶解度，使氢持续地向管壁金属扩散。由于高温下金属晶界强度低，因此氢扩散到晶界，与钢中的碳发生化学反应生成甲烷，这一反应使钢的内部或表面脱碳，并在晶界上形成压力很高的甲烷气泡，这些气泡的数目和尺寸随时间而增加，气泡扩大并互相连接，形成微裂缝。裂缝逐渐扩展并形成网络，使金属强度严重降低，最终脆断。

③ 防止措施　加强对锅炉水质的分析和监测；分别在水冷壁管不同的高度上对氢腐蚀严重程度进行抽查检测；分别在水冷壁管不同的高度上对氢腐蚀严重程度进行取样分析，找到氢腐蚀在锅炉中的分布规律，以便对易出现和已出现氢腐蚀的炉管进行更换，更换时优先选择具有较好抗氢腐蚀性能的钢管；进行锅炉耐压试验，易发生水冷壁爆管，应予以预防。

(10) 碱腐蚀

① 失效机理　高浓度的苛性碱或碱性盐，因蒸发或高传热导致的局部浓缩引起的腐蚀。高浓度的苛性碱或碱性盐可导致均匀腐蚀，局部浓缩致碱腐蚀表现为局部腐蚀。

② 产生失效的原因　发生碱腐蚀的充分必要条件是炉水中存在过量游离碱且水冷壁中存在局部过热。车间的炉水成分中硅含量明显超标，容易在锅炉上形成硅酸盐垢。同时，部分时间段炉水中碱溶度较高，以及垢层中发现大量钠元素，都表明炉水中有游离碱存在，满足了发生碱腐蚀的两个条件。

③ 防止措施　控制炉水中游离 NaOH 含量；降低炉水中垢量，一般钙、镁水垢主要来源于不合格的补给水、凝汽器泄漏及冷却水中的钙、镁盐。硅酸盐垢化学成分一般主要为铁、铝的硅酸盐，锅炉给水中铁、铝和硅的化合物含量较高，凝汽器因泄漏而漏入冷却水及锅炉受热面上热负荷过高等因素是生成硅酸盐

水垢的主要原因。氧化铁垢形成的主要原因是炉水中含铁量及锅炉的热负荷太高，炉管上的金属腐蚀产物转化成氧化铁垢；严格控制补给水和凝结水水质；改造送风机，加大送风量，提高煤质，使炉膛形成正常的切圆燃烧方式，无偏烧及过热等现象；为排除事故隐患，保障锅炉长周期安全稳定运行，可在炉管腐蚀失效前期对水冷壁管进行检测，提前发现向火侧内壁腐蚀减薄。

(11) 质量控制失误

质量控制失误是指在制造、安装、运行中由于外界失误的因素所造成的损坏。质量控制失误的原因有：维修损伤；化学清理损伤；管材缺陷(管材金属不合格或错用管材)；焊接缺陷等。加强电厂运行、检修及各种制度的管理是防止质量控制失误出现的有效手段。

3 结论

造成大型电站锅炉四管爆管的原因很多，只有对锅炉爆管的直接原因和根本原因进行综合分析，才能从根本上解决锅炉爆管问题，有效地防止锅炉四管爆管事故的发生。

第3章 石化管道失效案例

第1节 奥氏体不锈钢管道泄漏成因分析

1 背景介绍

奥氏体不锈钢管道广泛用于精对苯二甲酸(PTA)装置的高温氧化工段的生产中，由于生产工艺的催化剂四溴乙烷中含有 Br^-，因此，装置中的设备和管道常出现点状腐蚀，它是由于介质的温度、含氧量(溶解氧)、有害杂质离子以及醋酸浓度等共同作用下造成，常在一些设备和管道的薄弱部位产生电化学腐蚀，形成孔蚀，尤其是焊接接头区域极易腐蚀穿孔造成泄漏等失效事故。本节通过对某公司 PTA 装置氧化工段 316L 奥氏体不锈钢管道使用过程中出现的多处泄漏进行检测、试验分析，探讨其腐蚀穿孔的影响因素。管道基本参数见表 3-1-1。

表 3-1-1 管道基本情况

规　格	介质浓度	pH 值	介质流速	操作压力	操作温度	使用年限
ϕ355. 6mm×4. 8mm	醋酸 69%	2~3	1. 1m/s	0. 35MPa	185℃	4 年

2 检测分析

(1) 宏观检查

管件与管子均选用埋弧焊直缝管，穿孔泄漏部位均处在焊接接头区域。在弯头纵焊缝两侧区域内锈蚀严重(图 3-1-1)，表面呈红褐色，其余部位均保持金属原始形貌，在此弯头纵焊缝边缘处出现腐蚀穿孔，尺寸为 ϕ34mm×9. 6mm，见图 3-1-2，环焊缝侧出现的腐蚀穿孔见图 3-1-3，尺寸分别为 ϕ36mm×36mm，ϕ33mm×31mm，ϕ32mm×4. 7mm，穿孔边缘金属均失去金属光泽，且腐蚀产物蓬松，而在其附近焊缝上发生均匀腐蚀。

管道内壁发生均匀腐蚀，并伴有少量腐蚀坑，见图 3-1-4。在弯头内侧流体流速方向改变区域发生冲刷腐蚀，且表面光亮。在焊缝两侧约 15mm 区域内出现密集孔蚀，直径约 0. 2~1. 0mm，深度约 0. 2~0. 5mm，呈网状，见图 3-1-5。焊缝金属腐蚀轻微，未发现孔蚀，见图 3-1-6。

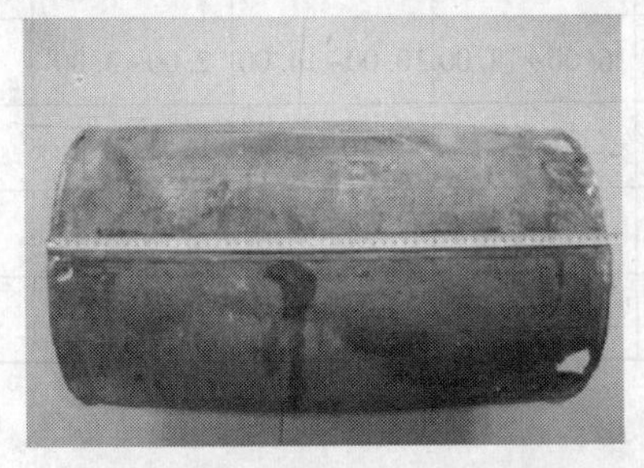

图 3-1-1 不锈钢管线外表面腐蚀宏观形貌

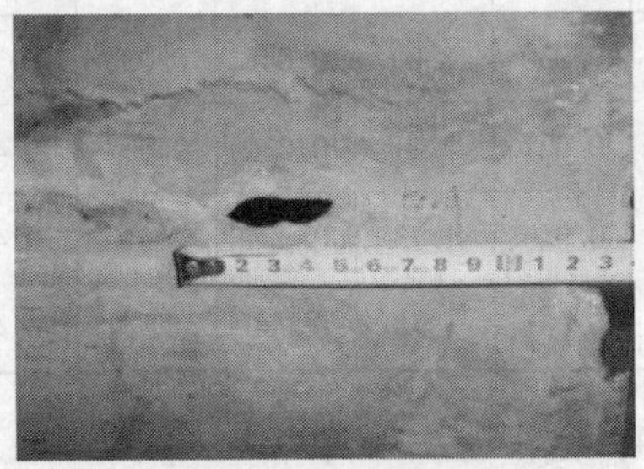

图 3-1-2 纵焊缝侧腐蚀穿孔

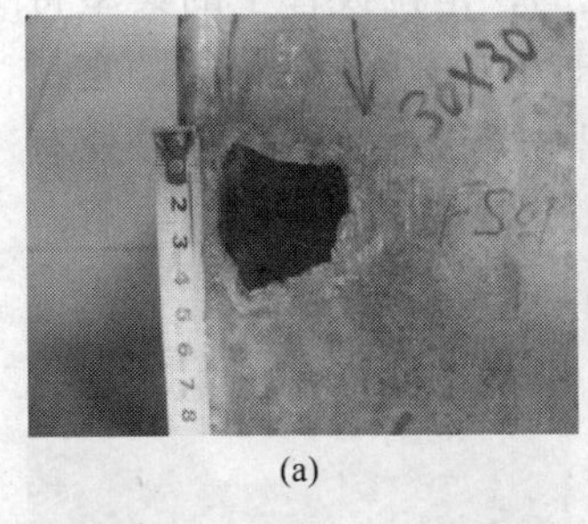

(a)

(b)

(c)

图 3-1-3 环焊缝侧腐蚀穿孔

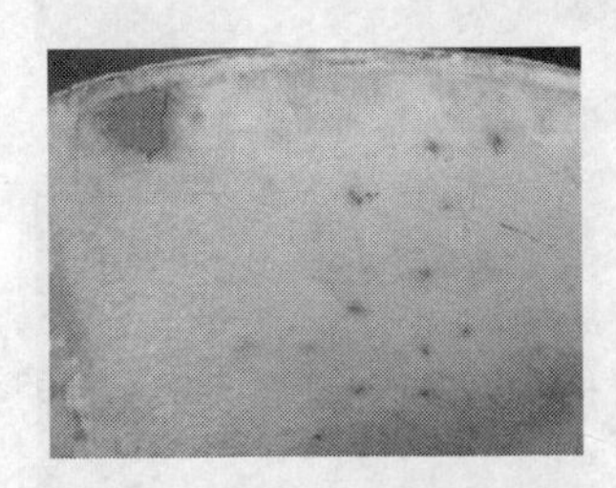

图 3-1-4 内壁腐蚀

图 3-1-5 密集孔蚀

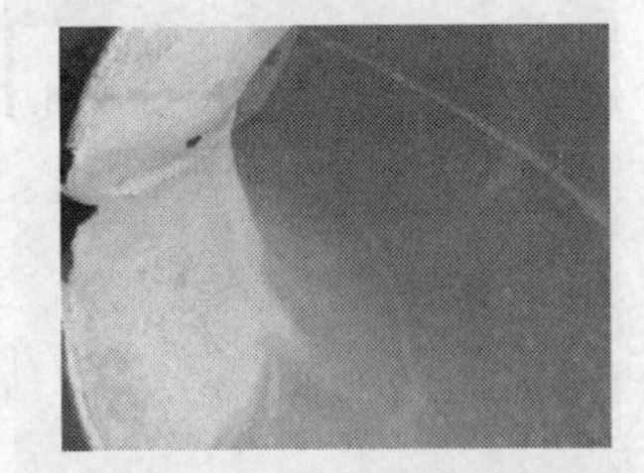

图 3-1-6 焊缝金属腐蚀状况

(2) 厚度测定

管子与三通整体减薄，不同部位的减薄程度不同，外表面光滑处实测壁厚 2. 0~2. 5mm，腐蚀孔边缘实测壁厚 1. 0~1. 9mm。

(3) 化学成分分析

分别在弯头、直管、焊缝上取样进行化学分析，结果见表 3-1-2。从分析结果可以看出管道各部件化学成分符合 ASME SA240 对 316L 的成分规定，焊缝金属各元素含量均在标准规定的含量范围内，虽有某点碳元素含量偏高，但也在可接受范围。

表 3-1-2 化学成分分析结果 %

元素	C	Si	Mn	P	S	Cr	Ni	Mo	N
标准值	0.030	2.00	0.045	0.030	0.75	16.00~18.00	10.00~14.00	2.00~3.00	0.10
直管	0.027	1.11	0.030	0.007	0.42	16.77	10.07	2.04	0.01
弯头	0.026	1.13	0.024	0.010	0.45	17.11	11.02	2.07	0.02
焊缝	0.031	1.18	0.030	0.012	0.43	17.62	10.89	2.13	0.03

（4）金相组织分析

分别对直管、焊缝、热影响区进行金相检查，见图 3-1-7。直管为奥氏体组织、孪晶等塑性变形组织，它是管子加工过程中造成的，是拉拔管子的典型特征。焊缝组织为奥氏体加基体上的岛状 δ-铁素体组织，并有少量碳化物，它是焊接一次结晶的产物，约占 8%~10%。热影响区组织为奥氏体，并在晶界处有碳化物析出，晶粒较母材粗大，这是焊接热影响区在敏化温度区间停留的结果。

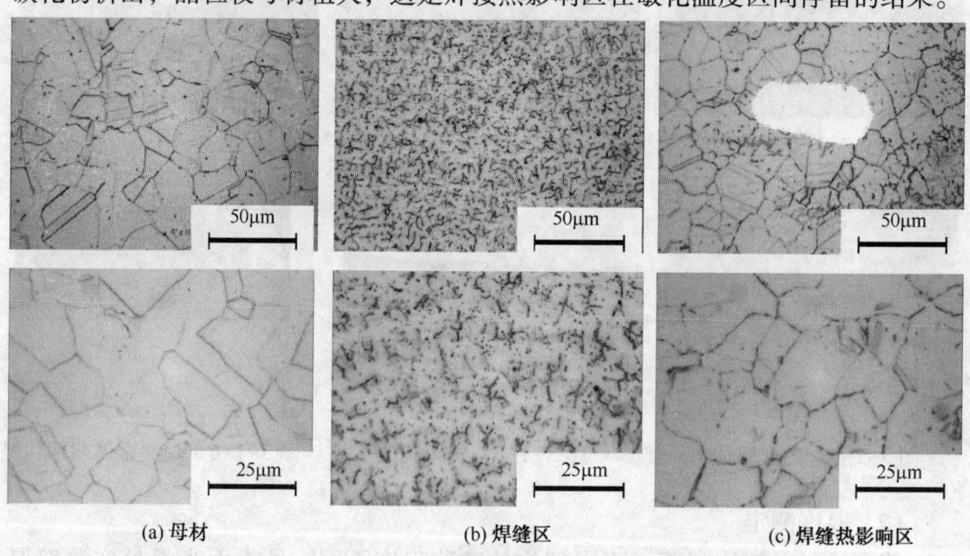

(a) 母材 (b) 焊缝区 (c) 焊缝热影响区

图 3-1-7 母材、焊缝、热影响区的金相组织

对穿孔处的金相组织观察发现有明显点蚀坑的形态，腐蚀自晶界处开始，随后沿晶界扩展，直到整个晶粒剥落，见图 3-1-8。

（5）腐蚀产物能谱分析

从腐蚀穿孔附近截取残留金属产物在扫描电镜下观察断面形貌，见图 3-1-9。其表面为疏松多孔组织，电子衍射能谱分析发现断面上存在约 11.84%（质）

的氧，表明醋酸介质中含有较多的溶解氧，它可能是由于已经发生穿孔后，管内与外界大气贯通，可以随时从大气中补充氧。另从管内取黄白色粉末垢状物进行形貌和能谱分析，其化学组分为碳、氧、铁，同时还有少量 Br^-，Br^-来自于工艺中的催化剂，见图 3-1-10。

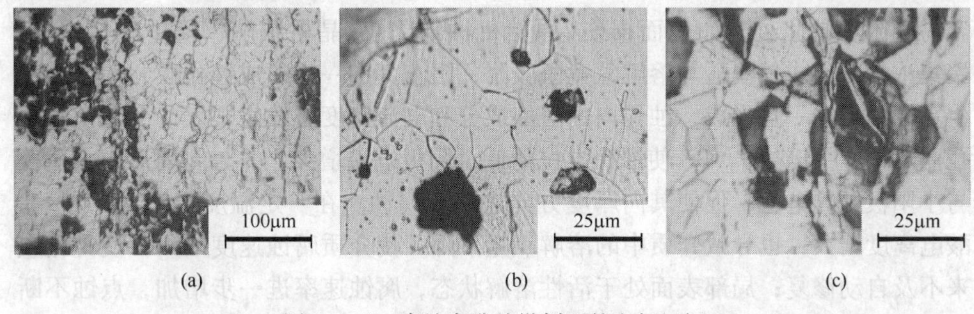

图 3-1-8　腐蚀穿孔处纵剖面的金相组织

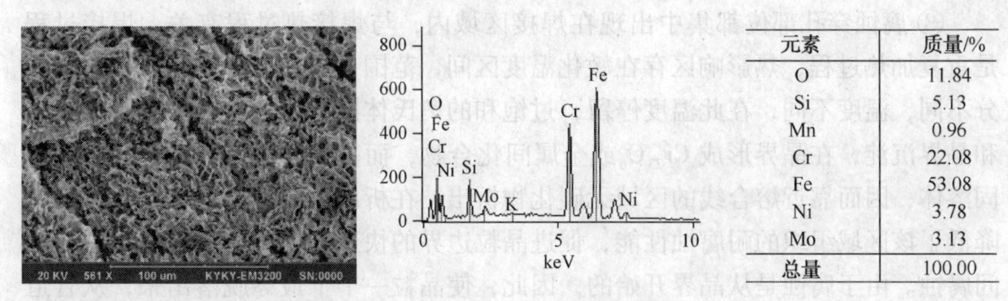

元素	质量/%
O	11.84
Si	5.13
Mn	0.96
Cr	22.08
Fe	53.08
Ni	3.78
Mo	3.13
总量	100.00

图 3-1-9　腐蚀断口表面形貌及能谱分析

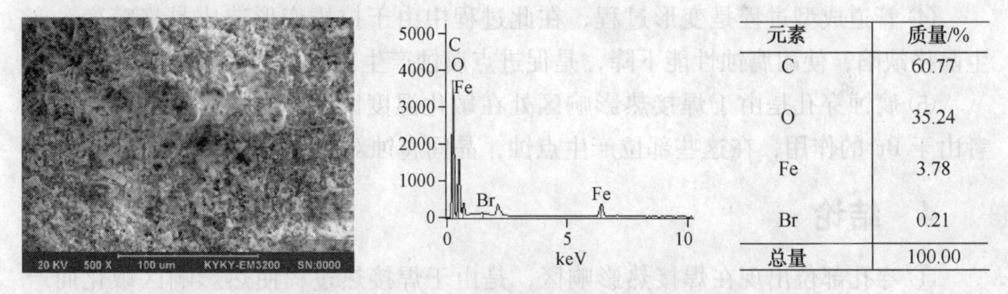

元素	质量/%
C	60.77
O	35.24
Fe	3.78
Br	0.21
总量	100.00

图 3-1-10　黄白色垢物的形貌和能谱分析

3　分析讨论

① 从厚度测定的结果来看，管道壁厚发生减薄，且靠近穿孔部位更严重，主要是管材与输送介质中的溶解氧(工厂实测 120ppm)作用下发生电化学溶解反应，而造成腐蚀减薄；介质流动过程中的冲刷加速腐蚀，物料及腐蚀产物中的细

小颗粒对内壁有一定的磨损，也是造成减薄的原因。同时，流场改变区域腐蚀严重，如弯头、焊缝边缘、三通等，温度及醋酸介质的浓度变化对腐蚀也有一定的影响。

② Br^-来源于氧化反应剂四溴乙烷，常在垢下聚积，吸附在金属表面，尤其容易吸附在缺陷处，如表面损伤(原始机械缺陷)、晶格缺陷、咬边和贫铬区，聚集浓缩，形成氢溴酸与溶解氧竞争吸附，阻止其进一步形成钝化膜，使金属产生点蚀；点蚀一旦形成，蚀孔内的溶液成分和电流密度将发生很大的变化。在蚀孔内 Br^-进一步浓缩，Br^-使蚀孔电位降低，阴极电流增大，并与周围形成大阴极与小阳极钝化电池，促使其向厚度方向进一步腐蚀。在一定温度(185℃)下，醋酸电离度增大，也导致介质中的溶解氧量下降，使介质腐蚀速度增大，使钝化膜来不及自动修复；局部表面处于活性溶解状态，腐蚀速率进一步增加，点蚀不断加深。

③ 腐蚀穿孔部位都集中出现在焊接区域内，与焊接热过程有关。焊接过程是重复加热过程，热影响区存在敏化温度区间，范围一般在400~850℃，材料成分不同，温度不同，在此温度停留，过饱和的奥氏体固溶体会发生碳化物的析出和晶界沉淀，在晶界形成 $Cr_{23}C_6$或金属间化合物，而高于此温度，碳化物溶解成固溶体，因而靠近熔合线的区域无碳化物析出，在析出物周围形成贫铬区，这就降低了该区域组织的耐腐蚀性能，促进晶粒边界的快速侵蚀，在热影响区造成晶间腐蚀。由于腐蚀是从晶界开始的，因此，使晶粒一个个最终脱落出来，从管道腐蚀穿孔的金相照片可以看出晶间腐蚀现象。

④ 管道成型过程是变形过程，在此过程中由于拉拔变形造成晶格畸变，产生晶格缺陷，使耐腐蚀性能下降，是促进点腐蚀产生和扩大的因素之一。

⑤ 腐蚀穿孔是由于焊接热影响区处在敏化温度区间，先发生晶间腐蚀，再者由于 Br^-的作用，在这些部位产生点蚀，晶间腐蚀对穿孔起主要作用。

4 结论

① 穿孔部位出现在焊接热影响区，是由于焊接热过程使热影响区敏化而产生晶间腐蚀，加上孔蚀的作用造成的，晶间腐蚀在此过程中起主要作用；

② Br^-是产生点蚀的主要原因，它主要集聚于缺陷部位，形成小孔后，进一步积聚形成氢溴酸阻止金属表面形成钝化膜，使腐蚀速率加快；

③ 管道腐蚀减薄是醋酸介质的电化学腐蚀造成的，介质和腐蚀产物中的颗粒产生磨损加速腐蚀，同时管道流场改变使弯头等管件冲蚀加重；

④ 塑性变形产生晶格畸变促使点蚀产生和扩大。

第2节 苯酚丙酮装置蒸汽管线失效分析

1 背景介绍

某石化企业苯酚丙酮装置主要由烃化、氧化、精制和回收单元组成，是以苯和丙烯为原料，通过烃化反应生产异丙苯，再利用空气将异丙苯氧化为过氧化氢异丙苯，以硫酸作催化剂将过氧化氢异丙苯分解生产苯酚和丙酮。

精制单元××换热器，在使用过程中壳程筒体蒸汽入口接管角焊缝处、入口接管弯头处(弯头与下直管段相连的焊缝)都出现了穿透性裂纹，具体位置见图3-2-1。

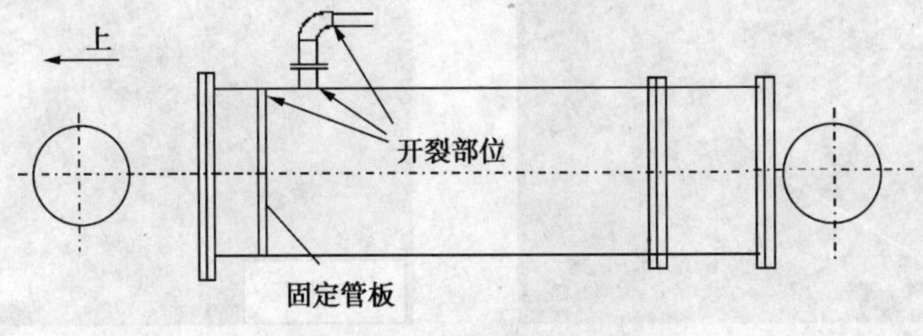

图3-2-1 失效管件部位图

××换热器及其所连开裂管件具体操作参数见表3-2-1。

表3-2-1 ××换热器操作参数

设备名称	容器材质	操作参数	
		工作温度/℃	介质
××换热器壳程	16MnR	260~270	苯酚/蒸汽(管程/壳程)
××管道	20号钢	210/270(管程/壳程)	蒸汽

该厂对换热器迅速进行了返修处理，对相连管线进行了更换处理，本节主要通过分析该管件的腐蚀失效情况，提出其失效机理和解决方法以期对有相同介质和工况环境的其他设备有所帮助。

2 失效情况分析

为科学合理地分析失效原因，首先对换热器进行了宏观检查和资料审查(包括设计图纸、竣工资料和制造质量等)，然后对替换下的失效管件进行了取样及试验分析，包括宏观形貌检查、化学成分分析、夹杂物分析、金相检验、腐蚀产物及裂纹性质分析。

（1）失效管件宏观形貌

图3-2-2(a)为换热器管板与壳程筒体对接接头处裂纹宏观形貌，图3-2-2(b)为换热器壳程蒸汽入口接管与壳程筒体角焊缝处裂纹宏观形貌，图3-2-3(a)为入口接管弯头管件裂纹宏观形貌，可见裂纹起裂点都在焊缝上，最后扩展到母材上。

将管件割开，可看到管件内壁裂纹形貌见图3-2-3(b)。沿裂纹将管样掰开，裂纹内部存在的大量腐蚀产物，大部分为呈红褐色的氧化铁，见图3-2-3(c)、图3-2-3(d)。

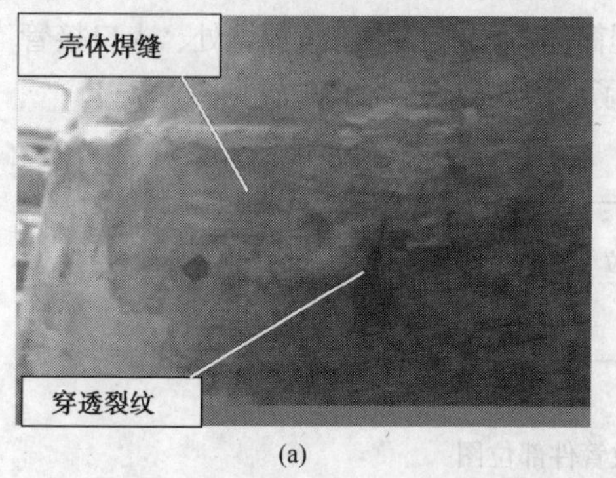

(a)

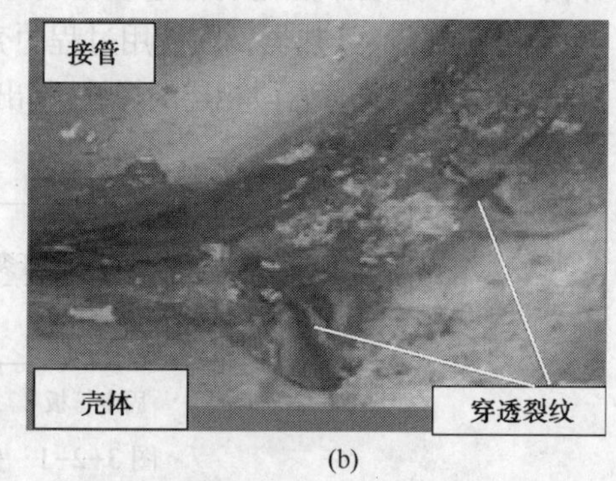

(b)

图3-2-2　换热器壳体裂纹

图3-2-3　接管弯头裂纹

（2）介质成分分析

取管件介质蒸汽水 100mL 进行所含离子的定量分析，结果见表 3-2-2。可见，介质 pH 值呈中性，等量管件蒸汽水内部离子最多的是 HCO_3^-。

表 3-2-2　介质成分分析检验结果

样品名称和编号	检验项目	检验结果
080619-196 蒸汽水	pH	7.5
	S^{2-}	<0.005mg/L
	Na^+	1.43mg/L
	OH^-	<0.1mg/L
	CO_3^{2-}	<0.1mg/L
	HCO_3^-	34.0mg/L
	H^+	3.16×10^{-8}mol/L
	NH_4^+	0.29mg/L
	Cl^-	0.23mg/L

（3）失效管件材质金相分析

图 3-2-4 为管件母材、焊缝材质的金相分析照片，图 3-2-4(a)管件母材材质均匀致密，是典型的 20 号钢珠光体加铁素体结构；图 3-2-4(b)焊缝材质较母材晶粒明显粗大。

(a)　　(b)

图 3-2-4　失效管件材质形貌

（4）裂纹微观形貌

利用金相显微镜观察裂纹断口形貌。其中图 3-2-5(a)和图 3-2-5(b)为裂纹末梢的微观形貌，裂纹开裂方式呈现沿晶裂纹为主，与穿晶裂纹并存的混合型。图 3-2-5(c)为裂纹中段焊缝上裂纹的微观形貌，图 3-2-5(d)为裂纹中段在母材和焊缝边界处的形貌。

（5）扫描电镜能谱分析

利用扫描电镜，观察顺着裂纹方向掰开后得到的裂纹截面形貌，见图 3-2-6。其中图 3-2-6(a)为未开裂部位形貌，属于典型的韧窝结构，说明在没有受到破坏的部位，材料材质并没有出现劣化。图 3-2-6(b)～图 3-2-6(d)为裂纹接触介质表面未清理前充满附着物时的形貌。

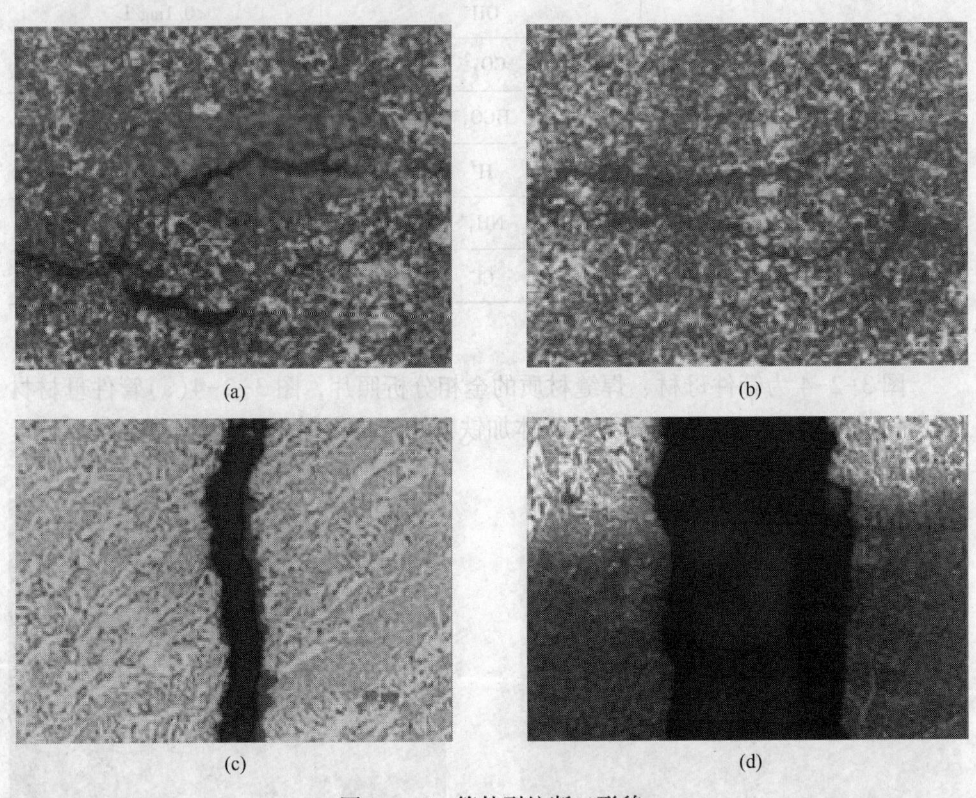

图 3-2-5　管件裂纹断口形貌

分别选取图 3-2-6(c)和图 3-2-6(d)中一点进行能谱分析，结果见表 3-2-3。可见，裂缝内附着物主要成分是铁和氧的化合物，其他大多数元素都存在于蒸汽水中，显然裂纹表面的蒸汽水是一个富离子溶液。

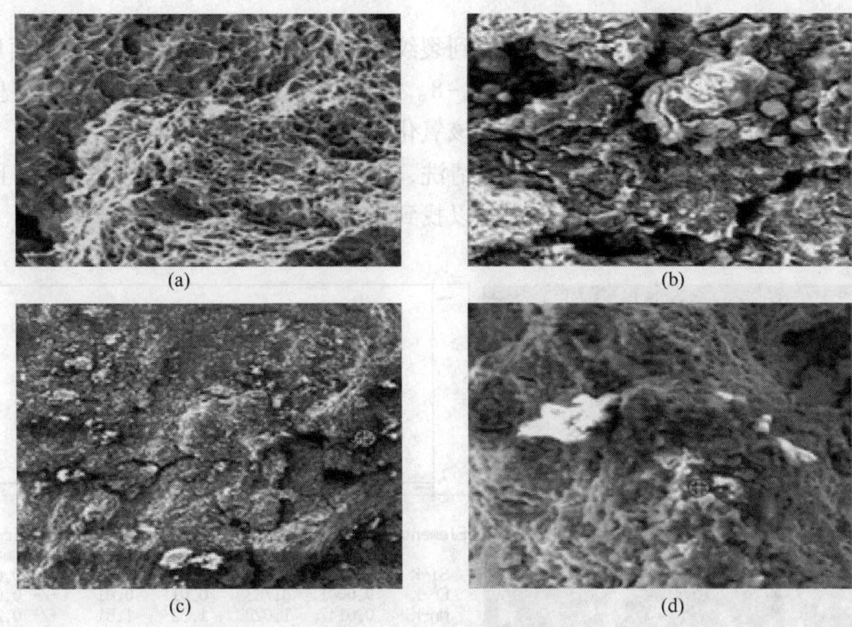

(a) (b) (c) (d)

图 3-2-6 未清洗裂纹表面形貌

表 3-2-3 能谱分析结果

图 3-2-6(c)中附着物光谱分析结果			图 3-2-6(d)中附着物光谱分析结果		
元素	质量/%	原子/%	元素	质量/%	原子/%
O	19.72	37.51	O	21.22	41.89
Na	3.04	4.03	Na	4.12	5.66
Mg	5.02	6.28	Mg	0.87	1.13
Al	2.31	2.61	Al	3.13	3.66
Si	15.11	16.38	Si	7.91	8.90
S	2.13	2.02	S	2.36	2.33
Cl	3.50	3.01	Cl	2.86	2.55
K	2.09	1.63	K	2.31	1.86
Ca	4.74	3.60	Ca	3.91	3.08
Ti	0.35	0.22	Ti	1.06	0.70
Mn	0.27	0.15	Mn	0.56	0.32
Fe	39.72	21.64	Fe	46.71	26.42
Zn	1.98	0.92	Zn	2.04	0.98
总量	100	100	Cu	0.53	0.26
—	—	—	Cr	0.40	0.24
—	—	—	总量	100	100

利用超声波清洗试样表面后，得到裂纹表面去除疏松附着物之后的表面形貌及能谱分析结果见图 3-2-7 和图 3-2-8。可见，清洗后裂纹表面附着一层坚固但并不致密的铁基化合物氧化层，且该氧化层呈现网状沿晶开裂形态。

使用弱酸对试样表面进行进一步清洗，得到裂纹表面形貌见图 3-2-9。图中呈现复杂的混和断口形貌，即分别可以找到沿晶、韧窝断口和解理断口特征。

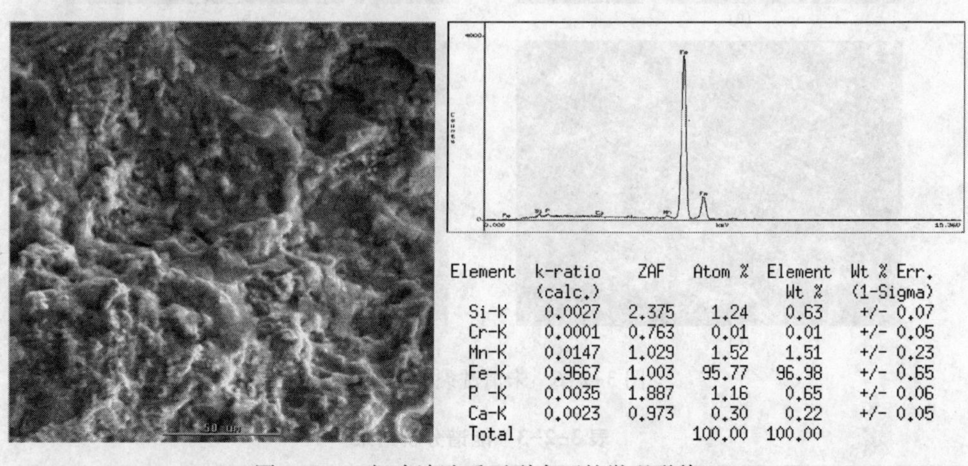

Element	k-ratio (calc.)	ZAF	Atom %	Element Wt %	Wt % Err. (1-Sigma)
Si-K	0.0027	2.375	1.24	0.63	+/- 0.07
Cr-K	0.0001	0.763	0.01	0.01	+/- 0.05
Mn-K	0.0147	1.029	1.52	1.51	+/- 0.23
Fe-K	0.9667	1.003	95.77	96.98	+/- 0.65
P -K	0.0035	1.887	1.16	0.65	+/- 0.06
Ca-K	0.0023	0.973	0.30	0.22	+/- 0.05
Total			100.00	100.00	

图 3-2-7 初步清洗后开裂表面的微观形貌 1

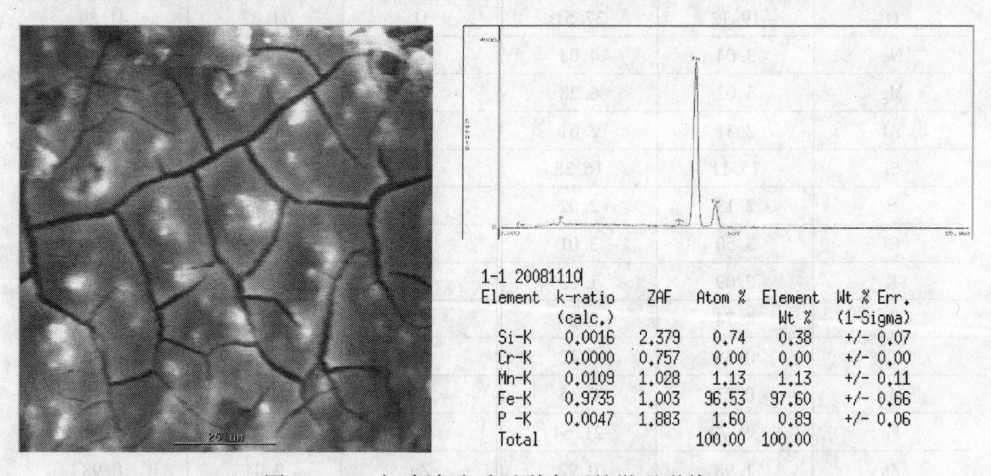

1-1 20081110

Element	k-ratio (calc.)	ZAF	Atom %	Element Wt %	Wt % Err. (1-Sigma)
Si-K	0.0016	2.379	0.74	0.38	+/- 0.07
Cr-K	0.0000	0.757	0.00	0.00	+/- 0.00
Mn-K	0.0109	1.028	1.13	1.13	+/- 0.11
Fe-K	0.9735	1.003	96.53	97.60	+/- 0.66
P -K	0.0047	1.883	1.60	0.89	+/- 0.06
Total			100.00	100.00	

图 3-2-8 初步清洗后开裂表面的微观形貌 2

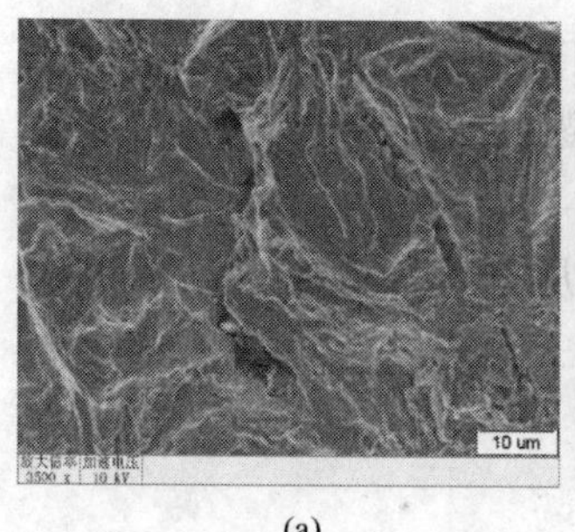
(a)

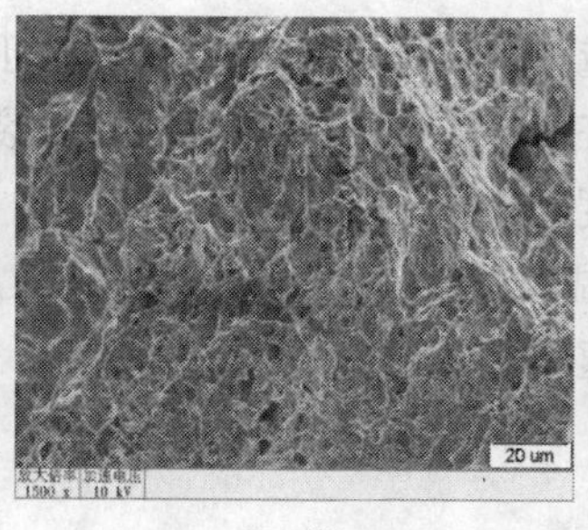
(b)

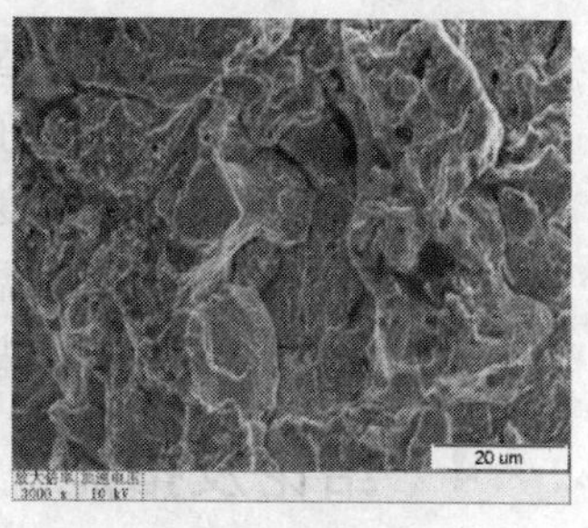
(c)

图 3-2-9 弱酸清洗后裂纹表面的微观形貌

3 失效原因分析

宏观检查，失效处焊缝内表面余高和焊瘤较大，一方面，介质流动时，由于焊瘤的阻挡使流速发生改变，形成低流速漩涡区域；另一方面，存在较大的焊接残余应力，形成应力集中。实际观测到的裂纹都是从焊缝起裂，扩展到母材上。

蒸汽水介质成分分析表明，蒸汽水中含有多种离子，其中碳酸盐离子含量明显占较大的比例。在低流速状态下，碳酸氢盐离子容易在漩涡区域的聚集，达到富集的程度，与管件焊接接头处的残余应力共同作用，构成了发生碳酸根和碳酸氢根离子应力腐蚀的最基本条件。

由焊缝基体金相照片(图 3-2-4 和图 3-2-5)可以看出，焊缝处晶粒粗大，裂纹的扩展方式上呈现穿晶断裂为主与沿晶断裂并存的混合形式。进一步扫描电镜分析，裂纹表面经超声波清洗后，表面氧化膜呈较规则的网状开裂形态(图 3-2-8)；经弱酸进一步清洗后裂纹表面则呈现复杂的混和断口形貌，即分别可以找到沿晶、韧窝和解理特征(图 3-2-9)。

从腐蚀机理上分析，存在于焊缝金属之间的非金属夹杂物作为微阴极，与晶粒粗大的焊缝金属(阳极)构成了原电池，在富离子环境下发生电化学腐蚀，使得夹杂物周围的金属阳极产生明显点蚀，在应力作用下，某些点蚀间形成微裂纹；同时，由于晶粒粗大造成焊缝处物理性能降低，微裂纹的传播可以沿晶界，也可能穿晶。而夹杂物往往集中于晶界上，因此微裂纹首先沿晶界形成并扩展；由于微裂纹端部曲率半径很小，产生了较大的应力集中，当应力达到一定值后，微裂纹端部发生局部塑性变形，形成了脆性破裂，产生了新的表面，毛细作用下，腐蚀介质立即被吸入缝内，使新鲜表面发生腐蚀，加深了裂缝的穿透。

在裂纹扩展过程中，裂开部位碳钢表面形成一层黑色的铁的化合物薄膜(图 3-2-8)，在应力作用下，这些薄膜产生破裂，形成了很多微裂纹，将金属面暴露出来，这样就相当于制造了许多微小的阳极区。由于大阴极面积和小阳极面积的组合，加上碳钢具有较好的导电性，因此腐蚀沿微裂纹加速进行，造成了裂纹的扩展，加大了裂纹的宽度。

另外，管件内部介质温度达到270℃，根据文献所述，在温度升高的过程中，碳酸盐应力腐蚀开裂速率加快。

4 结论及措施

通过以上分析可以看出，此管件的开裂原因是在小范围的富离子溶液中发生的碳酸盐和碳酸氢盐应力腐蚀开裂。

为避免和减少此类应力腐蚀的危害，保证装置的安全运行，应该从以下方面进行考虑：

① 控制材料成分，研究表明钢中碳含量增加，其抗碳酸盐、碳酸氢盐应力腐蚀能力增大，碳含量高于0.25%的珠光体钢抗该类应力腐蚀的能力较好；

② 优化容器、管线结构设计，避免应力集中，消除焊接或冷加工造成的残余应力；

③ 控制pH值，研究表明随pH值增大(大约范围pH值为6.7~11.0)，碳酸盐和碳酸氢盐引起的应力腐蚀速率降低；

④ 控制介质中碳酸盐和碳酸氢盐浓度，研究表明浓度小于100ppm时腐蚀敏感性较低，另外控制介质中CO_2的浓度。

第3节 超高压蒸汽线热偶支管断裂失效分析

1 背景介绍

2011年7月9日某公司完成F1004裂解炉对流段炉管及辐射段炉管改造工作，当日20时开始以30°C/h的速度升温，准备进行对流段炉管的吹扫，至7月11日0时，VHPS压力达到11MPa左右，对炉管进行连续吹扫，期间最高压力达到12.01MPa，在操作压力范围之内。升温过程中对裂解炉各部位检查未发现问题。7月11日8时35分开始，连续进行3次爆破吹扫，压力在11~8.4MPa之间波动，同时对打靶阀组正、旁路进行切换、吹扫，准备下午开始打靶。上午11时17分，现场噪声突然增大，控制室内发现VHPS压力急剧下降，立刻手动关闭VHPS放空阀，完全关闭后系统压力仍在急速下降，于是判断F1004裂解炉VHPS管线发生泄漏。经现场检查，发现该炉对流段VHPS出口管线上热电偶的安装支管开裂，热电偶连同法兰脱落。失效部位见图3-3-1~图3-3-3。

图 3-3-1 失效热偶支管上部

图 3-3-2 失效热偶支管所在位置的热电偶

由于现场噪声强烈，该炉立即降温，VHPS 系统泄压，至下午 14 时，VHPS 系统完全泄压，BFW 切出。系统退出后经再次检查得知，断裂部位为热偶支管，断口即在长颈中间斜向位置处。经确认该部件是随本装置初期建设时安装的，至今未对其作过任何修理或改动。

图 3-3-3 失效热偶支管所在管线位置

超高压蒸汽线 6″-VHPS-1017303 热偶支管相关信息见表 3-3-1。

表 3-3-1 超高压蒸汽线热偶支管相关信息

管线编号	6″-VHPS-1017303
规格/mm	ϕ168. 3mm×15. 6mm/ϕ80. 5mm×21mm(热偶支管)
材质	SA-312TP316(主管)/SA-182F316(热偶支管)
设计压力/MPa	13. 6
设计温度/℃	530
操作压力/MPa	11. 9
操作温度/℃	515
介质	VHPS(超高压蒸汽)
设计单位	意大利 KTI
保温材料厚度/mm	120/100

2 失效检查

(1) 断裂部位宏观检查

① 变形情况　宏观检查表明，失效件无明显变形，断裂末端有少量变形，疑似为最后断裂部位，为上部失效件在失效过程中所产生的偏心自重所引起的弯曲作用的结果，见图 3-3-4 和图 3-3-5。

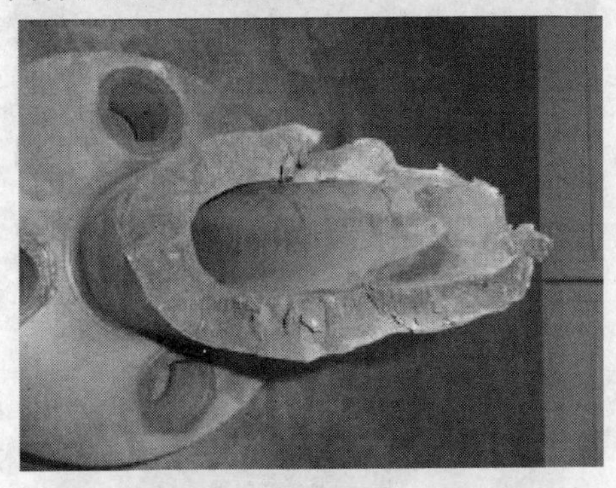

图 3-3-4　失效热偶支管上部宏观结构

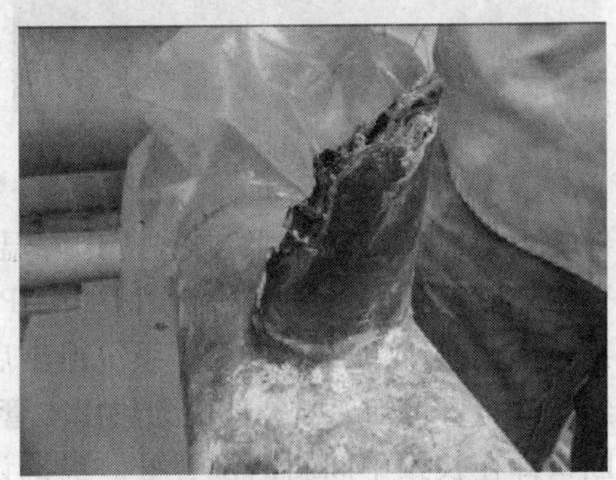

图 3-3-5　失效热偶支管下部宏观结构

② 断口与主拉应力方向的关系　初始开裂与接管轴向近似成 45°，当裂纹扩展约半个圆周时，断裂扩展方向与接管轴向夹角变小，约为 30°。

③ 起裂方向　由宏观断口的撕裂情况来看，应该是由内表面起裂，有二次裂纹产生，并且二次裂纹在内表面及断面开口大，没有扩展到外表面，见图 3-3-6。

④ 起裂点的具体位置　断口中上部的表面覆盖有一层类似水垢样的物质，断口的下部覆盖有一层黑色的物质，考虑到失效发生时管内为加热炉吹扫工况下的超高压蒸汽，最先接触介质的部分肯定有水渍，见图 3-3-7，而后断裂的部分由于上部失效件发生侧向弯曲，接触介质的时间较短，所以介质痕迹不多，仅表现为氧化的痕迹，见图 3-3-8，所以由表面覆盖物分布的情况来看，起裂点在支管的中上部，再向下部呈放射状扩展的路径、剪切唇位置以及内表面裂纹的开口情况，见图 3-3-6，可以判断开裂是由内表面开始的。

⑤ 断口分区　断裂末端可以看到有一月牙形的区域，长约 22mm，宽约 5mm，断口表面光滑且平整，怀疑为原始缺陷，其相邻附近有一宽度约 5mm 的区域，呈现隐约的晶体光泽，随后为放射状的裂纹扩展区宽度约为 12mm，见图 3-3-9，断口末端有断续的金黄色的区域，近似呈 45°倾斜，怀疑为氧化的剪切唇，见图 3-3-10。

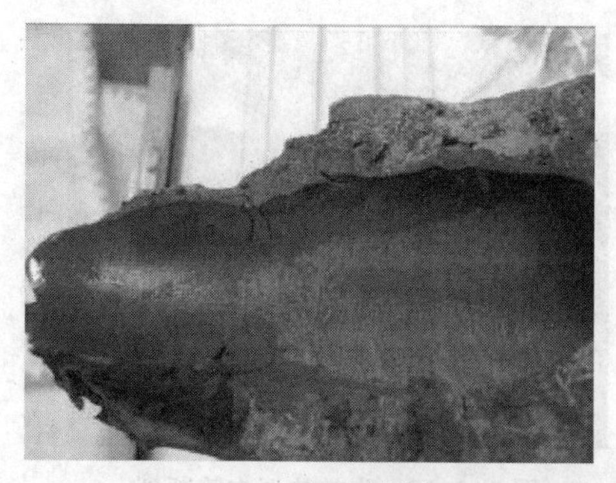

(a) 内表面总图

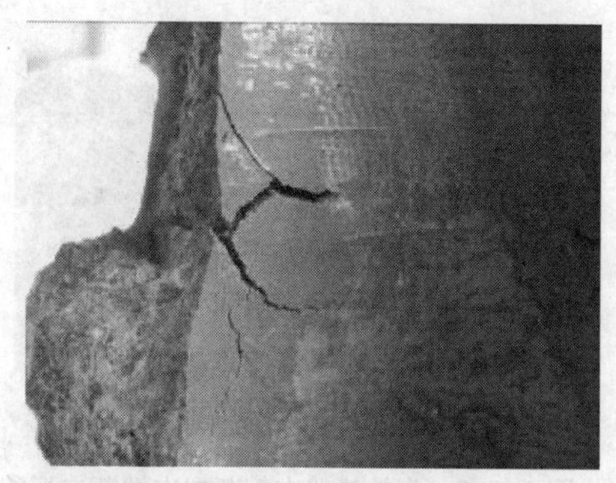

(b) 图(a)中下方裂纹区放大图

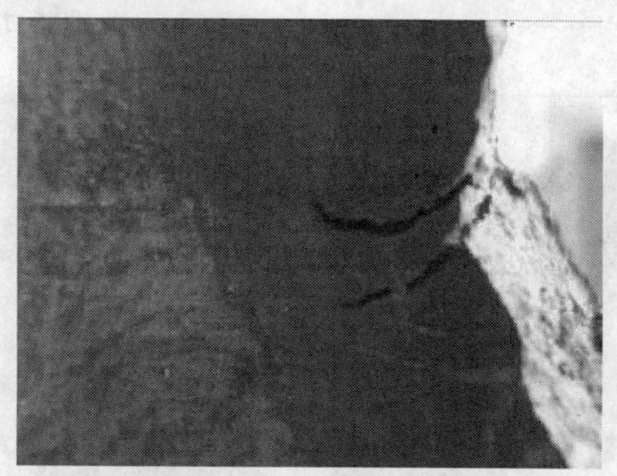

(c) 图(a)中上方裂纹区放大图

图 3-3-6 失效热偶支管内表面裂纹宏观结构

图 3-3-7 失效热偶支管断口上部的水痕

图 3-3-8 失效热偶支管断口下部氧化痕迹

⑥ 断口上的其他信息 该失效热电偶采用安放式接管连接方式，主管上的开孔直径与接管内径不一致，见图 3-3-11；在失效过程中断口少量区域有碰撞痕迹；内部有明显的加工痕迹，见图 3-3-12。

图 3-3-9　失效热偶支管断裂末端断口形貌

图 3-3-10　失效热偶支管断裂末端断口上的剪切唇

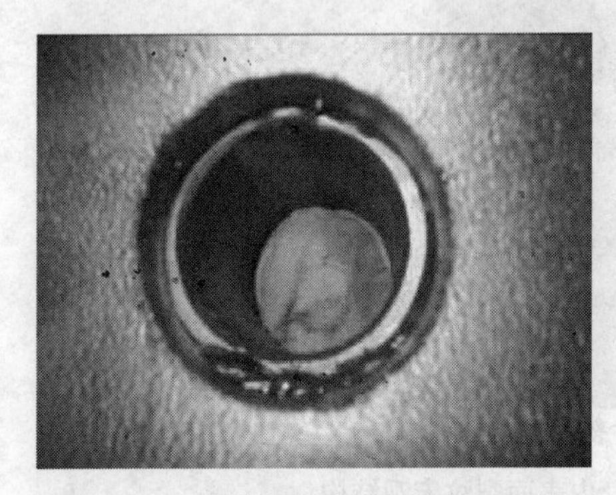

图 3-3-11　失效热偶支管与主管连接结构

图 3-3-12　失效热偶支管内表面加工痕迹

⑦ 宏观检查结论　裂纹由热偶接管上部的内表面起裂，向外、向下和环向扩展，首先在上部扩展至外壁，介质泄漏，后断裂扩展至整个截面，最后断裂的部位为接管下部与主管过渡区域附近的支管上的疑似含原始缺陷的部位。

（2）失效件切割与试验

根据宏观检查的结果对失效件进行分割，形成包括断裂起点位置，裂纹扩展路径以及最终断口三个部位的典型试样。同时为了确认主管材料的力学性能，分析过程中分别对支管、主管材料的机械性能进行了测试。试件切割过程中选择断口一侧进行，另一侧断口保留。相关试验包括拉伸试验、冲击试验等项目。分割情况见图 3-3-13。

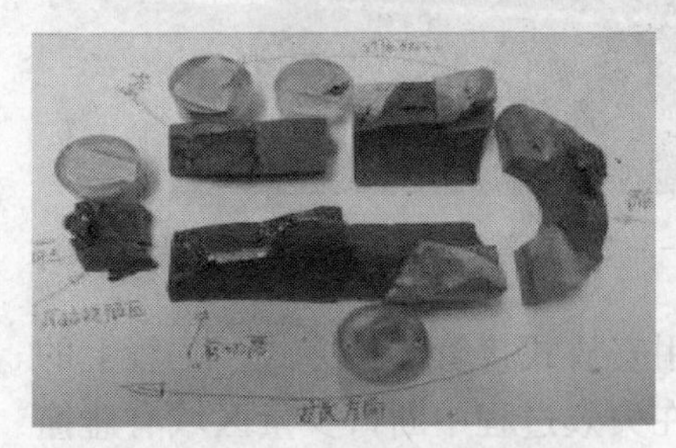

图 3-3-13　失效热偶支管分割

（3）金相分析

对于失效热偶支管外表面进行金相分析，

分析表明组织为孪晶奥氏体，见图 3-3-14。对于失效热偶所在主管上人工加工形成的横截面与纵截面以及外表面进行金相分析，分析表明其组织为奥氏体+沿晶析出的碳化物，见图 3-3-15~图 3-3-17，表明材料经过多年的使用明显，未见劣化。

图 3-3-14　失效热偶支管外表面金相

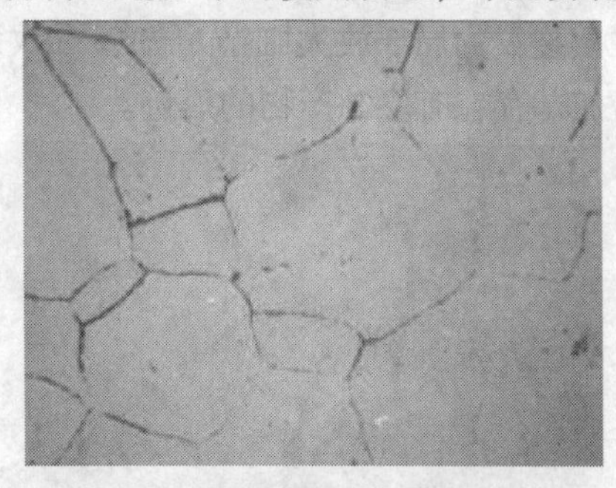

图 3-3-15　失效热偶所在主管横截面上金相

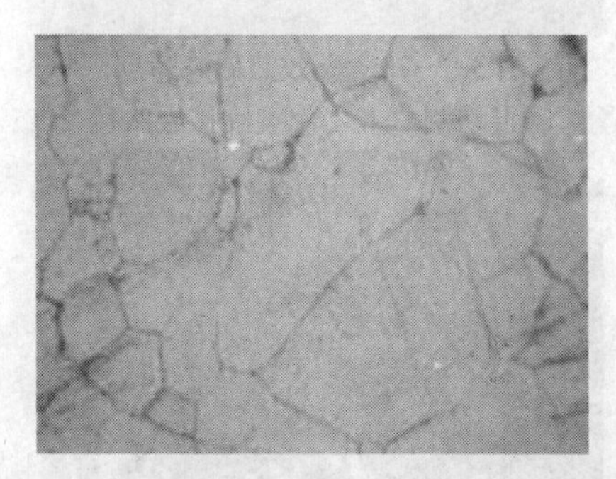

图 3-3-16　失效热偶所在主管纵截面上金相

图 3-3-17　失效热偶所在主管外表面上金相

分割失效热偶支管后发现切割断口上存在二次裂纹，分别对三个部位进行金相分析，分析表明二次裂纹为穿晶扩展，见图3-3-18~图 3-3-20。

（4）微观形貌分析

对于失效热偶支管断口上典型区域进行微观形貌分析。图 3-3-13 中源区的微观形貌见图 3-3-21，断口形貌呈现准解理结构，源区局部放大见图 3-3-22，断口上可见泥状花样，具有应力腐蚀特征。对于图 3-3-10 中宏观断口上的疑似剪切唇附近的微观形貌见图 3-3-23，局部放大可清晰地看到变形韧窝的存在，见图 3-3-24，微观形貌表明确为剪切唇。剪切唇毗邻区域裂纹微观形貌为准解

图 3-3-18　失效热偶起裂点附近切割口上二次裂纹扩展路径

理，见图 3-3-25。疑似原始缺陷区域的微观形貌见图 3-3-26，图中可见明显的区域边界，并且存在二次裂纹，局部放大见图 3-3-27~图 3-3-29。由图 3-3-28 中的表面存在的密布的金属颗粒可知，该裂纹为原始的制造冶炼缺陷，由图 3-3-30 二次裂纹的局部放大细节可知，二次裂纹是在使用过程中形成的，其内无金属颗粒，却存在有腐蚀产物的痕迹。

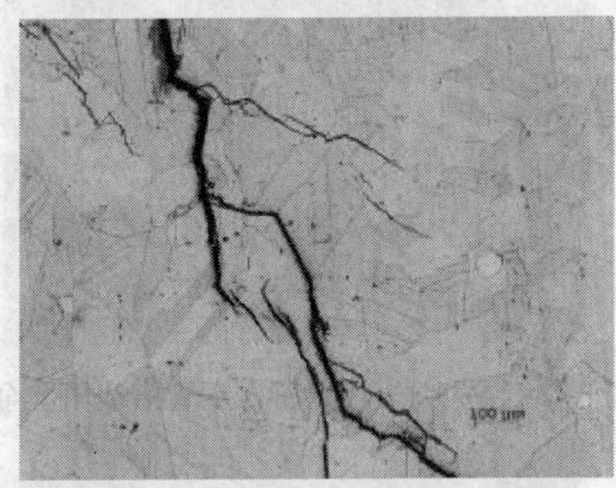

图 3-3-19　失效热偶裂纹扩展途中切割口二次裂纹扩展路径

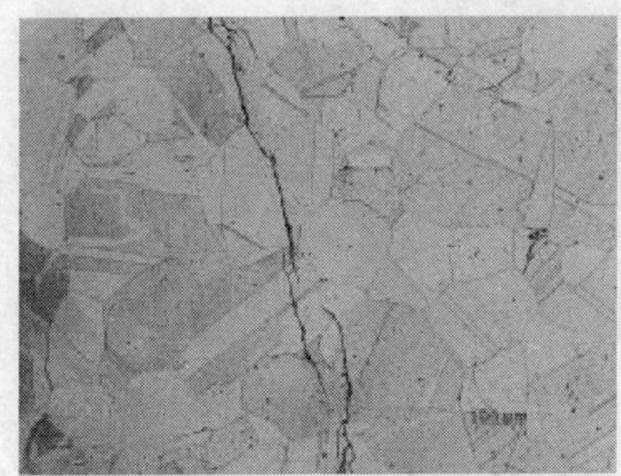

图 3-3-20　失效热偶终断点附近切割口上二次裂纹扩展路径

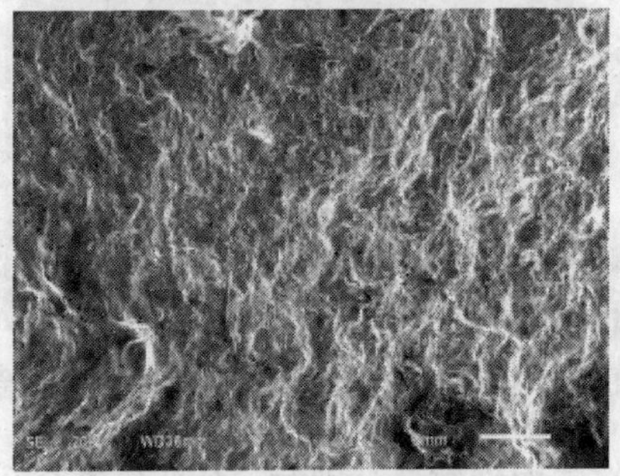

图 3-3-21　失效热偶断口源区微观形貌

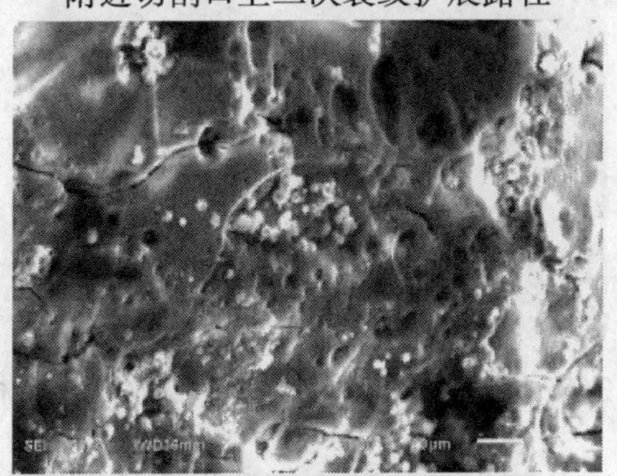

图 3-3-22 失效热偶断口源区微观形貌中的泥状花样

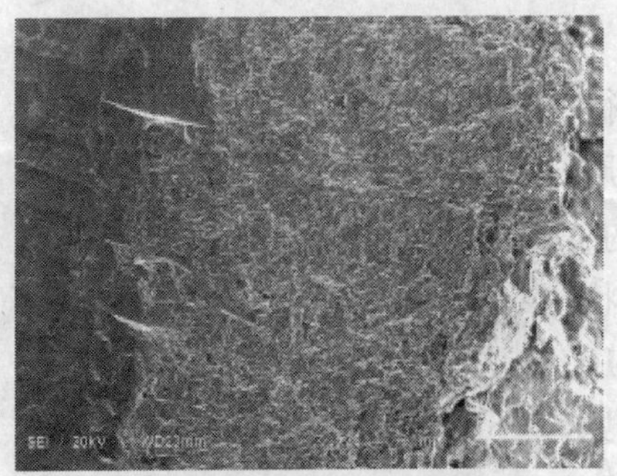

图 3-3-23　失效热偶断口上疑似剪切唇附近微观形貌

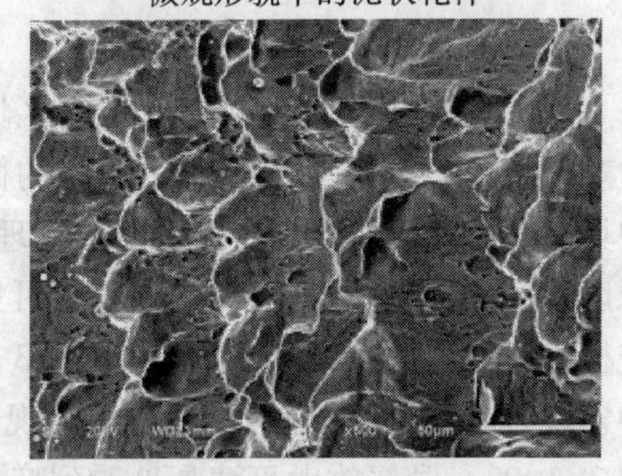

图 3-3-24　剪切唇微观形貌放大

图 3-3-25 剪切唇临近微观形貌放大

图 3-3-26 月牙形区域微观形貌

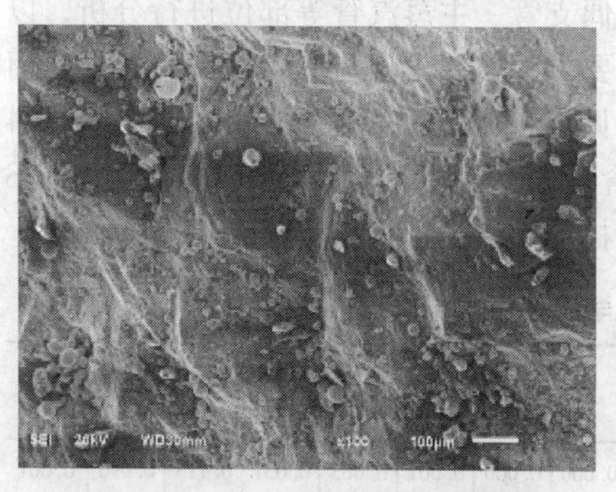

图 3-3-27 月牙形区域一次放大

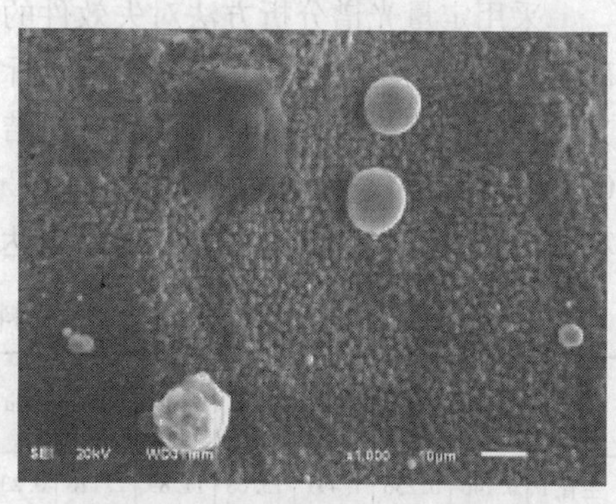

图 3-3-28 月牙形区域二次放大

图 3-3-29 二次裂纹形貌

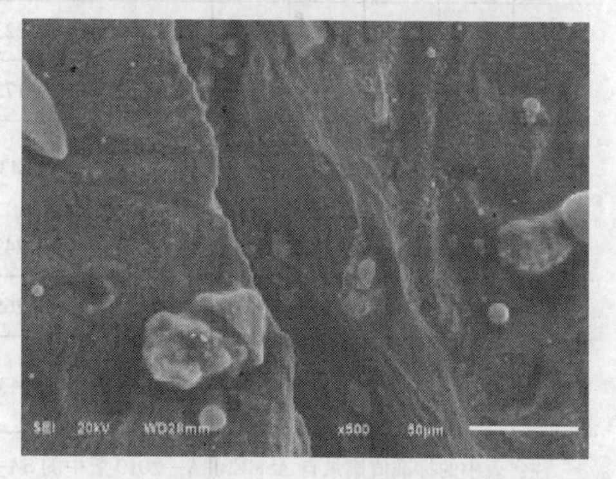

图 3-3-30 二次裂纹形貌放大

（5）断口能谱分析及介质中杂质分析

选择断口上中的起裂点、裂纹扩展路径中部和终断点进行断口能谱分析，分析结果见表 3-3-2。能谱分析表明，Cr、Ni 含量均有所减少，Cl、S 含量较高。

另外，主蒸汽所用的锅炉给水化学杂质分析表明其含有1ppm的氯。

表3-3-2　断口能谱分析结果　　%

分析部位	Fe	Si	K	Cr	Ni	Cu	Ti	Al	Ca	Cl	S
起裂点	67.7	1.2	0.6	13.4	7.8	2.3	0.4	1.6	0.6	2.1	2.5
裂纹扩展路径中部	71.4	1.0	0.3	15.4	8.9	—	—	1.4	0.4	0.2	0.9
终断点	74.0	0.9	0.4	14.0	7.5	0.3	0.2	1.0	0.4	0.3	1.0

（6）失效件材料化学成分分析

采用定量光谱分析方法对失效件的热偶支管、主蒸汽管等部位进行分析，以确定材料中的主要合金元素是否满足标准要求，热偶支管与法兰为一整锻件，而其所在的主管为管材。材料成品分析结果见表3-3-3。光谱分析表明，主管材料C、V、S和Co含量超过标准值，而Cr含量未达到标准值。支管材料C、V、S和Co含量超过标准值，而Cr含量未达到标准值，主管材料实际为TP316H。

表3-3-3　材料化学成分分析结果　　%

分析部位	C	Si	Mn	Cr	Ni	Mo	Cu	Ti	Nb	Al	V	W	Co	S	P
主管1	0.146	0.256	1.491	15.68	11.89	2.116	0.236	0.000	0.000	0.001	0.063	0.051	0.113	0.090	0.001
主管2	0.137	0.263	1.511	15.29	12.00	2.129	0.213	0.003	0.000	0.017	0.053	0.047	0.131	0.085	0.000
主管3	0.117	0.260	1.452	15.78	11.83	2.044	0.223	0.000	0.000	0.010	0.066	0.050	0.112	0.095	0.000
主管4	0.150	0.298	1.513	15.56	12.03	2.057	0.172	0.003	0.000	0.003	0.046	0.040	0.150	0.064	0.000
TP316标准值	0.08	0.75	2.00	16.0~18.0	10.0~14.0	2.0~3.0	0.43	0.04	—	—	0.04	—	0.030	0.030	0.045
支管1	0.095	0.319	1.483	15.82	11.56	1.973	0.249	0.000	0.000	0.000	0.082	0.030	0.126	0.102	0.000
支管2	0.094	0.303	1.516	15.85	11.40	1.963	0.265	0.000	0.000	0.000	0.090	0.027	0.133	0.094	0.003
F316标准值	0.08	1.00	2.00	16.0~18.0	10.0~14.0	2.0~3.0	0.43	0.04	—	—	0.04	—	0.03	0.030	0.045

注：表中的标准值摘录自ASME ⅡA—2010版中的SA-312、SA-182和SA-20。

（7）失效部件材料性能测试

①主管机械性能测试　分别在三段主管上切取试样，进行两组拉伸和一组冲击试验。重点确定性能值是否满足规范要求，并观察断口宏观形貌。

a. 常温拉伸试验　按照GB/T 228—2002进行横向拉伸试验：采用由管壁厚

度加工圆形截面 $R5$ 试样。拉伸断裂后见图 3-3-31。

b. 高温(515℃)拉伸试验

按照 GB/T 4338—2006 进行横向拉伸试验：采用由管壁厚度加工圆形截面 $GR3$ 试样。拉伸断裂后见图 3-3-32。

图 3-3-31　常温横向拉伸

图 3-3-32　高温横向拉伸

c. 常温冲击试验

按照 GB/T 2292007 进行横向冲击试验：采用由管壁厚度冲击试样 10mm×10mm×55mm。试件宏观形貌见图 3-3-33，可见冲击性能尚好。测试结果见表 3-3-4。

图 3-3-33　横向冲击

表 3-3-4　失效部件主管材料性能测试结果

项　目	常温试验				高温试验		
试验项目	拉伸试验			冲击试验	拉伸试验		
符号及单位	R_m/MPa	$R_{p0.2}$/MPa	A/%	KV_2/J	R_m/MPa	$R_{p0.2}$/MPa	A/%
标准值	515	≥205	≥40	—	427	117.4	—

续表

试验项目		拉伸试验			冲击试验	拉伸试验		
试验值	1	565	245	60	342.6	455	153	46
	2	555	230	62	312.8	450	151	44
	3	550	225	62	337.1	445	151	43.5
	4	550	240	58.5	345.1	455	151	42.5
	5	555	235	60	353.1	445	159	44.5
	6	575	260	52.5	350.5	445	142	42
	7	570	255	62	349.7	440	152	43
	8	555	245	58.5	353.9	455	136	40
	9	550	240	57.5	338.4	440	162	47
	10	570	260	58	351	445	137	45
	11	555	245	57	354.7	440	130	45
	12	570	255	60	343.8	440	161	41.5
	13	565	245	59.5	329.1	435	151	40.5
	14	555	240	58.5	330.4	445	160	44
	15	555	245	61.5	348.4	450	166	42.5

注：表中的标准值摘录自 ASME ⅡD—2010 版中的 SA-312 TP316H 标准值。

材料性能测试的结果表明，失效件所在主管材料常温和操作温度下的性能指标均满足标准的要求值，材料操作温度下韧塑性指标较高。说明主管材料虽然组织上有一定程度的碳化物析出，但是材料强度和塑性指标均未见明显劣化。

② 热偶支管机械性能测试　分别在支管上切取试样，进行两组拉伸。重点确定性能值是否满足规范要求，并观察断口宏观形貌。

a. 常温拉伸试验　按照 GB/T 228—2002 进行横向拉伸试验：采用由管壁厚度加工圆形截面 *R*6 试样。试件宏观形貌见图 3-3-34。

b. 高温(515℃)拉伸试验　按照 GB/T 4338—2006 进行横向拉伸试验：采用由管壁厚度加工圆形截面 *GR*3 试样。试件宏观形貌见图 3-3-35。测试结果见表 3-3-5。

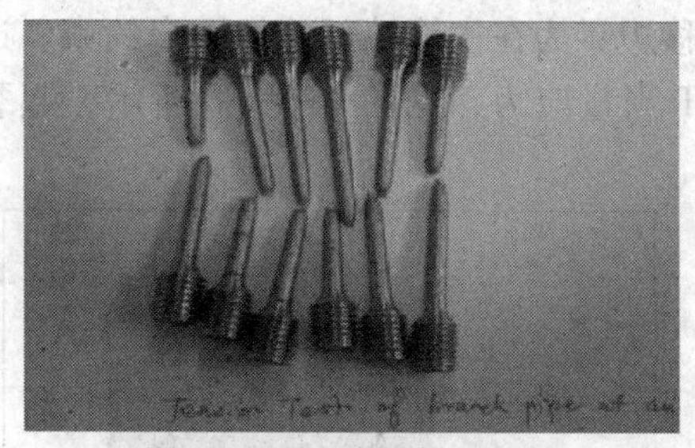

图 3-3-34 常温横向拉伸

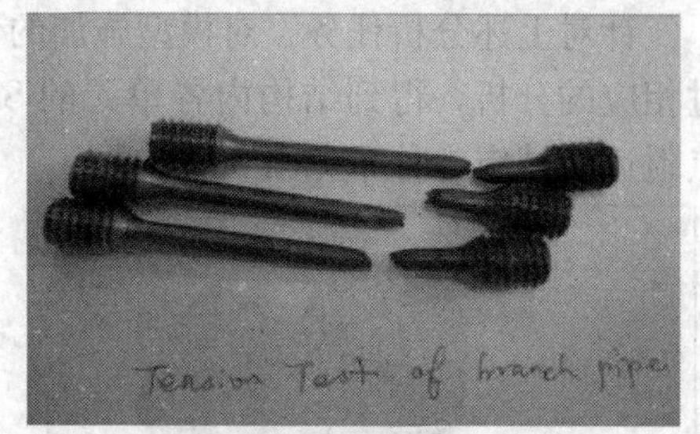

图 3-3-35 高温横向拉伸

表 3-3-5 失效部件支管材料性能测试结果

试验项目		常温拉伸试验				高温拉伸试验		
符号及单位		R_m/MPa	$R_{P0.2}$/MPa	A/%	Z/%	R_m/MPa	$R_{P0.2}$/MPa	A/%
标准值		≥483	≥207	≥30%	≥50%	≥426	≥117.4	—
试验值	1	560	275	70	79	430	143	44.5
	2	560	255	72	78.5	420	176	38
	3	560	275	67.5	78.5	425	140	42
	4	560	270	69	78	—	—	—
	5	555	250	69.5	78.5	—	—	—
	6	560	275	66	78	—	—	—

注：表中的标准值摘录自 ASME ⅡD—2010 版中的 SA-182 F316。

材料性能测试的结果表明失效热偶支管材料常温下的性能指标满足标准的要求值，材料操作温度下的强度指标基本没有达到标准的要求，而韧塑性指标较好。说明支管材料在高温下材料强度不足。

(8) 超标缺陷所在部位应力分析

根据提供的设计图样及现场检查结果，现对失效件所在结构进行有限元应力分析，以确定出原场应力。分析采用 3D SOLID 95 单元。建立模型见图 3-3-36，局部详图见图 3-3-37。

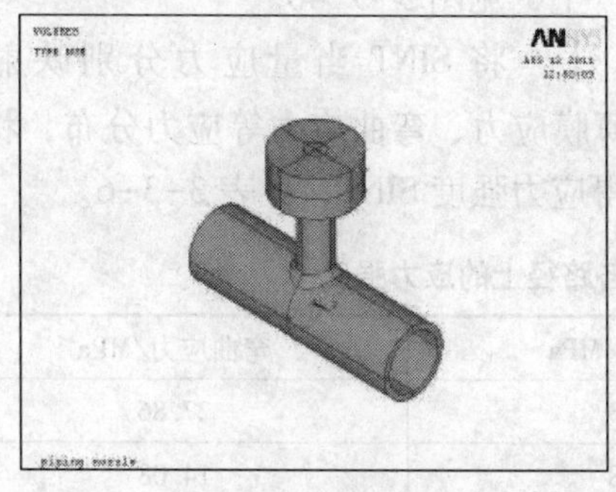
图 3-3-36 失效件所在的结构模型

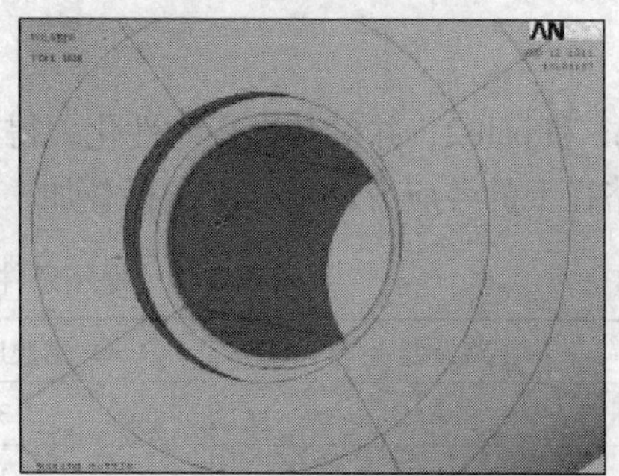
图 3-3-37 失效件所在的结构细节

针对上述分析任务，对模型施加的位移边界为在主管端部施加固定约束。通过相应的分析，得到结构内各单元的 SINT 当量应力，见图 3-3-38 所示，起裂点附近区域应力分布见图 3-3-39。

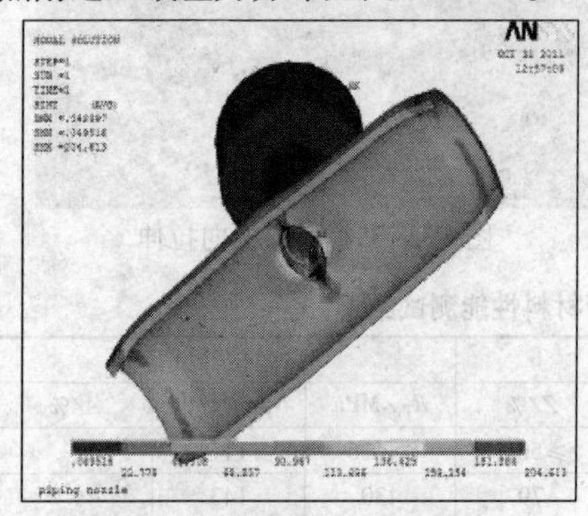

图 3-3-38 失效件所在的结构各单元的 SINT 当量应力(单位：MPa)

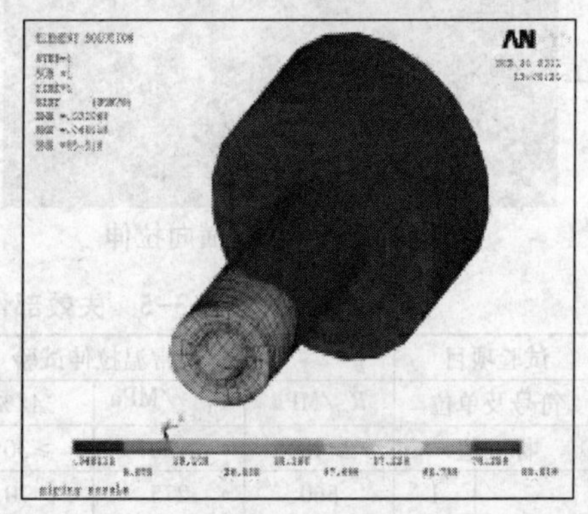

图 3-3-39 失效件所在的支管各单元的 SINT 当量应力(单位：MPa)

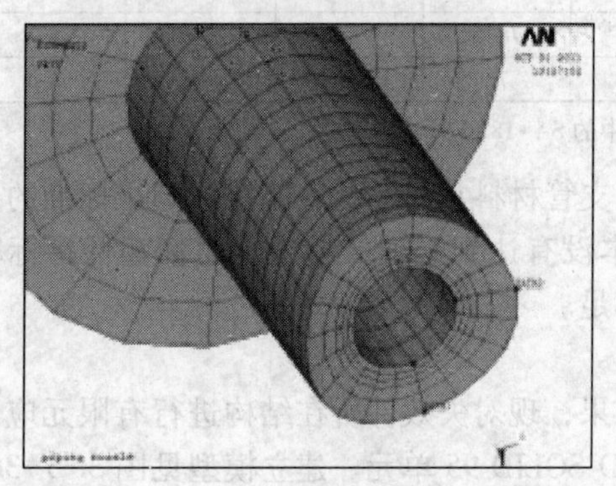

图 3-3-40 失效件所在的结构局部路径分布

由图 3-3-38 中可知，局部结构各单元的 SINT 当量应力的最大值位于接管内表面与主管过渡区域上，最大值为 204.613MPa。

由图 3-3-39 中可知，支管最大当量应力为 85.819MPa。定义分析路径 path1 和 path2，分别位于通过最大当量应力所在节点和与最大当量应力点呈 90°夹角的节点并沿壁厚方向上，见图 3-3-40。

将 SINT 当量应力分别映射到 path1 和 path2，并对其进行线性化，得到薄膜应力、弯曲应力等应力分布，将两个路径上的各应力分量分别进行叠加，求得应力强度 SINT，见表 3-3-6。

表 3-3-6 操作条件下各路径上的应力强度

路径名	薄膜应力/MPa	弯曲应力/MPa
path1	35.23	27.86
path2	19.98	14.08

同理，进行水压试验工况下的应力评价，结果见表 3-3-7，根据上述有限元

分析结果，保守地取最大当量应力为超标缺陷所在部位的原场应力。

表 3-3-7 水压试验条件下各路径上的应力强度

路径名	薄膜应力/MPa	弯曲应力/MPa
path1	40.22	31.81
path2	22.81	16.53

（9）超标缺陷的断裂力学安全性评价

根据热偶支管的操作条件及本次分析情况来看，由于工况稳定且工作温度小于材料蠕变温度，操作频次很低，故可排除疲劳、蠕变等失效模式；超标缺陷存在于内表面，与介质接触，可能会由于介质等因素导致裂纹扩展，但是本次评价只是判定是否有由于裂纹缺陷导致失稳扩展的可能性。因此，本评定考虑潜在失效模式为静态裂纹尖端因应力集中导致的弹塑性断裂失效或因净强度削弱导致的塑性失效，按照 GB/T 19624—2004《在用含缺陷压力容器安全评定》中基于双判据通用失效评定图技术的常规评定方法进行评价计算。

热偶支管工作压力为 12.01MPa，操作温度为 515℃；耐压试验压力 13.86MPa，试验温度为常温。为保证评价结果的全面性，对上述两种工况条件均进行评价计算。对于正常工况，按 GB/T 19624—2004 的失效后果严重程度确定各分安全系数；由于相对于连续工作的正常工况来说，水压试验工况具有试验时间短、操作简单、操作温度低、介质无危险性、操作压力容易控制等有利因素，因此按 GB/T 19624—2004 的“失效后果一般”确定水压试验工况的各分安全系数。

① 材料性能数据的确定　热偶支管材料为 SA-182F316。由于实测结果常温数据均大于标准数据，故保守取材料常温和操作温度下的弹性模量、屈服极限为 ASME 2010 版ⅡD 中的数据；而 SA-182F316 材料的断裂韧度值则按照 API 579 中的推荐数值选取。材料性能数据的取值见表 3-3-8。

表 3-3-8 材料性能数据的替代值

参数	单位	SA-182F316	
		水压试验（常温）	正常工作（515℃）
弹性模量（E）	MPa	200000	156000
屈服极限（σ_S）	MPa	207	117
泊松比（ν）	—	0.3	0.3
断裂韧度临界值（K_K）	$MPa \cdot mm^{0.5}$	3478.5	

② 结构数据汇总　热偶支管检测过程中发现的超标缺陷部位的几何尺寸实

测值见表 3-3-9，其中缺陷部位的错边量、棱角度为保守的取定结果(实际接管本体上并无焊缝存在，但是表面有较粗的加工痕迹)。

表 3-3-9 热偶支管的几何尺寸

项目	参数
内径(D_i)/mm	38.5
实测最小壁厚(B_{min})/mm	21.0
最大错边(e_1)/mm	0.05
最大棱角度(d)/mm	0.05

③ 缺陷表征　为评价热偶支管的安全性，根据本次检验的结果，在热偶支管内表面存在一长为 26mm，深为 5mm 的环向裂纹缺陷。缺陷表征结果见表 3-3-10。

表 3-3-10 热偶支管上表面超标缺陷表征结果

	符号及单位	缺陷表征尺寸
长度	L/mm	26.0
高度	H/mm	5.0
计算壁厚	B_s/mm	21.0

④ 热偶支管上环向超标裂纹缺陷按 GB/T 19624—2004 标准评价计算：

a. 断裂力学计算见表 3-3-11。

表 3-3-11 断裂力学计算

项目	参量	符号及单位	计算公式	计算结果	
				正常工况	水压试验工况
安全系数	裂纹尺寸分安全系数	n_c	—	1.1	1.0
	断裂韧度分安全系数	n_K	—	1.2	1.1
	一次应力分安全系数	n_P	—	1.5	1.2
	二次应力分安全系数	n_S	—	1.0	1.0

续表

项目	参量	符号及单位	计算公式	计算结果	
				正常工况	水压试验工况
材料性能	材料屈服极限	σ_S/MPa	—	117	207
	材料断裂韧度	K_{IC}/ $N \cdot mm^{-3/2}$	根据 API 579 推荐的 $110MPa \cdot \sqrt{m}$	3578.5	3578.5
缺陷表征	计算壁厚	B_S/mm		21.00	21.00
	椭圆裂纹半长轴长度	c/mm	$c=n_c \times \frac{1}{2}\max(H,\ L)$	11	10
	椭圆裂纹半短轴长度	a/mm	$a=n_c \times H$	5.5	5.0
载荷比计算	计算压力	P/MPa	—	11.900	13.652
	薄膜应力	σ_m/MPa	—		
	一次拉伸应力	P_m/MPa	有限元分析得到	35.230	40.220
	一次弯曲应力	P_b/MPa	有限元分析得到	27.860	31.810
	二次焊接残余应力	Q_m/MPa	$Q_m=0.6\,\sigma_S\|_{常温}$	70.200	124.200
	二次错边弯曲应力	Q_{b1}/MPa	$Q_{b1}=P_m\frac{3e_1}{B_S(1-\nu^2)}$	2.765	3.157
载荷比计算	二次棱角度弯曲应力	Q_{b2}/MPa	$\beta=2L'/B_S \cdot \sqrt{3(1-\nu^2)P_m/E}$	0.013	0.012
			固支 $Q_{b2}=P_m \cdot \frac{1.5d}{B_S(1-\nu^2)} \cdot \frac{\tanh(\beta/2)}{\beta/2}$	2.765	3.157
			铰支 $Q_{b2}=P_m \cdot \frac{3d}{B_S(1-\nu^2)} \cdot \frac{\tanh(\beta)}{\beta}$	5.530	6.314
			$Q_{b2}=\max$(固支、铰支)	5.530	6.314
	二次弯曲应力	Q_b/MPa	$Q_b=Q_{b1}+Q_{b2}$	8.296	9.471
	载荷比	L_r	$L_r=n_P \cdot \frac{P_b+\sqrt{P_b^2+9(1-\zeta)^2P_m^2}}{3(1-\zeta)^2\sigma_S}$ $\zeta=\frac{ac}{B_S(c+B_S)}$	0.722	0.466

续表

项目	参　量	符号及单位	计 算 公 式	计算结果	
				正常工况	水压试验工况
断裂比计算	拉伸载荷裂纹形状系数	F_m	$F_m=\frac{1.13-0.09\frac{a}{c}+\left(-0.54+\frac{0.89}{0.2+\frac{a}{c}}\right)\left(\frac{a}{B_s}\right)^2}{\left[1+1.464\left(\frac{a}{c}\right)^{1.65}\right]^{0.5}}+\frac{\left(0.5-\frac{1}{0.65+\frac{a}{c}}+14\left(1-\frac{a}{c}\right)^{24}\right)\left(\frac{a}{B_s}\right)^4}{\left[1+1.464\left(\frac{a}{c}\right)^{1.65}\right]^{0.5}}$	1.017	1.017
	弯曲载荷裂纹形状系数	F_b	$F_b=F_m{}^A\cdot\left[1+\left(-1.22-0.12\frac{a}{c}\right)\frac{a}{B_s}+\left(0.55-1.05\left(\frac{a}{c}\right)^{0.75}+0.47\left(\frac{a}{c}\right)^{1.5}\right)\left(\frac{a}{B_s}\right)^2\right]$	0.690	0.690
	一次应力应力强度因子	K_I^P/ $N\cdot mm^{-3/2}$	$K_I^P=n_P\sqrt{\pi a}\cdot(F_mP_m+F_bP_b)$	223.317	254.948
	二次应力应力强度因子	K_I^S/ $N\cdot mm^{-3/2}$	$K_I^S=n_S\sqrt{\pi a}(F_mQ_m+F_bQ_b)$	320.447	552.015
	二次应力强度比		$\frac{K_I^S}{\sqrt{\pi a}\cdot\sigma_S}$	0.659	0.642
	塑性修正因子	ρ	—	0.081	0.036
	干涉系数	G	—	1.0	1.0
	断裂比	K_r	$K_r=G\cdot\frac{K_I^P+K_I^S}{K_{IC}/n_K}+\rho$	0.238	0.268

b. 断裂评定　将评定点(L_r、K_r)绘制在通用失效评定图中，如图 3-3-41 所示。该缺陷两种工况的评定点均位于失效评定图的安全区，通过基于 GB/T 19624—2004 的缺陷安全性评价计算，同时也间接地证明原始缺陷不是导致失效的主要因素。

(10) 按 API STD 530《石油炼制加热炉炉管壁厚计算》进行蠕变寿命评价计算

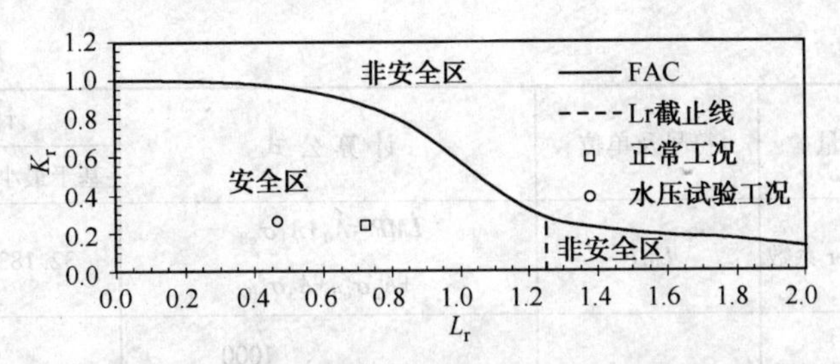

图 3-3-41 热偶支管超标缺陷失效评定图

表 3-3-12 按 API STD 530《石油炼制加热炉炉管壁厚计算》蠕变寿命评价计算

项目	参 量	符号及单位	计 算 公 式	计 算 结 果
基本参数	管道外径	ϕ/mm	—	80.5
	名义厚度	B/mm	—	21
	操作压力	p/MPa	—	11.9
	操作温度	℃	—	510
	投用日期		—	1994
	检验日期		—	2009
	评价周期	年	—	6
	管道材质		—	A182F316
应力计算	操作温度	T/℉	℉=(℃-32)×5/9	950
	第一主应力	σ_1/ksi	$\sigma_1=\frac{p\phi}{B}/6.89$	4.894
	第二主应力	σ_2/ksi	$\sigma_2=\frac{p\phi}{2B}/6.89$	2.447
	第三主应力	σ_3/ksi	—	0.000
	当量应力	σ_{eff}/ksi	按照第四强度理论计算	4.239

项目	参 量	符号及单位	计 算 公 式	计算结果	
				基于最小值	基于平均值
管道材料性能	与应力相关参数	A_0	按照 API 579-1 附录 F.31(TP316)	40.727	41.475
		A_1		0.000	0.000
		A_2		0.000	0.000
		A_3		-3.378	-3.374
		C_{LMP}		15.000	15.000

续表

项目	参　　量	符号及单位	计算公式	计算结果	
				基于最小值	基于平均值
评价计算	Larson-miller 系数	LMP	$LMP=A_0+A_1\sigma_{eff}+A_2\sigma_{eff}^2+A_3\sigma_{eff}^3$	32. 183	32. 939
	以 10 为底的对数的剩余寿命	$\log(L_{residual})$	$\log(L_{residual})=\frac{1000}{460+T}\times LMP-C_{LMP}$	35. 849	36. 601
	剩余寿命	$L_{residual}$/h	$L_{residual}=10^{\log(L_{residual})}$	1.835×10^{10}	6.217×10^{10}
	已使用寿命	L_{passed}/h	—	148920	148920
	评价结论	—	—	通过	通过

注：1ksi＝6894. 757Pa。

结论：热电偶支管能够通过按 API STD 530《石油炼制加热炉炉管壁厚计算》蠕变寿命评价(基于平均值和最小值)，即无发生蠕变失效之可能。

3　失效原因分析

① 主管图样壁厚为 18. 26mm，实际壁厚为 15. 6mm。

② 裂纹由热偶接管上部的内表面起，向外、向下和环向扩展，率先在上部扩展至外壁，介质泄漏，后断裂扩展至整个截面，最后断裂的部位为接管下部与主管过渡区域附近的支管上含原始缺陷的部位。

③ 光谱分析表明，主管材料 C、V、S 和 Co 含量超过标准值，而 Cr 含量未达到标准值。支管材料 C、V、S 和 Co 含量超过标准值，而 Cr 含量未达到标准值，主管材料实际为 TP316H。

④ 材料性能测试的结果表明，失效件所在主管材料常温和操作温度下的性能指标均满足标准的要求值，材料操作温度下韧塑性指标较高。说明主管材料虽然组织上有一定程度的碳化物析出，但是材料强度和塑性指标均未见明显劣化。

⑤ 材料性能测试的结果表明，失效热偶支管材料常温下的性能指标满足标准的要求值，材料操作温度下的强度指标基本没有达到标准的要求，而韧塑性指标较好。说明支管材料在高温下材料强度有所下降。

⑥ 对于失效热偶所在主管上人工加工形成的横截面与纵截面以及外表面进行金相分析，分析表明其组织为奥氏体+沿晶析出的碳化物，表明材料经过多年的使用明显，未见劣化。

⑦ 分割失效热偶支管后发现切割断口上存在二次裂纹，分别对三个部位进行金相分析，分析表明二次裂纹为穿晶扩展。

⑧ 对于失效热偶支管断口上典型区域进行微观形貌分析。宏观断口上的剪切唇附近的微观形貌局部放大图中可清晰地看到变形韧窝的存在。剪切唇毗邻区域裂纹微观形貌为准解理。原始缺陷区域的微观形貌中可见明显的区域边界，并且存在二次裂纹，由局部放大图中表面存在的密布的金属颗粒可知，该裂纹为原始的制造冶炼缺陷，由二次裂纹的局部放大细节可知二次裂纹是在使用过程中形成的，其内无金属颗粒。

⑨ 起裂点、裂纹扩展路径中部和终断点的微观断口能谱分析表明其上含有0.2%~2.1%的氯。

⑩ 锅炉给水杂质分析表明其上含有1.0ppm左右的氯。

⑪ 该原始缺陷在两种工况下评定点均位于失效评定图的安全区。

⑫ 热电偶支管能够通过按API STD 530《石油炼制加热炉炉管壁厚计算》蠕变寿命评价(基于平均值和最小值)，即无发生蠕变失效之可能。

4 结论

热偶支管失效的原因为氯化物导致的应力腐蚀开裂，且下列因素会促进应力腐蚀开裂的过程。

① 支管材料合金化元素不足，C、S超标，并且在高温下材料强度有所下降。

② 微观断口能谱分析表明其上含有0.2%~2.1%的氯离子；锅炉给水杂质分析表明含有1.0ppm左右的氯离子。

③ 超高压蒸汽用水虽已处理合格，但是支管材料内表面存在的原始缺陷和加工痕迹等局部几何不连续结构，会导致有害介质如氯和氧等在这些区域的积聚与浓缩，从而促使发生氯离子应力腐蚀开裂；加热炉开、停车过程中的吹扫作业会将过多的杂质带到管路中，并在某些管内的局部几何不连续区域积聚。

第4节 石脑油管线泄漏失效分析

1 背景介绍

对某厂储运罐区的*DN*500石脑油管线进行泄漏失效分析，该条管线系1998年事故后重新建设的。管线工艺流程主要是将铁路罐车中的石脑油输送到罐区的储罐中。管线为螺旋焊管，材质为20号钢。石脑管线设计温度为60℃，最高操作压力为0..1MPa，操作温度为30℃。在使用过程中主、支管相交部位底部发现有多处泄漏。为确定泄漏失效的原因，对该条管线进行泄漏失效分析。石脑油管线主要技术参数见表3-4-1。

表3-4-1　石脑油LF0301/LF0302线主要技术参数

管道名称		石脑油线
管道编号		LF0301/LF0301-500-B3C-TW
设计/制造标准		GB 50235
主体材质		20号钢
设计单位		
安装单位		
管道规格	外径/mm	524/108
	厚度/mm	12(ϕ524)/4.0(ϕ108)
设计参数	压力/MPa	
	温度/℃	60
	介质	石脑油
操作参数	最高工作压力/MPa	0.1
	温度/℃	30
	介质	石脑油

2　失效检测分析

(1) 管道全面测厚

为更好地掌握石脑油管线的壁厚分布情况，为分析泄漏失效原因提供相关的参数，对石脑油管线进行全面测厚，测厚的重点是石脑管线与支管底部管线的壁厚变化情况。测厚数据见表3-4-2和表3-4-3。

表3-4-2　LF0301石脑油管线测厚数据

测厚截面号	上(北上/南上)/mm	下/mm	南/mm	北/mm	备注
1	10.1	11.2	10.3	10.5	
2	9.7	11.1	10.6	10.3	
3	9.9	9.7	10.2	10.1	
4	10.1/10.2	9.9	10.6	9.9	荷位1
5	9.8	11.0	10.8	10.2	

续表

测厚截面号	上(北上/南上)/mm	下/mm	南/mm	北/mm	备注
6	10.2	10.3	10.3	10.4	
7	10.4	10.9	10.7	11.0	
8	11.8	12.1	10.4	11.6	
9	9.8/-	4.6/2.4/2.6	11.8	10.7	荷位2
10	10.1	10.8	10.5	10.3	
11	10.5	7.4	10.5	10.9	
12	10.3	10.5	10.6	10.7	
13	10.3	10.5	10.6	10.7	
14	10.5	10.9	11.0	10.7	
15	10.4	10.3	10.5	10.7	
16	11.3	10.1	11.1	10.5	
17	10.4	10.1	11.1	10.3	
18	9.9/-	4.5/4.4/2.6	10.4	10.2	荷位3
19	9.7	11.7	9.5	11.1	
20	9.5	8.6	11.6	11.1	
21	10.7	9.9	10.3	10.9	
22	10.4	10.2	10.4	10.3	
23	10.3	10.7	10.4	10.5	
24	10.2	10.8	10.8	10.0	
25	10.8/-	7.1/8.2	10.8	10.2	荷位4
26	10.3	8.2	10.3	10.0	
27	9.8	8.3	11.4	10.1	
28	10.2	10.2	10.5	10.9	
29	10.6	10.6	11.2	11.0	
30	10.5	11.5	10.5	10.1	
31	10.2	10.0	10.9	11.0	
32	9.8	9.2	10.1	10.9	荷位5
33	10.0	10.6	10.0	9.8	
34	10.0	7.3	10.9	10.6	
35	9.8	9.3	10.2	10.3	
36	10.8	10.1	10.1	10.3	

续表

测厚截面号	上(北上/南上)/mm	下/mm	南/mm	北/mm	备注
37	10.1	9.8	10.5	10.7	
38	10.3/-	3.1/3.2/2.3	10.2	10.2	荷位 6
39	10.6	4.8	9.6	10.4	
40	10.8	8.8	10.5	10.6	
41	10.8	11.5	11.0	10.9	
42	10.8	10.9	10.9	10.7	
43	10.7	10.8	10.7	10.6	
44	10.9	10.4	10.7	10.8	
45	10.2	—	10.8	10.1	
46	10.1	—	—	—	荷位 7
47	10.7	10.2	10.5	10.6	
48	10.9	10.9	10.7	10.6	
49	10.8	10.3	10.9	10.8	
50	10.8	11.0	10.2	10.8	
51	11.8	10.3	11.2	11.6	
52	11.3/-	6.8	11.5	11.6	荷位 8
53	10.8	10.1	10.8	10.4	
54	11.1	—	11.9	11.8	
55	11.8	10.7	11.3	11.7	
56	11.2	11.0	11.2	10.8	
57	11.6	11.4	11.0	11.3	
58	11.7	11.7	10.9	12.2	
59	10.8	10.4	10.9	10.8	
60	10.9/-	10.7	10.8	10.7	荷位 9
61	11.5	10.0	10.6	10.6	
62	11.4	10.6	10.7	11.9	
63	11.7	12.0	11.8	11.9	
64	10.4	11.6	11.0	10.9	
65	10.5	11.5	11.0	11.2	
66	10.6	11.0	10.8	11.2	
67	10.8	11.7	11.0	11.7	

续表

测厚截面号	上(北上/南上)/mm	下/mm	南/mm	北/mm	备注
68	10.6/-	10.1	11.3	11.2	荷位10
69	11.3	11.1	11.7	12.0	
70	11.3	11.2	11.3	11.7	
71	11.6	11.3	12.0	12.2	
72	11.9	11.4	12.0	12.0	
73	11.8	11.3	11.6	11.1	
74	11.4	11.1	11.6	12.0	
75	11.9	11.6	12.0	11.0	
76	11.8/-	11.3	11.7	11.1	荷位11
77	11.4	11.6	11.6	11.0	
78	11.9	11.7	11.4	11.5	
79	11.9	11.4	11.8	11.0	
80	11.9/-	8.2/8.6	11.8	11.7	荷位12
81	11.9	10.4	11.1	11.4	
82	12.0	10.4	12.2	11.5	
83	11.8	11.1	11.6	11.4	
84	11.4	10.9	12.1	11.9	
85	11.8	11.3	11.6	11.9	
86	12.2	11.2	12.1	12.0	
87	11.6	10.1	11.5	11.4	
88	11.2/-	6.7	11.8	10.9	荷位13
89	12.4	10.3	11.3	11.2	
90	11.1	11.9	10.8	11.3	
91	11.6	11.2	11.3	11.8	
92	11.9	10.8	11.8	11.5	
93	12.1	11.3	12.0	11.4	
94	10.8	10.2	10.9	11.3	
95	10.9/-	9.0/8.7	11.5	10.4	荷位14
96	11.8	10.8	10.9	11.2	
97	10.9	10.2	10.6	11.7	
98	10.9	11.1	11.8	11.7	

续表

测厚截面号	上(北上/南上)/mm	下/mm	南/mm	北/mm	备注
99	11.3	11.2	11.8	10.9	
100	10.9	11.6	10.7	11.7	
101	11.8	10.9	12.1	10.9	
102	9.8	10.8	10.7	10.6	
103	10.9/-	6.9	11.1	11.3	荷位 15
104	10.2	11.8	10.5	10.9	
105	11.4	11.7	11.1	11.2	
106	10.8	10.6	11.6	11.6	
107	11.4	10.9	11.6	12.1	
108	11.8	11.2	11.6	11.3	
109	10.4	10.7	10.7	11.5	
110	11.1/-	5.4/6.6	11.3	11.2	荷位 16
111	11.2	10.5	11.7	11.7	
112	10.5	12.0	11.2	11.0	
113	11.6	10.8	10.8	11.9	
114	10.9	11.2	10.8	10.7	
115	11.4	10.9	11.3	11.8	
116	11.6	10.9	11.8	10.7	
117	10.8	10.7	11.1	11.5	
118	11.8/-	10.5	11.0	11.6	荷位 17
119	10.9	10.7	11.9	11.4	
120	10.8	10.4	10.8	10.9	
121	11.4	11.2	11.3	10.6	
122	10.9	10.6	10.8	10.8	
123	10.4	11.0	10.9	10.5	
124	10.5/-	6.2	10.9	10.9	荷位 18
125	10.8	11.2	10.9	11.2	
126	10.7	10.5	10.8	10.9	
127	11.7	10.5	10.6	10.9	
128	10.9	10.9	11.3	11.3	
129	10.8	11.2	10.9	11.6	

续表

测厚截面号	上(北上/南上)/mm	下/mm	南/mm	北/mm	备注
130	11.5	11.3	10.8	11.0	
131	11.6/-	6.4	12.0	10.9	荷位 19
132	11.7	11.1	11.2	11.1	
133	11.2	11.0	12.7	12.1	
134	11.3	10.6	10.9	10.8	
135	10.7	10.9	11.6	11.5	
136	11.3	10.6	10.7	10.6	
137	11.9	11.3	12.1	11.3	
138	11.4	9.4/5.3	11.1	11.4	荷位 20
139	12.0	11.2	11.7	11.4	
140	11.4	11.3	11.6	11.9	
141	12.3	11.3	12.1	11.8	
142	10.7	10.7	10.9	10.9	
143	11.6	10.3	11.7	11.2	
144	10.9	11.5	11.7	11.8	
145	10.9/-	4.8	11.3	11.8	荷位 21
146	11.5	11.9	11.2	11.8	
147	11.2	10.4	10.4	11.6	
148	11.6	10.4	11.8	11.9	
149	11.4	10.9	11.6	11.3	
150	11.6	11.4	11.3	11.5	
151	10.5	9.4	11.2	10.9	
152	10.8/-	5.4	11.6	11.2	荷位 22
153	10.7	12.0	11.6	11.7	
154	10.8	10.9	11.3	11.3	
155	10.7	10.7	10.9	11.3	
156	11.2	11.4	11.7	11.8	
157	12.3	10.5	11.7	10.9	
158	11.4	12.4	11.3	11.4	
159	11.5/-	4.2/2.2	11.7	11.5	荷位 23
160	11.5	12.4	11.7	11.3	

续表

测厚截面号	上(北上/南上)/mm	下/mm	南/mm	北/mm	备注
161	11.2	11.0	11.3	11.6	
162	11.4	10.6	11.6	10.4	
163	11.7	11.3	11.8	11.2	
164	12.0	10.9	12.1	11.9	
165	10.9	12.0	11.2	10.6	
166	10.5/-	4.4	10.9	10.3	荷位 24
167	11.3	11.9	11.6	11.2	
168	11.6	11.3	11.5	12.0	
169	11.0	10.7	11.7	11.5	
170	10.9	11.2	10.7	10.9	
171	11.4	11.3	11.4	11.2	
172	10.8	11.3	10.9	11.3	
173	11.6/-	2.9	12.0	11.1	荷位 25
174	10.9	12.6	11.0	10.8	

表 3-4-3 LF0302 石脑油管线测厚数据

测厚截面号	上(北上/南上)/mm	下/mm	南/mm	北/mm	备注
1	—	—	—	—	荷位 26，保温未拆除
2	10.9	11.2	10.9	11.0	
3	11.7	10.3	10.9	10.8	
4	10.8	11.1	10.6	11.4	
5	10.2	10.8	10.9	10.8	
6	10.0/-	5.1	11.2	10.1	荷位 27
7	11.0	11.5	11.2	10.9	
8	10.6	10.7	11.5	11.1	
9	11.4	10.9	11.7	12.1	
10	12.0	11.1	12.1	11.9	
11	11.7	10.2	10.9	10.2	
12	10.8	12.5	11.3	11.5	
13	—	—	—	—	荷位 28，已泄漏
14	11.0	11.8	11.2	10.7	

续表

测厚截面号	上(北上/南上)/mm	下/mm	南/mm	北/mm	备注
15	10.8	12.4	11.4	11.3	
16	11.7	10.7	11.6	10.9	
17	11.6	10.8	11.3	11.2	
18	11.9	10.3	10.9	10.9	
19	10.9	10.5	11.7	11.6	
20	10.7/-	7.9	10.5	10.8	荷位29
21	10.8	11.0	10.7	11.1	
22	11.6	10.3	10.6	10.9	
23	10.7	10.4	10.6	10.9	
24	10.7	10.4	10.9	10.8	
25	11.2	10.9	11.3	11.6	
26	11.4	11.1	11.5	11.6	
27	9.6	10.8	11.6	11.0	
28	—	—	—	—	荷位30，已泄漏
29	10.0	9.8	10.3	10.5	
30	10.8	11.3	11.6	11.2	
31	11.7	11.2	11.6	11.5	
32	11.3	10.9	10.9	11.4	
33	12.1	11.1	11.8	11.3	
34	12.0	11.9	11.2	11.1	
35	11.3/-	5.3	10.7	11.4	荷位31
36	10.2	12.1	10.4	11.4	
37	10.3	10.2	10.6	10.8	
38	11.2	10.3	10.7	10.9	
39	10.9	10.5	10.6	10.6	
40	11.1	10.4	11.3	10.8	
41	11.9	12.2	11.4	10.9	
42	11.6/-	3.7	11.6	11.5	荷位32
43	12.1	—	10.7	11.2	
44	10.8	10.8	11.5	11.4	
45	11.7	10.4	11.6	11.4	

续表

测厚截面号	上(北上/南上)/mm	下/mm	南/mm	北/mm	备注
46	11.2	10.8	10.6	10.9	
47	11.7	10.9	11.1	11.2	
48	10.3	11.5	10.6	11.2	
49	10.9/-	7.3	10.5	11.3	荷位 33
50	11.6	11.6	10.4	11.1	
51	10.3	11.5	11.2	10.9	
52	11.4	10.8	11.2	11.4	
53	10.9	10.9	10.6	10.7	
54	9.6	10.3	11.3	11.2	
55	10.2/-	6.8	10.5	10.0	荷位 34
56	10.0	10.8	10.2	10.7	
57	9.8	10.6	10.7	10.4	
58	11.6	10.8	11.7	11.4	
59	11.2	10.9	11.3	11.4	
60	11.7	10.4	11.4	11.3	
61	10.0	11.3	11.0	10.6	
62	9.3/-	7.6	11.2	10.6	荷位 35
63	9.4	11.0	10.9	10.0	
64	9.7	7.6	9.7	10.0	
65	9.6	9.9	10.1	9.7	
66	10.1	9.6	10.2	9.7	
67	10.3	10.0	10.1	10.4	
68	9.6	10.2	10.0	10.8	
69	10.0/-	8.2	10.0	9.9	荷位 36
70	10.0	10.4	10.7	10.4	
71	11.1	11.4	10.2	10.2	
72	10.9	10.2	10.6	10.7	
73	11.0	10.9	11.3	11.2	
74	10.0	10.3	10.8	10.5	
75	10.3	9.8	10.4	11.0	
76	11.4/-	9.2	10.7	10.2	荷位 37

续表

测厚截面号	上(北上/南上)/mm	下/mm	南/mm	北/mm	备注
77	10.2	10.6	10.5	10.1	
78	10.3	9.4	10.1	11.0	
79	10.8	10.2	10.7	10.4	
80	10.6	10.3	10.1	10.3	
81	11.1	10.1	10.6	10.5	
82	9.5	10.9	10.9	10.9	
83	11.1/-	9.8/9.0	10.5	10.6	荷位 38
84	10.0	11.8	10.7	11.1	
85	11.0	11.2	11.3	11.0	
86	10.9	10.7	10.6	11.1	
87	11.2	10.6	10.6	10.7	
88	10.8	10.2	10.4	10.7	
89	11.0	11.9	11.7	11.3	
90	11.5/-	8.5	11.0	12.0	荷位 39
91	10.1	10.9	10.5	11.7	
92	10.4	11.2	11.4	11.5	
93	10.3	10.6	10.7	11.1	
94	10.6	10.3	10.7	10.2	
95	10.7	10.3	10.4	10.9	
96	10.7	10.8	11.1	10.8	
97	11.4/-	10.9	11.0	11.4	荷位 40
98	11.0	10.9	11.2	10.8	
99	11.8	11.4	11.0	11.8	
100	11.3	10.7	11.0	11.1	
101	10.9	10.2	10.1	11.0	
102	11.3	10.9	11.4	11.2	
103	9.6	10.1	9.6	9.1	
104	9.5/-	7.9	9.8	9.0	荷位 41
105	8.7	10.0	9.7	9.0	
106	9.7	8.7	9.8	9.1	
107	9.9	9.9	9.7	9.5	

续表

测厚截面号	上(北上/南上)/mm	下/mm	南/mm	北/mm	备注
108	8.9	10.0	9.4	9.9	
109	9.9	10.2	10.1	9.7	
110	9.1	9.8	9.5	9.0	
111	9.1/-	8.0	8.9	9.0	荷位 42
112	9.7	9.4	9.0	9.9	
113	10.0	9.7	9.9	9.0	
114	10.2	9.6	9.8	9.9	
115	10.4	9.9	10.1	10.2	
116	10.0	9.4	9.7	9.6	
117	8.7	9.0	9.0	9.5	
118	9.6/-	9.0/7.4/5.6	9.7	9.4	荷位 43
119	8.6	8.6	9.0	9.8	
120	9.2	8.1	10.0	9.0	
121	9.7	9.2	9.8	9.9	
122	9.6	8.9	9.7	9.4	
123	9.9	9.4	9.7	9.6	
124	9.2	6.9	9.7	9.5	
125	9.8/-	6.8/6.6	9.6	9.6	荷位 44
126	9.3	6.9	9.5	10.0	
127	8.9	9.7	9.6	9.2	
128	9.9	9.3	9.6	9.7	
129	9.8	9.0	8.9	9.7	
130	9.6	9.4	9.7	9.2	
131	8.4	9.3	9.5	9.0	
132	9.3/-	9.3/7.9	10.0	9.2	荷位 45
133	8.8	9.2	9.6	8.8	
134	9.8	10.3	9.0	9.3	
135	9.7	9.4	9.6	9.6	
136	9.6	9.2	9.8	9.6	
137	8.7	9.9	9.9	9.7	
138	9.8/-	2.7/2.4	9.8	9.7	荷位 46

续表

测厚截面号	上(北上/南上)/mm	下/mm	南/mm	北/mm	备注
139	9.5	10.2	9.7	9.6	
140	9.2	8.1	9.7	9.5	
141	9.5	9.0	9.2	9.3	
142	9.6	9.4	9.4	9.4	
143	9.9	9.1	9.6	9.4	
144	9.7	9.3	9.8	9.7	
145	9.9/-	—	10.3	9.9	荷位47，已泄漏
146	8.9	9.6	10.0	9.5	
147	9.2	8.6	9.8	9.1	
148	9.4	9.0	9.3	9.6	
149	9.3	8.9	9.1	9.2	
150	9.6	9.1	9.3	9.3	
151	8.9	9.4	9.2	8.9	
152	9.2/-	5.4	9.2	9.3	荷位48
153	9.7	8.6	10.0	9.5	
154	9.3	9.0	9.4	9.4	
155	9.4	9.3	9.5	9.6	
156	9.5	9.2	9.4	9.4	
157	9.3	9.3	9.4	9.6	
158	9.4	9.4	9.5	9.7	
159	9.7/-	4.0	8.8	9.4	荷位49
160	8.3	9.9	9.6	9.4	
161	9.5	9.0	8.8	9.0	
162	9.3	8.9	9.4	9.2	
163	8.9	9.0	9.2	9.3	
164	8.3	6.0	9.1	9.2	
165	9.0/-	4.5	9.3	9.1	荷位50
166	8.5	7.1	9.3	9.1	

注：表中荷位即对应支管与主管相连接部位。

通过对上述测厚结果分析，得如下结论：

① 管线的四个方向中，下部腐蚀最严重，其中以支管与主管连接部位的底

部最为严重，LF0302 中的四处已经发生泄漏；

② LF0301 管线腐蚀较轻，LF0302 管线腐蚀较重；

③ 下部腐蚀区域较小，具有典型的局部腐蚀特征，两条管线上全面腐蚀较小。

（2）管线应力分析

为了科学合理地确定管线的结构应力水平，保证管线的可靠性运行，对该条管道进行结构分析。由于 LF0301/LF0302 两条管线对称分布，故以下应力分析仅以 LF0301 为例进行。

① 建模　基于设备的图纸和现场测绘的结果，采用 ANSYS 有限元分析程序中的管道单元对 LF0301 线进行结构分析，分析结果评价依据 GB 50316—2000《工业金属管道设计规定》(2008 版)进行。分析过程包含如下：

a. 内压产生的环向应力；

b. 内压、重力和其他持续荷载所产生的纵向应力之和。

建立模型见图 3-4-1。

② 加载　针对上述分析任务，首先考虑内压产生的环向应力，其次对于内压、重力和其他持续荷载所产生的纵向应力之和的计算，将内压、重力、保温层以及管道组成件的质量均考虑在内。考虑管道各处的支撑件形式，对管线施加以相应的约束形式，载荷及约束施加后的模型见图 3-4-2。

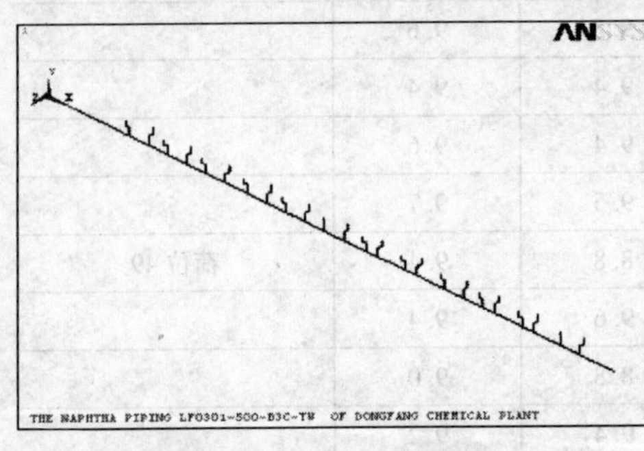

图 3-4-1　LF0301 管线模型

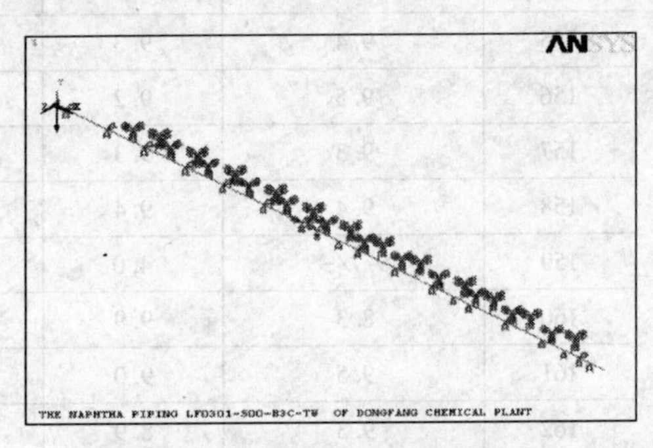

图 3-4-2　LF0301 管线加载图

③ 分析结果　针对上述分析情形，首先将 LF0301 管线各单元的各相关项进行计算，见图 3-4-3 和图 3-4-4。

根据分析结果并结合 GB 50316—2000 中的要求，并查相关的国家标准得操作温度下管道材料的许用应力为 137MPa，故有：

a. 考虑内压作用下管道壁厚的校核，考察内压作用下的环向应力为 3.162MPa，未超过预计最高温度下的许用应力 137MPa；

b. 对于内压、重力和其他持续荷载所产生的纵向应力之和为16.528MPa，未超过预计最高温度下的许用应力137MPa。

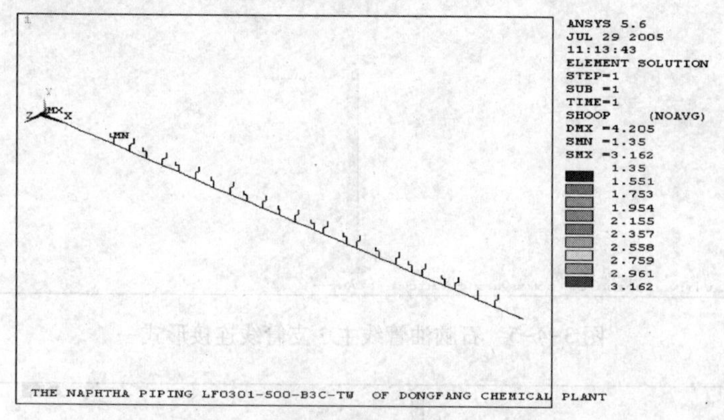

图3-4-3 操作内压作用下LF0301管线各单元的环向应力(单位：MPa)

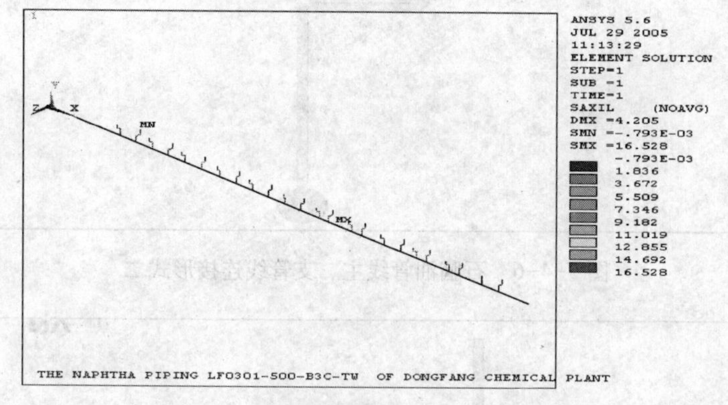

图3-4-4 持续载荷作用下LF0301管线各单元的纵向应力之和(单位：MPa)

④ 分析结论　通过对LF0301管线的结构分析，分析结果在以下两个方面满足GB 50316—2000的要求。

a. 内压产生的环向应力；

b. 内压、重力和其他持续荷载所产生的纵向应力之和。

(3) 管线流体动力学分析

管线流体动力学分析的目的在于确定在正常的操作条件下管道中的介质的流态，以判断其对管道的冲刷情况，为管道泄漏失效分析提供相关的依据。

① 建模　管线系统共有三种主、支管线连接形式。见图3-4-5~图3-4-7。

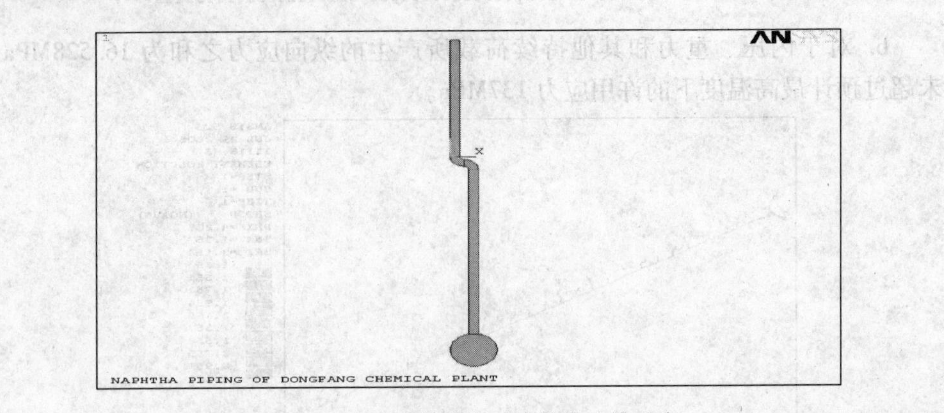

图 3-4-5　石脑油管线主、支管线连接形式一

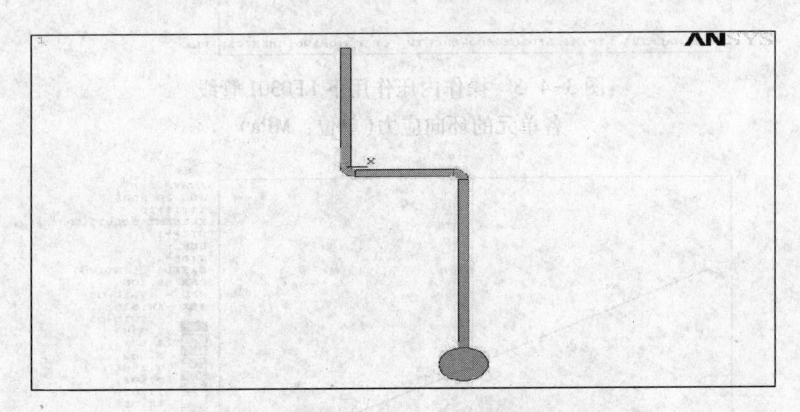

图 3-4-6　石脑油管线主、支管线连接形式二

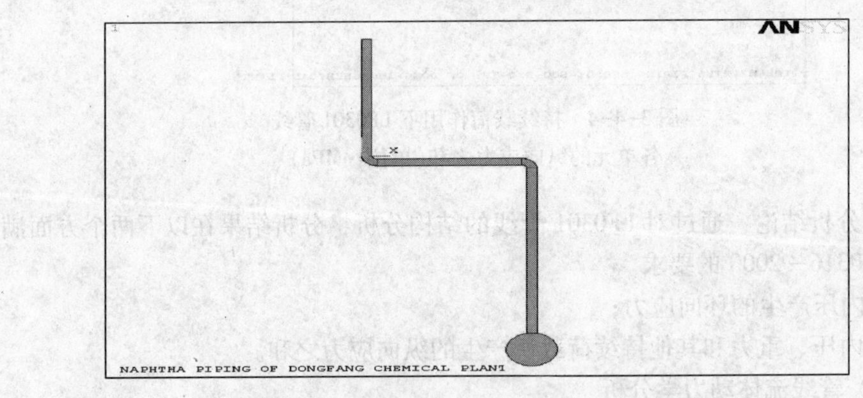

图 3-4-7　石脑油管线主、支管线连接形式三

② 加载　通过对实际卸料过程的分析，将相关的边界条件加载到模型上，见图 3-4-8~图 3-4-10。

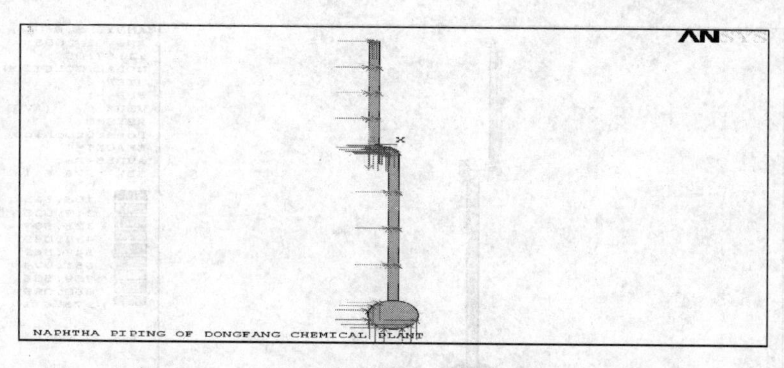

图 3-4-8　石脑油管线主、支管线连接形式一加载

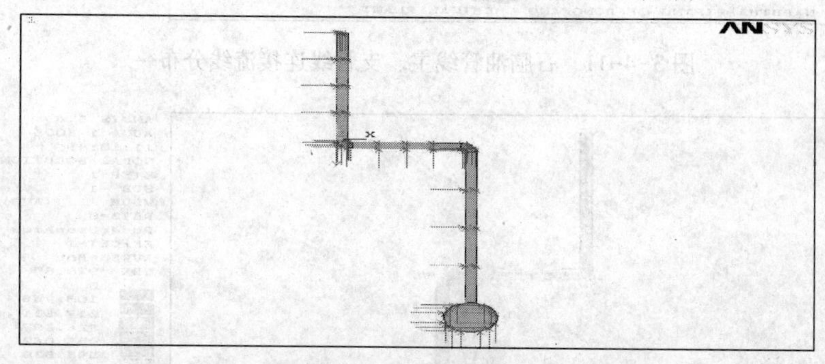

图 3-4-9　石脑油管线主、支管线连接形式二加载

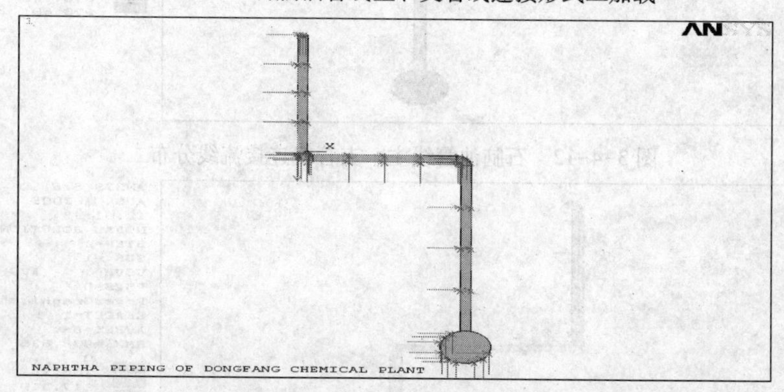

图 3-4-10　石脑油管线主、支管线连接形式三加载

③ 分析结果　通过相应的分析确定出三种连接形式下石脑油管线中主支管线内流线分布，见图 3-4-11~图 3-4-13。

④ 分析结论

a. 在上述三种连接形式中，液流对主管底部均有一定的液击现象；

b. 第一种连接形式液击较大。

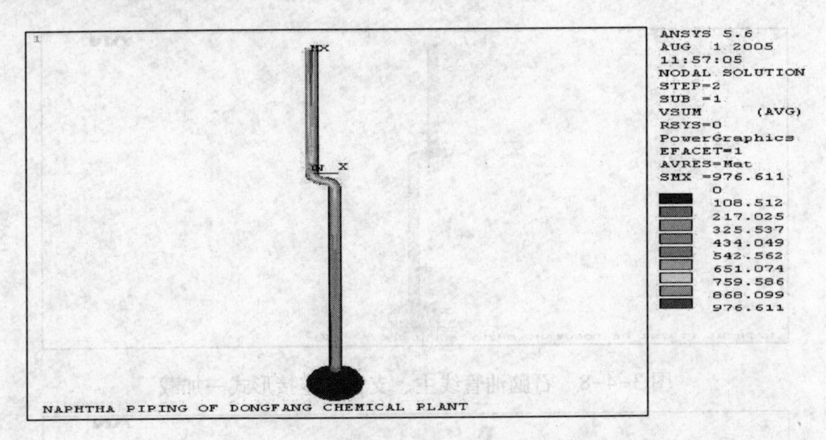

图 3-4-11　石脑油管线主、支管线连接流线分布一

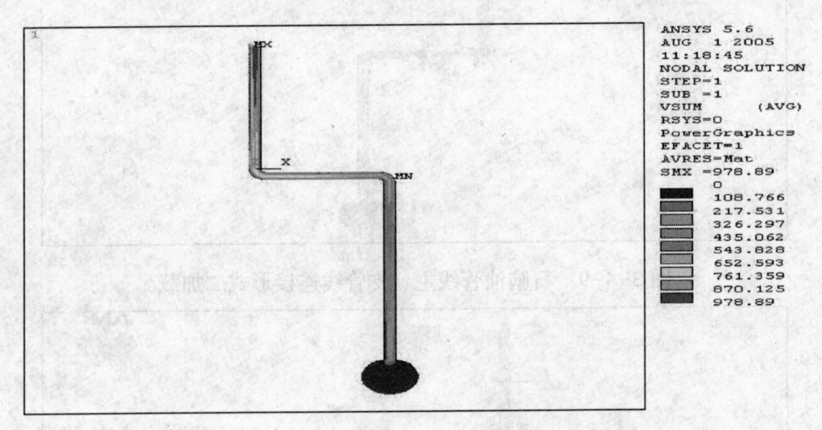

图 3-4-12　石脑油管线主、支管线连接流线分布二

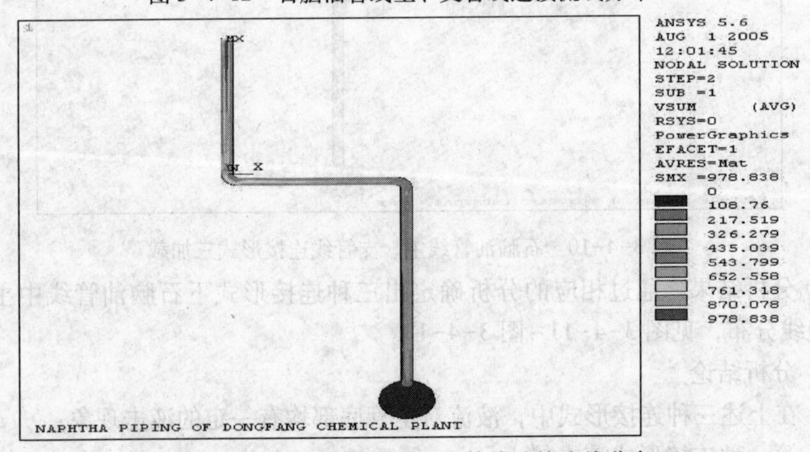

图 3-4-13　石脑油管线主、支管线连接流线分布三

3 管线腐蚀及泄漏原因分析

① 介质中含有硫、氯等腐蚀性成分；

② 介质中含有水分；

③ 频繁的启动造成对管道的液击，形成局部的金属损失；

④ 停运过程中局部金属损失内积液，浓度加大。

4 解决对策

(1) 改善管道坡度

在设计新管道时，应考虑适度提高管道的坡度要求，并加强对管道安装过程的控制，保证实际管线的坡度能够达到设计的要求，这样可以使管路中残留的液体不至于沉积在管路的底部。

(2) 改变支管的倾斜角度

目前石脑油管线上的支管是垂直进入主管的，这会造成在进料过程中液体对主管底部的直接液击，进而造成与支管对应的主管底部局部金属的损失，形成积聚液体的凹坑，并且随着进料次数的增加，局部凹坑在深度和周向上不断地扩大。由于石脑油中含有硫化物、氯化物等腐蚀性成分，加之石脑油中含有水分，凹坑区域内这些腐蚀性介质不断地发生物理上的浓缩，使得对金属的腐蚀速率不断加快，最终造成泄漏事故的发生。基于上面的分析，在设计新管道时，应考虑改变支管的倾斜角度，减少液流对管道金属的冲蚀。

(3) 底部增加金属垫板

通过对石脑油管线全面测厚结果的分析可知，石脑油管线中的局部腐蚀现象仅局限于支管与主管连接区域中主管的底部。如果由于这样局部的腐蚀或是泄漏，而考虑更换整条管线的话，将会造成很大的浪费。对于现场的石脑油管线，仅需要在主管与支管连接区域中主管的底部增设一定厚度(厚度直接决定改造后管线的预期使用寿命)和宽度(不超过300mm)的垫板。

(4) 增加蒸汽吹扫管线

在设计新管线时，应考虑增设蒸汽吹扫管线，在每次卸料完成后，通过对石脑油管路进行蒸汽吹扫的方法，将残余的石脑油清除掉。

5 增加金属垫板后预期使用寿命分析

由于局部腐蚀速率很难估计，但是通过以下两个途径来近似估计局部腐蚀速率：

① 通过实际管线的腐蚀速率的估算为2mm/a；

② 实际进料中氯离子的浓度变化很大，最小小于 1ppm 而最大为 126ppm。通过查阅相关文献，当氯离子浓度为 126ppm 时，实际 pH 值为 2.0，估计目前介质条件下的腐蚀速率为 2.65mm/a。

保守地采用较大的腐蚀速率，若实际增加的金属垫板为 12mm，且与管线同材质的材料时，在现有氯离子浓度条件下，增加金属垫板后预期使用寿命为 4.5 年。如实际氯离子浓度变化超过上述范围则实际使用寿命也将随之发生变化。

第 5 节　不锈钢管道泄漏成因分析

1　背景介绍

该批不锈钢管道材质为 SA312-TP321，规格为 ϕ323mm×33mm，其中一部分管道于当年在联合装置中安装使用，分别为混氢油自管 P-10703 至 E-2101/C；混氢油自 E-2101/C 壳程至 E-2101/B 壳程；混氢油自 E-2101/A 至炉 F2101，原料油自 F-2101 至 R-2101 这四条管线，本节将这部分管道称为在用管道。剩余部分放入库房内保存，本节将这部分管道称为库存管道。

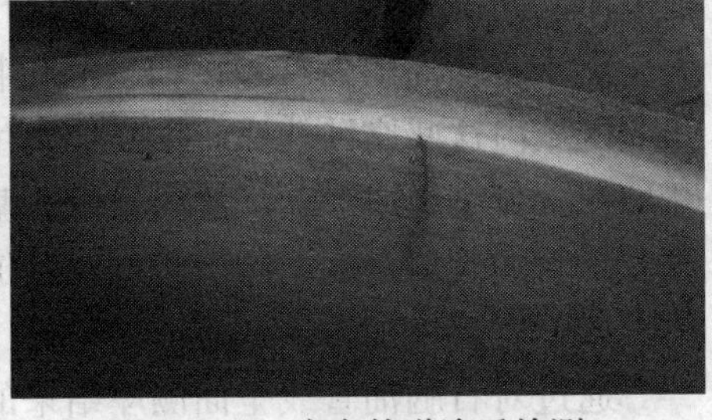

图 3-5-1　库存管道渗透检测

2012 年 7 月进行检修，发现多根库存管道内表面存在裂纹，见图 3-5-1。鉴于此种情况，进行了如下工作：

① 分析库存管道的开裂原因；

② 由于库存管道和在用管道属于同批产品，从安全角度考虑，对在用管道进行全面的安全性分析。

2　库存管道开裂原因分析

(1)宏观检查

从库存管道中选取了一根存在裂纹的管段，渗透检测(PT)结果见图 3-5-2，将含裂纹部分切割下，制成了 2 个试样，分别为试样 1 和试样 2，见图 3-5-3。将裂纹打开，发现其为类似于夹层状的缺陷。

(2)化学成分分析

在该管道上取样进行化学成分分析，结果见表 3-5-1，并与 SA-312/SA-312M 标准 TP321 牌号的化学成分要求值进行了对比，结果显示材质满足要求。

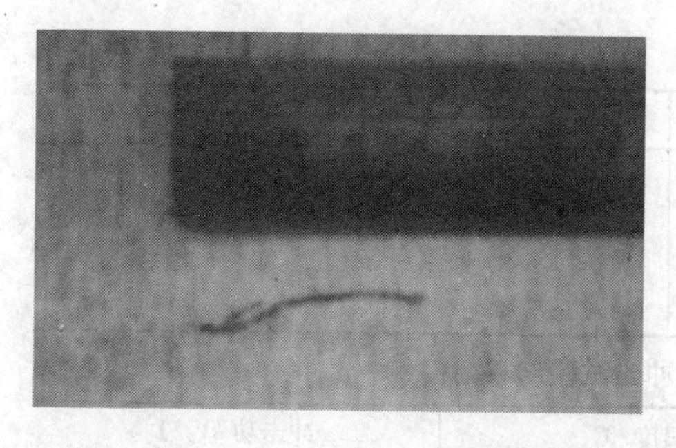

图 3-5-2 含裂纹管段 PT 图

(a) 试样1

(b) 试样2

图 3-5-3 试样裂纹打开图

表 3-5-1 库存管道化学成分分析 %

	C	Si	Mn	P	S	Cr	Ni	Ti
测试值	0.05	0.53	1.14	0.022	0.001	17.91	9.67	0.39
标准值	≤0.08	≤0.75	≤2.00	≤0.040	≤0.030	17.0~20.0	9.00~13.0	0.25~0.70①

注：① 标准要求不低于 5 倍碳含量且不高于 0.70%。

(3)力学性能测试

在该管道不含裂纹的部分取 6 个试样进行室温拉伸试验，1~3 试样为纵向，4~6 试样为横向，拉伸试验结果见表 3-5-2，同样在该管道不含裂纹处取 3 个试样进行室温冲击试验，冲击试验结果见表 3-5-3。

表 3-5-2 室温拉伸试验结果

试样编号	抗拉强度/MPa	延伸率/%	断面收缩率/%
T-D-CL-02	610	57	79
T-D-CL-03	614	60	77

续表

试样编号	抗拉强度/MPa	延伸率/%	断面收缩率/%
T-D-CL-04	612	54	79
T-D-CL-05	621	57	78
T-D-CL-06	623	57	78
T-D-CL-02	622	57	79

表 3-5-3 室温冲击试验结果

试样编号	试验温度/℃	冲击功 kV_2/J
T-D-CC-01	室温	57
T-D-CC-02	室温	60
T-D-CC-03	室温	54

(4)金相分析

对从库存管道上取下的含缺陷的试样 1 和试样 2 进行金相观察，发现材料组织基本为正常的奥氏体组织，缺陷表面在光学显微镜下几乎为完整晶粒边界，缺陷尖端存在内部空洞，推测可能与连铸坯内表面局部冶金质量不好有关(图 3-5-4 和图 3-5-5)。

图 3-5-4 试样 1 缺陷部分金相组织

(5) 断口分析

对含缺陷的试样 1 和试样 2 进行扫描电镜观察，发现缺陷尖端存在空洞(图 3-5-6)，再对缺陷内进行能谱分析，可以看出，缺陷内存在大量 Fe、Cr 的氧化物，可以推断，此缺陷内表面应为高温下坯料外表面转换而成，应为折叠缺陷。

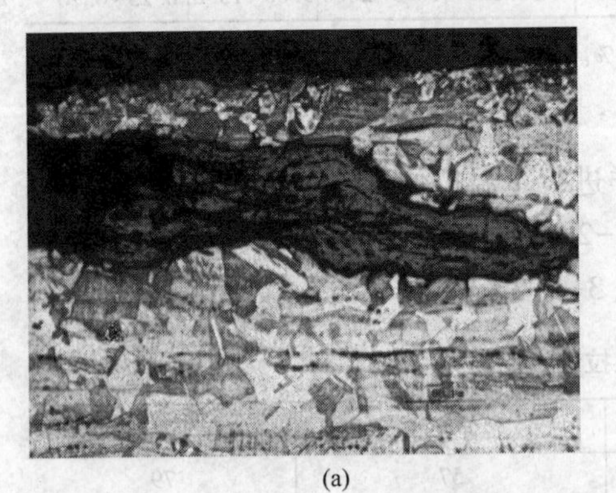

(a)

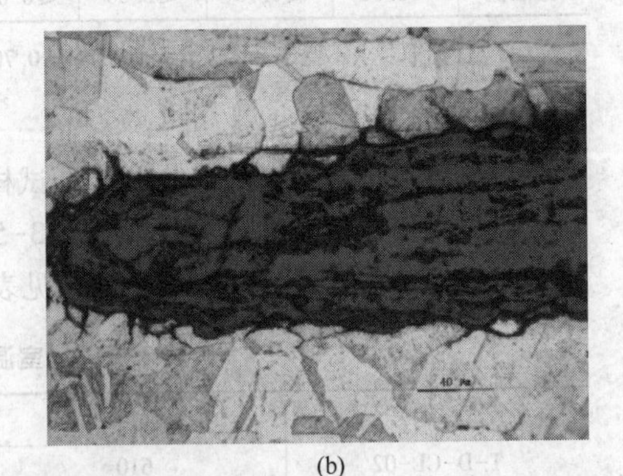

(b)

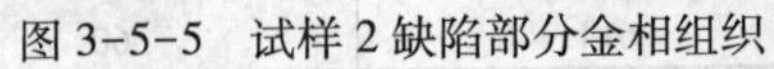

图 3-5-5 试样 2 缺陷部分金相组织

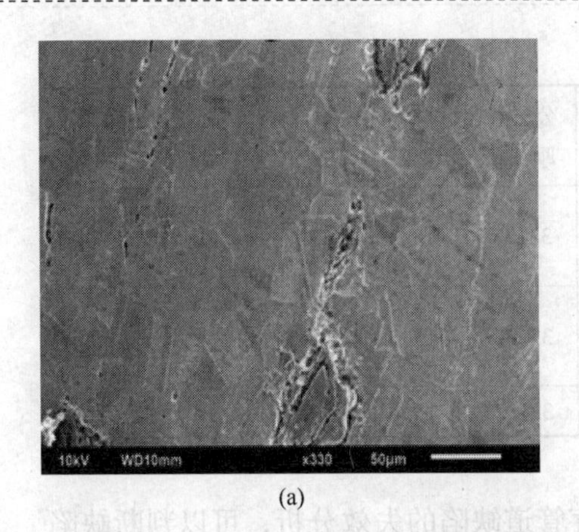

(a)

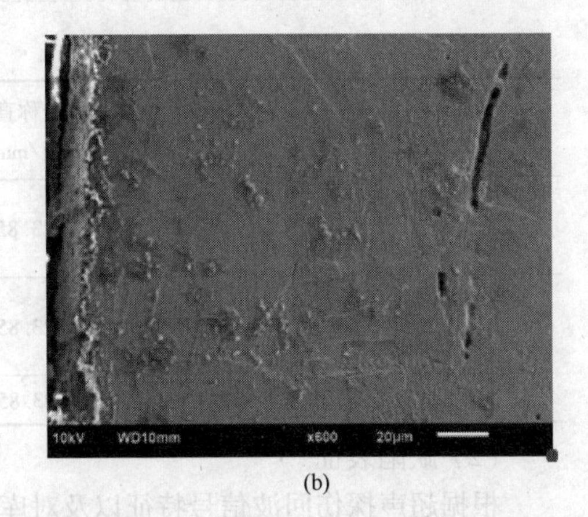

(b)

图 3-5-6 缺陷尖端 SEM

（6）小结

通过上述试验分析，库存管道的化学成分满足标准要求，但是由于 SA312-TP321 不锈钢钢水比较黏稠，铸坯表面质量很难过关，铸坯容易存在表面氧化、结疤、局部缩松等缺陷，在后续的机加工成型过程中，铸坯表面的缺陷被折叠到了管道内表面，因此造成了库存管道的内部夹层缺陷。

3 在用管道安全性分析

由于库存管道和在用管道属于同批产品，既然在库存管道的内表面发现了夹层型的缺陷，那么在用管道也有可能存在同样的缺陷，因此，从安全角度考虑，对在联合装置中安装使用的四条管线的直管段进行了 100%的超声波探伤，以确定在用管道是否也存在类似缺陷。

采用 MWB35-N4 型号探头对这四条管道的本体轴向直管段进 100%超声波探伤检查，检测结果发现 77 处Ⅱ级缺陷。下面依据 GB/T 19624—2004《在用含缺陷压力容器安全评定》，对在用管道的缺陷进行安全性评价。

（1）管道信息统计

进行安全性评价的管道的基本信息见表 3-5-4。

表 3-5-4 材质为 TP321、规格为 ϕ323.85mm×33.32mm 管道汇总表

序号	名称	介质	公称直径/mm	公称壁厚/mm	设计压力/MPa	设计温度/℃	操作压力/MPa	操作温度/℃
1	混氢油自管 P-10703 至 E-2101/C	混氢油	323.85	33.32	15.5	150	13.0	102

续表

序号	名称	介质	公称直径/mm	公称壁厚/mm	设计压力/MPa	设计温度/℃	操作压力/MPa	操作温度/℃
2	混氢油自 E-2101/C 壳程至 E-2101/B 壳程	混氢油	323.85	33.32	15.5	239	12.9	205
3	混氢油自 E-2101/A 至炉 F2101	混氢油	323.85	33.32	15.2	386	12.9	205
4	原料油自 F-2101 至 R-2101	柴油	323.85	33.32	13.6	420	12.1	376

(2) 缺陷表征

根据超声探伤回波信号特征以及对库存管道缺陷的失效分析，可以判断缺陷为夹层，距管道内表面小于3mm。从保守角度出发，将缺陷在主应力方向的投影面表征为轴向或环向内表面裂纹，见表 3-5-5。

由于轴向、环向裂纹所承受的载荷不同，故需分别对其进行评价。

表 3-5-5 缺陷表征结果

序号	性质	长度/mm	自身高度/mm	序号	性质	长度/mm	自身高度/mm
F1	管道轴向内表面裂纹	50	5	F4	管道环向内表面裂纹	50	3
F2	管道环向内表面裂纹	50	5	F5	管道轴向内表面裂纹	50	2
F3	管道轴向内表面裂纹	50	3	F6	管道环向内表面裂纹	50	2

(3) 材料性能参量取值

该管道材质为 A312-TP321，其屈服极限、抗拉强度等常规机械性能数据的取值见表 3-5-6。

表 3-5-6 A312-TP321 材料性能参量取值

项目	符号/单位	参数
杨氏模量	E/MPa	190000
屈服强度	σ_S/MPa	111.62(376℃)
		132.29(205℃)
		152.96(102℃)
许用应力	[σ]/MPa	74.41(376℃)
		88.19(205℃)
		102.11(102℃)
泊松比	μ	0.3
裂纹尖端张开位移	δ_C/mm	0.1

(4) 评价计算

由于混氢油自 E-2101/C 壳程至 E-2101/B 和混氢油自 E-2101/A 至炉 F2101 壳程两条管线规格和操作条件完全相同，所以只需对一条做评价计算即可。按照 GB/T 19624—2004 规定，根据表 3-5-4 确定对 3 条管线进行评价，评价计算条件如下。

a. 管线 1　混氢油自管 P-10703 至 E-2101/C

内压：13.0 MPa

温度：102 ℃

直径：323.85mm

壁厚：33.32mm

材料屈服强度：152.96 MPa

缺陷：F1~F6

轴向缺陷一次薄膜应力(环向应力)：内压公式

环向缺陷一次薄膜应力(轴向应力)：许用应力 102.11 MPa

b. 管线 2　混氢油自 E-2101/C 壳程至 E-2101/B 壳程

内压：12.9 MPa

温度：205 ℃

直径：323.85mm

壁厚：33.32mm

材料屈服强度：132.29 MPa

缺陷：F1~F6

轴向缺陷一次薄膜应力(环向应力)：内压公式

环向缺陷一次薄膜应力(轴向应力)：88.19 MPa

c. 管线 3　原料油自 F-2101 至 R-2101

内压：12.1 MPa

温度：376 ℃

直径：323.85mm

壁厚：33.32mm

材料屈服强度：111.62 MPa

缺陷：F1~F6

轴向缺陷一次薄膜应力(环向应力)：内压公式

环向缺陷一次薄膜应力(轴向应力)：74.41 MPa

① 管线 1 典型表面裂纹缺陷常规评定计算(表 3-5-7)

② 管线 2 典型表面裂纹缺陷常规评定计算(表 3-5-8)

③ 管线 3 典型表面裂纹缺陷常规评定计算(表 3-5-9)

表 3-5-7 管线 1 典型表面裂纹缺陷常规评定计算

项目	参量	符号及单位	计算公式	计算结果					
				F1	F2	F3	F4	F5	F6
安全系数	断裂韧度分安全系数	n_K	—	1.2	1.2	1.2	1.2	1.2	1.2
	一次应力分安全系数	n_P	—	1.5	1.5	1.5	1.5	1.5	1.5
	二次应力分安全系数	n_S	—	1.0	1.0	1.0	1.0	1.0	1.0
	裂纹尺寸分安全系数	n_C	—	1.0	1.0	1.0	1.0	1.0	1.0
材料性能	材料屈服极限	σ_S/MPa	—	152.96	152.96	152.96	152.96	152.96	152.96
	材料杨氏模量	E/MPa	—	190000	190000	190000	190000	190000	190000
	材料断裂韧度	K_C/N·mm$^{-3/2}$	—	2188.7	2188.7	2188.7	2188.7	2188.7	2188.7
缺陷表征	计算壁厚	B_S/mm	—	33.32	33.32	33.32	33.32	33.32	33.32
	磁痕长度	L/mm	—	50.0	50.0	50.0	50.0	50.0	50.0
	磁痕高度	H/mm	—	5.0	5.0	3.0	3.0	2.0	2.0
	裂纹中心与外壁距离	d/mm	—		—		—		
	半椭圆裂纹深(高)度	a/mm	$a=n_C H$	5.0	5.0	3.0	3.0	2.0	2.0
	半椭圆裂纹半长轴长度	c/mm	$c=n_C L/2$	25.0	25.0	25.0	25.0	25.0	25.0
载荷比计算	计算压力	p/MPa	—	13.0	13.0	13.0	13.0	13.0	13.0
	薄膜应力	σ_m/MPa	环向 102.11 纵向 $\sigma_m=\frac{1}{2}p\frac{3r_i^2+r_o^2}{(2r_i+B_S)B_S}$	50.9	102.11	50.9	102.11	50.9	102.11
	一次拉伸应力	P_m/MPa	—	50.9	102.11	50.9	102.11	50.9	102.11
	一次弯曲应力	P_b/MPa	—	0.0	0.0	0.0	0.0	0.0	0.0
	二次焊接残余应力	Q_m/MPa	—	0.0	0.0	0.0	0.0	0.0	0.0
	二次错边弯曲应力	Q_{b1}/MPa	$Q_{b1}=P_m\frac{3e_1}{B(1-\nu^2)}$	0.0	0.0	0.0	0.0	0.0	0.0

续表

项目	参量	符号及单位	计算公式	计算结果					
				F1	F2	F3	F4	F5	F6
载荷比计算	二次棱角度弯曲应力	Q_{b2}/MPa	$\beta = 2L'/B_S \cdot \sqrt{3(1-\nu^2)P_m/E}$	0.0	0.0	0.0	0.0	0.0	0.0
			固支 $Q_{b2} = P_m \cdot \dfrac{3d}{B(1-\nu^2)} \cdot \dfrac{\tanh(\beta/2)}{\beta/2}$	0.0	0.0	0.0	0.0	0.0	0.0
			铰支 $Q_{b2} = P_m \cdot \dfrac{6d}{B(1-\nu^2)} \cdot \dfrac{\tanh(\beta)}{\beta}$	0.0	0.0	0.0	0.0	0.0	0.0
			Q_{b2} = max(固支、铰支)	0.0	0.0	0.0	0.0	0.0	0.0
	二次弯曲应力	Q_b/MPa	$Q_b = Q_{b1} + Q_{b2}$	0.0	0.0	0.0	0.0	0.0	0.0
	载荷比	L_r	$L_r = n_P \cdot \dfrac{P_b + \sqrt{P_b^2 + 9(1-\zeta)^2 P_m^2}}{3(1-\zeta)^2 \sigma_S}$ $\zeta = \dfrac{ac}{B(c+B)}$	0.5337	1.0702	0.5194	1.0415	0.5125	1.0278
断裂比计算	拉伸载荷的裂纹形状系数	F_m	$F_m = \dfrac{1}{\left[1+1.464\left(\dfrac{a}{c}\right)^{1.65}\right]^{0.5}}$ $\left\{1.13 - 0.09\dfrac{a}{c} + \left(-0.54 + \dfrac{0.89}{0.2+\dfrac{a}{c}}\right)\left(\dfrac{a}{B}\right)^2 + \left[0.5 - \dfrac{1}{0.65+\dfrac{a}{c}} + 14\left(1-\dfrac{a}{c}\right)^{24}\right]\left(\dfrac{a}{B}\right)^4\right\}$	1.095	1.095	1.113	1.113	1.120	1.120

续表

项目	参量	符号及单位	计算公式	计算结果					
				F1	F2	F3	F4	F5	F6
断裂比计算	弯曲载荷的裂纹形状系数	F_b	$F_b = F_m\left\{1+\left(-1.22-0.12\frac{a}{c}\right)\frac{a}{B}+\left[0.55-1.05\left(\frac{a}{c}\right)^{0.75}+0.47\left(\frac{a}{c}\right)^{1.5}\right]\left(\frac{a}{B}\right)^2\right\}$	0.897	0.897	0.993	0.993	1.039	1.039
	一次应力的应力强度因子	K_I^P /Nmm$^{-3/2}$	$K_I^P = n_P\sqrt{\pi a}\cdot(F_m P_m + F_b P_b)$	331.4	664.5	261.0	523.3	214.4	429.9
	二次应力的应力强度因子	K_I^S /Nmm$^{-3/2}$	$K_I^S = n_S\sqrt{\pi a}(F_m Q_m + F_b Q_b)$	0.0	0.0	0.0	0.0	0.0	0.0
	二次应力强度比	—	$\frac{K_I^S}{\sqrt{\pi a}\cdot\sigma_S}$	0.0	0.0	0.0	0.0	0.0	0.0
	塑性修正因子	ρ	—	0.0	0.0	0.0	0.0	0.0	0.0
	干涉系数	G	—	1	1	1	1	1	1
	膨胀系数	M_t	—	1.111	1.111	1.111	1.111	1.111	1.111
	断裂比	K_r	$K_r = G\cdot\frac{(K_I^P + K_I^S)\cdot M_t}{K_C/n_K}+\rho$	0.200	0.403	0.157	0.317	0.129	0.260

表 3-5-8 管线 2 典型表面裂纹缺陷常规评定计算

项目	参量	符号及单位	计算公式	计算结果					
				F1	F2	F3	F4	F5	F6
安全系数	断裂韧度分安全系数	n_K	—	1.2	1.2	1.2	1.2	1.2	1.2
	一次应力分安全系数	n_P	—	1.5	1.5	1.5	1.5	1.5	1.5
	二次应力分安全系数	n_S	—	1.0	1.0	1.0	1.0	1.0	1.0
	裂纹尺寸分安全系数	n_C	—	1.0	1.0	1.0	1.0	1.0	1.0
材料性能	材料屈服极限	σ_S /MPa	—	132.29	132.29	132.29	132.29	132.29	132.29
	材料杨氏模量	E/MPa	—	190000	190000	190000	190000	190000	190000
	材料断裂韧度	K_c/$Nmm^{-3/2}$	—	2035.5	2035.5	2035.5	2035.5	2035.5	2035.5
缺陷表征	计算壁厚	B_S/mm	—	33.32	33.32	33.32	33.32	33.32	33.32
	磁痕长度	L/mm	—	50.0	50.0	50.0	50.0	50.0	50.0
	磁痕高度	H/mm	—	5.0	5.0	3.0	3.0	2.0	2.0
	裂纹中心与外壁距离	d/mm	—		—		—		
	半椭圆裂纹深(高)度	a/mm	$a = n_C H$	5.0	5.0	3.0	3.0	2.0	2.0
	半椭圆裂纹半长轴长度	c/mm	$c = n_C L/2$	25.0	25.0	25.0	25.0	25.0	25.0
载荷比计算	计算压力	p/MPa	—	13.0	13.0	13.0	13.0	13.0	13.0
	薄膜应力	σ_m/MPa	环向 88.19 纵向 $\sigma_m = \frac{1}{2}p\frac{3r_i^2 + r_o^2}{(2r_i + B_S)B_S}$	50.53	88.19	50.53	88.19	50.53	88.19
	一次拉伸应力	P_m/MPa	—	50.53	88.19	50.53	88.19	50.53	88.19
	一次弯曲应力	P_b/MPa	—	0.0	0.0	0.0	0.0	0.0	0.0
	二次焊接残余应力	Q_m/MPa	—	0.0	0.0	0.0	0.0	0.0	0.0
	二次错边弯曲应力	Q_{b1}/MPa	$Q_{b1} = P_m \frac{3e_1}{B(1-\nu^2)}$	0.0	0.0	0.0	0.0	0.0	0.0

续表

项目	参量	符号及单位	计算公式	计算结果					
				F1	F2	F3	F4	F5	F6
载荷比计算	二次棱角度弯曲应力	Q_{b2}/MPa	$\beta = 2L'/B_S \cdot \sqrt{3(1-\nu^2)P_m/E}$	0.0	0.0	0.0	0.0	0.0	0.0
			固支 $Q_{b2} = P_m \cdot \frac{3d}{B(1-\nu^2)} \cdot \frac{\tanh(\beta/2)}{\beta/2}$	0.0	0.0	0.0	0.0	0.0	0.0
			铰支 $Q_{b2} = P_m \cdot \frac{6d}{B(1-\nu^2)} \cdot \frac{\tanh(\beta)}{\beta}$	0.0	0.0	0.0	0.0	0.0	0.0
			Q_{b2} = max(固支、铰支)	0.0	0.0	0.0	0.0	0.0	0.0
	二次弯曲应力	Q_b/MPa	$Q_b = Q_{b1} + Q_{b2}$	0.0	0.0	0.0	0.0	0.0	0.0
	载荷比	L_r	$L_r = n_P \cdot \frac{P_b + \sqrt{P_b^2 + 9(1-\zeta)^2 P_m^2}}{3(1-\zeta)^2 \sigma_S}$ $\zeta = \frac{ac}{B(c+B)}$	0.6123	1.0687	0.5959	1.0401	0.5881	1.0264
断裂比计算	拉伸载荷的裂纹形状系数	F_m	$F_m = \frac{1}{\left[1+1.464\left(\frac{a}{c}\right)^{1.65}\right]^{0.5}}$ $\left\{1.13-0.09\frac{a}{c}+\left(-0.54+\frac{0.89}{0.2+\frac{a}{c}}\right)\left(\frac{a}{B}\right)^2+\left[0.5-\frac{1}{0.65+\frac{a}{c}}+14\left(1-\frac{a}{c}\right)^{24}\right]\left(\frac{a}{B}\right)^4\right\}$	1.0947	1.0947	1.113	1.113	1.120	1.120

续表

项目	参量	符号及单位	计算公式	计算结果					
				F1	F2	F3	F4	F5	F6
断裂比计算	弯曲载荷的裂纹形状系数	F_b	$F_b = F_m\left\{1+\left(-1.22-0.12\frac{a}{c}\right)\frac{a}{B}+\left[0.55-1.05\left(\frac{a}{c}\right)^{0.75}+0.47\left(\frac{a}{c}\right)^{1.5}\right]\left(\frac{a}{B}\right)^2\right\}$	0.8972	0.8972	0.9925	0.9925	1.039	1.039
	一次应力的应力强度因子	K_I^P /$Nmm^{-3/2}$	$K_I^P = n_P\sqrt{\pi a}\cdot(F_m P_m + F_b P_b)$	328.9	573.9	259.0	452.0	212.7	371.3
	二次应力的应力强度因子	K_I^S /$Nmm^{-3/2}$	$K_I^S = n_S\sqrt{\pi a}(F_m Q_m + F_b Q_b)$	0.0	0.0	0.0	0.0	0.0	0.0
	二次应力强度比	—	$\frac{K_I^S}{\sqrt{\pi a}\cdot\sigma_S}$	0.0	0.0	0.0	0.0	0.0	0.0
	塑性修正因子	ρ	—	0.0	0.0	0.0	0.0	0.0	0.0
	干涉系数	G	—	1	1	1	1	1	1
	膨胀系数	M_t	—	1.1112	1.1112	1.1112	1.1112	1.1112	1.1112
	断裂比	K_r	$K_r = G\cdot\frac{(K_I^P+K_I^S)\cdot M_t}{K_C/n_K}+\rho$	0.2136	0.3742	0.1678	0.2943	0.1375	0.2414

表 3-5-9 管线 3 典型表面裂纹缺陷常规评定计算

项目	参量	符号及单位	计算公式	计算结果					
				F1	F2	F3	F4	F5	F6
安全系数	断裂韧度分安全系数	n_K	—	1.2	1.2	1.2	1.2	1.2	1.2
	一次应力分安全系数	n_P	—	1.5	1.5	1.5	1.5	1.5	1.5
	二次应力分安全系数	n_S	—	1.0	1.0	1.0	1.0	1.0	1.0
	裂纹尺寸分安全系数	n_C	—	1.0	1.0	1.0	1.0	1.0	1.0
材料性能	材料屈服极限	σ_S/MPa	—	111.62	111.62	111.62	111.62	111.62	111.62
	材料杨氏模量	E/MPa	—	190000	190000	190000	190000	190000	190000
	材料断裂韧度	K_C/N·mm$^{-3/2}$	—	1869.7	1869.7	1869.7	1869.7	1869.7	1869.7
缺陷表征	计算壁厚	B_S/mm	—	33.32	33.32	33.32	33.32	33.32	33.32
	磁痕长度	L/mm	—	50.0	50.0	50.0	50.0	50.0	50.0
	磁痕高度	H/mm	—	5.0	5.0	3.0	3.0	2.0	2.0
	裂纹中心与外壁距离	d/mm	—		—		—		
	半椭圆裂纹深(高)度	a/mm	$a=n_CH$	5.0	5.0	3.0	3.0	2.0	2.0
	半椭圆裂纹半长轴长度	c/mm	$c=n_CL/2$	25.0	25.0	25.0	25.0	25.0	25.0
载荷比计算	计算压力	p/MPa	—	13.0	13.0	13.0	13.0	13.0	13.0
	薄膜应力	σ_m/MPa	环向 74.41；纵向 $\sigma_m=\frac{1}{2}p\frac{3r_i^2+r_o^2}{(2r_i+B_S)B_S}$	47.4	74.41	47.4	74.41	47.4	74.41
	一次拉伸应力	P_m/MPa	—	47.4	74.41	47.4	74.41	47.4	74.41
	一次弯曲应力	P_b/MPa	—	0.0	0.0	0.0	0.0	0.0	0.0
	二次焊接残余应力	Q_m/MPa	—	0.0	0.0	0.0	0.0	0.0	0.0
	二次错边弯曲应力	Q_{b1}/MPa	$Q_{b1}=P_m\frac{3e_1}{B(1-\nu^2)}$	0.0	0.0	0.0	0.0	0.0	0.0

续表

项目	参量	符号及单位	计算公式	计算结果					
				F1	F2	F3	F4	F5	F6
载荷比计算	二次棱角度弯曲应力	Q_{b2}/MPa	$\beta = 2L'/B_S \cdot \sqrt{3(1-\nu^2)P_m/E}$	0.0	0.0	0.0	0.0	0.0	0.0
			固支 $Q_{b2} = P_m \cdot \frac{3d}{B(1-\nu^2)} \cdot \frac{\tanh(\beta/2)}{\beta/2}$	0.0	0.0	0.0	0.0	0.0	0.0
			铰支 $Q_{b2} = P_m \cdot \frac{6d}{B(1-\nu^2)} \cdot \frac{\tanh(\beta)}{\beta}$	0.0	0.0	0.0	0.0	0.0	0.0
			Q_{b2} = max(固支、铰支)	0.0	0.0	0.0	0.0	0.0	0.0
	二次弯曲应力	Q_b/MPa	$Q_b = Q_{b1} + Q_{b2}$	0.0	0.0	0.0	0.0	0.0	0.0
	载荷比	L_r	$L_r = n_P \cdot \frac{P_b + \sqrt{P_b^2 + 9(1-\zeta)^2 P_m^2}}{3(1-\zeta)^2\sigma_S}$ $\zeta = \frac{ac}{B(c+B)}$	0.6807	1.0687	0.6625	1.0401	0.6538	1.0264
断裂比计算	拉伸载荷的裂纹形状系数	F_m	$F_m = \frac{1}{\left[1 + 1.464\left(\frac{a}{c}\right)^{1.65}\right]^{0.5}}$ $\left\{1.13 - 0.09\frac{a}{c} + \left(-0.54 + \frac{0.89}{0.2 + \frac{a}{c}}\right)\left(\frac{a}{B}\right)^2 + \left[0.5 - \frac{1}{0.65 + \frac{a}{c}} + 14\left(1 - \frac{a}{c}\right)^{24}\right]\left(\frac{a}{B}\right)^4\right\}$	1.0947	1.0947	1.113	1.113	1.120	1.120

续表

项目	参量	符号及单位	计算公式	计算结果					
				F1	F2	F3	F4	F5	F6
断裂比计算	弯曲载荷的裂纹形状系数	F_b	$F_b = F_m\left\{1+\left(-1.22-0.12\frac{a}{c}\right)\frac{a}{B}+\left[0.55-1.05\left(\frac{a}{c}\right)^{0.75}+0.47\left(\frac{a}{c}\right)^{1.5}\right]\left(\frac{a}{B}\right)^2\right\}$	0.8972	0.8972	0.9925	0.9925	1.039	1.039
	一次应力的应力强度因子	K_I^P /$Nmm^{-3/2}$	$K_I^P = n_P\sqrt{\pi a}\cdot(F_m P_m + F_b P_b)$	308.5	484.3	242.9	381.4	199.5	313.3
	二次应力的应力强度因子	K_I^S /$Nmm^{-3/2}$	$K_I^S = n_S\sqrt{\pi a}(F_m Q_m + F_b Q_b)$	0.0	0.0	0.0	0.0	0.0	0.0
	二次应力强度比	—	$\frac{K_I^S}{\sqrt{\pi a}\cdot\sigma_S}$	0.0	0.0	0.0	0.0	0.0	0.0
	塑性修正因子	ρ	—	0.0	0.0	0.0	0.0	0.0	0.0
	干涉系数	G	—	1	1	1	1	1	1
	臌胀系数	M_t	—	1.1112	1.1112	1.1112	1.1112	1.1112	1.1112
	断裂比	K_r	$K_r = G\cdot\frac{(K_I^P + K_I^S)\cdot M_t}{K_C/n_K}+\rho$	0.1815	0.3436	0.1714	0.2702	0.1405	0.2216

（5）合于使用评价结果

管线的合于使用评价计算结果见图3-5-8～图3-5-10。所评价的3条管线的超标缺陷均位于失效评定图的安全区，在2013年8月1日前能够通过基于GB/T 19624—2004的安全性评价计算。

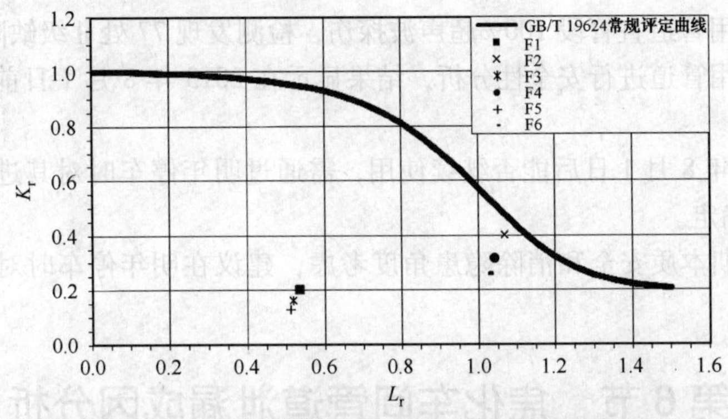

图3-5-8 管线1表面裂纹缺陷合于使用评价计算结果

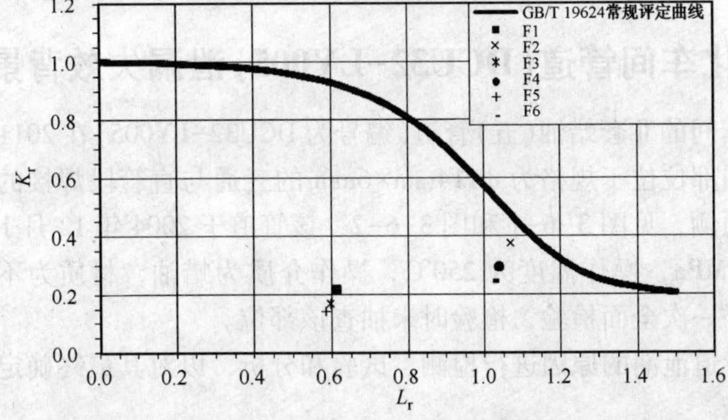

图3-5-9 管线2表面裂纹缺陷合于使用评价计算结果

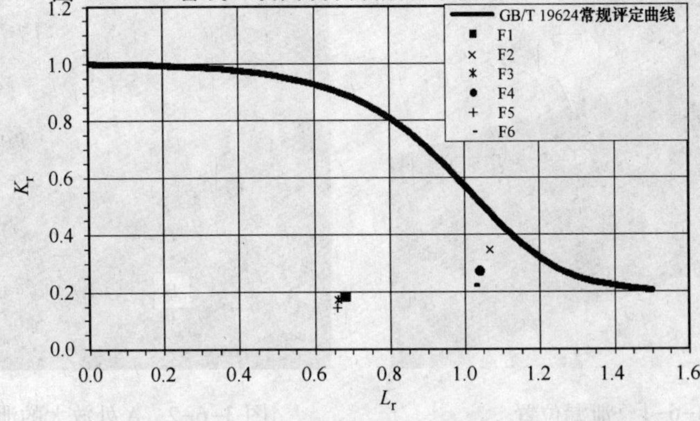

图3-5-10 管线3表面裂纹缺陷合于使用评价计算结果

4 结论

① 库存管道内表缺陷为其铸坯表面的缺陷被折叠到了管道内表面而造成的内部夹层缺陷。

② 对在用管道直管段100%超声波探伤，检测发现77处Ⅱ级缺陷。

③ 对在用管道进行安全性分析，结果显示在2013年8月1日前满足安全运行要求。

④ 2013年8月1日后能否继续使用，需通过明年停车时对其进行检测及安全性分析来确定。

⑤ 从长期本质安全和消除隐患角度考虑，建议在明年停车时对这些管道进行更换。

第6节 焦化车间管道泄漏成因分析

1 焦化车间管道(DCU32-LY005)泄漏失效背景介绍

某焦化车间的Ⅱ套蜡油(五)管道(编号为DCU32-LY005)在2011年7月发生了泄漏，泄漏部位位于规格为ϕ114mm×6mm的三通与直管段焊接的焊缝熔合线上，靠近三通侧，见图3-6-1和图3-6-2，该管道于2004年12月1日投用，操作压力为2.2MPa，操作温度为250℃，操作介质为蜡油，材质为不锈钢，2009年6月进行了一次全面检验，检验时未抽查该部位。

现对该管道泄漏的原因进行检测、试验和分析，以对其最终确定该管道泄漏原因提供参考。

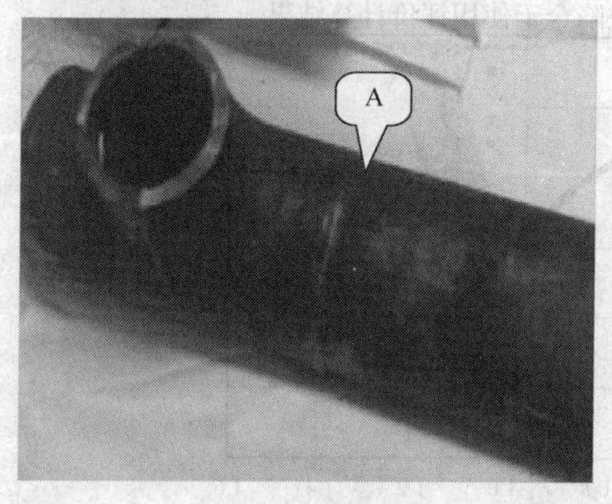

图3-6-1 泄漏位置

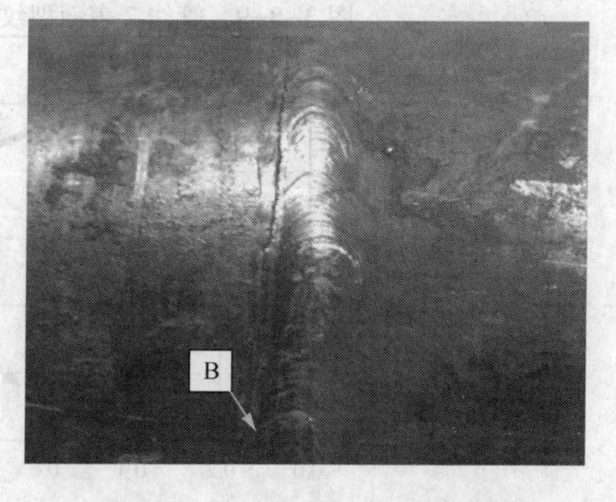

图3-6-2 A处放大的泄漏位置

2 失效情况分析

(1) 宏观检查

对泄漏部位实施切割以进行宏观检查(同时制取试样)，切开后的管道截面见图 3-6-3、图 3-6-4，截面示意图见图 3-6-5，可见该管道泄漏部位的三通焊口存在约 2mm 的削薄处理，焊口整周有不均匀的错边，其中泄漏就发生在错边处，通过测量，内错达 2.8mm(附加 2.0mm 的削薄)，外错达 2.8mm，错边处存在一定的应力集中。经检查发现，泄漏处存在一条内外壁贯通裂纹，内壁上裂纹的周向长度和轴向宽度均大于外壁上的裂纹，裂纹萌生于内错边处，并沿着三通一侧的焊缝熔合线扩展。从裂纹断面(图 3-6-6)来看，裂纹起始于管道内表面错边超标的根部，起裂点较多，起裂点未见金属夹杂物，裂纹从内壁扩展到外壁，并在外壁形成剪切唇，在剪切唇处发生塑性断裂(之前均为脆性断裂)。

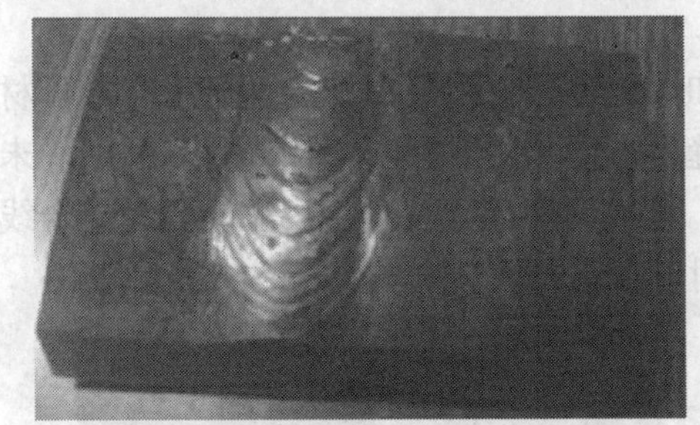

图 3-6-3 B 处放大的泄漏位置

图 3-6-4 图 3-6-3 的管道内表面示图

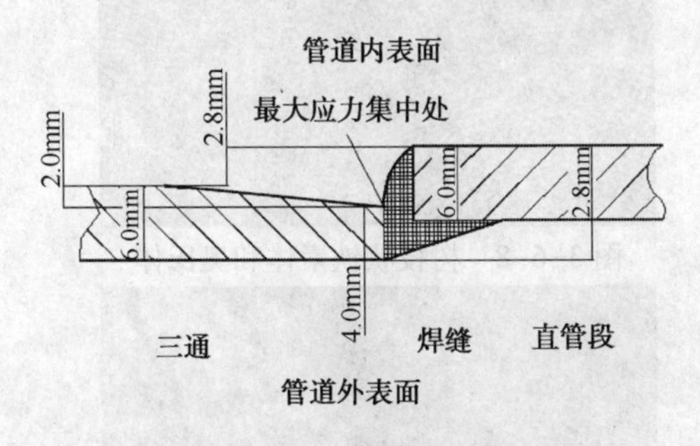

图 3-6-5 泄漏部位焊缝截面图

图 3-6-6 裂纹断面

(2) 光谱分析

对图 3-6-5 的管道截面采用便携式合金分析仪 X-MET300TX 测定直管、焊缝和三通的元素成分见表 3-6-1，可见直管、焊缝和三通的材质均为不锈钢，分别满足 SS316、SS317 和 SS316 的要求。

表 3-6-1　直管、焊缝和三通的光谱分析结果

元素名称	直管		焊缝		三通	
	元素/%	误差/%	元素/%	误差/%	元素/%	误差/%
Ti	0.13	0.07	0.21	0.06	0.06	0.05
V	0.05	0.03	0.07	0.02	0.03	0.02
Cr	16.55	0.22	18.32	0.17	16.60	0.17
Mn	0.54	0.11	0.83	0.09	0.59	0.09
Fe	68.77	0.30	66.16	0.23	68.67	0.23
Co	0.22	0.13	0.34	0.10	0.06	0.10
Ni	11.63	0.24	11.83	0.18	11.57	0.18
Cu	0.61	0.07	0.47	0.05	0.73	0.06
W	0.19	0.04	0.11	0.02	0.13	0.03
Nb	0.01	0.01	0.04	0.01	0.01	0.01
Mo	2.29	0.04	2.68	0.04	2.43	0.04
检测结果	SS316		SS317		SS316	

(3) 金相检查

对泄漏取样部位的管道截面的三通和焊缝进行金相检查，检查显示三通母材为奥氏体和少量δ铁素体(图 3-6-7)，焊缝为树枝状铁素体和奥氏体(图 3-6-8)，未开裂的焊缝熔合线组织正常(图 3-6-9)，裂纹为穿晶开裂且主裂纹沿焊缝熔合线扩展(图 3-6-7 和图 3-6-10)，主裂纹附近存在二次裂纹。

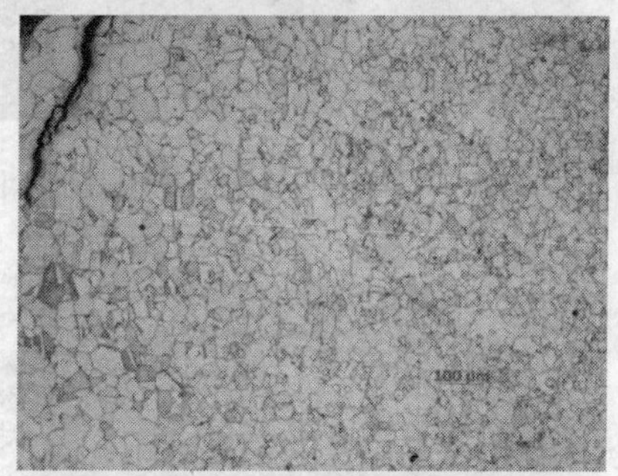

图 3-6-7　奥氏体和少量δ铁素体

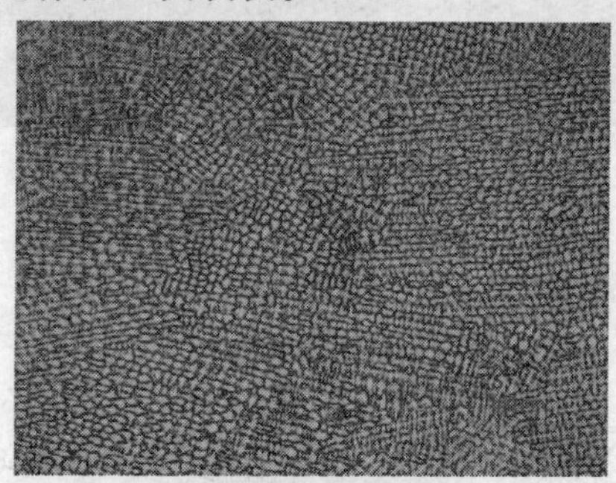

图 3-6-8　树枝状铁素体和奥氏体

图 3-6-9　焊缝熔合线

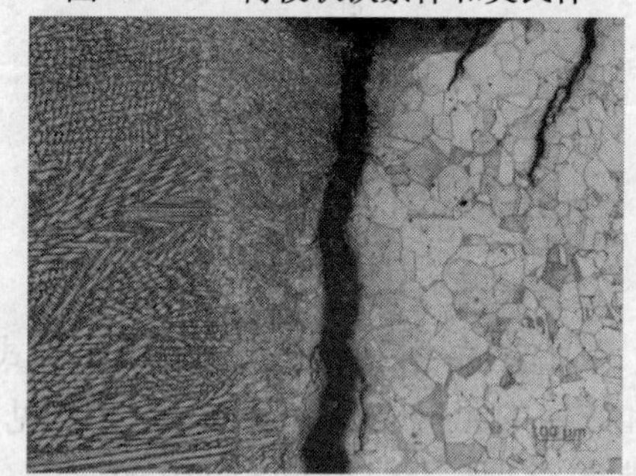

图 3-6-10　裂纹呈穿晶开裂

(4) 电镜检查

对泄漏部位的断口进行扫描电镜检查，放大倍率分别为50倍、200倍、1000倍、5000倍和20000倍，发现断口为解理断口，个别部位存在疑似疲劳辉纹(图3-6-11)。

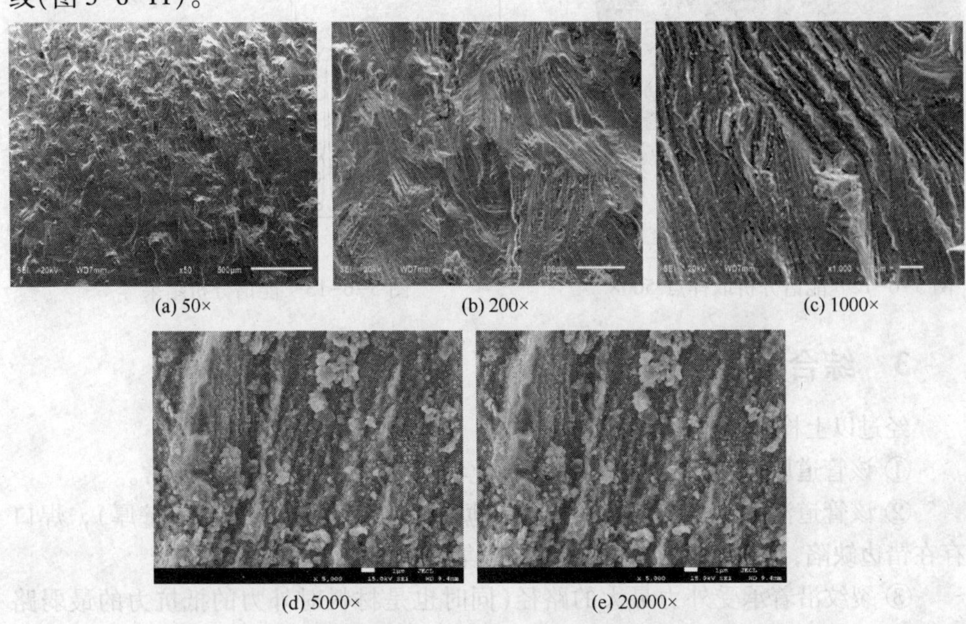

(a) 50× (b) 200× (c) 1000×

(d) 5000× (e) 20000×

图3-6-11 断口扫描电镜图

(5) 能谱分析

经过能谱分析，可见取样分析点的元素成分为316不锈钢(表3-6-2)。对断口形貌中1~3区域进行分析(图3-6-12)，在断口中发现有S、As、Sb(图3-6-13)，未发现存在Cl。

表3-6-2 能谱分析的样品成分

元素	原子/%	元素/%(质)
Si	0.86	0.43
Cr	18.20	17.01
Mn	0.74	0.73
Fe	68.48	68.73
Ni	10.64	11.23
Mo	1.08	1.87
总量	100.00	100.00

图 3-6-12　能谱分析取样点 500×

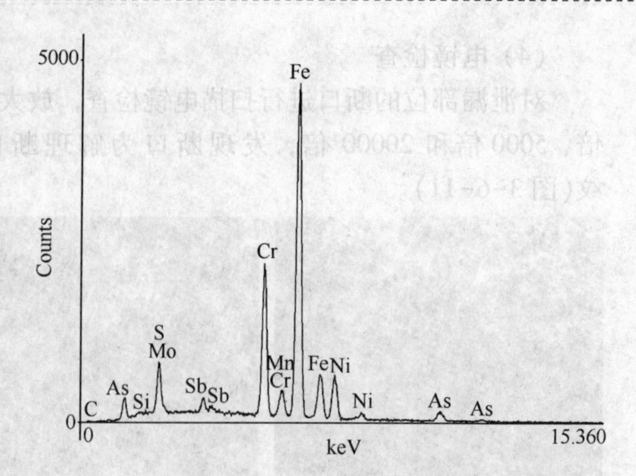

图 3-6-13　能谱分析结果

3　综合分析

经过以上检查和分析可见：

① 该管道取样部位的母材和焊缝的化学成分正常、金相组织正常。

② 该管道泄漏部位的三通存在内削薄处理(减小了三通的有效壁厚)，焊口存在错边缺陷，内错边处存在一定的应力集中。

③ 裂纹沿着承受外力最大的路径(同时也是材料对外力的抵抗力的最弱路径)扩展，即沿着壁厚最薄(三通削薄)、应力集中最大(错边)、力学性能最差的焊缝熔合线由内向外扩展，这说明开裂受应力的影响较大。

④ 从裂纹扩展的宏观和微观组织特征上判断，主裂纹较平直，存在少量二次裂纹，符合腐蚀疲劳的特征。

⑤ 该泄漏处位于汇总管(上侧连接四根支管)，制造时的装配不当、四根支管的支吊架存在限位偏差或 4 根支管的温度差异均可能导致泄漏处管道产生很大的弯矩和拉应力。

⑥ 管道泄漏部位所承受的压力变化、温度变化、流体冲击(尤其是各支管的介质流动差异造成汇总管的振动)会导致泄漏处的管道存在交变载荷，再叠加上⑤中提到承受较大的初始拉应力，会使泄漏部位的管道处于较危险的疲劳工况。

⑦ 该装置的主要腐蚀源为高温环烷酸，该管道可能存在一定的环烷酸，管道在环烷酸环境不会发生应力腐蚀开裂，但是在疲劳载荷下，会发生腐蚀疲劳，即疲劳载荷不断破坏材料表面的钝化膜加速环烷酸对材料的腐蚀，使得裂纹在低应力下不断扩展直至断裂。

总体来说，从所取试样的断口特征来判断管道开裂的机理为腐蚀疲劳，错边、较大的管系弯矩在泄漏处产生拉应力、管道的振动和腐蚀介质是促成泄漏发生的必要因素。

第7节 蒸馏装置减底渣油管线失效分析

1 失效背景介绍

2009年6月某厂蒸馏装置热油泵房内发生火灾事故。现场查明起火点位于泵104出口减底渣油线一限流孔板后的管段(规格为ϕ273mm×10mm)，该管段发生开裂失效，并引发火灾事故，见图3-7-1～图3-7-3。为了科学合理地确定管线的开裂失效原因，杜绝类似事故的发生，保证管线的可靠性运行，拟对该条管道进行开裂失效分析。减底渣油线相关信息见表3-7-1。

图3-7-1 开裂管线

图3-7-2 开裂管线附近孔板

图3-7-3 裂口详图

表 3-7-1 减底渣油线相关信息

管道编号	主体材质	投用日期	累积运行	管道规格		设计参数			操作参数		
				外径/mm	厚度/mm	压力/MPa	温度/℃	介质	最高工作压力/MPa	温度/℃	介质
G0004	20号钢	1987年5月	22年	273/219	10(ϕ273)/8(ϕ219)	4.0	400	减底渣油	1.8	360	减底渣油

2 失效检查分析

（1）开裂部位宏观检查

对于失效管件进行宏观检查发现，开裂部位位于孔板下游距离其边缘约260mm管段的3点钟方向（顺着流动的方向看）附近，开口向下，扩展方向分别沿环向（起初大致沿着45°的方向扩展）和纵向扩展，其中沿纵向扩展的速率大于环向，起裂部位壁厚局部减薄严重。对失效管件的断口附近进行测量，起裂点附近的壁厚最小不足为2mm，其余各点的壁厚变化平缓。对失效管件的断口附件进行硬度测定，数值基本正常。

（2）金相分析

对失效管件的上、下游以及开口边缘做金相检查，检查结果见图3-7-4~图3-7-7。同时对远离失效部位亦进行金相分析，以比较两者间的差距。相关分析表明失效管件的组织均为铁素体+珠光体，组织结构正常，表明材料经过多年的使用未见劣化。

图 3-7-4 孔板上游外表面组织

图 3-7-5 爆口边缘外表面组织

（3）流态模拟

基于现场检测结果，采用ANSYS有限元分析程序中的实体单元FLUID 142。

FLUID 142 可用于 3D 实体结构建模。本次分析中采用 FLUID 142 单元对于孔板局部区域进行建模，为避免端面约束对分析部位产生影响，孔板两侧的管段取轴向长度为 1000mm。

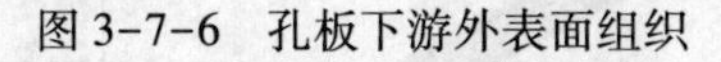

图 3-7-6　孔板下游外表面组织

图 3-7-7　同材质管道外表面组织

分析评价包括最大流量工况、平均流量工况和最小流量工况。分析过程中主要的输入项目见表 3-7-2 和表 3-7-3，建立模型见图 3-7-8。

表 3-7-2　单元及载荷边界参数

分析单元	3-D FLUID 142	分析单元	3-D FLUID 142
最大流量/(kg/h)	156938	孔板直径/mm	98.6
最小流量/(kg/h)	75000	孔板厚度/mm	16
平均流量/(kg/h)	126667		

表 3-7-3　介质参数

介质名称	减底渣油	介质名称	减底渣油
密度/(kgf/m^3)	936.6	运动黏度/(m^2/s)	154.2

针对上述分析任务，对模型施加的位移边界为在管段的端部下游处施加轴向约束(PRES)，对于管段的外表面施加径向和法向约束；对模型施加的速度边界为在管段的端部上游处施加轴向约束(VX，VY，VZ)以及整体施加重力加速度。载荷及约束施加后的模型见图 3-7-9。

采用映射网格划分，对于模型进行相应的细化，网格划分后的模型见图 3-7-10。其次，通过相应的分析，得到在最大流量下失效管段孔板局部连接结构内各单元的的纵、横截面内的速度分布见图 3-7-11～图 3-7-14。

由图 3-7-11～图 3-7-14 可知，最大流量状态下孔板局部连接结构各单元的速度的最大值位于孔板中心区，最大值为 9.575m/s，而此时入口处的速度仅为 0.90m/s。

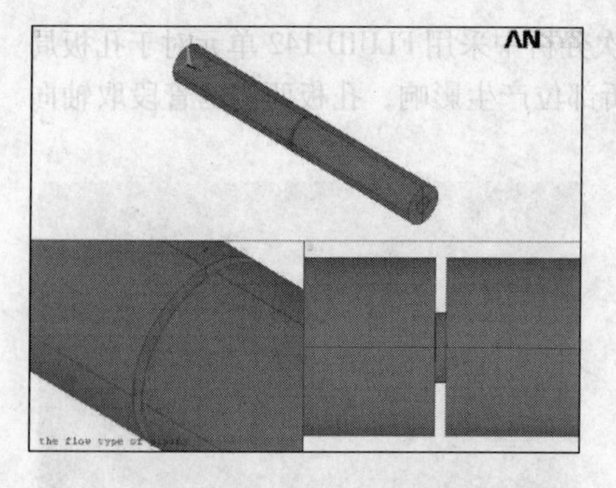
图 3-7-8　流态模拟结构

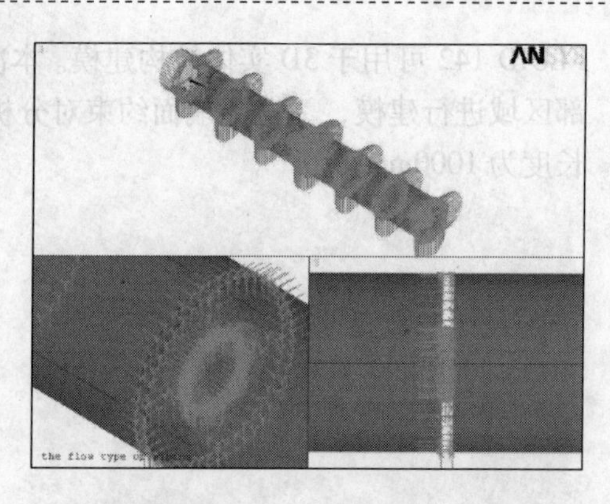
图 3-7-9　模型加载

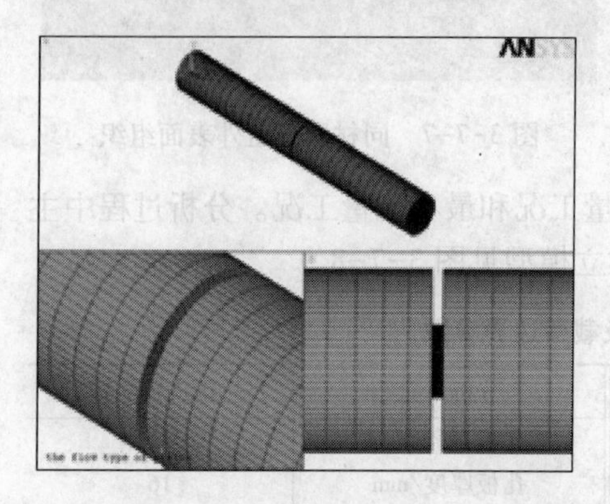
图 3-7-10　模型网格分布

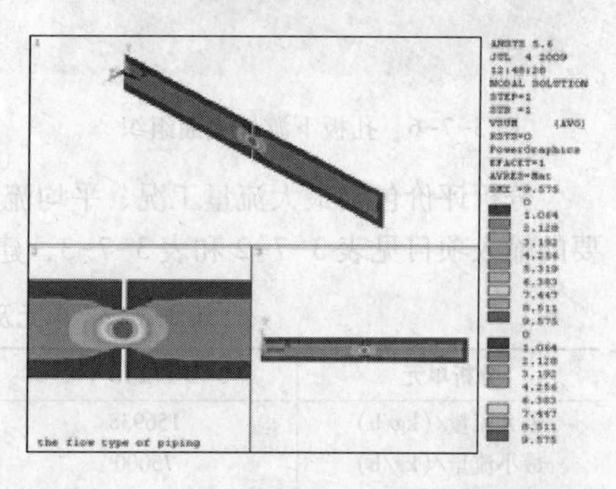

图 3-7-11　最大流量下纵截面内速度场

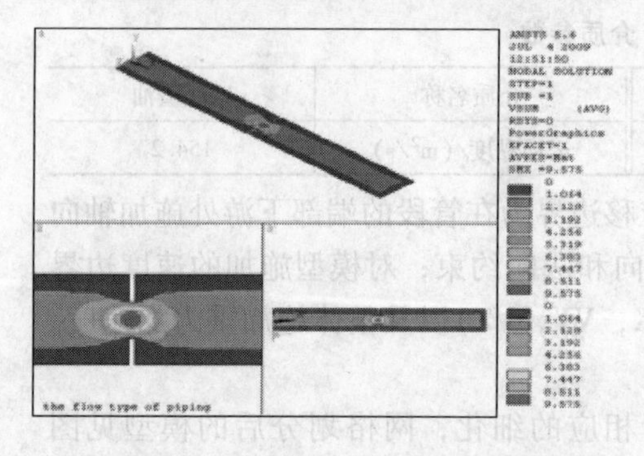

图 3-7-12　最大流量下横截面内速度场

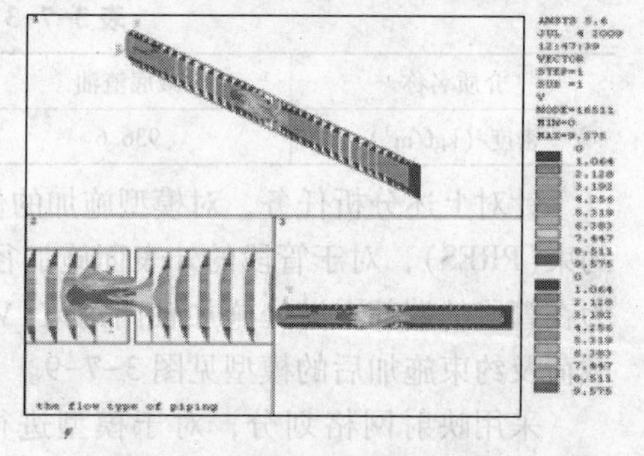

图 3-7-13　最大流量下纵截面内速度场的矢量分布

同理，可得到在平均流量下失效管段孔板局部连接结构内各单元的的纵横截面内的速度分布见图 3-7-15~图 3-7-18。

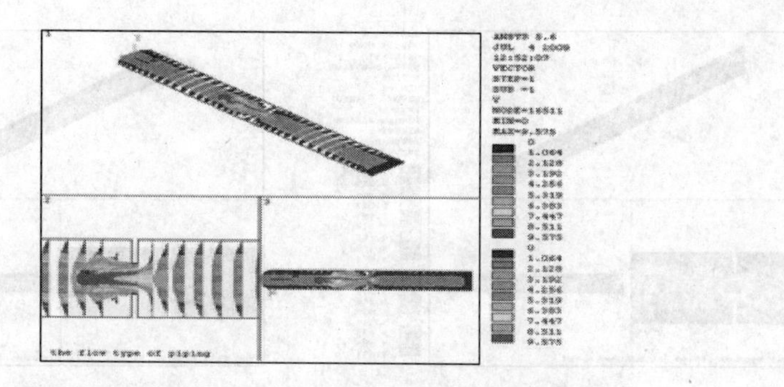

图 3-7-14 最大流量下横截面内速度场的矢量分布

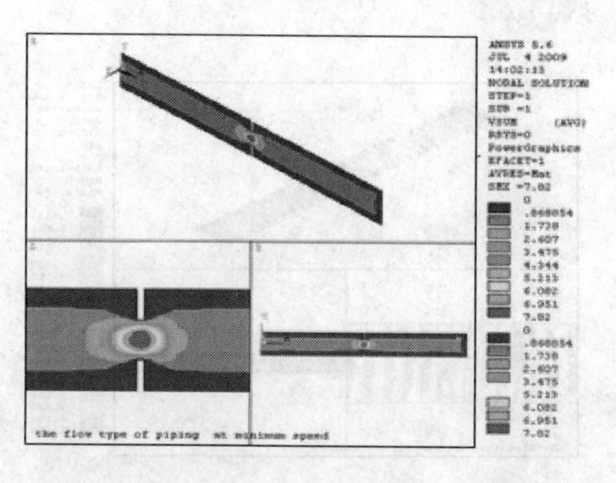

图 3-7-15 平均流量下纵截面内速度场

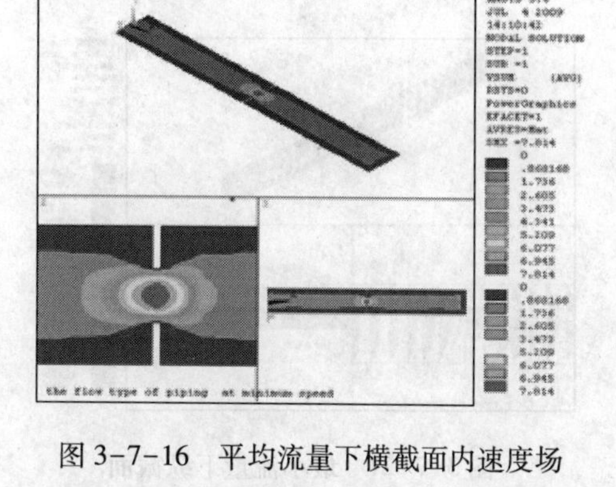

图 3-7-16 平均流量下横截面内速度场

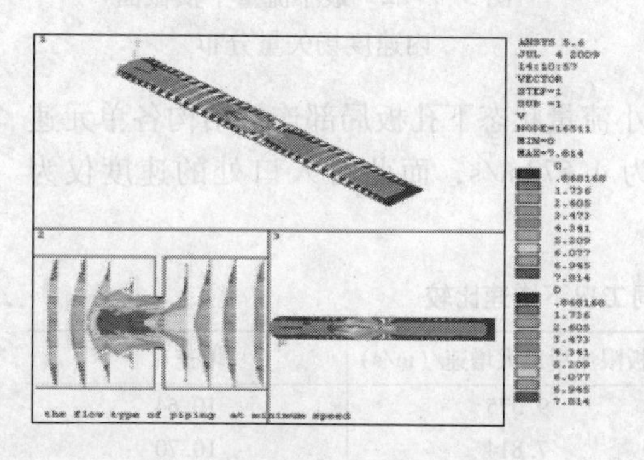

图 3-7-17 平均流量下纵截面内速度场矢量分布

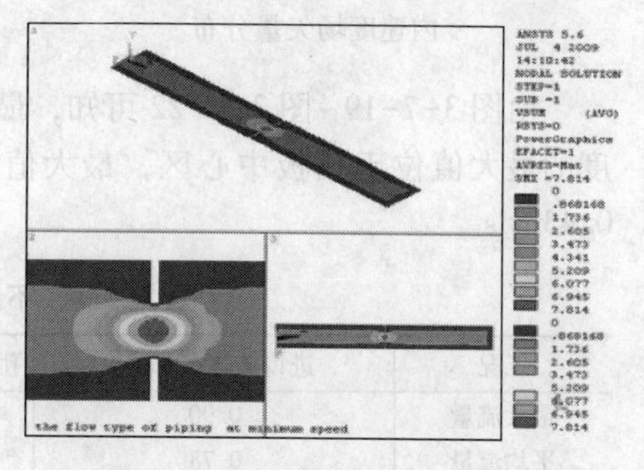

图 3-7-18 平均流量下横截面内速度场矢量分布

由图 3-7-15~图 3-7-18 可知，平均流量状态下孔板局部连接结构各单元的速度的最大值位于孔板中心区，最大值为 7.814m/s，而此时入口处的速度仅为 0.73m/s。

同理，可得到在最小流量下失效管段孔板局部连接结构内各单元的的纵横截面内的速度分布见图 3-7-19~图 3-7-22。

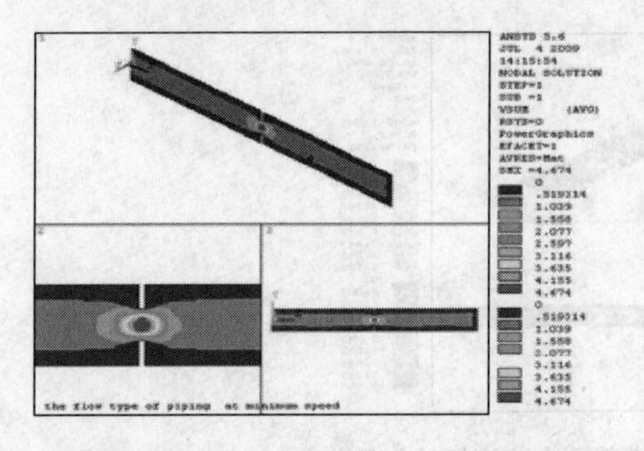

图 3-7-19　最小流量下纵截面内速度场

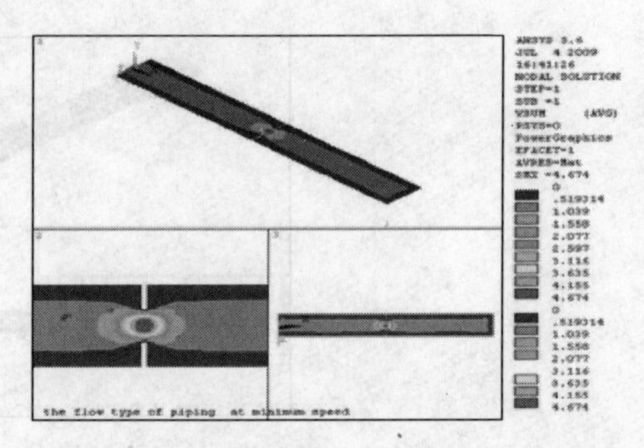

图 3-7-20　最小流量下横截面内速度场

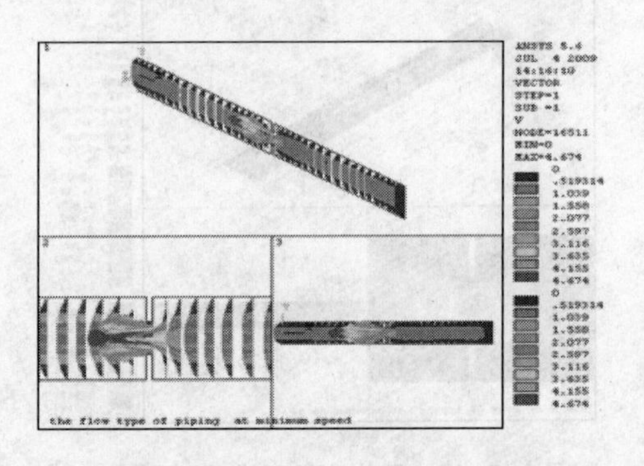

图 3-7-21　最小流量下纵截面内速度场矢量分布

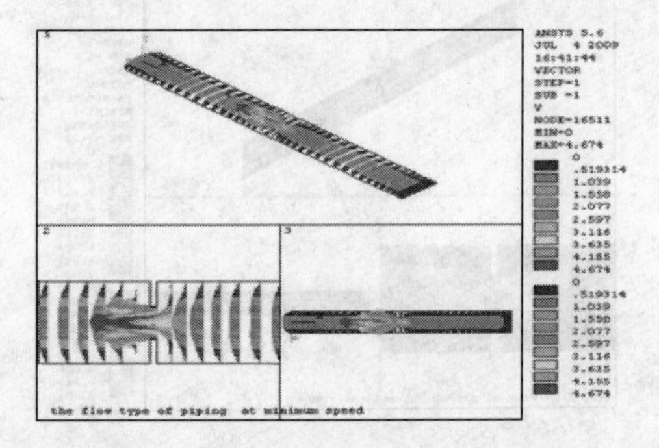

图 3-7-22　最小流量下横截面内速度场矢量分布

由图 3-7-19～图 3-7-22 可知，最小流量状态下孔板局部连接结构各单元速度的最大值位于孔板中心区，最大值为 4.673m/s，而此时入口处的速度仅为 0.43m/s。

表 3-7-4　不同工况下增速比较

工况	进口流速/(m/s)	孔板限流后最大增速/(m/s)	增速比
最大流量	0.90	9.575	10.64
平均流量	0.73	7.814	10.70
最小流量	0.43	4.673	10.87

此外，通过上述失效管段内各处流态的分布可知(表 3-7-4)，由于限流孔板的设置导致在其下游存在流体增速区，增速区域内流速大幅增加。但是增速区域仅局限在流体的中心区域，并没有发现在管壁方向上的偏聚，重力对于流态的发展影响很小。现场检查失效管段的孔板内表面时发现孔板下游侧一区域上有不规则的油痕，见图 3-7-23。

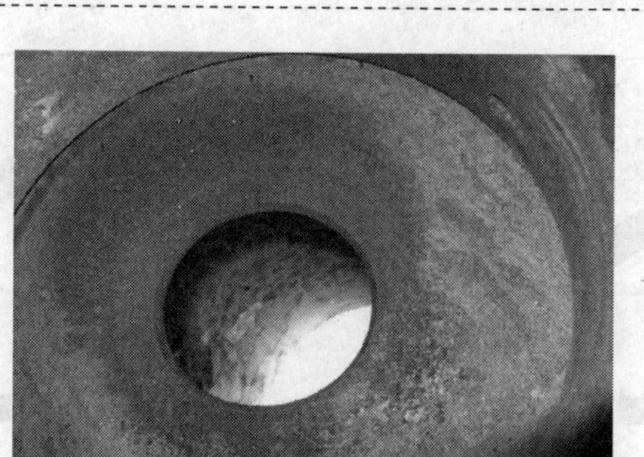

图 3-7-23 限流孔板下游侧表面油痕

通过观察，油痕分布的位置与开裂开口的初始位置有一定的对应关系，不能排除由于某种原因导致限流孔板后的流体发生偏流，造成局部管壁过度的减薄。

为了解失效管段各个部位上流体总压力的分布，将最大、平均以及最小流量下失效管段孔板局部连接结构内各单元的的总压力分布见图 3-7-24~图 3-7-26。

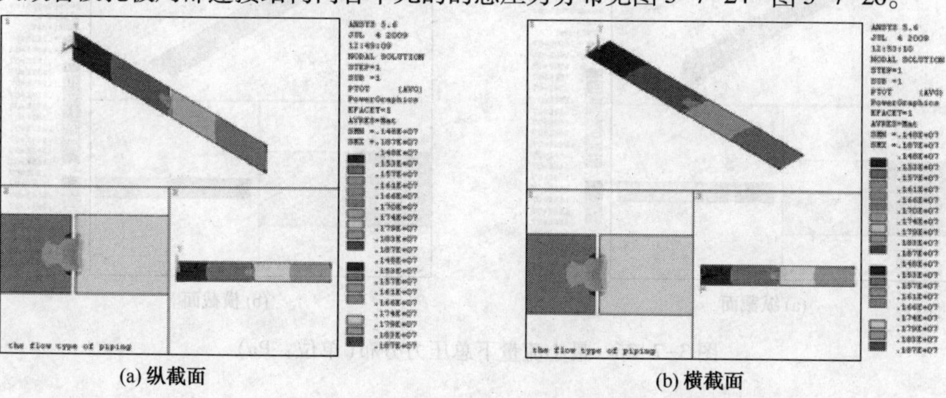

(a) 纵截面　　(b) 横截面

图 3-7-24 最大流量下总压力分布(单位：Pa)

由图 3-7-24~图 3-7-26 可知，孔板局部连接结构各单元内的总压力随着流程的展开，逐步变小。

3 介质及损伤机理分析

(1) 介质分析(表 3-7-5 和表 3-7-6)

表 3-7-5 2007 年 7 月对脱前原油和制硫净化水的硫、酸分析结果

介质	硫含量/%	酸值/(mgKOH/g)
脱前原油	0. 14	0. 408
制硫净化水	7(硫化物，mg/L)	

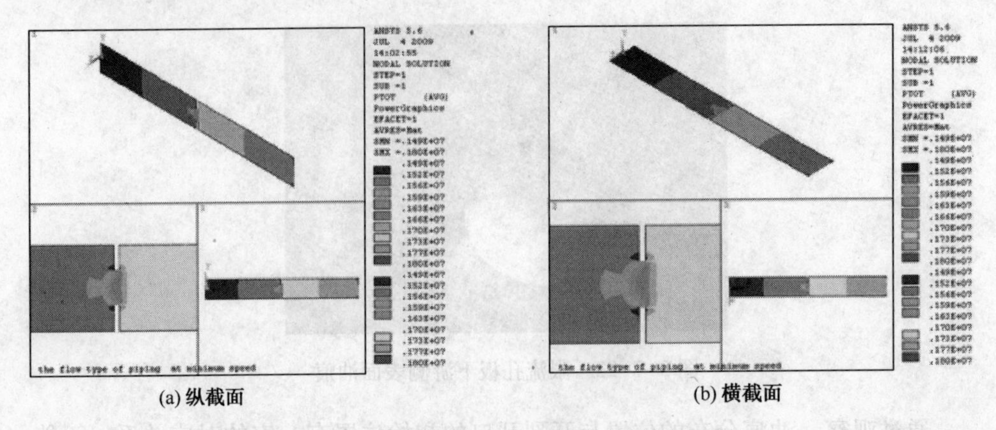

(a) 纵截面　(b) 横截面

图 3-7-25　平均流量下总压力分布(单位：Pa)

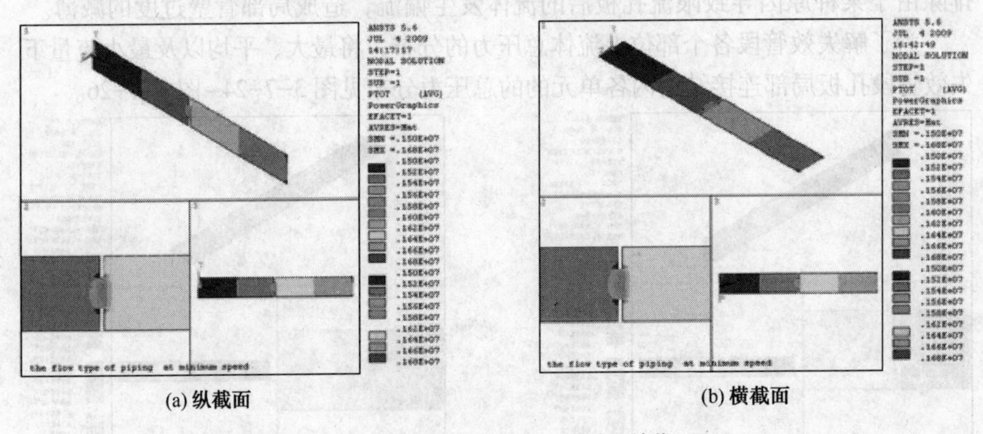

(a) 纵截面　(b) 横截面

图 3-7-26　最小流量下总压力分布(单位：Pa)

表 3-7-6　2007 年 7 月对减底渣油管道的硫、酸分析结果

介质	硫含量/%	酸值/(mgKOH/g)
减底渣油	0.218	

(2) 损伤机理分析

二蒸馏加工的原料油原设计主要为大庆原油，2002 年以后的原料油主要为含一定比例的大庆原油和冀东原油以及部分进口原油(萨里尔原油)。大庆原油、冀东原油和萨里尔原油的酸值和硫含量的对比见表 3-7-7。

由表 3-7-7 可见，混炼原油酸值较高，将加速原油对装置的腐蚀。结合操作条件可以预见失效管段可能发生以下两种损伤：

① 硫化物腐蚀　对石油炼制设备影响最大的腐蚀介质，主要是硫化物的腐蚀。硫化物自然存在于大多数原油中，浓度因原油的不同而不同，其自然生成的

化合物不但受热分解又转化成硫化氢，而且本身也可以有腐蚀性。通常将含疏量在0.1%~0.5%的原油叫做低硫原油；含硫大于0.5%者为高硫原油。

表3-7-7 大庆原油、冀东原油和萨里尔原油的酸值和硫含量的对比

测试项目 \ 原油类型	大庆原油	冀东原油	萨里尔原油
酸值/(mgKOH/g)	0.398	0.626	0.041
硫含量/%	0.16	0.13	0.17

硫化物对设备的腐蚀与温度 t 密切相关。

a. $t \leqslant 120℃$时，硫化物未分解，在无水情况下，对设备无腐蚀；但当含水时，则形成炼厂各装置中轻油部位的各种 H_2S-H_2O 型腐蚀；

b. $120℃ < t \leqslant 240℃$，原油中活性硫化物未分解，故对设备无腐蚀；

c. $240℃ < t \leqslant 340℃$，硫化物开始分解生成 H_2S，对设备的腐蚀开始出现，并随着温度升高而腐蚀加重；

d. $340℃ < t \leqslant 400℃$，H_2S 开始分解为 H_2 和 S，此时对设备的腐蚀反应式为：

$$H_2S \longrightarrow H_2 + S$$

$$Fe + S \longrightarrow FeS$$

$$R-S-H(\text{硫醇}) + Fe \longrightarrow FeS + \text{不饱和烃}$$

所生成的 FeS 膜具有防止进一步腐蚀的作用，但有酸存在时(如盐酸或环烷酸)，酸和 FeS 反应破坏了保护膜，使腐蚀进一步发展，强化了硫化物的腐蚀；

e. $420℃ < t \leqslant 430℃$，高温硫对设备腐蚀最快；

f. $t>480℃$，硫化物近于完全分解，腐蚀率下降；

g. $t>500℃$，不是硫化物腐蚀范围，此时为高温氧化腐蚀。

由以上分析可见，硫化物腐蚀通常是一种内部均匀腐蚀的形式，它发生在约240~480℃之间的典型温度，它往往和油品中的环烷酸一起产生腐蚀，环烷酸的腐蚀通常是局部的。正如硫化物的情况一样，环烷酸自然存在于某些原油中。环烷酸可以破坏金属材料上的防护膜(硫化物或氧化物)，致使硫化腐蚀速率加快，它也可以对金属直接腐蚀。沸点低的物料环烷酸含量也低，通常情况下，环烷酸含量低时，腐蚀表现为点蚀，酸含量高时，腐蚀表现为沟槽状腐蚀，流速高时腐蚀加剧。减底渣油的操作区间正好落在硫化物腐蚀的范围内，不可避免地会发生高温硫化物的腐蚀。孔板上、下游管壁内表面腐蚀产物形态见图3-7-27和图3-7-28。

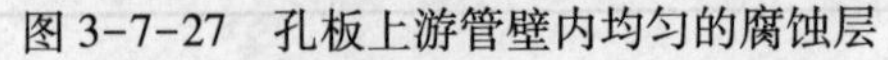

图 3-7-27　孔板上游管壁内均匀的腐蚀层

图 3-7-28　孔板下游管壁内均匀的腐蚀层

② 环烷酸腐蚀　环烷酸(RCOOH，R 为环烷基)，是原油中一些有机酸的总称。主要是指饱和环状结构的酸及其同系物，此外还包括一些芳香族酸和脂肪酸，其相对分子质量(分子量)在很大范围内变化(180~350)。环烷酸在常温下对金属没有腐蚀性，但在高温下能与铁等生成环烷酸盐，引起剧烈的腐蚀。环烷酸的腐蚀起始于 220℃，随温度上升而腐蚀逐渐增加，在 270~280℃时腐蚀最大，温度再提高，腐蚀又下降，到 350℃附近又急剧增加。温度超过 400℃以上则没有腐蚀，原因是，此时原油中环烷酸已基本气化完毕，气流中酸性物浓度下降。环烷酸腐蚀生成特有的锐边蚀坑或蚀槽，这是与其他腐蚀相区别的一个重要标志。爆口部位内表面包括起爆点附近宏观检查并未发现环烷酸腐蚀生成特有的锐边蚀坑或蚀槽，爆口部位见图 3-7-29。

图 3-7-29　爆口部位

一般以原油中的酸值来判断环烷酸的含量，原油酸值大于 0.5mgNaOH/g(原油)时即能引起设备的腐蚀。由于没有减底渣油的酸值数据，但从脱前原油酸度测试的结果，可知减底渣油的酸值不会超过 0.5mgNaOH/g，说明减底渣油线发生高温环烷酸腐的可能性不大。

4　失效部件材料性能测试

对失效部件进行机械性能试验，分别为管道的纵向和横向，测试项目包括常温拉伸与冲击试验以及操作温度(360℃)下的拉伸试验，共计六组试件。

(1) 常温拉伸试验

按照 GB/T 228—2002 进行纵向拉伸试验：采用由管壁厚度加工圆形截面 *R*8 试样；横向拉伸试验：经展平后加工成 *R*8 试样(图 3-7-30 和图 3-7-31)。

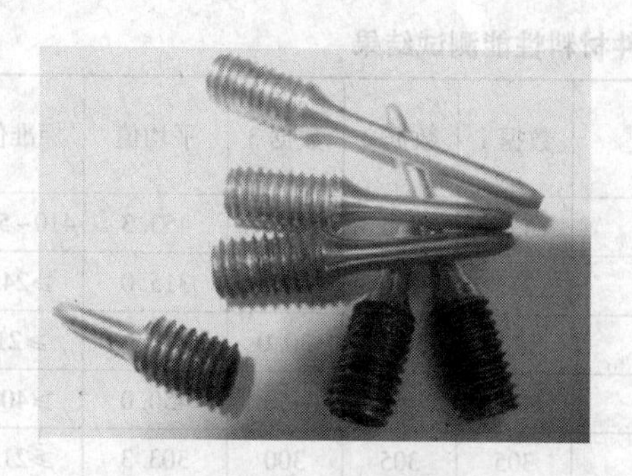
图 3-7-30 常温纵向拉伸

图 3-7-31 常温横向拉伸

（2）高温（360℃）拉伸试验

按照 GB/T 4338—2006 进行纵向拉伸试验：采用由管壁厚度加工圆形截面 *GR*3 试样；横向拉伸试验：经展平后加工成 *GR*3 试样（图 3-7-32 和图 3-7-33）。

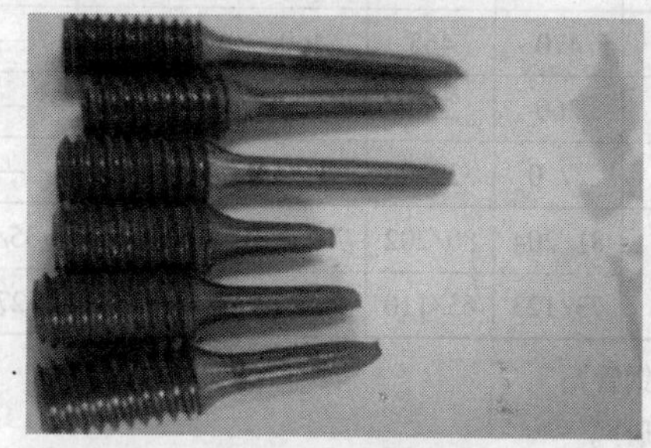
图 3-7-32 高温纵向拉伸

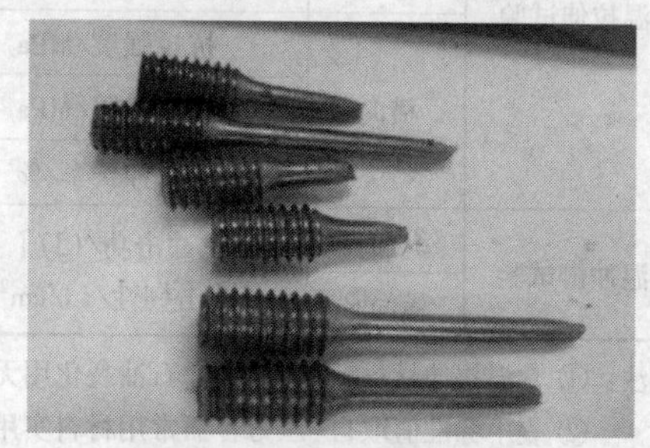
图 3-7-33 高温横向拉伸

（3）常温冲击试验

按照 GB/T 229—2007 进行纵向冲击试验：采用由管壁厚度冲击小试样5mm×(7.96mm，7.94mm，7.96mm)×55mm；横向拉伸试验：加工成冲击小试样(7.44mm，7.40mm，7.34mm)×(8.00mm，8.00mm，7.98mm)×55mm（未经展平）（图 3-7-34、图 3-7-35）。测试结果见表 3-7-8。

图 3-7-34 纵向冲击

图 3-7-35 横向冲击

表 3-7-8 失效部件材料性能测试结果

测试项目	测试方向	测试内容	数据 1	数据 2	数据 3	平均值	标准值
常温拉伸试验	纵向①	抗拉强度/MPa	450	455	455	453.3	410~550
		屈服极限/MPa	315	320	310	315.0	≥245
		断后伸长率/%	38.5	34.5	30.0	34.3	≥21
	横向②	抗拉强度/MPa	445	455	450	450.0	≥400
		屈服极限/MPa	305	305	300	303.3	≥215
		断后伸长率/%	36.5	32.0	35.0	34.5	≥22
高温拉伸试验	纵向②	抗拉强度/MPa	460	465	465	463.3	337~409
		屈服极限/MPa	350	355	345	350.0	131~218
		断后伸长率/%	32.5	30.0	29.0	30.5	37
	横向	抗拉强度/MPa	470	465	460	465.0	—
		屈服极限/MPa	260	250	250	253.3	—
		断后伸长率/%	27.0	29.0	31.5	29.2	—
常温冲击试验	纵向①	[冲击功/(J)]/[冲击韧性/(J/cm^2)]	81/204	80/202	79/198	80.0/201	≥35/108
	横向②		73/123	65/110	66/113	68.0/115.3	≥27/-

注：① 常温拉伸材料标准值取自《石油裂化用无缝钢管》；

② 表中标准值取自《压力容器常用材料实用手册》。

材料性能测试的结果表明管道材料常温下的性能指标满足标准的要求值，材料操作温度下的强度指标超过测试结果的分布范围，而韧塑性指标低于测试结果。说明材料在高温下材料强度较高，但塑性指标有所下降。

5 失效分析结论

① 失效管段发生开裂是由于介质内的硫等杂质形成的高温硫化物导致的腐蚀壁厚减薄。

② 限流孔板的设置导致下游临近孔板的管段内流速的剧增，加速高温硫化物腐蚀减薄。

③ 可能由于某种原因造成的介质流态产生偏转使得局部的腐蚀减薄加剧，当剩余壁厚无法承受内压等载荷的作用时，发生韧性撕裂，由于介质的燃点低于操作温度，导致火灾事故。

第8节 加氢裂化装置空冷器出口管道鼓包失效分析

1 加氢裂化装置A101空冷器出口管道鼓包失效背景介绍

2007年5月某公司对其加氢裂化装置A101空冷器出口管道进行检验，发现该管道部分管段有夹层征象，截取出该部分一段长度约为400mm的管段，检查发现内壁有明显的鼓包。2008年2~5月对该管段进行检测和取样试验，以确定鼓包的形状及特点，并分析其形成原因，给出对于装置继续安全运行的建议。该管段相关参数见表3-8-1。

表3-8-1 管段相关资料及主要参数

名称	A101空冷器出口管		
设计单位	日本日挥公司	安装单位	茂石化建设公司
投用日期	1983年11月	结构特点	钢板卷管，PWHT，RT100%
检验单位	茂石化建设公司检验所	检验历史	2003年3月~2007年5月
主体材质	ASTM SA 515 GR. B65	主要规格	ϕ406mm(16″)×26mm
设计压力	17.7MPa	设计温度	60℃
操作压力	16.84MPa	操作温度	49℃
腐蚀裕量	1.0mm	耐压试验	26.55MPa
介质	馏分油、氢气、硫化氢、氨、水、瓦斯等混合物		

2 管段的鼓包分析及结果

(1) 资料查阅

根据该公司提供的相关原始资料，该管段材料牌号为ASTM A672 GR. B65 Cl. 22，采用最小厚度为26mm的钢板卷焊制作，规格为16in。根据其材料牌号查找ASTM标准可知制造A672 GR. B65 Cl. 22钢管所采用钢板材料牌号为ASTM SA 515 GR. B65，卷焊后应进行消应力热处理(590~680℃)、射线探伤和压力试验。查找ASTM标准可知ASTM SA 515 GR. B65钢板的化学成分和力学性能要求，见表3-8-2。

(2) 宏观检查和测量

对鼓包部位进行宏观检查，发现管段内外壁腐蚀情况均较轻微，无明显的腐蚀坑。外壁无明显变形，在管段内壁可以发现多处较为明显的鼓包，从管道外壁进行超声波直探头扫查，进一步查明管段内缺陷的分布状况。

表 3-8-2 ASTM SA 515 GR. B65 的化学成分和强度要求

项目		要求	项目	要求
化学成分	C/%	≤ 0.31	屈服极限/MPa	≥ 240
	Mn/%	≤ 0.98(成品)	强度极限/MPa	450~585
	P/%	0.035	延伸率/%	≥ 23(标距为 50mm)
	S/%	0.035	夏比 V 形缺口冲击	按用户要求
	Si/%	0.13~0.45		

超声波直探头扫查发现的多处缺陷，如图 3-8-1 中圈出的位置。母材上缺陷面积较大的约有 8 处，见图 3-8-2 中的 A~H 所示，其中 D 处面积最大，长度方向最大值约 300mm，宽度也超过 250mm，该区域的中心处恰巧与内侧最明显的鼓包位置对应，见图 3-8-2 中的 M 位置(虚线范围)。除了这 8 处缺陷外，管段母材上其余部位也发现数量较多的缺陷信号，但面积相对于图 3-8-2 中的 A~H 小很多。焊接接头位置的扫查结果显示该区域没有面积较大的缺陷信号反射。

图 3-8-1 超声波直探头缺陷扫查

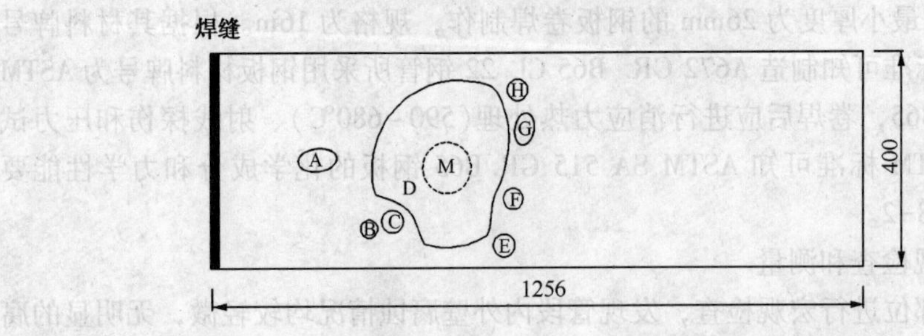

图 3-8-2 超声波直探头扫查发现的主要缺陷分布示意图

（3）壁厚测量

根据宏观检查的结果发现，管段内外壁均无明显的腐蚀坑或局部腐蚀痕迹，故在管段母材上按阵列布点测量的方式分别用超声波探伤仪直探头测量壁厚，基本按照等距排列的方式测量12(列)× 5(行)总共60点位的壁厚值。发现大部分区域的测厚值结果在25.5mm上下波动，而在部分区域，尤其是如图3-8-4所示的8处缺陷区域内超声波探伤仪直探头底波反射的结果表明，缺陷处管段外壁一侧的壁厚在18mm左右，管段内壁一侧的壁厚在7mm左右，具有显著的夹层反射特征，同时还用超声波测厚仪进行了测量对比。位置及结果见图3-8-3和表3-8-3,“+”表示前一个值为外侧壁厚测量值，后一个值为内侧壁厚测量值；“★”表示测量时因耦合效果不理想，数值无法显示。

表3-8-3　管段测厚结果统计表

方法＼结果/mm	测点位置											
	1-1	1-2	1-3	1-4	1-5	1-6	1-7	1-8	1-9	1-10	1-11	1-12
超声波探伤仪直探头	25.8	25.7	25.7	25.9	25.8	25.4	25.5	25.8	25.8	26.0	25.7	25.4
超声波测厚仪	25.7	25.7	25.6	25.7	25.7	25.5	25.5	25.6	25.7	26.0	25.8	25.3

方法＼结果/mm	测点位置											
	2-1	2-2	2-3	2-4	2-5	2-6	2-7	2-8	2-9	2-10	2-11	2-12
超声波探伤仪直探头	25.7	25.6	25.7	18.8+7.0	18.7+6.8	18.6+6.9	25.7	25.7	25.5	25.4	25.9	25.6
超声波测厚仪	25.6	25.6	25.5	★	★	★	25.7	25.6	25.4	25.5	25.8	25.8

方法＼结果/mm	测点位置											
	3-1	3-2	3-3	3-4	3-5	3-6	3-7	3-8	3-9	3-10	3-11	3-12
超声波探伤仪直探头	25.6	18.4+7.1	25.4	18.5+7.0	17.8+7.7	18.0+7.4	25.6	25.6	25.8	25.2	25.5	25.7
超声波测厚仪	25.5	★	★	★	★	★	25.6	25.5	25.7	25.4	25.6	25.5

方法＼结果/mm	测点位置											
	4-1	4-2	4-3	4-4	4-5	4-6	4-7	4-8	4-9	4-10	4-11	4-12
超声波探伤仪直探头	25.5	25.6	25.6	18.4+7.3	18.2+7.4	25.5	25.4	25.6	26.1	26.0	25.8	25.3
超声波测厚仪	25.6	25.6	25.5	★	★	★	25.5	25.4	25.9	26.0	25.8	25.4

方法＼结果/mm	测点位置											
	5-1	5-2	5-3	5-4	5-5	5-6	5-7	5-8	5-9	5-10	5-11	5-12
超声波探伤仪直探头	25.7	25.6	18.3+7.4	25.8	18.8+7.2	18.5+7.3	25.4	25.2	25.3	25.7	25.5	25.3
超声波测厚仪	25.6	25.6	★	25.8	★	★	25.5	25.4	25.3	25.9	25.6	25.3

测厚结果显示超声波探伤仪直探头测量的有效壁厚在25.2~26.1mm之间，具有夹层反射特征区域的外侧壁厚测量值在17.8~18.8mm之间，内侧壁厚测量

值在 6.8～7.4 之间。采用超声波测厚仪测量时结果基本与超声波探伤仪一致，最大误差为 0.2mm，约为±0.8%，不过在夹层反射特征较为明显的区域超声波测厚仪无法有效测量，没有读数或者数值波动异常。

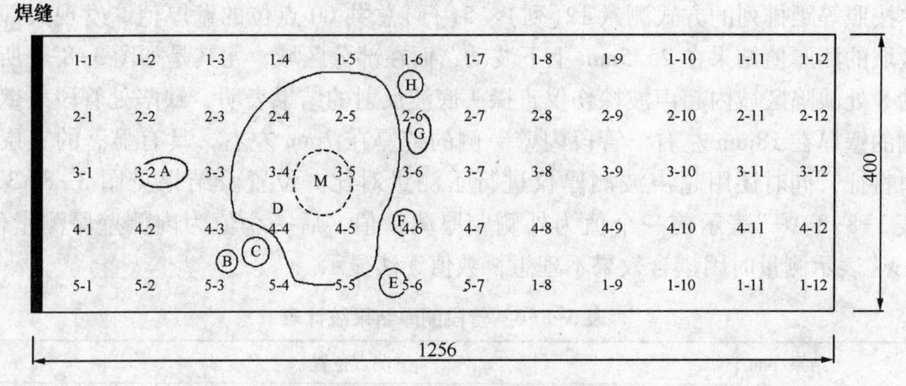

图 3-8-3　壁厚测量位置示意图

（4）硬度测量

管段的硬度测量位置及测量结果见图 3-8-4 和表 3-8-4。从硬度测量结果可以分析出无论是焊接接头的母材、焊缝和热影响区，还是其他部位包括鼓包部位的母材，硬度值均不高。

表 3-8-4　硬度测量结果统计表

测量结果/HB 测量方法	测点位置							
	Ⅰ-1	Ⅰ-2	Ⅰ-3	Ⅰ-4	Ⅰ-5	Ⅰ-6	Ⅰ-7	Ⅰ-8
母　材	111	108	105	112	112	107	110	103
热影响区	138	136	133					
焊　缝	134	137	135					

（5）表面无损检测

为查明管段内外壁是否存在表面缺陷，对管段内、外壁进行湿荧光磁粉检测。检测按照 JB/T 4730—2005 的要求，在暗室条件下进行，采用交流磁扼和喷雾式荧光磁悬液，见图 3-8-5，检测时关闭所有室内普通照明灯光，只在紫光灯下观察。

检测发现内壁存在两处表面裂纹，较大裂纹长度约 25mm，大体与环向（材料轧制方向）平行，裂纹一端与环向约成 45°夹角，无明显分岔；较小裂纹长约 3mm，亦与环向平行。两条裂纹之间的最小间距仅约 1mm，见图 3-8-6 和图 3-8-7，均位于最明显内壁鼓包处的中心区域。湿荧光磁粉检测未发现内外壁其他部位存在任何表面或近表面的裂纹类缺陷。

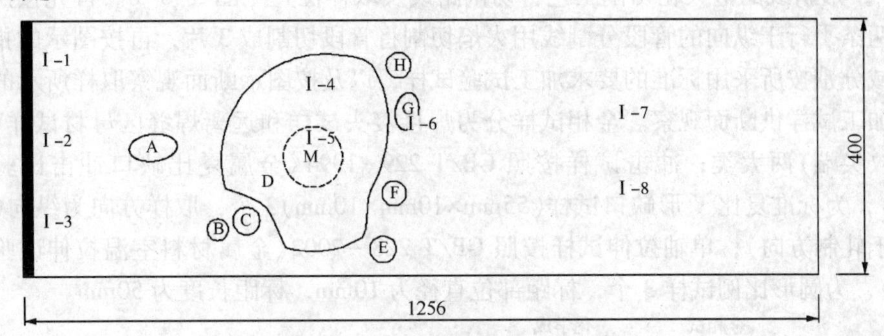

图 3-8-4　硬度测量位置分布示意图

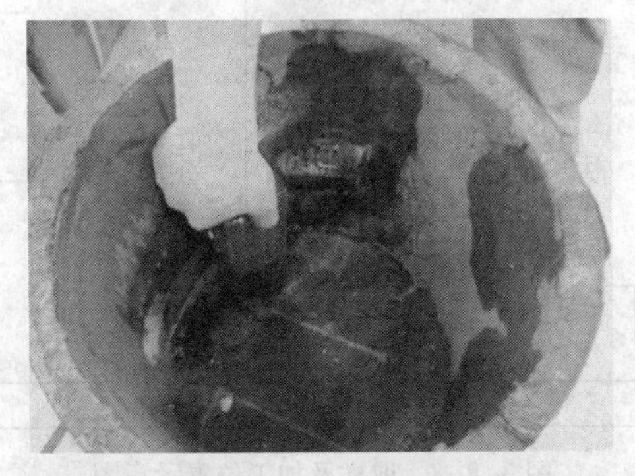

图 3-8-5　管段表面湿荧光磁粉检测示意图

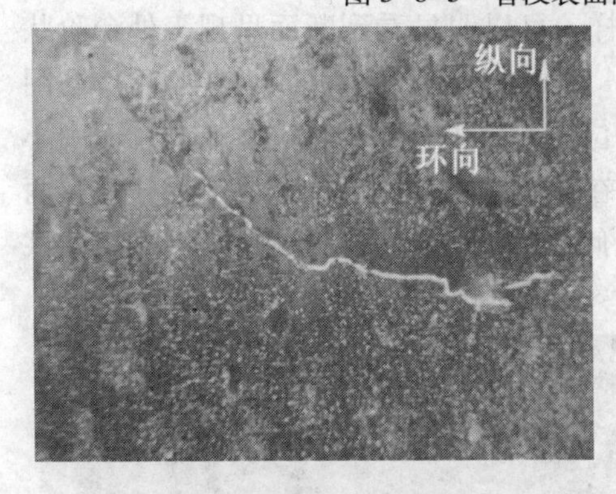

图 3-8-6　内壁鼓包中心发现的表面裂纹

图 3-8-7　内壁鼓包中心发现的表面裂纹尺寸比例

（6）取样及加工

由于超声波探伤发现母材内存在夹层征象的缺陷，需要对该管段进行切割加工取样，以进行进一步的观察和分析。考虑到缺陷相对比较集中，切割时采用

"Z"字形折线的电火花切割工艺，切割路线及取样位置见图 3-8-8。首先按照图中两条平行于纵向的管段分割线用火焰切割将管段切割成 3 片，再按图示的指定区域分别按所采用标准的要求加工试验试样，以及按图示断面观察取样所示的线路加工试样供断面观察。金相试样分为焊接接头试样和远离焊缝区母材试样(含裂纹尖端)两大类；冲击试样按照 GB/T 229-1994《金属夏比缺口冲击试验方法》，为标准夏比 V 形缺口试样(55mm×10mm×10mm)3 个，取样方向为纵向(垂直于轧制方向)；单轴拉伸试样按照 GB/T 228—2002《金属材料室温拉伸试验方法》，为圆形比例试样 3 个，标距部位直径为 10mm，标距长度为 50mm。

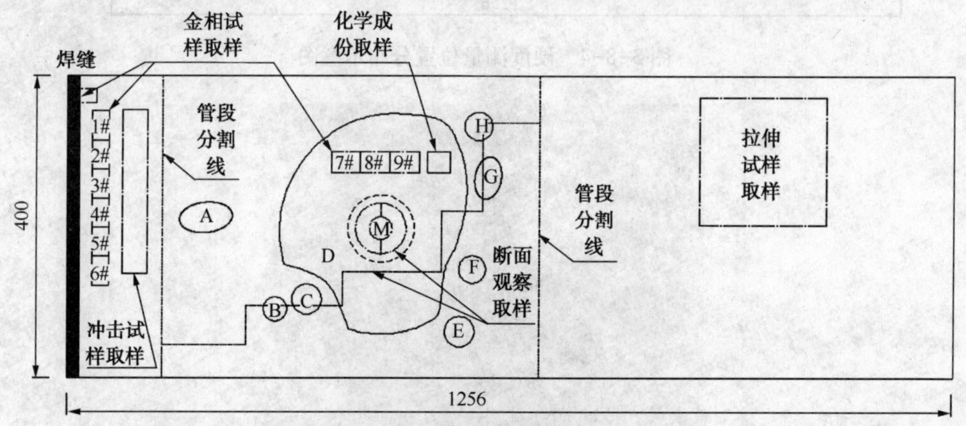

图 3-8-8 取样及加工位置示意图

根据图 3-8-8 加工后的断面观察试样，可以明显看到断面呈现多处台阶状开裂见图 3-8-9～图 3-8-12。鼓包 M 处两个直径为 100mm 的半环，见图 3-8-12，最大开裂间隙约为 2mm，边缘部位内外壁仍有部分粘连在一起；而中心处直径为 30mm 的小块圆形区域(裂纹所在位置)，在加工周线后自行分开成两片，即缺陷处内外壁已经完全剥离，无任何粘连，这两片作为断口形貌分析的试样，见图 3-8-12(b)。

图 3-8-9 断面观察试样加工示意图

图 3-8-10 Z 字形断面总形貌

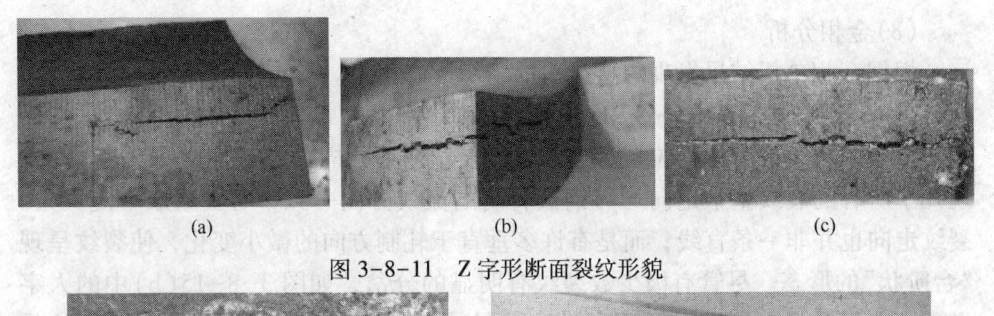

(a) (b) (c)

图 3-8-11 Z 字形断面裂纹形貌

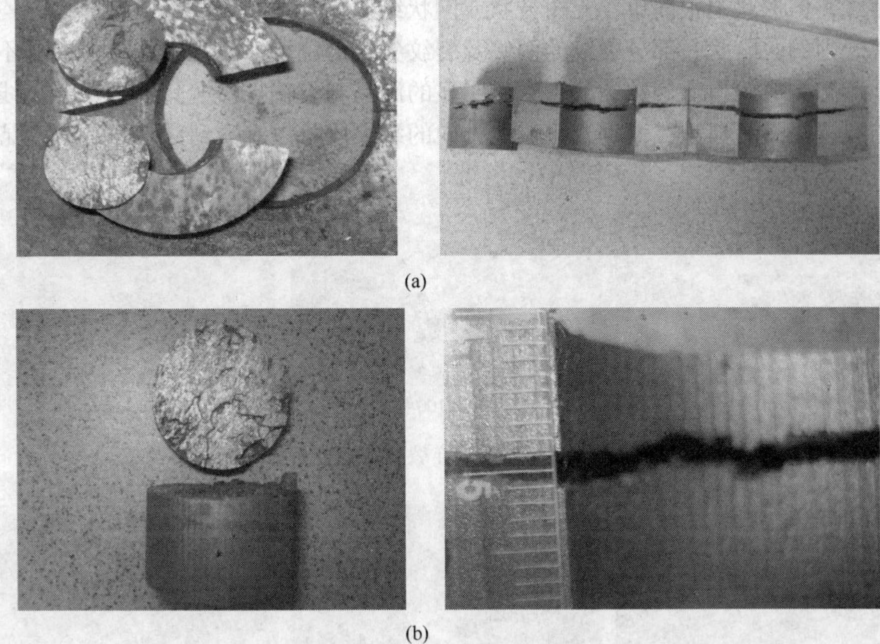

(a)

(b)

图 3-8-12 鼓包部位断面图

(7)材料化学成分分析

为确定管段母材化学成分，在远离焊接接头的区域取样进行化学成分分析，结果见表 3-8-5，可以看出母材化学成分完全符合标准的要求，尤其是 S 元素的含量比标准最低要求低将近一个数量级。

表 3-8-5 母材化学成分分析结果

分析元素	C	Mn	P	S	Si
标准要求/%	≤0.31	≤0.98(成品)	0.035	0.035	0.13~0.45
实测值/%	0.27	0.84	0.020	0.0079	0.26

(8)金相分析

根据金相分析结果发现焊接接头的组织形态正常。

1#~6#试样位于图 3-8-8 中焊接接头旁边的母材上，7#~9#试样位于图 3-8-8中化学成分取样位置旁边的母材上。仔细分析图 3-8-13~图 3-8-19 发现几乎所有的裂纹基本走向均与钢板轧制的流线方向一致，有少数成一定夹角。裂纹走向也并非一条直线，而是有许多垂直于轧制方向的微小变化，使裂纹呈现“台阶状”的形态。尽管有极少数裂纹有明显的分岔，如图 3-8-15(b)中的人字形裂纹，但形状也很简单，无树枝状或网状结构，其他裂纹几乎没有分岔，均呈非常规则的台阶状。部分裂纹的两侧及裂纹尖端部位可以地观察到材料成分不均匀，形态类似偏析。多数裂纹基本呈明显的沿晶开裂特征，尤其以平行于流线方向的裂纹段最为典型；而垂直于流线方向的裂纹段可以观察到穿晶开裂的情况。

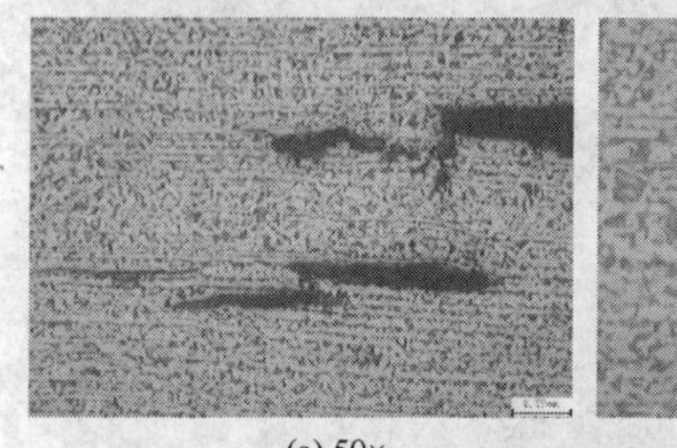

(a) 50×

(b) 100×

(c) 200×

图 3-8-13　1#试样裂纹尖端金相图

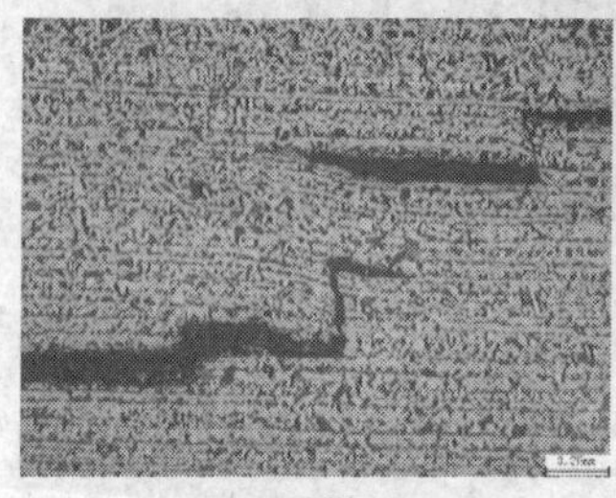

(a) 2#试样 50×

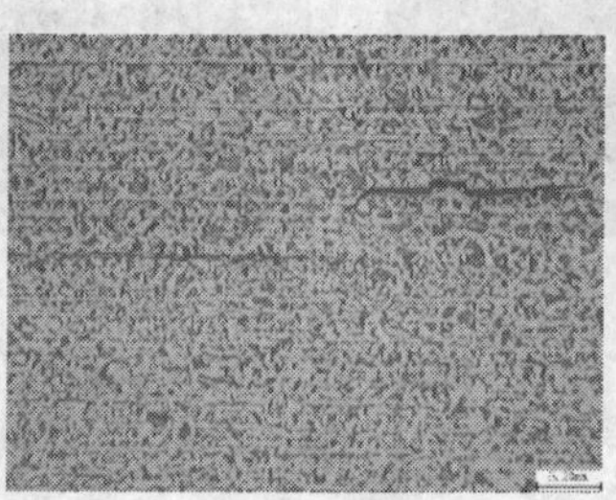

(b) 3#试样 50×

(c) 3#试样 100×

图 3-8-14　裂纹尖端金相图

(9) 扫描电镜观察

电镜扫描的断口形貌图见图 3-8-20 和图 3-8-21，其中图 3-8-20(a)~图 3-8-20(c)为靠近管道内壁的试样，即图 3-8-12(b)鼓包部位断面图左图中上面的断口试样，其中图 3-8-21 为靠近管道外壁的试样，即图 3-8-12(b)鼓包部位断面图左图中下面的断口试样。

观察发现断面基本呈立体台阶状分布，每个台阶面与母材表面基本平行，类似与梯田的形状，肉眼观察台阶面具有比较明显的金属光泽。在扫描电镜下低倍断口观察如图 3-8-20(a)，可以观察到台阶状断面的边缘曲线比较平滑。图 3-8-20(b)是 500 倍下的断口形貌，可以观察到一些细小的孔隙和沟槽，类似于材料中夹杂物在轧制后的轮廓边缘。图 3-8-20(c)是 1500 倍下的断口形貌，可以观察到晶界特征，晶粒基本呈条块状。

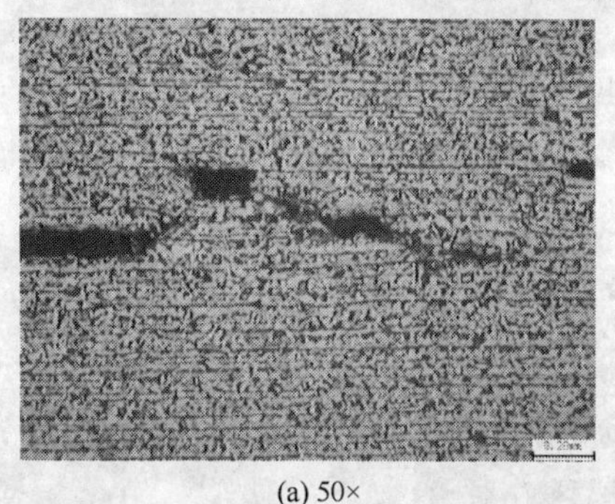
(a) 50×

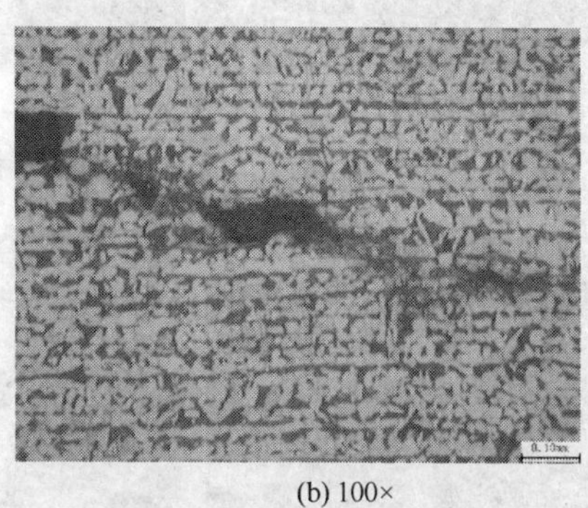
(b) 100×

图 3-8-15　4#试样裂纹尖端金相图

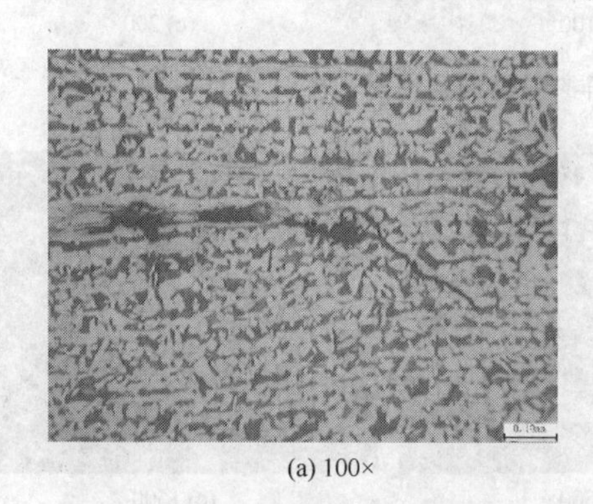
(a) 100×

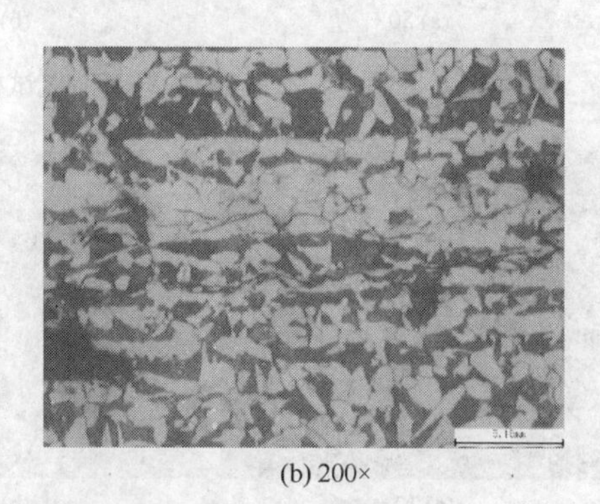
(b) 200×

图 3-8-16　6#试样裂纹尖端金相图

(a) 50×

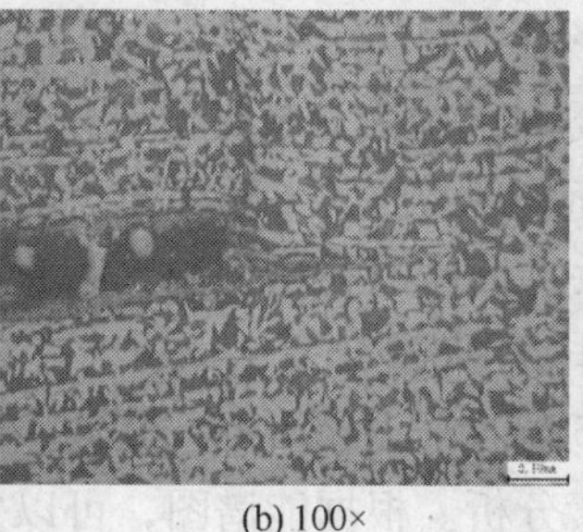
(b) 100×

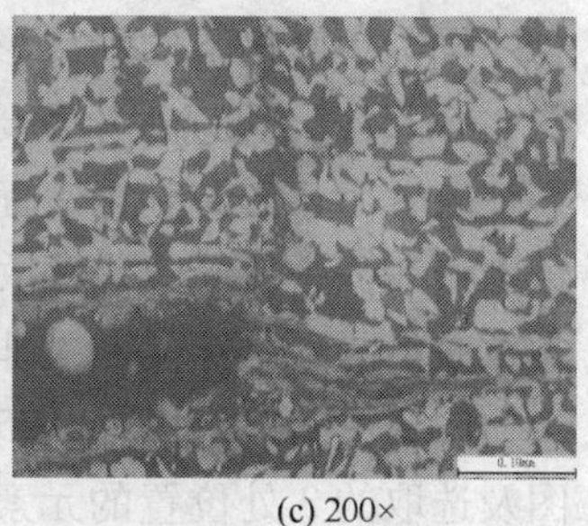
(c) 200×

图 3-8-17　7#试样裂纹尖端金相图

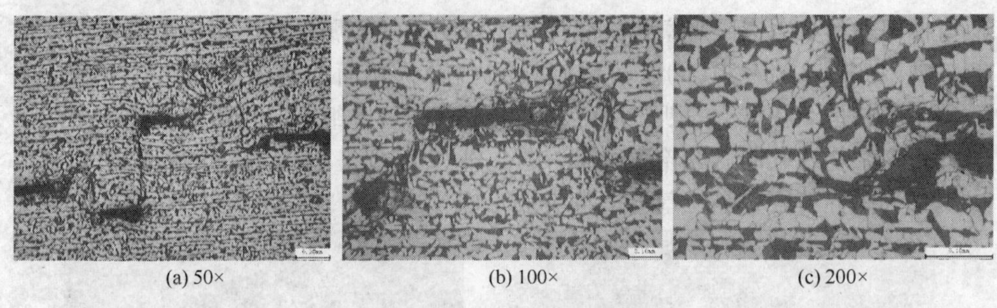

(a) 50×　　(b) 100×　　(c) 200×

图 3-8-18　8#试样裂纹尖端金相图

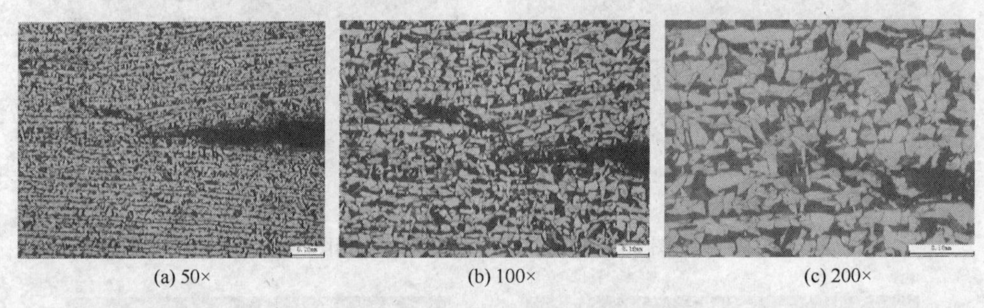

(a) 50×　　(b) 100×　　(c) 200×

图 3-8-19　9#试样裂纹尖端金相图

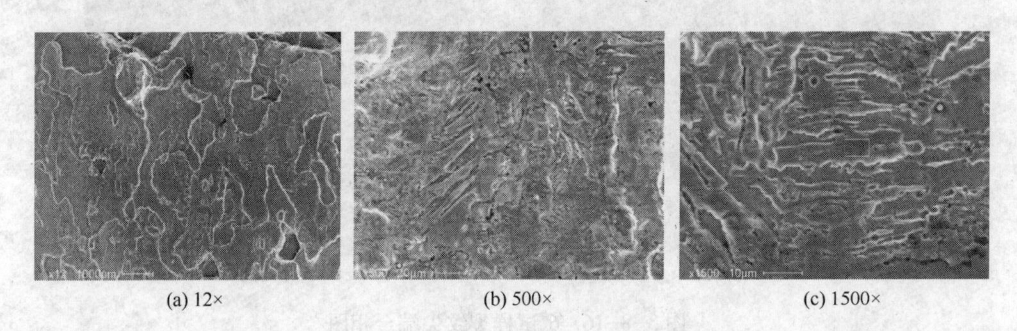

(a) 12×　　(b) 500×　　(c) 1500×

图 3-8-20　扫描电镜下的断口观察

同为 500 倍下的断口形貌，图 3-8-21(a)可以观察到母材轧制的流线特征，图 3-8-21(b)可以观察到母材晶粒表面有类似氧化物的表皮，表皮具有明显的龟裂征象。由于鼓包处内表面发现裂纹，工艺介质可能经裂纹已经渗入鼓包内，腐蚀断口表面，使断口表面失去断裂时初始形貌，因此根据现在的断口形貌要判断裂纹是沿晶还是穿晶断裂非常困难。

图 3-8-22~图 3-8-25 给出了与图 3-8-20 同一试样但不同试场的断口形貌图及选取的 3 处位置的元素分析。根据能谱图，可以发现图 3-8-22 中选定的 1#位的 Fe 元素含量很低，而 Mn 元素含量较高，S 元素的含量非常高；2#位的 Fe

元素含量非常高，而 Mn 元素含量极低，S 元素的含量比较高，能谱分析还发现了一定量 O 元素的存在；3#位的 Fe 元素含量非常高，而 Mn 元素含量较高，S 元素的含量也非常高。

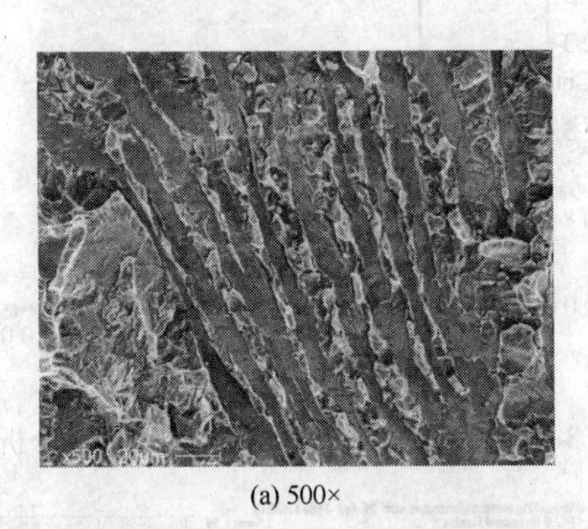

(a) 500×

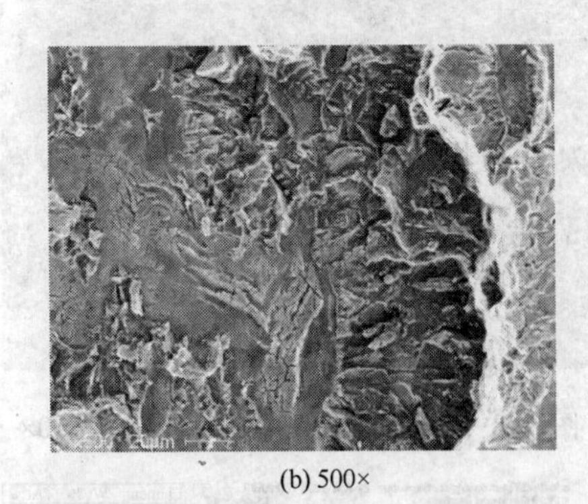

(b) 500×

图 3-8-21 扫描电镜下的断口观察

图 3-8-26~图 3-8-29 给出了与图 3-8-21 同一试样但不同试场的断口形貌图及选取的 3 处位置的元素分析。根据能谱图，可以发现图 3-8-26 上选定的 1#位的 Fe 元素含量非常高，而 Mn 元素含量很低，S 元素和 O 元素的含量非常高；2#位的 Fe 元素含量非常高，其他元素含量都比较低；3#位的 Fe 元素含量非常高，S 元素和 O 元素的含量也比较高。

断口的元素能谱分析表明断口当前状态下 S 元素含量一般均比较高，断口部位 Mn 含量高而 Fe 含量低。究其原因，一种可能是工艺介质对断口形成腐蚀，S 元素被沉淀而 Fe 元素损失，导致 Mn 和 S 相对偏高而 Fe 偏低；另一种可能是在原材料冶炼过程中加入 Mn 元素作为脱氧剂和脱硫剂，反应中产生 MnS 夹杂。因冶炼反应中产生的 MnS 夹杂熔点比较高，率先以团状或块状形态析出，又因其膨胀系数比钢大，形成材料局部不连续。在钢板轧制过程中，团状或块状 MnS 沿轧制方向延伸变形，形成条状夹杂物。变形后的 MnS 与钢基体增加了界面，由于二者的膨胀量不同，则冷却时收缩量也不同，这样 MnS 与钢基体界面间就产生了内应力，减弱了二者间的结合力，即使微小的应变也能在界面间形成空洞，空洞间的横向间距很小，当超过极限应变范围时，就发生空洞的聚合，引起开裂。MnS 夹杂与钢基体由于膨胀系数不同，其界面或形成的空洞均易吸氢，成为氢的陷阱，氢在此富集后形成局部高氢压，致使微裂纹萌生和扩展，最终形成裂纹。

由于这两种原因可能同时存在，无法确定究竟是哪种原因所致。同样的道理，部分区域检测到的 O 元素则可能是钢板轧制时钢水脱氧的反应生成物，也可能时工艺物料从裂纹渗入反应的结果。

图 3-8-22 鼓包位置断口电镜扫描 700×

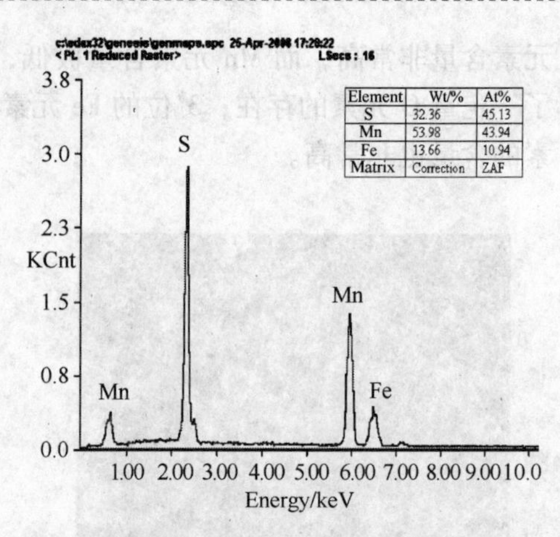

图 3-8-23 图 3-8-22 中 1# 位元素能谱分析

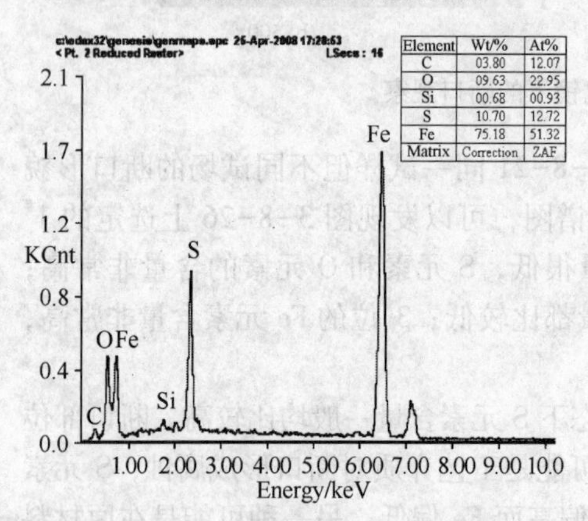

图 3-8-24 图 3-8-22 中 2# 位元素能谱分析

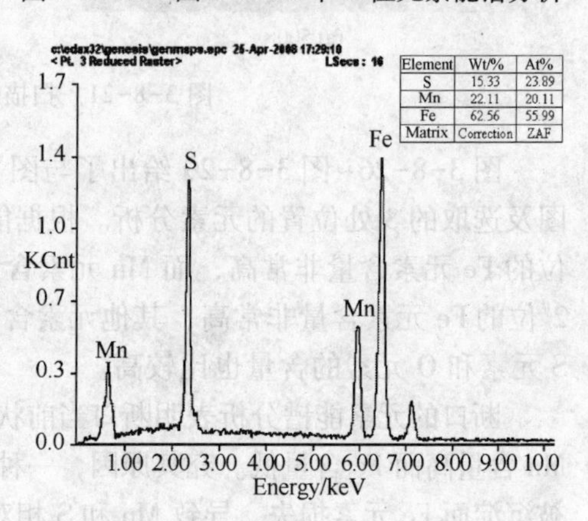

图 3-8-25 图 3-8-22 中 3# 位元素能谱分析

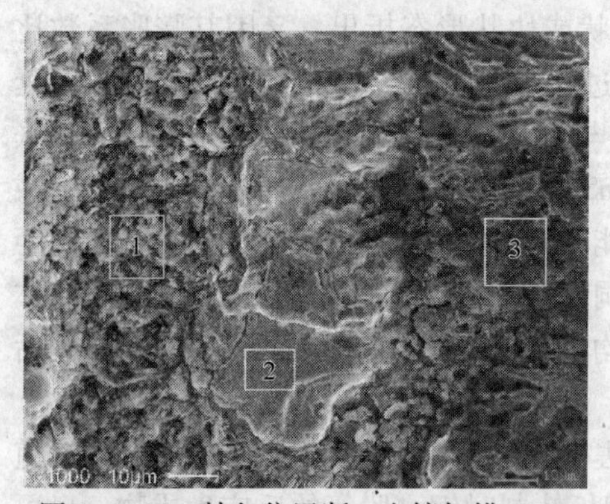

图 3-8-26 鼓包位置断口电镜扫描 700×

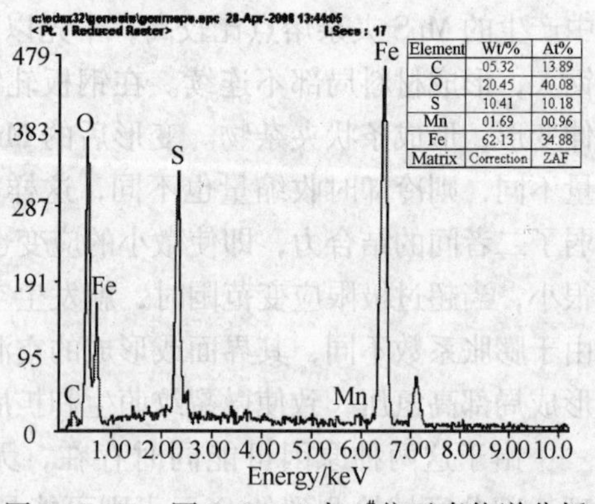

图 3-8-27 图 3-8-26 中 1# 位元素能谱分析

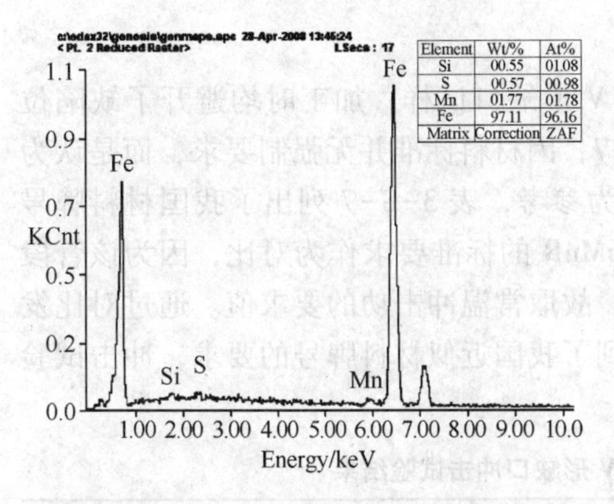

图 3-8-28 图 3-8-26 中 2#位元素能谱分析

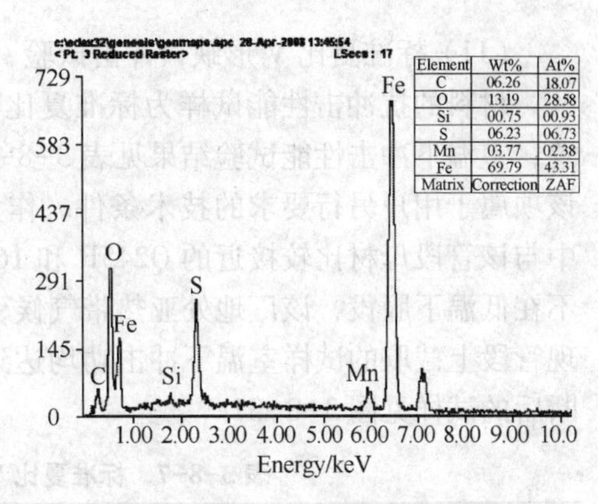

图 3-8-29 图 3-8-26 中 3#位元素能谱分析

(10)拉伸试验

材料的拉伸性能试验取样加工时发现母材内存在大量缺陷，所有拉伸试验的取样均避开了缺陷位置。室温单轴拉伸性能试验结果见表 3-8-6，对比材料标准要求，发现正常母材的拉伸性能完全符合标准要求，屈服极限和断后伸长率均比标准高出许多，断后的拉伸试样见图 3-8-30。

表 3-8-6 室温单轴拉伸性能试验结果

试样编号	试样规格/mm	试验温度 t/℃	强度极限 R_m/MPa	屈服极限 R_{eL}/MPa	断后伸长率 A/%	断面收缩率 Z/%
1	ϕ10	20	515	295	30.5	57.0
2	ϕ10	20	515	300	31.0	57.5
3	ϕ10	20	515	295	28.5	58.0
标准要求			450~585	≥240	≥23	

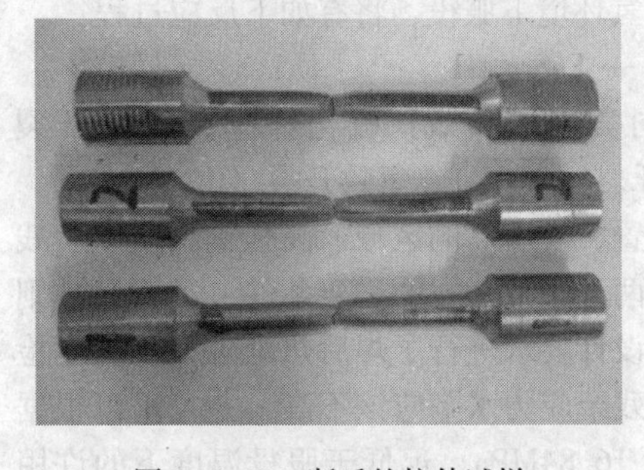

图 3-8-30 断后的拉伸试样

图 3-8-31 断后的冲击试样

（11）标准夏比 V 形缺口冲击试验

材料的抗冲击性能试样为标准夏比 V 形缺口试样，加工时均避开了缺陷位置，室温下冲击性能试验结果见表 3-8-7，因材料标准并无强制要求，而是认为该项属于用户另行要求的技术条件。作为参考，表 3-8-7 列出了我国材料牌号中与该管段母材比较接近的 Q245R 和 16MnR 的标准要求作为对比，因为该管段不在低温下服役，该厂地处亚热带气候，故取常温冲击功的要求值。通过对比发现管段上截取的试样室温下冲击功均达到了我国近似材料牌号的要求，冲击试验断后的试样见图 3-8-31。

表 3-8-7 标准夏比 V 形缺口冲击试验结果

试样编号	试样规格 mm×mm×mm	试验温度 t/℃	冲击吸收功 A_{KV}/J
1	55×10×10	20	45
2	55×10×10	20	35
3	55×10×10	20	41
	标准要求		由用户决定
我国类似材料 Q245R 的标准要求		根据需方要求，常温冲击功可按 34J 供货	
我国类似材料 16MnR 的标准要求		根据需方要求，常温冲击功可按 34J 供货	

（12）材料性能分析

根据上述化学成分分析、拉伸和冲击试验、金相分析结果，可以判断出虽然已经服役 294 个月（24 年 6 个月），母材无缺陷部位的各项性能指标仍满足该管段所采用的 ASTM 标准的要求。

3 鼓包原因分析

该管段操作温度为 49℃，管内介质为馏分油、氢气、硫化氢、氨、水、瓦斯等混合物，即管道内壁在典型的湿硫化氢环境下服役，将有如下反应过程：

$$Fe+H_2S(湿) \longrightarrow FeS+2H$$

该反应可能导致母材发生三种不同类型的失效：硫化物应力腐蚀开裂（SSCC）、湿硫化氢环境下应力导向氢致开裂（SOHIC）、氢致开裂（HIC）。

前两种失效主要发生在焊接接头的位置、硬度高的区域、高强钢材质以及残余应力比较高的部位，也就是说应力是前两种失效形式的必要条件，对于 HIC 则不然。考虑到本节所分析的管段安装时按设计要求进行了焊后热处理，且硬度检测的结果也表明材料硬度值不高，材料的残余应力水平应该不高，并且可以根据内压载荷计算出鼓包位置的径向应力约为 16.84MPa，远低于服役温度下的许用应力 128MPa。

本节所分析的管段裂纹有以下显著特征，焊接接头区域几乎没有发现任何开裂，裂纹呈现规则的台阶状。根据前一个特征基本可以排除SSCC和SOHIC的可能，而后一个特征正是HIC区别于其他开裂的明显特征，因此该管段的母材开裂唯一的可能性就是HIC，其发生机理如下：

钢材在接触湿硫化氢的环境下，由于毒化剂(H_2S、S^{2-})的作用，阴极反应生产的H原子不易形成氢分子逸出，富集在钢材表面。H原子体积非常小，在浓度梯度的推动下向钢材内部扩散，在钢材内部材料不连续处，如晶界、位错、夹杂物、裂纹、空洞等(这些位置通常被称作“氢陷阱”)，H原子易发生集聚，并结合成为氢气分子，氢气分子的体积大的多，无法再向钢材内部渗透，只能停留下来，随着聚集的氢分子越来越多，形成很高的气相压力，致使应力水平超过材料的承受极限，引发裂纹的萌生和扩展。因轧制钢板的横向韧性比纵向韧性低，故裂纹扩展时也多与轧制方向平行，只有在一些缺陷互相接近的地方由于局部应力过高会使裂纹垂直于轧制方向扩展，使原本相邻的缺陷连接成为一体，这样的连接形成更大的氢陷阱，导致更多的H原子聚集。钢材轧制过程中MnS等硫化物夹杂被拉长变形，这类氢陷阱一般体积或者面积较大，H原子聚集也相对容易一些，发生开裂或断裂的几率比较高。

图3-8-32和图3-8-33引用美国石油学会标准API 571《炼油工业中静设备损伤机理》中关于氢致开裂(HIC)的图片作为参照对象，观察图3-8-32和图3-8-33可以发现这些图片的裂纹形貌与本节所分析管段的裂纹形貌非常类似，也从侧面佐证了本节分析的管段发生的开裂属于HIC，鼓包也是由于HIC引起的。

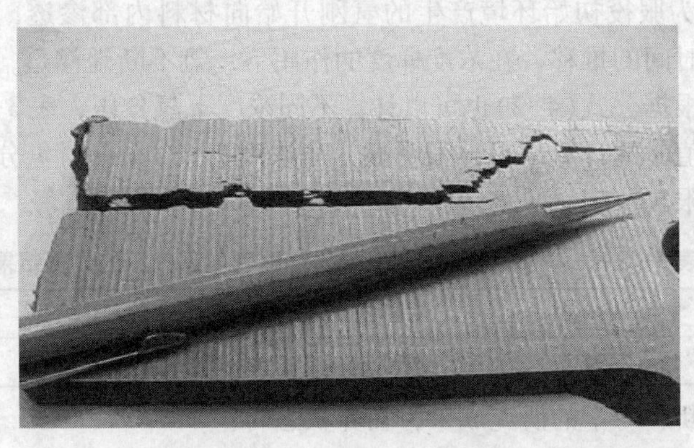

图3-8-32　加氢处理单元中的冷却器管道上的HIC损坏

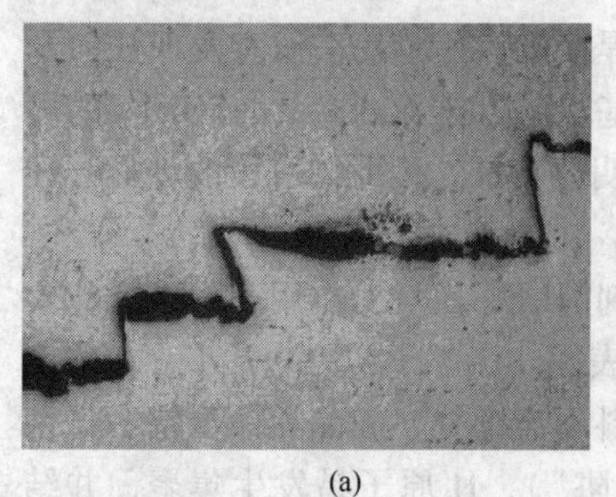
(a)

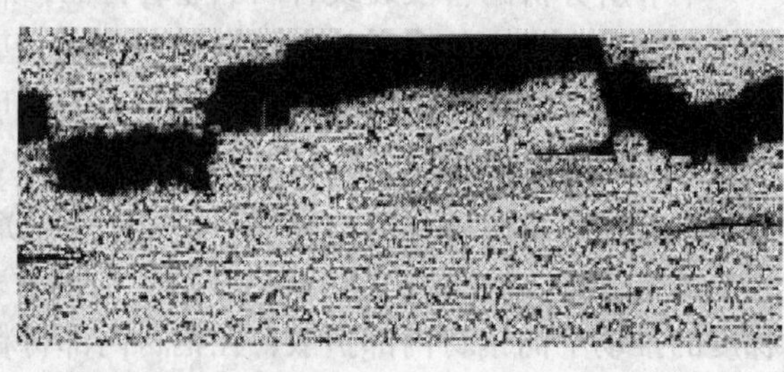
(b)

图 3-8-33　高倍显微镜下的 HIC 损坏特性

4　鼓包内氢分压分析与讨论

氢鼓包的内部气体压力无法采用有效的方法测量，因此采用目前比较受到认同的 Sieverts 定律来进行分析，该定律表明钢中的氢溶解度与平衡的氢压的平方根成正比，表示为：

$$C_{\mathrm{H}} = A \cdot \sqrt{P} \cdot \mathrm{e}^{-\Delta H/RT} \tag{4-1}$$

式中　ΔH——焓的变化量；

P——氢分压。

Hirth 等采用试验的方法来测量钢的 A 与 ΔH 值，给出了如下的经验公式：

$$C_{\mathrm{H}} = 132.2 \cdot \sqrt{P} \cdot \mathrm{e}^{(-3280/T)} \tag{4-2}$$

式中，P 的单位为 MPa，C_{H}的单位为 ppm。按照本节所研究的管段的操作条件(49℃)，因为服役初始环境产生的氢刚开始向材料内部渗透，钢中氢的浓度也很低。随着时间的推移，在浓度梯度的作用下，氢不断地渗透，钢中氢的浓度也越来越高，根据公式(4-2)也可以计算不同浓度下氢分压，表 3-8-8 给出了一系列假设浓度值时的计算结果，很明显，当浓度为 0.1ppm 时氢分压已经超过了材料的屈服极限。

表 3-8-8　49℃时氢在 α-Fe 中的溶解度与氢分压的计算结果

溶解度/ppm	0.01	0.1	0.5	1	3
氢分压/MPa	4.03	403	1.01×10^4	4.03×10^4	3.62×10^5

如果引入断裂力学的研究成果，临界状态时：

$$\sigma_{\mathrm{c}} = \frac{K_{\mathrm{IC}}}{\sqrt{\pi a}} \tag{4-3}$$

式中　K_{IC}——临界断裂参量；

a——裂纹半长；

σ_c——断裂临界应力。设垂直于拉伸方向裂纹投影面积为 S，因为 $\sigma_c \cdot S = P \cdot S$，故 $\sigma_c = P$；

按照 Marandet-Sanz 经验公式：

$$K_{IC} = 19\sqrt{C_{VN}} \tag{4-4}$$

式中 C_{VN}——夏比 V 形缺口试样冲击试验吸收功，J。

根据冲击试验得到的结果取平均值，KIC 计算结果为 $120MPa \cdot \sqrt{m}$，根据宏观检查和测量结果，最大的缺陷规则化为裂纹半长 $a = 300/2 = 150mm$，事实上能观察到的小裂纹数量非常多，放大镜下能清楚辨识的甚至长度不足 1mm，表3-8-9列出了对于于不同裂纹尺寸下的氢分压 P 的计算结果。通过比较可以发现氢可在微裂纹尖端处引发巨大的应力场，导致裂纹快速扩展；随着裂纹的扩展，氢分压逐渐降低。

尽管氢在钢中的溶解度并不高，例如一个大气压下 20℃ 氢在 α-Fe 中溶解度仅为 5×10^{-4}ppm，但由于管段临湿硫化氢氛围，钢材表面的氢原子在 S^{2-}、H_2S 毒化剂的作用下浓度较高，在浓度梯度的推动下不断向内渗透，使过饱和的氢固溶在钢材中，这些氢又容易在氢陷阱处聚集，即使聚集的氢浓度达到 0.1ppm 这样非常低的水平，按浓度平衡公式(4-2)氢分压可达到 403MPa，再根据断裂平衡公式，可以反推出此时的裂纹长度 $2a = 56mm$，如此大尺寸的裂纹在钢材内很容易与其他裂纹连接形成更大的缺陷。同样的道理，如果我们假设检测发现的最大缺陷是单个裂纹，并假设其按理想状态扩展而成，那么可反推出其氢分压为 203MPa，氢在缺陷附近钢材中的浓度为 0.073ppm。当然由于实际的裂纹缺陷并不是规则的形状，也不可能完全平行于表面，这样的计算结果也只能是粗略的估计值，但有一点可以基本断定，即使钢材中氢的浓度并不高，也足以造成材料的 HIC。

表 3-8-9 不同裂纹尺寸下氢鼓包的气体压力

a/mm	0.01	0.1	1	5	10	50	100	150
P/MPa	24984	7900	2498	1117	790	353	250	203

5 结论与建议

如前所述，该公司 1 号加氢裂化装置 A101 空冷器出口管道的鼓包处内壁发现表面裂纹两处，在钢板内部距离内壁约 1/3 壁厚处沿钢板轧制方向发现大量台阶状开裂。开裂处最大相对张开位移约 2mm，最大缺陷平面尺寸约为 300mm×250mm。金相分析发现这些裂纹多数为沿晶开裂，也有少数裂纹有穿晶的情况。

母材化学成分分析和材料力学性能分析均未发现异常，符合所采用标准的要求，其中因标准中未对缺口冲击试验作出强制要求，故参考了我国类似牌号材料的冲击功要求，也达到了类似水平。综上检测、试验、分析结果可知该管段发生的开裂为氢致开裂(HIC)，内壁鼓包为HIC引起的鼓包。

HIC与多方面因素有关，从介质方面来说，溶液的pH值越低，硫化氢的浓度越高，其他有加速作用杂质(如CN^-、胺)的浓度越高，HIC的敏感性越大；就温度方面来说，从常温到150℃甚至更高温度都能观察到HIC的发生，常温更容易发生HIC；HIC与材料硬度关系不大；就材料本身来说，其化学成分与加工工艺都可以影响到材料的HIC敏感性，一般来说材料内部的不连续越多，如夹杂物或空洞，为氢的集聚提供了良好的场所，HIC的敏感性就越高。

通过对材料选用、材料炼制与制造安装、工艺介质控制等方面采取针对性的措施，可以有效降低材料HIC敏感性，主要建议如下：

① 管道内壁采用防腐涂层或复合层，阻止湿硫化氢与母材基体的直接接触，这样可以避免H原子的产生和渗透。

② 使用具有抗HIC性能的钢可以有效地减小HIC破坏，具体的材料选择和制造导则可以参考NACE 8X194的指导。

③ 材料订货要求应提高S元素含量的控制要求，且钢材的品质要均匀，可以采用超声波探伤等方法检测材料内部的缺陷，如果发现较大的缺陷建议不要使用；制造安装时应注意避免H原子在钢材中的残留，如选择低氢型焊条、焊前预热、焊后消氢、不要在雨雪天气焊接作业等，防止材料未用先坏。

④ 如果工艺条件允许，应注入更多的水来稀释介质，降低介质的浓度。

⑤ 控制溶液的pH值，一般来说略高于7为宜，推荐控制在7~9之间。

⑥ 在役的管道要加强检测，检测以超声波测厚为主，因操作温度不高，可以采用密集测厚的方法，也可以用超声波探伤仪直探头大面积扫查，在缺陷形成的早期加以发现并采取针对性措施，防止酿成严重事故。如果采用测厚的方式，对于信号不良或耦合不利的区域可以采用超声波探伤仪复检，查明缺陷的形状和分布，可根据GB/T 19624—2004《在用含缺陷压力容器安全评定》的相关条款分析缺陷的存在是否影响运行安全，如果不能满足要求，应立即停车更换。

第9节　制氢装置中变气不锈钢管线失效分析

1　背景介绍

该制氢装置设计生产能力为$4\times10^4 Nm^3/h$工业氢，年开工时数为8400h。

自 2009 年 5 月 19 日开工投产以来，制氢装置经历九开九停，截止 2012 年 9 月 17 日共累计运行 753 天，制氢装置主要工艺过程见图 3-9-1。原料轻烃经过净化、蒸汽转化、中温变换、PSA 吸附后制成工业氢气。本次进行失效分析的管道 300-P-6128 所在的中温变换工段工艺流程如下：由转化气蒸汽发生器(E6101)来的 340℃转化气进入中温变换反应器(R6103)，在催化剂的作用下发生变换反应，将变换气中 CO 含量降至 3%(干基)左右。中变气经锅炉给水第二预热器(E6103)、锅炉给水第一预热器(E6104)预热锅炉给水后进入中变气第一分水罐(V6102)；中变气继续与除盐水预热器(E6105)换热后进入中变气第二分水罐(V6103)，最后再经中变气空冷器(A6101)、中变气水冷器(E6107)冷却后降温至 40℃，进入中变气第三分水罐(V6105)分水后进入 PSA 部分。

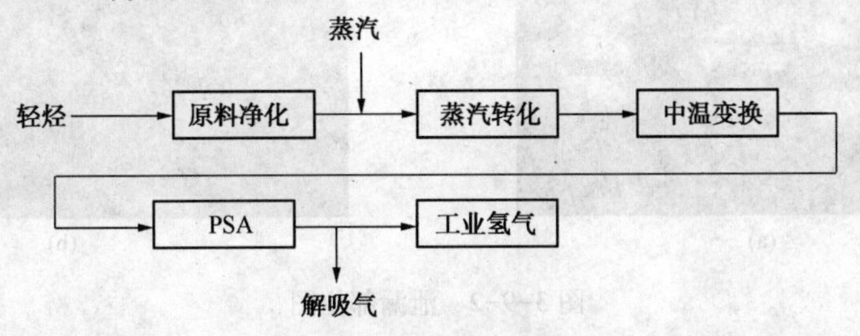

图 3-9-1 制氢装置生产工艺过程

A6101 入口管线 300-P-6128 材质为 304 不锈钢，正常运行温度为 152℃，操作压力为 2.62MPa，介质为中变气(主要成分有 H_2、CO_2、CH_4)，介质化验分析数据见表 3-9-1。2012 年 9 月 13 日，该公司在进行现场检查时，发现 A6101 入口不锈钢管线的弯头、管帽的焊缝热影响区出现 5 处漏点，不断向外泄漏中变气，见图 3-9-2；根据现场情况，该公司安排了部分检验检测工作，对中变分水区不锈钢管线的直管段、弯头、焊缝处进行全面测厚，发现的主要问题是不同管径下的不锈钢弯头的背弯处均存在冲刷减薄现象，泄漏点并不存在减薄现象。另外，该段管线外表面多处出现锈点，对该段管线材质进行光谱检测，光谱检测确认材质为 0Cr18Ni9，与设计相符，材质不存在问题。10 月 20 日 A6101 入口管线(*DN*300)再次发现 1 处长 5cm 左右的环向裂纹；至 10 月 23 日，A6101 入口不锈钢管线共发现 7 处漏点，位置分布如图 3-9-3 中①~⑦所示，10 月 23 日~24 日某公司对该 7 处漏点进行打卡子处理，见图 3-9-4；10 月 25 日，利用可燃气检测仪测量漏点⑦出现报警 10%(LEL)；12 月 1 日，根据分公司生产统筹安排，制氢装置停工检修，更换该段管线。这几次开裂泄漏严重影响了装置的正常运行，并给装置的使用维护造成极大安全隐患。为了解管道失效原因，指导制氢装置不锈钢管线的使用维护管理等工作，特取其中 3 处漏点的管件试样，进行失效分析工作，见图 3-9-5。

表 3-9-1　中变气化验分析数据　　%(体)

氢气	氮气	氧气	甲烷	一氧化碳 (<5.00)	二氧化碳	总计
82.14	1.23	0.19	2.61	0.52	13.31	100

(a)

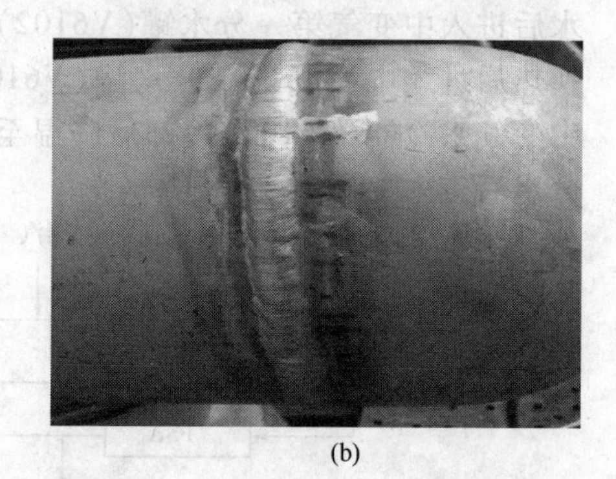

(b)

图 3-9-2　泄漏部位图

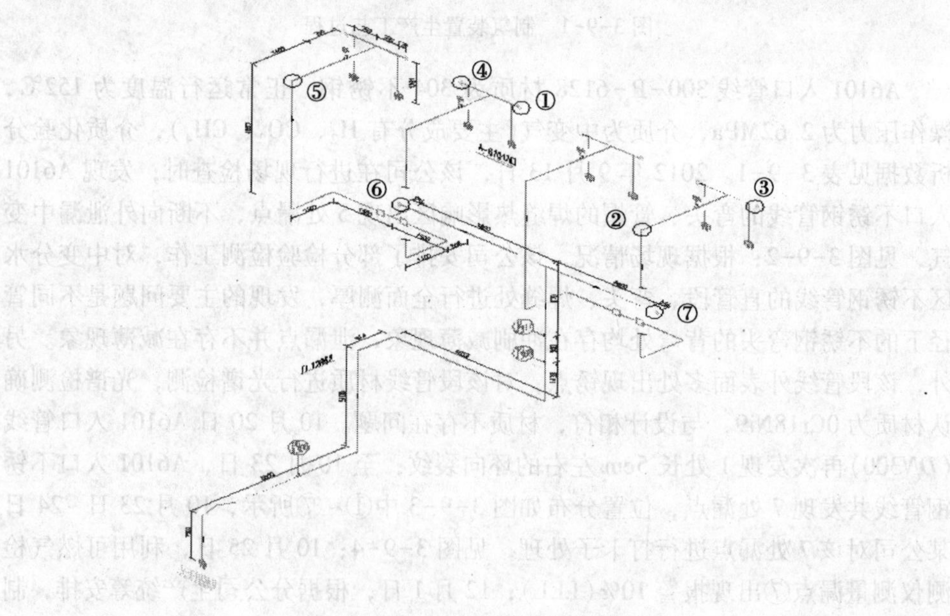

图 3-9-3　漏点位置分布示意图

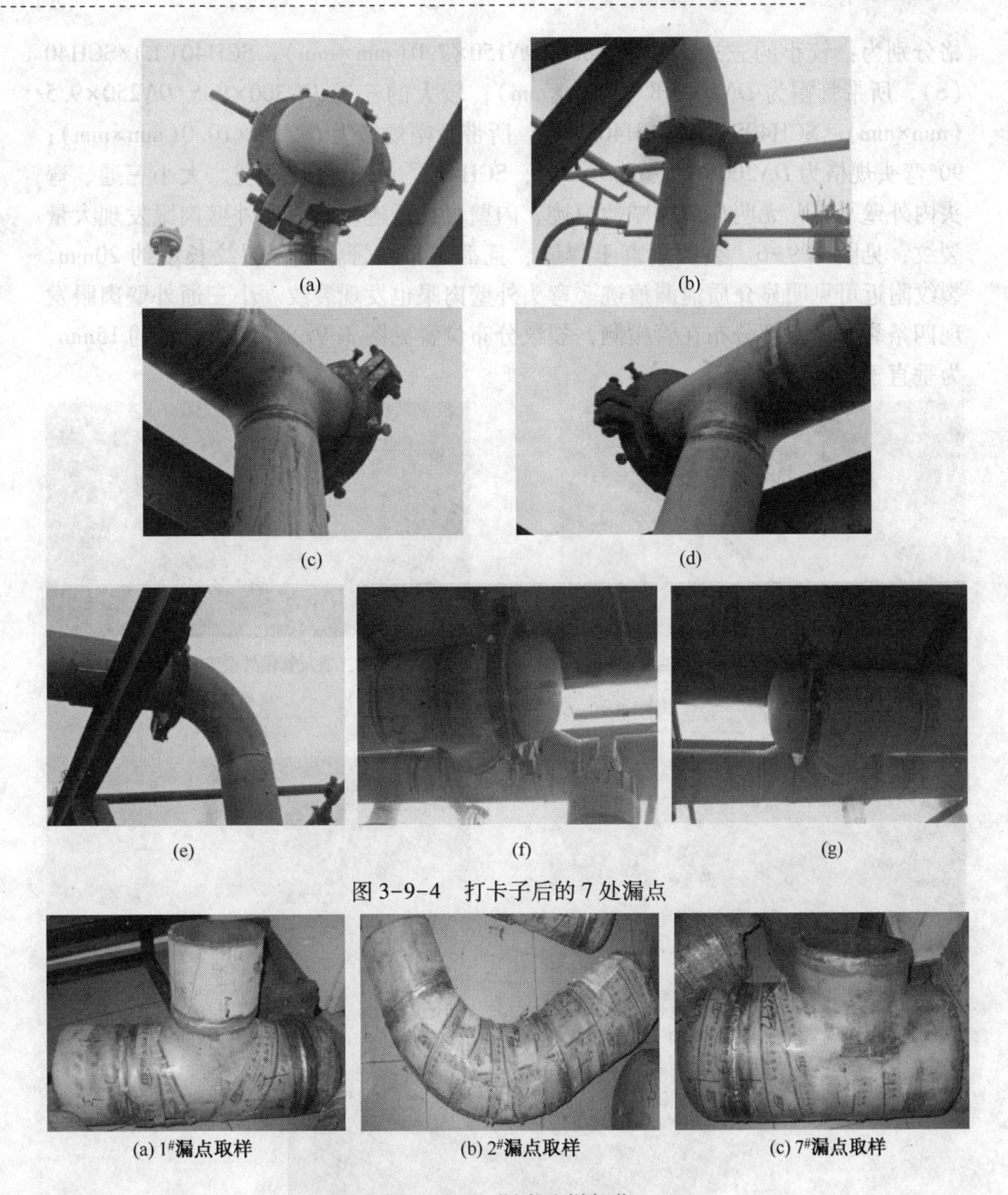

(a) (b)

(c) (d)

(e) (f) (g)

图 3-9-4 打卡子后的 7 处漏点

(a) 1#漏点取样 (b) 2#漏点取样 (c) 7#漏点取样

图 3-9-5 漏点取样部位

2 初步无损检测

(1) 宏观检查

用卷尺进行测量发现，试样分别为带管帽的三通 2 个、90°弯头 1 个，且规格分别为：较小的三通 *DN*200×8.0/*DN*150×7.0(mm×mm)，SCH40(L)/SCH40(S)，所带管帽为 *DN*200×8.0(mm×mm)；较大的三通 *DN*300×9.5/*DN*250×9.5(mm×mm)，SCH40S(L)/SCH40S(S)，所带管帽规格为 *DN*300×10.0(mm×mm)；90°弯头规格为 *DN*200×8.0(mm×mm)，SCH40S。宏观检查发现，大小三通、弯头内外壁平坦，无明显腐蚀减薄痕迹，内壁可见锈迹。大三通外壁肉眼发现大量裂纹，见图 3-9-6。裂纹垂直于焊缝、且都分布在管帽端，裂纹长度约 20mm。裂纹附近可见明显介质泄漏痕迹。弯头外壁肉眼也发现裂纹。小三通外壁肉眼发现四条裂纹，也都分布在管帽侧，裂纹分布位置见图 3-9-8，裂纹长度约 15mm，为垂直于焊缝裂纹。

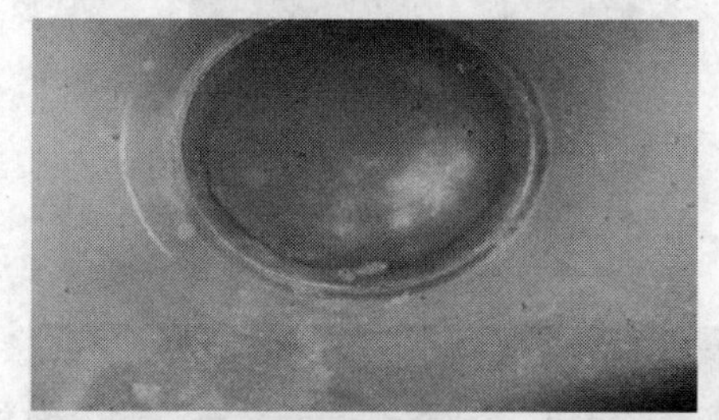
(a) 大三通及管帽内壁形貌

(b) 大三通及管帽外壁宏观裂纹放大图

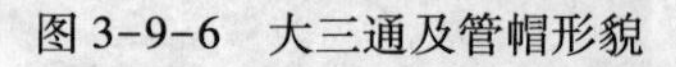
图 3-9-6　大三通及管帽形貌

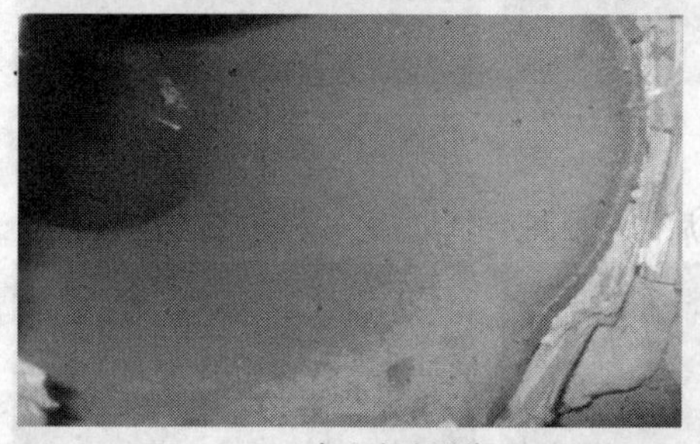
(a) 弯头内壁形貌

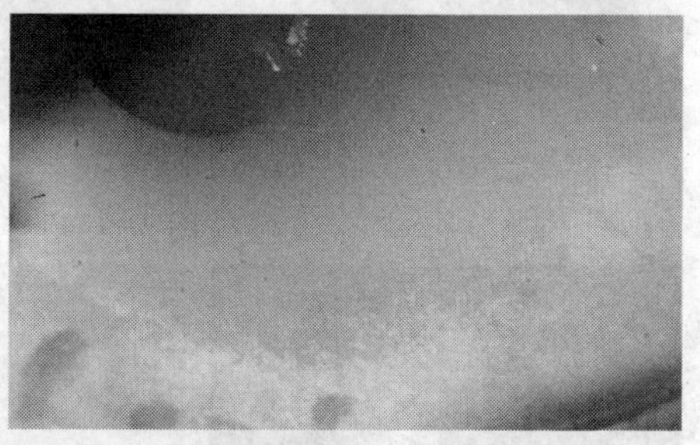
(b) 弯头内壁形貌

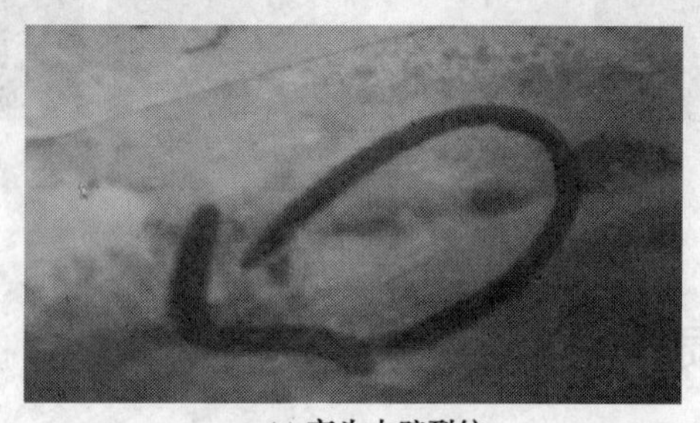
(c) 弯头内壁裂纹

图 3-9-7　弯头形貌

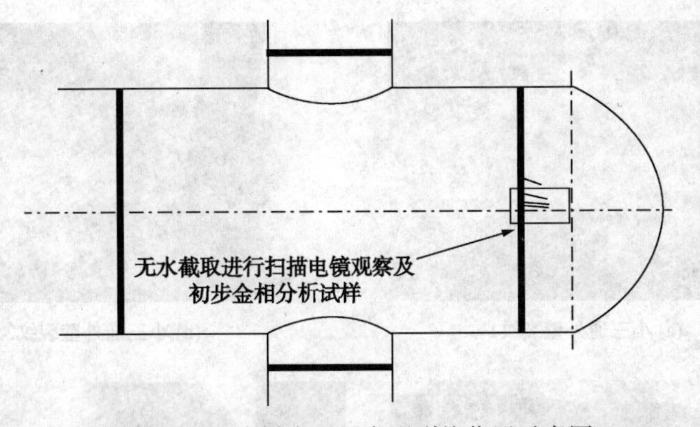

图 3-9-8 取样小三通宏观裂纹位置示意图

(2) 射线检测

通过对大三通上三通与管帽连接焊缝、小三通上如图 3-9-8 所示三条焊缝、弯头上两条焊缝进行射线检测。发现两条三通与管帽连接焊缝裂纹数量均远大于肉眼所见。弯头焊缝上裂纹数量也多于肉眼可见。其中小三通与其管帽连接焊缝裂纹数量见图 3-9-9。

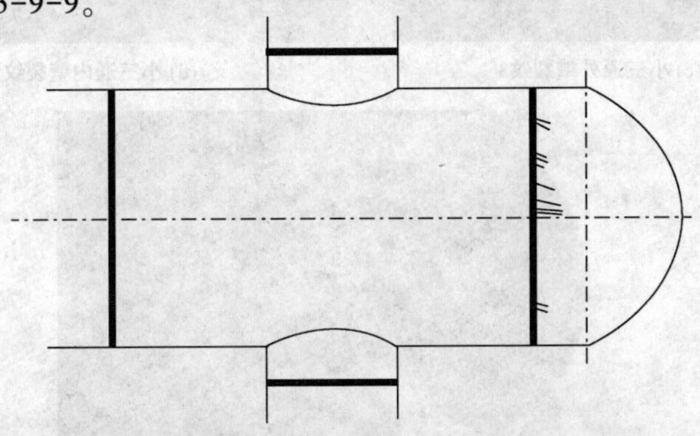

图 3-9-9 管帽与小三通连接焊缝射线检测发现裂纹位置

(3)渗透检测

对小三通焊缝内外壁进行渗透检测，在图 3-9-9 中左边焊缝内外表面均未发现裂纹。右侧三通与管帽连接焊缝外壁发现大约 9 条裂纹，见图 3-9-10(a)~图 3-9-10(c)。内壁发现大量裂纹见图 3-9-10(d)和图 3-9-10(e)，其中大多数为纵向裂纹，只有一条横向裂纹，裂纹长度大都约 15mm，都分布在管帽侧焊缝热影响区。

(4) 壁厚测量

对取样的小三通、弯头进行壁厚测定，判断管道是否有腐蚀减薄。可以看出，小三通 *DN*200 部分实测壁厚无明显减薄，*DN*150 部分有两处减薄较多。经对内外壁仔细检查未发现明显腐蚀痕迹，应为加工过程造成的。弯头实测最小壁厚为 7.3mm，有减薄现象存在。

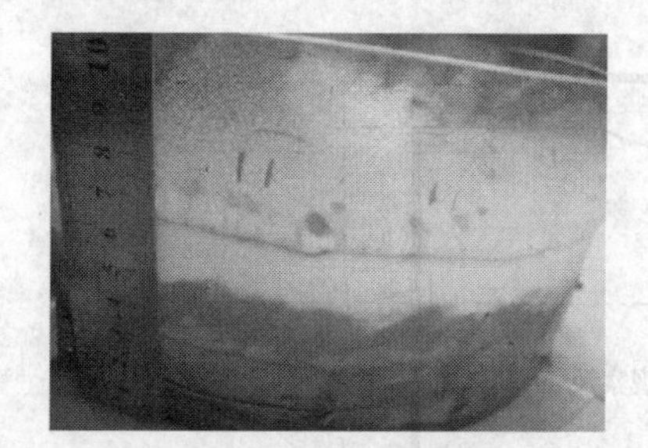

(a) 小三通外壁裂纹1

(b) 小三通外壁裂纹2

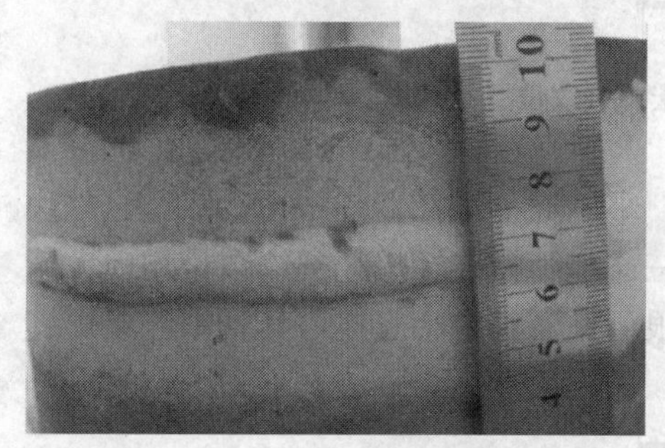

(c) 小三通外壁裂纹3

(d) 小三通内壁裂纹形貌1

(e) 小三通内壁裂纹形貌2

图 3-9-10　小三通形貌

（5）硬度检测

小三通和大三通硬度检测位置见图 3-9-12 和图 3-9-13，检测结果见表 3-9-2和表 3-9-3。从表 3-9-2 中可以看出，小三通焊缝、靠近管帽侧热影响区以及管帽侧母材硬度较其他位置高。焊缝右侧热影响区硬度超过 GB/T 12495—2005《钢制对焊无缝管件》的要求。大三通焊缝、焊缝热影响区、管帽侧母材部分位置硬度明显比其他位置高，管帽侧母材硬度平均值超过标准 GB/T 12495—2005《钢制对焊无缝管件》的要求。一般来说，焊缝区域硬度较高部位残余应力较高，在腐蚀环境下容易发生应力腐蚀开裂。

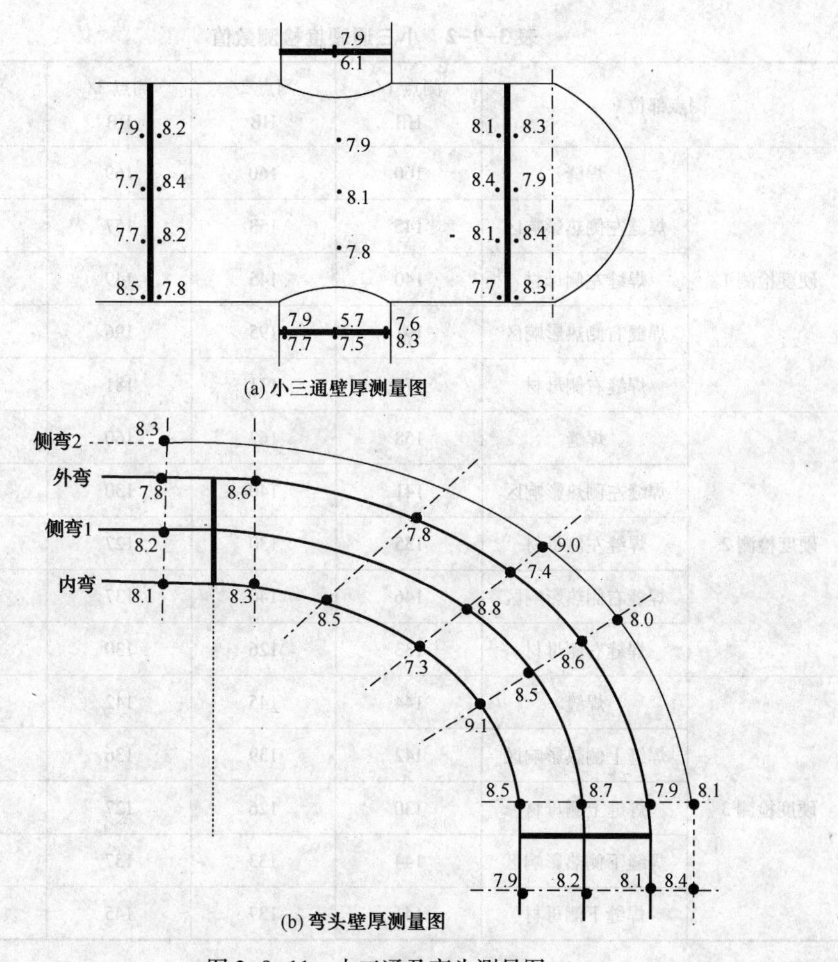

(a) 小三通壁厚测量图

(b) 弯头壁厚测量图

图 3-9-11 小三通及弯头测量图

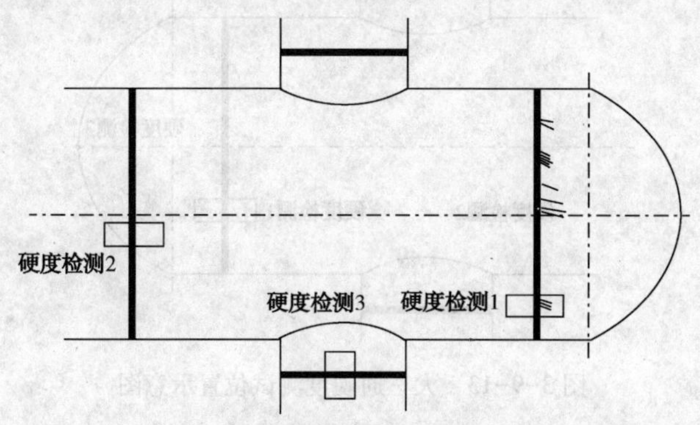

图 3-9-12 小三通硬度测试位置示意图(内展)

表 3-9-2 小三通硬度检测数值

测点部位		测点 1/HB	测点 2/HB	测点 3/HB	平均值/HB
硬度检测 1	焊缝	160	160	169	163
	焊缝左侧热影响区	145	153	157	152
	焊缝左侧母材	140	145	149	145
	焊缝右侧热影响区	191	195	196	194
	焊缝右侧母材	175	171	181	176
硬度检测 2	焊缝	158	162	160	160
	焊缝左侧热影响区	141	140	130	137
	焊缝左侧母材	135	130	127	131
	焊缝右侧热影响区	146	140	137	141
	焊缝右侧母材	133	126	130	130
硬度检测 3	焊缝	144	145	142	144
	焊缝上侧热影响区	142	139	136	139
	焊缝上侧母材	130	126	127	128
	焊缝下侧热影响区	144	133	137	138
	焊缝下侧母材	141	137	145	141

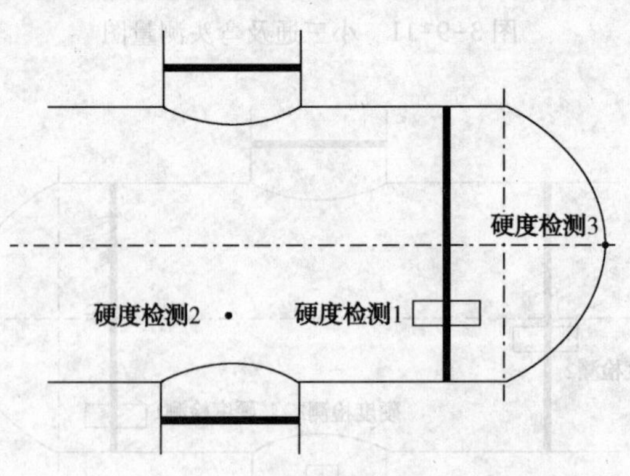

图 3-9-13 大三通硬度测试位置示意图

表 3-9-3 大三通硬度检测数值

测点部位		测点 1/HB	测点 2/HB	测点 3/HB	平均值/HB
硬度检测 1	焊缝	155	144	155	151
	焊缝左侧热影响区	135	127	151	138
	焊缝左侧母材	140	151	166	152
	焊缝右侧热影响区	179	172	180	177
	焊缝右侧母材	189	202	204	198
硬度检测 2	母材	133	117	116	122
硬度检测 3	母材	146	138	150	145

3 取样试验

(1) 取样试验位置

根据宏观检查、硬度测定、壁厚检测、渗透检测等无损检测结果确定了取样试验位置并进行试验。取样试验位置描述及目的见表 3-9-4，取样试验位置见图 3-9-14。主要包括化学成分分析、金相分析、断口形貌观察、能谱分析、残余应力测试等试验工作。

表 3-9-4 取样试验位置及目的

序号	项目	位置	目的
1	化学成分分析	位置 1：管帽母材 位置 2：管帽侧热影响区	分析材料化学成分有无异常
2	金相检查	1. 提前无水截取试样焊缝部位； 2. 提前无水截取试样裂纹部位； 3. 横向裂纹截面； 4. 管帽侧裂纹附近未开裂部位金相； 5. 纵向裂纹截面； 6. 焊缝及热影响区金相组织； 7. 三通侧母材金相组织； 8. 管帽侧母材金相组织	观察小三通及管帽母材、连接焊缝及其热影响区，横向及纵向裂纹走势
3	扫描电镜观察	提前无水截取试样断口面 1 和断口面 2	判断断口形貌及断裂特征
4	能谱分析	提前无水截取试样断口面 1 和断口面 2	判断断面上元素分布
5	残余应力分析	判断管帽侧热影响区、裂纹尖端、远离裂纹部位残余应力分布以及小三通侧对应部位残余应力分布	判断残余应力大小，确认其对腐蚀是否有影响

(a) 取样试验位置示意图

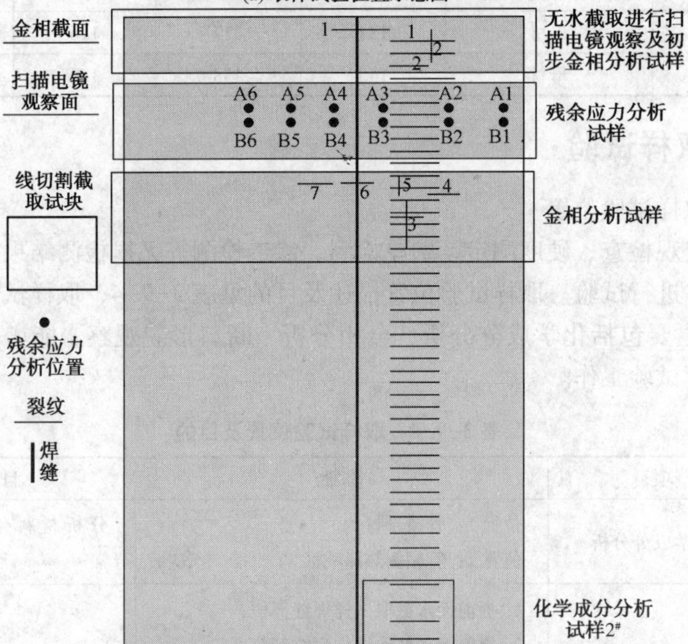

(b) 管帽与三通连接焊缝处取样位置示意图

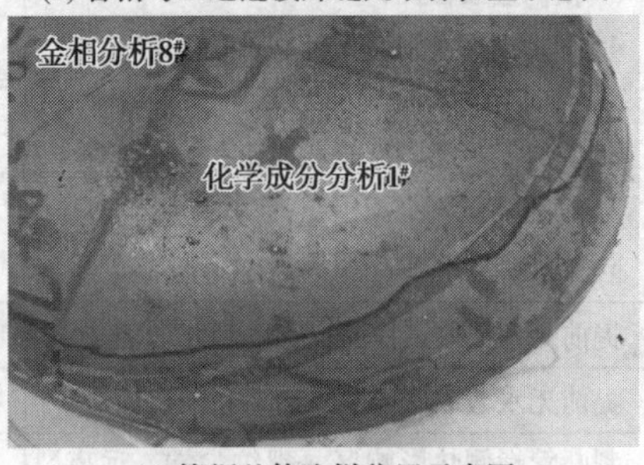

(c) 管帽基体取样位置示意图

图 3-9-14 取样位置示意图

(2) 化学成分分析

从小三通与管帽焊缝热影响区、管帽基体取样进行化学成分分析。判断管道材质是否符合标准要求，取样部位见图 3-9-14，化学成分测试结果见表 3-9-5。从表 3-9-5 中可以看出，管帽母材及热影响区元素含量均满足标准 GB/T 14976—2002《流体输送用不锈钢无缝钢管》的要求。

表 3-9-5 管道元件化学成分分析数据表

元素	C	Si	Mn	S	P	Cr	Ni
管帽母材/%	0.059	0.48	1.12	0.0024	0.035	17.44	8.14
管帽与三通连接热影响区部位/%	0.064	0.42	1.06	0.0020	0.031	17.21	8.10
标准含量/%	≤ 0.07	≤ 1.00	≤ 2.00	≤ 0.03	≤ 0.035	17.00~19.00	8.00~11.00

(3) 金相组织观察

截取 8 处截面进行金相组织观察，金相组织观察部位及目的见表3-9-4,具体取样位置见图 3-9-14。金相组织观察结果为金相截面位置 1#对应图 3-9-15、金相截面位置 2#对应图 3-9-16、金相截面位置 3#对应图 3-9-17、金相截面位置 4#对应图 3-9-18、金相截面位置 5#对应图 3-9-19、金相截面位置 6#对应图 3-9-20、金相截面位置 7#对应图 3-9-21、金相截面位置 8#对应图 3-9-22。从图中可以看出，无论平行于焊缝裂纹还是垂直于焊缝裂纹，裂纹都为沿晶裂纹，呈树枝状分布，裂纹均在热影响区及母材内扩展，未发现焊缝组织内有微裂纹；裂纹发生和扩展处金相组织内有残余铁素体、马氏体和孪晶等。

(4) 扫描电镜观察

截取裂纹断口进行微观形貌的电镜观察，主要观察断面断口形貌、判断断裂机理。取样位置及目的见表 3-9-4 和图 3-9-14。从图 3-9-23 和图 3-9-24 可以看出，1#断口面和 2#端口面断口形貌相似，都具有典型的冰糖块特征，为典型的沿晶脆性开裂。同时，在断面上可以看到大量的沿晶二次裂纹，在高倍放大的情况下，可看到断面上有大量析出物。

(5) 能谱分析

对断口面进行能谱分析，判断断面主要元素及是否含有 Cl、S 等腐蚀性元素。取样位置与扫描电镜观察相同(表 3-9-4 和图 3-9-14)。从表 3-9-6 和表 3-9-7 中可以看出，断面处主要含有 O、Si、S、Cr、Mn、Fe、Ni、Cu、Cl 等元素。其中清洗前每个区域都有 S 元素，可见 S 元素在断面上的分布较为普遍。同时可以看出，断面上 Cr 元素含量超过基体中 Cr 元素含量，可能是由于在敏化态下，$Cr_{23}C_6$在晶界偏聚，导致晶界面上 Cr 元素含量较高。另外，局部位置还发现氯元素。

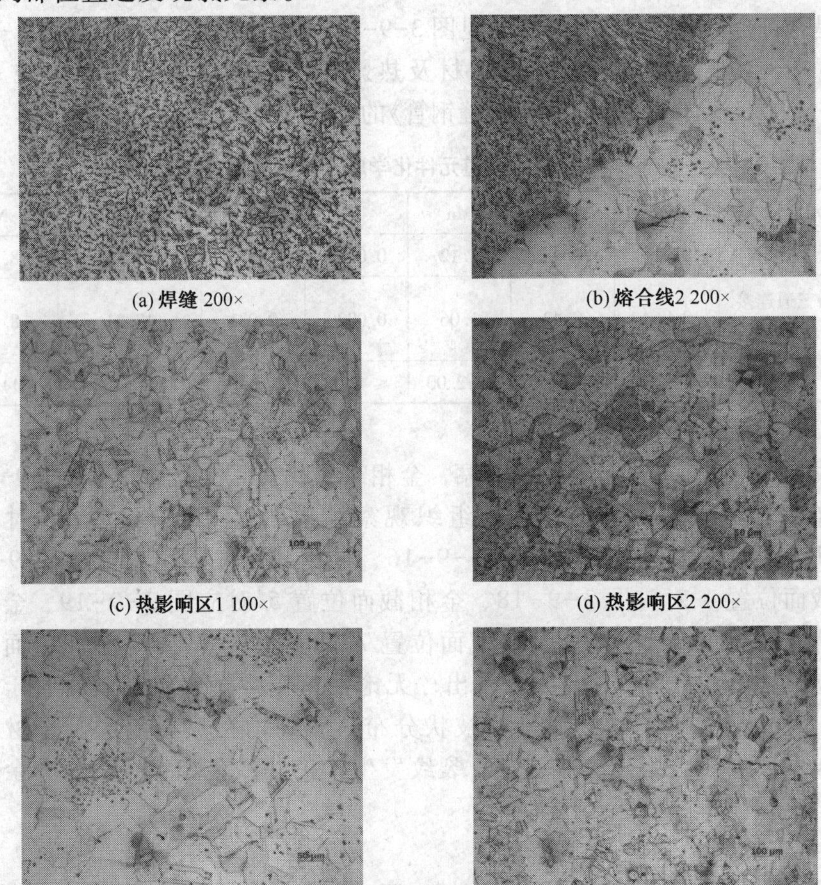

(a) 焊缝 200×　(b) 熔合线2 200×

(c) 热影响区1 100×　(d) 热影响区2 200×

(e) 热影响区3 200×　(f) 热影响区4 100×

图 3-9-15　1#位置金相

表 3-9-6　清洗前断面能谱分析元素含量列表　%(质)

序号	O	Si	S	Cr	Mn	Fe	Ni	Cu	Cl
1	15.61	0.40	0.99	37.30	0.97	37.27	7.45	0	0
2	16.35	0.25	0.49	44.30	1.49	31.60	5.52	0	0
3	15.01	0.51	1.16	35.65	1.26	40.69	5.72	0	0
4	17.59	0.48	1.05	38.54	1.52	34.75	6.09	0	0
平均	16.14	0.41	0.92	38.95	1.31	36.08	6.20	0.00	0.00

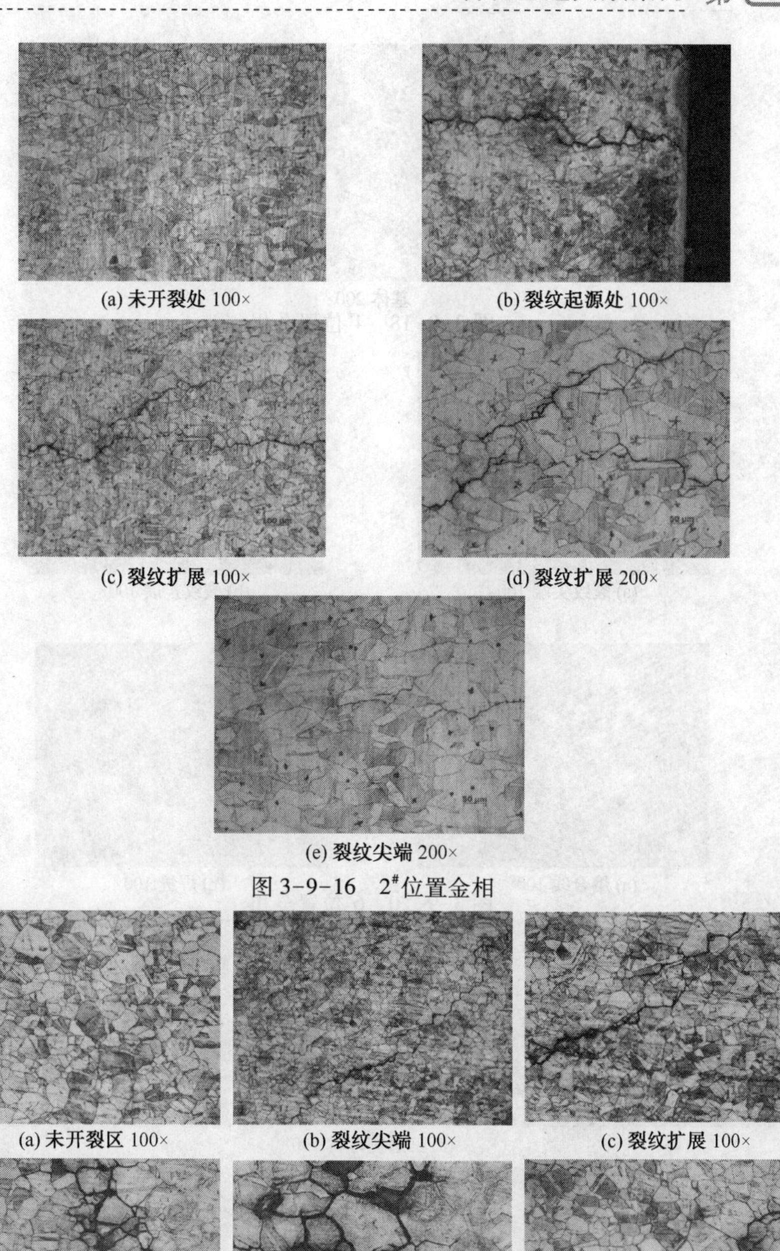

(a) 未开裂处 100×　(b) 裂纹起源处 100×

(c) 裂纹扩展 100×　(d) 裂纹扩展 200×

(e) 裂纹尖端 200×

图 3-9-16　2#位置金相

(a) 未开裂区 100×　(b) 裂纹尖端 100×　(c) 裂纹扩展 100×

(d) 裂纹扩展 200×

图 3-9-17　3#位置金相

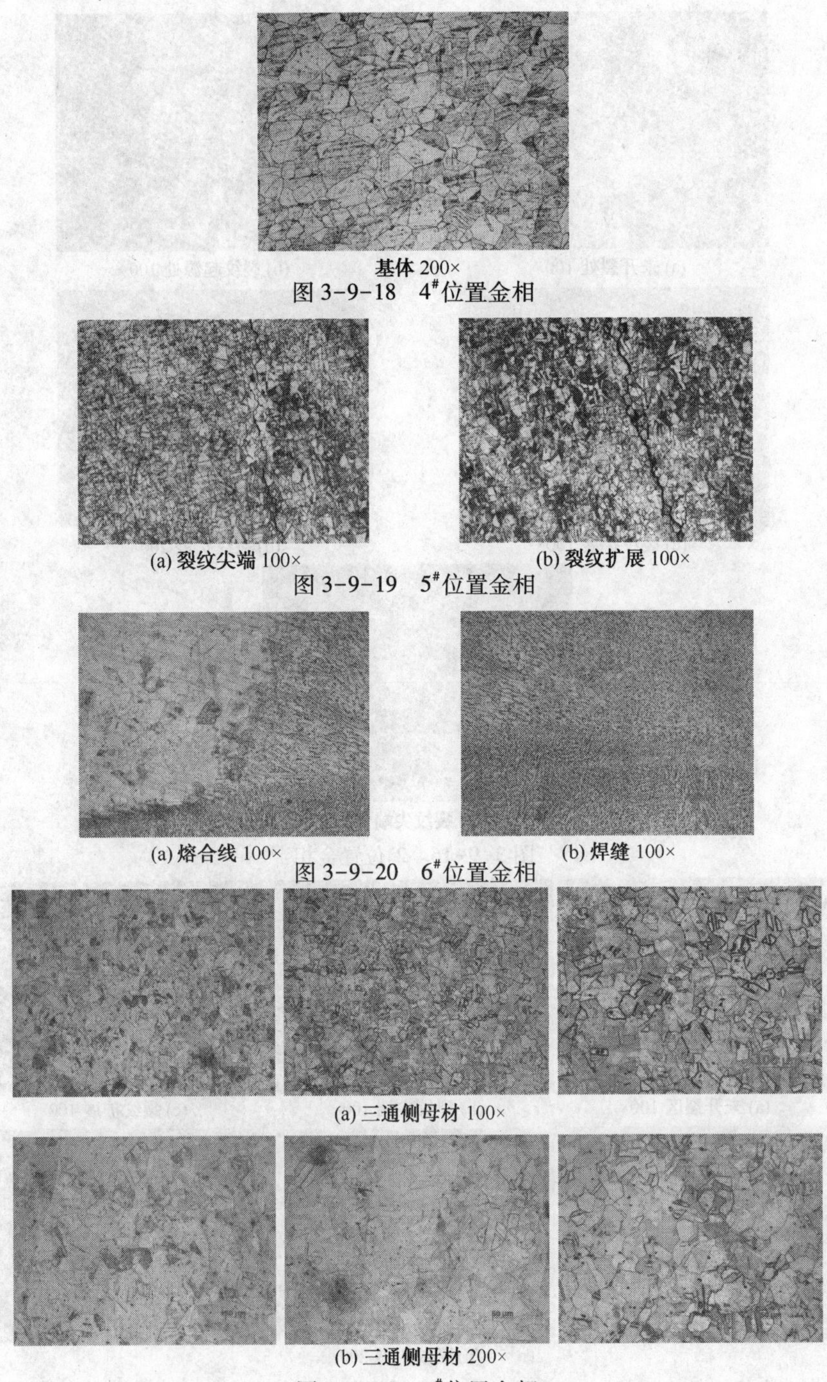

基体 200×

图 3-9-18　4#位置金相

(a) 裂纹尖端 100×　(b) 裂纹扩展 100×

图 3-9-19　5#位置金相

(a) 熔合线 100×　(b) 焊缝 100×

图 3-9-20　6#位置金相

(a) 三通侧母材 100×

(b) 三通侧母材 200×

图 3-9-21　7#位置金相

管帽上母材 200×

图 3-9-22 8#位置金相

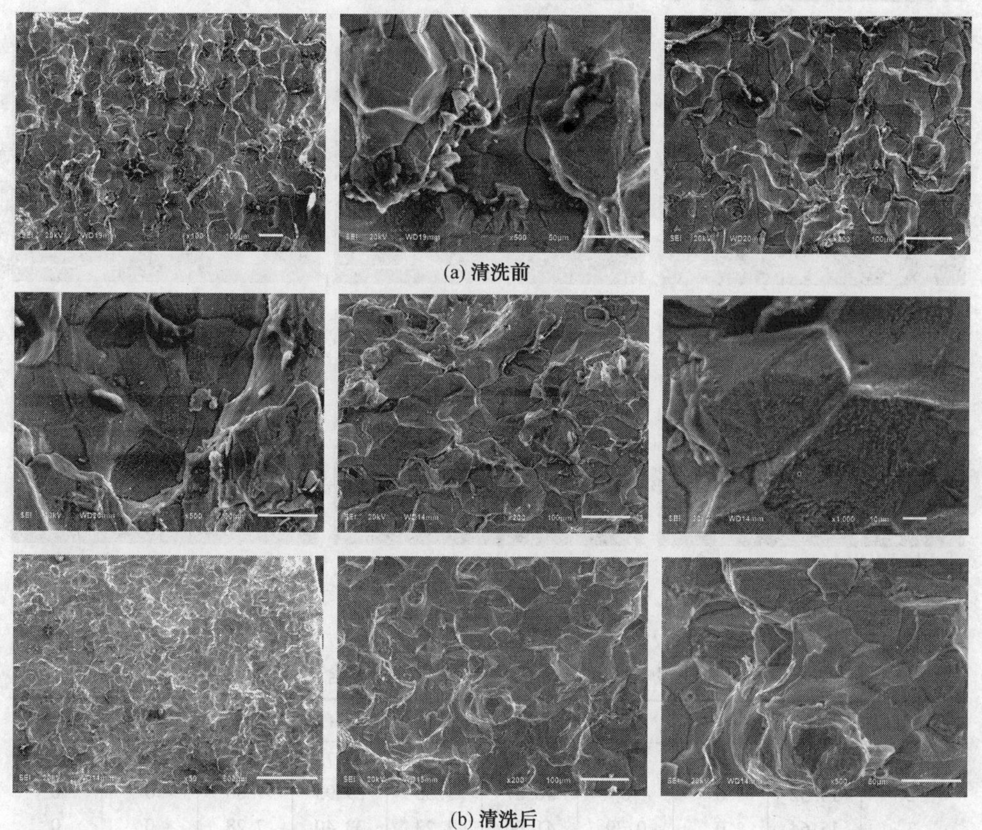

(a) 清洗前

(b) 清洗后

图 3-9-23 1#断口面形貌

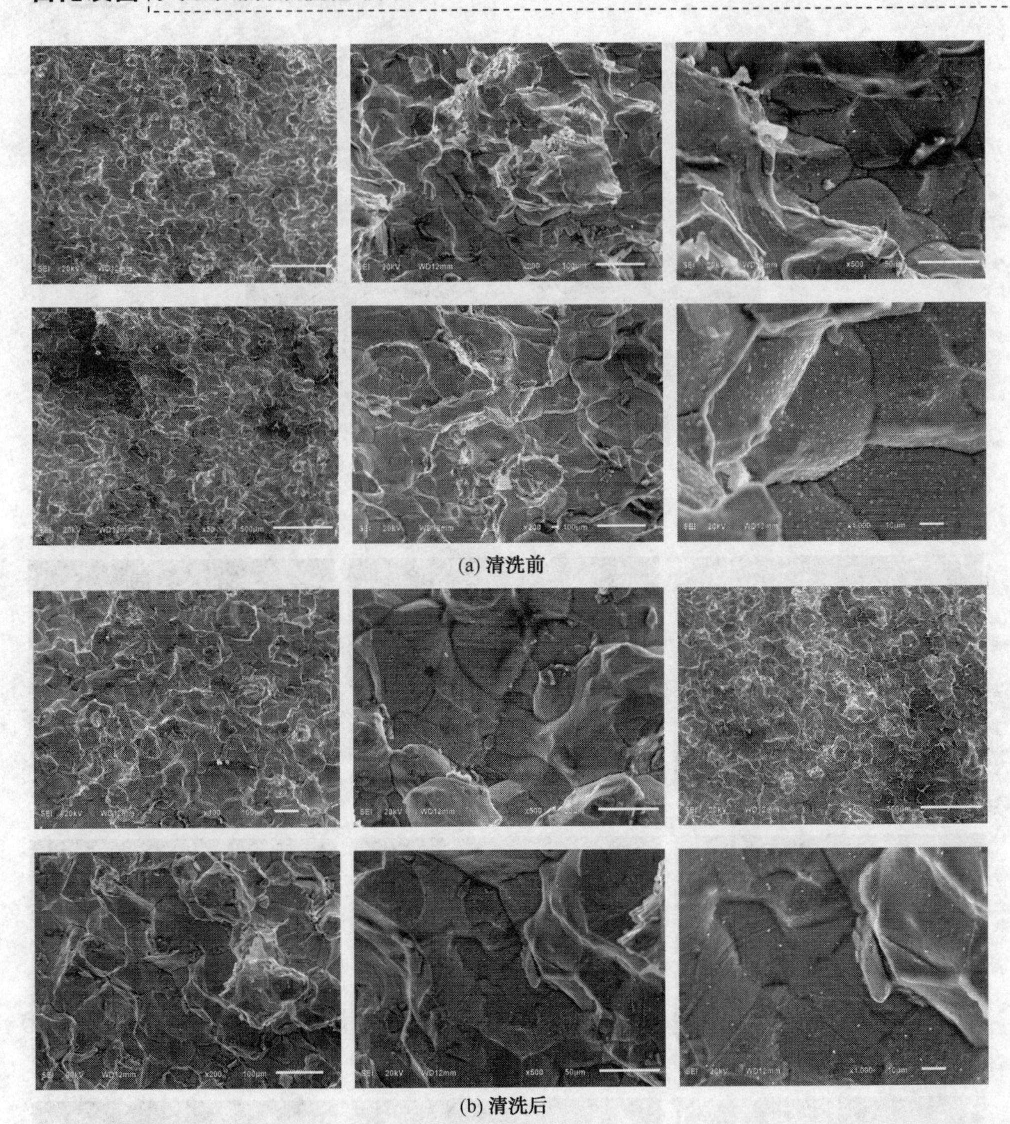

(a) 清洗前

(b) 清洗后

图 3-9-24　2#断口面形貌

表 3-9-7　清洗后断面能谱分析元素含量列表　　%(质)

序号	O	Si	S	Cr	Mn	Fe	Ni	Cu	Cl
1	15.59	0.65	0	45.80	1.62	30.75	5.59	0	0
2	14.32	0	0	46.87	1.50	29.93	7.38	0	0
3	15.64	0	0.79	41.66	1.23	33.40	7.28	0	0
4	16.69	0	0	45.15	1.20	30.87	6.08	0	0

续表

序号	O	Si	S	Cr	Mn	Fe	Ni	Cu	Cl
5	18.12	0	8.25	22.45	0.67	15.49	4.10	30.92	0
6	18.03	0	10.05	22.12	0.67	13.26	2.66	32.17	1.04
平均	16.40	0.11	3.18	37.34	1.15	25.62	5.52	10.52	0.17

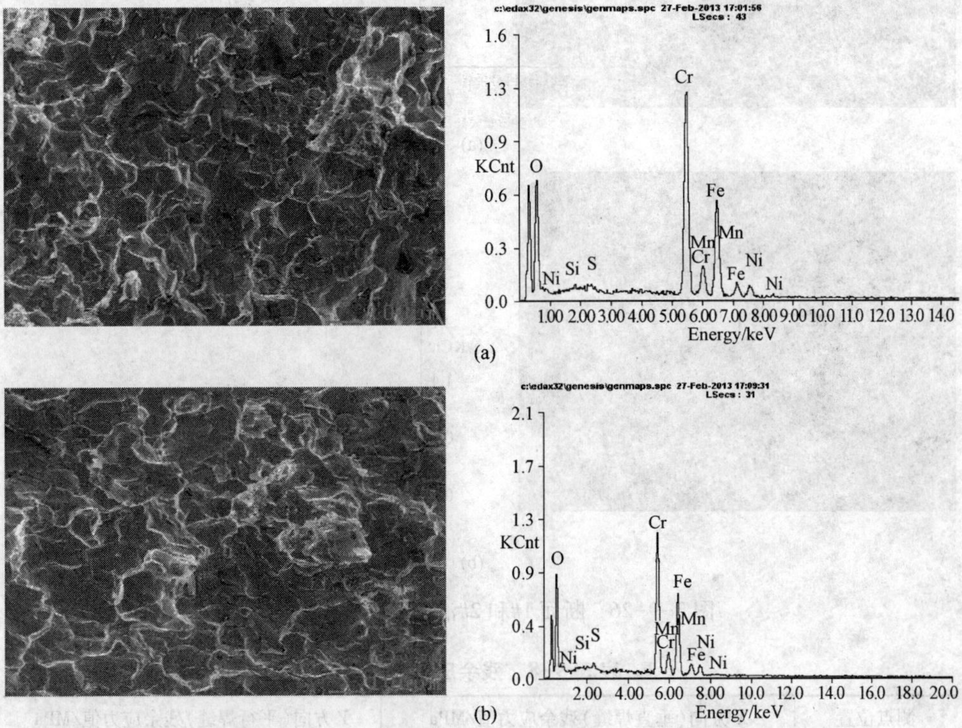

(a)

(b)

图 3-9-25　断面 1#和 2#清洗前能谱分析结果

（6）残余应力测定

由于开裂发生在焊接接头区域内，除了载荷作用导致的应力外，该区域因焊接作用造成的加热和冷却过程可能引起较高的局部残余应力，为进一步了解残余应力分布状况，本次失效分析还对三通与管帽连接焊缝的两端进行了残余应力测定，测定位置见图 3-9-27。

分别测定了裂纹位置、裂纹尖端环向和纵向残余应力以及未见裂纹的焊缝另一侧对应位置。从测试结果可以看出，管帽侧平行于焊缝方向都为拉应力，而三通侧有拉应力，也有压应力。另外，管帽侧最大拉应力远大于三通侧最大拉应力。管帽侧平行于焊缝方向拉应力远大于管帽侧垂直于焊缝方向拉应力。同时，三通侧垂直于焊缝方向拉应力较大。

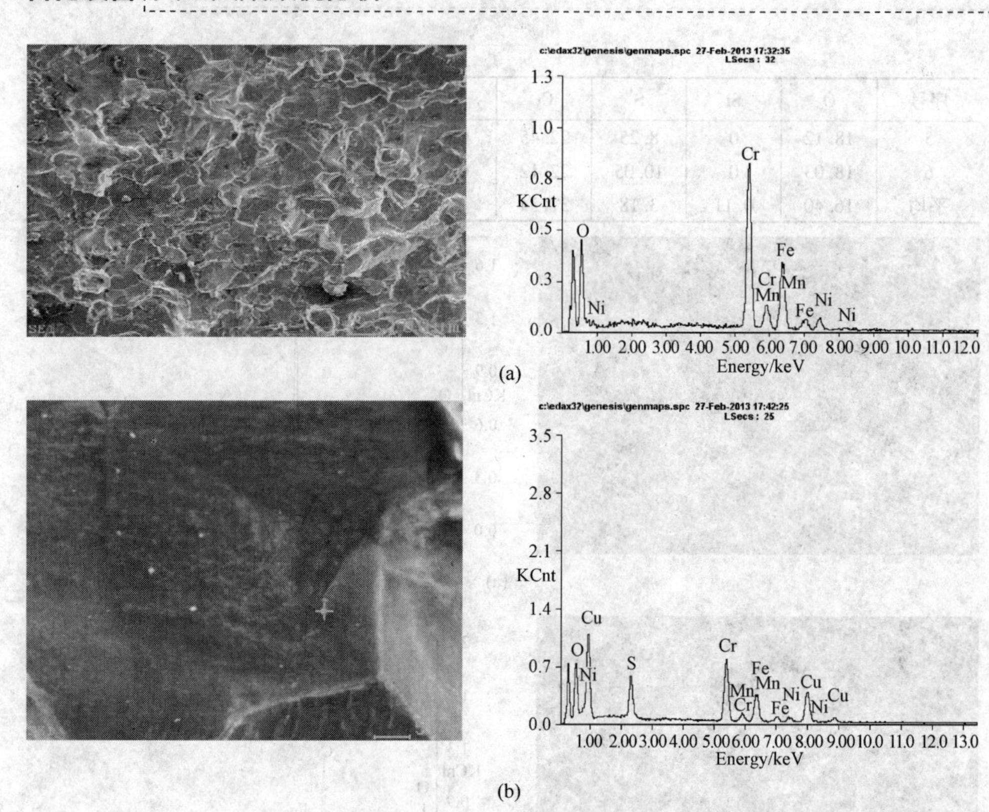

图 3-9-26 断面 1#和 2#清洗后能谱分析结果

表 3-9-8 残余应力测定表

测点位置	X 方向(垂直焊缝)残余应力值/MPa	Y 方向(平行焊缝)残余应力值/MPa
A1	61.5	291.6
A2	-39.5	162.8
A3	37.7	85.3
A4	176.7	118.4
A5	209.3	40.8
A6	44.8	-279.6
B1	93.6	136.4
B2	45.6	66.3
B3	-3.1	55.2
B4	226.1	133.2
B5	168.9	-127.0
B6	82.4	-92.7

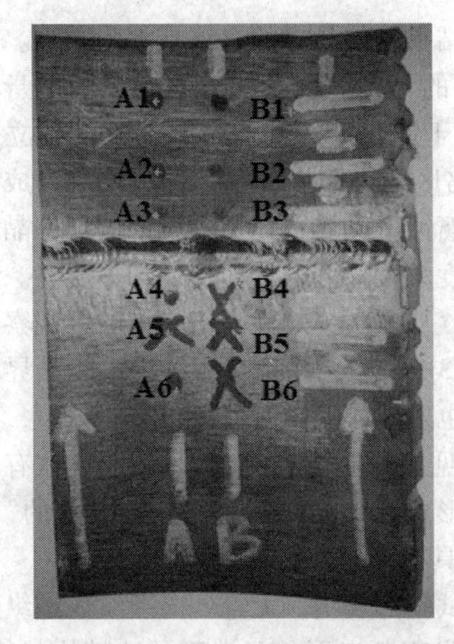

图 3-9-27　残余应力测定取点位置图

4　失效原因综合分析

（1）试验结果概述

从试验结果可以看出，所有裂纹主要在管帽侧热影响区，大多为垂直于焊缝裂纹，只有少量平行于焊缝裂纹。从开裂处金相分析结果来看，裂纹全部为沿晶裂纹，呈树枝状。从扫描电子成像可以看出，断面具有明显的冰糖块状特征，为典型脆性沿晶断裂。扫描电镜能谱分析发现，断面上含有 S、Cl、O 等元素，其中 Cl 元素只在少数位置发现。硬度分析发现，管帽侧硬度明显大于三通侧，并且管帽侧热影响区平行于焊缝方向残余应力大于垂直于焊缝方向，同时管帽侧热影响区平行于焊缝方向残余应力比三通侧对应位置大。

（2）失效原因分析

管段所有材质为 304 不锈钢，是不稳定的奥氏体不锈钢（即不含钛或铌等稳定化元素）。室温时碳在奥氏体中的溶解度很小，约为 0.02%～0.03%，实际测定得该不锈钢材质含碳量在 0.06%左右。不锈钢中的实际含碳量高于奥氏体中 C 含量溶解度，故过饱和的碳被固溶在奥氏体中。管道安装过程进行焊接作业时，焊接接头的热影响区经历加热和冷却过程。当温度超过 425℃并在 425～815℃范围内停留一段时间时，过饱和的碳就不断向奥氏体晶粒边界扩散，并和铬元素化合，在晶间形成碳和铬的化合物，如 $Cr_{23}C_6$ 等。由于晶界能量较高，铬元素在晶界扩散速度远大于晶内扩散速度。所以在晶间形成的碳化铬所需的铬主要不是来自奥氏体晶粒内部，而是来自晶界附近，结果就使晶界的含铬量大为减少。当晶界的铬质量分数小于12%时，就形成所谓的“贫铬区”，贫铬区与晶粒本身的电性能存在明显差异，使贫铬区(阳极)和处于钝化区的基体(阴极)之间建立起一个具有很大电位差的活化-钝化电池，贫铬区的小阳极和基体的大阴极构成腐蚀电池，在腐蚀介质作用下，贫铬区被迅速腐蚀，晶界首先遭到腐蚀破坏，晶粒间结合力显著减弱，力学性能恶化，机械强度大大降低，然而变形却不明显。这种碳化物在晶界的沉淀一般称之为敏化作用。从本次失效件高倍扫描电镜观察可以明显看出，腐蚀首先发生在晶界处，见图3-9-28，并且在裂纹尖端，晶界的腐蚀只发生在很窄的一层。从微区能谱分析也发现(图3-9-29和表3-9-9)，晶界析出相Cr含量明显高于基体Cr含量，可见晶界附近有高含Cr的相。在有腐蚀性介质存在的条件下，敏化后不锈钢由于形成了晶界(很窄一层)与基本的“小阳极-大阴极”，腐蚀速率是非常快的，通常具有突然性。

本节管段失效分析的金相试验和电镜试验都表明，无论环向裂纹还是纵向裂纹，均呈明显的沿晶开裂特征，断口观察发现断口形貌呈典型的冰糖块状特征，可判断裂纹产生原因为沿晶应力腐蚀开裂。

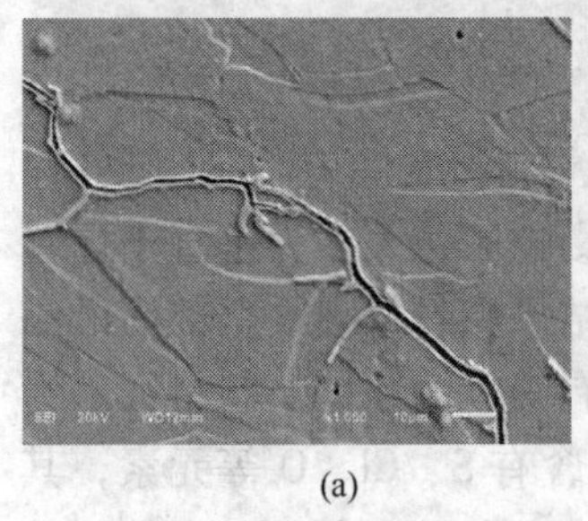

(a)

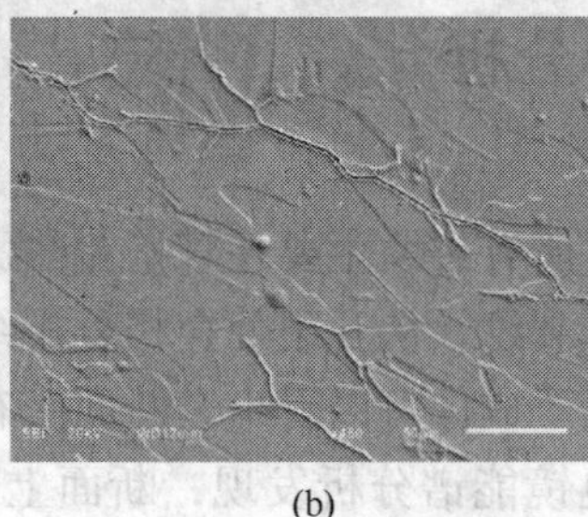

(b)

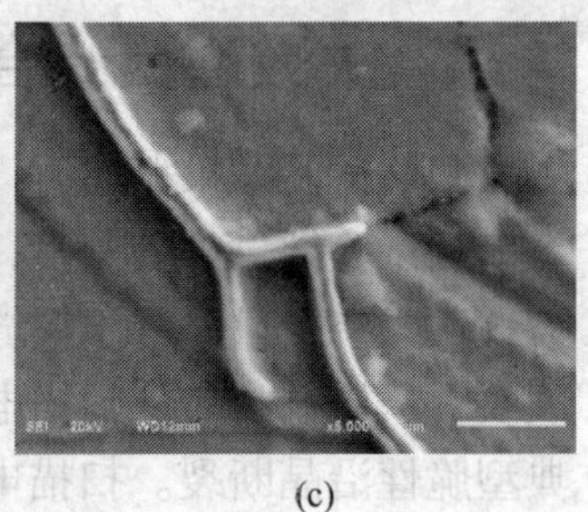

(c)

图3-9-28 裂纹尖端晶界腐蚀形貌

表3-9-9 扫描电镜晶界析出物铬含量

位置	位置1	位置2	位置3	平均值
铬含量/%(质量)	22.94	18.44	18.61	20.00

制氢装置工艺流程见图3-9-30。2012年工艺介质分析表明，大部分情况下，加氢后原料气和脱硫后原料气硫化氢含量最大值不超过1mg/m^3。但2012年某次分析发现，脱硫后原料气硫化氢含量为5mg/m^3，见表3-9-10。另外，脱硫后原料气测得硫含量最大值为46mg/m^3，该部分硫可能以有机硫的形式存在，经过高温转化炉转化，该部分硫可能转化为H_2S，进入中变气流程中。中变气操作介质中含有CO_2，其在中变气中平均百分含量为11.89%(体)。氯离子成分分析表明，与中变气系统相连的T6101酸性水、过热蒸汽冷凝水中均含有一定量的氯

离子，见表3-9-11。扫描电镜能谱分析结果显示，断口发现大量S元素和O元素，且有局部位置发现氯元素。

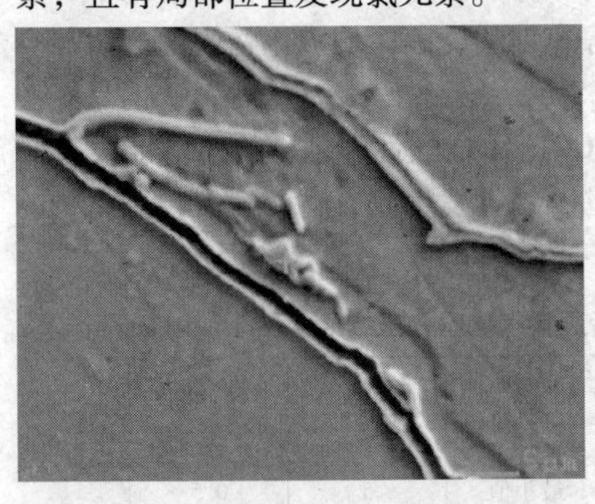

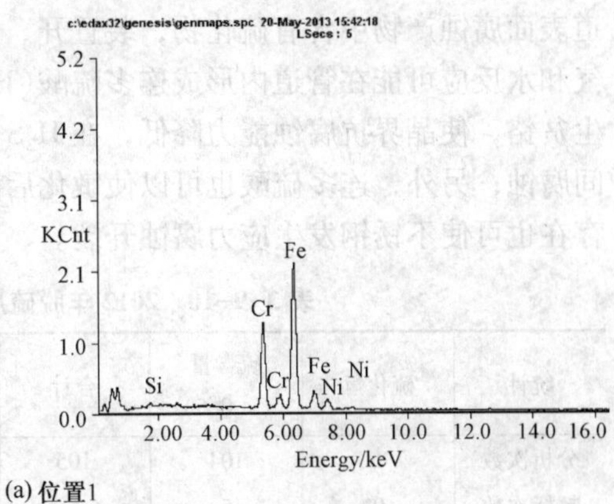

(a) 位置1

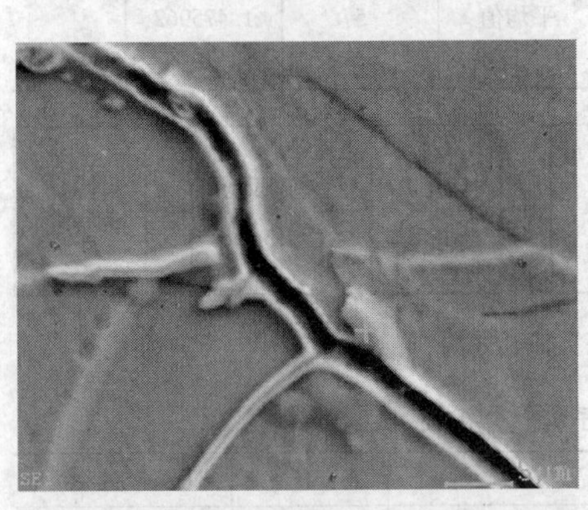

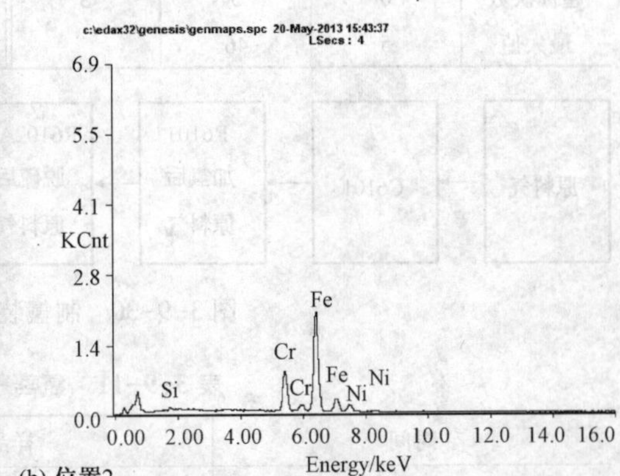

(b) 位置2

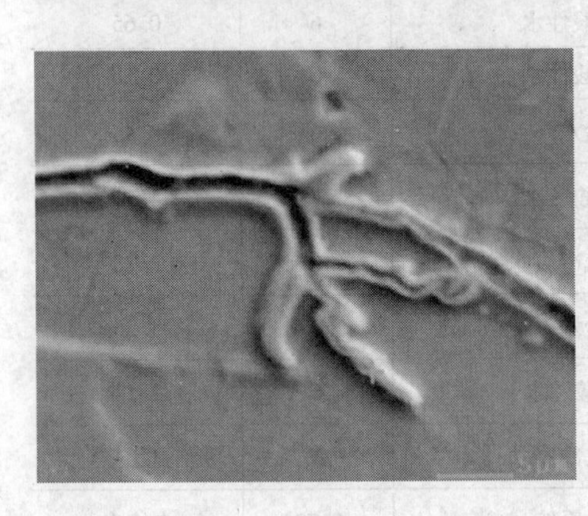

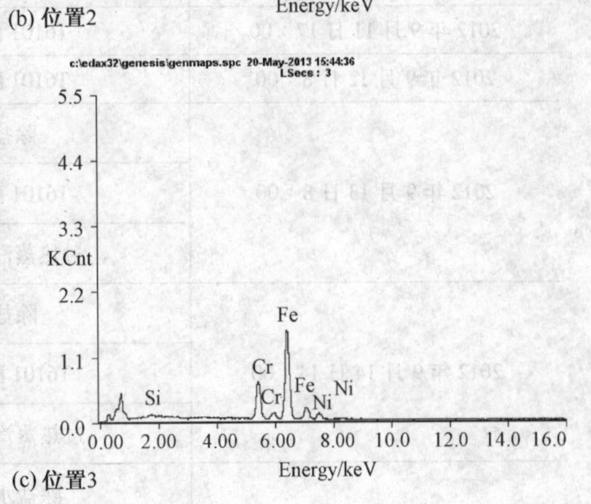

(c) 位置3

图3-9-29 微区能谱分析

管帽局部位置流体运行不畅，导致局部发生蒸汽冷凝，H_2S、CO_2、Cl^-等溶于凝结水中，形成$H_2S-CO_2-H_2O$酸性腐蚀环境；在有硫化物存在的情况下，管道表面腐蚀产物中含有硫化物，装置开、停车期间，表面的硫化物腐蚀产物与空气和水反应可能在管道内形成连多硫酸（$H_2S_xO_6$，$x=3.6$）。敏化后不锈钢晶界发生贫铬，使晶界抗腐蚀能力降低，在$H_2S-CO_2-H_2O$酸性腐蚀环境下可能发生晶间腐蚀；另外，连多硫酸也可以使敏化后的不锈钢发生应力腐蚀开裂；氯离子的存在也可使不锈钢发生应力腐蚀开裂。

表 3-9-10　2012 年脱硫后原料气化验分析结果　　mg/m^3

统计	硫化氢	硫含量（<0.5）	合计	统计	硫化氢	硫含量（<0.5）	合计
分析次数	1	104	105	最小值	5	0.5	
超标次数	0	5	5	平均值	5	1.475962	
最大值	5	46					

图 3-9-30　制氢装置流程示意图

表 3-9-11　氯离子含量分析表

时间	样品	pH	Cl^-/（mg/L）
2012 年 9 月 11 日 17：00	T6101 酸性水	6	0.65
2012 年 9 月 12 日 8：00	T6101 酸性水	6	0.78
2012 年 9 月 13 日 8：00	除盐水	6	0.45
	T6101 酸性水	7	4.71
	过热蒸汽冷凝水	6	2.28
2012 年 9 月 14 日 14：00	除盐水	6	3.35
	T6101 酸性水	6	2.14
	过热蒸汽冷凝水	6	4.04
2012 年 9 月 17 日 18：27	除盐水系统	9.72	未检出
	T6101 酸性水	8.69	42.0

从应力角度分析，根据残余应力测试可得，发生开裂的管帽侧平行于焊缝方向的残余应力全部为拉应力，其残余应力水平大于管帽侧垂直于焊缝方向应力，也大于三通侧平行于焊缝方向应力，并且在未因为开裂而发生应力释放的裂纹尖端，平行于焊缝方向最大应力达到291MPa，超过了304不锈钢材料屈服应力。残余应力对不锈钢应力腐蚀开裂具有推动作用，这点从裂纹主要是垂直于焊缝方向可以证明。同时，管帽侧硬度较高（最高达204HB），可能是由于管帽加工变形引起的。一般来说，硬度较高的材料更易变脆，裂纹更容易扩展。进行消应力热处理可以降低管道热影响区残余应力，但消应力热处理温度在敏化温度区间，进行消应力热处理可能导致敏化更加严重，应力腐蚀速度加快。

5 结论和建议

本次管段的应力分析结果表明，裂纹的沿晶应力腐蚀开裂特征明显。发生应力腐蚀开裂的三要素：材料、介质环境与应力都具备。材质方面，热影响区的敏化导致晶界贫铬，导致晶界的耐腐蚀能力大大降低。介质方面，导致开裂的腐蚀性介质可能有三类，包括形成 $H_2S-CO_2-H_2O$ 酸性的腐蚀环境；氯离子存在条件下的应力腐蚀开裂和装置开、停车期间可能形成的连多硫酸。此三类介质均可造成304不锈钢材料敏化区的应力腐蚀开裂，但其在管道发生应力腐蚀开裂过程中所起的作用大小尚不明确。应力方面，管帽侧平行于焊缝方向较大的残余应力是大多数裂纹都分布在管帽侧并且垂直于焊缝方向的主要原因；同时，管帽侧较大的硬度（最大204HB）也是裂纹萌生和扩展的促进因素。针对以上分析，提出如下建议。

（1）材质方面

① 需要注意的是，虽然该条管道材质已升级为304L，但在氯离子存在的情况下，304L也可能发生应力腐蚀开裂。含钼不锈钢316L和双相不锈钢抗氯离子应力腐蚀开裂能力较好；

② 在工艺流程的典型部位增加各种低碳奥氏体不锈钢、双相不锈钢的焊接试样挂片，或者在管道中增加这些不同材料制作的试验管段，以验证在实际工况下不同材料尤其是焊接接头的服役适应性。

（2）介质方面

可改善管道结构，尽量减少封头盲端，以防止由于局部流体流动不畅而造成的液体凝结。同时，在管系结构已经确定的情况下，可在管道低点、盲端等部位加设排凝管，防止酸性水和氯离子溶入凝结水造成局部浓缩，发生应力腐蚀开裂。

（3）残余应力方面

管件如管帽、三通、弯头等可在炉中进行固溶热处理，目的有两个：一是防止晶界敏化；二是消除加工过程产生的残余应力。同时，应注意提高管道焊接质量，防止由于焊接过程产生较大残余应力。对于管道安装后已经产生的残余应力，可以使用消除应力热处理来消除，但消除应力热处理温度在不锈钢的敏化温度区间，应谨慎使用。而固溶热处理一方面可消除残余应力，另一方面可防止敏化，但固溶热处理温度需达到1000~1100℃之间，现场进行固溶热处理受条件和结构限制效果往往不理想。

（4）其他方面

建议下次大修时对中变气系统容器管道进行仔细检测，不锈钢管线主要进行射线检测，不锈钢容器主要在内壁进行宏观检查和渗透检测，尤其是容器接管角焊缝部位，及时发现运行过程中产生的应力腐蚀开裂裂纹，杜绝安全隐患。

第10节　瓦斯管线开裂失效分析

1　背景介绍

2011年7月~10月对某公司各装置的管线进行在线检测，检测过程中发现低压瓦斯装置中的瓦斯线发生一处开裂，随后对该条管线进行扩检，相继又发现2处开裂，并且了解到该工艺段的管线以前也曾发生过类似的开裂现象。该瓦斯线于2009年6月1日开始投用，其相关参数见表3-10-1。

为了查明该瓦斯线开裂的具体原因，及时消除已存在的事故隐患并预防类似的事故再次发生，将该管线含开裂位置的一处管段（图3-10-1和图3-10-2）切割下来，分析该管线开裂的原因，并提出相应的解决对策。

表3-10-1　开裂瓦斯管线的基本参数

管道名称	管道编号	外径/mm	壁厚/mm	材料	设计/操作温度/℃	设计/操作压力/MPa
压缩机出口至Ⅱ套脱硫装置	LPC44-GRU-PR206	219	8	20号钢	136/60	2.5/0.9

图 3-10-1　开裂处管段

图 3-10-2　开裂位于图中焊缝热影响区位置

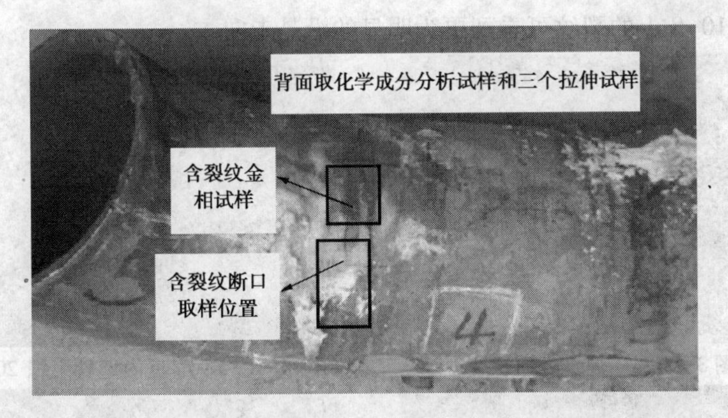

图 3-10-3　取样位置示意图

2　检验及试验分析(图 3-10-3)

(1) 化学成分分析

在截取下的管段上取样进行化学成分分析，见表 3-10-2，并与标准中对 20 号钢的化学成分要求值进行了对比，由对比结果可知该管道的化学成分符合要求。

表 3-10-2　材质成分化学分析结果

分析元素	C	Mn	Si	S	P
标准要求值/%	0.17~0.24	0.35~0.65	0.17~0.37	≤0.030	≤0.030
分析结果/%	0.20	0.51	0.28	0.027	0.023

(2) 力学性能分析

在截取下的管段上取 3 个拉伸试样进行拉伸试验，在表 3-10-3 中将试验结果与标准中的 20 号钢管纵向力学性能标准值进行了比较力学性能标准值进行了比较，可见其屈服强度、抗拉强度和断后伸长率均满足标准要求。

表 3-10-3 拉伸试验结果

	标准要求值	试件 1	试件 2	试件 3
屈服强度 $R_{p0.2}$/MPa	≥ 245	290	293	295
抗拉强度 R_m/MPa	≥ 400	440	441	445
断后伸长率 A/%	≥ 22	29.5	29.5	30

(3) 金相分析

在截取下的管道上取金相试样，焊缝处组织见图 3-10-4，母材靠近内壁处组织(图 3-10-5)和靠近外壁处组织(图 3-10-6)均为珠光体+铁素体，焊缝和母材处组织均正常。图 3-10-7 上可以看到明显的树枝状裂纹，基本上都为沿晶裂纹，图 3-10-8 上的裂纹可看到更为明显的沿晶走向。

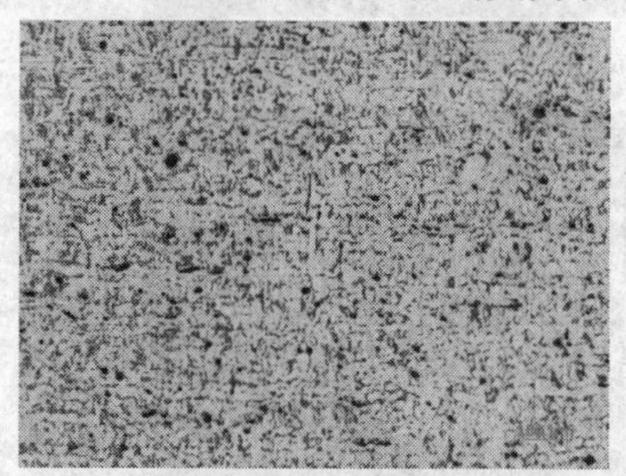

图 3-10-4 焊缝处组织 100×

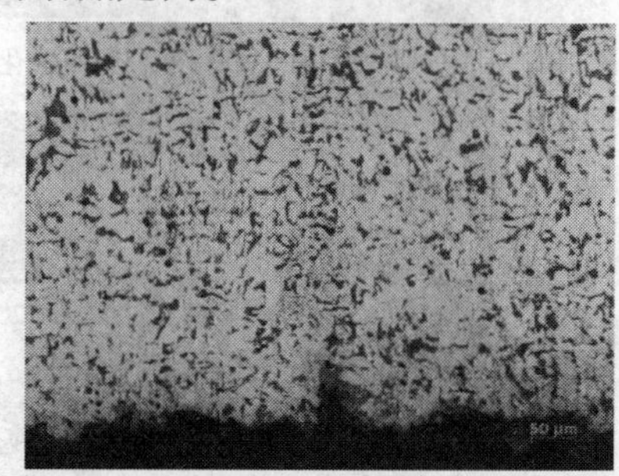

图 3-10-5 靠近内壁处组织 200×

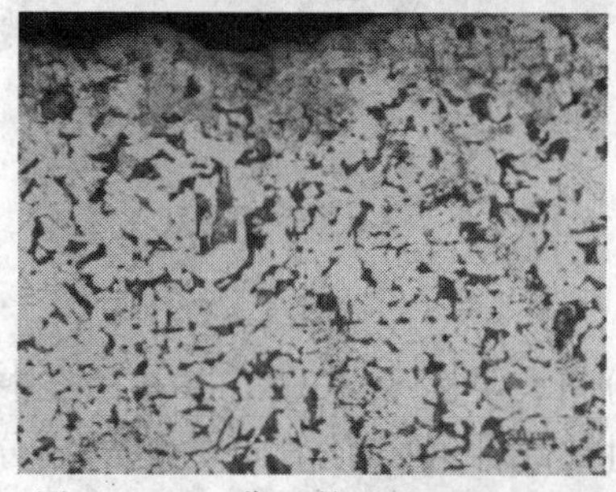

图 3-10-6 靠近外壁处组织 200×

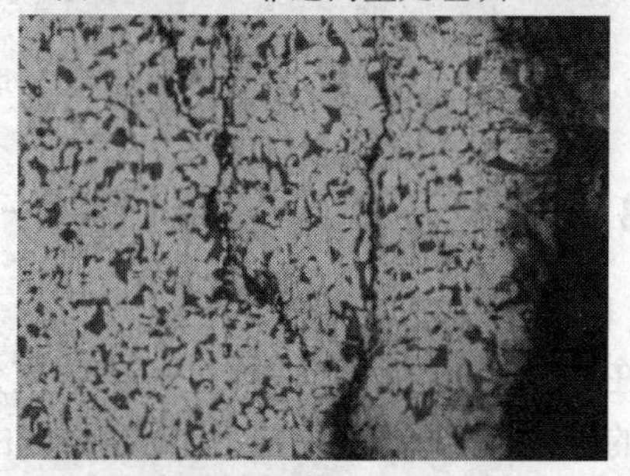

图 3-10-7 裂纹形貌 200×

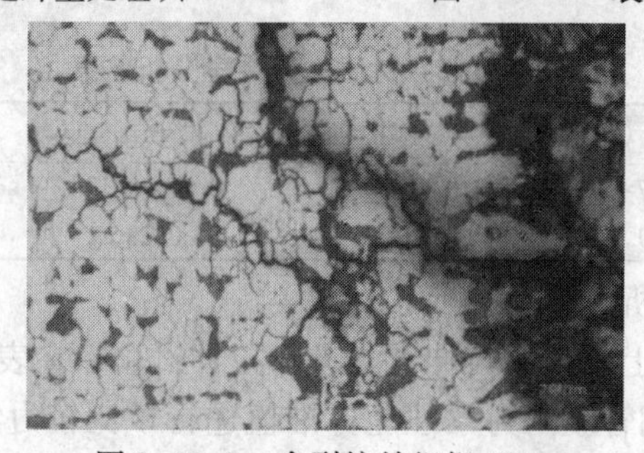

图 3-10-8 含裂纹处组织 500×

（4）断口分析

① 微观断口分析　将取下的带裂纹的试样打开，进行扫描电镜观察。图 3-10-9为裂纹源区处微观形貌，图 3-10-10～图 3-10-12 为靠近管道内壁处的组织形貌，从中可以看到典型的沿晶开裂特征。图 3-10-13 为人工打开的裂纹处的韧窝形貌，图 3-10-14 为靠近管道外壁处的组织形貌，从中也可以看到典型的沿晶开裂特征。

图 3-10-9　源区处微观形貌

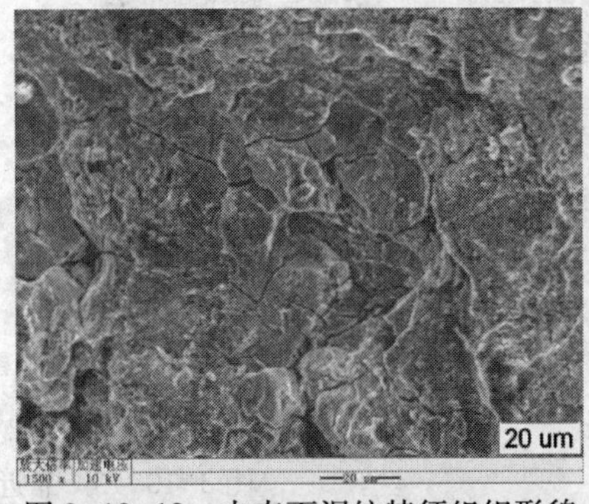

图 3-10-10　内表面泥纹特征组织形貌

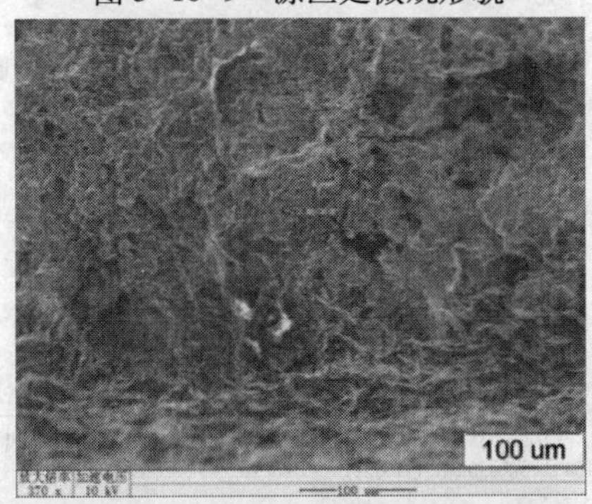

图 3-10-11　靠近内表面组织形貌

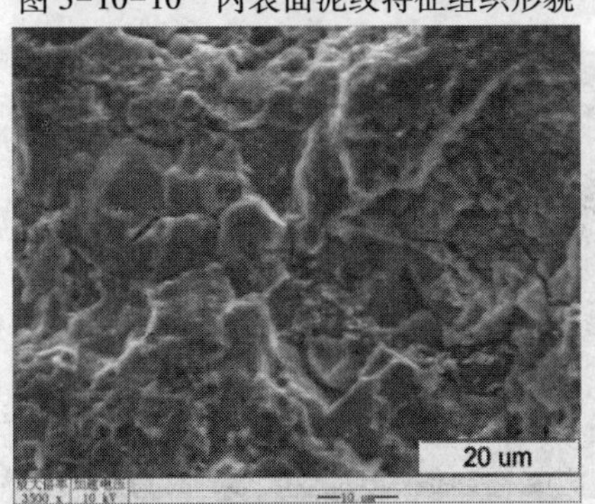

图 3-10-12　靠近内表面处组织形貌

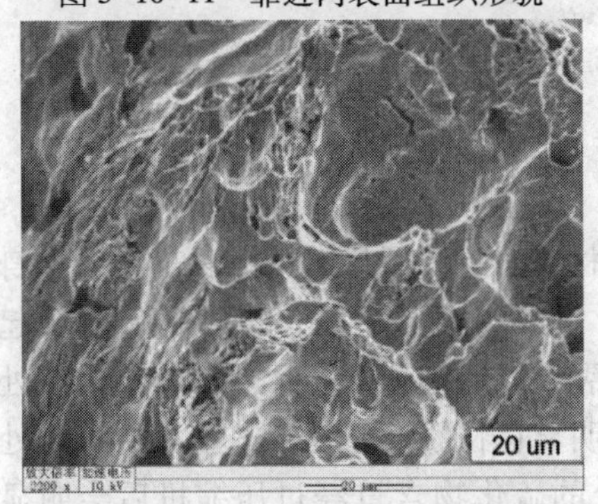

图 3-10-13　人工打开裂纹韧窝形貌

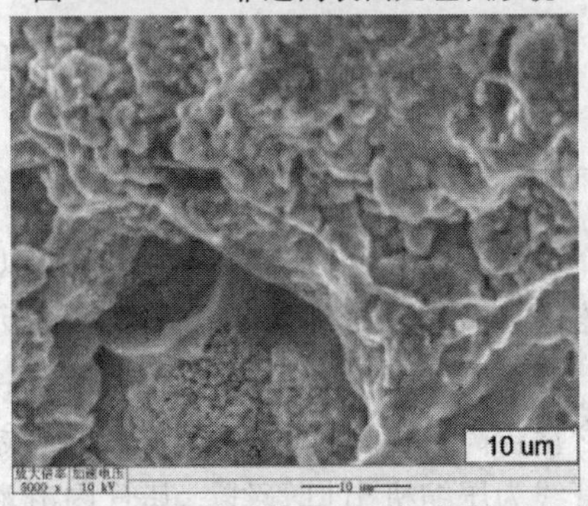

图 3-10-14　靠近管子外壁处的断口形貌

② 能谱分析　分别对靠近管道外壁处断口成分(图 3-10-15)和靠近管道内壁处的断口成分(图 3-10-16)进行能谱分析，结果显示，靠近内壁处断口上硫含量较高，而靠近外壁位置的断口上硫含量较低，这说明开裂是从内向外的，且本次开裂和硫元素有着直接的关系。

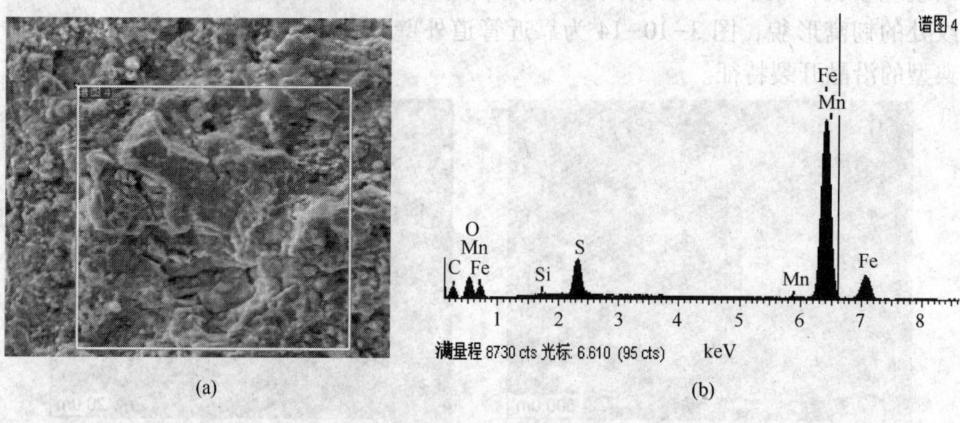

图 3-10-15　靠近管道外壁处断口成分

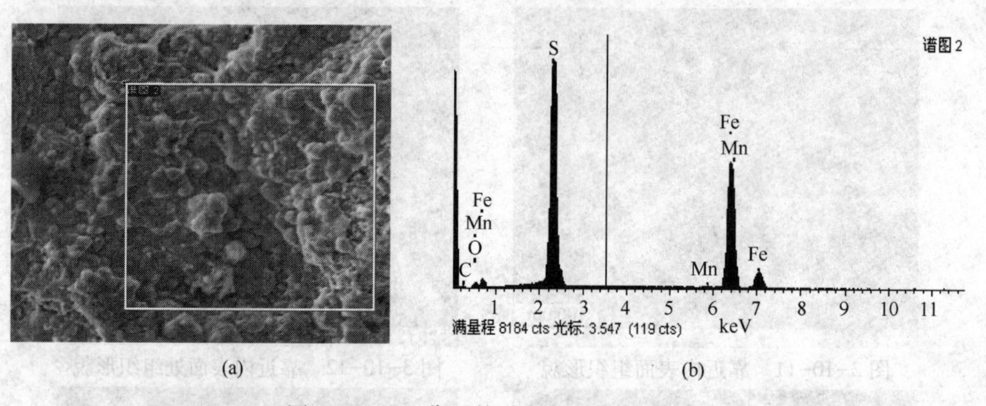

图 3-10-16　靠近管道内壁处断口成分

3　综合分析

从化学成分分析、力学性能分析以及材料的组织照片上可以看出材料本身是合格的，金相分析和断口分析结果显示，裂纹为沿晶型的，裂纹是从内壁起源的，逐渐向外壁扩展，最终形成穿透性的裂纹。能谱分析显示断口靠近内壁处的硫含量较高。在现场开裂处也发现管线中明显存在凝液，从工艺上分析，该处瓦斯管线为压缩机出口管线，其管内凝液处的硫化物含量经过压缩机后会明显增高。综合以上信息，可以断定该管道发生的是在湿硫化氢环境下的硫化物应力腐蚀开裂。

硫化物应力腐蚀开裂的本质是氢脆，在20~50℃的温度区间最容易发生。这可以从两个方面来解释，一方面，温度升高使硫化氢气体在水中的溶解度下降的同时，又使腐蚀速度加快，因而就会出现一个敏感性最大的温度；另一方面，氢致开裂需要氢的扩散，在应变速度相同时，温度越高，则扩散越快，但升温又降低了硫化氢的溶解度，因而会出现敏感性最大的温度。另外溶液的 pH 值越低，开裂的敏感性越高。

4 解决措施

通过对该条管道开裂机理的分析，解决这个问题有以下几种途径：

① 从该管道工艺情况上看，要控制其中的硫含量是十分困难的，但是如果可以避免管道中液膜产生，那么也就可以从根本上防止管道的开裂。这就涉及到工艺上的改动，需要该公司来论证工艺改动进行脱水的可行性。

② 对于20号钢来说，进行焊后热处理后也不能从根本上杜绝此种开裂的发生，因为应力在此并不是一个最关键的因素，但是可以一定程度上缓解这种损伤，比如延缓开裂的时间。

③ 更换材质。推荐更换为奥氏体不锈钢材料，如304、316、321等。但还要特别注意一个问题，在焊接过程中要避免奥氏体不锈钢的敏化（425~815℃）发生，因为发生了敏化的不锈钢，在当前这种介质下，会发生晶间腐蚀。奥氏体不锈钢发生晶间腐蚀的敏感性见表3-10-4。304L、316L、321不锈钢发生晶间腐蚀的敏感性较低，前两种材料是由于含碳量低，后一种是由于材料中含有稳定化元素钛。所以建议可以综合考虑在304、304L、321几种材料上来进行选择。304L、321材料造价较高，但晶间腐蚀敏感性较低，304造价相对较低，但在使用中要严格控制焊接温度，避免其发生敏化。

表3-10-4 不锈钢晶间腐蚀敏感性

材质	晶间腐蚀敏感性与热处理的对应关系		
	固溶退火（默认）	焊前稳定处理	焊后稳定处理
所有普通300系列不锈钢	中	—	—
H级300系列不锈钢	高	—	—
L级300系列不锈钢	低	—	—
321不锈钢	低	低	低

第11节　小结——管道腐蚀

1　管道损伤分类及原因

在众多的管道事故中，因为含有某种缺陷引起的管道断裂事故是一种比较危险和主要的事故。管道的损伤一般可以分为三种类型：

a. 体积型缺陷，主要为腐蚀所造成的点、槽、片状等腐蚀缺陷。

b. 平面型缺陷，主要为疲劳裂纹、应力腐蚀裂纹、氢致宏观裂纹和焊缝裂纹缺陷。

c. 弥散损伤型缺陷，为氢鼓包和氢致诱发裂纹。

根据对管道的研究和数据统计知道，造成管道缺陷的主要有腐蚀、机械损伤破坏和焊接不当等原因。

腐蚀　腐蚀是以电化学作用造成的材料损失为表征，并导致管道各种形状的壁厚减薄，使管道具有某种缺陷。腐蚀既可以发生在管道的内部也可以发生在管道的外部。

就外部环境而言，是管道(材料)与周围环境(介质)发生的化学、物理化学、电化学作用，导致管道的局部或整体的破坏。管道内部的腐蚀是发生在管道材质与所运送的介质(气、水等)之间的化学、电化学作用，由于介质的不同，其腐蚀情况也有很大差别。

腐蚀的原因可能是：阴极保护不良或故障；管道涂层完整性被破坏；管道内部所运输的介质含有杂质；管道内部所运输的介质颗粒磨损。

机械损伤破坏　主要是指由于机械原因造成的破坏。包括在管道的搬运、装卸等过程中给管道造成的损伤。尤其在反复交变载荷的作用下，管道将发生疲劳破坏。主要是金属的低周疲劳，其特点是应力较大而交变频率较低。在几何结构不连续的地方和焊缝附近存在应力集中，有可能达到和超过材料的屈服极限。这些应力如果交变地加载和卸载，将使受力最大的晶粒产生塑性变形并逐渐发展为细微的裂纹。随着应力周期变化，裂纹也会逐步扩展，最后导致破坏。管道往往由于下列原因而产生交变载荷：a. 间断输送介质而对管道反复加压和卸压、升温和降温；b. 运行中压力波动较大；c. 运行中温度发生周期性变化，使管壁产生反复性温度应力变化；d. 因其他设备、支撑的交变外力和受迫振动。

焊接不当　由于焊接工作质量，如运条不当、焊接电流和电压选择不当、焊接速度过快等导致的焊接缺陷，主要有：a. 气孔，影像特征是多数为圆形、椭圆形黑点，其中心处黑度较大，也有针状、柱状气孔，其分布情况不一，有密集的，单个和链状的；b. 夹渣，影像特征是形状不规则，有点、条、块状等，黑度不均匀。一般条状夹渣都与焊缝平行，或与未焊透未熔合混合出现；c. 未焊透，影像特征是在底片上呈现规则的，甚至直线状的黑色线条，常伴有气孔或夹渣。在V形、比V形坡口的焊缝中，根部未焊透都出现在焊缝中间，K形坡口则偏离焊缝中心；d. 未熔合，影像特征是坡口未熔合影像一般一侧平直另一侧有弯曲，黑度淡而均匀，时常伴有夹渣，层间未熔合影像不规则，且不易分辨。

2 管道常见的损伤机理

常见的管道损伤模式包括以下几大类：外部腐蚀、内部腐蚀减薄(包括均匀腐蚀减薄和局部腐蚀减薄)、应力腐蚀开裂、高温氢损伤以及机械损伤。

(1) 高温硫腐蚀

① 损伤机理：

a. 高温硫腐蚀的温度范围　高温硫对设备的腐蚀从240℃开始随着温度升高而迅速加剧，到480℃左右达到最高点，以后又逐渐减弱。

b. 高温硫腐蚀过程　高温原料中的硫有两种存在形式，一种作为单体硫存在，另一种存在形式是在预热器和反应器中生成硫醇、硫化氢和其他分子量较低的硫醚和硫化物。大部分则与烃类结合以不同类型的有机硫化物的形式存在。根据硫和硫化物对金属的化学作用，又分为活性硫化物和非活性硫化物，因此，高温硫腐蚀过程包括两部分，即活性硫化物和非活性硫化物。

活性硫化物如硫化氢，硫醇和单质硫的腐蚀，这些成分在大约350~400℃时都能与金属直接发生化学作用，化学式为：

$$H_2S+Fe \longrightarrow FeS+H_2$$

$$RCH_2CH_2SH+Fe \longrightarrow FeS+(RCH=CH_2)+H_2$$

硫化氢在340~400℃时按下式分解：

$$H_2S \longrightarrow S+H_2$$

$$S+Fe \longrightarrow FeS$$

分解出来的元素硫比H_2S有更强的活性，使得腐蚀更为激烈。在活性硫的腐蚀过程中，还出现一种递减的倾向，即开始腐蚀速度很大，这是由于生成的硫化铁膜阻滞了腐蚀反应进行的缘故。一定时间以后腐蚀速度才恒定下来，这是由于生成的硫化铁膜阻滞了腐蚀反应进行的缘故。

非活性硫化物，包括硫醚、二硫醚、环硫醚、噻吩等。原油中所含硫化物除硫化氢、低级硫醇和元素硫外，还存在大量的对普通碳钢无直接腐蚀作用的有机硫化物，如高级硫醇、多硫化物、硫醚等。原油中的硫醚和二硫化物在130~160℃已开始分解，其他有机硫化物在250℃左右的分解反应也会逐渐加剧。最后的分解产物一般为硫醇、硫化氢和其他分子量较低的硫醚和硫化物，这些有机硫化物分解生成的元素硫、硫化氢则对金属产生强烈的腐蚀作用。

c. 高温硫腐蚀的影响因素　影响高温硫腐蚀的因素主要有温度、硫化氢浓度、介质流速、材质以及环烷酸的含量。

温度影响表现在两个方面，一是温度升高促进了硫、硫化氢、硫醇等与金属的化学反应；二是温度升高促进了原油中非活性硫的热分解。原油中所含的某些硫化物，只有在240℃以上才开始分解成硫化氢，有些结构复杂的硫化物，在350~400℃时分解最快，到500℃时硫化物基本分解完毕，温度不同，腐蚀速率也不同。

硫化氢是所有活性硫化物中腐蚀性最大的。因此，无论是原油，成品油或半成品油中所含的硫化氢浓度越高，则腐蚀性越大。一般以硫化氢浓度的高低来衡量油品腐蚀性的大小。但含硫量高不等于硫化氢浓度高，也就是说，油品的腐蚀性与原油的总含硫含量之间并不成正比例关系，而是取决于其中硫化物的性质和在炼制过程中热分解的程度。

管道内介质的流速越高，金属表面上的硫化铁腐蚀产物保护膜越易脱落，界面的不断更新，金属的腐蚀也就进一步加剧。

② 损伤形态　由工作条件决定，腐蚀常以均匀变薄的形式出现，但也会发生例如局部腐蚀或高腐蚀速率破坏。

③ 工段分布　高温原料油进料系统、反应进料加热炉、分馏塔进料加热炉出入口管线、高温分离部位以及其他操作温度高温含硫设备和管线。

④ 防护措施　材料的材质不同，抗高温硫腐蚀的性能也不同，抵抗高温硫化氢腐蚀的能力主要是随设备材质中铬含量的增加而增加，铬是具有钝化倾向的元素，由于铬的存在，促进了钢材表面的钝化，因而能够减少钢材对硫化氢的吸收量，300系列不锈钢，比如304、316、321、347在绝大部分炼油工艺环境下由优良的抗腐蚀性能。因此，通常采用的防护措施有提高材质，严格工艺管理，硫含量对不同材质腐蚀速率的影响见图3-11-1和图3-11-2。

(2) 高温H_2S/H_2腐蚀

在汽、柴油加氢单元中，汽、柴油和氢气混合以后经反应加热炉加热后进入加氢精制反应器，在催化剂的作用下，H_2会把大部分硫、氮、氯及氧化物转化为H_2S、NH_3、HCl、H_2O，对下游设备造成腐蚀，高温下H_2S对钢材的腐蚀性很强，H_2的存在会加剧H_2S对金属材料的腐蚀。

腐蚀速率与材质及合金成分、温度、H_2及H_2S浓度或分压有关，随着温度、H_2及H_2S浓度的增加，腐蚀速率加快。碳钢在不同温度下的高温H_2S/H_2腐蚀速

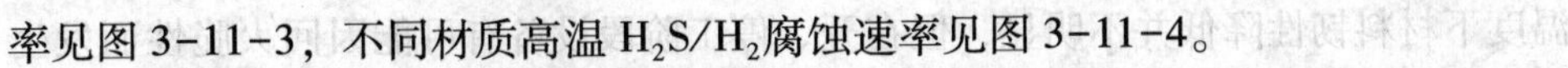

率见图 3-11-3，不同材质高温 H_2S/H_2 腐蚀速率见图 3-11-4。

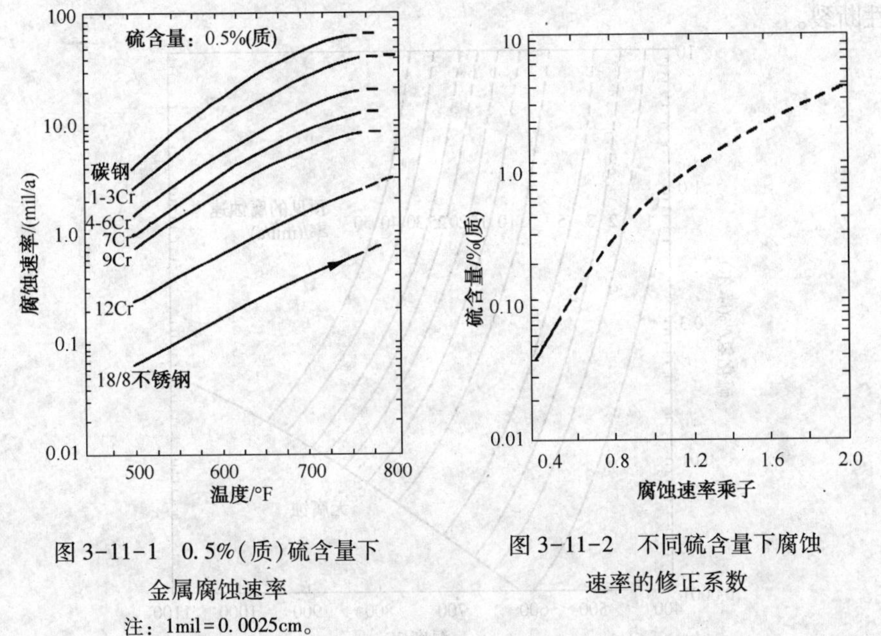

图 3-11-1　0.5%(质)硫含量下金属腐蚀速率

注：1mil = 0.0025cm。

图 3-11-2　不同硫含量下腐蚀速率的修正系数

高温 H_2S/H_2 腐蚀形态表现为均匀减薄，并伴有硫化铁腐蚀产物的形成。含5%或9%的铬合金，耐 H_2S/H_2 腐蚀效果有限，含12%的铬合金，耐 H_2S/H_2 腐蚀效果较好，但因可能发生475℃高温致脆应用不多，奥氏体不锈钢(18% Cr)或含铬的镍基合金效果最好。

加氢单元反应部分管道存在高温 H_2S/H_2 腐蚀的可能，宜采用18-8型不锈钢。

(3) 铬-钼钢的回火脆化

低合金钢(如果铬-钼钢，特别是2.25Cr-1Mo钢)长时间暴露在343～593℃时，会使材料金相组织改变而导致材质韧性下降，引起韧性-脆性转变温度升高，产生回火脆化，在操作温度下这种脆化并不明显，但在环境温度下就会显现出来，并能够造成材料脆性断裂。随着在脆化温度范围内使用时间的延长，低合金设备发生脆性断裂的可能性就会增大。

部分设备管道材质为铬-钼钢，且操作温度又恰好处于产生回火脆性的温度范围内，所以长期操作会发生回火脆性断裂，回火脆化一般发生在开、停工阶段。

回火脆性敏感性在很大程度上是由于钢中合金元素C、Mn和Si，以及杂质元素P、Sn、Ti、As的存在。另外，强度水平及热处理条件也应考虑。尽管操作温度下材料韧性降低并不明显，但在开、停工阶段设备有可能因回火脆性而发生脆性断裂。

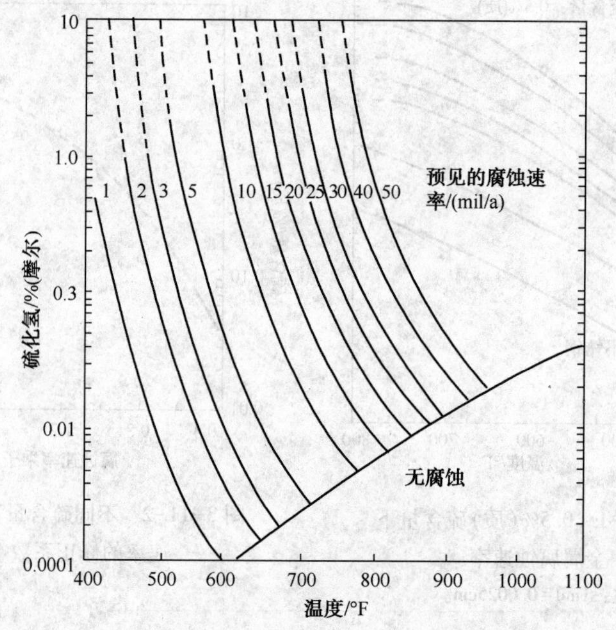

图 3-11-3 碳钢的高温 H_2S/H_2 腐蚀率（Couper-Gorman 曲线）

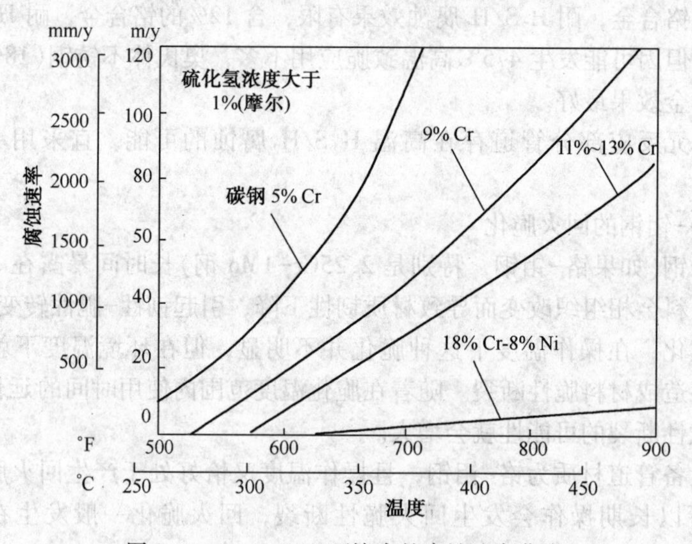

图 3-11-4 H_2S/H_2 环境中的腐蚀速率曲线

为了避免反应器在脆变温度范围里操作时突然发生脆断，在低于延脆转变温度操作时，要使反应器维持很低的压力和维持最小保压温度。一般来讲，此低压的概念就是小于反应器设计压力的 25%，最小保压温度一般认为最高至 171℃，最低为 38℃。

回火脆性对于含有一定量脆性敏感杂质元素并处于脆断温度范围内的材料来说是不可避免的。降低回火脆性可能性和程度的最好办法是限制母材和焊材中 Mn、Si 以及杂质元素 P、Sn、Sb、As 含量，限制母材的 J^* 系数和熔敷金属的 X 系数。依据以下材料成分：

$$J^* = (Si + Mn) \times (P + Sn) \times 10^4 (\text{元素质量比})$$

$$X = (10P + 5Sb + 4Sn + As)/100 (\text{元素 ppm})$$

2.25Cr 钢典型的 J^* 系数和 X 系数分别是 100 和 15。研究表明，把 P+Sn 限制在 0.01%之内足以使回火脆化最小化，因为 Si+Mn 控制着脆化率。

回火脆化是金相改变，检验、检测时可采用硬度抽查预判材质是否存在异常，若存在异常，则进一步进行现场金相检测确认，也可以采取在设备内进行挂块试验的方法，开罐卸剂检验时，将相同材质的挂块取出，进行冲击试验验证。

(4) 高温氢腐蚀(HTHA)

由于部分碳钢或低合金钢管线长期暴露在高温临氢环境下工作，当温度高于 204℃、氢分压大于 0.51MPa 时，活性的氢原子会向金属基体内扩散，与金属表面和内部的碳化物反应合成微量的甲烷，表现为钢材表面或内部脱碳，微量的甲烷气体聚集形成很大的内应力，最终造成钢材表面鼓包或开裂，削弱金属材质整体强度，从而使设备发生失效。

$$H_2 \longrightarrow 2H (\text{氢原子分解})$$

$$4H + MC \longrightarrow CH_4 + M$$

高温氢腐蚀形态表现为钢材表面和内部脱碳、鼓包以及沿晶开裂。对某一特定钢材而言，HTHA 敏感性取决于温度、氢分压、时间和应力，且服役时间具有累积效应。在装置正常操作条件下，300 系列不锈钢，以及 5Cr、9Cr、12Cr 合金对 HTHA 并不敏感。

可通过设计选材来控制高温氢腐蚀，在纳尔逊曲线图(Nelson 曲线，图 3-11-5)指定材料曲线下方的面积是该种材料可以接受的操作条件。当碳钢不适用时，就要提高材料等级，常用 1.25Cr-0.5Mo 和 2.25Cr-1Mo 合金。使用纳尔逊曲线选择材料时，采用 28℃的安全系数，但选择反应器材料时，一般采用 14℃安全系数。

铬-钼合金钢能够减少高温氢腐蚀的潜在损害，因为它们生成弥散状碳化物的能力很强，从而增加碳化物的稳定性，抑制甲烷的形成，其他碳化物稳定元素还有钨和钒。如果在氢腐蚀介质中使用没有足够抗腐蚀能力材料，就要考虑加

300 系列不锈钢堆焊层或不锈钢复合材料。虽然适当的奥氏体堆焊层有助于降低堆焊层下母材接触的氢分压，但氢仍会通过衬里材料扩散而侵蚀到母材，甚至造成堆焊层剥离或复合钢板衬里层下开裂。因此，为防止高温 H_2 损伤，应根据 API RP 941 中所示的 Nelson 曲线进行选材。使用 Nelson 曲线时，温度应在最高操作条件的基础上保留一定的裕量。

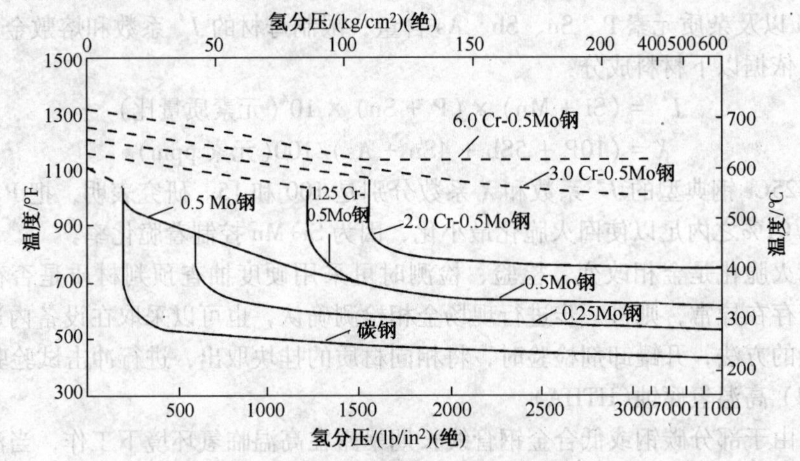

图 3-11-5 钢在氢系统中操作限制条件

($1lb/in^2 = 6.894757kPa$)

(5) 低温硫腐蚀

低温硫腐蚀主要是由 H_2S 以及其他硫化物引起的。H_2S 在没有液态水时(气相状态)对管道的腐蚀很轻，或基本无腐蚀。但在气相液相的相变部位，出现露水之后，则形成 H_2S-H_2O 型腐蚀。这种腐蚀类型主要影响因素为 H_2S 含量，其中 Cl^-、CN^-存在会促进对管线的腐蚀：

$$H_2S+Fe \longrightarrow FeS+H_2$$

当有 Cl^-存在时，则引起下列反应：

$$FeCl_2+H_2S \longrightarrow FeS\downarrow+HCl$$

$$FeS+2HCl \longrightarrow FeCl_2+H_2S$$

FeS 与介质中的 CN^-生成络合离子 $Fe(CN)_6^{4-}$，与铁反应生成亚铁氰化亚铁，在停工期间被氧化为亚铁氰化铁呈普鲁士蓝色。损伤形态表现为碳钢部件的全面腐蚀均匀减薄。

(6) 碱性酸性水腐蚀

① 损伤机理　在装置含硫污水中的氨盐 NH_4HS 和 NH_4Cl，金属材料在含有硫氢化铵(NH_4HS)的碱性酸性水中遭受的腐蚀反应如下：

$$NH_4HS+H_2O+Fe \longrightarrow FeS+NH_3 \cdot H_2O+H_2$$

氢硫氨(NH_4HS)的浓度越大腐蚀性越强，其浓度一般引用系数K_p：

$$K_p=(\text{克分子\%}\ H_2S)\times(\text{克分子\%}\ NH_3)$$

K_p值越大，氢硫氨的浓度就越高，相应地腐蚀就越严重。当选用碳钢设备时，控制K_p在0.2以下。在含硫污水气体装置中由于各种原因还可能在不同部位生成NH_4HS和NH_4HCO_3或氨基甲酸铵，NH_4HS、NH_4HCO_3或氨基甲酸铵低温下结晶形成氨盐垢沉积，导致设备或管道堵塞并引起垢下腐蚀。腐蚀堵塞主要是由于NH_4HS等盐类、多硫化物以及腐蚀产物的冲刷与沉积造成的，特别是当含硫污水与脱盐水或者钙、镁含量高的新鲜水混合时容易产生。影响腐蚀的主要因素是H_2S的浓度和流速。H_2S或NH_4HS在CN^-以及CO_2等存在下是造成腐蚀加重的主要原因。

② 损伤形态　介质流动方向发生改变的部位，或浓度超过2%(质)的紊流区易形成严重局部腐蚀，介质注水不足的低流速区可能发生局部垢下腐蚀，对于换热器管束可能发生严重积垢并堵塞。

③ 工段分布　主要分部在含硫污水系统。

④ 主要预防措施：

a. 优化设计　空冷器的进出物流采用对称结构，保持物料压力平衡。

b. 浓度监控　硫氢化铵浓度超过2%(质)以上，尤其是达到8%(质)或更高时，应对介质流速进行分析，确定腐蚀倾向。通常硫氢化铵浓度超过8 %(质)时，碳钢腐蚀严重。

c. 流速　材质采用碳钢的设备和管道，介质流速宜保持在3~7m/s的范围内，流速超过7m/s时，为防止冲刷腐蚀，应采用优异的耐蚀合金材料，可选NS142、双相不锈钢等。

d. 注水　注入适量无氧洗涤水稀释硫氢化铵。

e. 选材　酸性水汽提装置中的塔顶冷凝器宜用钛或哈氏合金，存在冲蚀的部位不应使用铝管换热器。

⑤ 检测方法：

a. 腐蚀区划分　取样和计算硫氢化铵，结合流速确定腐蚀敏感区、腐蚀一般区和腐蚀轻微区；

b. 厚度监测　对腐蚀敏感区，尤其是高流速区和低流速区、控制阀下游部位经常进行超声波测量、导波检测或射线扫描；

c. 钢制空冷器管　内部旋转检测系统检测、远场涡流检测和漏磁检测；

d. 非磁性空冷器管　涡流检测；

e. 注水监控　注入水的水质和流量监控。

(7) 冷却水腐蚀

① 损伤机理　由于冷却水含有各种未处理彻底的杂质，这些杂志包括溶解在水中的盐、气体、有机物、微生物等，尤其是 pH 值偏离中性较多或含氧量较高时可能对碳钢或低合金钢制设备及管线产生腐蚀。冷却水腐蚀与温度、水质(淡水、盐水等)、冷却系统的类型(直流、开始循环、闭式循环)、溶解氧含量、冷却水流速等因素有关。温度和溶解氧含量越高，腐蚀速率越大；冷却水流速太低，杂质容易沉淀结垢，引起垢下腐蚀以及微生物腐蚀等，流速太高，容易导致冲刷腐蚀。

② 损伤形态　冷却水腐蚀形态包括全面腐蚀减薄、局部减薄、微生物腐蚀(MIC)、点蚀等。

③ 检验方法　检验和监测的措施有监测冷却水的水质，包括 pH 值、氧气含量、含盐量、微生物等；其次采用超声波定点测厚进行壁厚监测。

④ 工段分布　可能发生的部位在冷却水循环系统及管线处。

(8) 汽蚀

① 损伤机理　因蒸汽及其冷凝后接近沸点的高温水，形成无数微小气泡并瞬时破裂造成的，破裂的气泡会施加很大的局部冲击力，导致对碳钢和低合金钢制设备及管线造成腐蚀，腐蚀速率与蒸汽纯净度有关。

② 工段分布　可能发生的部位在蒸汽及高温水系统处。

(9) 冲刷腐蚀

① 损伤机理　冲刷腐蚀也简称冲蚀，这种腐蚀是冲刷与腐蚀的联合作用下把金属表面暴露在进一步的腐蚀条件下造成的，实质上是由于腐蚀电化学因素与流体力学因素之间的协同效应所致。

② 工段分布　所有暴露在流动的液体、蒸汽、固体环境下的管道都会被冲蚀，管道中流速很高的部位能够发生冲蚀，特别在弯头、弯管、大小头、减速器以及注入套管或者测温套管伸进管道引起湍流的部位。冲蚀的腐蚀特征主要是坑、沟、空洞等厚度上的局部减薄。

③ 防护措施　根据工作条件、结构形式、使用要求和经济因素综合考虑，正确选择耐磨损腐蚀的材料，进行合理设计以减轻冲蚀破坏。如适当增大管径可减小流速，保证流体处于层流状态；增加壁厚；使用流线型化弯头以消除阻力减小冲击作用；改变设计减小流程中流体动压差；对腐蚀介质进行处理，去除对腐蚀有害的成分或加入缓蚀剂等；采用阴极保护，尤其是采用牺牲阳极法的阴极保护与涂料联合保护是最经济有效的一种方法。检验和监测的措施可以采用 UT 定点测厚。

(10) 湿 H_2S 破坏

① 损伤机理　湿硫化氢环境下的应力腐蚀开裂包括氢鼓包(HB)、氢致开裂(HIC)、应力导向氢致开裂(SOHIC)、硫化物应力腐蚀开裂(SSC)。其中 HB、HIC、SOHIC 发生在室温至 150℃，SSC 发生在 82℃以下。湿硫化氢环境下的应力腐蚀开裂主要影响材料为碳钢和低合金钢。

硫化物应力腐蚀开裂(SSC)为金属在拉应力和硫化氢及水存在的综合作用下出现的开裂。是由于在金属表面上进行的硫化腐蚀过程中产生了氢原子而发生的氢应力开裂。其敏感性主要与 pH 值和水中的 H_2S 含量这两个环境因素有关。硫化氢在潮湿或有冷凝液的情况下，由于硫化氢的溶解，生成呈酸性的电解质溶液而产生严重腐蚀。

SOHIC 与 HIC 相近，但裂纹形态表现为多处裂纹彼此堆积，垂直于钢材表面，其驱动力是高的应力水平(如残余应力或外加应力)。位置通常位于靠近焊缝热影响区的母材，初始裂纹为 HIC、SSC 或其他裂纹。

② 损伤形态　在压力设备中，SSC 通常发生在焊缝处，同时也会出现在任何硬度高或韧性高的地方。

③ 工段分布　主要发生在汽提后的酸性气管道处。

(11) 连多硫酸应力腐蚀开裂(PASCC)

① 损伤机理　装置停工期间残留在设备、管道中的硫化物遇水和氧(空气)反应可形成连多硫酸($H_2S_xO_y$，$x=1\sim5$，$y<1\sim6$)。敏化的奥氏体不锈钢在连多硫酸环境中可能产生晶间型应力腐蚀开裂。开裂通常发生在与焊缝、高应力区及其临近的部位。开裂可能沿着管子或构件壁厚方向快速扩展。所有在硫化物环境中使用了易敏化材质的设备都可能在一定条件下发生 PASCC，通常受破坏的主要是奥氏体不锈钢材质的设备，包括容器类、换热器和管线等。

② 主要影响因素　PASCC 发生与否受环境条件、材质因素及应力状态的综合影响。

a. 环境条件

当金属构件处于在硫化物组分中时，就会形成一层表面硫化层(如硫化铁等)。这层垢可能和空气(氧)和水分发生反应形成连多硫酸。

b. 材质因素

材料必须是在敏感或敏化的条件下才发生连多硫酸应力腐蚀开裂。奥氏体不锈钢在制造、焊接或高温服役期间，在一定的温度下一段时间后就会变得敏化，“敏化”是指金属晶界上 Cr-C 化合物的形成。不锈钢的敏化一般发生在 400~815℃之间。

合金的碳含量和热处理对敏化有相当大的影响，如 304/304H 类钢和 316/

316H类钢，在其焊缝热影响区HAZ，对敏化很敏感。低碳L级不锈钢(C<0.03%)的敏感度就小，且通常可以在无敏化下焊接，“L”级不锈钢可以长时间在不超过399℃的操作温度下服役而不敏化。

c. 应力状态

存在残余应力或外加的拉应力，通常大多数构件中的残余应力就足以导致开裂。

③ 损伤形态　连多硫酸引起的应力腐蚀开裂通常发生在焊缝附近，也会有发生在母材的情况，通常为局部化且失效特征不明显，裂纹形态为沿晶开裂。

④ 工段分布　使用奥氏体不锈钢的管道及构件，均存在连多硫酸应力腐蚀的可能。

⑤ 防护措施　停工时对管道进行碱洗；采用低碳(L级)奥氏体不锈钢；检验、检测手段可采用PT检测PASCC裂纹。

(12) 碳酸盐应力腐蚀开裂

① 损伤机理　在含碳酸盐溶液系统拉应力和腐蚀介质共同作用下发生在碳钢焊接接头附近的表面开裂，它是一种特殊的碱应力腐蚀开裂。

② 主要影响因素：

a. 应力水平。碳酸盐应力腐蚀开裂可以在相对低的残余应力下发生，通常在没有经过应力释放的焊缝或冷加工的区域发生。

b. pH和碳酸盐浓度。随pH和碳酸盐浓度的增加，开裂敏感性增加。典型开裂组合条件有pH>9.0且CO_3^{2-}>100ppm，或8<pH<9.0且CO_3^{2-}>400ppm。

c. 管线含水且硫化氢浓度为50ppm或更高，pH为7.6或更高，管线就被认为是敏感的。

d. 氰化物也可以增加开裂的敏感性。

③ 损伤形态：

a. 碳酸盐应力腐蚀开裂常见于靠近焊缝的母材上，裂纹平行于焊缝扩展，有时也会在焊缝金属和热影响区发生。

b. 裂纹细小并常呈蜘蛛状网状，焊缝中的缺陷为开裂提供了局部应力集中。

c. 裂纹主要为晶间型，裂纹内一般会充满氧化物。

④ 工段分布

a. 催化裂化装置主分馏塔塔顶冷凝系统和回流系统，湿气体压缩系统的下游，来自这些部位的酸性水系统的管线。

b. 制氢装置的碳酸钾、下汽化器和二氧化碳去除设施的管线。

⑤ 防护措施

a. 对焊接接头(包括修补焊接接头和内、外部构件焊接接头)进行焊后消除应力热处理。

b. 敷设涂层，选用单层300系列不锈钢板或复合板，合金400或其他耐蚀合金代替碳钢。

c. 在热的碳酸盐系统，在热处理或蒸汽吹扫前应采用水冲洗未经焊后热处理的管线和设备。

d. 在制氢装置二氧化碳去除单元的热碳酸盐系统，可以使用偏矾酸盐来防止开裂，但须注意缓蚀剂的合适剂量和氧化情况。

（13）氯化物应力腐蚀开裂

① 损伤机理 300系列奥氏体不锈钢和镍基合金在拉应力和氯化物溶液的作用下发生的表面开裂。氯离子易吸附在钝化膜上，取代氧原子后和钝化膜中的阳离子结合形成可溶性氯化物，导致钝化膜破坏。破坏部位的新鲜金属遭腐蚀形成一个小坑，小坑表面的钝化膜继续遭氯离子破坏生成氯化物，在坑里氯化物水解，使小坑内pH值下降，局部溶液呈酸性，对金属进行腐蚀，造成多余的金属离子，为平衡蚀坑内显电中性，外部的氯离子不断向坑内迁移，使坑内氯离子浓度升高，水解加剧，加快金属的腐蚀。如此循环，形成自催化腐蚀，向蚀坑的深度方向发展，直至形成穿孔。

② 主要影响因素：

a. 温度。随着温度的升高，氯化物应力腐蚀裂纹产生倾向增加。裂纹常见于金属温度60℃或更高的场合。

b. 浓度。随着氯化物浓度的升高，氯化物应力腐蚀裂纹产生倾向增加。但在很多场合氯化物具有自动浓缩聚集的可能，所以介质中氯化物含量即使很低也未必表明开裂敏感性一定低。

c. 伴热或蒸发条件。如果存在伴热或蒸发条件将可能导致氯化物局部浓缩聚集，显著增加氯化物应力腐蚀裂纹增加的倾向性。处于干-湿、水-汽交替的环境具有类似的倾向性。

d. pH值。在碱性溶液中，应力腐蚀裂纹倾向略低。

e. 应力。对于高压冷作制成的材料，具有较高的残余应力，开裂敏感性大，比如冷冲压制成的风箱。对于因载荷或结构等造成的局部高应力同样可能导致开裂敏感性高。

f. 镍含量。材料镍含量在8%~12%易产生应力氯化物腐蚀裂纹，材料镍含量大于35%时具有较高的抗氯化物应力腐蚀裂纹能力，材料镍含量大于45%时，基本上不会产生应力氯化物腐蚀裂纹。

g. 材质或组织。铁素体不锈钢比300系列奥氏体不锈钢具有更高的抗氯化物应力腐蚀裂纹的能力，碳钢、低合金钢和400系列奥氏体不锈钢对氯化物应力腐蚀开裂不敏感。

③ 损伤形态：

a. 材料表面发生开裂，无明显的腐蚀减薄；

b. 裂纹的微观特征多呈树枝状，金相观察则多可观察到明显的穿晶特征。但对于敏化态的奥氏体不锈钢，亦可能沿晶开裂的特征更加明显；

c. 垢下可能发生水解和氯离子浓缩，有时也可在垢下观察到此开裂。

④ 工段分布：

a. 所有由300系列奥氏体不锈钢制成的管道都对氯化物应力腐蚀裂纹敏感；

b. 加氢反应后物料运储的管道，如果在停车后没有针对性清洗，氯化物应力腐蚀开裂的敏感性升高；

c. 保温棉等绝热材料被水或其他液体浸泡后，可能会在材料外表面发生层下氯化物应力腐蚀开裂；

d. 氯化物应力腐蚀开裂也可发生在锅炉的排水管中。

⑤ 防护措施：

a. 选材：使用具有抗氯化物应力腐蚀裂纹能力的材料；

b. 水质：当用水进行压力试验时，应使用含氯量低的水，在检验结束后应及时彻底烘干；

c. 涂层：材料表面敷涂可避免材料直接接触流体的涂层；

d. 结构设计：结构设计时尽量避免可能导致氯化物集中或沉积的介质流动死角或低流速区；

e. 消除应力：对300系列奥氏体不锈钢制作的工件宜进行去应力退火以消除残余应力，但应同时考虑该热处理可能带来的敏化、变形、热疲劳裂纹因素。

f. 表面要求：降低材料表面粗糙度，防止机械划痕、碰伤和麻点坑等会减少氯化物积聚的可能性，降低应力腐蚀开裂敏感性。

(14) 外部腐蚀

① 损伤机理　外部腐蚀包含没有保温层的大气腐蚀和保温材料的层下腐蚀（CUI）。CUI产生机理是由于保温层与金属表面间的空隙内水的集聚产生的。CUI形成局部腐蚀，常发生在-12~120℃温度范围内，在50~93℃区间时尤为严重。如果材料为碳钢或低合金钢，设备没有绝热层，并且操作温度为-12~120℃，则可能发生外部腐蚀。外部腐蚀情况和装置所处的地理位置相关。

② 损伤形态　大气腐蚀表现为均匀或局部腐蚀，局部腐蚀依赖于是否有水的局部积聚，漆层脱落部位为均匀腐蚀。大气腐蚀外观表现为形成红色氧化铁产物。

层下腐蚀对于碳钢和低合金钢表现为松散的、薄片状的氧化皮，具有高度的局部腐蚀特征。对于300系统不锈钢，层下腐蚀表现为凹坑或氯化物应力腐蚀开裂。

③ 工段分布　壁温在-12~121℃，无保温层的碳钢或低合金钢管道，均可能发生大气腐蚀，特别是漆层脱落部位、操作温度在常温附件波动、停车或长期停用设备、管道支撑部位。层下腐蚀发生在蒸汽放空附近、处在管沟内的管道，保温支撑圈、平台、扶梯、支腿、接管、蒸汽伴热泄漏部位、设备底部积液部位。

(15) 管道振动疲劳

装置中与压缩机及泵连接的管道，在循环往复的振动下，以及管道内介质的不稳定流动所致的动态载荷而造成管道振动疲劳开裂破坏，这种疲劳开裂发生在部件长时间暴露在循环应力的工况下，可导致突然开裂失效。影响管道振动疲劳的关键因素有管道部件的应力水平、管件的几何结构、循环次数、振动的幅度和频率以及管道部件材质的耐疲劳性。振动疲劳破坏一般容易在应力集中区域或表面缺陷的位置产生裂纹。振动所致的疲劳能通过设计和使用支架以及减震设备来消除或减缓。

3　管道常见的保护措施

防腐是为了保证管道长期安全输送和防止管道泄漏油、气，各国政府和管道企业都制定有管道防腐规程作为管道防腐必须遵循的准则。通用的管道防腐方法是内壁涂层加外壁涂层(或包扎层)加阴极保护。若严格施行这些措施，实践证实管道可安全运行50年。技术可靠，经济合理的防腐蚀措施众所周知，防腐蚀的目的在于延长设备的使用寿命，确保安全生产，提高综合经济效益。如果采用的防腐蚀技术不成熟可靠，则有可能事与愿违，出现相反的结果。然而如果片面地强调技术的先进性而忽略了经济上的可行性，同样达不到防腐蚀的目的。因此，设计选用的任何一种防腐蚀技术，必须是技术可靠、经济可行的。

(1) 正确选用金属材料

根据使用环境正确选用金属材料以减轻腐蚀影响，如大气腐蚀严重的地区选用低合金钢，酸性环境选用经过特殊处理的碳素钢、低合金钢、奥氏体不锈钢和马氏体不锈钢，高浓度氯离子环境不宜选用不锈钢等，此外，应注意材料的相容性，减轻电偶腐蚀。

(2) 合理设计金属结构

a. 结构形式尽量简单，便于防腐施工与检修。

b. 减小溶液的停滞与积聚，防止残留液腐蚀与沉积物腐蚀。

c. 尽可能不采用铆接结构而采用焊接结构，避免形成缝隙腐蚀。减小焊接时产生的热应力和残余应力，防止应力腐蚀破裂。

d. 防止高速流体直接冲击设备而造成冲击腐蚀，在不影响工艺条件的情况下，可在需要的地方安装可拆卸的挡板或折流板。

e. 减小应力集中与局部过热。

f. 同一结构中应尽可能采用同一种金属材料或电偶序中位置相近的材料，避免产生电偶腐蚀。

（3）合理地使用覆盖层

覆盖层在油气田的腐蚀控制中占有十分重要的地位，它的主要作用是将腐蚀性介质与金属构筑物隔离开来以达到防腐蚀的目的。在油气田建设中，通常所使用的金属管道与容器，一般均使用覆盖层防腐。根据表面覆盖层材料的不同可分为金属覆盖层和非金属覆盖层。

金属覆盖层应具有的性质包括：

a. 覆盖层本身在介质中耐蚀与基体金属结合牢固，附着力好。

b. 覆盖层完好，孔隙率小。

c. 有良好的物理机械性能。

d. 有一定的厚度和均匀性。

非金属覆盖层应具有的性质：

a. 有良好的电绝缘性，覆盖层的表面电阻不小于 $10000\Omega \cdot m^2$；耐击穿电压不低于下式计算的数值。当覆盖层厚度 $\delta>1$mm 时，

$$\mu = 7843\delta$$

当覆盖层厚度 $\delta<1$mm 时，

$$\mu = 3294\delta$$

式中 μ——覆盖层的耐击穿电压，V；

δ——覆盖层厚度，mm。

b. 覆盖层应具有一定的耐阴极剥离强度的能力，并能长期保持恒定的电阻率。

c. 应有足够的强度，有一定的抗冲击强度，以防止由于搬运和土壤压力而造成损伤；有良好的柔韧性，以确保金属管道或其他金属构筑物施工时弯曲而不致覆盖层损伤；有良好的耐磨性，以防止介质对覆盖层的冲蚀或自然磨擦；与金属必须有良好的黏结性，即附着力要好。

d. 应有良好的稳定性，耐水性好，吸水率小；耐大气老化，性能好，在各类气相介质中耐老化时间长，保色时间长；化学稳定性好，在所使用的介质中，不变质，不脱落，不开裂，不溶胀；有足够的耐热性与耐低温性。

e. 覆盖层的破损要易于修补，选择覆盖层类型时，既要考虑覆盖层本身的性质，也要考虑使用的环境与投资的效益回报。例如选择某种覆盖层时，不仅要

考虑被涂物的使用条件与选用的覆盖层适应范围的一致性，考虑被涂物表面的材料性质与施工条件的可能性，还要考虑选择该覆盖层的经济效果与覆盖层产品的正确配套。随着科学技术的发展，新材料、新工艺不断涌现，覆盖层设计应本着可靠、实用、长效、先进的原则，因地制宜，合理使用。不断提高油气田防腐蚀的质量与水平。

① 涂层防腐　用涂料均匀致密地涂敷在经除锈的金属管道表面上，使其与各种腐蚀性介质隔绝，是管道防腐最基本的方法之一。20 世纪 70 年代以来，在极地、海洋等严酷环境中敷设管道，以及油品加热输送而使管道温度升高等，对涂层性能提出了更多的要求。因此，管道防腐涂层越来越多地采用复合材料或复合结构。这些材料和结构要具有良好的介电性能、物理性能、稳定的化学性能和较宽的温度适应范围等。

② 内壁防腐涂层　为了防止管内腐蚀、降低摩擦阻力、提高输量而涂于管子内壁的薄膜。常用的涂料有胺固化环氧树脂和聚酰胺环氧树脂，涂层厚度为 0.038~0.2mm。为保证涂层与管壁粘结牢固必须对管内壁进行表面处理。70 年代以来趋向于管内、外壁涂层选用相同的材料，以便管内、外壁的涂敷同时进行。

③ 防腐保温涂层

在中、小口径的热输原油或燃料油的管道上，为了减少管道向土壤散热，在管道外部加上保暖和防腐的复合层。常用的保温材料是硬质聚氨脂泡沫塑料适用温度为-185~95℃。这种材料质地松软，为提高其强度，在隔热层外面加敷一层高密度聚乙烯层，形成复合材料结构，以防止地下水渗入保温层内。

(4) 阴极保护

阴极保护是目前国内、外公认的经济有效的防腐蚀措施。阴极保护系统分外加电流与牺牲阳极两种。

① 采用外加电流或牺牲阳极的依据：

a. 工程项目的规模与几何形状，较大的工程项目一般选用外加电流，被保护金属构筑物复杂的宜选用牺牲阳极。

b. 有无经济方便的电源。

c. 介质导电率的大小，在导电率小的介质中，一般选用外加电流。

d. 在杂散电流地区，对管地电位有显著波动影响时，不宜用牺牲阳极。

e. 牺牲阳极的替换可能性，如果牺牲阳极更换方便，宜选用牺牲阳极，否则选用外加电流。

f. 在两种方法均适用时，应进行综合技术经济分析来决定选择何种系统。

② 阴极保护系统设计的主要目标：

a. 对被保护金属提供足够的保护电流，并使保护电流的分布达到理想的保护效果。

b. 尽可能降低对邻近地下金属构筑物的干扰影响。

c. 设计的阴极保护系统，其寿命应与被保护金属的寿命相一致。

d. 阳极装置应设置在不易受干扰与损伤的地方。

③ 外加电流阴极保护的设计原则：

a. 在金属构筑物的外加电流阴极保护系统的设计中，对其保护范围要留有10%的余量。其辅助阳极的设计寿命应与被保护金属的设计要求相匹配，一般不宜小于 20 年。

b. 设计外加电流阴极保护时，应注意保护系统与外部金属构筑物之间的干扰影响，在需要的场合，应采取必要的防护措施。其直流电源的额定功率应留有50%的余量，其输出阻抗应与回路的电阻相匹配。

④ 牺牲阳极阴极保护的设计原则：

a. 镁阳极适用于电阻率较高的土壤，当土壤(或水)电阻率小于 100Ω · m，pH 值不大于 4 时不宜采用，在交流干扰地区应用镁阳极时应注意其电位的稳定性，防止极性逆转。

b. 铝阳极一般不在土壤中使用，当土壤中氯离子浓度较高时，或在油田污水环境中可以使用。

c. 锌阳极一般应用于土壤电阻率在 15Ω · m 以下的环境。当技术经济合理时，锌阳极的应用范围可扩大到土壤电阻率约 30Ω · m 的地点，当环境温度高于65℃时严禁采用锌阳极，以免产生极性逆转。

d. 牺牲阳极在土壤中的应用应采用适合阳极工作的填包料，填包料厚度一般不小于 100mm，填包料的电阻率不大于 1.5Ω · m，并宜选用袋装法埋设。

e. 阳极宜埋在潮湿的土壤中，深度不宜小于 1m，在冻土地区应埋在冻土层以下。

f. 在阳极与被保护金属之间不得有其他金属体。

g. 牺牲阳极阴极保护法适应于有良好电绝缘覆盖层的金属体。

h. 牺牲阳极阴极保护法适应于金属容器的阴极保护。保护金属容器内壁时，阳极应全部浸在腐蚀介质中，并尽量设置在每个分隔室的中心位置，以获得保护电流的均匀分布。

将被保护金属极化成阴极来防止金属腐蚀的方法。这种方法用于船舶防腐已有 150 多年的历史；1928 年第一次用于管道是将金属腐蚀电池中阴极不受腐蚀而阳极受腐蚀的原理应用于金属防腐技术上。利用外施电流迫使电解液中被保护金属表面全部阴极极化，则腐蚀就不会发生。判定管道是否达到阴极保护的指标有两项。一是最小保护电位，它是金属在电解液中阴极极化到腐蚀过程停止时的电位，其值与环境等因素有关，常用的数值为-850mV(相对于铜-硫酸铜参比电极测定，下同)；二是最大保护电位，即被保护金属表面容许达到的最高电位值。当阴极极化过强，管道表面与涂层间会析出氢气，而使涂层产生阴极剥离，所以必须控制汇流点电位在允许范围内，以使涂层免遭破坏。此值与涂层性质有关一般取-1.20~-2.0V之间。实现地下管道阴极保护的方法有外加电流法和牺牲阳极法两种。

外加电流法是利用直流电源，负极接于被保护管道上，正极接于阳极地床。电路连通后，管道被阴极极化。当管道对地电位达到最小保护电位时，即获得完全的阴极保护。常用的直流电源均可使用，其中尤以整流器居多。直流输出一般在60V、30A以下。新型的直流电源有温差发电器、太阳能电池等，多用于缺电地区。阳极地床是与直流电源正极相连的，与大地构成良好电气接触的导电体或称为阳极接地装置；常用材料有碳钢、高硅铁、石墨、磁性氧化铁等。阳极地床设置在土壤电阻率低、保护电流易于分布、又不干扰邻近地下构筑物的地方。阳极与管道埋设位置相对应，有浅埋远距离阳极和深阳极两种。为测定阴极保护参数鉴定管道阴极保护效果，沿管道需设置检测点和检查片。配套使用的检测仪表有高阻伏特计、安培计、硫酸铜电极等。20世纪70年代以来，开始采用与管道航空巡线相结合的阴极保护参数遥测系统，配以电子计算机，对所测数据进行处理。外加电流阴极保护单站保护距离一般可达几十公里，长输管道阴极保护多用此法。

牺牲阳极法是采用比被保护金属电极电位更负的金属与被保护金属连接，两者在电解液中形成原电池。电位较负的金属(如镁、锌、铝及其合金)成为阳极，在输出电流的过程中逐渐损耗掉，被保护的管道金属成为阴极而免遭腐蚀，所以称电位较负的金属为牺牲阳极。地下管道采用牺牲阳极保护，其决定要素是阳极发生电流、阳极数量和保护长度等。当阳极种类确定后，影响上述参数的是阳极接地电阻和与该阳极保护管段区间的漏泄电阻。前者取决于土壤电阻率，后者取决于管道涂层电阻和涂层的施工质量。牺牲阳极使用寿命与质量有关，视需要可用几年至几十年。牺牲阳极具有投资省、治理简便、不需要外电源、防止干扰腐蚀效果好等长处，所以在地下金属管道防腐中得到普遍应用。

(5) 介质处理

对生产过程中的腐蚀性介质进行机械、化学、生物处理，从而降低介质的腐蚀性，也是常用的防腐蚀技术之一。介质处理设计的一般原则是：

a. 脱除水中的氧，使水中溶解氧含量小于0.05mg/L，抑制氧腐蚀。

b. 脱除水中的硫化物与游离二氧化碳，使其在水中的含量小于10mg/L。

c. 杀菌，使水中硫酸盐还原菌(SRB)小于102个/mL。

d. 沉降在除水中的悬浮固体含量，使其小于3mg/L。

e. 干燥与净化天然气，减轻天然气对金属管道与设备的腐蚀。

(6) 添加缓蚀剂

缓蚀剂保护是控制管道金属腐蚀的一种重要措施。采用缓蚀剂保护时，整个系统中凡是与介质接触的金属体均可受到保护，这是任何其他防腐蚀措施都不可比拟的。由于腐蚀介质的多样性与复杂性，因此，缓浊剂保护的应用具有严格的选择性。对于一个特定的工程与特定的介质条件，设计缓蚀剂保护前一般要进行缓蚀剂的评选，以求得合适的品种，正确的工艺，恰当的用量，从而获得较好的防腐效果。缓蚀剂保护设计时一般应考虑以下因素：

a. 缓蚀剂用量。一般情况下，金属腐蚀的速率是随缓蚀剂浓度的增加而降低的，但二者的关系有极限值，当缓蚀剂的浓度超过极限值时，金属的腐蚀速率不仅不下降，反而会升高。

b. 温度的影响。大多数有机缓蚀剂与无机缓蚀剂，温度升高，缓蚀率降低。但有些缓蚀剂温度升高，缓蚀率也增高，如7701、7801等。

c. 介质的流动速度。在大多数情况下，介质流速加快，缓蚀率降低，但有时缓蚀率提高，这取决于缓蚀剂在介质中的分散状况。

d. 缓蚀剂的选择原则。在油、水中溶解性能好，即在水中分散性好，并微溶于油；缓蚀剂与其他添加剂配伍性能好；对细菌有一定的抑制作用，不能助长细菌繁殖；不产生沉淀、结垢，且缓蚀率高。

第4章 换热器失效案例

第1节 蒸发器泄漏失效分析

1 蒸发器泄漏背景介绍

根据某炼油厂提供的资料，其蒸发器的结构见图4-1-1，工艺流程如下：浓度较低的氯碱水溶液从蒸发器下段U形弯管底进料，经右侧的换热器管程加热后，氯碱水溶液呈沸腾状态并产生大量水蒸气，水蒸气经蒸发器上段筒体右上侧的接管排出，经蒸发除水后浓度较高的氯碱水溶液从蒸发器上段筒体左下侧的接管出料，换热器壳程由高温蒸汽提供热源与管程换热。图4-1-2为蒸发器的上段筒体，图4-1-3为蒸发器的中段接管(右侧为换热器)，图4-1-4为蒸发器的下段U形管。蒸发器的相关参数见表4-1-1。

表4-1-1 蒸发器相关参数

容器名称		蒸发器
主体材质		1Cr18Ni9Ti
投入运行时间		1980~1990年之间
规格	内径/mm	900(泄漏部位U形管)/不详(泄漏部位膨胀节)，其他部位尺寸不详
	厚度/mm	8(泄漏部位U形管)/5mm(泄漏部位膨胀节)，其他部位尺寸不详
工作参数	工作压力	常压
	温度/℃	120~150
	介质	氯碱、水、水蒸气

设备于1980~1990年之间投入使用，操作压力为常压，操作温度为120~150℃，每3天停车一次，每次停8h。介质中的Cl^-含量约为0.5mg/L，2006年10月左右发现介质中的Cl^-含量变为0.8~1.0mg/L，12月发现下膨胀节(图4-1-5)和U形管(图4-1-6)的焊缝及焊缝附近泄漏，经多次补焊后仍在补焊处泄漏，影响设备的安全运行，所以需对其失效机理进行分析，以保证安全生产，并对该设备的修补、更新以及以后的运行维护提出改进措施，同时也对其他几台蒸发器的泄漏失效处理提供参考。由于蒸发器发生裂纹的膨胀节和U形管的材质相同、结构相近(均为不锈钢板拼接结构)、所处介质相同、操作温度相近，

膨胀节和 U 形管的失效机理相同，所以本次重点对易于分析取样的膨胀节部位进行分析，膨胀节处裂纹产生的原因同样适用于 U 形管。

图 4-1-1　蒸发器结构　图 4-1-2　蒸发器上段筒体　图 4-1-3　蒸发器中段接管

图 4-1-4　蒸发器下段 U 形管　图 4-1-5　发现裂纹的膨胀节　图 4-1-6　发现裂纹的 U 形管

2　蒸发器裂纹的检查

（1）全定量光谱分析

采用 ARC-MET930 便携式全谱光电直读光谱仪对产生裂纹的膨胀节进行取样分析，测定出现裂纹部位的材质化学成分，见表 4-1-2，并与 GB 4237—1992《不锈钢热轧钢板和钢带》中 1Cr18Ni9Ti 的化学成分进行了对比，可见蒸发器的膨胀节段的材质符合该标准要求。

（2）宏观检查

对蒸发器发生裂纹的部位进行了宏观检查，经检查发现蒸发器的膨胀节和 U 形管处有大量穿透性裂纹，这些裂纹均起始于焊缝区并向母材扩展，裂纹呈树枝状形貌，这与奥氏体不锈钢的氯化物应力腐蚀断裂特征一致，见图 4-1-7 和图4-1-8。

表 4-1-2 全定量光谱分析结果

	C	Si	Mn	Cr	Ni	Mo	Ti	V	W	Co	S	P
标准要求值/%	≤0.12	≤1.00	≤2.00	17.00~19.00	8.00~10.00		5(C%~0.02)~0.80				≤0.025	≤0.030
测量值/%	0.117	0.834	1.130	16.96	9.426	0.005	0.820	0.009	0.003	0.011	0.021	0.032

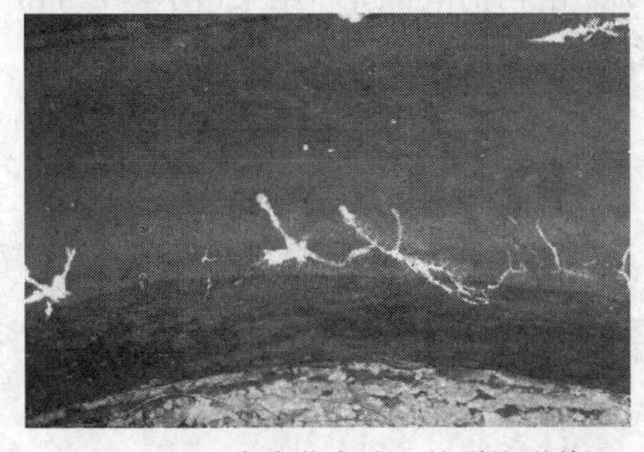

图 4-1-7 膨胀节内壁上的裂纹形貌

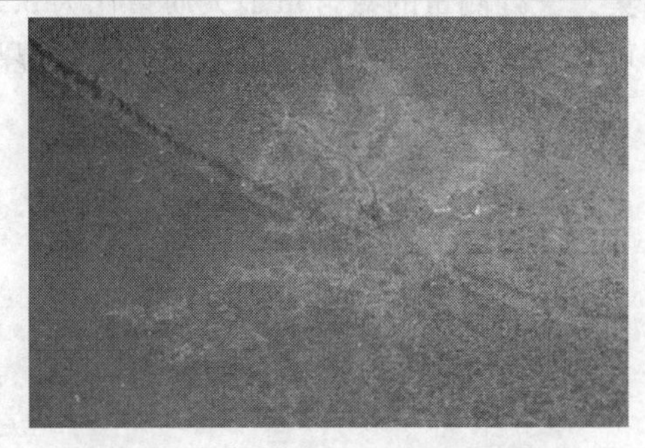

图 4-1-8 U 形管内壁上的裂纹形貌

(3) 金相试验

对产生裂纹的膨胀节部位进行取样，测定金相组织为奥氏体组织，裂纹的扩展形式为混晶，见图 4-1-9，裂纹成树枝状，这些裂纹特征都与奥氏体不锈钢的

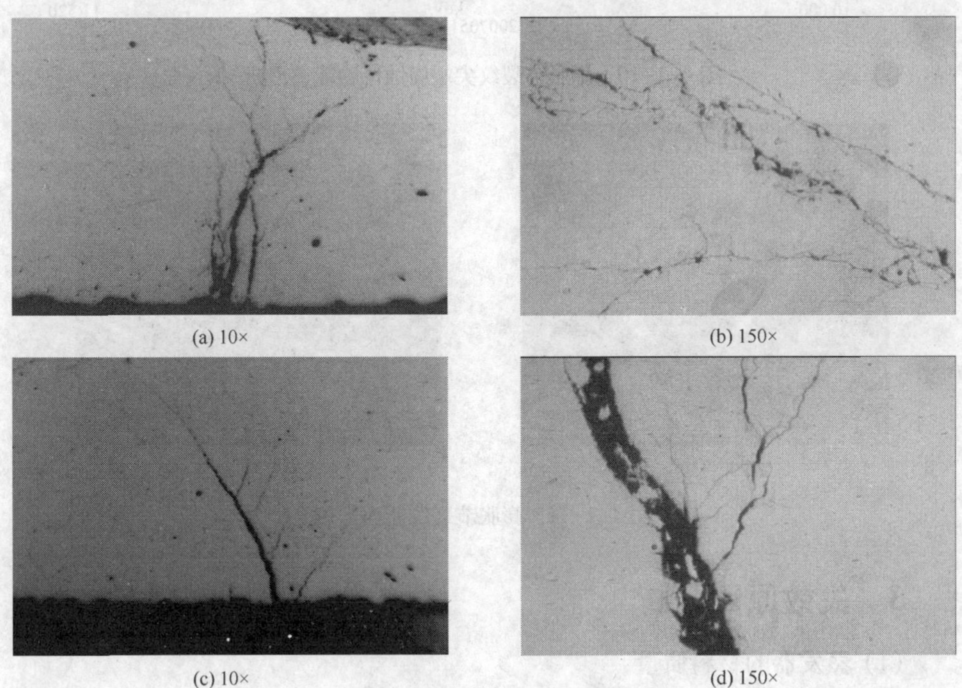

(a) 10× (b) 150× (c) 10× (d) 150×

图 4-1-9 膨胀节裂纹部位金相组织

氯化物应力腐蚀断裂特征一致。

（4）能谱分析和扫描电镜分析

对产生裂纹的膨胀节(膨胀节与U形管相比，更利于试样的制取)进行取样，测定裂纹尖端的腐蚀产物(图4-1-10)，可见膨胀节的裂纹尖端存在氯元素的聚集，三处测量的氯含量最大质量比为3.57%。由扫描电镜分析结果(图4-1-11)可见裂纹断口的形貌是以沿晶为主的混晶结构。

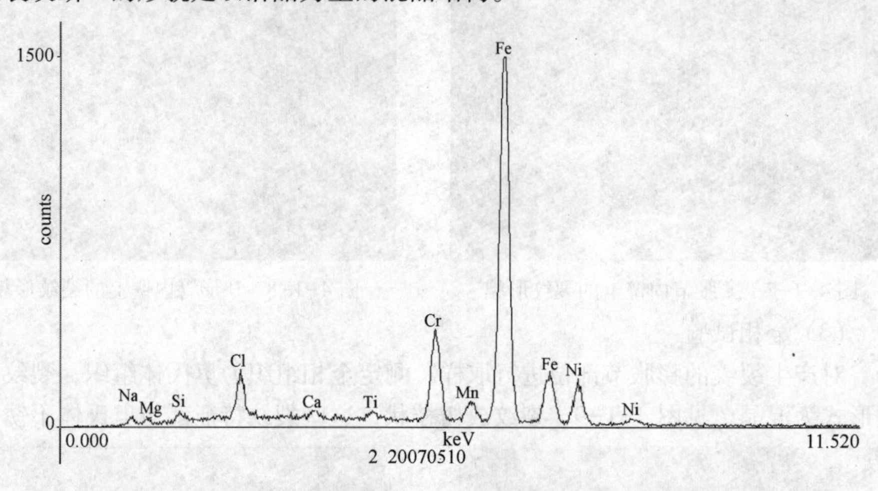

图4-1-10 膨胀节裂纹尖端腐蚀产物能谱分析

(a) 1500×

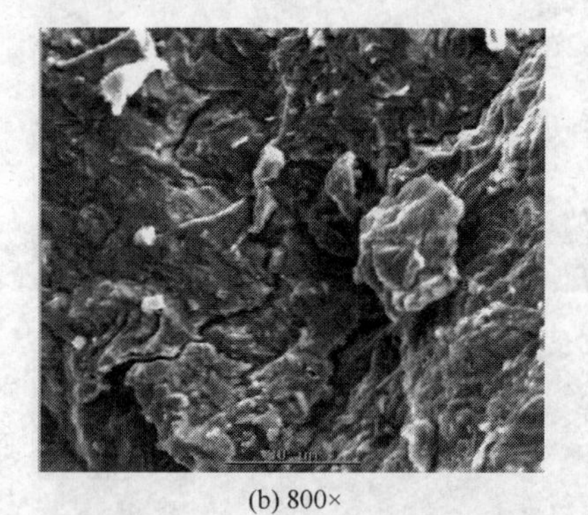

(b) 800×

图4-1-11 膨胀节裂纹断面形貌

3 失效原因分析

（1）蒸发器的材料质量

对膨胀节的全定量光谱分析表明，产生裂纹的蒸发器膨胀节部位的化学成分满足相关标准要求，金相组织正常，这说明蒸发器膨胀节的材质满足设备使用要求。

(2) 裂纹性质

对膨胀节的金相检查表明，裂纹表现出沿晶和穿晶的特征，裂纹的长宽不成比例，相差几个数量级，裂纹的形貌为树枝状；对膨胀节断口的扫描电镜检查表明，断口为解理断裂；对膨胀节断口的能谱分析检查表明，裂纹上的腐蚀产物中存在一定的氯元素。以上特征均与奥氏体不锈钢的氯化物应力腐蚀开裂特征一致。

(3) 裂纹源

对蒸发器的膨胀节和U形管的内、外表面宏观检查和对膨胀节横截面金相检查表明，裂纹起始于蒸发器焊缝热影响区的内表面并向母材和蒸发器外表面扩展。

4 结论及建议

综合上述分析，裂纹形成的机理可描述为蒸发器内的介质——氯碱溶液中存在超标的氯离子，由于不锈钢材料和氯离子水溶液介质是易产生应力腐蚀的组合，膨胀节和U形管处的焊缝拼接处在内压作用下和焊接残余应力作用下均产生拉应力，又由于膨胀节和U形管的焊接热影响区易出现材质敏化——发生应力腐蚀的薄弱部位，从而导致在膨胀节和U形管的热影响区首先发生由内至外扩展的氯化物应力腐蚀裂纹。

针对以上分析，为了及时发现在用设备中存在的危险缺陷，并避免同类设备出现类似问题，提出以下几点建议：

① 控制蒸发器内的氯离子含量，避免未产生裂纹的部位出现新生裂纹，减缓易发生裂纹部位的裂纹扩展速率，以防止蒸发器泄漏加剧。

② 在氯离子含量仍维持较高的情况下，对泄漏处进行补焊而不进行稳定化热处理将导致容器补焊区快速发生氯化物应力腐蚀和泄漏。

③ 由于该加热器的操作压力为常压，介质为氯碱液，所以不会发生燃烧和爆炸，该设备的失效模式以泄漏为主，又考虑到该设备到年底即将停用，所以建议在不影响生产的前提下，采用非焊接的方法对其泄漏进行控制并采取有效措施来防范因氯碱液泄漏而对现场人员造成的腐蚀等人身伤害。

第2节 再沸器下管箱失效分析

1 E-531 第一效再沸器下管箱失效背景介绍

E-531 第一效再沸器的结构形式为立式固定管板换热器，再沸器内温度和压力均无明显的波动，再沸器壳程介质为水蒸气，工作压力为 1.93MPa，工作温度为 213℃，材质为 16MnR；管程介质为 16%乙二醇水溶液，工作压力为 0.906MPa，工作温度为 182℃，原设计材质为 16MnR。该第一效再沸器于 1998 年投产，1999 年由于管程腐蚀严重，对该再沸器管程中的管板、管束等部件进行了更换(更换后材质为 0Cr18Ni9)。2002 年对下管箱进行了更换(更换后材质为 0Cr18Ni9)，2004 年发现更换后的下管箱上的中心接管(ϕ168mm×10mm)开裂，下管箱开裂部位为底部出口管与补强板、封头连接区域的接管母材及热影响区，裂纹为轴向和环向裂纹。随后更换了新的下管箱(更换后材质为 00Cr17Ni14Mo2)，安全使用至今。

2006 年 10 月对 E-531 第一效再沸器产生裂纹的下管箱进行内外部检测、应力分析以及取样试验分析，以确定其裂纹产生的原因。

短时间内出现如此多的裂纹，初步分析可能有以下四种主要原因：① 材质原因，供货材质的金相组织、热处理状态或者力学性能指标未满足设计条件或相关标准要求；② 设计原因，再沸器的结构设计不合理，强度计算未满足使用要求，导致在使用过程中，在温差应力和内压载荷应力的耦合作用下(或交变载荷的作用下)，短时间内在应力强度较大处产生大量裂纹，导致失效；③ 晶间腐蚀，在制造过程中经过焊接等制造工艺时未能严格控制工艺技术条件，导致管材在敏化区域停留时间过长，碳化物沿晶界析出，降低了材料的晶间腐蚀的抗性，在工艺介质中的作用下发生晶间腐蚀；④ 应力腐蚀，在使用过程中未能严格控制管程工艺介质中诸如氯离子等卤素离子或其他易产生应力腐蚀的杂质含量，导致在应力强度较大处产生应力腐蚀，从而使设备在使用后短时间内产生大量裂纹。由于以上四种原因单独作用或者任意组合作用下均会引起设备失效。因此，有必要及时找到产生裂纹的机理，并寻求解决对策，以保证在用容器的安全运行。E-531 第一效再沸器的主要参数及运行状况见表 4-2-1。

表 4-2-1　E-531 第一效再沸器相关参数

容器名称		E-531 第一效再沸器
主体材质		壳程筒体：16MnR；管程下管箱筒体：0Cr18Ni9
容器规格	内径/mm	ϕ900
	厚度/mm	壳程：16；管程：12
设计参数	压力/MPa	壳程：2.26，管程：1.08
	温度/℃	壳程：250，管程：213
	介质	壳程：水蒸气；管程：16%乙二醇水溶液

续表

容器名称		E-531第一效再沸器
操作参数	最高工作压力/MPa	壳程：1.93；管程：0.906
	温度/℃	壳程：213；管程：182
	介质	壳程：水蒸气；管程：16%乙二醇水溶液

2 下管箱的检查

（1）相关文件审查

查阅该台容器的设计、制造、安装和运行等有关资料，重点是制造单位的竣工图、产品合格证、质量证明书、产品铭牌、主体材料、设备壁厚、规格、验收规范、日期、检验报告、返修资料等。通过查阅下管箱的交工文件，除中央接管用材未见相关文件外，其余部件均有相应的制造和检验记录，未见有不符合项目。

（2）失效件分割

按照分析要求对失效件进行分割。为了便于分析，将失效件均匀分割为4个失效件(顺序标注为失效件1#、失效件2#、失效件3#、失效件4#)和法兰件5#。失效件分割见图4-2-1(a)，其中失效件2#上带有接管补强板信号孔。图4-2-1(b)中，上部的两个分割件从左到右分别是法兰件5#、失效件1#，下部的3个分割件从左到右分别是失效件4#、失效件3#、失效件2#。

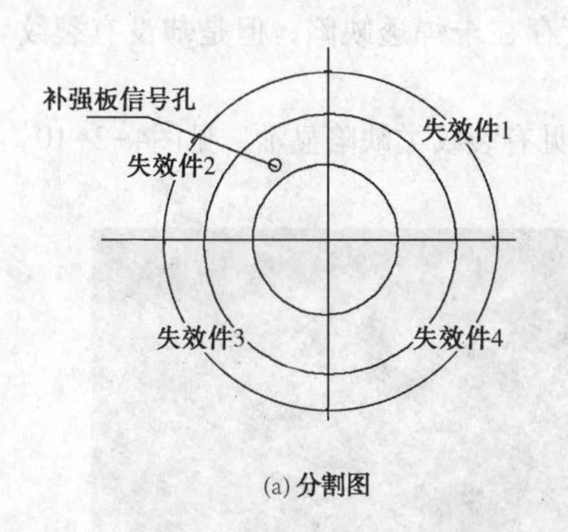

(a) 分割图

(b) 分割后外观图

图4-2-1 失效件分割图及分割后外观

（3）宏观检查

对分割后的失效件进行外观检查，发现接管补强区域在焊接时未完全按照有关要求进行，即接管与下封头、以及补强圈与接管连接处的焊接过程没有进行全焊透焊接，见图 4-2-2。将法兰与接管沿焊接热影响区分割开时发现接管上存在肉眼可见的轴向裂纹见图 4-2-3。

图 4-2-2　失效件 3#补强区域局部放大后外观

图 4-2-3　失效件 3#接管与法兰连接处分割后外观

(4) 渗透探伤

对失效件分割后五个部分的内、外表面进行渗透探伤，以判别是否在存在裂纹类等缺陷。渗透探伤发现如下：

① 接管与补强圈焊接区域、接管与下封头焊接区域的背面(内表面)均有轴向裂纹，上述两类轴向裂纹之间有环向裂纹产生，见图 4-2-4~图 4-2-6。

② 接管与法兰连接处有轴向裂纹，见图 4-2-7。

③ 失效件焊缝渗透探伤未见有裂纹类缺陷，见图 4-2-8。

④ 接管与补强圈及下封头焊接区域尽管存在未焊透缺陷，但是却没有裂纹类缺陷显示，见图 4-2-9。

⑤ 接管与法兰角接焊缝表面着色探伤未见有裂纹类缺陷显示，见图4-2-10。

(a) 整体图

(b) 局部放大图

图 4-2-4　失效件 1#表面着色探伤后裂纹显示

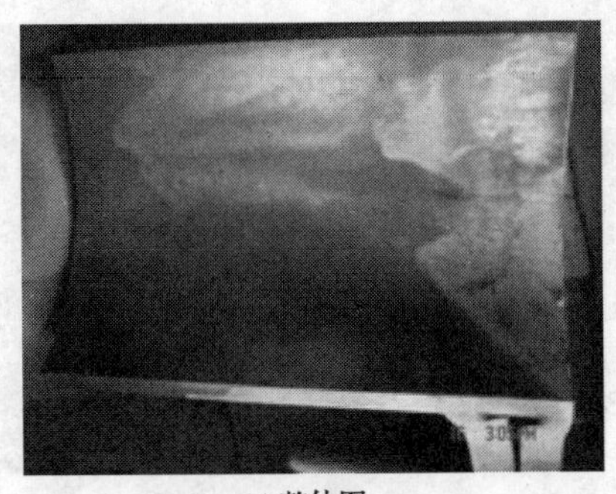
(a) 整体图

(b) 局部放大图

图 4-2-5　失效件 2#表面着色探伤后裂纹显示

(a) 整体图

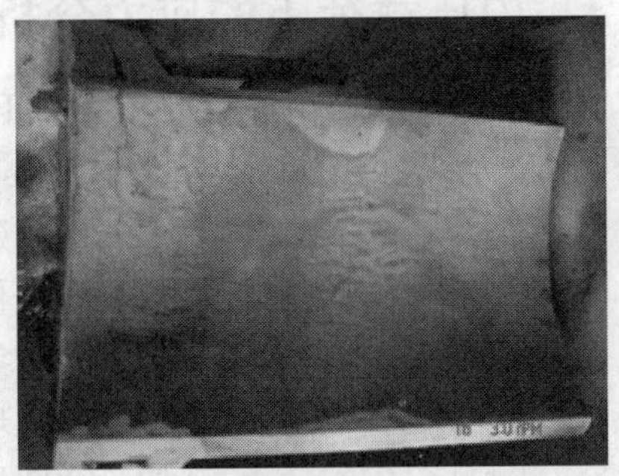
(b) 局部放大图

图 4-2-6　失效件 3#表面着色探伤后裂纹显示

图 4-2-7　失效件 3#、4#表面着色探伤后裂纹显示

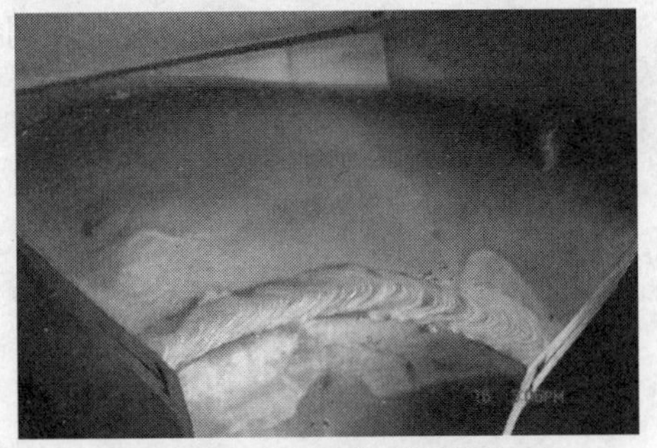
图 4-2-8　失效件 4#焊缝表面着色探伤后显示

图 4-2-9　失效件 4#补强区域横截面表面着色探伤后显示

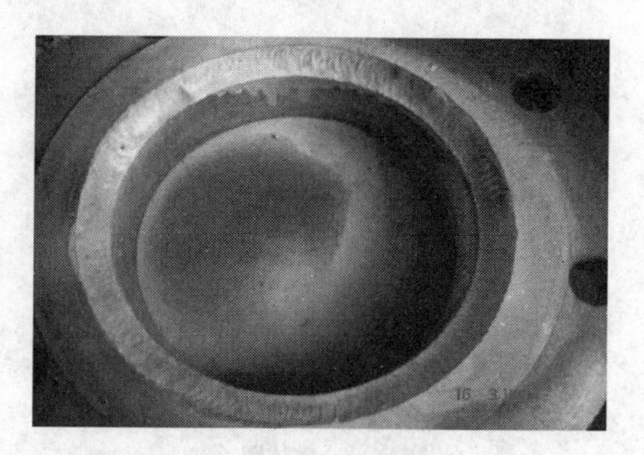

图 4-2-10　失效件 5#接管与法兰角焊缝着色探伤后显示

3　内压载荷下的应力分析

对该再沸器下管箱进行内压载荷下的线弹性有限元应力分析。通过应力分析，确定该容器在操作工况下的应力分布状态。

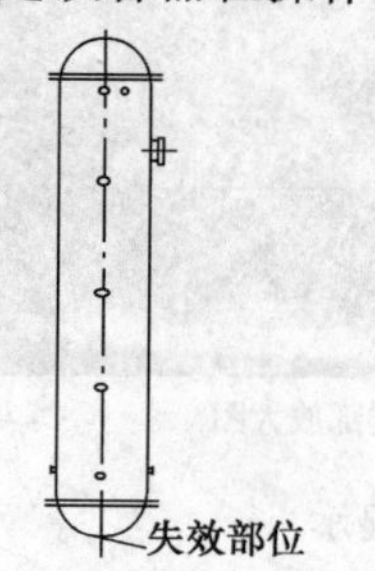

图 4-2-11　再沸器结构示意图

（1）建模

根据再沸器的结构特点，采用半个下管箱作为分析的对象，并且在模型中考虑模拟实际试样加工过程中发现的焊接缺陷。采用实体建模，再沸器结构示意图见图 4-2-11。

（2）网格划分

分析过程中采用映射网格的划分方式，并根据分析的需要，将局部的网格划分密度进行了调整，模型及网格划分见图 4-2-12。

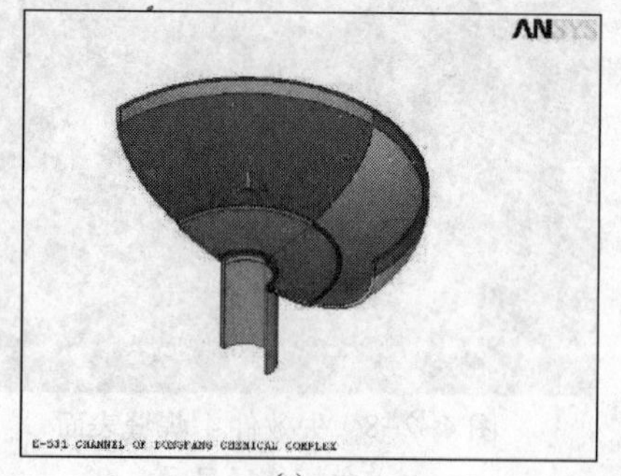

(a)

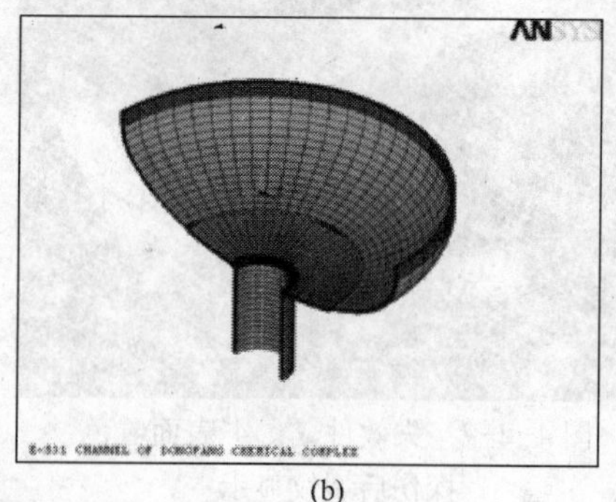

(b)

图 4-2-12　失效下管箱模型与网格划分

(3) 加载

在分析模型中的封头边缘施加固定边界，在模型的对称面上施加对称边界，封头及接管的内表面施加操作压力载荷，对于接管的底边按自由边界处理，并施加轴向拉应力($\sigma = \frac{pD}{4t} = \frac{0.906 \times (168 - 10)}{4 \times 10} = 3.56\,\text{MPa}$)，加载后的分析模型见图4-2-13。

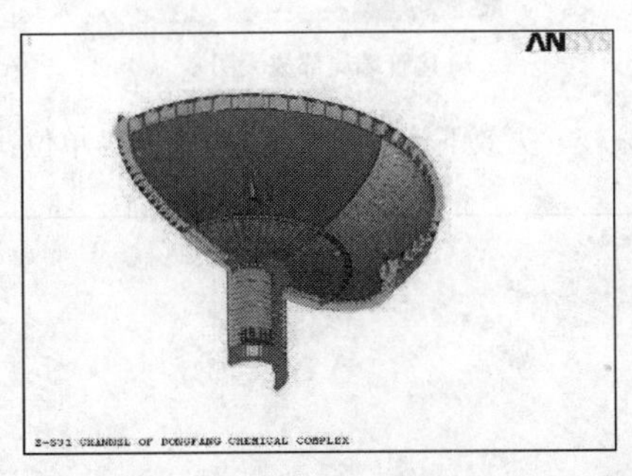

图4-2-13　失效下管箱加载

(4) 分析结果

通过相应的分析运算，可得到分析的结果见图4-2-14~图4-2-16。

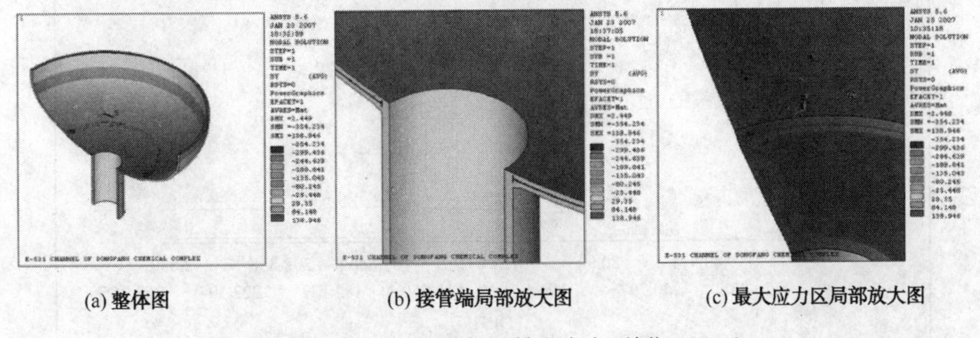

(a) 整体图　(b) 接管端局部放大图　(c) 最大应力区局部放大图

图4-2-14　失效下管箱的轴向应力(单位：MPa)

由图4-2-14中下管箱的轴向应力分布可知，轴向应力最大发生在补强板与下封头壳体连接焊缝外表面，数值高达138.946MPa；由图4-2-15中下管箱的当量应力SINT分布可知，最大应力发生在补强板内缘与下封头壳体连接部位，数值高达286.506MPa。而由图4-2-16中在沿接管长度方向内表面上的各应力分布可知，轴向应力SY最大为31.22MPa，环向应力SZ最大为108.527MPa，当量应力SINT最大为108.527MPa。具有较大的分布梯度。

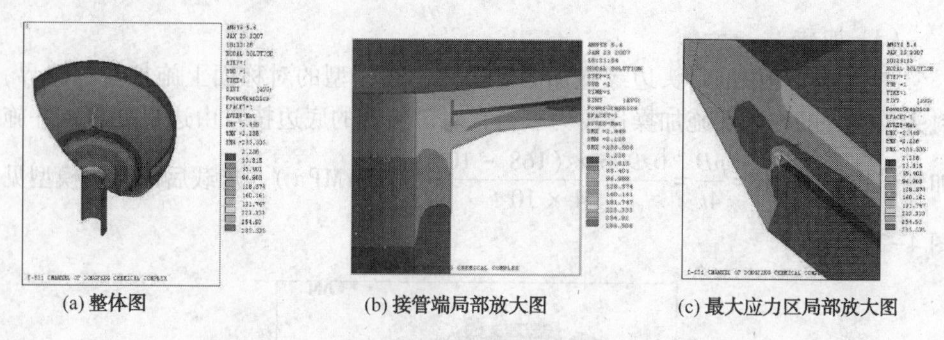

(a) 整体图　　(b) 接管端局部放大图　　(c) 最大应力区局部放大图

图 4-2-15　失效下管箱的当量应力 SINT(单位：MPa)

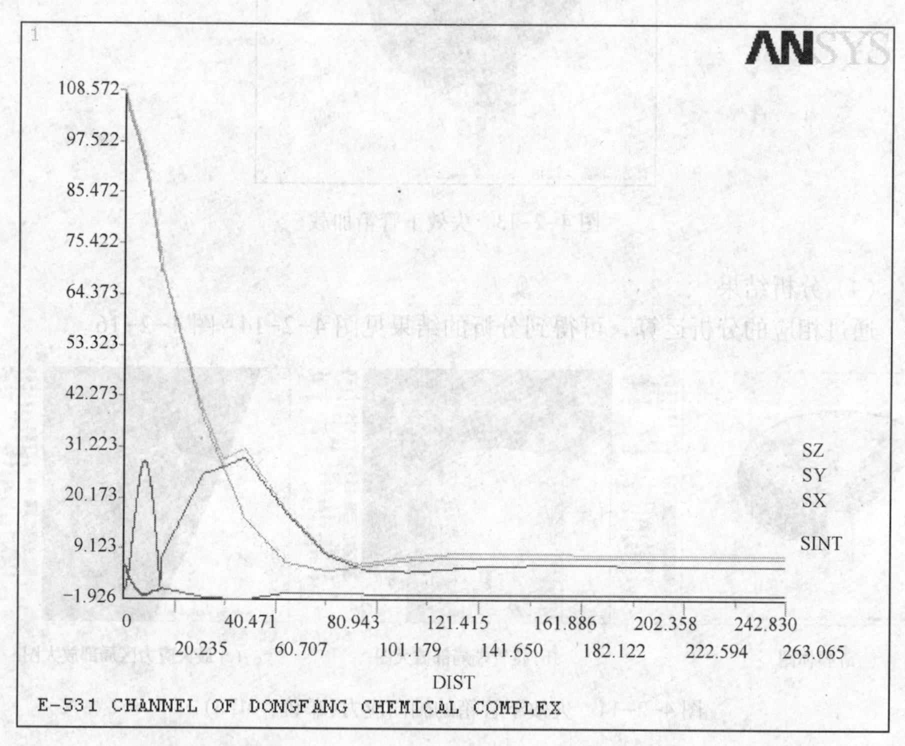

图 4-2-16　沿接管长度方向内表面上各应力分布(单位：MPa)

4　试验分析

(1) 金相分析

对失效件的开裂部位进行金相分析，主要观察裂纹走向，判定材料金相组织是否正常，是否存在应力腐蚀微裂纹等。同时对无缺陷部位进行金相分析以便作对比分析。金相分析结果如下。

① 失效件 1#：

横截面裂纹附近母材：金相组织为奥氏体，沿晶有较多碳化物析出，晶界严重腐蚀并发现多处夹渣，见图 4-2-17(a)。

横截面裂纹：主裂纹两侧有较多向外扩展的微小裂纹，均为沿晶状态，裂纹处有较多夹渣，见图 4-2-18(b)。

② 失效件 2#：

横截面裂纹附近母材：金相组织为奥氏体，沿晶有较多碳化物析出，晶界严重腐蚀并发现少量夹渣，见图 4-2-18(a)。

横截面裂纹：主裂纹两侧有较多向外扩展的微小裂纹，均为沿晶状态，裂纹两侧晶界严重腐蚀并有较多夹渣，见图 4-2-18(b)。

纵截面裂纹附近母材：金相组织为奥氏体，沿晶有较多碳化物析出，晶界严重腐蚀并发现多处夹渣，见图 4-2-18(c)。

纵截面裂纹：主裂纹两侧有较多向外扩展的微小裂纹，均为沿晶状态，裂纹两侧晶界严重腐蚀并有较多夹渣，见图 4-2-18(d)。

内表面裂纹附近母材：金相组织为奥氏体，沿晶有较多碳化物析出，晶界严重腐蚀并已形成龟裂状裂纹，见图 4-2-18(e)。

内表面裂纹：主裂纹两侧有较多向外扩展的微小裂纹，均为沿晶状态，裂纹两侧晶界严重腐蚀并有较多夹渣，见图 4-2-18(f)。

③ 失效件 3#：

内表面裂纹附近母材：金相组织为奥氏体，沿晶有较多碳化物析出，晶界有晶间腐蚀，见图 4-2-19(a)。该处发现较多非金属夹杂物，见图 4-2-19(b)。

内表面裂纹：裂纹为沿晶状态，裂纹两侧晶界有较多碳化物析出，晶界有晶间腐蚀，见图 4-2-19(c)。

④ 失效件 4#：

内表面裂纹附近母材：金相组织为奥氏体，沿晶有较多碳化物析出，晶界有晶间腐蚀，见图 4-2-20(a)。该处发现较多非金属夹杂物，见图 4-2-20(b)。

内表面裂纹：裂纹为沿晶状态，裂纹两侧奥氏体晶界有较多碳化物析出，晶界有晶间腐蚀并有较多夹渣物，见图 4-2-20(c)。

横截面裂纹附近母材：金相组织为奥氏体，奥氏体晶粒度不均，最大级别 1 级，沿晶有较多碳化物析出，晶界有晶间腐蚀，见图 4-2-20(d)。该处发现多处夹渣，见图 4-2-20(e)。

横截面裂纹：裂纹为沿晶状态，裂纹两侧晶界有较多碳化物析出，晶界有晶间腐蚀，裂纹处有较多夹渣物，裂纹两侧并有较多向外扩展的微小裂纹，见图4-2-20(f)。

⑤ 失效件(法兰)5#：

横截面裂纹附近母材：金相组织为奥氏体，沿晶有较多碳化物析出，晶界有严重的晶间腐蚀现象，见图 4-2-21(a)。该处发现较多非金属夹杂物及块状夹渣，见图 4-2-21(b)。

横截面裂纹：裂纹为沿晶状态，裂纹两侧晶界严重腐蚀，沿晶有较多碳化物析出，裂纹处有较多夹渣物，见图 4-2-21(c)。

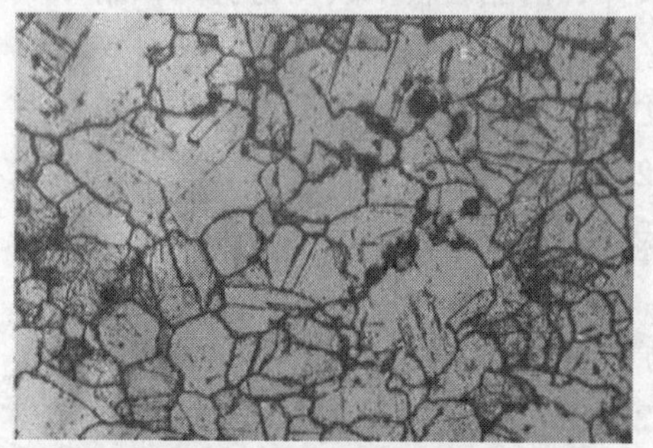

(a) 横截面裂纹附近母材组织

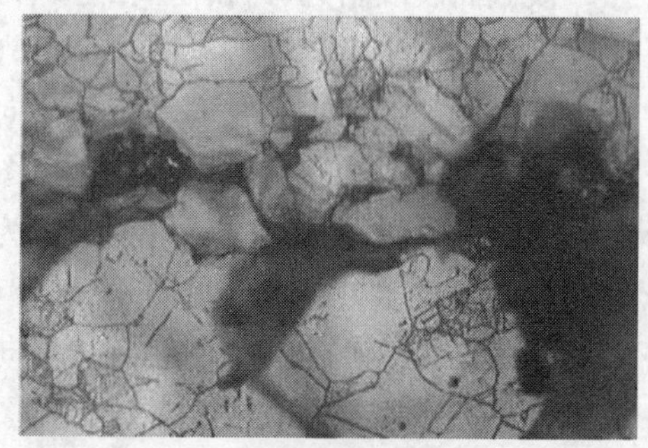

(b) 横截面裂纹形貌

图 4-2-17　失效件 1#金相组织

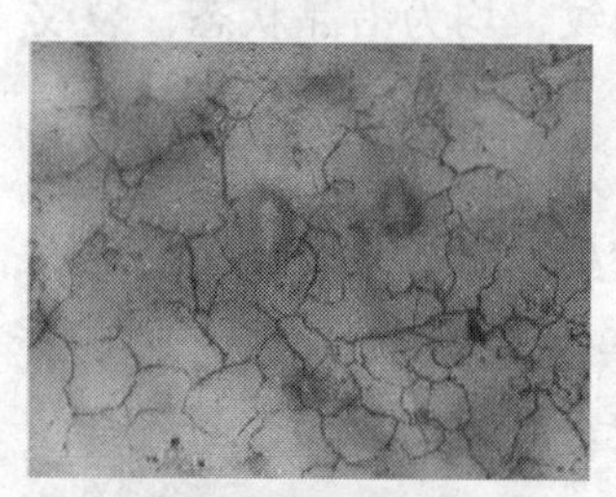

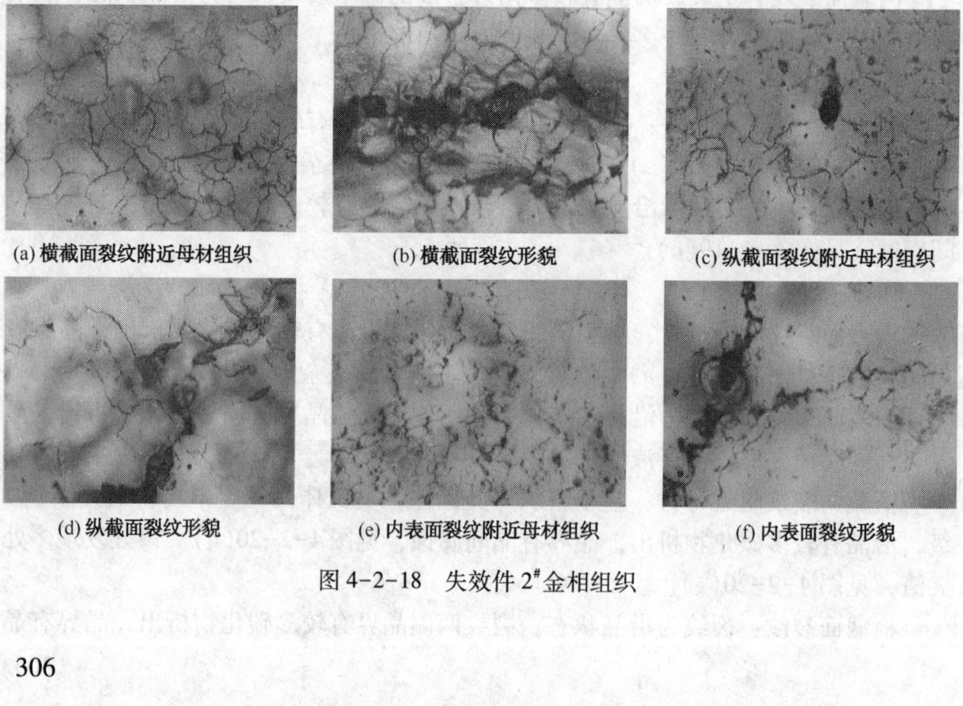

(a) 横截面裂纹附近母材组织

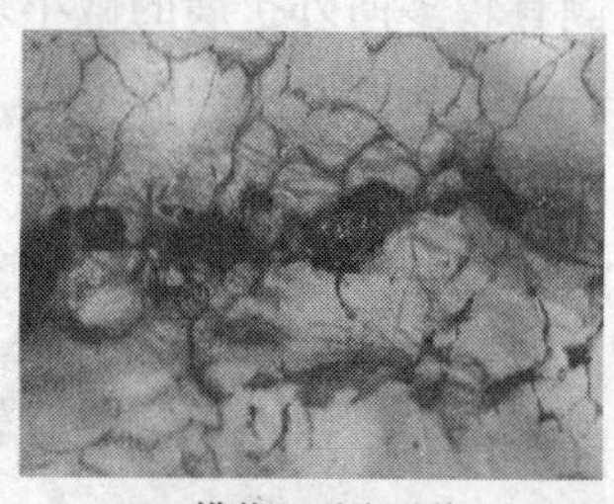

(b) 横截面裂纹形貌

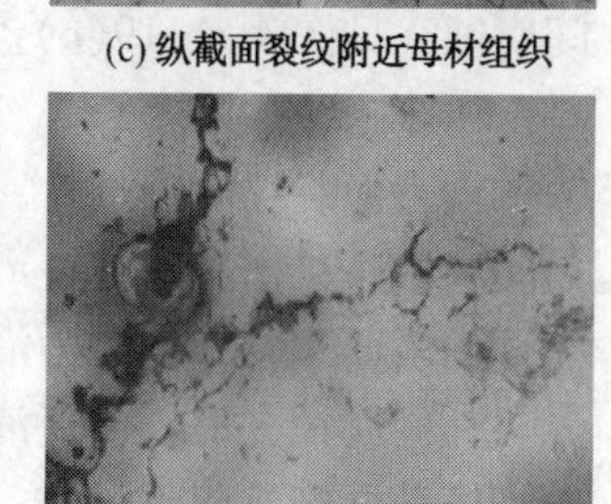

(c) 纵截面裂纹附近母材组织

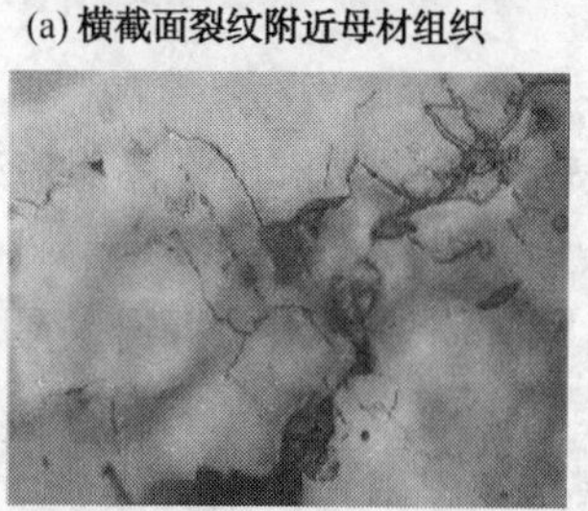

(d) 纵截面裂纹形貌

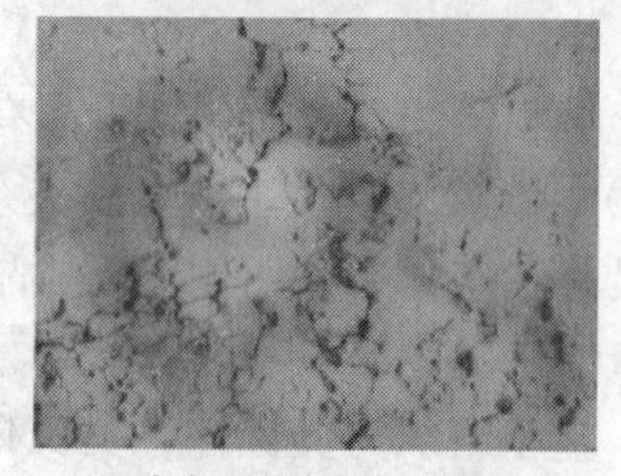

(e) 内表面裂纹附近母材组织

(f) 内表面裂纹形貌

图 4-2-18　失效件 2#金相组织

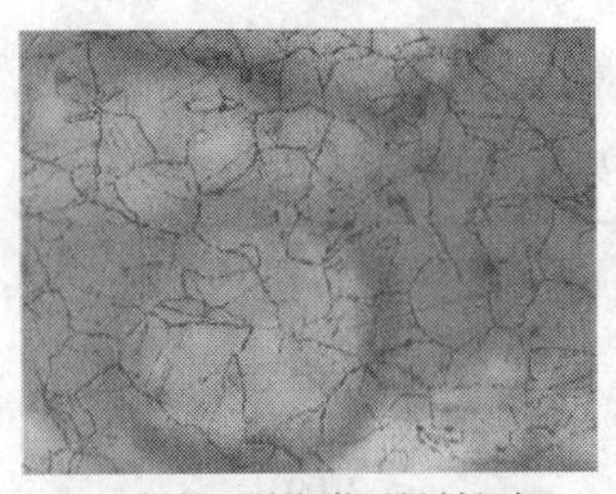
(a) 内表面裂纹附近母材组织

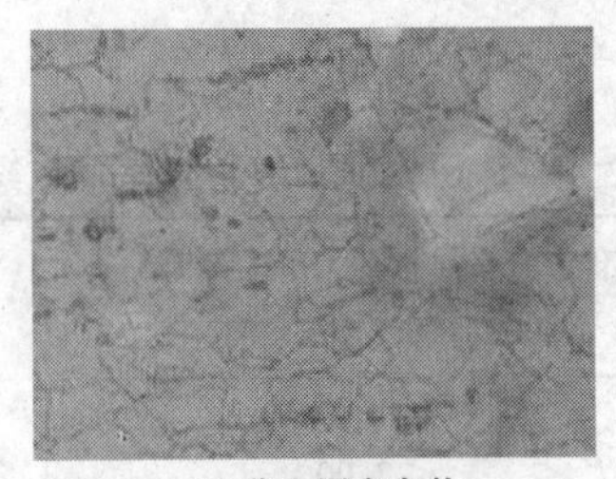
(b) 非金属夹杂物

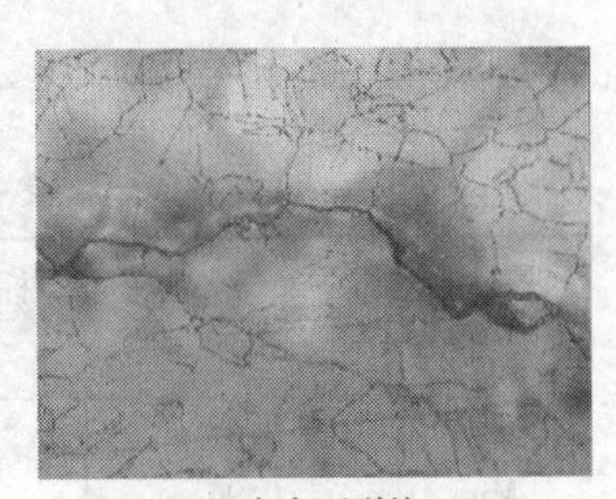
(c) 内表面裂纹

图 4-2-19　失效件 3#金相组织

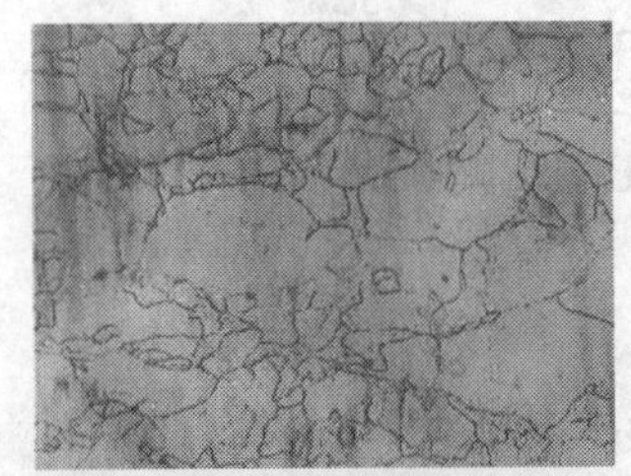
(a) 内表面裂纹附近母材组织

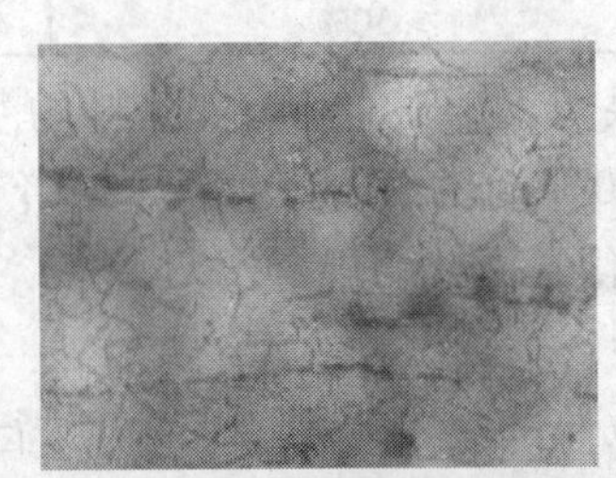
(b) 非金属夹杂物

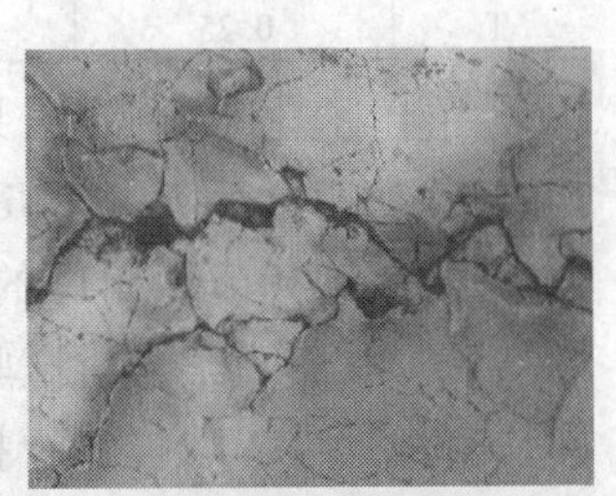
(c) 内表面裂纹形貌

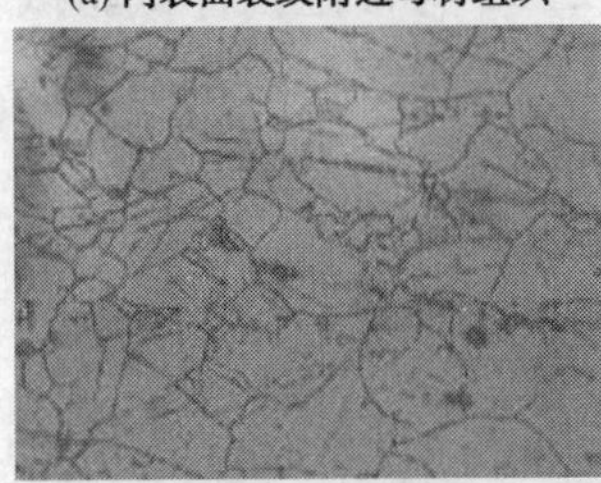
(d) 横截面裂纹附近母材组织

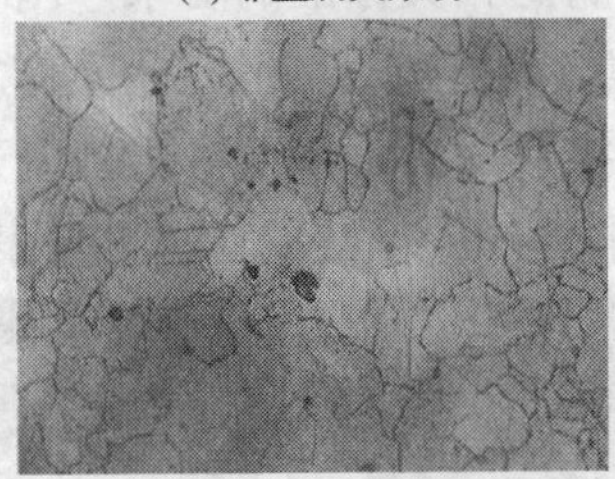
(e) 非金属夹杂物分布

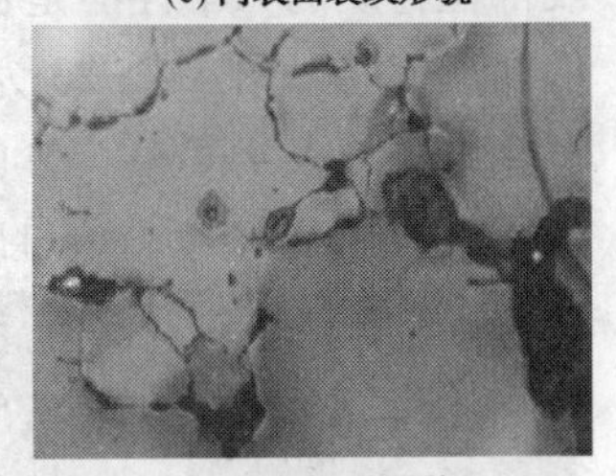
(f) 横截面裂纹形貌

图 4-2-20　失效件 4#金相组织

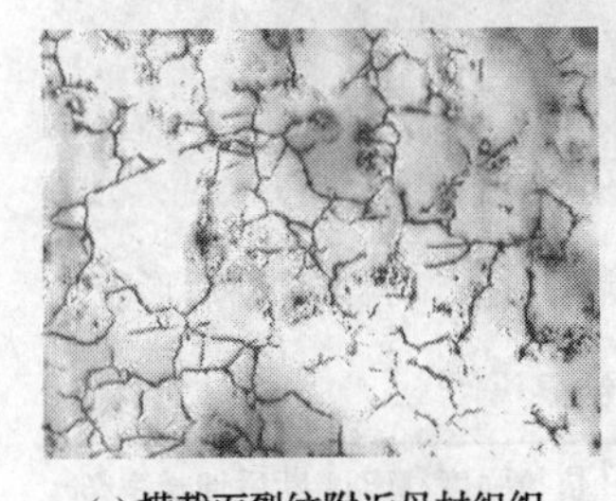
(a) 横截面裂纹附近母材组织

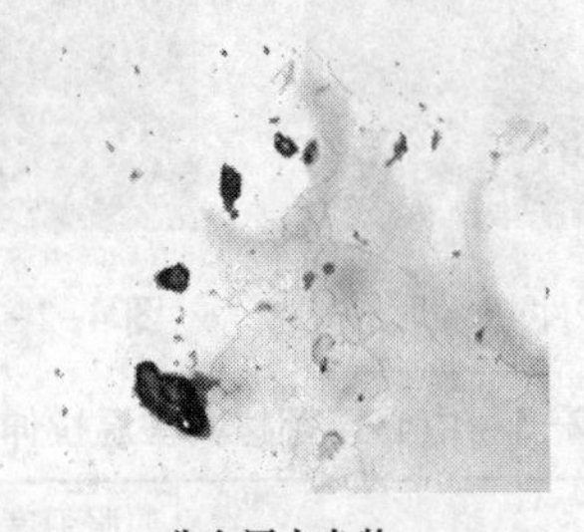
(b) 非金属夹杂物

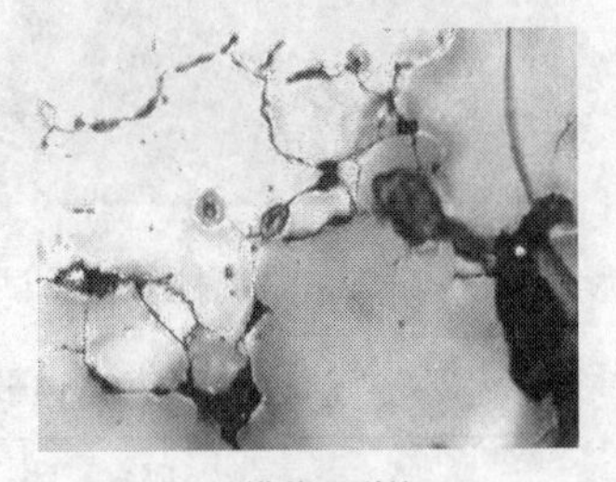
(c) 横截面裂纹

图 4-2-21　失效件(法兰)5#金相组织

(2) 材料化学成分分析

对失效件 1#外表面进行化学成分分析，以确定产生裂纹部位材质。中心接管材料化学分析结果见表 4-2-2。

表 4-2-2 中心接管材料化学分析结果

元素	实测含量/%	标准含量/%(按照 GB/T 14976—2002 中 0Cr18Ni10Ti)	UNIEN10028-7：2002 中 X6CrNiTi18-10(1.4541)标准值
Si	0.68	≤1.00	≤1.00
Mn	0.96	≤2.00	≤2.00
Cr	17.7	17.00~19.00	17.00~19.00
Ni	11.4	9.00~12.00	9.00~12.00
Ti	0.25	≥5C%	≥5C%

由上述化学分析结果可见，中心接管材料的主要化学成分满足 GB/T 14976—2002 中对 0Cr18Ni10Ti 的化学成分的规定或者 UNI EN10028-7：2002 中 X6CrNiTi18-10(1.4541)的化学成分的规定。

(3) 材料力学分析试验

对失效件 2#取样进行拉伸试验和失效件 3#取样进行冲击试验，以确定产生裂纹部位材质的力学性能是否满足相关标准的要求。图 4-2-22 为常温拉伸试验试件断后形貌，图 4-2-23 为常温冲击试验试件断后形貌。中心接管材料常温拉伸试验结果见表 4-2-3。中心接管材料常温冲击试验由于材料尺寸的影响，试验时采用 5mm×10mm×55mm 的小试样进行，试验结果见表 4-2-4。

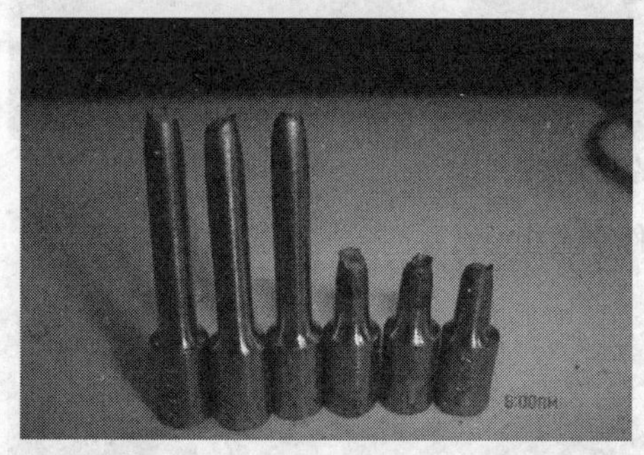

图 4-2-22 常温拉伸试验试件断后形貌

图 4-2-23 常温冲击试验试件断后形貌

表 4-2-3 中心接管材料常温拉伸试验结果

项　目	屈服强度/MPa	抗拉强度/MPa	断后伸长率/%
1	815	945	32
2	810	990	28
3	795	925	28.8
平均值	806.7	953	29.6
按照 GB/T 14976—2002 中 0Cr18Ni10Ti 标准值	≥205	≥520	≥35
UNI EN10028-7：2002 中 X6CrNiTi18-10(1.4541)标准值	≥200	520~720	≥40

表 4-2-4 中心接管材料常温冲击试验结果

项　目	冲击功/J
1	52
2	54
3	44
平均值	50
UNI EN10028-7：2002 中 X6CrNiTi18-10(1.4541)标准值	≥100(标准试样) 对于 5mm×10mm×55mm 的小试样为≥50

由表 4-2-3 中的拉伸试验结果可以看出，材料的强度指标大大高于 GB/T 14976—2002《流体输送用不锈钢无缝钢管》或者 UNI EN10028-7：2002 中 X6CrNiTi18-10(1.4541)的相应要求，屈服强度的平均值为 GB/T 14976—2002 标准下限的 3.93 倍，抗拉强度的平均值为 GB/T 14976—2002 标准下限的 1.83 倍，断后伸长率的平均值为标准下限的 0.85 倍，可见材料的强度大大增加而塑性有所下降，这是由加工硬化造成的。

由表 4-2-4 中的常温冲击试验结果可以看出，材料的韧性指标冲击功的平均值(小试样)为 50J，可见材料满足 UNI EN10028-7：2002 中有关 X6CrNiTi18-10(1.4541)常温冲击功要求。

5　管程工艺介质分析

对于管程工艺介质进行取样分析，测量结果见表 4-2-5，其中除正常的工艺组成外，还含有 3ppm 的氯离子，pH 值为 4.08。

表 4-2-5 管程工艺介质取样分析结果

序号	测量项目	分析结果	序号	测量项目	分析结果
1	pH	4.08	4	TEG(三乙二醇)	0.09%
2	MEG(一乙二醇)	23.94%	5	Cl^-	3ppm
3	DEG(二乙二醇)	1.06%			

尽管测量结果中氯离子浓度很低，但是不能排除在局部的小环境内氯离子聚集而导致其浓度的增加。例如，发生在初始腐蚀产生的狭小缝隙中的氯离子自浓缩现象。

6　失效原因分析

根据上述分析结果，汇总如下：

① 接管管材原始组织存在较多非金属夹杂物等缺陷且晶粒粗大；

② 接管管材碳化物大量沿晶析出，产生晶间贫铬，材料已发生敏化；

③ 接管与补强板、管箱封头的连接区域具有较大的应力分布，沿接管长度方向内表面上各应力分布中轴向应力 SY 最大为 31.22MPa，环向应力 SZ 最大为 108.527MPa，当量应力 SINT 最大为 108.527MPa，具有较大的应力梯度；

④ 接管材料屈服强度的平均值为 GB/T 14976—2002 标准下限的 3.93 倍，抗拉强度的平均值为 GB/T 14976—2002 标准下限的 1.83 倍，断后伸长率的平均值为标准下限的 0.85 倍；材料的韧性指标冲击功的平均值(小试样)为 50J；

⑤ 管程工艺介质中含有可导致奥氏体不锈钢应力腐蚀的氯离子，pH 值为 4.08；

⑥ 开裂区域内的裂纹均为沿晶分布，并有分枝，具有应力腐蚀的特征。

综合 E-531 第一效再沸器产生裂纹的下管箱内外部检查、应力分析和试验分析结果，该台再沸器下管箱接管产生裂纹的原因主要是接管原始管材质量差，碳化物大量沿晶析出，导致材料发生敏化，降低了材料耐腐蚀性能；由于加工硬化的影响使得材料强度大大增加而塑性有所下降，并且材料冲击功较低。在管程工艺介质中存在氯离子的酸性环境作用和接管局部区域内较大应力梯度的共同作用下产生沿晶应力腐蚀开裂，并最终产生泄漏失效。

第 3 节　连续重整装置再接触冷冻器管程接管失效分析

1. E-205 再接触冷冻器管程接管腐蚀失效概况

2011 年 2 月中旬对某厂进行了基于风险的检验，发现连续重整装置 E-205 再接触冷冻器局部腐蚀严重(蜂窝状)，该厂对腐蚀接管和法兰进行了更换。现针对换下来的接管进行失效分析。

按该厂提供的资料，E-205 投用日期为 2000 年 8 月 1 日，壳层设计压力为 2.0MPa、操作压力为 0.43MPa，管程设计压力为 2.34MPa、操作压力为 2.2MPa；壳层设计温度为 60℃、操作温度为-5℃，管程设计温度为 51℃、操作温度为 31℃；壳程工作介质为氨，管程工作介质为烃；管程和壳程材料均为 16MnR。E-205 换热器 2011 年 2 月检验时除管程下接管发现腐蚀外，未见其他明显腐蚀现象。故本次主要分析 E-205 管程下接管蜂窝状腐蚀的原因(图 4-3-1)。

(a)

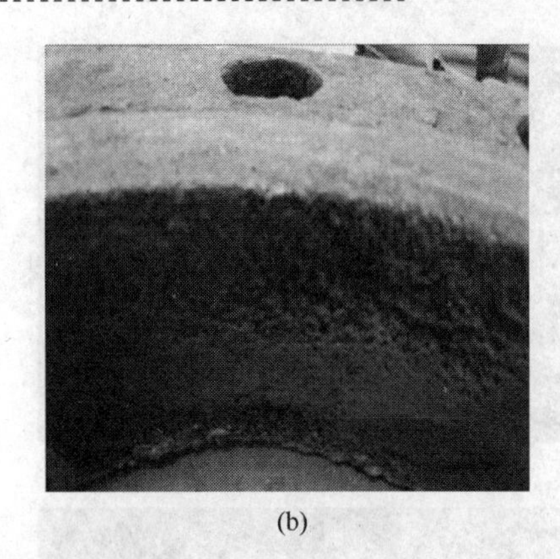

(b)

图 4-3-1 接管腐蚀部位及蜂窝状形貌

2 取样试验及结果

（1）取样试验

图 4-3-2 为接管内展图，曲线内部为蜂窝状腐蚀严重区，曲线外部为腐蚀相对不严重区。取 A 试样和 D 试样对其纵截面进行金相分析，观测其金相组织及蚀坑深度；取 B 试样和 C 试样对其表面进行扫描电镜分析观察其腐蚀坑形貌，进行能谱分析测定腐蚀坑内元素分布。

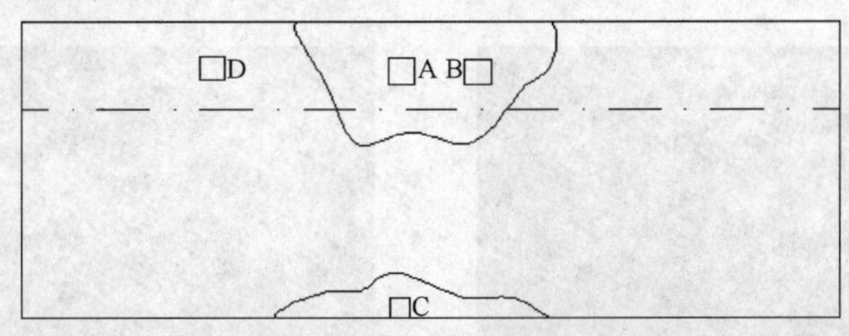

图 4-3-2 接管取样位置示意图

（2）金相观察结果

如图 4-3-2 所示对接管内表面蜂窝状腐蚀处 A 位置及相对完好处 D 位置取样进行金相分析。A 位置腐蚀孔坑约 2mm 深，D 位置内表面也有少量腐蚀孔坑，深度约 0.2mm。腐蚀孔坑深度不均匀，部分位置纵深处空洞截面积大于表面，表明腐蚀极有可能是由冲刷引起。从图 4-3-3 和图 4-3-4 中都可以看到腐蚀坑表面有大量球状颗粒，其外径在几微米到十几微米之间。A 位置和 D 位置基体金相组织没有差异，为回火马氏体加极少量网状或块状分布的铁素体。

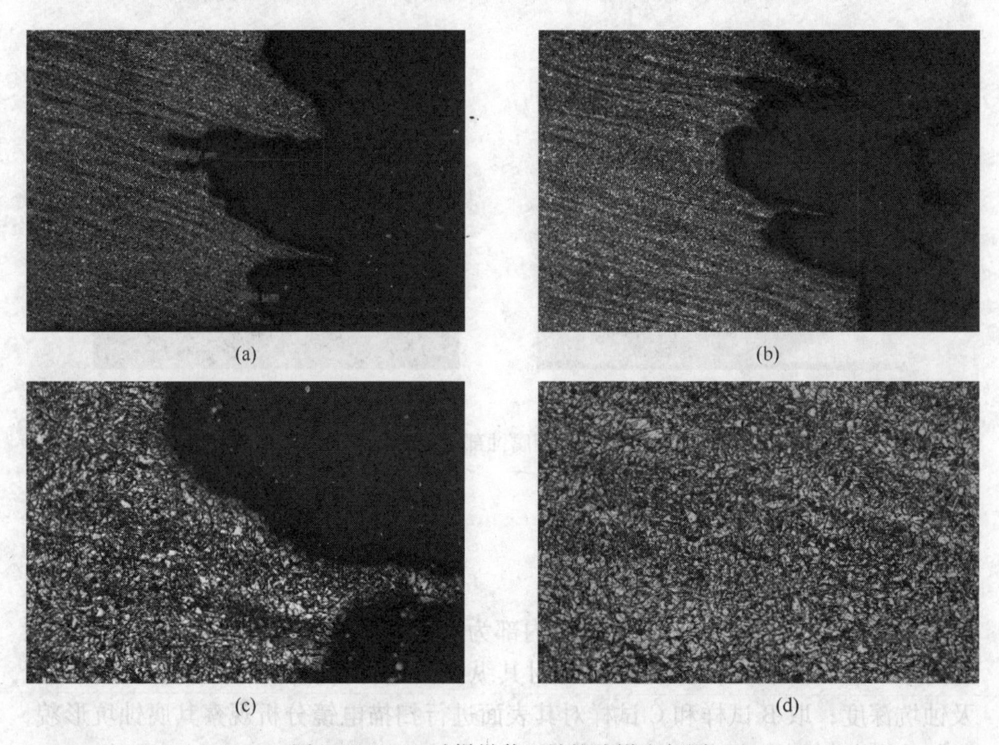

(a) (b) (c) (d)

图 4-3-3 A 试样纵截面蚀坑边沿金相图

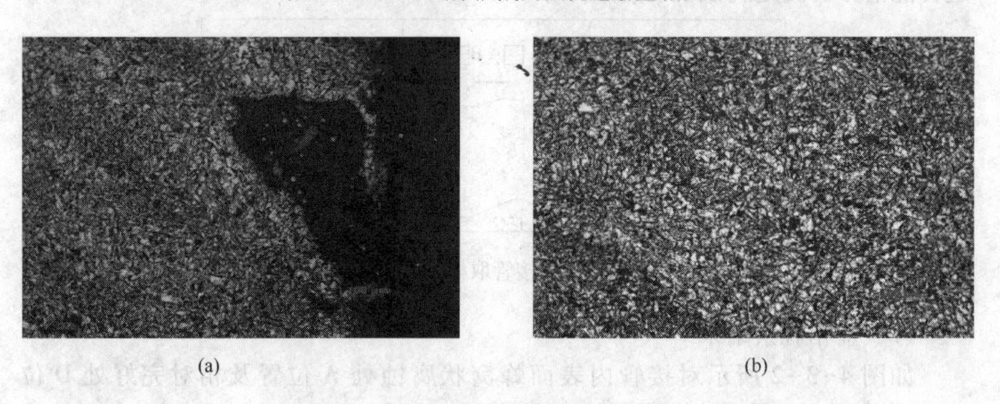

(a) (b)

图 4-3-4 D 试样纵截面边沿金相图

(3) 扫描电镜及能谱观察结果

图 4-3-2 所示对接管内表面蜂窝状腐蚀处 B 位置及蜂窝状腐蚀处 C 位置取样进行扫描电镜及能谱分析。

B 位置和 C 位置腐蚀坑内都有大量的球状颗粒，颗粒直径从几微米到二十多微米，局部位置还可以发现颗粒剥落后留下的孔坑。对 B 位置和 C 位置腐蚀坑区域取样进行能谱分析发现，蚀坑内主要元素为氧、铝、硅、硫、铬、锰、铁、镍等元素。对蚀坑内球状颗粒进行能谱分析发现球状颗粒主要有铝、硅、铬、锰、铁等元素。接管材料为16MnR，铝元素和铬元素含量都不高，能谱发现的铝元素和硅元素应为腐蚀过程从外部带入的元素。腐蚀坑形貌见图4-3-5和图4-3-6，能谱分析结果见图4-3-7～图4-3-12和表4-3-1～表4-3-3。

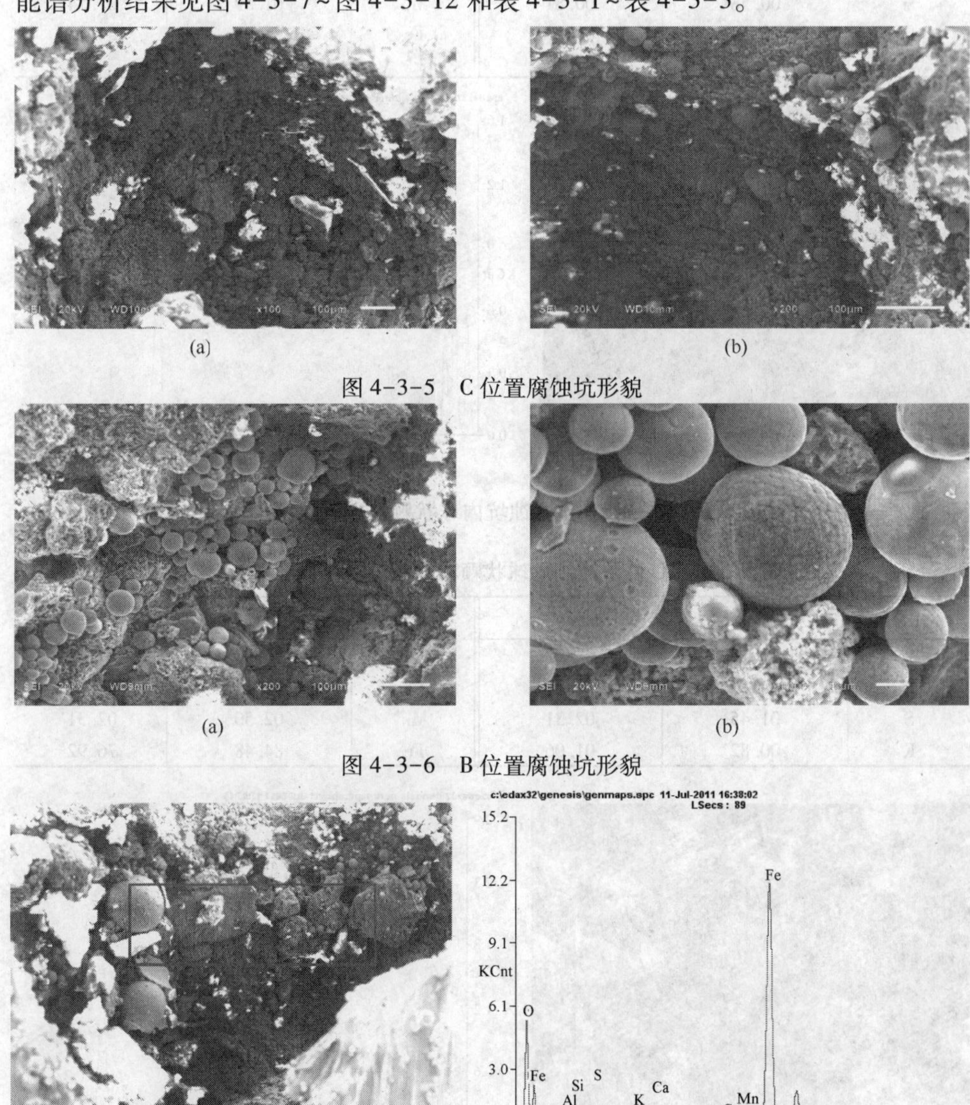

(a) (b)

图 4-3-5 C位置腐蚀坑形貌

(a) (b)

图 4-3-6 B位置腐蚀坑形貌

图 4-3-7 C位置蚀坑能谱分析

表 4-3-1　C 位置蚀坑能谱分析元素含量统计

元素	质量/%	原子/%	元素	质量/%	原子/%
O	15.54	38.09	K	00.48	00.49
Na	01.06	01.80	Ca	00.55	00.54
Al	00.62	00.90	Cr	00.66	00.50
Si	00.58	00.81	Mn	01.59	01.14
S	00.52	00.63	Fe	78.24	54.93
Cl	00.15	00.17			

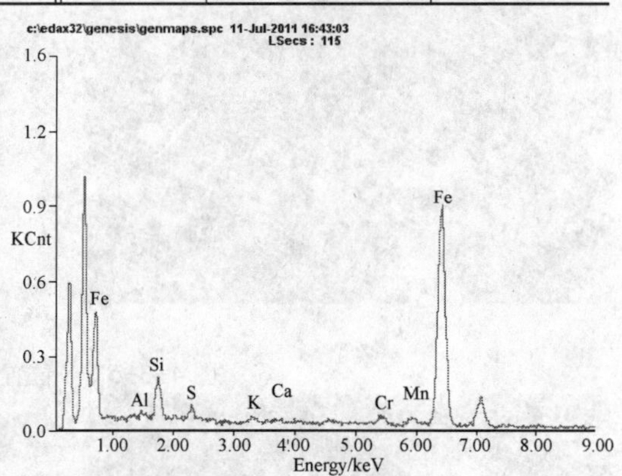

图 4-3-8　C 位置蚀坑内球状颗粒能谱分析

表 4-3-2　C 位置蚀坑内球状颗粒能谱分析元素含量统计

元素	质量/%	原子/%	元素	质量/%	原子/%
Al	01.18	02.22	Ca	00.47	00.60
Si	06.83	12.37	Cr	02.27	02.22
S	01.45	02.31	Mn	02.50	02.31
K	00.82	01.06	Fe	84.48	76.92

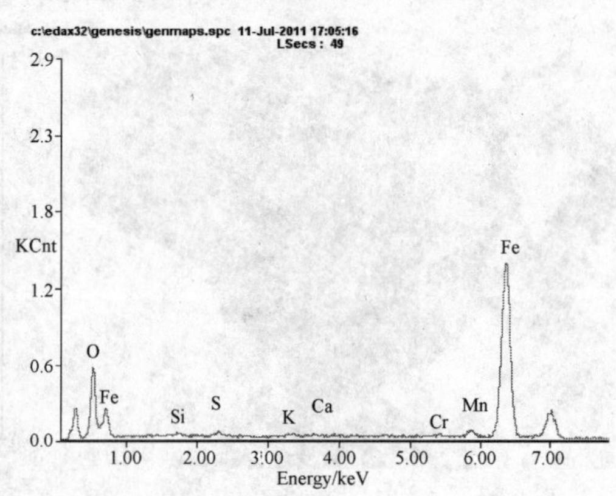

图 4-3-9　B 位置蚀坑能谱分析(1)

表 4-3-3 B位置蚀坑能谱分析(1)元素含量

元素	质量/%	原子/%	元素	质量/%	原子/%
O	14.68	37.07	Ca	00.42	00.42
Si	00.67	00.96	Cr	00.92	00.71
S	00.70	00.88	Mn	02.70	01.98
K	00.57	00.59	Fe	79.35	57.39

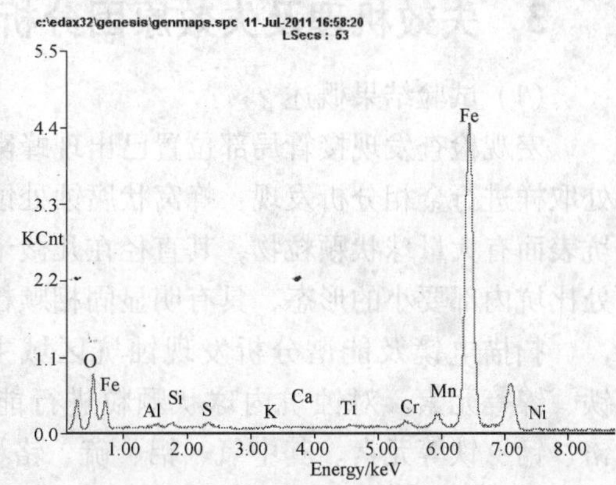

图 4-3-10 B位置蚀坑能谱分析(2)

表 4-3-4 B位置蚀坑能谱分析(2)元素含量

元素	质量/%	原子/%	元素	质量/%	原子/%
O	07.49	21.67	Ti	00.37	00.36
Al	00.56	00.95	Cr	01.15	01.02
Si	00.57	00.94	Mn	03.35	02.82
S	00.54	00.78	Fe	85.25	70.69
K	00.31	00.36	Ni	00.27	00.21
Ca	00.16	00.19			

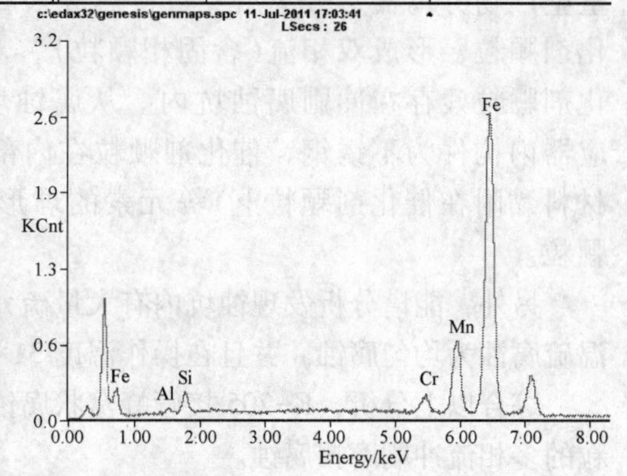

图 4-3-11 B位置蚀坑内球状颗粒能谱分析

表 4-3-5 B 位置蚀坑内球状颗粒能谱分析元素含量

元素	质量/%	原子/%	元素	质量/%	原子/%
Al	00.78	01.57	Mn	16.39	16.11
Si	02.10	04.03	Fe	77.96	75.41
Cr	02.77	02.88			

3 失效机理及失效原因分析

(1) 试验结果概述

宏观检查发现接管局部位置已出现蜂窝状腐蚀，对蜂窝状腐蚀处和相对完好处取样进行金相分析发现：蜂窝状腐蚀处蚀坑深度从几十微米到几毫米不等，蚀坑表面有大量球状颗粒物，其直径在几微米到几十微米之间。部分蚀坑呈现开口处比坑内部要小的形态，具有明显固相颗粒冲刷腐蚀特征。

扫描电镜及能谱分析发现蚀坑区域主要元素为氧、铝、硅、硫、铬、锰、铁、镍等元素。对蚀坑内球状颗粒进行能谱分析发现球状颗粒主要有铝、硅、铬、锰、铁等元素。其中氧、铝、硫、铬、镍元素非接管材料 16MnR 中大量存在的元素，应为服役过程中带入。

(2) 失效原因分析

腐蚀介质与金属构件之间的相对运动所引起的金属构件遭受严重的腐蚀损坏称之为磨损腐蚀。如换热管的入口管及弯管、弯头等都会在工作过程中遭受不同程度的磨损腐蚀。尤其是在双相流(通常含固相颗粒)及多相流体系中，这类腐蚀破坏更为严重。

重整反应催化剂为 Pt 催化剂，其载体为氧化铝。重整反应过程中，催化剂颗粒在反应器内高速运动，并有部分催化剂随重整反应产物经过空冷后进重整产物分离器，分离后经过换热进入 E-205。进入 E-205 管程的烃中有催化剂颗粒，形成双相流(含固相颗粒)，对进出口接管形成冲刷腐蚀，部分催化剂颗粒残存在冲刷腐蚀坑内。从腐蚀坑内发现的含有铝、氧、铬(重整反应器内构件为不锈钢，催化剂颗粒在内部高速流动冲刷内构件，部分内构件材料黏附在催化剂颗粒上)等元素的球形颗粒可以证明此为重整反应催化剂颗粒。

另外，能谱分析发现蚀坑内有大量硫元素，表明低温硫腐蚀可能存在。但低温硫腐蚀为均匀腐蚀，并且在操作温度 31℃ 下腐蚀速率低。

综合以上分析，E-205 接管蜂窝状腐蚀得主导因素应为含重整反应催化剂颗粒的多相流冲刷磨损腐蚀。

4　结论及建议

E-205 接管蜂窝状腐蚀的主导因素应为含重整反应催化剂颗粒的多相流冲刷磨损腐蚀。一般冲刷磨损腐蚀的控制途径包括：根据工作条件、结构形式、使用要求和经济因素综合考虑，正确选择耐磨损腐蚀的材料，进行合理设计以减轻磨损腐蚀破坏，如适当增大管径可减小流速，保证流体处于层流状态，使用流线型化弯头以消除阻力，减小冲击作用；优化设计减小流程中流体动压差。

针对本次再接触冷冻器 E-205 管程接管冲刷磨损腐蚀现象，提供以下建议：

① 针对此次失效的接管，可以将接管材质升级为更耐冲刷腐蚀的高强钢或对接管内表面进行喷丸处理；

② 对从重整反应器到再接触罐之间的容器进出口接管，尤其是管道弯头、三通等部位进行测厚、导波等检测工作，对设备和管道进行冲刷腐蚀的排查。

第 4 节　换热管爆管失效分析

1　换热管爆管失效背景介绍

发生爆管的是某厂丁基橡胶装置的 E-306B 最终冷却器换热管，该换热管于 1999 年 10 投用，2009 年 7 月发现其泄漏。该换热管基本参数包括设计温度为-98℃，设计压力为 1.667MPa，操作温度为-98℃，操作压力为 0.4MPa，材质为 0Cr18Ni9，外径为 19mm，壁厚为 2mm，介质为聚合混合物。

2　检验及试验分析

(1) 宏观检查

对截取下的开裂管进行检查(图 4-4-1)，破口成轴向长条状，长约 70mm，最宽处为 8mm。破口断裂面为斜面，表面平整，宏观变形明显，为典型的韧性断口。

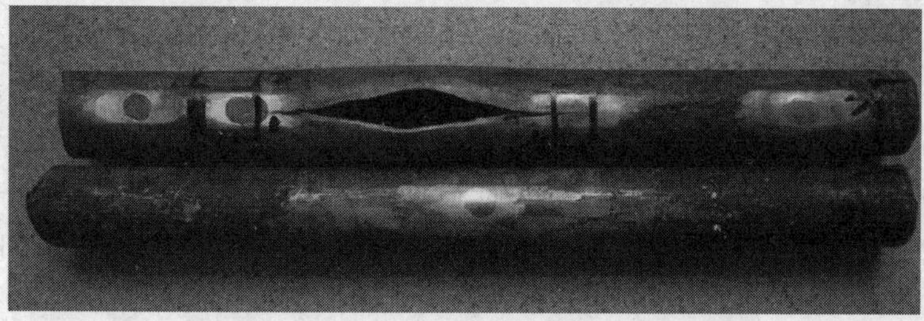

图 4-4-1　爆裂失效管段和完好管段对比

（2）试样分析项目及取样位置

针对E-306B换热器换热管的爆管，进行了以下试验。将E-306B换热器的爆管编号为E-316B-1#，将作对比分析的换热管编号为E-316B-2#，取样位置见图4-4-2。

① 硬度试验　E-306B管材外径为19mm，拉伸弧形试样要求管材外径大于30mm，该换热管不符合剖管试验的尺寸要求。全管拉伸试验要求管长至少150mm，该换热管取样长度太短，不能做全管拉伸试验。对管材进行硬度测试，以定性评价管材强度。

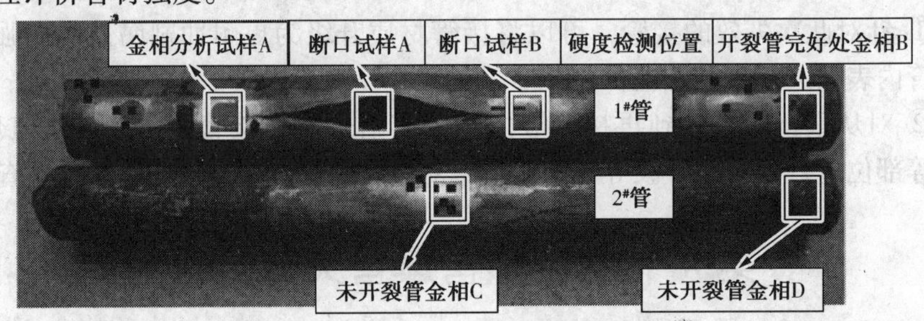

图4-4-2　试样分析及取样位置示意图

② 金相分析　E-306B换热管材质为0Cr18Ni9，属于奥氏体不锈钢。对换热管做金相分析，确定其相组成，组织形貌，夹杂物分布。

③ 断口分析　在扫描电镜下分析其断口形貌和断裂机理。

（3）硬度分析

表4-4-1　样品实测布氏硬度表　HBS

编号	1	2	3	4	5	平均值
E-306B-1#	132	116	119	131	118	123.2
E-306B-2#	158	162	147	152	152	154.2

如表4-4-1所示，开裂管E-306B-1#硬度比未开裂管E-306B-2#小。

（4）金相分析

如图4-4-3所示，开裂管E-306B-1#母材组织中分布着大量的夹杂物。从图4-4-4同样可以看到在裂纹尖端处也存在大量不均匀分布的夹杂物，并且都分布在晶界上，对比图4-4-4和图4-4-5，可以发现开裂管E-306B-1#和未开裂管E-306B-2#的组织中都存在着大量板条状马氏体，但是开裂管E-306B-1#中的夹杂物要明显比未开裂管E-306B-2#多。图4-4-8可以发现明显的晶间腐蚀特征，图4-4-9和图4-4-10显示换热管上未开裂部位的晶界上已经存在微裂纹，并且可以看出有明显的晶粒脱落现象。

图 4-4-3　E-306B-1#完好处金相(B 处)

图 4-4-4　E-306B-1#裂纹尖端金相(A 处)

图 4-4-5　E-306B-2#金相(C 处)

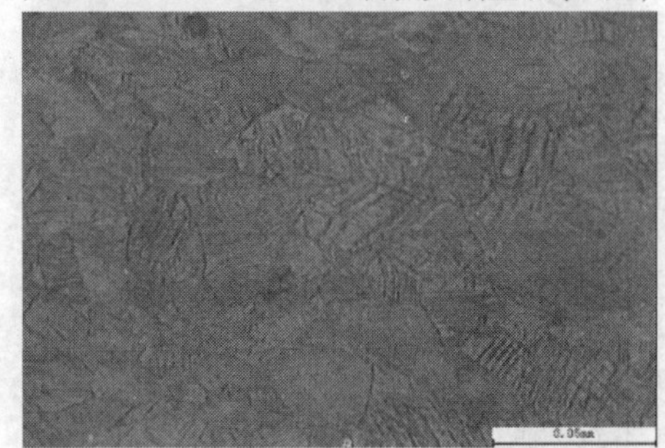

图 4-4-6　E-306B-2#金相(D 处)

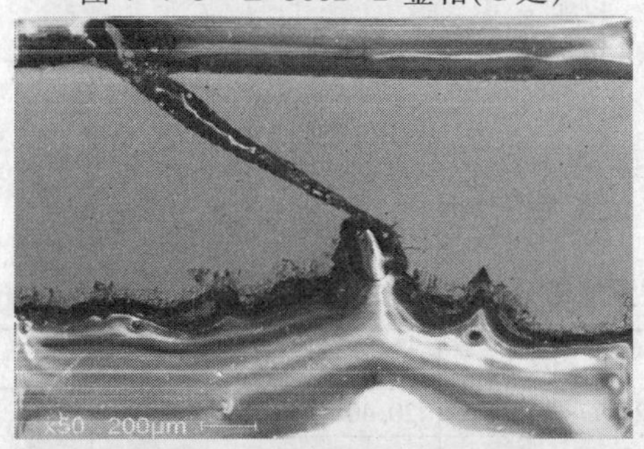

图 4-4-7　裂纹形貌观察(A 处)

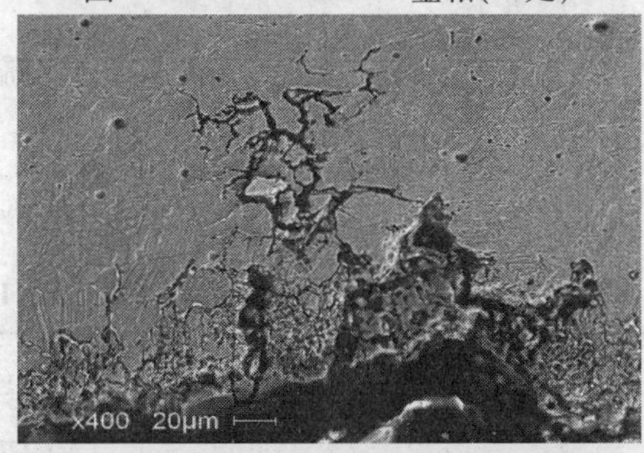

图 4-4-8　裂纹周围靠近内表面金相(A 处)

图 4-4-9　未开裂处横截面金相(A 处)

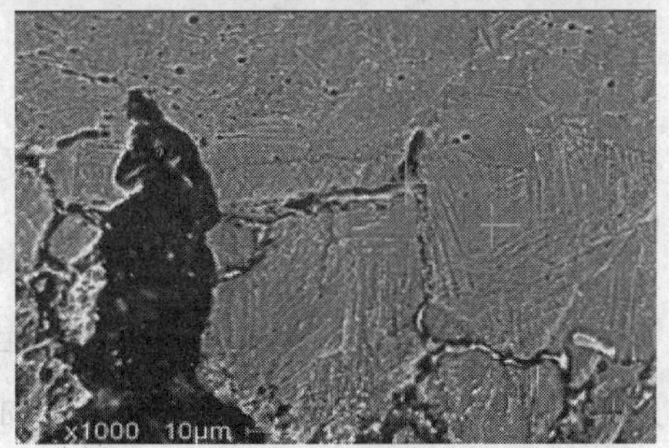

图 4-4-10　未开裂处横截面金相(A 处)

(5) 能谱分析

对图 4-4-10 中的 A、B 两点进行了能谱分析，A 点为晶间腐蚀位置处，B 点为晶内。从能谱分析发现，晶界处 C、Si、Cr、Mn、O 等元素含量较高。晶界处夹杂物为氧化物。可能是由于 E-306B-1#不锈钢换热管在出厂前发生了敏化，从而导致晶界析出以 $Cr_{23}C_6$ 为主的铬的碳化物，使晶界附近区域形成贫铬区。贫铬区的钝化能力显著降低，电位较高。因此在晶界附近的贫铬区就成为阳极，而晶粒本身为阴极，这就构成了具有大阴极-小阳极面积比的微电池，加速了沿晶粒间界的腐蚀。晶内主要为 Cr、Ni、Mn、Fe 等元素。能谱分析结果见图 4-4-11 和表 4-4-2。

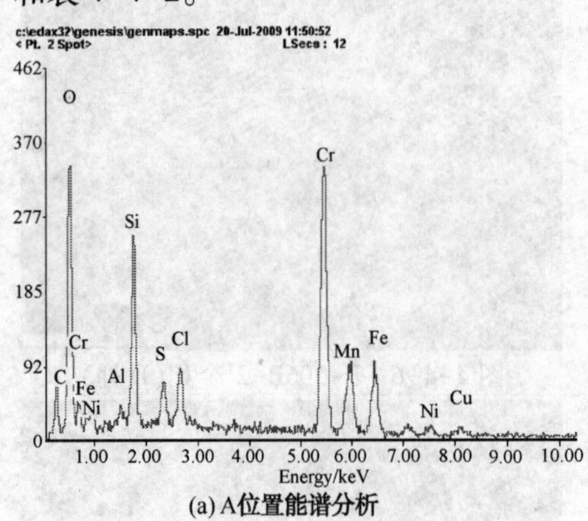

(a) A位置能谱分析

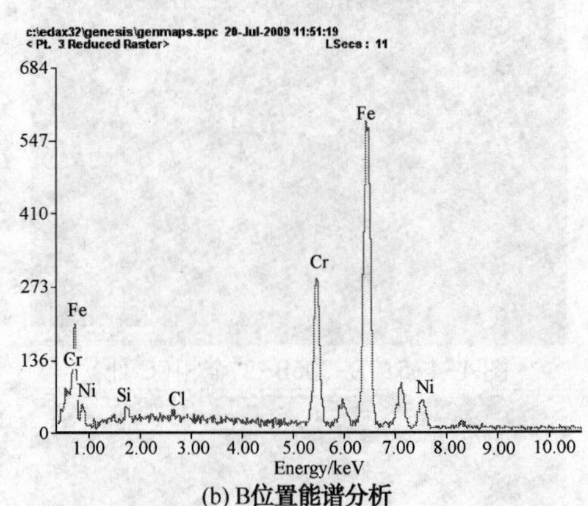

(b) B位置能谱分析

图 4-4-11 A、B 位置能谱分析

表 4-4-2 A、B 位置能谱分析结果 %

位置	C	Si	Mn	Fe	Ni	Cr	Cu	O	Al	Cl	S
A	13.78	8.22	5.84	10.84	2.95	28.77	2.87	20.40	1.18	3.01	2.12
B		1.48		68.79	10.63	18.41				0.68	

(6)断口形貌分析

如图 4-4-12 和图 4-4-13 所示，靠近外表面为典型的韧性断裂特征——韧窝，靠近内表面的断口有锈层。如图 4-4-14 和图 4-4-15 所示，内表面有裂纹。

(7) 介质环境分析

根据厂方资料，丁基橡胶装置采用了三氯化铝作为催化剂，氯甲烷作为溶剂。三氯化铝在和水蒸气或水接触的时候，水解生成氯离子，并会产生不同浓度的盐酸，氯甲烷也会分解产生氯离子。因此换热管内的介质中会存在一定量的氯离子。

图 4-4-12 断口形貌

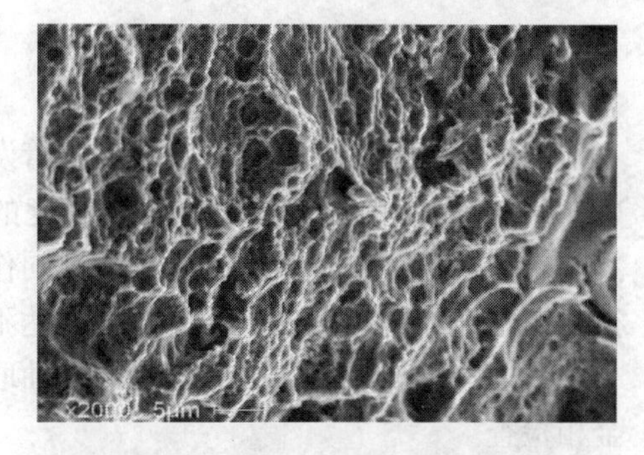

图 4-4-13 断口上靠近外表面的形貌

图 4-4-14 断口附近内表面裂纹

图 4-4-15 断口附近内表面腐蚀锈层形貌

3 综合分析

E-306B-1#中管组织主要由奥氏体、马氏体和不规则分布的夹杂物组成，夹杂物可能是由于连铸不当产生，而快冷能产生马氏体，马氏体和夹杂物的存在使材料韧性降低，而且存在一定程度的敏化，敏化导致晶界析出以 $Cr_{23}C_6$ 为主的铬的碳化物，使晶界附近区域形成贫铬区。敏化和沿晶界析出的夹杂物弱化晶界，因此在晶界附近的贫铬区就成为阳极，而晶粒本身为阴极，这就构成了具有大阴极-小阳极面积比的微电池，加速了沿晶粒间界的腐蚀。在该换热器正常运行过程中，换热管的工作温度为-98℃，如此低的温度下腐蚀非常轻微。而在停工时，温度处于常温，在腐蚀性介质 H^+、Cl^- 的作用下，被弱化的晶界发生晶间腐蚀，使晶粒间结合力减弱。加之在正常运行过程中，在介质的冲刷下，促使晶粒脱落，产生微裂纹。随着服役时间的增加，微裂纹的数量逐渐增多，裂纹的深度也逐步扩展，裂纹尖端产生巨大的应力，使该换热管的局部强度达不到要求，从而导致爆管。

4 结论及建议

通过上述分析，可以确定该换热管发生爆管主要是由于其本身存在先天缺陷（大量分布于晶界的夹杂物、一定程度的敏化），导致其晶界弱化，抗腐蚀性能下降。加之腐蚀环境和介质冲刷的共同作用，使晶粒脱离，产生微裂纹，随着服役时间的增加，该换热管的局部强度达不到要求，从而导致爆管。

另外建议该厂在下次停车检修时抽取该换热器中一定量的换热管进行测厚和金相检查。

第5节 粗苯酚塔再沸器裂纹成因分析

1 背景介绍

对某厂产生裂纹的三台粗苯酚塔再沸器（位号：PE37、PE28 和 PE48，图 4-5-1）进行内外部检查、材料理化检验、结构有限元应力分析以及结构振动测试分析，分析其裂纹产生的原因，并对再造容器如何避免产生类似问题提出解决对策。

粗苯酚塔再沸器的工艺流程见图 4-5-2；壳程介质为水蒸气，工作压力为 4.0MPa，工作温度为 252℃；管程介质为苯酚、焦油混合物，工作压力为 -0.04MPa，工作温度为 228℃。三台换热器的具体结构、操作参数见表 4-5-1。

表 4-5-1 三台再沸器的结构、操作参数表

位号			PE28	PE37	PE48
主体材质		壳程	0Cr18Ni9	0Cr18Ni9	0Cr18Ni9
		管程	00Cr17Ni14Mo2	00Cr17Ni14Mo2	00Cr17Ni14Mo2
容器规格	内径/mm	壳程筒体	1300	1600	800
		管箱筒体	1300	1600	800
		换热管	25	25	25
	厚度/mm	壳程筒体	34	40	22
		管箱筒体	12	12	8
		管箱端盖	44	55	30
		管板	70	80	55
		换热管	2	2	2
	容积/m^3	壳程	7.0	5.70	1.45
		管程	3.37	3.37	0.8

续表

位号			PE28	PE37	PE48
设计参数	压力/MPa	壳程	5.00	5.00	5.0
		管程	0.35	0.35	0.35
	温度/℃	壳程	380	380	380
		管程	250/200	280/230	200/170
	介质	壳程	水蒸气	水蒸气	水蒸气
		管程	苯酚、焦油	苯酚、焦油	苯酚
操作参数	最高压力/MPa	壳程	4.00	4.00	4.00
		管程	-0.04	-0.04	-0.04
	温度/℃	壳程	252	252	252
		管程	205	228	164
	介质	壳程	水蒸气	水蒸气	水蒸气
		管程	苯酚、焦油	苯酚、焦油	苯酚
发现缺陷时累计运行时间			半年	一年	一年

该三台换热器于2003年10月投产，其中PE28根据工艺要求于2004年4月进行了一次更换(未泄漏)，更换后的PE28和PE37、PE48在2004年年底进行首次检验时，在上管板与壳程筒体焊接的管板一侧，发现大量周向均布裂纹和少量轴向裂纹，见图4-5-3，其中，仅用了半年的PE28换热器裂纹最多。

图4-5-1　再沸器(PE37)

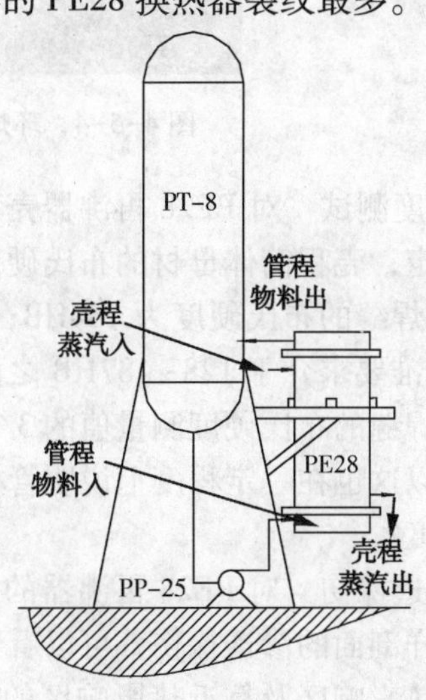

图4-5-2　PE28工艺流程

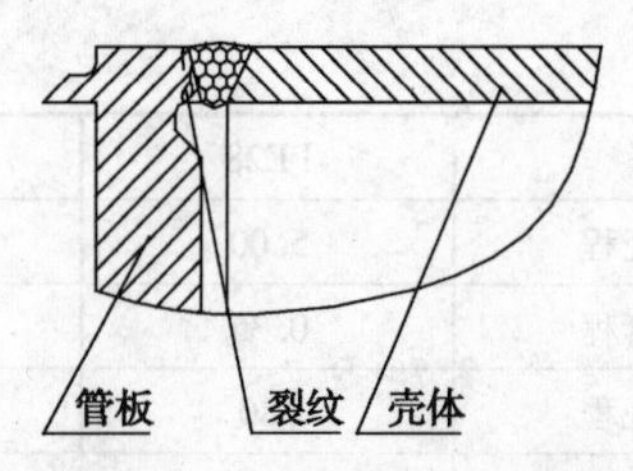

图 4-5-3 裂纹位置示意图

2 再沸器裂纹的检查

(1) 更换下来的旧容器的检查

① 设计图纸、竣工资料和制造质量的宏观检查　经过对设计图纸、竣工资料的审查和对制造质量进行宏观检查，发现 PE28 再沸器的壳程筒体与管板之间的环焊缝在制造中所开的坡口与设计图纸不一致，造成整周 6mm 的未焊透缺陷，见图 4-5-4。

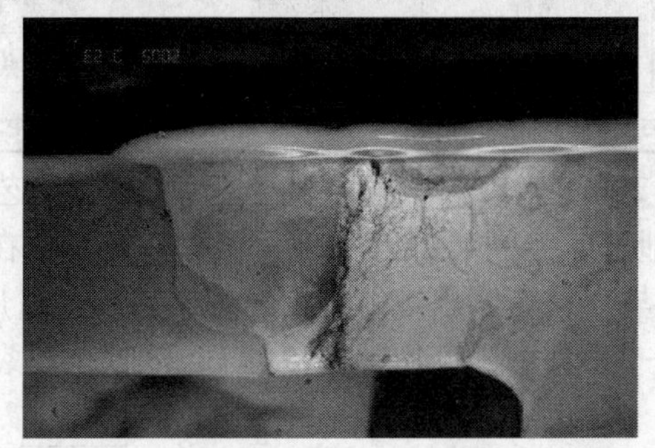

图 4-5-4 环焊缝根部的未焊透缺陷

② 硬度测试　对 PE28 再沸器壳程筒体与管板之间的环焊缝及附近母材进行了硬度测定，壳程筒体母材的布氏硬度为 180HB、190HB 和 189HB(标准要求≤187HB)；焊缝的布氏硬度为 184HB；管板母材的布氏硬度为 144HB、143HB 和 142HB(标准要求介于 128~187HB 之间)。可见管板的布氏硬度测量值仅约为壳程筒体和焊缝的布氏硬度测量值的 3/4，由于材料的抗拉强度与其硬度存在线性关系，所以这也在一定程度上说明管板材料的抗拉强度小于焊缝和壳程筒体母材的抗拉强度。

③ 渗透探伤　对 PE28 再沸器的管箱、壳体和管板等处进行渗透探伤抽查。通过对取样剖面的渗透探伤，可以看到裂纹主要集中于管板与壳程筒体焊接的管板一侧的热影响区及靠近热影响区的锻件母材区，但在远离焊缝的锻件母材区，也有裂纹存在，见图 4-5-5。从裂纹的断续分布来看，裂纹并不起源于一点，而是多源的。在焊缝处和壳程筒体一侧未发现任何裂纹。

(a) PT探伤发现的管板上的裂纹

(b) 取样剖面上的裂纹

图 4-5-5 裂纹形貌

④ 超声波检测 对由于工艺原因更换下来的未泄漏的 PE28 进行了超声波检测，除发现了与解剖的 PE28 同样的未焊透缺陷信号显示外，还在锻件母材部位发现了相当多的缺陷信号显示，这也与渗透检测在试样剖面的锻件母材部位发现裂纹的结果相吻合。

(2) 考虑热应力和内压载荷耦合作用的应力分析

① 有限元模型 取内径最大的 PE37 再沸器进行有弹性限元应力分析，以确定结构在给定的温度载荷、压力载荷和变形约束条件下的应力分布和变形位移。在计算中考虑材料为弹性材料(弹性模量 $E=2.0\times10^5$MPa、泊松比 $\mu=0.3$)；管程物料出口接管端面受固定约束，支座分别考虑沿轴向可滑动(弹簧支座)和固定两种约束形式；温度载荷为整体 252℃；壳程受内压 4.0MPa，管程不承受压力载荷；换热管束的数量减化为 37 根，但其弹性模量相对增加，以保持截面模量 EA 值不变(A 为换热管总截面积)。采用 Solid45 单元划分网格，见图 4-5-6。

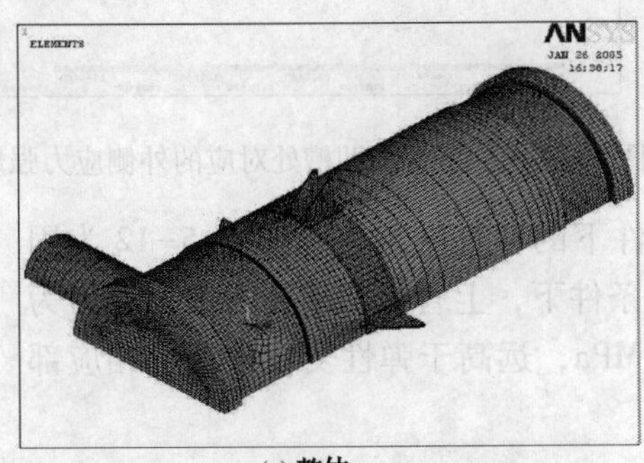

(a) 整体

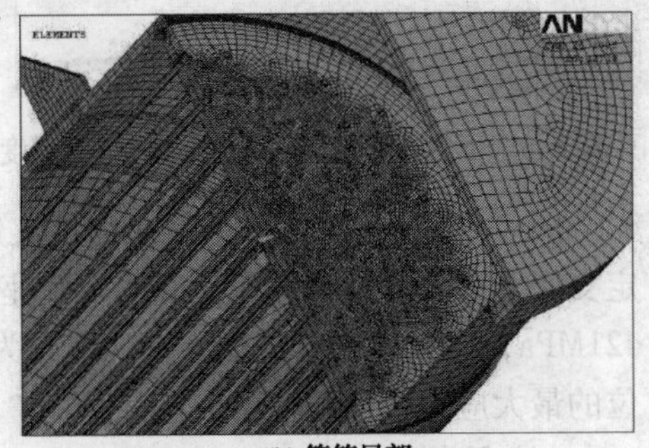

(b) 管箱局部

图 4-5-6 有限元模型及网格划分

② 应力分析计算结果　有限元应力分析计算结果见图 4-5-7～图 4-5-12。图中应力指标为第一强度理论的应力强度。图 4-5-7 和图 4-5-8 分别为上管板凹槽处内、外表面应力强度，最大为 164MPa。图 4-5-9 和图 4-5-10 分别为下管板凹槽处内、外表面应力强度，最大为 19.6MPa。图 4-5-11 为产生裂纹部位的轴向应力，最大为 80.1MPa，从图中可以看出，由于接管推力存在，轴向应力沿轴向分布是不均匀的。

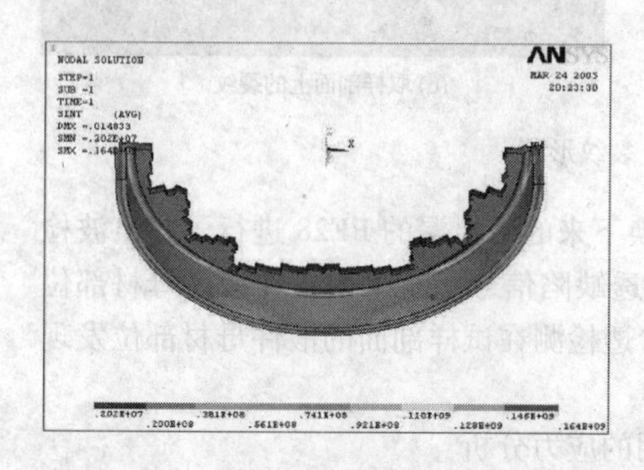

图 4-5-7　上管板凹槽处对应的内侧应力强度

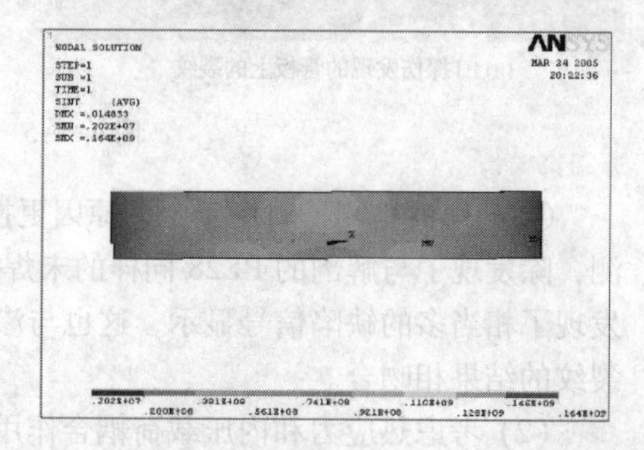

图 4-5-8　上管板凹槽处对应的外侧应力强度

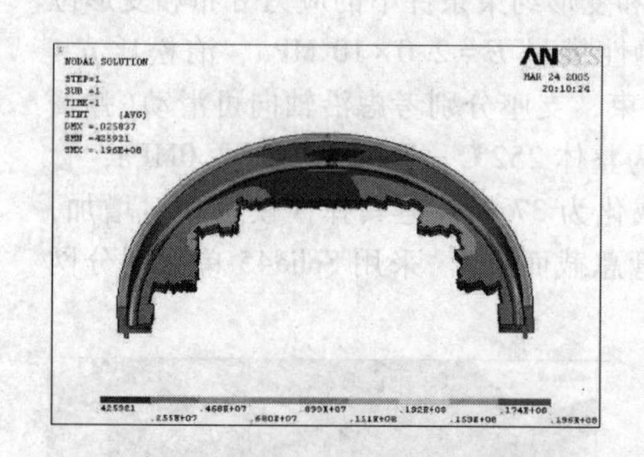

图 4-5-9　下管板凹槽处对应的内侧应力强度

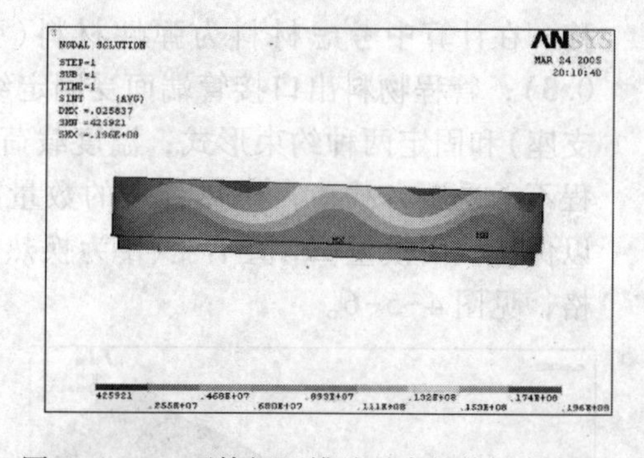

图 4-5-10　下管板凹槽处对应的外侧应力强度

图 4-5-7～图 4-5-11 是在弹性支座条件下的计算结果，而图 4-5-12 为固定支座约束下的计算结果。在固定支座约束条件下，上管板凹槽处的最大应力为 421MPa，产生裂纹处的最大轴向应力为 157MPa，远高于弹性支座条件下相应部位的最大应力强度。

（3）取样及试验

① 取样　图 4-5-13 为从 PE28 再沸器发现裂纹的管板上截取的试样，用于力学性能试验、金相试验、扫描电镜观察和腐蚀产物能谱分析。

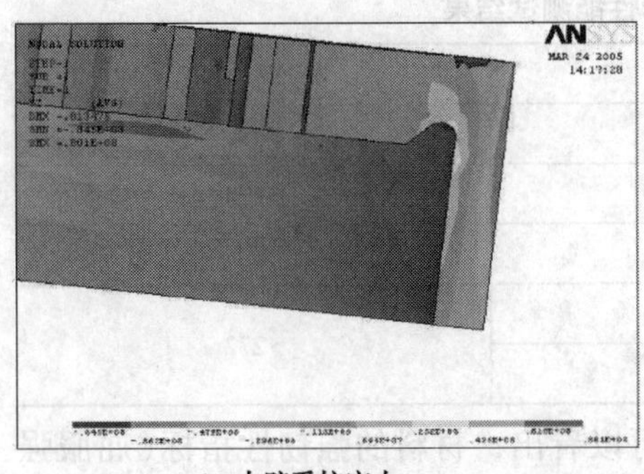

(a) **内壁受拉应力**

(b) **外壁受拉应力**

图 4-5-11 产生裂纹的环缝处轴向力截面

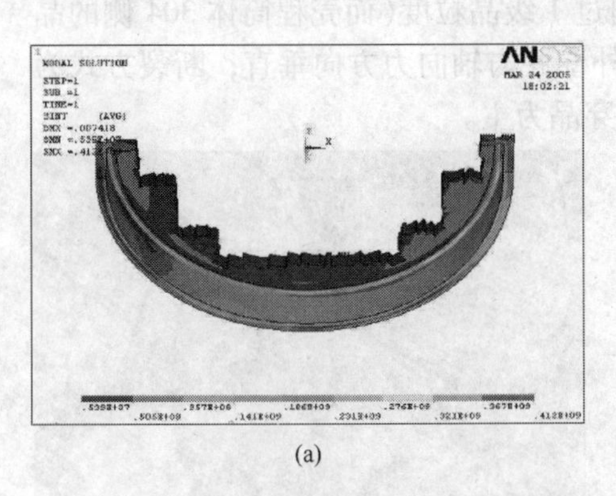

(a)

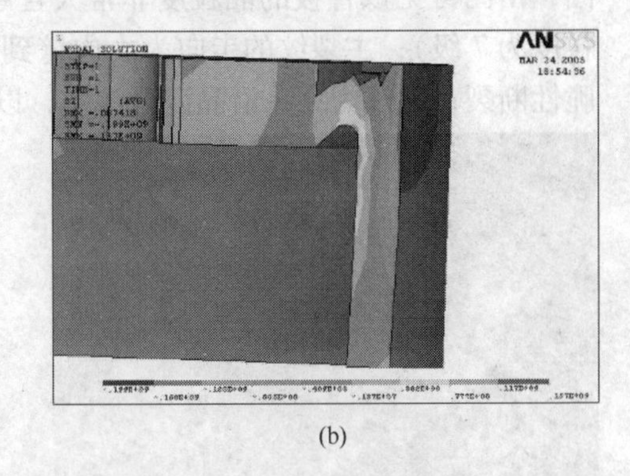

(b)

图 4-5-12 固定支座约束条件下的计算结果

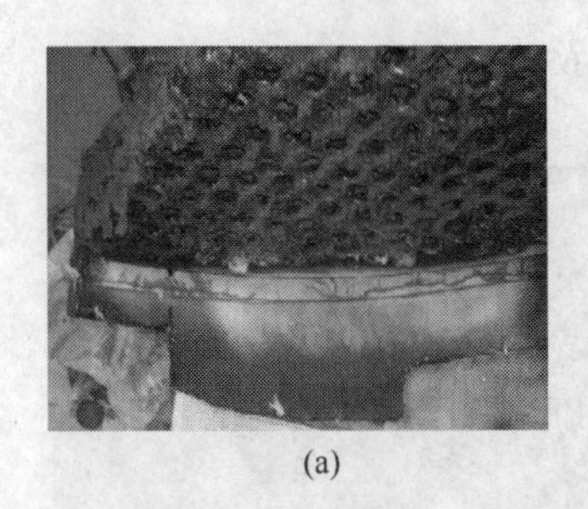

(a)

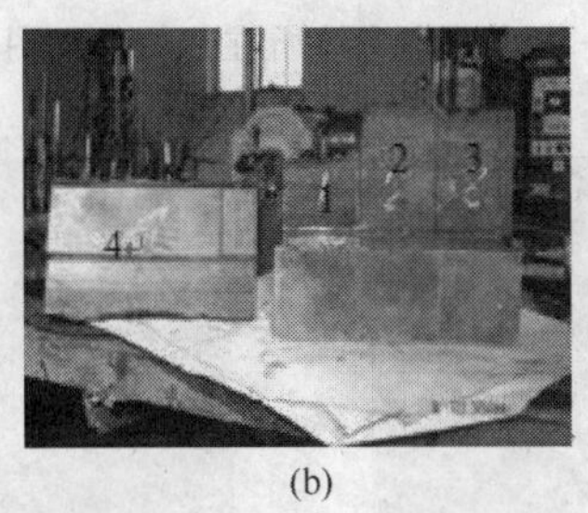

(b)

(c)

图 4-5-13 截取试样

② 力学性能试验 对试样分别进行拉伸试验和冲击试验，试验结果见表4-5-2。拉伸试件所测出的延伸率、抗拉强度符合标准的要求，但屈服强度低于标准要求值。

表 4-5-2　材料力学性能测试结果

材料性能指标	实测值	标准要求值
抗拉强度/MPa	540.44	>480
屈服强度/MPa	114.36	>175
延伸率/%	86	>35
冲击韧性/J	>234.5	>272
	> 240.3	

由于试样均为管板材料，从表 4-5-2 可以看出，材料的强韧性指标(屈服强度和冲击韧性)偏低。

③ 金相试验　图 4-5-14 为主裂纹金相图，图 4-5-15 为凹槽处细裂纹金相图，由图可见该管板的晶粒度非常大且超过 1 级晶粒度(而壳程筒体 304 侧的晶粒度为 7 级)；主裂纹的走向为由内壁到外壁并与轴向力方向垂直；断裂方式为脆性断裂；裂纹为穿晶沿晶混合型态，以穿晶为主。

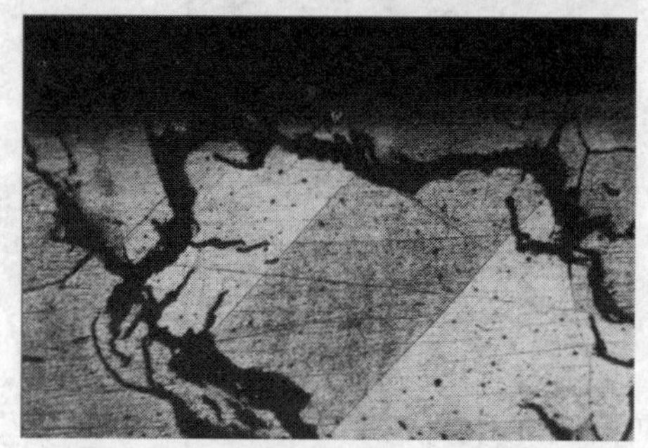

(a) 主裂纹起裂处

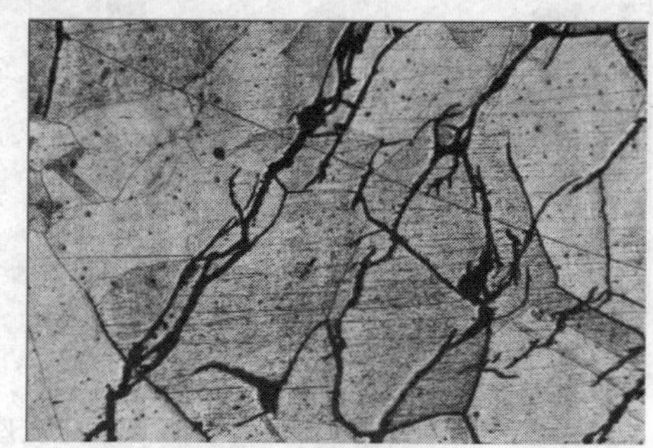

(b) 主裂纹起裂附近

图 4-5-14　主裂纹所在部位金相图 63×

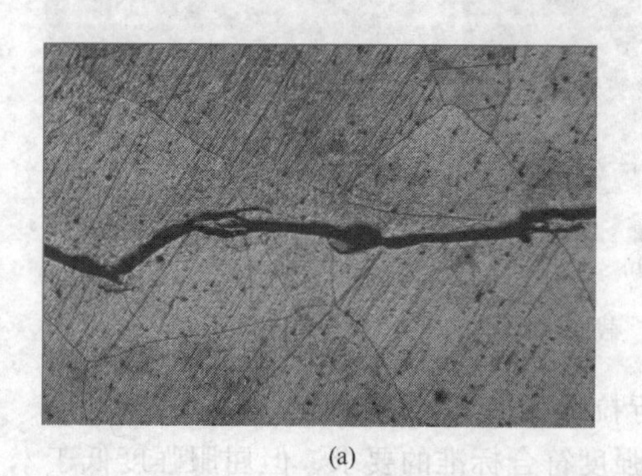

(a)

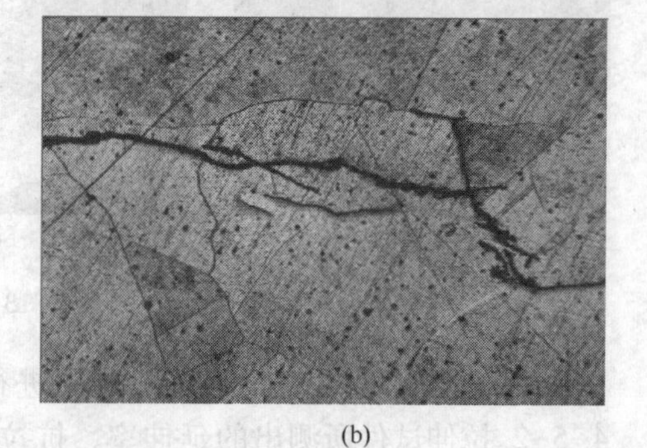

(b)

图 4-5-15　凹槽处细裂纹起裂附近 63×

④ 扫描电子显微镜观察　对图 4-5-13(b)中的 $2^{\#}$试样(已裂透并补焊)和 $4^{\#}$试样(未裂透)进行扫描电镜观察，$2^{\#}$试样大部分为解理(穿晶)断口，表面布满腐蚀产物，并有二次裂纹，个别处在高倍率下观察为疲劳辉纹；$4^{\#}$试样大部分为沿晶断口，见图 4-5-16 和图 4-5-17。

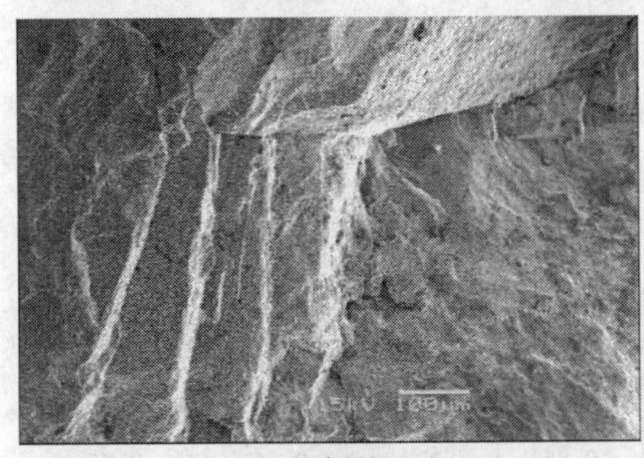

(a) 解理

(b) 解理+二次裂纹

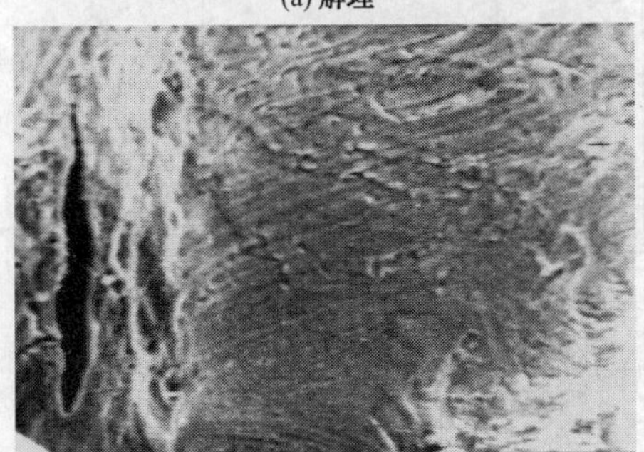
(c) 疲劳3000×

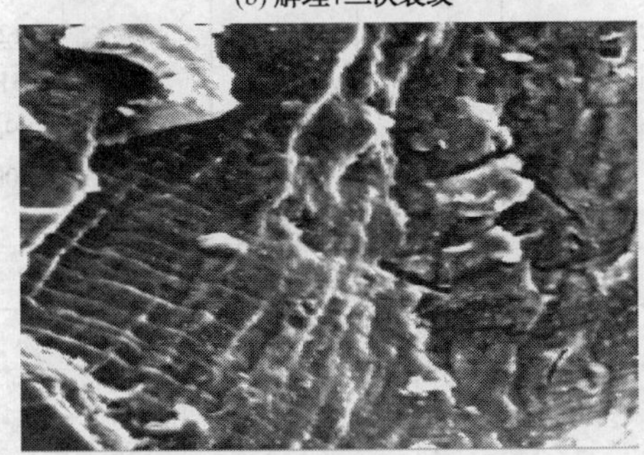
(d) 疲劳3000×

图 4-5-16　$2^{\#}$试样扫描电镜检测结果

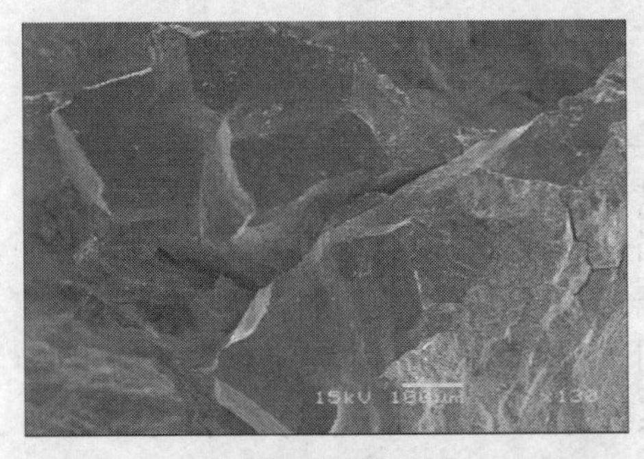

(a) 起裂部位电镜图(沿晶)

(b) 起裂部位电镜图(沿晶+二次裂纹)

图 4-5-17　$4^{\#}$试样扫描电镜检测结果

⑤ 能谱分析　对2#试样和4#试样进行了能谱分析，结果见表4-5-3，裂纹表面的含氧质量百分比约为15%，并没有在裂纹表面测出氯和硫等诱发应力腐蚀的元素，并结合平时对水质中氯离子的良好控制(< 6ppm)，说明由受应力腐蚀失效导致开裂的可能性很小。

对基体的能谱分析结果显示各元素含量基本符合材料标准的要求，所以在没有进行化学分析的前提下，并没有发现管板锻件元素含量异常。

表4-5-3　裂纹表面和基体的能谱分析

裂纹表面1			裂纹表面2			裂纹表面3		
元素	质量/%	原子/%	元素	质量/%	原子/%	元素	质量/%	原子/%
C	0.58	1.88	C	0.43	1.23	C	0.90	2.93
O	16.29	39.42	O	24.60	52.35	O	14.96	36.67
Na	0.39	0.66	Si	0.70	0.85	Na	0.56	0.95
Si	0.46	0.64	Cr	12.84	8.40	Si	0.49	0.69
Cr	13.83	10.30	Fe	51.85	31.61	Cr	14.29	10.78
Fe	58.33	40.44	Ni	9.58	5.56	Fe	58.54	41.12
Ni	10.10	6.66	总量	100.00	100.00	Ni	10.27	6.86
总量	100.00	100.00				总量	100.00	100.00

裂纹表面4			基体		
元素	质量/%	原子/%	元素	质量/%	原子/%
C	0.02	0.08	Si	1.07	2.10
O	2.92	9.47	Cr	18.67	19.86
Si	0.57	1.05	Fe	65.87	65.23
Cr	16.73	16.71	Ni	12.38	11.66
Fe	64.35	59.87	Mo	2.01	1.16
Ni	13.00	11.50	总量	100.00	100.00
Mo	2.43	1.32			
总量	100.00	100.00			

⑥ 现场振动测试　扫描电镜分析表明再沸器上的裂纹具有明显的疲劳特征，而设备的设计、操作条件没有明确显示设备在疲劳工况下运行，因此为了确定疲劳损伤的根源所在，对目前使用中的再沸器进行现场在线振动测试及分析。

实际测试过程中，使用加速度传感器对三台再沸器的框架震动情况进行了监测，通过DASP智能信号采集和信号分析系统的处理。结果表明，三台再沸器均存在明显的振动，强制循环采用固定支座的PE28再沸器的壳体振动最为强烈，热虹吸循环且采用固定支座的PE48再沸器的壳体振动居中，强制循环采用弹簧支座的PE37再沸器振动较小。对照三台容器的缺陷情况，PE28运行时间最短、缺陷最为严重，这也与振动测试的结果相吻合。

3 综合分析

(1) 管板质量

硬度测试、力学性能试验、金相试验证明，管板的质量存在一定的问题。主要表现为晶粒度粗大、硬度偏低、屈服强度偏低、冲击韧性偏低。试样剖面渗透探伤发现的母材裂纹、超声波检测发现的锻件母材部位缺陷信号显示，也表明锻件可能存在一些制造中产生的危险性缺陷。在相近的受力状况下，全部裂纹都位于管板一侧，说明管板材料、尤其是热影响区部位的性能与壳体和焊缝差距很大。

(2) 再沸器的受力状态

通过对直径最大的一台 PE28 再沸器进行的弹性有限元应力分析计算，得到出现裂纹部位的最大应力强度为 164MPa。而根据标准，管板材料(00Cr17Ni14Mo2、锻件)在 250℃下的许用应力[σ]为 100MPa。需要指出的是，有限元计算所得的是再沸器局部一点的应力，并且包含了温度应力分量，因此该应力强度属于一次加二次应力强度。按压力容器分析设计思路，该应力强度应由 3[σ]来限制。因此该部位的一次加二次应力强度值并未超标。

有限元计算表明，上管板处应力远大于下管板处，实际情况也是上管板发生裂纹较下管板严重的多，说明应力水平高低对是否产生裂纹有显著的影响。而弹簧支座与固定支座对再沸器的应力水平有较大影响，固定支座模型的计算结果远大于弹簧支座。说明采用弹簧支座有助于改善再沸器的受力状态，从而降低产生裂纹的可能性。

(3) 裂纹性质

对断口的扫描电镜检查表明，在发源处裂纹表现出沿晶的特征，而裂纹的扩展具有显著的高周疲劳裂纹特征，裂纹的发展以穿晶为主，断口以解理断裂为主。说明材料性能较差，在晶界上形成裂纹源，并在疲劳载荷下逐渐开裂。

(4) 疲劳源

现场的设备振动测试与分析表明，再沸器壳体确实存在较显著的振动，经加速度传感器采集信号并进行数据分析，得到设备壳体振动的主频率为 400～600Hz。其中采用固定支座的容器的振动加速度明显高于采用弹簧支座的容器。

(5) 腐蚀源

由于壳程介质为蒸汽，因此着重检查了循环水氯离子含量。检测结果表明氯离子含量小于 6ppm，且能谱分析结果表明，裂纹面上不存在氯元素，因此可以排除氯离子环境下的不锈钢应力腐蚀。

4 结论及建议

(1) 结论

综合上述分析，裂纹形成的机理可描述为由于管板材料性能较差，在焊接热循环和较高的应力水平作用下，在薄弱部位——焊接接头热影响区形成微裂纹，在交变载荷下，微裂纹发生疲劳扩展，逐渐形成较严重的宏观裂纹。

众所周知，焊接接头中热影响区的材料性能最差，而检验中已发现再沸器管板母材存在晶粒度粗大、强度下降的问题，因此热影响区材料性能下降肯定更为显著。由于接触同样介质但受力条件更差的管板、筒体环焊缝根部未焊透尖端并未形成明显扩展的宏观裂纹，全部裂纹均出现在管板侧焊缝热影响区内，也就是说全部裂纹均出现在劣化程度最高、材料性能最差的部位。因此，产生裂纹的根本原因是管板材质不能适应实际工况要求。

(2) 建议

为了及时发现在用设备中存在的危险缺陷，并避免新上设备出现类似问题，建议做好以下工作：

① 及早对目前在用的再沸器进行停机状态下的全面检验；

② 新设备必须采用弹簧支座以降低管板筒体连接处的应力水平，减轻设备的振动，宜在壳程筒体以及物料出口接管加装膨胀节以进一步降低应力、减轻振动；

③ 新上设备应要求设计单位按标准进行振动分析，应采取必要措施对容器的制造质量进行过程监督，严格控制管板锻造以及管板筒体焊接的加工质量，确保材料性能符合标准要求，对管板与筒体连接的焊接工艺应进行使用同等材料独立的焊接工艺评定；从提高工件的加工工艺性的角度，宜改用碳钢基材的管板及碳钢筒体。

第6节 丙烯急冷器壳体开裂失效分析

1 背景介绍

E-3005 第二丙烯急冷器为釜式管壳结构，其主要参数及运行状况见表4-6-1。

2006 年装置停车排料过程中设备壳体开裂，结构示意图见图 4-6-1，失效壳体图见图 4-6-2~图 4-6-5。

表 4-6-1 E-3005 第二丙烯急冷器相关参数

容器名称		E-3005 第二丙烯急冷器
主体材质		壳程筒体：SA516Gr60，管程筒体：SA516Gr60
容器规格	内径/mm	壳程：ϕ1320；管程：ϕ795
	厚度/mm	壳程筒体：15；管程筒体：18
设计参数	压力/MPa	壳程：3.9；管程：1.5
	温度/℃	壳程：-45~60；管程：-45~60
	介质	壳程：丙烯；管程：循环气
操作参数	最高工作压力/MPa	壳程：< 3.9；管程：< 1.5
	温度/℃	壳程：-36；管程：-25.8/-33
	介质	壳程：丙烯；管程：循环气

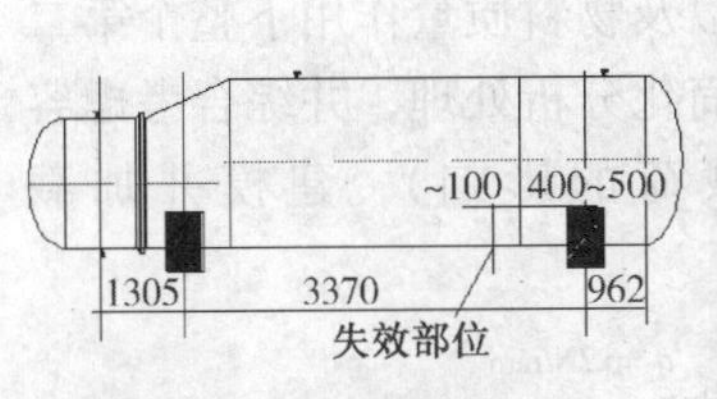

图 4-6-1 结构示意图

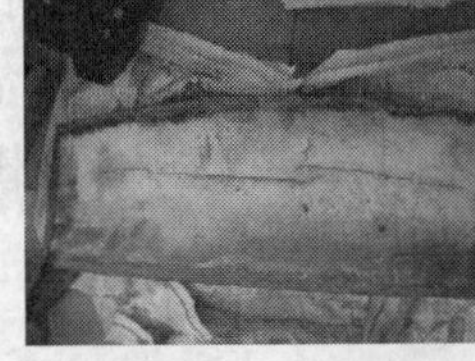

图 4-6-2 失效壳体

图 4-6-3 失效件未完全断开部分

图 4-6-4 失效件相互对应两个断口外观图 1

图 4-6-5 失效件相互对应两个断口外观图 2

通过对第二丙烯急冷器壳体开裂部位的宏观检查，发现裂纹为分别起源的环向四段，断口上可见断裂起源于滑轨与筒体焊接连接部位，起源点为滑轨与壳体间单面焊焊根，四条裂纹大致在一条直线上，彼此并未连接在一起，但是有相互连通的趋势并且失效件部位基本没有塑性变形，有很明显的脆性开裂迹象。初步分析可能主要有以下三种原因：① 材质原因，供货材质的金相组织、热处理状态或者力学性能指标未满足设计条件或相关标准要求；② 低温原因，在停车使用过程中未能严格执行停车工艺规程的规定，致使液态丙烯介质在短时间内大量汽化，汽化过程中吸收大量的热量，致使第二丙烯急冷器壳体的温度骤然降低，材料韧性下降，无法满足使用要求而发生开裂失效；③ 动态加载速率的影响，由于液态丙烯介质在短时间内大量汽化对第二丙烯急冷器施加快速动态载荷，致使第二丙烯急冷器结构材料的韧脆性转变温度升高，无法在液态丙烯介质汽化所产生的低温下满足使用要求而发生脆性开裂失效。由于以上三种原因的单独作用或者组合作用均可导致失效的产生。因此，有必要及时找到第二丙烯急冷器壳体产生开裂的原因，以保证在用容器的安全运行。

2 丙烯急冷器整体结构分析

为了解第二丙烯急冷器结构的应力状态，采用 JB 4731 钢制卧式容器中分析的方法对第二丙烯急冷器体进行结构分析，确定其结构应力状态。

根据该台容器的结构特点，由于是考察在容器以及物料质量作用下整个第二丙烯急冷器结构中的剪力和弯矩的分布，所以采用简化分析处理，并综合考虑容器的自重、物料质量的作用（暂不考虑内压载荷的影响），建模并加载见图 4-6-6。

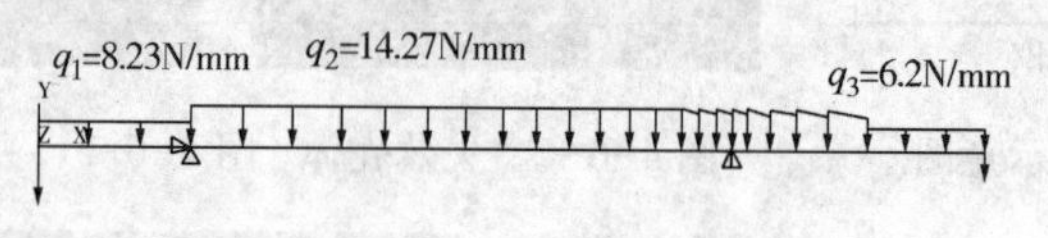

图 4-6-6 第二丙烯急冷器结构分析图

通过相应的计算可得到第二丙烯急冷器结构上的剪力最大为 21999N、弯矩最大为 11kN · m 以及最大弯曲正应力为 0.5MPa。分析表明，第二丙烯急冷器壳体开裂部位承受的整体应力水平很低，说明第二丙烯急冷器结构合理，没有较大的附加外力或者外力矩产生。

3 丙烯急冷器内压载荷下的应力分析

为了解第二丙烯急冷器局部的应力状态，采用有限元应力分析的方法对包括滑轨在内的壳体进行平面应变分析，确定失效部位的应力状态，特别是与实际开裂方向垂直平面上的应力水平，即轴向应力水平。由于管束自重对于导轨平面的压力（保守地不考虑管板端部的支撑作用时约为 0.08MPa）相对于操作压力（1.5MPa）很小，所以下面的分析过程中忽略管束自重作用。

（1）建模

根据该台容器结构对称的特点以及分析部位的特点，容器内管束的两根滑道跨中分布在容器的底部，本次分析目的在于确定滑道与壳体连接区域附近的应力状态，所以对于横截面来说，相当于平面应变状态，所以本次取容器的下部1/4部分为分析对象，采用实体建模见图4-6-7。

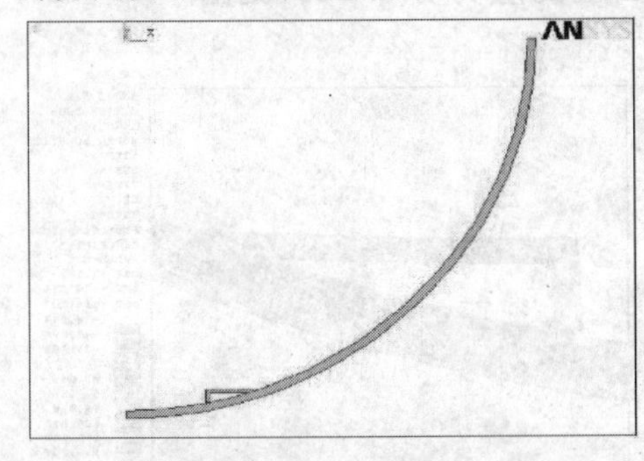

图4-6-7 应力分析模型

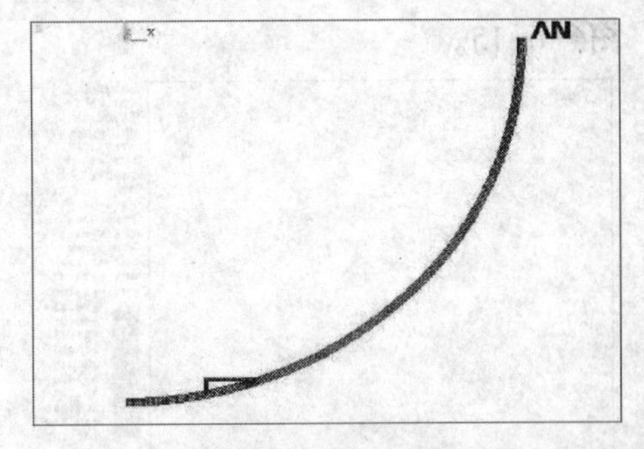

图4-6-8 网格划分

（2）网格划分

采用映射网格划分，划分结果见图4-6-8。

（3）加载与求解(图4-6-9~图4-6-11)

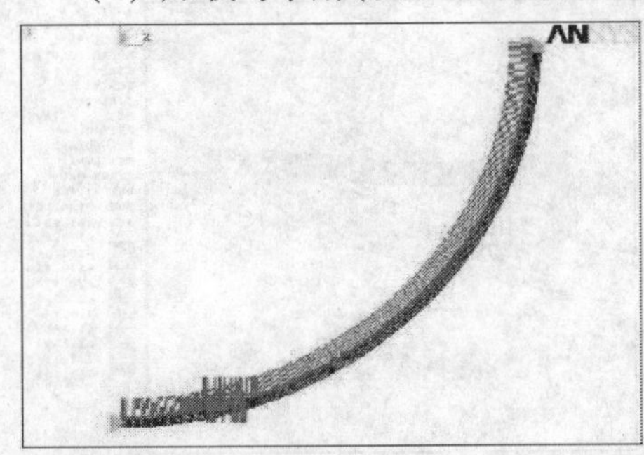

图4-6-9 模型加载(导轨内部受压)

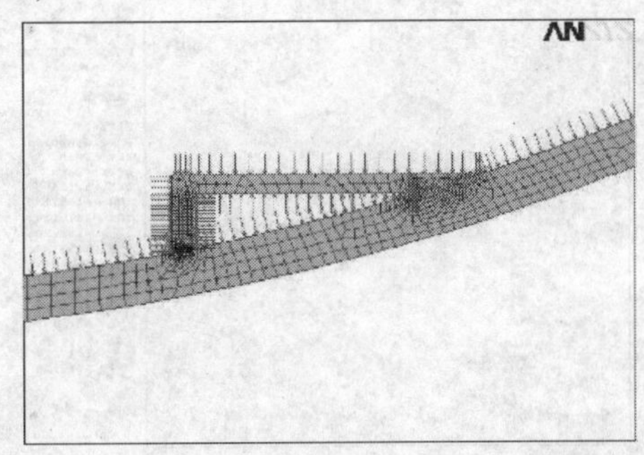

图4-6-10 图4-6-9局部放大图

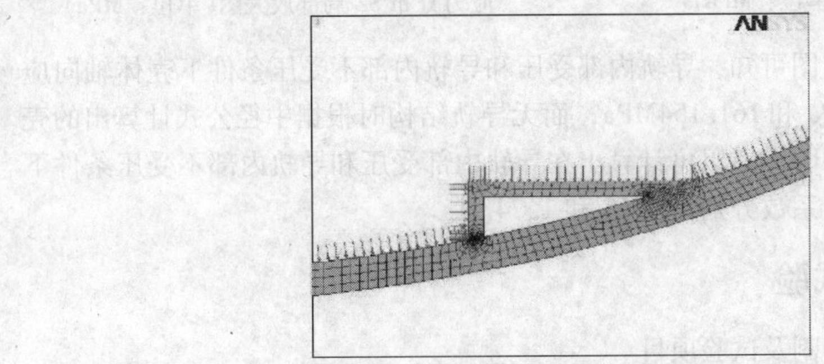

图4-6-11 模型加载(导轨内部不受压)局部放大图

(4) 分析结果

通过软件中的后处理单元，得到第二丙烯急冷器结构上在导轨内部受压和导轨内部不受压条件下与开裂方向垂直平面上的应力分布 SZ，见图 4-6-12～图4-6-15。

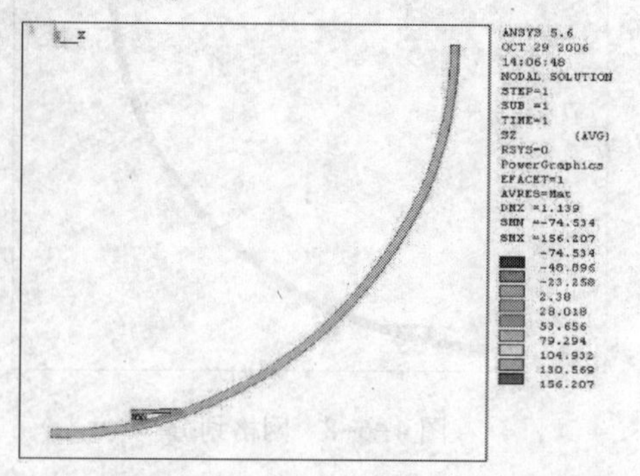

图 4-6-12 导轨内部受压条件下壳体轴向应力分布 SZ(单位：MPa)

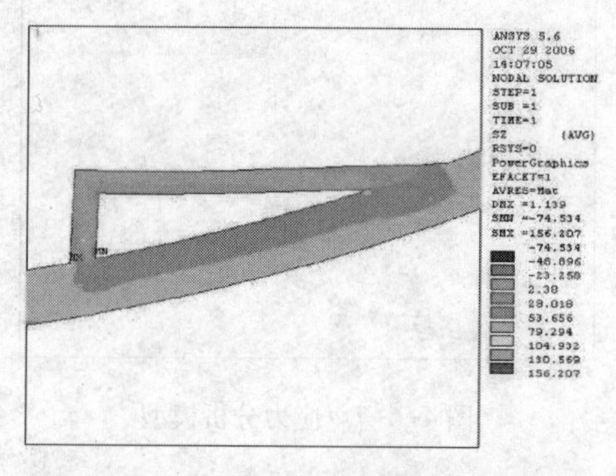

图 4-6-13 导轨内部受压条件下壳体轴向应力分布 SZ 局部放大图(单位：MPa)

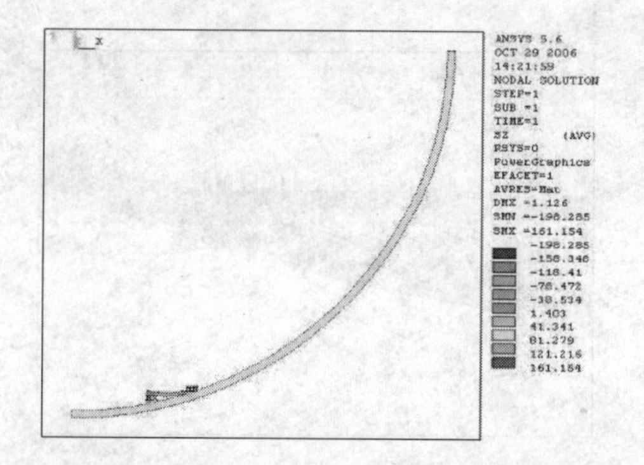

图 4-6-14 导轨内部不受压条件下壳体轴向应力分布 SZ(单位：MPa)

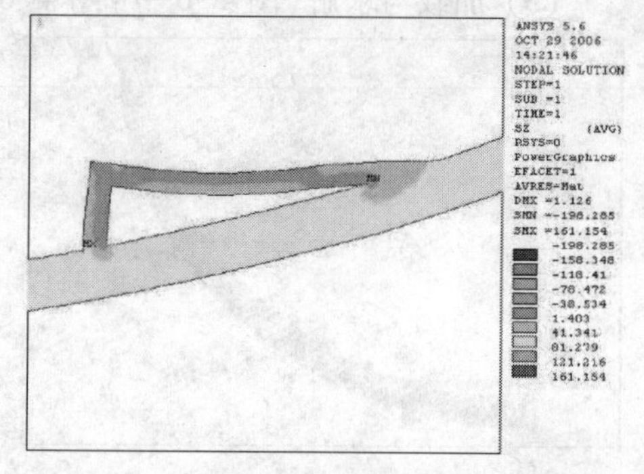

图 4-6-15 导轨内部不受压条件下壳体轴向应力分布 SZ 局部放大图(单位：MPa)

由上述应力分布图可知，导轨内部受压和导轨内部不受压条件下壳体轴向应力分别为 156.207MPa 和 161.154MPa，而无导轨结构时根据中径公式计算出的壳体轴向应力为 92.9MPa，所以可计算出在导轨内部受压和导轨内部不受压条件下轴向应力的应力集中系数分别为 1.68 和 1.74。

3 取样及试验

(1) 失效件的分割及试验项目

失效件按照图 4-6-16 进行分割并编号，分割后试验项目分配如下。

断口分析：件4(件5)、件16(件17)确定断口的形貌。

常温拉伸试验：件8上按照GB/T 228—2002中的规定*R*7试件做常温拉伸；测得抗拉强度、屈服强度、伸长率和断面收缩率等指标；试件数量为6组，试验方向为横向。

冲击试验：

第一批，件9上按照GB/T 229—1994中的规定做-45℃、-50℃下的低温冲击试验；测得冲击功等指标；试件数量为2组，每组3个，试验方向为横向。

第二批，件1、件18上按照GB/T 229—1994中的规定做常温、-45℃、-80℃、-120℃、160℃下的冲击试验；测得冲击功等指标；试件数量为5组，每组3个，试验方向为横向。

金相试验：件20~件23裂纹附近外、内表面作金相，共10点。

化学成分分析：件20表面上作化学成分分析。

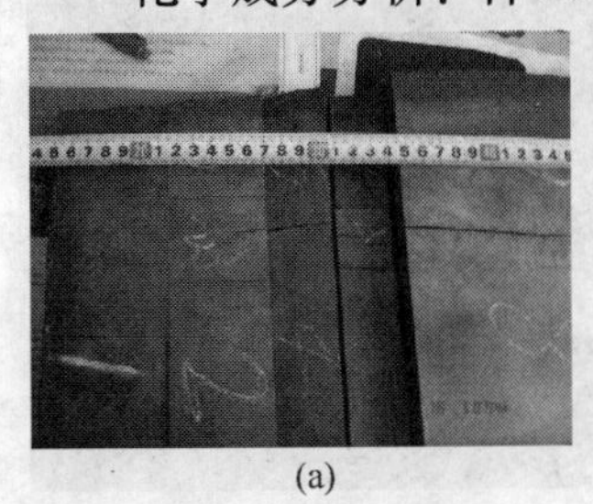
(a)

(b)

(c)

图4-6-16 失效件的分割图

(2) 失效件的断口分析

通过对件4(件5)、件16(件17)的断口分析确定断口形貌、起裂点位置等相关特征。断口分析如下：断口分析表明断口呈纤维状，平直、无明显塑性变形，断口上可见断裂起源于滑轨与筒体焊接连接部位，起源点为滑轨与壳体间单面焊焊根，根部存在未焊透缺陷，见图4-6-17和图4-6-18；与试件断口垂直的材料沿厚度方向平面上的母材金相表明，材料组织存在环向分布不均匀性(带状组织)并且不均匀性沿整个厚度分布，这是热轧态钢板的常见组织，见图4-6-19；滑轨与筒体间焊缝金相分析表明组织中存在魏氏体组织，见图4-6-20；滑轨与筒体焊接连接部位有较大的结构不连续。

(3) 失效件的金相分析

通过对件20~件23上的裂纹附近内、外表面作金相分析，确定失效部位附近的组织形貌以及裂纹的相应特征。

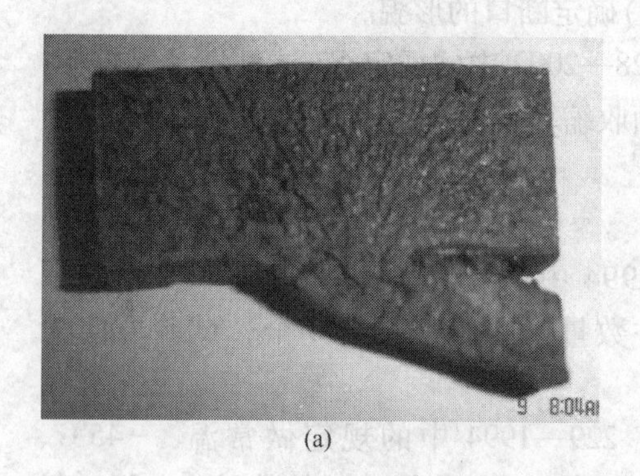
(a)

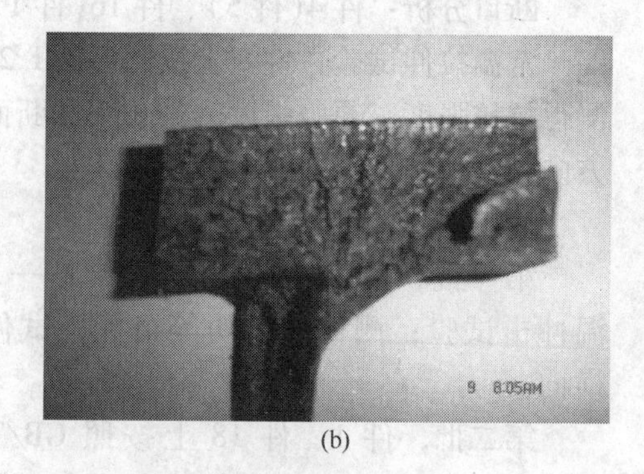

(b)

图 4-6-17　滑轨 1 附近件 4、件 5 断口形貌

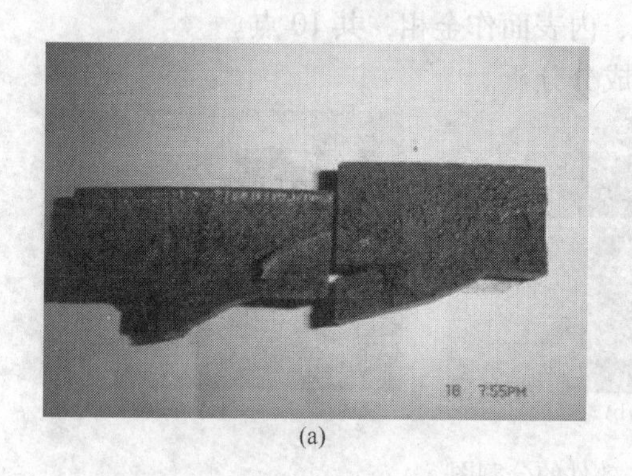

(a)

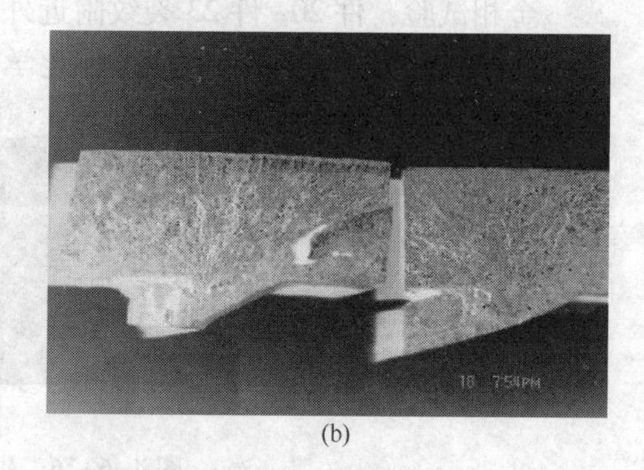

(b)

图 4-6-18　滑轨 2 附近件 16、件 17 断口相貌及其底片效果图

图 4-6-19　与件 5 断口垂直的材料沿厚度方向平面上的母材金相(带状组织)

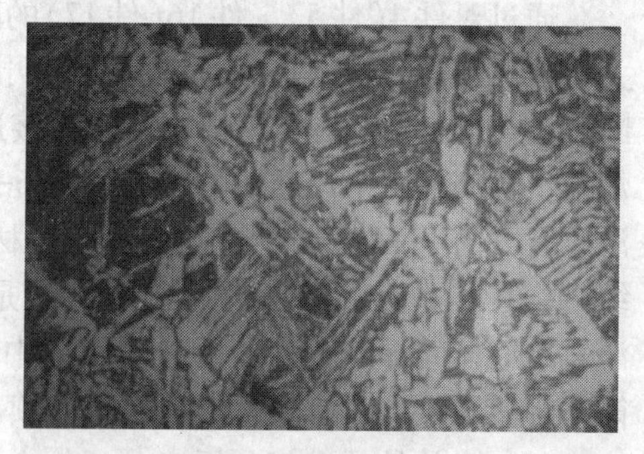

图 4-6-20　件 5 上导轨与壳体间焊缝金相(魏氏组织)

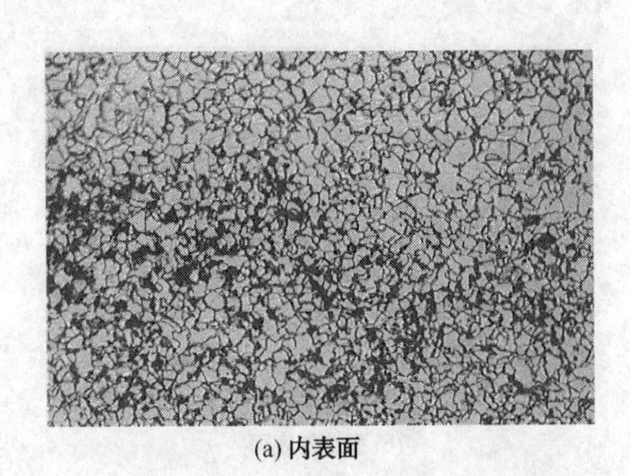

(a) 内表面

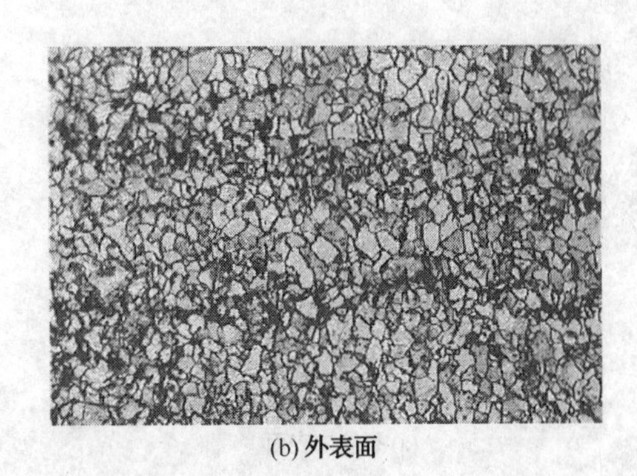

(b) 外表面

图 4-6-21 件 20 内外表面母材金相组织

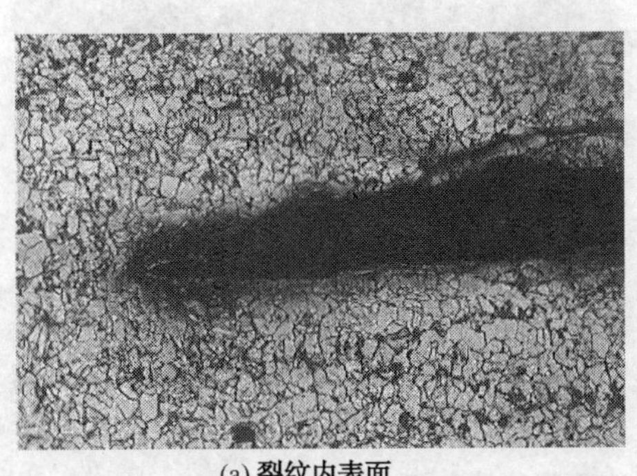

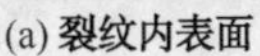

(a) 裂纹内表面

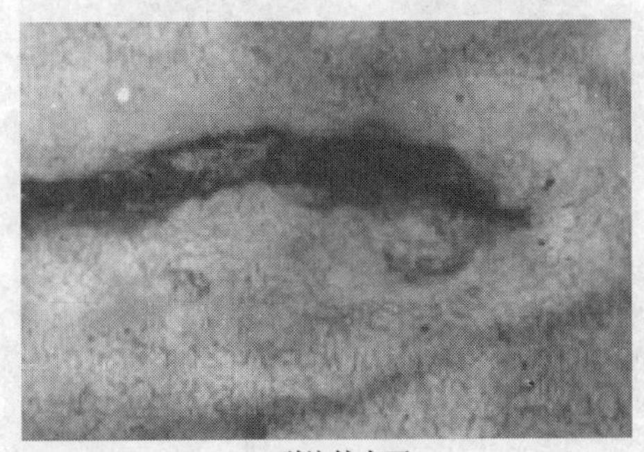

(b) 裂纹外表面

图 4-6-22 件 20 内外表面裂纹处金相

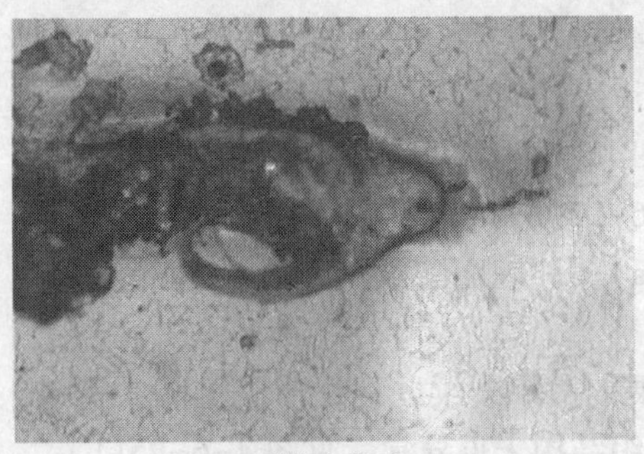

(a) 裂纹内表面

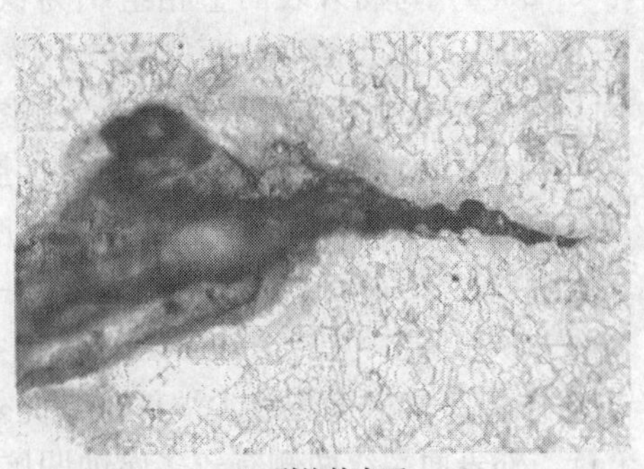

(b) 裂纹外表面

图 4-6-23 件 21 内外表面裂纹处金相

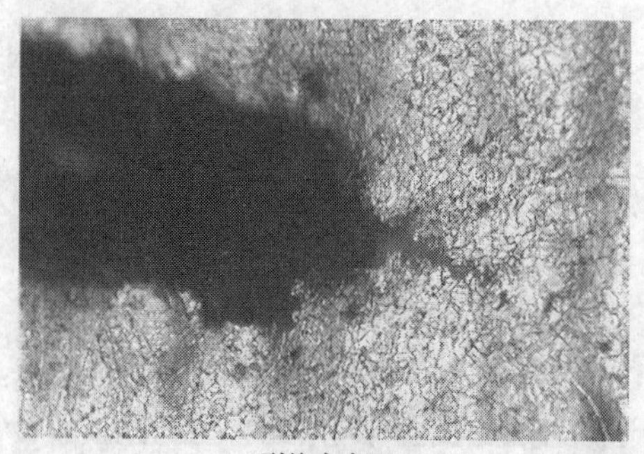
(a) 裂纹内表面

(b) 裂纹外表面

图 4-6-24　件 22 内外表面裂纹处金相

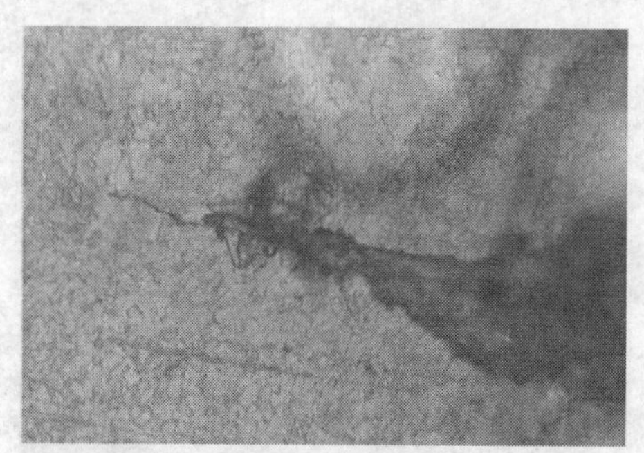
(a) 裂纹内表面

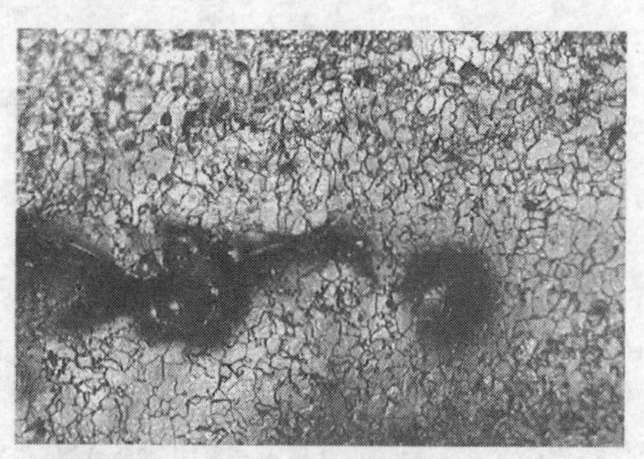
(b) 裂纹外表面

图 4-6-25　件 23 内外表面裂纹处金相

件 20　母材内表面金相组织为铁素体+珠光体，组织分布严重不均，见图 4-6-21(a)。母材外表面金相组织为铁素体+珠光体，组织分布严重不均，见图 4-6-21(b)。内表面裂纹两侧有较多微小裂纹向外扩展，见图 4-6-22(a)。外表面裂纹两侧有微小裂纹向外扩展，见图 4-6-22(b)。

件 21　内部表面裂纹位置有较多腐蚀凹坑，裂纹尖端有微小裂纹向外扩展，见图 4-6-23(a)。外表面裂纹形貌见图 4-6-23(b)。

件 22　内表面裂纹形貌见图 4-6-24(a)。外表面裂纹两侧及尖端部位有微裂纹向外扩展，见图 4-6-24(b)。

件 23　内表面裂纹尖端部位有向外扩展的微小裂纹，裂纹形貌见图 4-6-25(a)。外表面裂纹两侧有较多腐蚀凹坑，组织结构未见异常，见图 4-6-25(b)。

（4）失效件的化学成分分析

对件 20 进行定量光谱分析，将测得主要元素与 ASME Ⅱ PART A SA516/

SA516M 标准中的成品分析含量规定比较见表 4-6-2。

表 4-6-2 化学成分光谱分析结果

元素	含量/%	成品分析标准含量/%	元素	含量/%	成品分析标准含量/%
Si	0.34	0.15~0.40	Ni	0.092	≤0.40
Mn	1.09	0.60~0.90	Cu	0.22	≤0.40
Cr	0.047	≤0.30	Al	0.03	≥0.015

材料化学成分的成品分析结果表明主要化学成分符合材料标准要求。

(5) 失效件的力学性能分析

为了解当前设备材料的力学性能，对失效部位件 8 所用材料进行常温拉伸试验，借以判断设备材料是否满足材料标准的要求。考虑到实际开裂方向是沿着板材轧制方向发生的开裂(即开裂方向为平行于板材的纤维方向)，所以力学性能试验取横向为试验方向。失效部位所用材料的常温拉伸试件断口见图 4-6-26，失效部位所用材料常温拉伸试验结果见表 4-6-3。

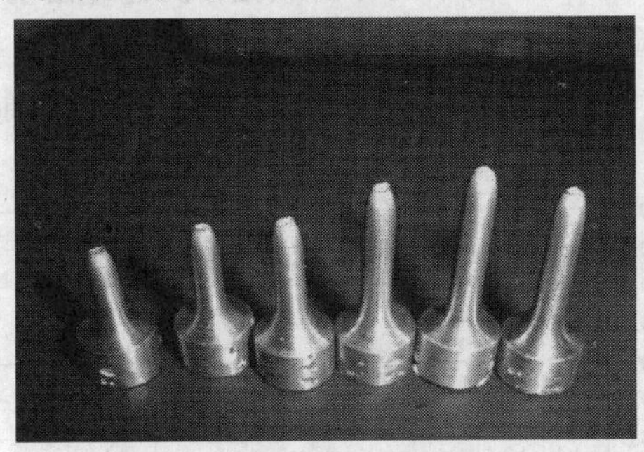

图 4-6-26 拉伸试件断裂外观

表 4-6-3 常温拉伸试验结果

测试项目	测量值						最低值	标准值
	件 1	件 2	件 3	件 4	件 5	件 6		（横向试验）
屈服点/MPa	505	540	480	490	510	515	480	≥220
抗拉强度/MPa	585	665	705	635	635	665	585	415~550
延伸率/%	32	31.2	31.6	26.4	28.8	31.2	26.4	≥21

机械性能试验结果基本符合材料标准 ASME Ⅱ PART A SA516/SA516M 的要求，但实际的抗拉强度均超过标准的上限值。相关材料原始材质证明书上记录的常温拉伸试验(横向试验)的结果得到屈服极限为 375MPa，抗拉极限为 482MPa，延伸率为 27.1%。

结合液态丙烯的物理特性，对第二丙烯急冷器进行相应分析，确定失效部位金属表面可能达到的最低温度为常压下的沸点，即 -47.7℃。壳体材料

SA516Gr60 的韧脆性转变温度范围为-45.6 ~ -17.8℃。可见非正常排放造成的温度低于材料的名义韧脆性转变温度。但是由于实际材料的性能差异，不能认为当非正常排放造成的温度低于材料的名义韧脆性转变温度就一定会发生脆性断裂，因此需要通过一系列的低温冲击试验确定出材料的实际韧脆性转变温度。冲击试验温度范围取从常温一直到-160℃，这一范围包括相关分析中确定的因非正常排放时失效部位金属表面可能达到的最低温度-47.7℃。考虑到实际开裂方向是沿着板材轧制方向发生的开裂(即开裂方向为平行于板材的纤维方向)，所以冲击试验取横向为试验方向。

冲击试验分两批进行。

第一批　在件 9 上取样按照 GB/T 229—1994 中的规定做-45℃、-50℃下的低温冲击试验；测得冲击功等指标；试件数量为 2 组，每组 3 个，试验方向为横向。

第二批　在件 1、件 18 上取样按照 GB/T 229—1994 中的规定做常温、-45℃、-80℃、-120℃、-160℃下的冲击试验；测得冲击功等指标；试件数量为 5 组，每组 3 个，试验方向横向。

将表 4-6-3 的试验结果绘成如图 4-6-27 的曲线，可确定出材料的韧脆性转变温度约为 ETT50 = -93℃。

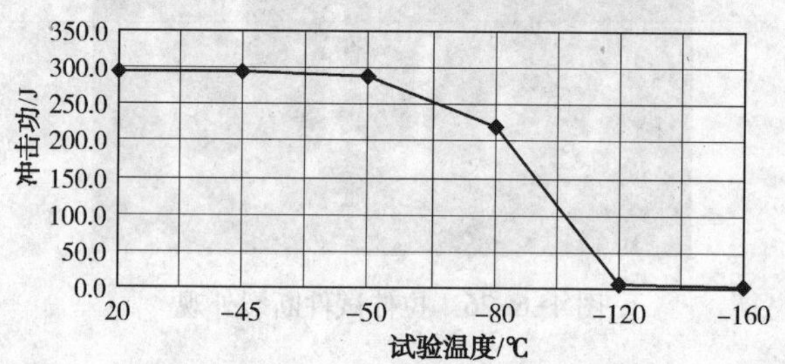

图 4-6-27　试件韧性随温度变化趋势

低温冲击试验结果见表 4-6-4，相应各试验温度下的冲击试验断口形貌见图 4-6-28~图 4-6-33。

表 4-6-4　冲击试验结果

试验温度/℃	冲击功/J			平均值/J
	1#	2#	3#	
20	294	294	294	294.0
-45	292	294	294	293.3
-50	290	288	282	286.7
-80	194	294	168	218.7
-120	6	10	7	7.7
-160	4	5	4	4.3

由于非正常排放造成的温度高于材料的实际韧性转变温度，所以可认为单纯非正常排放造成的温度不会造成第二丙烯急冷器发生脆性断裂。有关材料原始材质证明书上记录的标准对于材料冲击性能的要求为-51℃下纵向冲击功不小于18J，实际原材料材质证明书上记录的-51℃下纵向冲击功平均为281J。

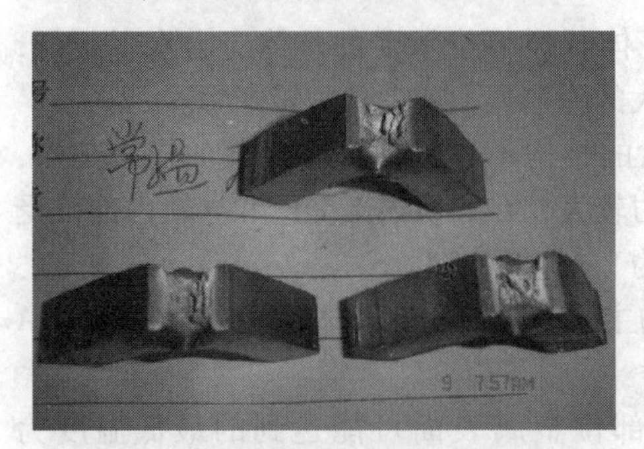

图 4-6-28　试件常温冲击试验断口

图 4-6-29　试件-45℃冲击试验断口

图 4-6-30　试件-50℃冲击试验断口

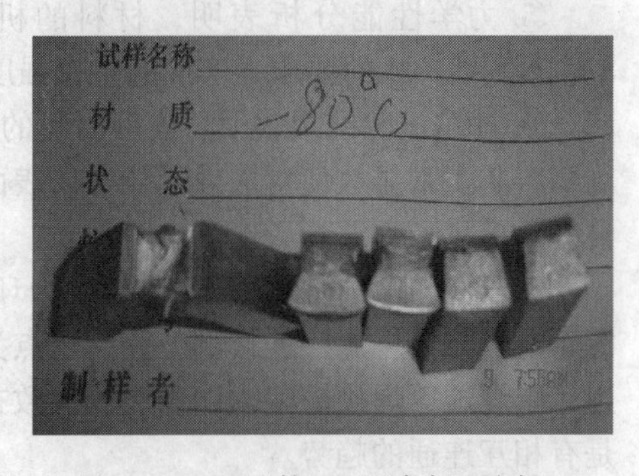

图 4-6-31　试件-80℃冲击试验断口

图 4-6-32　试件-120℃冲击试验断口

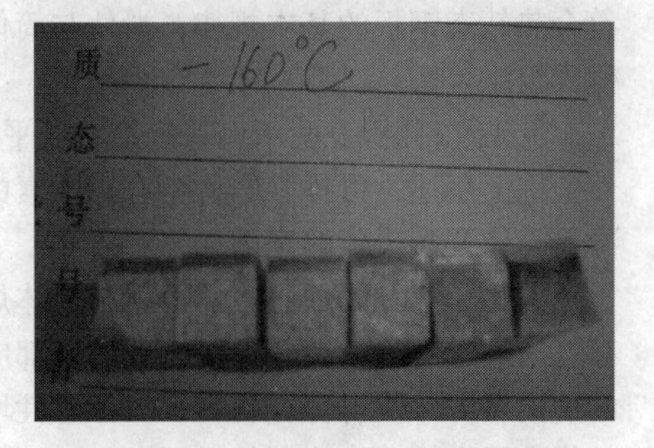

图 4-6-33　试件-160℃冲击试验断口

4 失效机理确定

结合结构分析、应力分析、化学成分分析、金相分析、力学性能分析、断口分析，汇总如下：

① 结构分析表明第二丙烯急冷器壳体开裂部位承受的整体应力水平很低，说明第二丙烯急冷器结构合理，没有较大的附加外力或者外力矩产生。

② 滑轨与筒体焊接连接部位有较大的结构不连续而产生局部的应力集中，内压作用下的应力分析表明壳体轴向应力较大，在导轨内部受压和导轨内部不受压条件下轴向应力的应力集中系数分别为1.68和1.74。

③ 化学成分光谱分析表明，材料的主要化学成分符合材料标准 ASMEⅡ A SA516/SA516M 的要求。

④ 因物料非正常排放，使得失效部位金属表面可能达到的最低温度为-47.7℃。

⑤ 力学性能分析表明，材料的机械性能基本符合材料标准 ASMEⅡ A SA516/SA516M 的要求，实际的抗拉强度均超过标准的上限值。

⑥ 冲击试验结果表明，实际材料的韧脆性转变温度约为ETT50 = -93℃；在因物料非正常排放使得失效部位金属表面可能达到的最低温度下的实际材料韧性良好。

⑦ 开裂部位外观检查表明裂纹为环向的四段分别起源，断口上可见断裂起源于滑轨与筒体焊接连接部位，起源点为滑轨与壳体间单面焊焊根，根部存在咬边、未焊透等焊接缺陷。四条裂纹大致在一条直线上，彼此并未连接在一起，但是有相互连通的趋势。

⑧ 金相分析表明，材料存在组织不均匀性，存在带状组织，组织基本正常符合热轧态钢板的基本规律；滑轨与筒体焊接连接部位焊缝金属中存在韧性差的魏氏组织。

⑨ 断口分析表明断口呈纤维状，平直、无明显塑性变形。

综上所述，可排除结构不合理因素的影响，继而确定出E-3005第二丙烯急冷器壳体开裂失效的原因如下：

首先，第二丙烯急冷器滑轨与筒体焊接连接部位有较大的结构不连续，根部存在未焊透缺陷，存在焊接导致的局部应力集中并且该处焊缝金属中存在韧性差的魏氏组织，使得焊缝材料缺口敏感性增加。尽管在因物料非正常排放使得失效部位金属表面可能达到的最低温度下的母材韧性良好，但是开裂部位外观检查表明四段裂纹均起源于滑轨与筒体焊接连接部位，起源点为滑轨与壳体间单面焊焊根(含咬边、未焊透等缺陷)。这说明焊缝附近材料的韧性不同于母材，具有比母材高的韧脆性转变温度，其值超过因物料非正常排放使得失效部位金属表面可能达到的最低温度而起裂。

其次，第二丙烯急冷器壳体下部总体轴向应力(内压产生的正应力与结构分析中得到的弯曲应力组合，最大为161.727MPa)较大。

最后，由于液态丙烯瞬间汽化产生的沿着轴向传播的冲击作用，会对壳体产生较大的轴向附加应力，导致实际壳体上的轴向应力水平超过环向应力水平，诱导裂纹沿环向快速扩展，而材料来不及产生塑性变形，裂纹呈脆性沿环向扩展。

上述因素综合作用促使E-3005第二丙烯急冷器壳体下部产生四段分别起源于两滑轨与筒体连接焊缝部位焊接缺陷处的环向裂纹，导致其产生低应力脆性断裂失效。

第7节 小结——换热器失效原因分析

换热器是石油化工生产中应用最普遍的单元设备之一，它在生产中用来实现热量的传递，使热量由高温流体传给低温流体。近年来，随着化工装置的大型化，换热器向着换热量大、结构高效紧凑、阻力降低、防结垢、防止流体诱导振动等方面发展，且随着新技术、新工艺和新材料的使用，换热器的种类也逐渐增多，新结构不断出现。然而在运行过程中，常常会出现管程泄漏、传热能力下降、流体输送动力增加、产生噪声等情况，原因分析起来一般有三点，即管束腐蚀、振动和结垢。

换热器按照传热方式主要有直接接触式、蓄热式和间壁式三大类。其中直接接触式和蓄热式换热器结构简单，容易制造，但在换热过程中高温流体和低温流体互相混合或部分混合，在应用上受到限制。所以，在工业上几乎所有换热设备都是间壁式换热器。间壁式换热器即管板式换热器。从结构上，这类换热器大致可以分为管壳式、板式、板翅式或板壳式几大类。

管壳式换热器是目前应用最广的换热设备，按照其壳体和管束安装方式的不同，可以分为固定管板式、浮头式、U形管式、填料函式和釜式重沸器等类型。管壳式换热器利用管子使其内外的物料进行热交换、冷却、冷凝、加热及蒸发等过程，与其他设备相比，换热器常常发生失效在于：a. 与腐蚀介质接触的表面积非常大，发生腐蚀穿孔及接合处松弛泄漏的危险性很高；b. 应力复杂多样，胀接过渡区的管子内外壁存在残余应力，焊接接头存在热应力，堵管容易造成温差应力，这些应力的存在都是造成管束应力腐蚀的条件；c. 存在各种死角、缝隙和结垢，这些区域的流体流速慢，甚至没有流速，会形成浓差电池导致腐蚀；d. 含有固体悬浮物的液体容易对管子产生冲刷，导致冲刷腐蚀。

1 换热器失效模式

(1) 管束腐蚀

换热器管束常见局部腐蚀类型包括六种。

① 应力腐蚀　在特定介质(如氯离子)存在的条件下，主要发生在拉应力区。管束易发生的应力腐蚀部位有：a. 胀接过渡区，采用胀接连接接头，在已胀和未胀管段间的过渡区上，管子内、外壁都存在残余应力，一旦具备发生应力腐蚀的环境，这部分管子很快就会发生应力腐蚀；b. 接头如采用焊接形式，焊接时产生了热应力，为应力腐蚀提供了条件；c. 对发生泄漏的管子，常将其堵住，由于堵管的管内无介质流动，将导致已堵管和位于周围的未堵管之间产生很大的温差应力。如果未堵管受到拉应力的作用，就有可能引起应力腐蚀。

② 缝隙腐蚀　主要发生在壳程流体死角区的缝隙里，这些区域可以形成介质的浓差电池。常发生的区域有：a. 管子和管板焊接接头的缝隙，由于缝隙里的流体无法流动，造成缝隙内、外介质存在浓度差，在电化学作用下会引发缝隙腐蚀；b. 管子和折流板之间存在缝隙，容易引起缝隙腐蚀；c. 污垢附着部位也会引起缝隙腐蚀，在壁面形成局部深坑，引起应力集中。

③ 冲刷腐蚀　腐蚀介质与金属构件表面的相对运动速度较大，导致构件局部表面遭受严重的腐蚀破坏，这类腐蚀叫冲刷腐蚀，也称磨蚀。造成冲刷腐蚀破坏的流动介质，可以是气体、液体或含有固体小颗粒的气体、液体，是高速流体对金属表面已生成腐蚀产物的机械冲刷和新裸露金属表面的腐蚀作用的综合作用。

另外，在管子入口处，由于流体收缩，经常造成含固体悬浮颗粒的液体对管口的冲刷腐蚀。被冲刷部位，常有典型沟状、洼状或波纹状等外观特征。

④ 氧腐蚀　由于管壳式换热器存在介质流速高、易振动、相邻部位温度梯度大等特点，所以容易发生氧腐蚀。一旦钢材表面生成氧化膜，氧化的继续进行会被打断，但如果氧化膜不够均匀，没有牢固地紧贴管材表面，又或者氧化膜与金属的膨胀系数相差较大而脱落时，则氧化腐蚀会继续进行，往复循环。因此，管壳式换热器的氧化膜容易脱落，易发生严重的氧腐蚀。某石化公司的 H-1303 换热器就发生了严重的氧腐蚀泄漏，2000 多根管束泄漏了 50 多根，造成大量的丁二烯气体窜入循环水中，严重影响了水质。

⑤ 硫腐蚀　如果管程的介质是含 SO_2 的工艺气体，则管壳式换热器的受热面常在低温时发生硫腐蚀。因为在某些条件下，SO_2 会氧化生成 SO_3，而 SO_3 与水蒸气结合就会生成 H_2SO_4 蒸汽，其露点温度在 160°C 以上。当温度降至酸露点时，就会产生硫酸，形成硫酸腐蚀。

⑥ 疲劳腐蚀　此类腐蚀是由于管束金属在腐蚀介质和循环载荷共同作用下而发生的一种腐蚀破坏形式。这种腐蚀使管束金属表面局部损坏并促使疲劳裂纹的形成、扩展，而循环载荷又破坏金属表面的保护膜，促使表面腐蚀的产生。在这里，腐蚀和疲劳是相互促进的。

(2) 管束振动

振动易发生在挠度相对较大和壳程横向流速较高的区域，通常是壳程进、出口接管区，折流板缺口区，U形管束最外层管子和承受压缩应力的管子。随着换热器的大型化以及增加壳程流速等趋势，换热管束振动的问题将更加突出。

管束振动通常会引起管子泄漏、噪声和阻力增大等严重后果。

a. 撞击破坏　若管子振幅太大，将导致换热管由于振动发生互相碰撞，位于管束外围的换热管还可能与换热器壳体内壁发生碰撞，紧靠在弓形折流板圆缺口处没有受到支撑的管子，也会与折流板圆缺口边互相碰撞而受到破坏。

b. 折流板损伤　当管子发生横向振动较大时，管壁与折流板孔内表面会产生反复碰撞，若折流板较薄，管壁多次、频繁与其接触，将承受很大的冲击载荷，因而在不长的时间内就可能发生管子被切开的局部性破坏。

c. 接头泄漏　由于壳程接管多位于管板处，进口处介质的高速冲刷容易在此区域诱导振动。管子与管板的连接结构可视为固支约束，管子振动产生横向挠曲时，连接处应力最大，从而导致胀接或焊接点的破坏，造成泄漏。

d. 材料缺陷扩展　在操作中管束的振动不可避免，振动会引起交变应力，如果材料本身存在缺陷(包括后天腐蚀和磨蚀产生的表面缺陷)，那么在振动引起的交变应力作用下，位于主应力方向上的缺陷裂纹会迅速扩展，最终导致管子失效。

e. 振动交变应力场中的拉应力还会成为应力腐蚀的应力源　流动诱导振动引起管子破坏，易发生在挠度相对较大和壳程横向流速较高的区域。此区域通常是U形弯头，壳程进、出口接管区，管板区，折流板缺口区和承受压缩应力的管子。

防止管束振动失效的措施如下。

a. 降低壳程流速，直接降低换热器壳程流体速度是防止换热管束振动的最有效方法，但流速的降低又可能较大地降低流量和传热特性。通常在设计时可以考虑用增大管子间隙的办法来降低流速，但会增大壳体直径。

b. 增加管子的自振频率，增加管子的自振频率最有效的办法是缩短折流板间距，减小管子的最大无支撑跨长。其次也可采用变更管子材料或增加管子壁厚与直径的办法，但现实意义不大。

c. 加大壳程流体入口管径或在入口加装防冲板，这种方法不仅可以避免流体直接对接管处管束的横向冲刷产生的振动，还可以避免冲刷腐蚀，对流速高特别是含固体颗粒时尤为适合。

d. 管子的材料要比折流板材料硬度要高，在制造条件许可下，适当减少管子和折流板管孔之间的间隙，或者加大折流板厚度，都能有效减轻管子与折流板之间的剪切作用。

e. 变更折流板的形式，折流杆或条状支撑都能很大程度地解决振动问题。

f. 检修时，可适当调整折流板位置，避免管子的重复磨损。

(3) 管束结垢

换热器在运行过程中，如果工作介质硬度较高，或流体中含有颗粒物、悬浮物、冷却水中有藻类、泥沙等都会导致管束内外壁严重结垢。污垢导热性差，导致设备换热能力下降，介质出口温度达不到设计工艺参数要求。另外，结垢还会造成流体输送动力的增加。

结垢类型及其防范措施主要有以下几种：

a. 沉降结垢　悬浮在流体中的固体颗粒在换热管壁面上积聚形成的污垢，垢层较为松散，可以通过机械过滤、沉淀或凝聚等方法除去此类污垢。

b. 析晶结垢　如钙、镁类无机盐，在水中的溶解度随温度升高而降低，附着在壁面上形成结晶型污垢，垢层致密、坚硬。通过对水软化处理，或加入化学物质提高结晶盐类在水中的溶解度，可消除或减轻此类污垢。

c. 生物型污垢　如藻类、菌类本身附着在传热面上形成污垢，垢层较厚，不但阻碍流动和传热，而且腐蚀传热面。常在水中加入氯或杀菌剂(不锈钢管道要避免加入氯)，采用某些结构材料(如铜)可抑制这类污垢。

d. 其他类型污垢　由于壁面腐蚀、燃烧结焦、某些工艺过程生成的化学反应物或聚合物等，也都形成污垢，可针对其生成原因采取相应措施。

除考虑上述介质外，还应从设备结构、运行中防止结垢。结构上壁面有旁通、短路、死角等流动不均匀或滞留区域；运行中应控制流速、温度。有时还可以根据需要加入防腐剂、消毒剂和杀菌剂等。

2　换热器的失效部位、失效方式及对策

(1) 泄漏失效

在换热介质腐蚀、应力腐蚀、间隙腐蚀或碰撞、磨损等情况下，管子上将产生微观裂纹，如果存在高拉应力或交变应力，裂纹会迅速扩展而发生泄漏。此时，现场常用堵管的办法作为一种应急修复措施。实际上堵管后由于增大了温差应力，从而加快了自身的应力腐蚀，因而管子很快会发生更严重的破坏，以至造成管束整体报废。预防管束泄漏的方法应从选材、防腐、防损伤、减小拉应力和

防止振动等方面考虑。操作中一旦发现管束泄漏，应尽量拆管更换，而不要堵管。

① 换热管与管板连接焊缝处泄漏　由于换热管与管板的连接处属于几何形状突变处，再加上连接方式和焊后热处理的不当、温差应力的存在、换热管与管板材料选择的差异性等因素，使管口与管板连接处可能存在较大的残余应力，焊接部位呈隐性缺陷状态(含有气孔，杂质等)，在壳程流体的诱导振动和其腐蚀性的双重作用下，管口与管板连接处便出现了应力腐蚀开裂、缝隙腐蚀和振动疲劳破坏，进而导致泄漏。并且这些失效模式之间的相互促进，又进一步加大了连接处的破坏速度。

焊接时，由于高温产生热影响区附近的组织出现塑性变形，加上焊接时未完成按工艺要求实施焊接，易形成较大的残余应力和应力集中，这是产生腐蚀的主要原因。当工艺上含水率偏高，且是 Cl^-、H^+ 等腐蚀环境时，易发生应力腐蚀开裂，造成换热管与管板连接接头处的失效泄漏。另外，焊接微气孔、裂纹、夹渣等缺陷，也是造成腐蚀失效的重要因素。

产生泄漏的直接原因包括：a. 焊接缺陷；b. 管板两侧介质温差大，造成较大的温差应力，最终作用在管头焊缝处，易引起应力腐蚀；c. 介质物流对管束的冲击，引起管束振动，使管子与管板间熔敷金属中存在的某种缺陷扩展，角焊缝裂开。

以下措施对提高连接处的使用寿命有一定的意义：a. 连接方式采用先焊后胀的顺序，并且采用机械液压胀接，焊后要做相应的热处理，换热管伸出管板的尺寸可以适当加长；b. 换热管的材质与管板的材质尽量匹配，这样可以消除不同材料接触所形成的电势差，有利于从根本上控制管程和壳程的双侧腐蚀问题；c. 换热管材质的硬度要低于管板材质的硬度，使管板与换热管的胀接得到最佳组合。同样，焊条的选择也是不可忽略的因素。

② 折流板管孔中换热管被磨穿泄漏　为了加工制造的方便和使用中能充分吸收换热管的热膨胀量，折流板与换热管的配合处常留有一定的间隙。管束振动时，折流板管孔与换热管之间存在间隙，换热管与折流板之间反复撞击、摩擦，在壳程流体的冲击下，此间隙逐渐加大，导致折流板切割换热管，从而引起换热管被磨穿，发生泄漏。

这个间隙的存在还会使壳程流体的流动变得更加复杂，影响换热器的传热效率。可以通过以下方式避免：a. 加工制造时尽量减小换热管与折流板间的间隙；b. 折流板的材料不要选得过硬，以免短时间内破坏换热管；c. 适当增加换热管的厚度，提高抗切割能力；d. 尝试在空隙处插入一种弹性很好的材料，这样既吸收了热膨胀量又隔开了折流板的切割作用。

③ 管程进口端伸出管板的换热管和角焊缝被流体冲刷，冲刷严重部位形成泄漏　管程进口流体速度较大，流体在管箱筒壁上形成循环涡流，该涡流对管板产生冲蚀，造成泄漏。

④ 管板法兰密封面泄漏　产生泄漏的原因主要有：a. 螺栓预紧力不够，或运输、操作中的振动引起螺栓松动；b. 使用中介质腐蚀使垫片失效；c. 列管对管板作用力不均匀，或与管板焊接的壳体产生不均匀的轴向变形，致使管板密封面发生翘曲变形；d. 温差影响，换热器法兰、筒体、螺栓、管箱和垫片之间存在温度差，使各部分热胀冷缩不均，导致法兰密封面泄漏；e. 热疲劳影响，换热器在工作过程中，受反复加热和冷却作用，产生了较大的热应力，特别是螺栓反复受此力作用，其结构容易遭到破坏，螺母松动拧紧力减小，导致换热器法兰密封面泄漏；f. 压力波动的影响。

如长输管线沿线各站使用的浮头式换热器经常发生刺漏，特别是浮头法兰、管箱法兰垫失效次数最多，泄漏的原油从蒸汽管路进入锅炉锅筒内，直接影响长输管线的正常运行。

⑤ 管程与管箱盖板之间的密封泄漏　产生泄漏的原因主要有：a. 螺栓预紧力大小不均，且总体偏小；b. 角焊缝强度不够。

⑥ 换热器与管板胀接接头泄漏　利用推进式机械胀接导致形变实现换热管与管板连接目的的方式，容易使换热管产生过胀或欠胀，换热管内壁易产生加工硬化，一旦润滑不好，还会磨损起毛。换热管与管板的连接在整个长度上的应力分布不均匀。在温差变化和应力作用下，只要加工过程中有微小的缺陷，如管孔纵向划痕，腐蚀介质的微量侵入就会使换热管与管板的连接失效，如发现不及时，壳程冷却水深入管程后，会引起大片管子与管板的连接失效，此时修复也较为困难；若采用胀管修复，管孔的密封面已被腐蚀，很难完全胀紧，开车后，加上管板平面上的腐蚀凹坑中易积聚腐蚀介质而再次腐蚀引起连接失效；若采用焊接方式修复，易使附近其他换热管受热变形而松动。

液压胀接时换热管不易产生过胀，胀接部位不产生窜动，换热管与管板连接处在整个长度上的应力分布是均匀的，从理论上讲，可靠性较机械胀接好。这使得管子与管板之间的胀接面积相对减少，管板的厚度加大。失效后采用胀管修复，由于腐蚀凹坑的存在，易再次失效。

产生泄漏的原因主要有：a. 管子与管板的硬度差不够；b. 频繁启停，产生各种应力叠加，易使换热管胀紧部位发生蠕变，从而使胀接残余应力松弛，同时在使用过程中，温度升高，管子热膨胀量大，引起胀接接头松动脱落，产生泄漏。

⑦ 小浮头垫片的泄漏失效　小浮头垫片内漏的主要原因是由于使用过程中

存在温差应力。温差应力降低了小浮头垫片的螺栓预紧力，并且小浮头螺栓在使用过程中不能实现自紧密封，以致产生失效。温差应力和预紧过程中存在残余应力是小浮头垫片泄漏的根本原因。

以下控制方法可供参考：a. 尽量避免装置在运行过程中操作温度和操作压力的波动，对防止浮头垫片的疲劳失效是有益的；b. 在确定检修试验压力的时候，要充分考虑温度系数的影响，以防止垫片在高温下发生蠕变和应力松弛，使密封比压下降，而造成泄漏；c. 能用强度低的螺栓就不用强度高的，一味增加预紧力会使与其配合的相关部件变形，并且变形后无法形成预紧力或使预紧力下降；d. 选用垫片时，要符合实际要求，能用垫片系数低的就不用系数高的。

(2) 腐蚀和磨损失效

换热器中的腐蚀失效是最常见的失效形式。最常见的腐蚀部位是管子，其受腐蚀的主要原因有：流体为腐蚀性介质；管内壁有异物积累而发生局部腐蚀；污垢腐蚀；管内物料流速过大而发生磨蚀；流速过小则异物易附着管壁；造成电位差而导致腐蚀等。

解决措施一般有：合理选材，选择对介质适应的材料；定期清洗管束；在流体中加入缓蚀剂；选择适当流速；在流体入口设置过滤装置和缓冲结构等。

因设备部位不同而引发的不同腐蚀失效有：

① 管板与壳体连接处的应力腐蚀　换热器的壳体和管板在使用过程中承受着较大的温差应力和压力载荷的作用。由于壳体温度载荷高，径向变形大，而管板温度载荷低，径向变形小，并且管板厚度大，抵抗变形的刚度也大，所以它对与管板连接地方的壳体约束就大，限制了壳体在高温载荷作用下引起的径向膨胀，形成局部应力集中。在压力载荷等因素的作用下，可能发生断裂破坏。管板和壳体之间不均匀的温度分布和管板具有较大的刚度，是引起结构应力集中的主要原因。存在拉应力是发生应力腐蚀开裂的三要素之一，只要材料是敏感材料，再加上一定的腐蚀介质环境，就会导致管板与壳体连接处发生应力腐蚀开裂。

在正常操作工况的条件下，由于温度场的分布不均匀为主要因素，所以在满足结构强度的前提下，可以考虑适当降低管板的厚度，以降低拉应力，并且要使用正确的热处理和焊接工艺，避免应力腐蚀开裂敏感材料的出现。

② 换热管水侧的电化学腐蚀　水腐蚀主要是由于水中的pH值降低、水汽渗透、溶解氧的存在以及水中有害的阴离子(Cl^-，S^{2-}等)侵蚀而引起的化学或电化学的腐蚀。因此，换热器换热管表面的防腐要求表面具有良好的附着力、导热性、耐温变性和较大的硬度，同时要求有优良的耐化学离子侵蚀能力、较高的抗水汽渗透能力和一定的阻垢性。

③ U形管弯管处的腐蚀疲劳破坏　对于一些不锈钢管束，由于U形管制造

时存在着塑性变形，以致弯管处产生较大的残余拉应力。同时，两直管段不均匀的热变形又提供了温差应力，两个应力互相叠加，便在弯管处形成很大的拉应力。在腐蚀性介质和弯管处弯曲振动与扭曲振动的作用下，形成了对弯管处影响很大的疲劳腐蚀破坏。

以下方法可有助于减轻不利条件对弯管处的破坏：a. 保证U形管具有足够的挠度，以便充分吸收热变形；b. 对弯管处做相应的处理，以消除残余应力；c. 加大流体进入壳体的面积，适当降低流体的流速，可以减小其激振力和激振频率；d. 适当增加管壁的厚度，可以延长换热管的耐磨周期。

④ 壳体、管子内外壁磨损　换热介质和污垢等作用都会使换热器壳体和管子内、外表面产生腐蚀或磨损，更多时候是腐蚀和磨损的交互作用。对壳体通常使用测厚仪，从外部测定和估计会产生腐蚀、减薄的壳体部位。

3　换热器失效的直接原因

（1）设计因素

设计时应注意的问题主要有：

a. 介质垂直于管束横向流动是流体诱发振动的主要根源，而影响横流速度的关键因素是壳程进口端第一块折流板与管板之间的距离和折流板间距。在流体压力降允许的条件下，缩短折流板间距，增大换热管直径，可以提高管束的固有频率，减小横流速度，达到防止管束振动的目的。用折流杆代替折流板支撑，可以彻底解决流体诱导振动问题。

b. 选材时除了考虑压力、温度、介质因素外，对于有温差的场合，设备制造用材还应注意选择线膨胀系数小、热导率大、塑性好的材料。在结构设计时采用温度补偿器，尽量消除和减少应力集中部位，使截面圆滑过渡，同时采取良好的保温措施，以减小内外壁温差，降低热应力，避免由于热应力过大而使容器产生塑性变形和蠕变。

c. 合理选择折流板间距，折流板间距过大，易产生诱导振动，而折流板间距过小，会使换热管刚性过大，变形协调能力低，产生温差应力。因此可以通过设计计算，在保证不发生振动的前提下选择较大的间距。

d. 换热器浮动管板的边部换热管距密封面距离小，在更换垫子时，浮头管板边缘管束焊缝离密封面距离只有6~8mm，这样在焊接换热管过程中容易使换热器浮动管板产生变形变化，影响原加工尺寸的稳定性，从而使得法兰密封面发生变化。

e. 在换热器的设计阶段，应考虑潜藏污垢时的设计，主要需考虑换热器的清洗和维修问题、换热器设备安装后的现场清洗问题、流动死区和低流速区的最少化问题、换热器内流速分布均匀问题(如折流板区)、在保证合理压力降和不造成腐蚀前提下是否能提高流速减少污垢的问题，以及考虑换热器表面温度对污垢形成的影响。

f. 换热管正三角排列结构紧凑，正方形排列便于机械清洗，同心圆排列用于小壳径换热器，外圆管布管均匀，结构更为紧凑。一般在我国换热器系列中，固定管板式多采用正三角形排列，浮头式则以正方形错列排列居多。

g. 换热器的变径锥形封头结构对壳体的厚度影响极大，选择最佳设计方案可减薄筒体厚度和质量。设计压力小于 2MPa 时，选择无折边锥形封头较为经济，锥形封头焊缝系数的选择对壳体厚度影响也比较大，当锥形体 A 类焊缝长度不大于 400mm 时，RT100%焊缝系数的选择是需要慎重的。

(2) 材料因素

在进行换热器设计时，换热器各种零、部件的材料，应根据设备的操作压力、操作温度，流体的腐蚀性能以及对材料的制造工艺性能等的要求来选取。当然，最后还要考虑材料的经济合理性。一般为了满足设备的操作压力和操作温度，即从设备的强度或刚度的角度来考虑，是比较容易达到的，但材料的耐腐蚀性能，有时往往成为一个复杂的问题。在这方面考虑不周，选材不妥，不仅会影响换热器的使用寿命，而且也大大提高设备的成本。

一般换热器常用的材料有碳钢和不锈钢，碳钢一般适合用作无耐酸性要求环境下的普通无缝钢管材料。不锈钢一般使用稳定的奥氏体钢，因其具有良好的耐腐蚀性和冷加工性能。

从换热器的不同部件来说，管板将受热管束连接在一起，并将管程和壳程的流体分隔开来，一般管板与管子的连接可胀接或焊接，胀接法一般管子用碳素钢，管板用碳素钢或低合金钢，适合设计压力不超过 4MPa，设计温度不超过 350°C 的场合。封头和管箱位于壳体两端，其作用是控制及分配管程流体。封头内部走的是管程介质，壳体内部走的壳程介质，封头和壳体的材料最好相同，一般采用奥氏体不锈钢或复合板，当管箱采用复合板时，分程隔板应用不锈钢，因为不锈钢的耐蚀性好。此类压力容器焊后一般不要求做焊后热处理，如果做焊后热处理，对不稳定奥氏体不锈钢要避免在材料的敏化区间停留，对稳定奥氏体不锈钢要避免二次敏化问题。

热处理的目的是消除焊接应力，避免变形，稳定尺寸，不锈钢复合板焊接隔板应力不会很大，如果是大开孔，此时的焊接应力会很大，应考虑进行热处理。所以，不锈钢复合钢板的管箱，焊接隔板不一定要做热处理。

因材料问题造成的换热器失效案例很多，如镇海炼化检修安装公司制造的一台换热器，设计压力为 1.6MPa，在进行水压试验过程中，当压力升至 1.0MPa

时，换热器靠近接管处的壳侧法兰突然开裂。开裂部位位于法兰直边段与加强段之间的过渡处，开裂长度约为430mm，最后经成分分析、断口分析、金相分析和力学性能测定发现，是因为法兰材料韧性较差，强度储备不足造成的法兰开裂。

(3) 制造工艺、安装及检修质量

制造、安装和检修时应注意的问题主要有：

a. 改善焊接工艺，严格清理焊接部位，保证焊接质量。加强焊缝强度，加长换热管伸出管板的伸长量，以增加焊脚高度，提高换热管承受拉脱力的能力。采用低Mn和低Si焊丝小电流多道施焊，以减少焊接缺陷产生的几率，避免产生残余应力和应力集中。

b. 采用强度焊加贴胀。贴胀可消除管子与管板之间间隙，使振动产生的应力不直接作用在焊缝上，避免管束振动对管板与管子之间熔敷金属中存在的缺陷的影响，同时又能防止间隙腐蚀，大大增加连接处的抗拉脱强度。此外，强度焊加贴胀还具有双重保险的作用，如果焊缝被击穿，有贴胀做后盾，不会马上泄漏。

c. 严格控制螺栓预紧力，给垫片以足够的预紧比压力和压缩量。避免螺栓预紧力不够，或运输、操作中振动引起的螺栓松动，以确保管板法兰密封面的密封质量。

d. 焊接质量是换热器制造上的关键。换热器管子与管板焊接时，在焊缝两侧形成热影响区，这是焊接接头的薄弱部位，容易产生残余变形和残余应力，即容易形成应力腐蚀的基本条件。若遇到腐蚀环境的影响，例如在H_2S、OH^-等环境中(奥氏体不锈钢在Cl^-、OH^-等环境中)，就会发生应力腐蚀开裂，造成换热器管接头处泄漏。管子与管板之间的缝隙处存在不流动液体，与缝隙外液体形成浓差电池，引起缝隙腐蚀，也会造成换热管接头处泄漏。管子与管板焊接结构的特点是具有排列紧密的小圆形单道焊缝，管板较厚，如果焊接工艺不当，就易造成焊缝根部夹渣、熔合不良、裂纹、气孔等焊接缺陷。在运行过程中这些缺陷受到交变应力的影响便会扩展，使泄漏通道扩大，导致泄漏。这已成为换热器失效的普遍原因。

(4) 工艺状况与操作失误

工艺运行和操作中应注意的问题主要有：

a. 工艺操作要平稳，避免压力、温度突然升高和降低。如果换热器的操作温度周期性地变化，或者操作工况为反复加压、升温和卸压、降温的过程，那么热应力反复变化会使设备产生热疲劳。另外，也要避免管子产生强烈振动。

b. 换热器在运行过程中，由于生产工艺本身的特点或者由于工艺操作不规范导致介质压力不稳，温度骤变引起冲击热应力。这种操作压力和温度的瞬间波动将导致管板法兰密封面上垫片的压紧力发生变化，反复循环，致使法兰螺栓松动，密封失效。热冲击是以极大的速度和冲击形式施加的，造成比热疲劳更大的温度梯度，可以使材料失去延性，发生脆断。

c. 换热器应及时清洗，防止颗粒污垢、结晶污垢、化学反应污垢、腐蚀污垢、生物污垢和凝固污垢在换热器表面的结垢，这些污垢不仅会对温度的均匀分布造成影响，也会导致换热效率低下、垢下腐蚀等问题。特别是在运行时，为满足工艺需要，需调节流速和温度，从而使得换热器条件与设计条件不同时，应通过旁路系统尽量维持设计条件(主要是流速和问题)以延长运行时间，推迟结垢的发生。运行时，还要进行换热器的参数控制，特别是进口物料条件的变化，定期测试流体中结垢物质的含量、颗粒大小和液体的 pH 值。

4 结论

造成换热器失效的原因主要与材料、应力和介质等有关，应从设计、制造加工、安装、检修、工艺和操作上尽力避免结构上的应力集中、焊接缺陷、材料敏化、结垢和振动等问题。

第5章　其他石化静设备失效案例

第1节　环氧乙烷精制塔开裂失效分析

1　开裂概况

某石化公司环氧乙烷精制塔出现泄漏。进行着色渗透检测发现开裂位置为下封头和裙座之间焊缝的热影响区，裂纹均垂直于焊缝。着色渗透照片见图5-1-1。该环氧乙烷精制塔筒体和裙座的材质均为SUS304，工作压力为0.334MPa，工作温度为146℃。

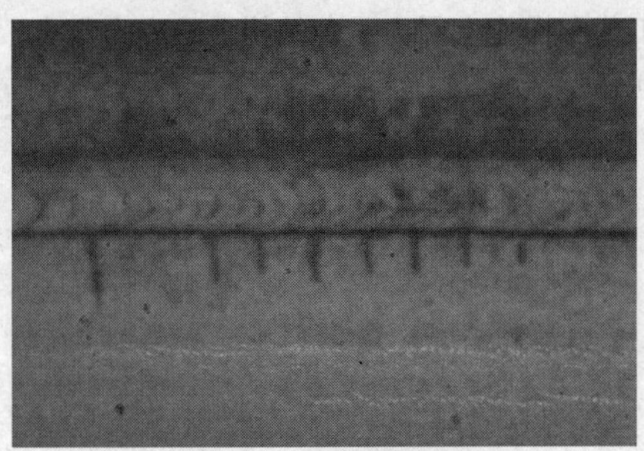

图5-1-1　失效部位着色渗透

2　理化测试分析

(1) 化学成分分析

在开裂部件靠近筒体一侧取样进行化学成分分析，表5-1-1数据表明，材质化学成分符合GB 4237—1992标准要求。

表5-1-1　试样化学成分分析结果　　%

项目	C	Mn	Si	Cr	Ni	S	P
GB 4237—1992标准要求值	≤0.07	≤2.00	≤1.00	17.00~19.00	8.00~11.00	≤0.030	≤0.035
试样分析结果	0.058	1.10	0.51	18.90.	9.18	0.0024	0.0078

（2）显微组织

在下封头与筒体环焊缝横截面上制备金相试样如图 5-1-2 所示。图 5-1-3 显示焊缝组织正常，图 5-1-4 显示热影响区的晶粒伴有大量的形变孪晶。在下封头与筒体环焊缝外表面取包含裂纹的试样，未经草酸浸蚀前，在扫描电镜下进行观察。从图 5-1-5 可以清晰地发现晶间腐蚀的迹象，图 5-1-6 显示晶间腐蚀的特征并且有铬的碳化物析出。将其制备成金相试样，经 10%草酸电解浸蚀后，可以看到非常明显的晶间腐蚀特征。图 5-1-7 为主裂纹形貌，可以发现裂纹沿晶破坏特征，而且具有裂纹分支。图 5-1-8 显示在焊接热影响区奥氏体晶界上有微裂纹，并且可以看出有明显的晶粒脱落现象。图 5-1-9 显示在焊接热影响区奥氏体晶界上有微裂纹和碳化物析出。

（3）断口及腐蚀产物分析

选取一处裂纹，将其打开形成断口，用扫描电镜进行观察。图 5-1-10 显示为沿晶断裂，并且有些晶粒已接近完全脱落。图 5-1-11 为局部放大的断口形貌，可以发现晶界上有碳化物析出。这说明开裂部位存在敏化，晶界上有碳化物析出，并在其附近形成贫铬区。断面上可以发现腐蚀产物，对其进行能谱分析，其中氯含量为 12.45%(质)，说明在焊接热影响区产生的开裂与氯腐蚀介质有关。

图 5-1-2　包含焊缝的金相试样

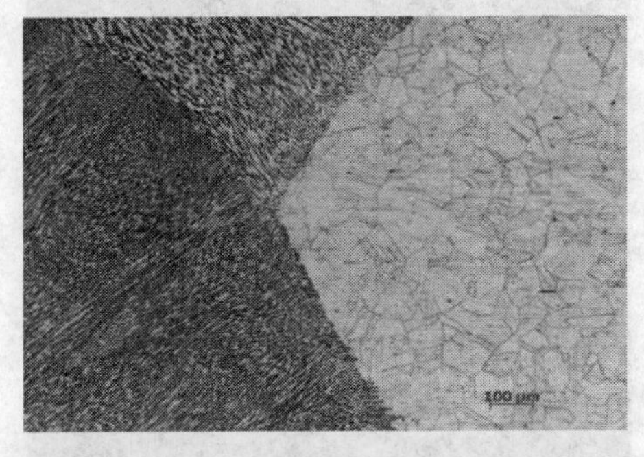

图 5-1-3　焊缝区金相组织 100×

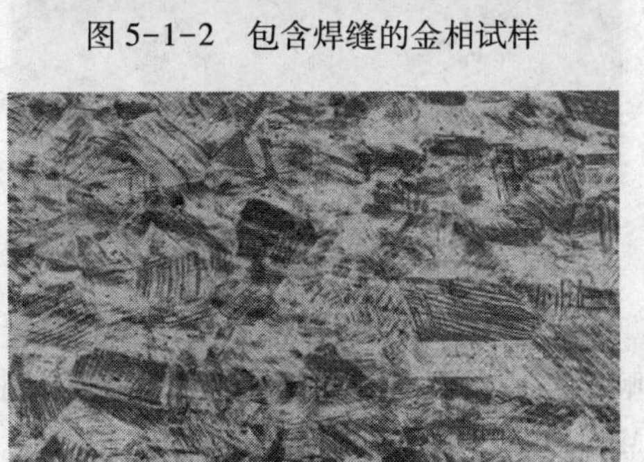

图 5-1-4　热影响区金相组织 200×

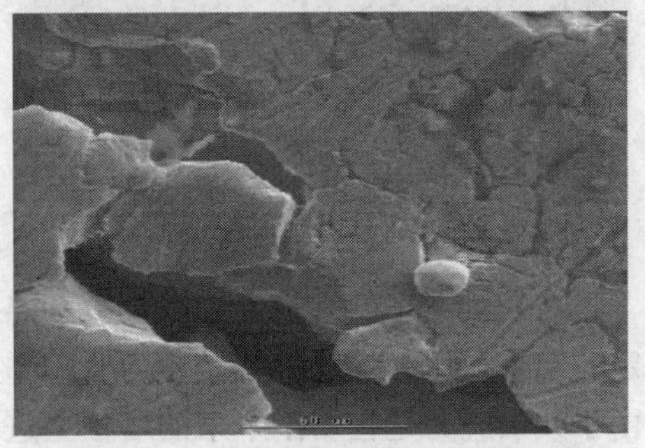

图 5-1-5　未浸蚀时裂纹处扫描照片

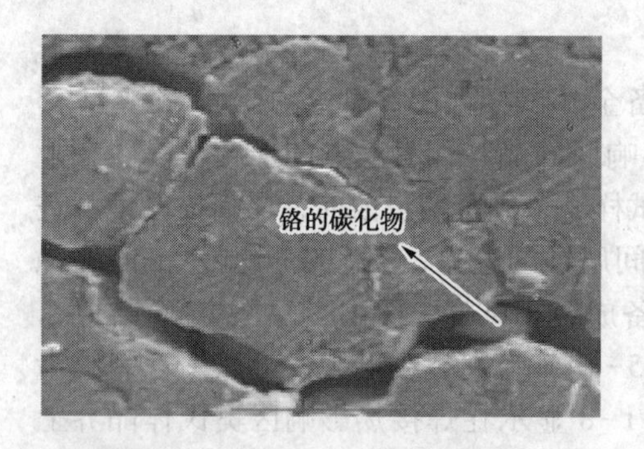

图 5-1-6 未浸蚀时裂纹处扫描照片

图 5-1-7 主裂纹形貌 25×

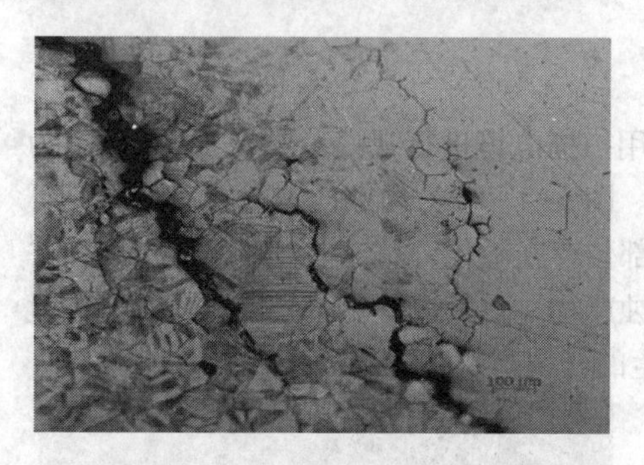

图 5-1-8 浸蚀后热影响区微裂纹显微组织 100×

图 5-1-9 热影响区晶界处微裂纹和碳化物析出 200×

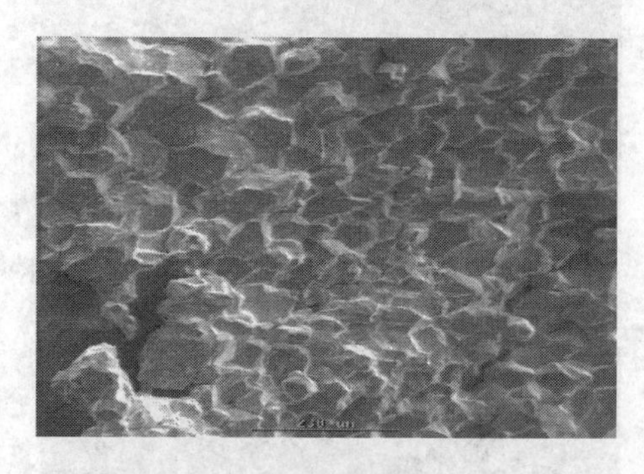

图 5-1-10 断口形貌(SEM)

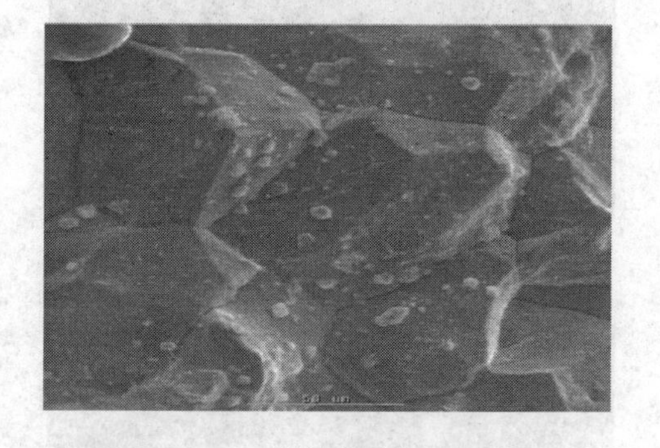

图 5-1-11 沿晶腐蚀断口(SEM)

（4）残余应力分析

在切割下来的塔板上选取焊缝和热影响区，用 X 射线应力仪进行残余应力测定，结果显示，焊缝处残余应力为 160. 5 MPa，热影响区残余应力值 258. 2 MPa。由于残余应力是在切割下来的塔板上进行测定的，塔板被切割下来以后，有一部分残余应力已经被释放掉了，因此，实际的残余应力值大于测定值。

(5) 环氧乙烷精制塔塔釜液腐蚀性介质分析

对环氧乙烷精制塔塔釜液取样进行分析，结果见表5-1-2。环氧乙烷精制塔中主要的腐蚀性介质为硫化物、氯离子、甲酸、乙酸、溶解氧等。硫化物可能是生产乙烯原料油中带来的；氯离子可能是二氧化碳脱除系统中加入的无机盐带来的杂质以及二氯乙烷中带来的；系统在氧化反应过程中有甲酸等酸性物质生成，在二氧化碳脱出系统中部分二氧化碳溶于水生成碳酸；溶解氧是生产乙二醇的原料之一。尽管检测结果显示上述物质含量不高，但是随着设备长时间的运行，这些物质很容易在设备的薄弱点处聚集，使局部腐蚀介质浓度达到发生晶间型应力腐蚀的临近浓度。

表5-1-2 环氧乙烷精制塔塔釜液取样分析结果

项目	检测结果	项目	检测结果
硫酸盐	2.948mg/L	硫化物(S^{2-})	<0.02mg/L
氯化物	1.904mg/L	pH	6.1
钠离子	<0.100mg/L		

3 失效原因分析

通过金相和断口分析，可以确定该环氧乙烷精制塔的筒体和下封头间的焊缝在焊接过程中受到不同程度的敏化影响，使钢中过饱和的碳向晶界处扩散析出，在晶界附近和铬形成铬的碳化物，资料显示对于SUS304材料，这种铬的碳化物一般为$Cr_{23}C_6$(或$M_{23}C_6$)。该碳化物沿晶界沉淀导致碳化物周围基体中铬浓度的降低，形成贫铬区。贫铬区的钝化能力显著降低，电位较高。因此在晶界附近的贫铬区就成为阳极，而晶粒本身为阴极，这就构成了具有大阴极-小阳极面积比的微电池，加速了沿晶粒间界的腐蚀。

在对断口腐蚀产物的能谱分析中检测出了氯元素，说明造成的腐蚀和氯离子有关。在含微量氯离子的环境中引起的应力腐蚀断裂一般表现为穿晶断裂，只有在敏化态时才是沿晶断裂。其断裂机理为，首先由于有氯离子富集的环境条件，然后氯离子选择性的吸附在不锈钢晶界部分表面(受敏化部位)，破坏不锈钢的钝态从而选择性的加速腐蚀晶界，应力又破坏了保护膜的形成，从而形成了应力腐蚀开裂。

综上所述，由于该环氧乙烷精致塔焊接过程中在敏化温度范围内停留时间较长，发生了晶界弱化。又处在含微量氯离子及较大残余应力的状态，所以晶间腐蚀和应力腐蚀两种腐蚀机理相互作用，就形成了晶间型应力腐蚀。

4 结论及建议

① 通过上述分析，可以确定环氧乙烷精制塔焊接过程中在敏化温度范围内停留时间较长，受到敏化影响，晶界上析出碳化物致使晶界附近贫铬从而造成了晶界弱化，加之在塔内偏酸性介质(氯离子、硫离子、溶解氧)环境中和较大的残余应力作用下长期服役，因此发生了晶间型应力腐蚀破坏。

② 为了预防环氧乙烷精致塔的晶间应力腐蚀开裂现象，可从以下方面入手：采用超低碳的316L甚至是双相钢，或者采用超纯铁素体不锈钢，如E-brite(00Cr26Mo)；从源头上杜绝腐蚀性介质，控制氯离子、硫元素和溶解氧的含量，降低酸值等，但在目前工艺条件下，实现起来难度比较大；在焊接过程中控制好焊接工艺，减小敏化程度，并尽可能降低焊接残余应力和装配应力。

第2节 氧气过滤器爆炸失效分析

1 背景介绍

某石化公司KF804B氧气出界区过滤器属于空分车间，1984年7月1日开始投用。空分车间氧气系统任务是将氧气压缩到3.13~3.33MPa送往乙二醇装置。

按空分车间提供的情况，KF804B氧气出界区过滤器在2011年9月18日17时38分发生爆炸，现场有爆鸣声，过滤器有明显燃烧过的痕迹，现场控制人员进行了紧急处理。

2 宏观检查和测量

现场KF804B下半部筒体及封头基本不存在，剩余部分变形量不大，只找到部分残片，残片内表面有燃熔痕迹；出口管线(*DN*150)爆开，弯管下半部不见，上半部变形不大；平台支撑表面放火层均已烧黑或烧焦，附近平台和支撑局部烧穿或烧损，底部接管和连接阀门一块迸出5~6m远。压力表量程为0~10MPa，压力表表针一侧有明显撞痕。宏观检查和测量结果表明失效瞬间温度很高，压力瞬间增大，能量很大。

资料核查表明2007年4月20日某检验单位对KF804B进行全面检验，未发现异常。对爆炸后的KF804B上半部完好部位进行仔细宏观检查，发现筒体上有受火影响的氧化产物以及飞溅，并且部分飞溅有脱落的痕迹。为防止类似情况发生，对并联设置的另一台氧气过滤器KF804A进行检验，发现设备内部存在焊接飞溅，并且有脱落痕迹，底部和进气口接管里存在一些黄色粉末和黑色杂质。现场照片见图5-2-1~图5-2-8。

图 5-2-1 上半部筒体及上封头部分

图 5-2-2 筒体下半部残留部分与进口管连接

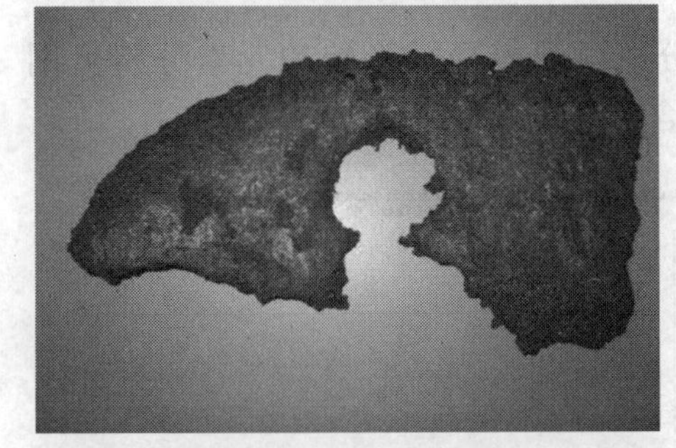

图 5-2-3 残片内侧

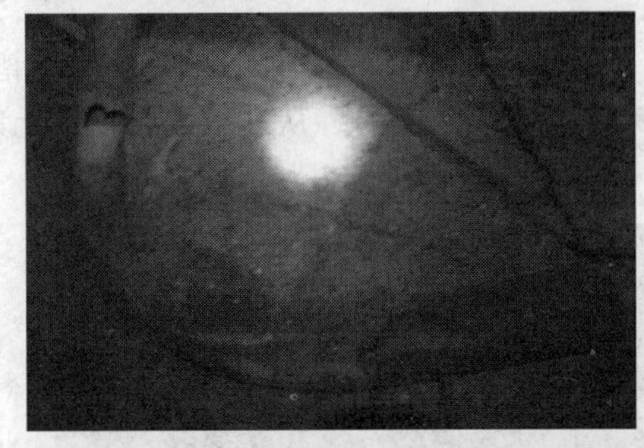

图 5-2-4 爆开出口管

图 5-2-5 KF804A 内部(与 KF804B 相同)

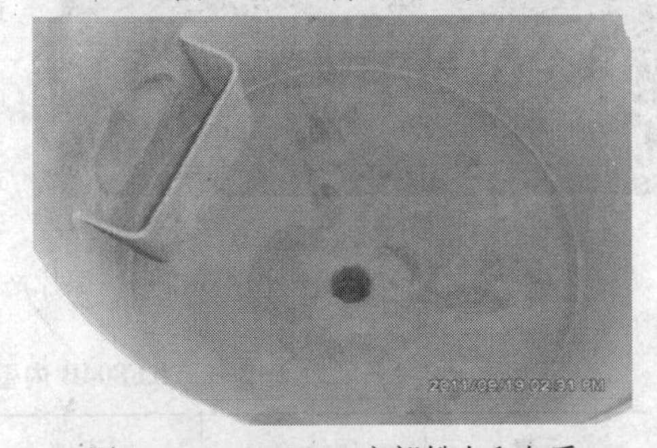

图 5-2-6 KF804A 底部粉末和杂质

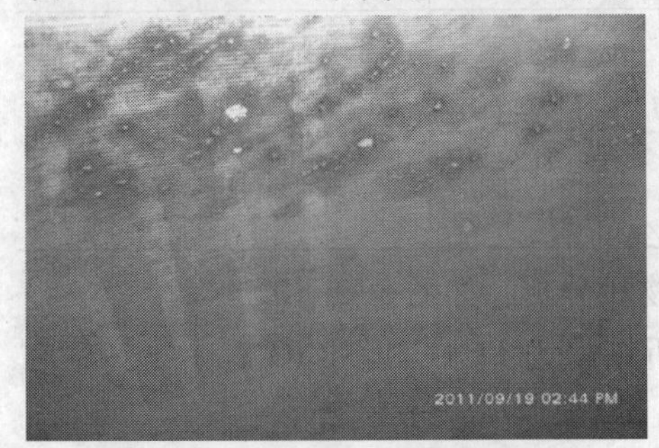

图 5-2-7 KF804A 都有焊接飞溅

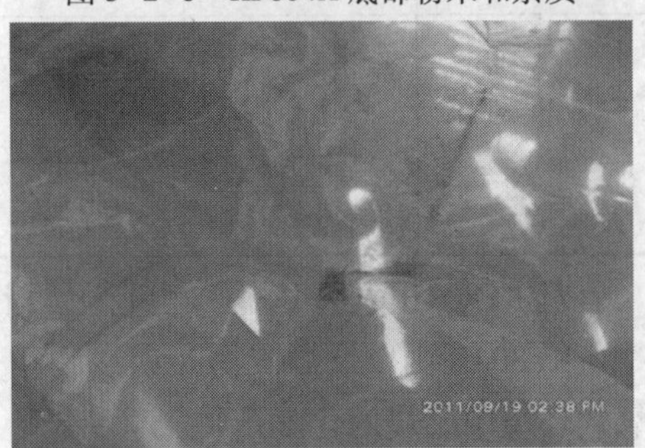

图 5-2-8 KF804A 内部分杂质

除燃熔造成部分残片壁厚减薄外，KF804B 大部分残余部位未见壁厚明显减薄，KF804A 的检验中也未发现壁厚减薄情况，2007 年的检验结果也是如此。

3 材质分析

设计图纸给定的材质为 1Cr18Ni9Ti，经光谱分析 KF804A/B 上盖材质均为 316，其他为 0Cr18Ni9Ti，不影响设备服役能力。

4 KF804B 内壁爆炸产物能谱分析和 X 射线物相分析

对 KF804B 内壁爆炸产物进行能谱分析，观察局部形貌和元素分析见图 5-2-9 和表 5-2-1，从结果可看出各元素含量分布正常。

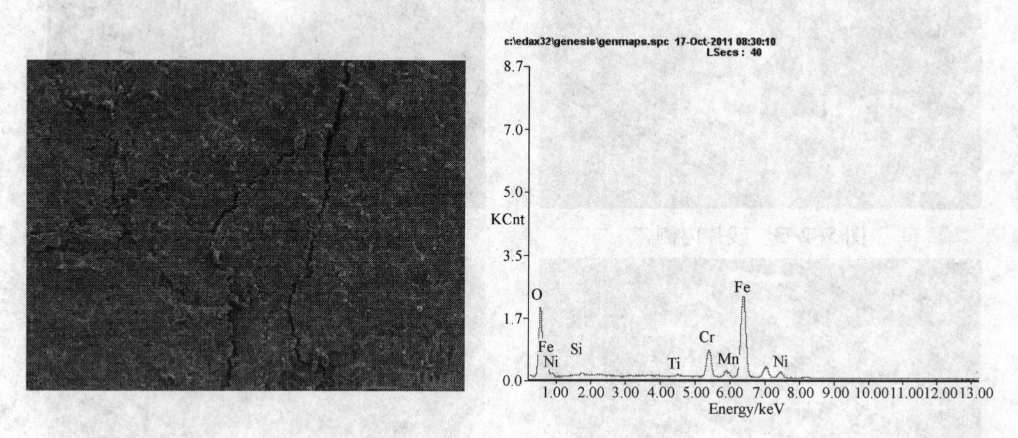

图 5-2-9 爆炸产物形貌和元素分析

表 5-2-1 KF804B 内壁爆炸产物能谱分析结果

元素	质量/%	原子/%	元素	质量/%	原子/%
O	41.96	71.06	Mn	1.37	0.68
Si	1.03	1.00	Fe	40.97	19.88
Ti	0.70	0.40	Ni	4.83	2.23
Cr	9.14	4.76			

对 KF804B 内壁爆炸产物进行 X 射线物相分析，如图 5-2-10。

KF804B 内壁爆炸产物 X 射线物相分析结果为 Fe_3O_4 和 $NiCrO_4$，是不锈钢在氧气环境中燃烧的化学产物。

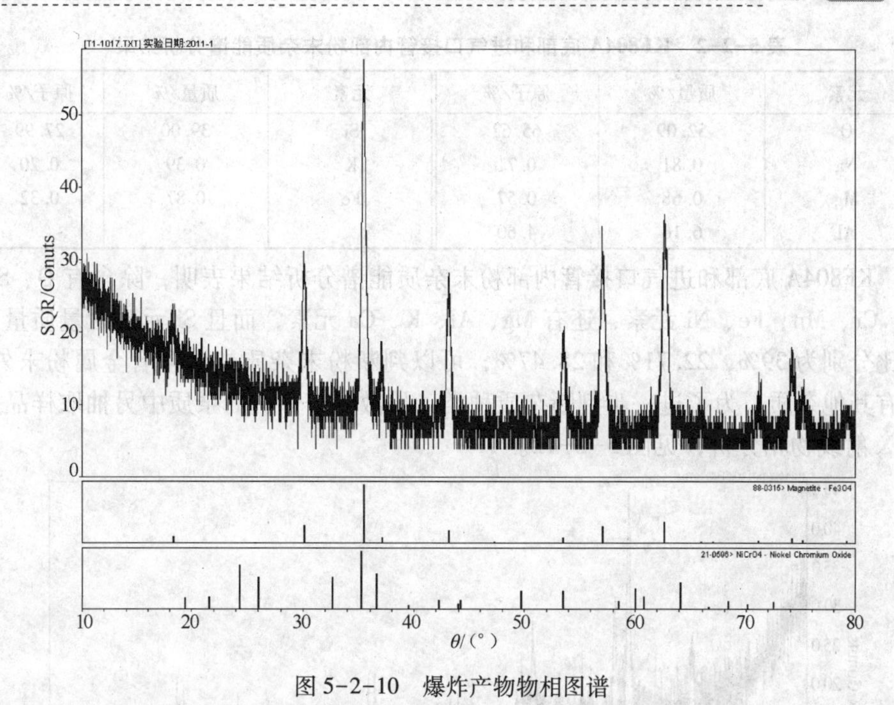

图 5-2-10 爆炸产物物相图谱

5 KF804A 底部及进气口接管内部粉末杂质能谱分析和X射线物相分析

KF804A/B 为氧气系统一开一备两台氧气出界区过滤器，工艺条件、检维修人员及技术要求、开停车要求等条件基本一致，本次分析对 KF804A 底部及进气口接管内部粉末杂质进行能谱分析和 X 射线物相分析，为分析 KF804B 失效前罐内杂质情况提供必要的依据。见图 5-2-11 和表 5-2-2。

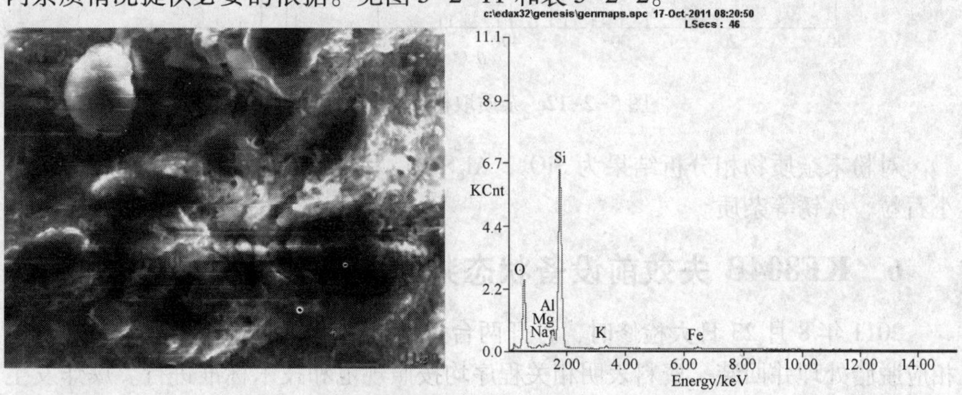

图 5-2-11 粉末杂质形貌和元素分析

表 5-2-2 KF804A 底部和进气口接管内部粉末杂质能谱分析结果

元素	质量/%	原子/%	元素	质量/%	原子/%
O	52.09	65.62	Si	39.00	27.99
Na	0.81	0.71	K	0.39	0.20
Mg	0.68	0.57	Fe	0.87	0.32
Al	6.16	4.60			

KF804A 底部和进气口接管内部粉末杂质能谱分析结果表明，除含有 O、Si、Ti、Cr、Mn、Fe、Ni 元素，还有 Mg、Al、K、Ca 元素，而且 Si 元素含量质量百分比分别为 39%，22.71%和 28.47%，可以判断粉末杂质中除含有金属粉末外，还有其他杂质。为了进一步判断杂质种类，从做能谱分析的杂质中另抽取样品进行 X 射线物相分析，见图 5-2-12。

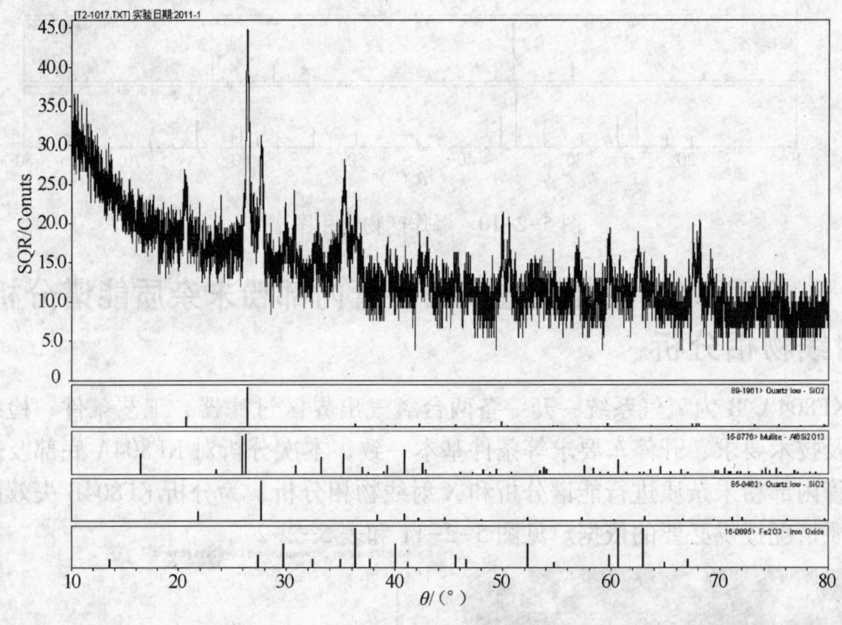

图 5-2-12 杂质取样品物相图谱

对粉末杂质物相分析结果为 SiO_2，$Al_6Si_2O_{13}$ 和 Fe_2O_3，证实粉末杂质中含有小石粒、铁锈等杂质。

6 KF804B 失效前设备状态判断和工艺操作情况调查

2011 年 8 月 23 日大检修时，打开两台过滤器进行检验、检测后，又进行了相应脱脂处理并回装，资料表明相关程序均按照规范和技术标准进行。爆炸发生时装置两台氧压机外送压力较为平稳，没有异常操作。对照 GB 16912—2008《深度冷冻法生产氧气及相关气体安全技术规程》的规定，入口管道中氧气流速约为1.5m/s，pv<45MPa·m/s，符合要求。

7 原因分析

由于KF804B燃爆造成许多直接证据破坏或烧毁，完全复原现场爆炸过程非常困难，但现场有明显的燃烧痕迹，可判定为发生了快速的燃爆，导致过滤器失效。

对于输送纯氧的设备和管道，如果存在润滑油等油脂且与氧气直接接触，极易发生燃烧爆炸，但KF804B在投用前已进行了脱脂处理，故排除油脂致燃爆的可能性。

如果设备内部存在金属粉末、铁锈、小石粒、脱落的焊接飞溅等杂物，在高压氧气流的带动下高速流动，与设备或管道内壁摩擦或者与内构件发生冲击，容易导致局部摩擦生热，甚至产生火花，在纯氧的高助燃能力推动下，极易发生快速的燃烧或燃爆。对KF804A的检验发现了其内部存在杂质及焊接飞溅，是导致事故最可能的原因。

高压氧气流在通过不锈钢滤筒的筛眼时，筛眼边缘因氧气流摩擦生热，而不锈钢的导热能力相对有限，可能形成边缘升温，在纯氧条件下不锈钢的燃点较低，易发生燃爆。对于内部存在杂质的过滤器来说，被过滤的杂质可能堵住滤筒的筛眼，使有效筛眼减少，氧气流速度上升，摩擦加剧，也是导致KF804B燃爆事故可能的原因之一。

对于氧气系统，摩擦产生的静电起火也是影响燃爆的因素之一，一般均设有接地设施。但由于现场经受爆炸，已经无法复原，故不能判定静电起火的影响。但作为平稳运行多年的设备，其静电起火导致燃爆的可能性较小。

8 结论与建议

KF804B燃爆最可能的原因是杂质摩擦、碰撞起火引起的，但并不能完全排除高压氧气流摩擦筛眼过热和静电起火的可能性，故提出如下建议：

① 减少内部杂质　如在氧气系统检维修过程中，加强对施工人员现场管理和施工质量控制，将内壁焊接飞溅尽可能打磨干净，对于不能打磨的焊缝，可采用氩弧焊打底等方法减少内壁飞溅产生的可能性。施工时应注意采取临时管口/接口封闭措施，避免施工过程中外界杂物混入。制定科学合理的吹扫与反吹方案，将管道内积存的杂质一并彻底清除。利用两台过滤器可实现倒换检修的特点，定期拆开过滤器对内部积存的杂质进行彻底清扫，避免滤筒堵塞。

② 选材　压缩机出口开始所有的设备和管道避免采用可能发生腐蚀生锈的

碳钢或低合金钢材质。考虑到奥氏体不锈钢导热性能较差，故过滤器入口接管挡板和滤筒应采用遭受微粒撞击后不易起火的铜或铜合金材质。美国石油学会在最新出版的 API 571—2011《炼油装置失效机理》中也提出要求："对于 300 系列奥氏体不锈钢设备来说，如果氧气压力低于 1.38MPa 时一般难以点燃。"对于压力更高的场合，"铜合金或者镍合金有更好的耐燃性，一般可以认为是不可燃的，400 合金尤其出色。"

③ 接地　增加管道和设备的静电接地设施，在过滤器的入口接管和出口接管处增加接地电缆，降低静电起火的可能性。

第 3 节　天然气处理厂干燥器分离器失效分析

1　设备开裂背景

该设备属于某天然气处理厂第三气体处理厂二期装置，2000 年 3 月制造，2001 年 4 月投入使用。该设备的相关参数见表 5-3-1，2010 年由某技术监测中心对该设备进行全面检验，经内部宏观检查发现该设备的 A1、B1 、B2 焊缝(图 5-3-1)存在大量裂纹，以横向裂纹(开裂方向垂直于焊缝的裂纹)居多，部分裂纹已扩展至母材(图 5-3-2)；筒体与下封头连接焊缝(B1)存在一定程度的腐蚀，其中腐蚀最严重的西北侧的腐蚀深度低于母材 2mm；下封头内表面存在大面积的点状麻坑腐蚀，最深 2mm；B1、B2 环焊缝整体发现大量裂纹，横向裂纹居多且最长的 65mm，纵向裂纹最长 140mm；A1 纵焊缝发现三处裂纹，两处横向裂纹(最长 60mm)、一处纵向裂纹(开裂方向平行于焊缝的裂纹)长 50mm。根据检验结果，裂纹缺陷较多且无法消除，按照 TSG R7001—2013《压力容器定期检验规则》第五章第四十条规定，该容器综合评定为 5 级，已报废。为了查明开裂的原因，及时消除已存在的事故隐患并预防类似的事故再次发生，对该设备开裂的原因进行分析，并提出相应的解决对策。

表 5-3-1　干燥器分离器的相关参数

参数	数值	参数	数值
设计压力/MPa	4.9	容器名称	干燥器分离器
设计温度/℃	60	容器类别	Ⅱ
公称壁厚/mm	26	操作压力/MPa	4.35
腐蚀裕量/mm	2	操作温度/℃	27
主体材质	16MnR	制造日期	2000 年 3 月
高(长)/mm	4740	制造规范	TSG R0004、GB 150
内径/mm	1400	投入运行日期	2001 年 4 月
容积/m^3	4.86	工作介质	重组分气体

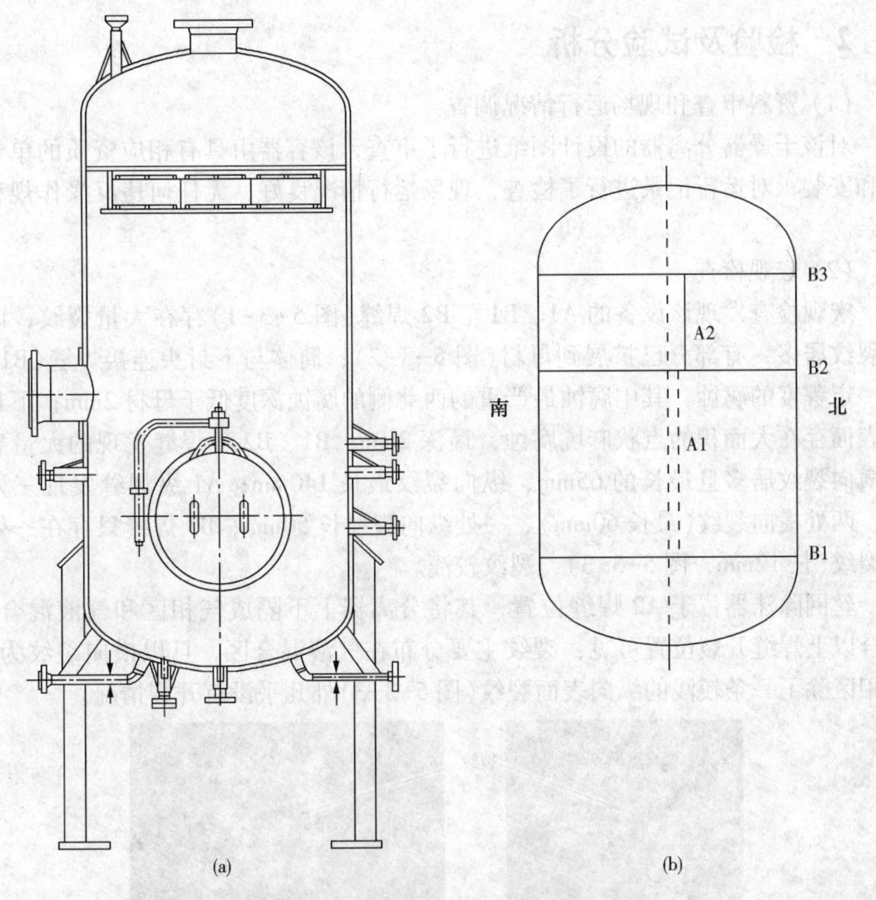

图 5-2-1　设备的结构和焊缝部位示意图

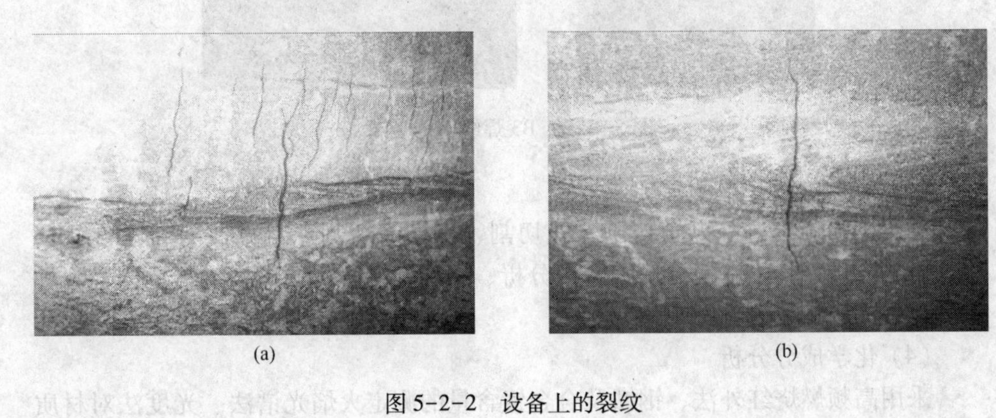

图 5-2-2　设备上的裂纹

2 检验及试验分析

（1）资料审查和现场运行情况调查

对该干燥器分离器的设计图纸进行了审查，该容器由具有相应资质的单位制造和安装；对运行记录进行了检查，现场运行情况良好，无任何违反操作规程的记录。

（2）宏观检查

宏观检查发现该设备的A1、B1 、B2焊缝(图5-3-1)存在大量裂纹，以横向裂纹居多，有部分已扩展到母材(图5-3-2)；筒体与下封头连接焊缝(B1)存在一定程度的腐蚀，其中腐蚀最严重的西北侧的腐蚀深度低于母材2mm；下封头内表面存在大面积的点状麻坑腐蚀，最深2mm；B1、B2环焊缝发现的大量裂纹以横向裂纹居多且最长的65mm，纵向裂纹最长140mm；A1纵焊缝发现三处裂纹，两处横向裂纹(最长60mm)、一处纵向裂纹长50mm；B3焊缝只存在一处纵向裂纹(长12mm，图5-3-3)，裂纹较浅。

丝网除沫器位于A2焊缝位置，其将分离器上下隔成气相区和气液混合区。综合以上焊缝开裂位置可见：裂纹主要分布在气液混合区，且以横向裂纹为主，气相区除了一条较浅的纵向表面裂纹(图5-3-3)外几乎没有开裂情况。

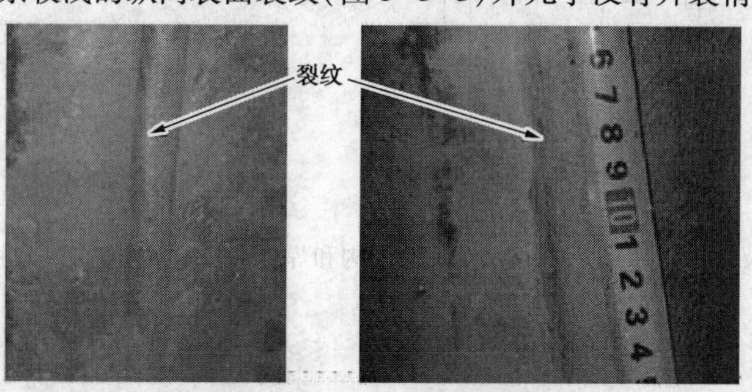

图5-3-3　B3焊缝上的裂纹

（3）取样位置

利用碳弧气刨、等离子切割、线切割、机床等切割加工方法对力学性能试验、金相分析、扫描电镜分析、能谱分析、腐蚀产物分析等试样进行制取，各种不同试件的取样位置见图5-3-4。

（4）化学成分分析

采用高频燃烧红外法、钢铁及合金锰含量的测定火焰光谱法、光度法对材质的化学成分进行分析，分析金属中的碳、硅、锰、硫、磷等化学元素含量，并与材料标准 GB 6654—86《压力容器用钢板》中对 16MnR 的化学成分要求值进行了对比，由对比结果可知筒体材料成分符合标准要求。分析测试结果见表 5-3-2。

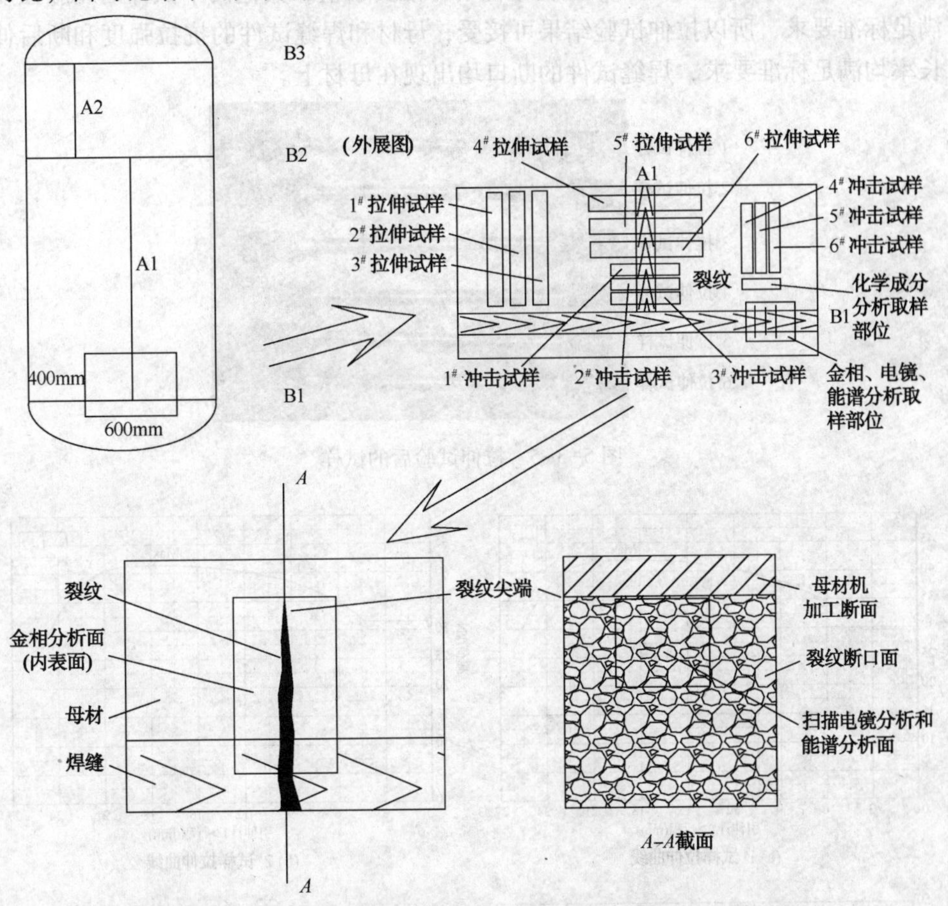

图 5-3-4 取样位置

表 5-3-2 化学成分分析结果 %(质)

项目 \ 元素	C	Mn	Si	S	P
标准要求值	0.2	1.20~1.60	0.20~0.55	≤0.020	≤0.030
实测值	0.14	1.54	0.27	0.018	<0.0050

(5) 力学性能试验

① 拉伸试验 在靠近下封头处 A1 焊缝的母材和焊缝上(图 5-3-4)各取 3 个拉伸试样进行拉伸试验，表 5-3-3 中将试验结果(图 5-3-5 和图 5-3-6)与

GB 6654—86《压力容器用钢板》的 16MnR 力学性能标准值进行了比较，可见三个母材拉伸试样中 2#试样的屈服强度略低于标准要求值，其他两个试样的屈服强度满足标准要求，所以拉伸试验结果可接受，母材和焊缝试件的抗拉强度和断后伸长率均满足标准要求，焊缝试件的断口均出现在母材上。

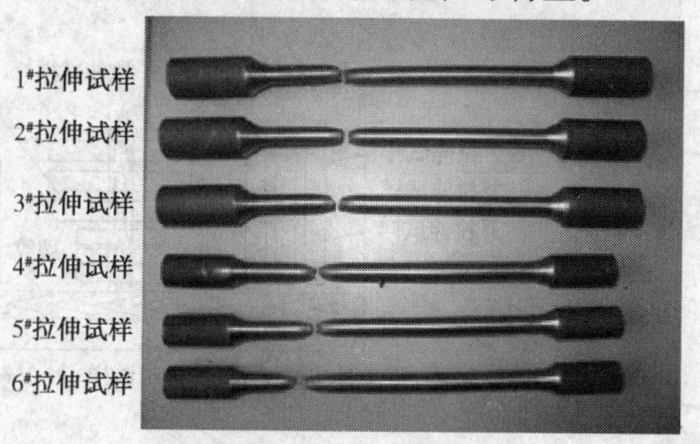

图 5-3-5　拉伸试验后的试样

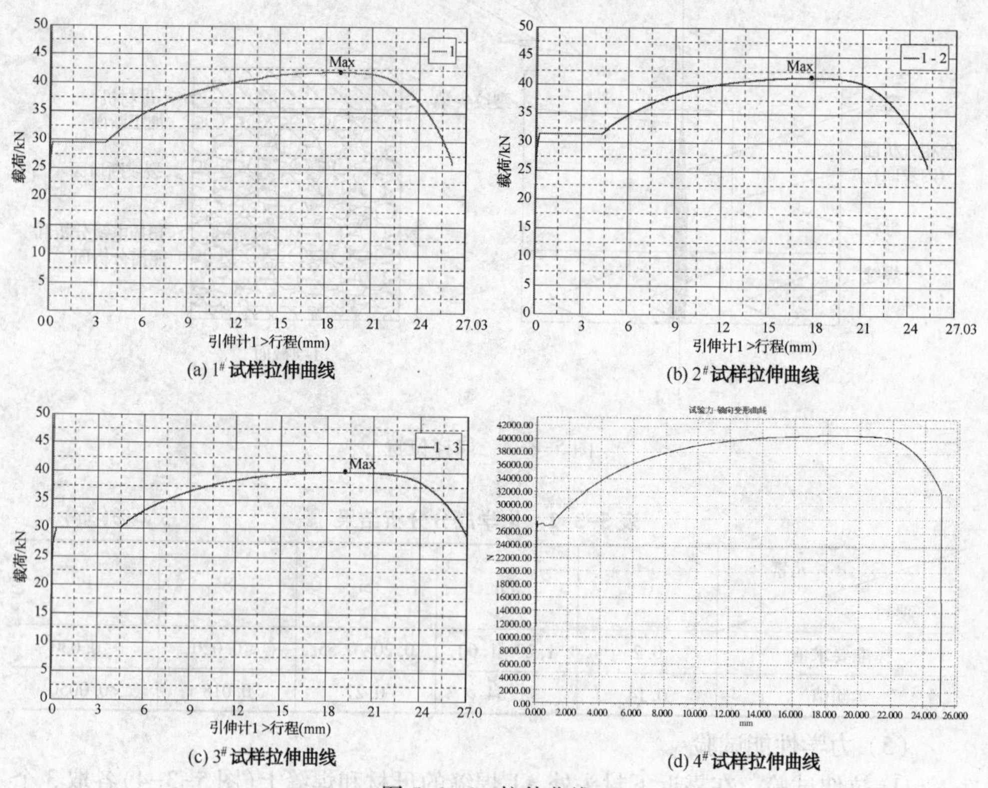

(a) 1# 试样拉伸曲线

(b) 2# 试样拉伸曲线

(c) 3# 试样拉伸曲线

(d) 4# 试样拉伸曲线

图 5-3-6　拉伸曲线

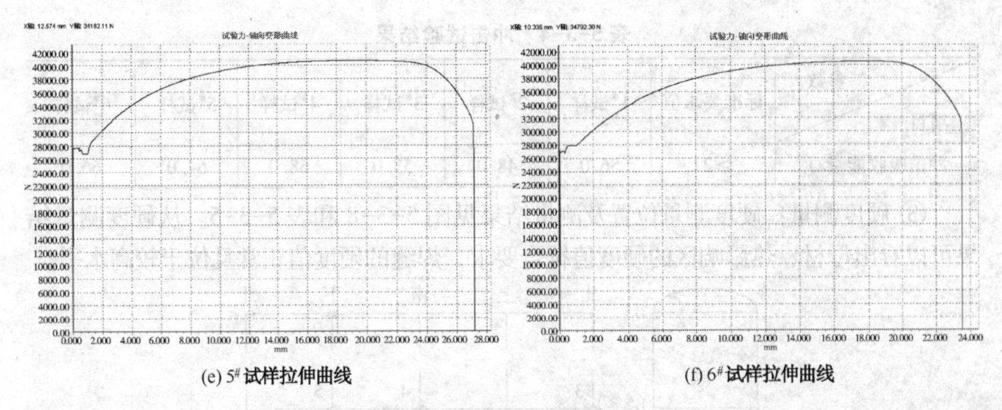

(e) 5#试样拉伸曲线　　(f) 6#试样拉伸曲线

图 5-3-6(续)　拉伸曲线

表 5-3-3　拉伸试验结果

项目＼参数	标准要求值	1#试样	2#试样	3#试样	4#试样	5#试样	6#试样
屈服强度 $R_{p0.2}$/MPa	≥345	365	335	345	—	—	—
抗拉强度 R_m/MPa	≥510	545	535	530	520	520	520
断后伸长率 A/%	≥21	31.5	31.5	34	28	32.5	28.5

② 冲击试验：

在靠近下封头处 A1 焊缝的母材和焊缝上(图 5-3-4)各取 3 个冲击试样进行室温冲击试验，在表 5-3-4 中将试验结果(图 5-3-7)与 GB 6654—86《压力容器用钢板》的 16MnR 冲击性能标准值进行了比较，可见冲击吸收能量满足标准要求。

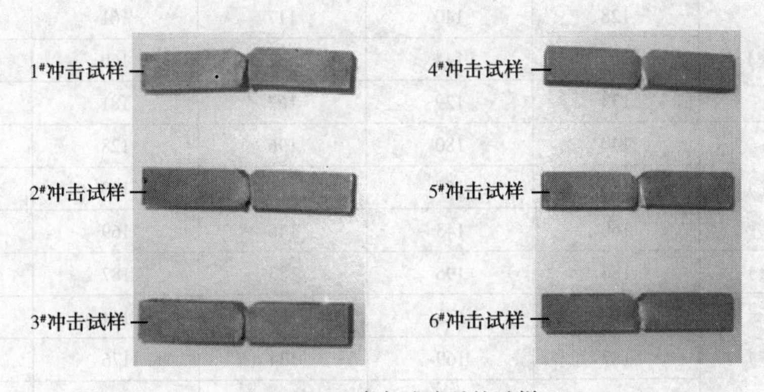

图 5-3-7　冲击试验后的试样

表 5-3-4 冲击试验结果

项目＼参数	标准要求值	1#试样	2#试样	3#试样	4#试样	5#试样	6#试样
冲击吸收能量/J	≥27	56.0	48.0	53.0	68.0	64.0	66.0

③ 硬度测量：硬度测量位置及测量结果见图 5-3-8 和表 5-3-5。从硬度测量结果可以看出母材、热影响区的硬度值符合要求，焊缝的硬度值正常且位于较高水平。

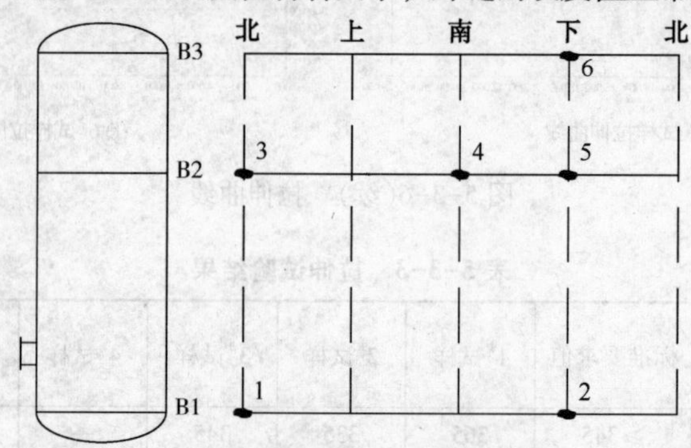

图 5-3-8 硬度测量示意图(内展图)

表 5-3-5 硬度测量结果

位置＼项目	母材/HB	热影响区/HB	焊缝/HB	热影响区/HB	母材/HB
1(内壁)	151	187	171	130	185
	152	148	157	147	155
	174	169	158	115	130
2(内壁)	128	140	117	161	192
	151	144	132	160	153
	133	129	163	181	185
3(内壁)	140	180	196	128	139
	126	168	169	130	158
	160	143	146	169	143
3(外壁)	186	196	183	187	174
4(内壁)	177	175	149	144	149
	187	169	134	176	155
	162	144	142	149	138
4(外壁)	162	183	185	155	166

续表

项目 位置	母材/HB	热影响区/HB	焊缝/HB	热影响区/HB	母材/HB
5(内壁)	212	173	144	152	195
	233	185	213	133	177
	224	170	161	139	179
5(外壁)	178	194	178	169	172
6(内壁)	204	187	169	151	160
	175	153	169	174	195
	165	151	158	210	177

(6) 金相分析

对试样(取样位置见图 5-3-4)进行金相分析，确定该容器取样部位的焊缝、热影响区和母材的金相组织均正常(图 5-3-9)，裂纹为穿晶裂纹，具有分叉特征，晶界无明显腐蚀现象。

(a) 裂纹部位焊缝区 200×

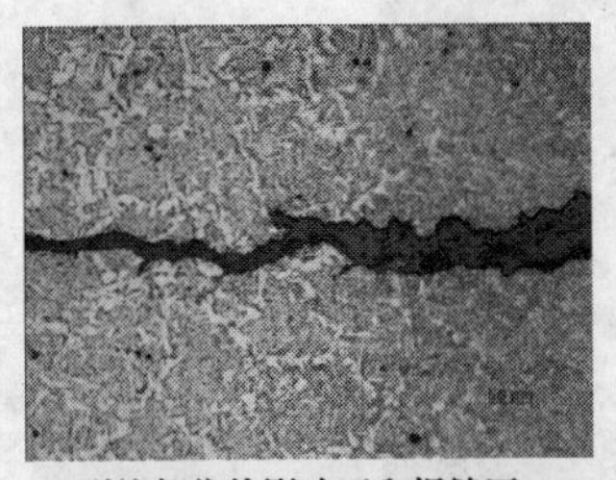

(b) 裂纹部位热影响区和焊缝区 200×

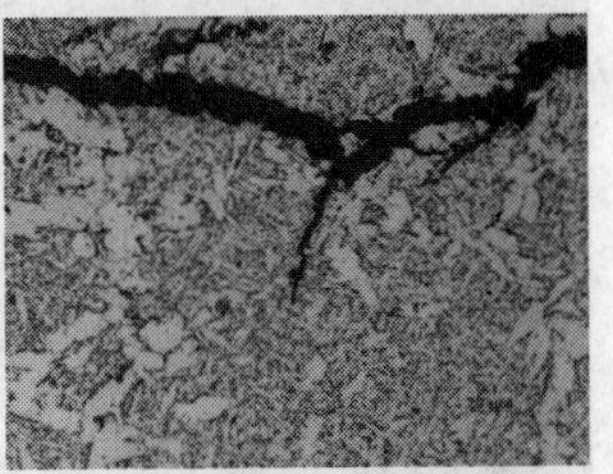

(c) 裂纹部位热影响区 500×

(d) 非裂纹部位焊缝区 200×

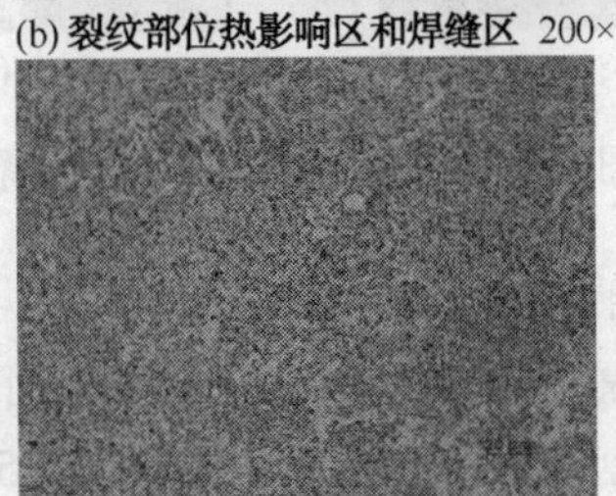

(e) 非裂纹部位焊缝区 500×

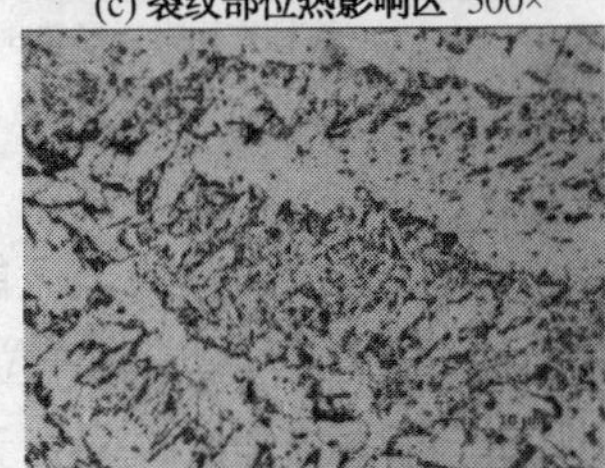

(f) 非裂纹部位焊缝区 1000×

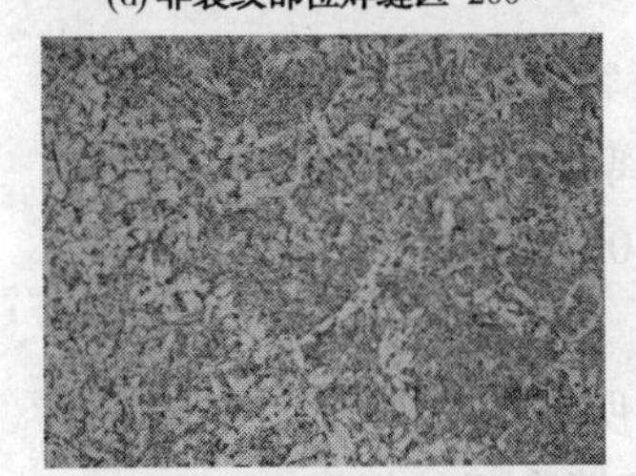

(g) 非裂纹部位母材和热影响区 200×

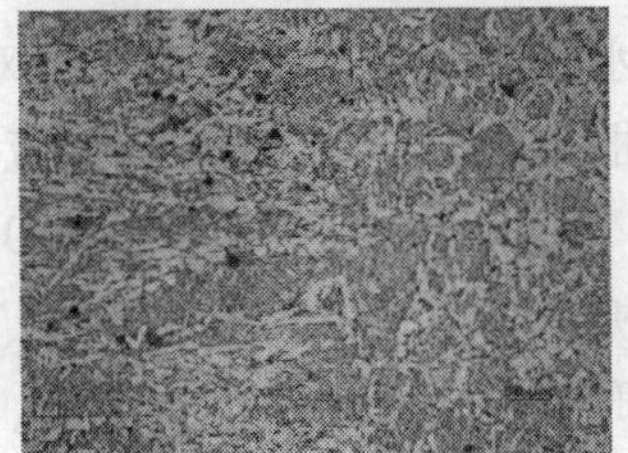
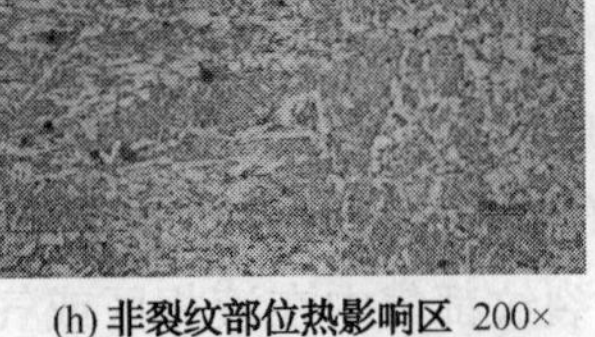

(h) 非裂纹部位热影响区 200×

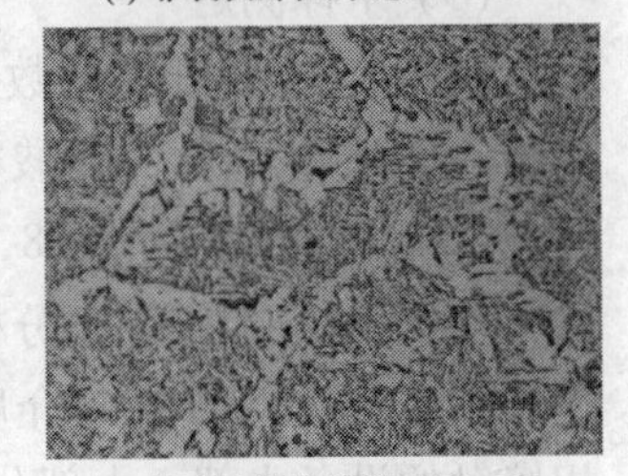

(i) 非裂纹部位热影响区 500×

图 5-3-9 金相组织

(7) 断口的扫描电镜观察及分析

对断口处(取样位置见图5-3-4)进行扫描电镜分析，在500倍和1000倍下分析断口形貌(图5-3-10)，可见断口表面存在一层较为致密的腐蚀产物，不能分辨材料晶体形貌。

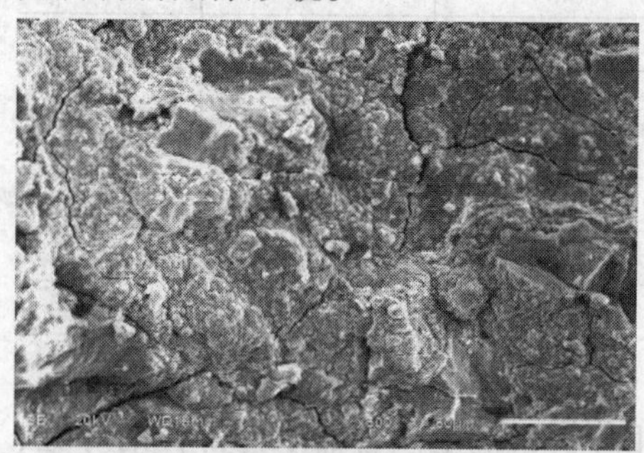

(a) 黑色断裂面形貌 500×

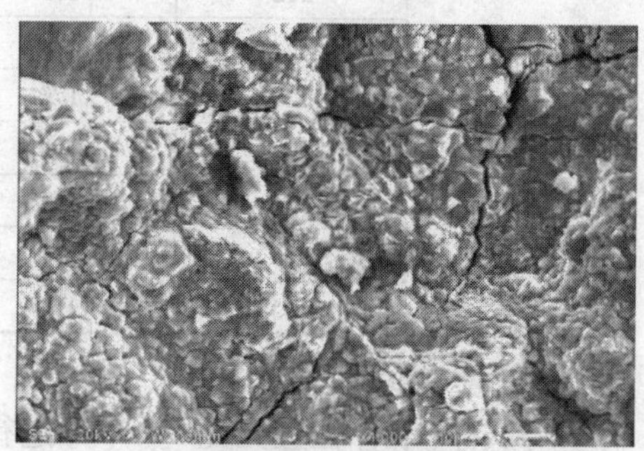

(b) 黑色断裂面形貌 1000×

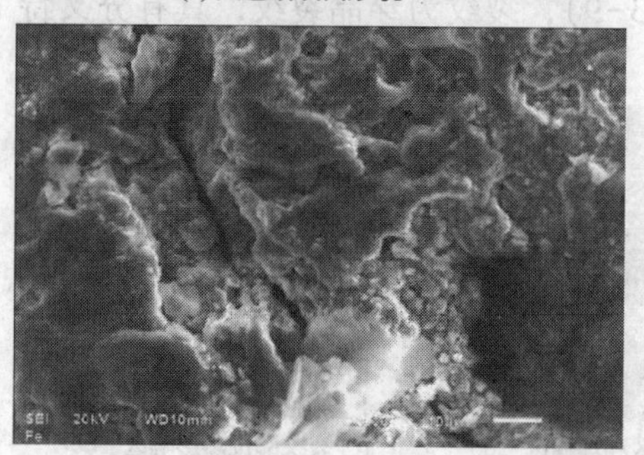

(c) 腐蚀产物附近形貌 500×

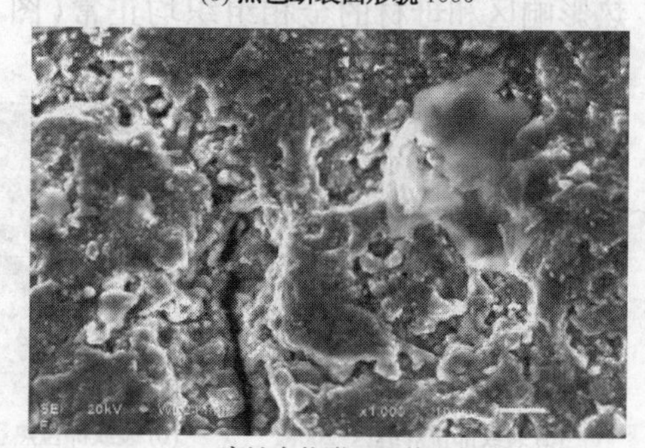

(d) 腐蚀产物附近形貌 1000×

图5-3-10　扫描电镜下断口形貌

(8) 裂纹部位的微区能谱分析

在裂纹尖端处(取样位置见图5-3-4)的断口表面取腐蚀产物进行能谱分析，腐蚀产物中硫含量较高，元素成分见图5-3-11和表5-3-6。

(9) 水样测定

利用美国Hach多参数水质测量仪(senSION156)对容器底部水质取样进行氯离子、硝酸根离子、硫酸根离子、碳酸根离子和硫离子测定，测定结果见表5-3-7,水样pH值为5.28，呈弱酸性，S^{2-}的浓度为0.09ppm。

(10) 裂纹成因综合分析

① 设备发生开裂与介质相关，从宏观检查可知，所有裂纹都发生在与介质相接触的设备内部；大部分裂纹都集中在液相区或气液混合区的焊缝上(B1、B2和A1)，发现的绝大部分裂纹沿设备最大主应力(环向应力)方向开裂(环焊缝上

裂纹沿横向开裂和纵焊缝上裂纹沿纵向开裂)，位于液相区 B1 焊缝的裂纹最多、裂纹开裂的深度最深；而在设备气相区的焊缝上(B3 和 A2)，仅发现一处浅裂纹，且裂纹沿设备轴向应力(非最大主应力)方向开裂(环焊缝上裂纹沿纵向开裂)，轴向应力值为环向应力值的 1/2。

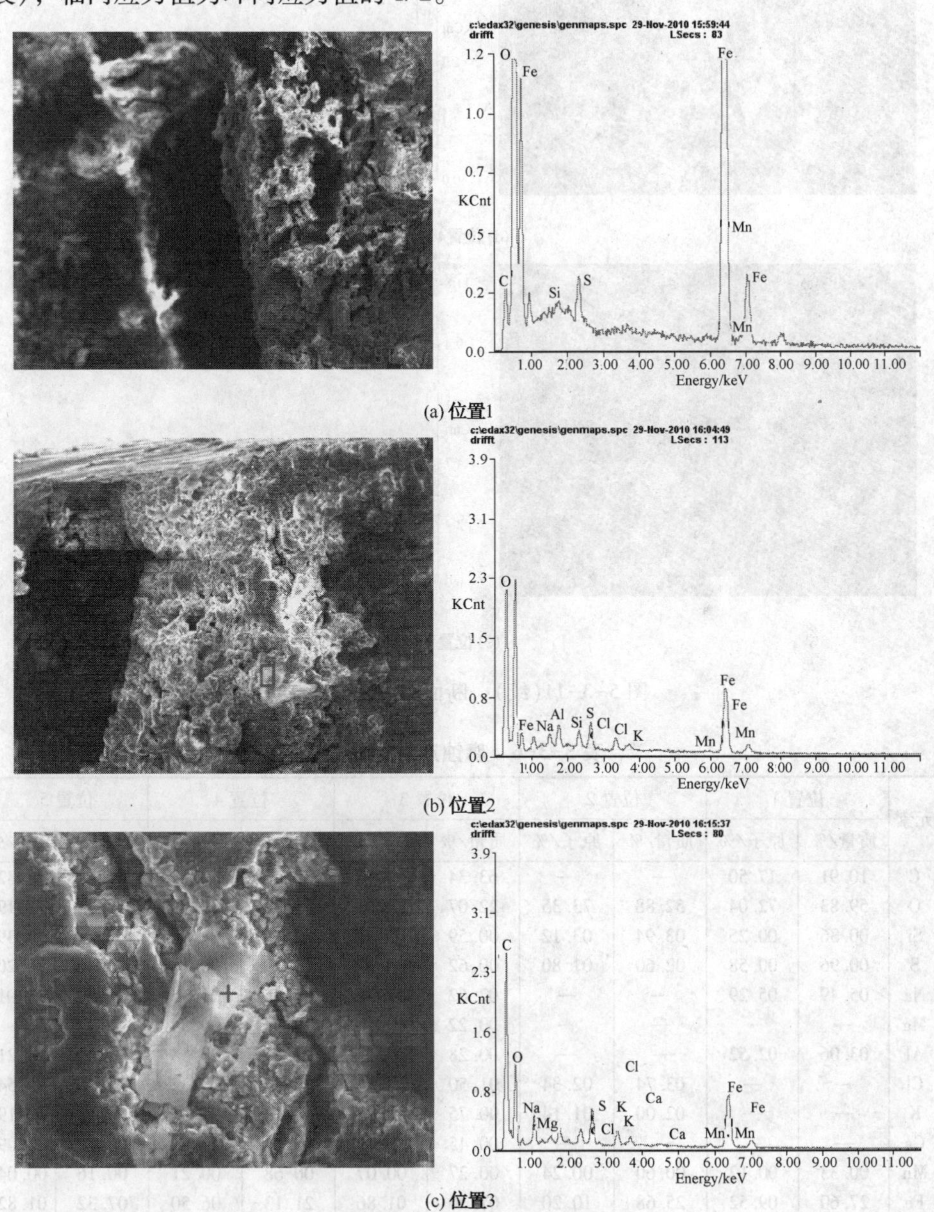

(a) 位置1

(b) 位置2

(c) 位置3

图 5-3-11 断面腐蚀产物能谱

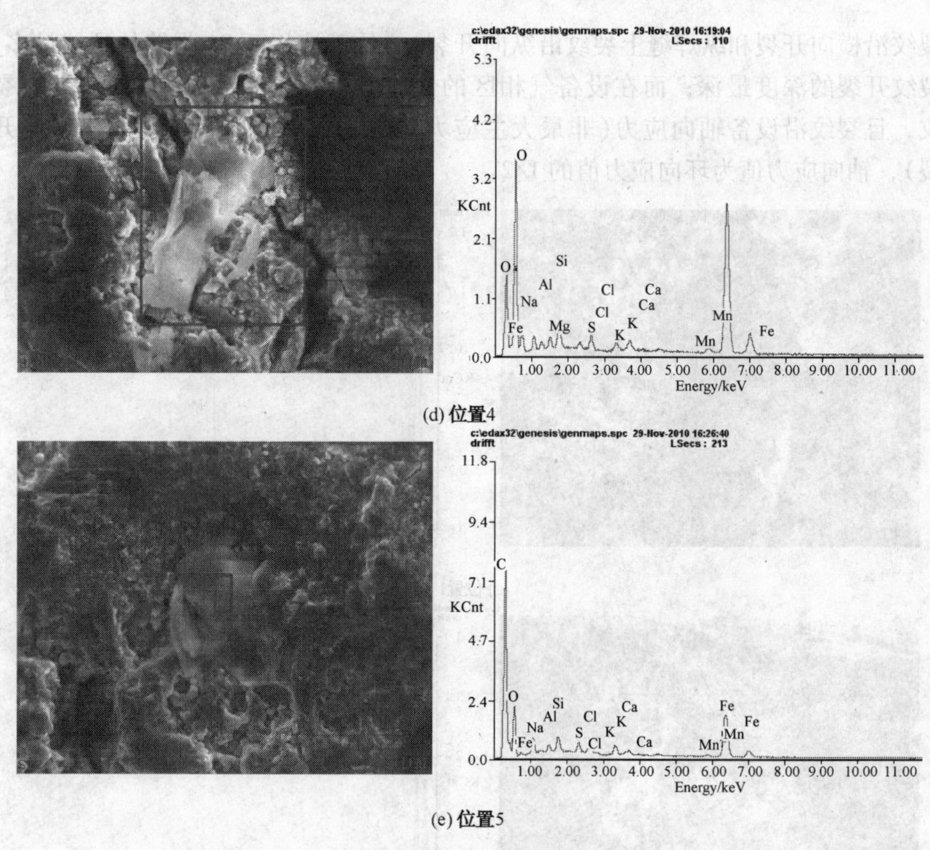

(d) 位置4

(e) 位置5

图 5-3-11(续) 断面腐蚀产物能谱

表 5-3-6 腐蚀产物的成分

元素	位置 1		位置 2		位置 3		位置 4		位置 5	
	质量/%	原子/%	质量/%	原子/%	质量/%	原子/%	质量/%	原子/%	质量/%	原子/%
C	10.91	17.50	—	—	63.34	74.97	35.47	50.74	69.51	80.32
O	59.83	72.04	52.88	73.35	22.07	19.61	35.37	37.99	17.51	15.19
Si	00.36	00.25	03.94	03.12	00.59	00.30	01.76	01.08	00.79	00.39
S	00.96	00.58	02.60	01.80	00.62	00.27	00.29	00.16	00.46	00.20
Na	05.49	05.29	—	—	02.62	01.62	01.95	01.46	01.67	01.01
Mg	—	—	—	—	00.22	00.13	00.77	00.54	—	—
Al	03.06	02.52	—	—	00.28	00.15	00.83	00.53	00.42	00.21
Cl	—	—	03.74	02.34	01.50	00.60	00.66	00.32	01.39	00.54
K	—	—	02.00	01.14	00.75	00.27	00.47	00.21	00.53	00.19
Ca	—	—	—	—	00.45	00.16	00.63	00.27	00.25	00.09
Mn	00.33	00.12	00.60	00.24	00.27	00.07	00.68	00.21	00.16	00.04
Fe	27.60	09.52	25.68	10.20	07.30	01.86	21.13	06.50	07.32	01.82

表 5-3-7 水样成分化验结果

离子 参数	Cl^-	NO_3^-	SO_4^{2-}	CO_3^{2-}	S^{2-}
浓度/ppm	5.118	21.674	21.618	2.8	0.09

发生应力腐蚀的先决条件是要有电解质溶液——液态水的存在，由上述发生开裂部位的分布可见，裂纹主要出现在存在液态水的设备液相区和气液混合区，且裂纹的开裂方向为最大主应力方向，即设备的开裂与应力相关，设备上的裂纹具备应力腐蚀开裂的特征；设备气相区焊缝上的裂纹因处于非电解质溶液环境中且裂纹的开裂方向与最大主应力无关，所以该处裂纹的产生与应力腐蚀无关，该裂纹为常见的焊缝浅表裂纹，与焊接残余应力有关，是一种石化设备中较常见的裂纹形式，危害性较小；所有裂纹均出现在焊缝以及焊缝热影响区，说明裂纹的产生与母材的原始缺陷无关。

② 设备材质的化学成分、母材和焊接接头的力学性能(拉伸、冲击)、金相组织未见异常，又由于开裂只发生在设备内表面与液相介质接触处，这说明介质是导致设备开裂的主导因素，而材质和焊接不是影响设备开裂的主导因素，即不是开裂的直接原因。

③设备焊缝的硬度值正常且位于较高水平；该设备的壁厚小于 38mm，未按 GB 150—2011《压力容器》要求进行焊后热处理，经检测发现该设备焊缝的硬度水平较高，残余应力较大，发生应力腐蚀开裂的倾向较强。

④ 对裂纹断面的能谱分析显示裂纹表面存在一定的含硫腐蚀产物。

⑤ 介质水样分析显示介质呈弱酸性，水中溶解微量的硫根离子。根据文献，硫化氢在水溶液中以 H_2S、HS^-、S^{2-}三种不同的形式存在，即 $H_2S \rightleftharpoons HS^- + H^+$，$HS^- \rightleftharpoons S^{2-} + H^+$，其存在方式直接受到水 pH 值的影响，当 pH 值为 6 时，90%的硫化物以 H_2S 状态存在；在 pH = 7 时，硫化物几乎等量地离解为 H_2S 和 HS^-，S^{2-}只占百万分之一，50%的硫化物以 H_2S 状态存在；当 pH 值为 8 时，则硫主要以 HS^-状态存在。经检测水样的 pH 值为 5.28，水中的 S^{2-}含量为 0.09ppm，这说明水中可能存在一定量的硫化氢，又由于经能谱分析裂纹断面上存在一定的硫腐蚀，可以推断天然气介质中存在一定的硫化氢。

⑥ 在硫化氢介质环境中 16MnR 发生应力腐蚀的机理为：

a. 16MnR 在不同饱和硫化氢溶液中的表面状态主要与试验溶液的 pH 值有关。当溶液为中性或碱性时，材料表面形成致密的保护膜，在一定的电位区域表现为钝态。溶液呈酸性时，材料表面处于活性溶解状态。

b. 16MnR 在饱和硫化氢溶液中发生应力腐蚀开裂，开裂机理以氢致开裂裂纹和阳极溶解型裂纹并存。在酸性溶液中以氢致开裂裂纹为主。

c. 对于氢致开裂型裂纹的形成和扩展，溶液中的氢离子浓度是外因，材料组织结构存在缺陷为内因。对于阳极溶解型裂纹的形成扩展，材料表面在溶液中形成钝化膜，而活性阴离子的存在是诱因，形成了小阳极-大阴极腐蚀体系，这是裂纹扩展的动力。

d. 温度和 pH 值对 16MnR 的应力腐蚀敏感性影响较大、Cl^-浓度影响不大。

e. pH=5 时，H_2S 敏感浓度为 100ppm；在小于 100 ℃ 的温度区间，温度提高则应力腐蚀敏感性提高。

3 结论与建议

(1) 结论

通过上述分析，可以确定该设备发生了应力腐蚀开裂，在设备内含硫化氢弱酸性介质环境中，较高的残余应力和设备内压产生的应力致使该设备液相区和气液混合区的焊缝及焊缝附近发生了湿硫化氢应力腐蚀开裂。

(2) 建议

为了避免干燥器分离器应力腐蚀开裂的发生，提出以下几点建议：

① 控制介质的 pH 值，使其呈中性或弱碱性；

② 容器在制造过程中进行焊后热处理，降低材料的应力腐蚀敏感性。

第 4 节　小结——静设备失效原因分析

一般来说，压力容器是指最高工作压力 $p_w \geqslant 0.1$MPa(p_w不包括液体静压力)，用于完成反应、换热、吸收、萃取、分离和储存等生产工艺过程，并能承受一定压力的密闭容器。本章涉及到的失效分析案例里的塔、过滤器和分离器都属于压力容器的范畴。部分塔是承受外压(或负压)的，也属于压力容器。由于压力容器在大多数情况下是在各种危险介质和环境(有时是高温、高压等极为苛刻环境)条件下工作的承压设备，一旦发生事故，其后果十分严重。

美、英、德等国家设有专门负责机构，收集、登记和整理压力容器的失效数据，其中又以德国收集的数据最为齐全。

在美国的压力容器失效统计中，其早期的失效统计范围基本上局限于大型火力发电厂锅炉汽包的失效统计，但自从美国机械工程师学会(ASME)下属的锅炉、压力容器委员会(BPVC)设置了全美锅炉、压力容器检验机构(NBBPVI)后，就收集了大量的压力容器失效统计数据。从统计数据中可以发现，若扣掉门扣、管道和软管等不相关失效数后，美国压力容器的平均失效率中，非灾难性失效率是2.4×10^{-4}/(容器·年)，灾难性的失效率是2.6×10^{-5}/(容器·年)。

英国的压力容器采用的标准是应用户要求指定，不像美国有ASME标准统一制定，但英国的统计资料比较齐全。Phillips、Warwich以及Smith对容器的失效问题做过详细的研究，统计了近20000个压力容器及相关的系统，在1962~1978年这17年中，疲劳开裂的比例占24%，腐蚀开裂的比例为14%，使用前便存在缺陷的比例占到29%，裂纹原因不详的占28%，其他裂纹如蠕变等占到5%。在所有的失效中，裂纹占95%，使用初期发生缺陷为2%，其他如腐蚀、人为操作错误、蠕变和不详共计4%。从发现失效方式方面考虑，目测为38%，无损探伤为21%，气密试验为33%，水压试验为2%，使用时发生灾难性事故为6%。另外，他们还有关于不同材料的潜在破坏性和灾难性统计，比较详实。

在西德统计的1958~1965年共计300000个压力容器中，因材料制造缺陷发生的失效率为1.4×10^{-4}/(容器·年)，因检测时发现的失效为5.6×10^{-5}/(容器·年)，因压力试验时发现的严重失效事故为1.9×10^{-5}/(容器·年)。

1 压力容器的失效形式

压力容器的失效可以从四方面来分，主要是强度失效、刚度失效、失稳失效和泄漏失效。经过实践多方面研究资料可以得到，压力容器失效形式及原因主要有以下几点。

(1) 容器的强度失效

强度失效是压力容器材料在工作时候遭到诸如韧性断裂、脆性断裂、疲劳断裂、蠕变断裂和腐蚀断裂等引起的破坏，其断裂后的失效形式宏观可见，如容器鼓胀，端口处相对较薄，有碎片等。强度失效是压力容器中失效的最主要形式。

为保证压力容器安全运行，其承压部件必须具有足够的强度，即具有适当的壁厚以抵抗外加载荷的作用。在结构设计中除了结构特殊、使用条件复杂或特别重要的压力容器需要以应力分析进行设计外，一般的是以薄膜应力来确定所需的壁厚。至于压力容器结构不连续部位的附加应力和应力集中，则从结构形式或尺寸上加以限制。

① 韧性断裂 韧性断裂是压力容器在载荷作用下，产生的应力达到或接近所用材料的强度极限，即由于一次应力过高引发的断裂。其特征是断裂后的容器有肉眼可见的宏观变形，如整体鼓胀，周长延伸率可达10%~20%。导致一次应力过高的主要原因有两个方面，厚度过薄和内压过高。这可能是由于以下几种情况造成：a. 厚度未经设计计算或强度计算错误，例如非法设计制造的容器；b. 制造时用错材料，把低强度等级材料当作高强度等级材料；c. 使用过程中厚度

减薄，包括因腐蚀、冲蚀、机械磨损等原因而减薄；d. 操作失误超压且安全装置未起作用；e. 液体受热膨胀，例如液化气体过量充装后温度上升导致容器破裂；f. 化学反应失控引起超压；g. 压力较高的气体进入设计压力较低的容器，容器内产生的气体无法排出等。如 2003 年山西某化工厂一冷凝水闪蒸器发生爆炸事故，从其断口分析为韧性断裂，说明是钢板超压后被撕裂，后来经力学性能的检验，也发现是制造钢板的韧性不足，才导致了事故。

② 脆性断裂　压力容器的脆性断裂是指由塑性材料制成的压力容器，破裂时呈脆性破裂特征。破裂容器的工作应力远远低于材料的强度极限，甚至低于材料的屈服极限。压力容器发生脆性断裂的特征是：a. 容器器壁没有明显的伸长变形，容器的厚度一般没有改变；b. 断口呈金属光泽的结晶状，裂口齐平与主应力方向垂直；c. 脆性破裂的容器常呈碎块状，且常有碎片飞出；d. 破裂事故多数在温度较低的情况下发生；e. 脆性断裂更容易在高强度钢制的压力容器和用中、低强度钢制造的厚壁容器上发生。发生脆性断裂的主要原因为材料自身脆性和缺陷，总结下来有以下几种：a. 材料选用不当；b. 焊接与热处理不当使材料脆化；c. 低温条件下材料脆化；d. 长期在高温下运行材料脆化；e. 应变时导致材料脆化；f. 原始缺陷、制造缺陷，或使用中产生危险缺陷，在较大的应力条件下发生的脆性断裂。

③ 疲劳断裂　使用中的压力容器，在交变载荷的作用下，经一定循环次数后产生裂纹和突然发生断裂失效的过程，称为疲劳断裂。交变载荷是指大小(或)方向都随时间周期性(或无规则)变化的载荷，它包括压力波动，开车、停车，加热或冷却时温度变化引起的热应力变化，振动引起的附加交变载荷等。需要指出的是，原材料或制造过程中的各种缺陷，会在交变载荷的作用下产生裂纹及裂纹扩展而加速压力容器疲劳。疲劳有裂纹萌生、扩展和最后断裂三个阶段。因而疲劳断口一般由裂纹源，裂纹扩展区和瞬时断裂区组成。裂纹源往往位于高应力区或有缺陷的部位。随着交变载荷反复作用次数的增加，疲劳裂纹不断扩展，当疲劳裂纹扩展到一定值时，才会发生疲劳破坏。其特征是破裂在压力容器工作时发生，破坏时容器总体应力水平较低，没有明显的变形。发生疲劳断裂的原因主要有：a. 结构设计不合理。例如半顶角很大的锥形封头、大开孔未补强、不焊透的焊接结构等；b. 不正常的操作。例如未按疲劳设计的容器承受过多次数的应力循环、工作压力或温度不正常的周期性大幅度波动；c. 制造质量差。例如焊缝错边和棱角度超差、余高超差且过渡不圆滑、存在严重焊缝缺陷等。

④ 蠕变断裂　压力容器在高温下长期受载，随时间的增加持续发生蠕变形，造成厚度明显减薄与彭胀变形，最终导致压力容器断裂的现象。按断裂前的变形来看，蠕变断裂具有韧性断裂的特征；但从断裂时的应力来看，蠕变断裂又有脆

性断裂的特征。近年来由于在压力容器材料、设计或工艺上采取了适当措施，所以压力容器蠕变断裂的比较少见。蠕变断裂的典型例子是焦炭塔，由于焦炭塔工作过程中周期性地反复冷却、反复加热及载荷反复变化而产生变形，导致塔体环向鼓凸和破裂。

⑤ 腐蚀断裂　压力容器腐蚀断裂形式可分为均匀、局部腐蚀两大类。其中局部腐蚀又分为点蚀、缝隙腐蚀、电偶腐蚀、晶间腐蚀、应力腐蚀、氢致开裂、氢腐蚀、腐蚀疲劳、磨损腐蚀、选择性腐蚀等。腐蚀断裂是金属材料在腐蚀和应力的共同作用下引起的一种破坏形式。在材料的腐蚀疲劳中，一方面由于腐蚀使金属表面局部损坏并促使疲劳裂纹的产生和发展；另一方面，交变的拉伸应力破坏金属表面的保护膜并促使表面腐蚀的产生。在交变应力的作用下，被破坏的保护膜无法再次形成，沉积在腐蚀坑中的腐蚀产物又阻止氧的扩散使保护膜难以恢复。所以腐蚀坑的底部始终处在活性状态之下而构成了腐蚀电池的阳极。就这样在腐蚀与交变应力的联合作用下，裂纹不断发展直至金属最后断裂。其特征为：因均匀腐蚀导致的厚度减薄，或局部腐蚀造成的大面积凹坑，所引起的断裂一般为韧性断裂；因晶间腐蚀等引起的断裂一般为脆性断裂。

在压力容器腐蚀断裂中值得关注的是应力腐蚀破坏和氢腐蚀破坏。

a. 应力腐蚀破坏　应力腐蚀是金属材料在拉伸应力和腐蚀介质的共同作用下，发生的腐蚀现象。金属表面都有一层钝化膜(氧化保护膜)，在钝化膜未被破坏时不发生腐蚀。在应力作用下，金属表面局部区域的钝化膜被撕破，露出活性金属表面，在介质作用下出现腐蚀，且其发展是逐渐加剧的。应力腐蚀与单纯的应力破坏不一样，在极低的应力作用下也会发生破坏；与单纯由于腐蚀引起破坏也不同，腐蚀性很弱的介质，也能引起应力腐蚀破坏。应力与腐蚀二者相互促进，它往往在没有变形预兆的情况下而迅速断裂，很容易造成严重的事故。

b. 氢腐蚀破坏　在高温、高压下，吸附在钢表面的氢分子部分分解为氢原子或离子而固溶于钢表面层并向钢内扩散，它以氢脆和氢腐蚀两种方式影响着钢的性能。氢脆是由于氢扩散并溶解于金属晶格中，使钢在缓慢变形时产生脆性现象，此时钢的塑性显著降低。氢腐蚀是指氢原子或离子扩散进入钢中，将结合成氢分子，并部分地与微孔壁上的碳或碳化物及非金属夹杂物产生化学反应，这些不易溶解的气体生成物聚积在晶界原有的微隙内，形成局部高压，造成应力集中，使晶界变宽，发展成微裂纹，降低了钢的机械性能。

这种失效模式可能没有明显的腐蚀现象，但是材料性能严重退化，事故的隐患是一步步积累的。在氢处理、重整、加氢裂化等装置中，温度超过260°C，氢分压大于689kPa，就有可能发生氢分子进入钢表面分解为原子氢而发生腐蚀。

氢腐蚀的失效预防措施主要有：石油精炼工艺或临氢装置在260°C以上不能

使用碳钢，应依照 Nelson 曲线选用不同登记的铬-钼钢，因为铬-钼钢可以提高碳化物的稳定性，防止氢腐蚀发生；应尽量减少钢中的碳含量，以提高抗氢腐蚀能力；由于焊接热影响区是氢腐蚀的敏感区，应进行焊后热处理；使用低合金铬(1%~3%)钼钢时，对在 370~540°C 长期运行引起的回火脆性应当充分重视；含 12%Cr 以上的合金钢、奥氏体不锈钢不存在氢腐蚀问题，可以作为内壁衬里或堆焊材料，但应当从选材、堆焊工艺及运行工艺方面防止堆焊层与母材界面发生的氢剥离以及连多硫酸 SCC 问题。

(2)容器的刚度失效

刚度失效是容器由于承受的载荷超过所能负荷的载荷，致使容器的形状变形，杆内出现挠曲的现象，影响容器的正常运行。刚度失效经常会出现，如中低压的大直径容器，若缺乏有经验的设计人员统筹考虑时，会只进行强度计算，而忽略刚度计算，这时很小的设计壁厚就可以满足要求，但刚性不足，容器就容易发生因刚性不足的失稳变形。这种失效形式是因为压力过度致使容器变形导致，如 2003 年福建某厂发酵车间的豆油计量罐内筒体严重变形，就因为在用蒸汽排挤夹套内的水时，未将排污阀门开启，导致压力容器变形发生的事故。

(3)容器的失稳失效

失稳失效是在压应力作用下，压力容器突然失去其原有的规则几何形状引起的失效形式。容器弹性失稳的一个重要特征是弹性挠度与载荷不成比例，且临界压力与材料的强度无关，主要取决于容器的尺寸和材料的弹性性质，但当容器中的应力水平超过材料的屈服点而发生非弹性失稳时，临界压力还与材料的强度有关。

(4)容器的泄漏失效

泄漏失效是由于容器发生泄漏而导致的失效。泄漏不仅有可能引起中毒、燃烧和爆炸等事故，而且会造成环境污染。容器在使用过程中，当压力上升到一定量的时候，或者当压力容器硬件设置的使用过度，容器就会爆破，致使容器遭到破损，使容器整体的密封性降低。

流体在密封口的泄漏途径主要有两个，一是渗透泄漏，流体通过材料本体的泄漏，主要发生在垫片上，影响因素包括介质压力、温度、黏度和垫片结构；二是界面泄漏，即流体通过压紧面泄漏，影响因素是界面的间隙。

如上海石化的一个换热器在进行气密性试验的时候，就因为气压达到 3.5MPa 而突然爆炸，这次事故的原因是操作人员将承压螺栓的数量减少了一大半，每只螺栓所能承受的载荷明显下降，导致螺栓强度不足被拉断，而在加压情况下，容器发生的物理爆炸。因此，在设计压力容器时，应重视各个可拆式接头和不同压力腔之间的连接接头的密封性能，如换热管和管板的连接。

影响密封性能的主要因素有：a. 螺栓预紧力，可以通过减小螺栓直径，增加螺栓数量，使预紧力尽可能均匀地作用在垫片上，来提高密封性能；b. 垫片性能，变形能力大，使垫片易填满压紧面上的间隙，回弹能力大，能适应操作压力和温度的波动，能适应介质的压力、温度和腐蚀性；c. 压紧面的质量、形状和粗糙度应与垫片相匹配，表面不允许有刀疤和划痕，保证压紧面的平面度，及与法兰中心轴线垂直度；d. 法兰刚度，刚度大的法兰变形小，使预紧力均匀传给垫片。增加法兰环厚度，缩小螺栓中心圆直径，增大法兰环外径，可以提高刚度；e. 操作条件。压力和温度的联合作用，尤其是高温波动，将严重影响密封性能，致使密封疲劳而失效。高温下，介质黏度小，易泄漏，介质腐蚀性加剧，法兰螺栓和垫片产生高温蠕变与应力松弛，使得密封失效。

实际中，往往是多种形式的交互失效，如腐蚀疲劳、蠕变疲劳、磨损腐蚀等。

2 容器发生失效的直接原因

因为压力容器的种类有很多，工艺操作也相差很大，因此造成压力容器失效的直接原因有很多，主要可以从以下几个方面来进行分析。

(1) 设计与选材上的问题

① 设计不合理造成应力集中 理想情况下，承压设备一般仅承受工作压力产生的一次薄膜应力。但由于设计时考虑不周密或者认识水平有限，一旦存在设备结构或形状不合理，构件存在缺口、小圆弧转角、不同形状过渡区等几何不连续情况，则会在这些区域产生高应力集中。另外，对于结构比较复杂的部位，所承受的载荷性质、大小缺少足够的资料容易引起计算方面的错误。

在压力容器的破坏事故中，有相当一部分是由于结构不合理引起的，结构不合理，往往使得锅炉、压力容器在制造和使用过程中容易产生缺陷。因此首先要求结构便于制造，以利于保证制造质量和避免、减少制造缺陷；其次是要求结构便于无损检验，使制造和使用中产生的缺陷能及时、准确地检查出来；第三是结构设计中要考虑尽量降低局部附加应力和应力集中。

压力容器的结构比较简单，基本上都是由筒体、封头、接管、法兰、支座等零部件组成。压力的机构设计应该遵循以下基本原则：

a. 结构不连续处应该平滑过渡。受压器件在几何结构突变和不连续过渡区域会产生较高的不连续应力，并可能导致应力集中，致使压力容器的疲劳破坏，因此应该避免这种情况的出现。

b. 引起应力集中或削弱强度的结构应相互错开，避免高应力的叠加。

c. 避免采用刚性过大的焊接结构。刚性大的焊接结构不仅使焊接构件因施焊时的膨胀和收缩受到约束而产生较大的焊接应力，而且使壳体在操作条件波动时的变形受到约束而产生附加的弯曲应力。

d. 受热系统及部件的胀缩不要受限制。受热部件的热膨胀如果受到外部或自身的限制，在部件内部就会产生热效应。

② 设计时没考虑材料与工作介质、操作温度不相容　考察材料是否与工作时的环境、介质以及其他具体条件相适应，化学成分与介质是否具有相容性，是设计时一个不容忽视的问题。因设计时没有考虑材料与工作介质、操作温度不相容导致的失效很多，典型的就有1998年2月某小氮肥厂氨合成塔底部副线管道异径管发生爆炸起火，调查原因是该管线长时间在临氢状态下工作，而管道材料是20号钢，材料发生氢腐蚀，最终强度不足导致爆炸。

③ 设计时没有考虑装配间隙　多层包扎容器，设计时是按照单层厚壁容器进行设计的，若设计时没有考虑制造过程中层板实际产生的装配间隙，环焊缝等拘束部位则会在承压状态下产生很大的应力集中，当应力大到一定程度，则可能萌生裂纹。在有应力存在的情况下，也可能发生应力腐蚀开裂等失效情况。

④ 设计判据不正确　由于对压力容器的服役条件不够了解，设计时选用错误的判据造成的失效事故也时有发生。如露天立置的塔在风载荷作用下，会因为过大的弯曲而导致失效，就是因为没有考虑塑性失稳，忽略了刚度设计判据。

⑤ 选材　选材也属于设计时的问题，主要有两种，一是选材的判据有误，导致使用的材料无法达到容器工艺环境的使用需求；二是材料中存在缺陷，这个缺陷可能是冶金时留下的，也可能是在轧制、锻造、焊接或热处理的时候留下的。材料使用错误则强度破坏、刚度破坏、失稳破坏或泄漏破坏四种破坏都有可能发生，但若是材料中存在缺陷，则可能一方面导致有效厚度不够，或者引起腐蚀、蠕变开裂或疲劳开裂等多种形式的失效。

合理选用材料，是保证压力容器安全运行的一个重要措施，如果材料选择不当，即使具有较大的强度裕度，也可能在运行中发生破坏事故。选择压力容器用钢材，不仅要从操作条件和使用环境方面来考虑，即要求材料对工作介质、压力、温度、载荷特性等操作条件和气温、湿度等使用环境具有必需的适应能力；还要从锅炉、压力容器的制造方面来考虑，即要求所选用的材料容易加工成形，在工艺加工过程中不易产生缺陷。因此，在压力容器的选材上，应充分考虑材料的力学性能(强度、韧性、塑性、硬度)、物理性能、耐腐蚀性、制造工艺性能(可焊性、可锻性、切削加工性以及研磨性、冲压性、热处理性等)。

压力容器选材的一般原则是：在保证塑性指标和其他性能指标的要求下，尽量选用强度指标较高的材料。

(2) 制造加工、热处理或安装检修

① 加工制造过程形成缺陷　压力容器通用的制造工艺和程序包括：准备工序、零部件的制造、整体组对、焊接、无损探伤、焊接后热处理、压力试验、油漆包装、出厂证明文件的整理等。对于特殊材料或特别用途的压力容器还需要进行特殊工艺处理。

为了确保压力容器的使用安全，制造过程应严格控制制造工艺质量和产品质量。如焊工考核、材料可焊性鉴定、焊接工艺评定、材料标记及标记移植材料、复验、零部件冷热加工成型、焊接试板、筒节施焊、焊缝外观及无损检测、焊接返修、容器组装、容器整体或局部热处理、强度试验、气密性试验、包装等工作质量及产品质量控制。

压力容器的制造质量在很大程度上取决于制造单位的技术能力和制造过程中的质量管理水平。

承压容器材料在机加工、下料、切割、组对、焊接、冲压成型、热处理等过程中，往往会因为工艺规范制定不合理或操作原因，导致形成各种各样的缺陷，如机加工常出现的圆角过小、倒角尖锐、裂纹、划痕；冷热成形过程中出现的表面凹凸不平、圆度不够、直度不够，在组对过程中出现错边；焊接过程中也会产生裂纹、未熔合、未焊接、咬边、夹渣、气孔等焊接缺陷。这些材料中的缺陷都是几何上的不连续状态，容易在承压容器中产生较大的应力集中。在交变载荷作用下容易产生疲劳裂纹，若在腐蚀性介质作用下则容易产生应力腐蚀开裂或疲劳与腐蚀共同作用的应力腐蚀疲劳开裂。

② 安装过程中约束过大　如卧式容器的滑动支座受阻，固定管板式换热器换热管轴向没有补偿或补偿过小等，限制了容器在工作压力和温度作用下一定方向上的自由伸长，将在局部产生较大的应力集中。

③ 加工方法不正确或热处理不当　热处理不当是容器常见的失效原因之一。常见的有过热、回火不充分、加热速度过快及热处理方法选用不合理等。热处理过程中的氧化脱碳、变形开裂、晶粒粗大及材料的性能未达到规定的要求等时有发生。

酸洗及电镀时引起对材料的充氢而导致氢致损伤也是常见的失效形式。

④ 非常规施工和安装　不文明的施工，不按要求安装等容易造成容器或容器部件表面损伤或导致残余应力、附加应力等，都可以引起零件的早期失效。

(3) 运行、操作和维护不当

压力容器的运行、操作和维护关系着它的使用安全。满负荷开车，生产合格产品，是压力容器的工艺参数、生产负荷、操作周期、检修、安全等方面具有良好技术性能的体现，可促使压力容器处于最佳工作状态。压力容器的运行首先要求其安全可靠，合理使用和严格管理是提高压力容器的安全可靠性、保证其安全运行的重要条件。出现以下问题有可能导致事故的发生。

① 不合理的服役条件　不合理的启动和停车、超速、过载服役、温度超过允许值、流速波动超出规定范围（过高或过低）以及异常介质的引入都可能成为压力容器设备过早失效的根源。在操作过程中尽量保持压力容器的操作条件（如工作压力和工作温度）相对稳定、防止压力容器过载，发现重大故障立即停车并报告上级主管部门是处理不合理的服役条件的合理办法。

② 现场操作人员对设备危险性了解不够　由于设备管理、人员管理的问题，新进员工对设备的危险性缺乏足够的认识，或者设备管理人员对于危险设备的危险部件或危险事件缺乏警示，就有可能在操作过程中出现经验主观臆测，轻则导致容器失效而停车，重则酿成巨大的人身财产伤害。

③ 没有制定合理的安全操作规程　由于安全操作规程的制定者缺乏实践工作经验，往往会造成对某些危险设备的安全操作规程不合理，这种情况特别容易酿成事故。为保证压力容器的安全运行，切实避免盲目或误操作引起事故，容器使用单位应根据生产工艺需求和容器的技术性能制定各种容器的安全操作规程，并对操作人员进行教育培训。压力容器的安全操作规程至少应包括：a. 容器的正确操作方法；b. 容器的操作工艺指标及最高工作压力、最高或最低工作温度；c. 容器开车、停车的操作程序和注意事项；d. 容器运行中应重点检查的项目和部位，以及运行中可能出现的异常现象和防止措施；e. 容器停止运行时的维护和保养；f. 异常状态下的紧急措施及事故应急处理。

④ 没有进行压力容器的定期检验　压力容器在运行和使用过程中，要受到反复升压、卸压等疲劳荷载的影响，又经常受到外部环境的影响，还要受到有腐蚀性介质的腐蚀，或在高温深冷等工艺条件下工作，其力学性能会随之发生变化，容器制造过程中的小缺陷也会随之扩展增大，对压力容器进行定期、全面的技术检验，是及早发现容器存在的缺陷，消除隐患，从而保证压力容器安全运行，避免发生事故的一项行之有效的措施。

压力容器的定期检验的主要检验项目应包括：材质检验（材质不符、材质劣化）、结构检验、缺陷检验。检验的方法主要有：宏观检查、测厚检查、壁温检查、腐蚀介质含量测定、表面探伤、射线探伤、超声波探伤、硬度测定、金相检验、应力测定、声发射检测、耐压试验、气密性试验、强度校核、化学分析、光谱分析。

3　结论

鉴于压力容器具有发生泄漏、爆炸、造成环境污染和人身伤害的危险性，因此应该依据《压力容器安全技术监察规程》、《特种设备安全监察条例》、《压力容器产品安全质量监督检验规则》、《在用压力容器检验规程》等相关的法律法规及标准规范，防止压力容器在设计、制造、安装、使用、检验、修理、改造直至报废过程中出现应力集中过大、制造缺陷、操作不当等问题，给压力容器的失效带来风险。

第6章　石油化工动设备失效案例

第1节　合成氨装置103-JT转子叶片断裂原因分析

1　概述

某石油化学股份有限公司45×10^4t/a合成氨和80×10^4t/a大颗粒尿素装置，是目前国内规模最大、技术最先进的大氮肥生产企业。103-JT合成气压缩机组是合成氨装置的关键动设备之一，由日本三菱重工株式会社设计制造。该合成气压缩机驱动透平为单缸、抽冷凝式，型号为5EH-6BD，叶片参数见表6-1-1。

表6-1-1　转子叶片的相关参数

设备名称		合成气压缩机组103-JT转子叶片
主体材质		Ti-6Al-4V(第3、4、5、6级)
设计单位		日本三菱重工株式会社
制造单位		日本三菱重工株式会社
安装单位		日本三菱重工株式会社
投入运行时间		2006年3月(注：2006年3月大修更换的备用转子，2007年3月出现振动)
规格		不规则
工作参数	工作压力	最大$127kgf/cm^2$
	温度	最大515℃(第五级转子的工作温度在100℃左右)
	介质	过热蒸汽

103-JT合成气压缩机透平自2003年10月~2006年3月一直运行良好，2006年3月调速侧轴承温度升高，更换透平备用转子和叶片(序列号：2LRHWZ)之后一直运行正常，2007年3月18日凌晨3时52分在稳定的工作转速12378r/min下，前后径向轴承振动值突然异常飙升，最大的振动VT-2505振值由11μm突增至78μm，透平排汽端发出较强的异常响声，且透平排汽端、管道及楼台支撑横梁振动较强，排汽端温度探头连线被震断。4月17日因工艺原因停车时，打开透平缸体，发现透平转子第5级叶轮(图6-1-1)上一个叶片断裂(叶片位置如

图6-1-2所示)。在事故发生后，为继续生产，将主转子和叶片(序列号：2LRHXA)装回使用，至今一直运转良好。

(a)

(b)

图6-1-1 合成气压缩机组103-JT叶轮

图6-1-2 发生破坏的第5级转子

2 失效分析分项工作

(1) 叶片检查与分析

第5级转子叶片共80片，将其依次编号，如图6-1-3所示。80片叶片中第72号叶片断裂，同时在三菱公司的第一次分析中，71号和73号叶片被选择做化学成分分析；13号、31号、70号叶片被选择做力学性能试验。最后除了已断裂的72号叶片外，三菱公司还返回了69片完整的叶片。因此，只对送来的69片完整叶片进行了表面检查。

① 叶盆、叶背与叶冠的宏观检查 应用视频显微镜和体视显微镜对叶片叶盆、叶背与叶冠进行外观检查，检查中发现，部分叶片在叶盆处存在高温氧化变色痕迹，其检验结果如下：没有变色痕迹的叶片共18片；变色痕迹较轻微的叶片共12片；变色痕迹较严重叶片共21片；痕迹严重的叶片共18片。

同时发现，所有叶片叶盆的进汽边和排汽边冲刷痕迹明显，部分痕迹较深，见图6-1-4，在叶盆的最凹处这种冲刷现象尤为突出，见图6-1-5，而叶背的进汽边和排汽边虽然也存在冲刷痕迹，但是明显要比叶盆处弱很多，见图 6-1-6 和图 6-1-7。同时在部分叶片的叶冠侧面发现凹坑及划伤痕迹，如图 6-1-8 所示，从图中可以看出，划伤痕迹基本上是沿着叶片轴线方向。

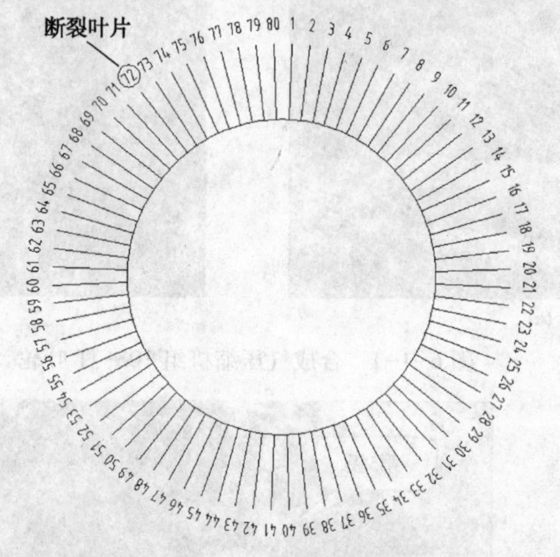

图 6-1-3　第 5 级叶片位置平面简图

图 6-1-4　叶盆的进汽边冲刷痕迹

图 6-1-5　39 号叶片叶盆最凹处冲刷痕迹

图 6-1-6　叶背的进汽边冲刷痕迹

图 6-1-7 叶背的排汽边冲刷痕迹

图 6-1-8 68 号叶片叶冠侧面处凹坑及划伤痕迹

② 榫齿检查分析 由于断裂起源于榫齿处，因此重点检查了榫齿外观的冲刷或破坏情况。仍然应用视频显微镜和体视显微镜对榫齿表面进行宏观观察，观察中发现，在榫齿槽内磨损、划伤痕迹明显，局部存在较深磨痕，少数存在凸起和凹坑现象，见图 6-1-9 和图 6-1-10，同时在 56 片叶片的叶背面齿根侧壁处发现类似于蹭伤的痕迹，将这种痕迹放在扫描电镜下观察，发现该痕迹呈条状，见图 6-1-11。同时在该痕迹旁边发现了另一种深色的痕迹，见图 6-1-12。对图 6-1-11 和图 6-1-12中条状痕迹和表面深色痕迹放大观察，没有发现这些地方出现微裂纹。

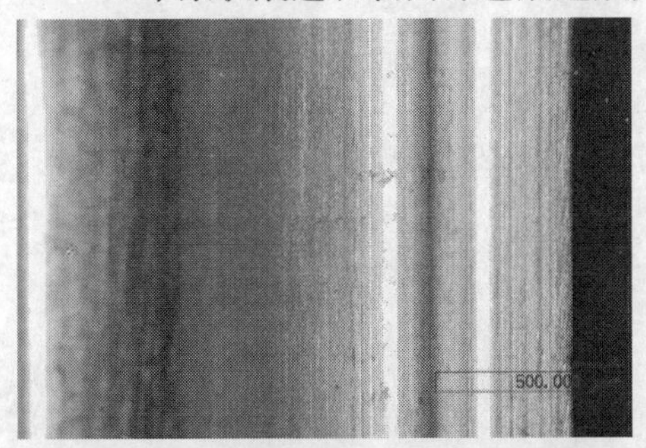

图 6-1-9 27 号叶片榫齿槽内凸起痕迹

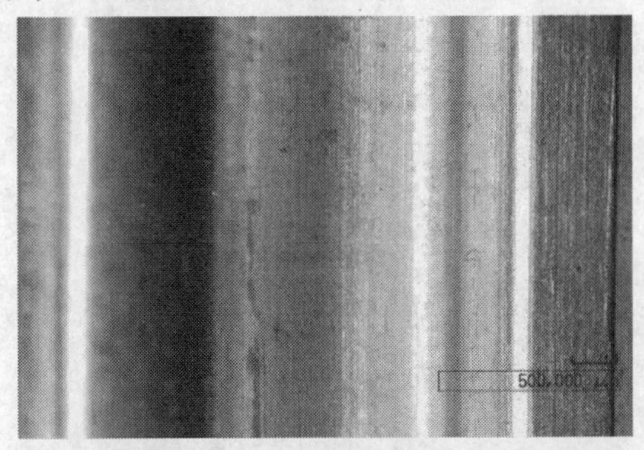

图 6-1-10 35 号叶片榫齿槽内凹坑痕迹

图 6-1-11 28 号叶片齿根侧壁条状痕迹

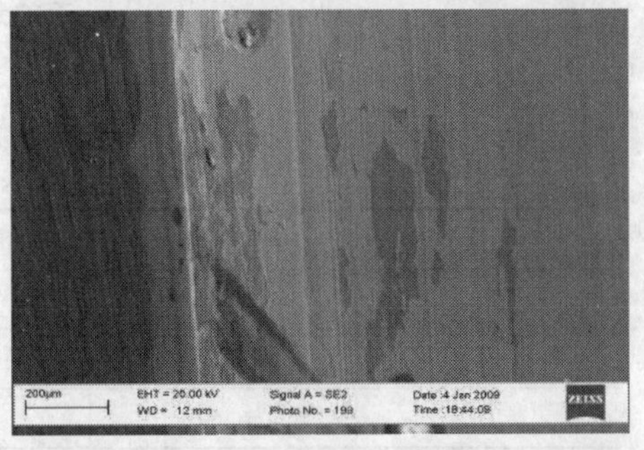

图 6-1-12 28 号叶片第三榫齿侧壁深色痕迹

为了进一步判断这两种痕迹的性质及来源，对它们进行了能谱分析，结果见图 6-1-13 和图 6-1-14、表 6-1-2 和表 6-1-3。可见该条状痕迹主要成分为 Fe、Cr、Ti，含量分别为 Fe77.61%，Cr11.09%，Ti6.57%，其中 Ti 应为基体中原来存在的，这表明该痕迹中的材料与叶片材料完全不同，是外来的。

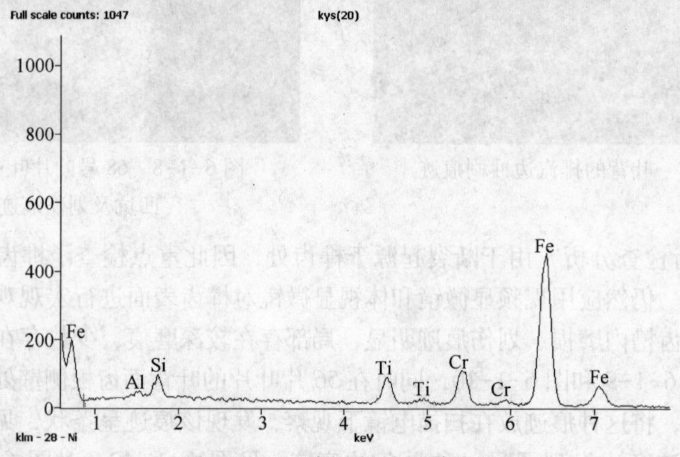

图 6-1-13　条状区域能谱分析

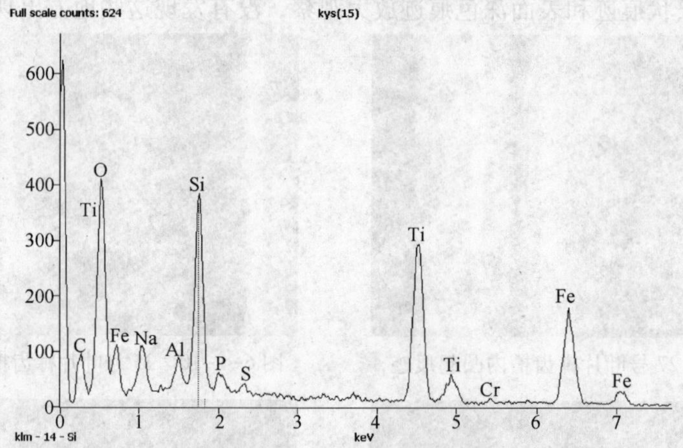

图 6-1-14　深色区域能谱分析

表 6-1-2　条状区域能谱定量分析结果

元素	质量/%	质量/%（损伤）	原子/%	原子/%（损伤）
Al	1.09	±0.25	2.12	±0.49
Si	3.64	±0.23	6.79	±0.43
Ti	6.57	±0.27	7.18	±0.30

续表

元素	质量/%	质量/%(损伤)	原子/%	原子/%(损伤)
Cr	11.09	±0.54	11.16	±0.54
Fe	77.61	±1.15	72.75	±1.08
总量	100.00		100.00	

表 6-1-3 深色区域能谱定量分析结果

元素	质量/%	质量/%(损伤)	原子/%	原子/%(损伤)
C	32.15	±2.17	44.68	±3.02
O	42.24	±2.18	44.07	±2.27
Na	3.62	±0.25	2.63	±0.18
Al	0.62	±0.05	0.38	±0.03
Si	4.34	±0.12	2.58	±0.07
P	0.41	±0.05	0.22	±0.03
S	0.25	±0.04	0.13	±0.02
Ti	8.40	±0.19	2.93	±0.07
Cr	0.22	±0.05	0.07	±0.02
Fe	7.74	±0.20	2.31	±0.06
总量	100.00		100.00	

而深色区域的主要成分为 C、O、Ti、Fe 并含有少量 Na 元素，含量分别为 C32.15%，O42.24%，Ti8.40%，Fe7.74%，Na3.62%。

（2）射线探伤检测分析

对送检叶片(除 4 号和 5 号叶片以外)的叶身和榫齿、榫槽部位进行射线检测，没有超标缺陷显示，图 6-1-15 为部分叶片射线探伤照片。

（3）化学成分分析

取 4 号和 5 号叶片进行化学成分分析，其结果见表 6-1-4。可以看出，叶片的化学成分满足三菱公司提供的材料成分要求。

将分析结果与国际标准 ASME SB348 Gr·5 对照，见表 6-1-5，确定其成分基本满足 ASME SB348 Gr·5 对 Ti-6Al-4V 钛合金的要求。

表 6-1-4 叶片化学成分分析结果 %

元素	Ti	Al	V	C	O	Fe	Nb
含量	余	6.04	4.16	0.012	0.18	0.22	<0.1
规范①	余	5.5~6.75	3.5~5.4	<0.1	<0.2	<0.3	—

注：① 三菱公司提供的技术规范要求。

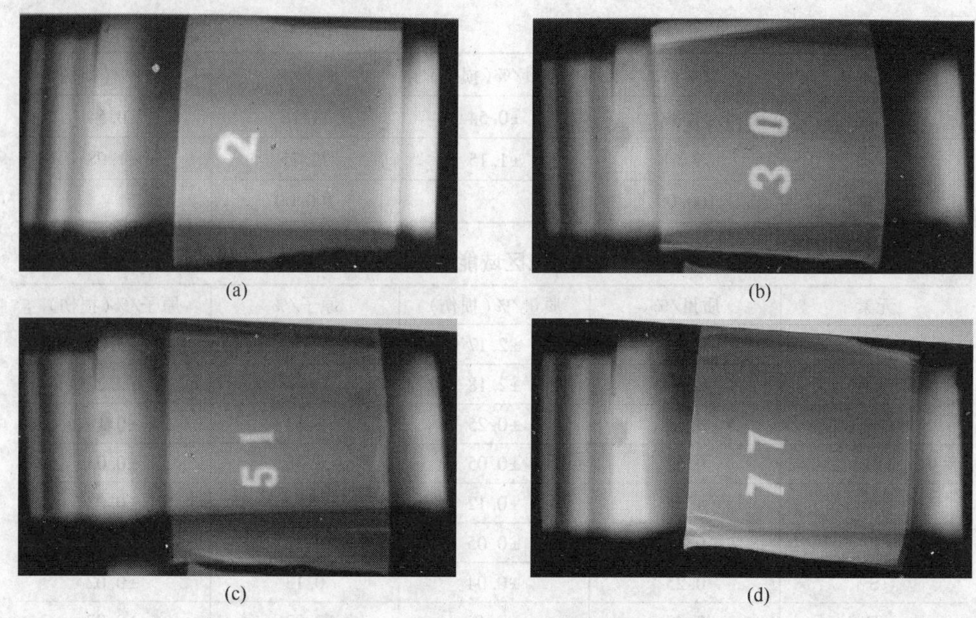

(a) (b) (c) (d)

图 6-1-15　部分叶片射线检查结果

表 6-1-5　Ti-6Al-4V 钛合金化学成分标准

牌号	化学成分/%									
	主要成分			杂质，不大于						
	Ti	Al	V	Fe	C	N	H	O	其他元素	
									单一	总和
Ti-6Al-4V	余	5.5~6.75	3.5~4.5	0.4	0.08	0.05	0.015	0.20	0.10	0.40

根据 ASME SB348 Gr·5，Ti-6Al-4V 钛合金性能见表 6-1-6，该合金为 α+β 型钛合金，具有良好的耐热性、强度、塑性、韧性、成形性、可焊性、耐腐蚀性、无毒和生物相容性，该牌号钛合金的使用量达到钛合金总用量的 75%~80%。

表 6-1-6　Ti-6Al-4V 钛合金性能参数

材料	屈服强度/MPa	抗拉强度/MPa	延伸率/%	断面收缩率/%
Ti-6Al-4V	828	895	10	25

（4）蒸汽冷凝液成分分析

对现场取样的蒸汽冷凝液进行成分分析，其中氯离子测定采用硝酸银滴定法，钠离子和二氧化硅测定采用分光光度法，分析结果见表 6-1-7，可见测试结果中的 Cl^-、Na^+ 和 SiO_2 不能满足规范要求。由于本次分析采用用户和日本三菱公司联合在事故现场的取样，并由矿泉水瓶盛取的，不排除取样受污染问题。

表 6-1-7 蒸汽冷凝液成分分析结果

	pH 值	电导率/(μS/cm)	Cl^-/ppm	Na^+/ppm	SiO_2/ppm
测试结果	7.12	12.6	0.600	0.0348	0.039
日方测试结果	8.8	7.0	0.176	0.07	0.059
规范①			<0.002	<0.01	<0.015

注：① 三菱公司提供的技术规范要求。

（5）金相组织检查

为了检测和判断该叶片所用材料的冶金质量和热处理规范，对叶片的特征区域进行了全面的金相组织观察。取叶片断口附近纵剖面及横截面进行观察，取样位置见图 6-1-16，并将三个金相试样分别编号为 1#、2#、3#。

1#试样在磨光、抛光状态下观察，未发现异常非金属夹杂物，见图 6-1-17，表明所抽取部位未发现冶金质量异常。同时检查了 1#试样与 2#试样是否存在晶间腐蚀情况，见图 6-1-18 和图 6-1-19，图示表明所抽取部位未发现晶间腐蚀的存在。

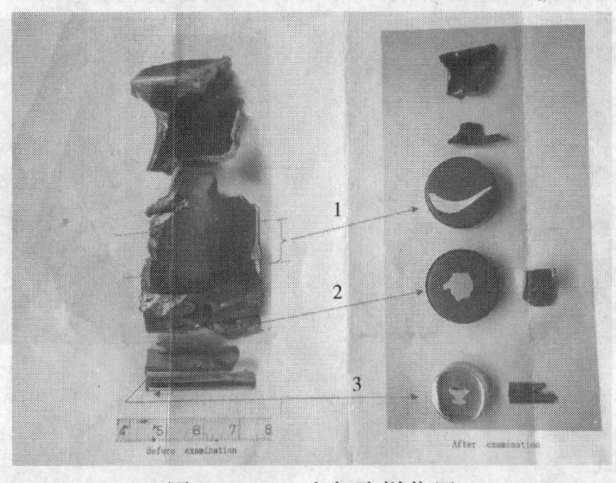

图 6-1-16 金相取样位置

图 6-1-17 1#样抛光状态下的金相

图 6-1-18 1#样抛光状态下边缘金相

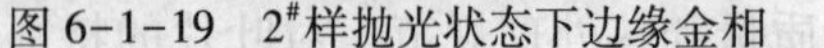

图 6-1-19　2#样抛光状态下边缘金相

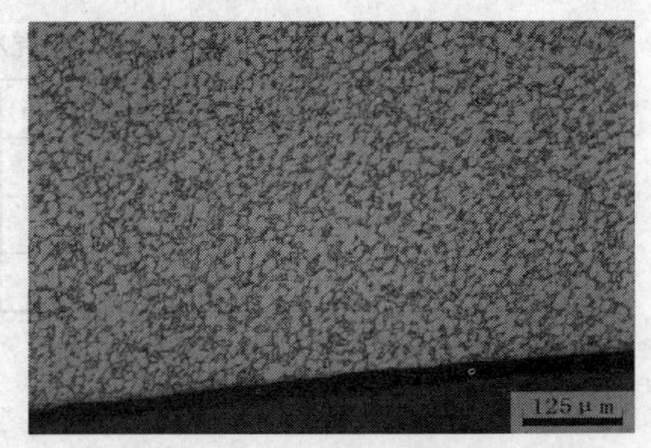

图 6-1-20　2#样边缘组织

在室温下经氢氟酸—硝酸—水(体积比 1∶6∶7)侵蚀后观察，见图 6-1-20 和图 6-1-21，金相组织形貌为变形后的 α+β 双态组织，颜色较浅的近等轴状相为初生 α 相，α 相间为 α+β 双相组织，整个组织形貌沿右 45°方向略微拉长。通过与金相图谱(见机械工业出版社《金属材料金相图谱》下册，第 1886 页，图 12-1-79)比对，该组织形貌无异常，为正常的 Ti-6Al-4V 钛合金组织。

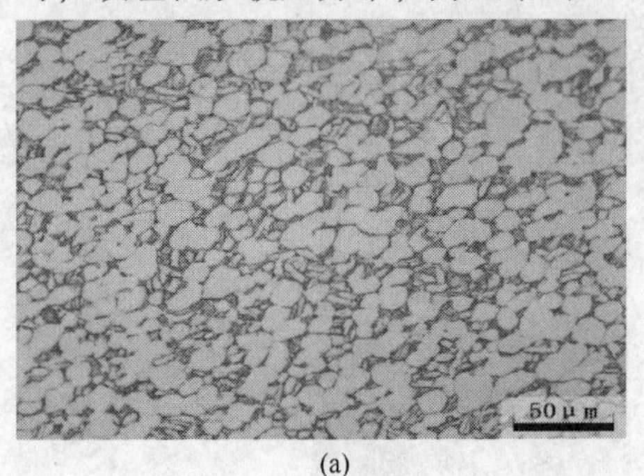

(a)

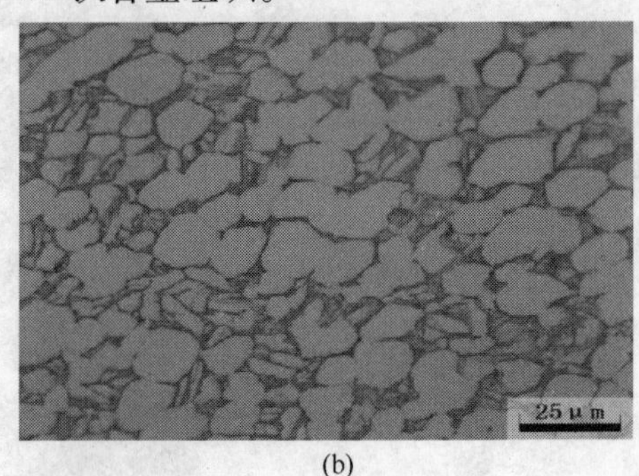

(b)

图 6-1-21　3#样组织

(6) 硬度测试

将上述三个试样置于显微镜下测量显微硬度，每个试样随机测量三个点，取平均值，见表 6-1-8，测量发现三个试样的硬度变化幅度不大，硬度值均在 330～345HV 之间，而 Ti-6Al-4V 钛合金的硬度值范围在 300～400HV 之间，因此，叶片的硬度并无异常。

表 6-1-8　显微硬度测量结果　　HV

测定次数 / 编号	第一次	第二次	第三次	平均值
1	340. 8	326. 1	339. 1	335. 3
2	338. 2	330. 1	327. 5	331. 9
3	334. 2	351. 2	344. 2	343. 2

（7）断口分析

将断口置于体视显微镜和扫描电镜下观察，发现断口上存在三个源区，将三块区域分别标注，见图 6-1-22。断口经过清洗以后，进行了断口宏微观形貌观察，从源区的宏观位置可以看出，两个裂纹源位于第二榫齿处，一个裂纹源位于第一榫齿处，三个裂纹源分别位于叶片的叶盆面和叶背面。下面逐一对三个区域断口进行分析。

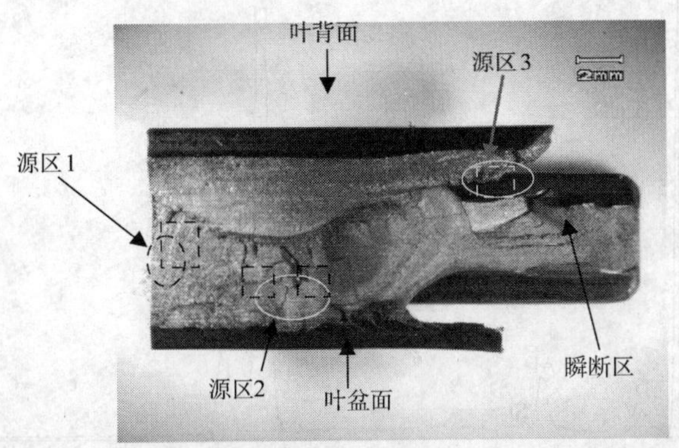

图 6-1-22 断口区域说明示意图

① 1#区域的断口形貌观察 图 6-1-24 中，1#区域左侧在三菱公司的第一次分析中切掉用作金相分析，已不完整，将前述 3#金相试样砸开，在扫描电镜下观察断口部分，但是由于金相制样时要进行磨抛处理，断口被磨掉一定的厚度，实际上已被破坏，并未观察到有用信息。

图 6-1-23 所示图片下方试样边缘很直，这是切割造成的结果，从图中可以看到明显的疲劳弧线，但是源区已被破坏。放大后断口呈脆性特征形貌，可观察到解理，无腐蚀形貌，也没有发现材料及加工缺陷，见图 6-1-24。

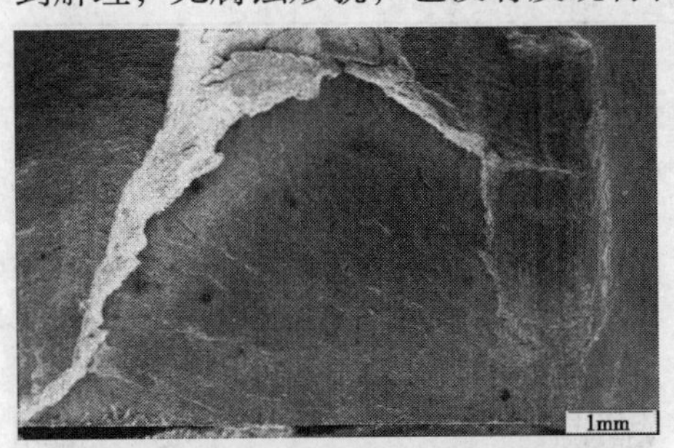

图 6-1-23 1#区域断口宏观图像

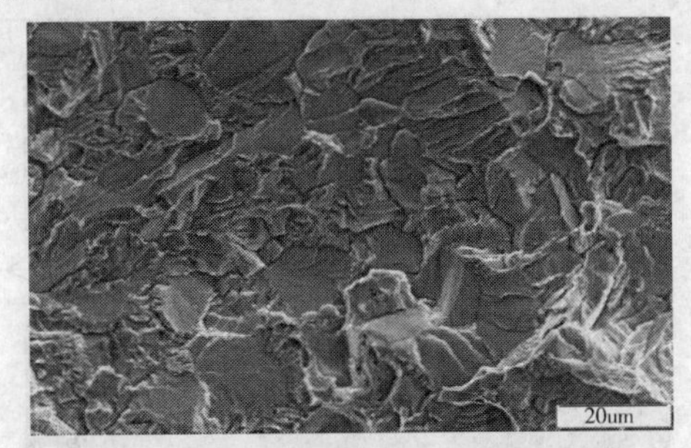

图 6-1-24 1#区域断口脆性解理特征

对区域 1#进行能谱分析，分析区域见图 6-1-22 中 1#区域的方框虚线部分。分析结果见图 6-1-25 和表 6-1-9，谱线及定量结果表明，该区域除含有少量的

Si 元素外，均是基体元素，未见其他有害元素。

② 2#区域的断口形貌观察　图 6-1-26 所示为 2#区域形貌，由图中可以看到 2#区域呈多点开裂，存在三个起裂源，均起源于第二榫齿边缘一侧，并向另一侧扩展，有明显的放射状花样。同时在该区域可看到明显的疲劳弧线痕迹，见图 6-1-27。

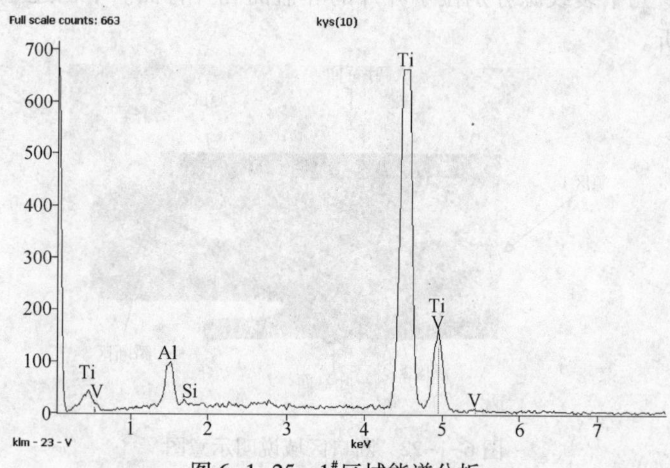

图 6-1-25　1#区域能谱分析

表 6-1-9　1#区域能谱分析定量结果

元素	质量/%	质量/%（损伤）	原子/%	原子/%（损伤）
Al	5.47	±0.28	9.33	±0.49
Si	0.09	±0.11	0.14	±0.17
Ti	90.98	±1.08	87.40	±1.04
V	3.46	±0.39	3.13	±0.35
总量	100.00		100.00	

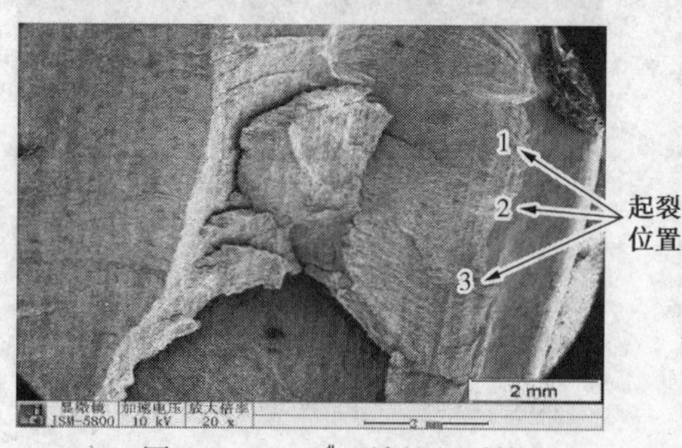

图 6-1-26　2#区域的起裂特征

图 6-1-27　2#区域疲劳的弧线特征

图 6-1-28 为图 6-1-26 中位置 1 的形貌特征，图中可见收敛特征，将该区

域放大，见图 6-1-29，断口呈现脆性特征，无腐蚀形貌，也没有发现材料及加工缺陷。

将图 6-1-26 中位置 2 放大，可观察到明显的二次裂纹特征，断口呈脆性形貌，没有发现腐蚀产物，也无材质及加工缺陷，见图 6-1-30；继续放大观察，可观察到疲劳条带形貌，见图 6-1-31。

图 6-1-26 中位置 3 断口形貌依然为典型的脆性断口形貌，其源区特征见图 6-1-32，没有发现腐蚀产物，也无材质和加工缺陷。

图 6-1-28　2#区域位置 1 形貌

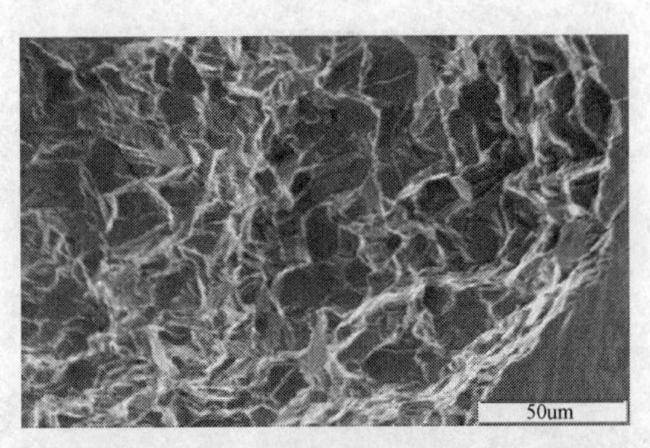

图 6-1-29　2#区域位置 1 形貌放大

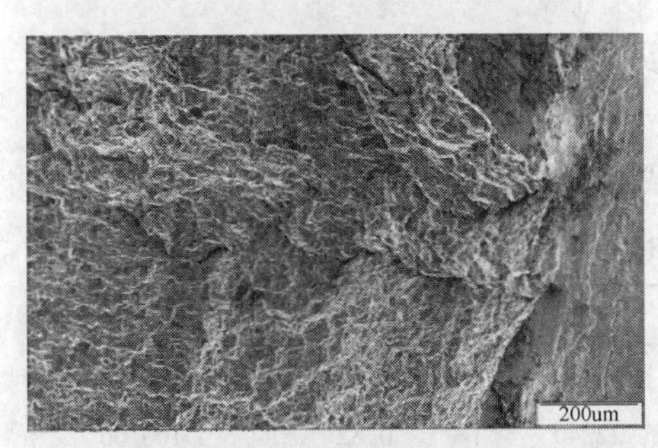

(a)

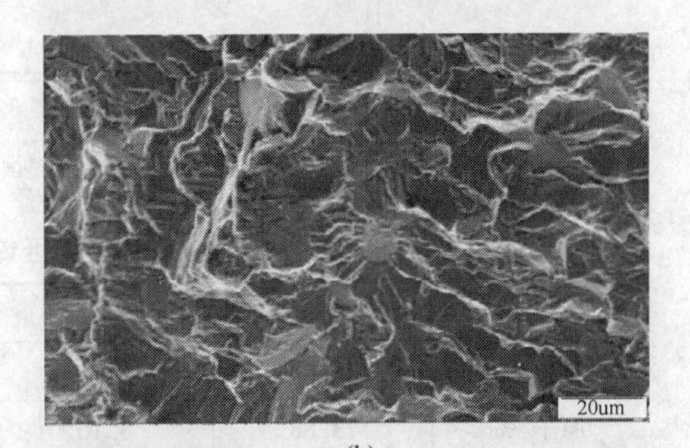

(b)

图 6-1-30　2#区域位置 2 的二次裂纹及脆性特征

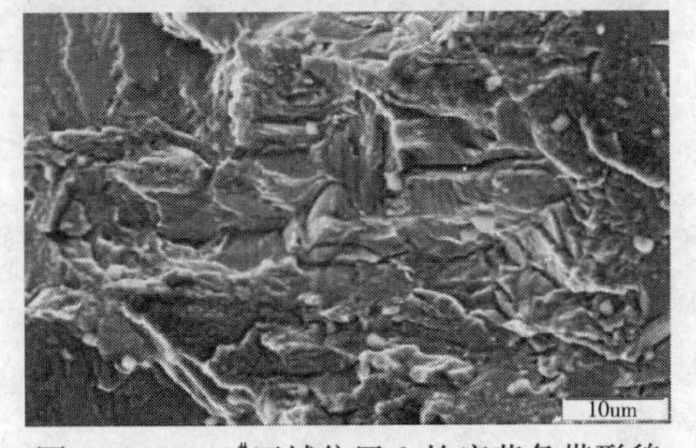

图 6-1-31　2#区域位置 2 的疲劳条带形貌

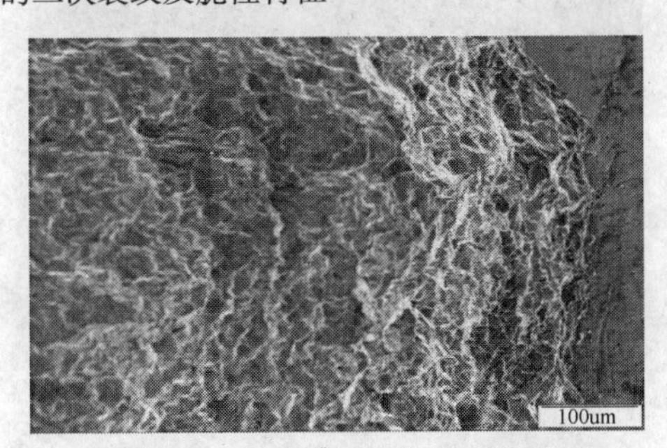

图 6-1-32　2#区域位置 3 形貌

用能谱仪分析了 2#区域源区的成分，分析位置有两块，如图 6-1-22 中两个方框虚线框所示，两位置的分析结果基本一致，分析表明，该区域除含有少量的 C 元素外，均是基体元素，未见能对叶片造成腐蚀的有害元素存在，见图6-1-33 和表 6-1-10。

③ 3#区域的断口形貌观察　3#区域源区起源于第一榫齿一侧，源区位置较平，扩展趋势并不明显，从放大的图像上可以观察到明显的脆性特征，见图 6-1-34，断口表面没有发现腐蚀产物，也无材质和加工缺陷。

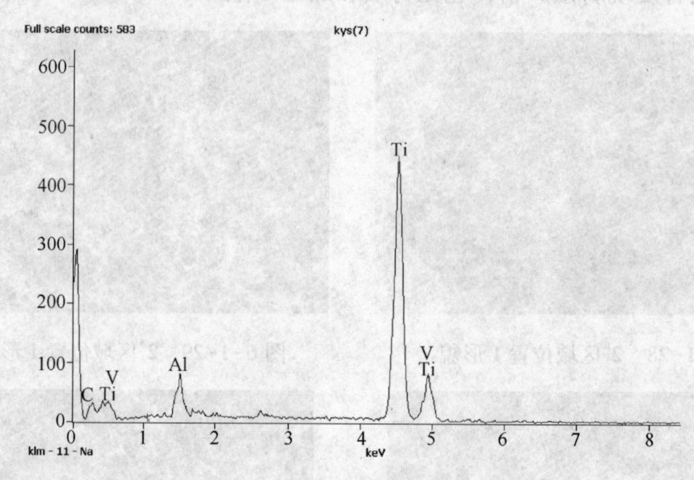

图 6-1-33　2#区域能谱图分析

表 6-1-10　2#区域能谱分析定量结果

元素	C	Al	Ti	V	总量
质量/%	42. 48	4. 01	51. 50	2. 01	100. 00
原子/%	73. 68	3. 10	22. 40	0. 82	100. 00

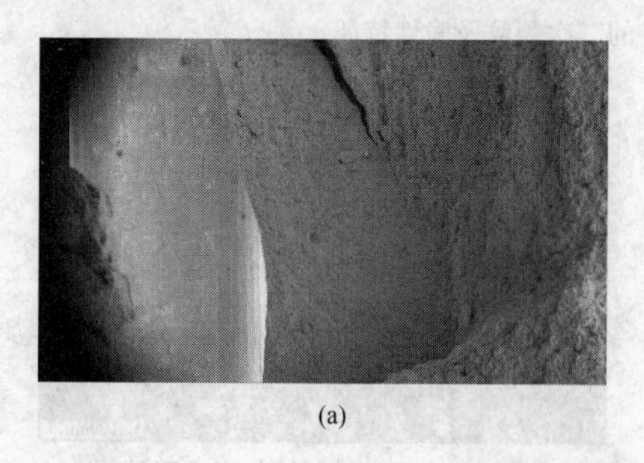

(a)

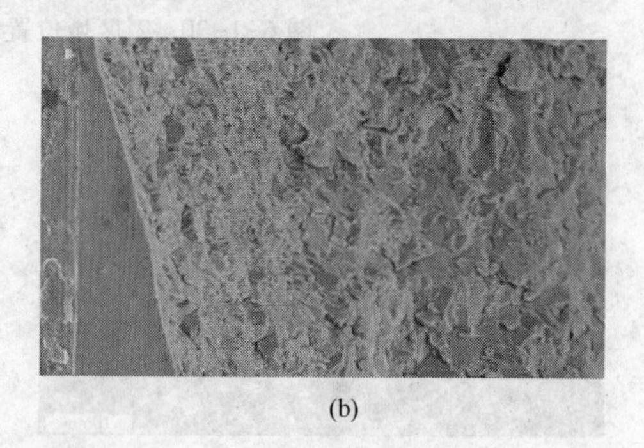

(b)

图 6-1-34　3#区域源区特征

对3#区域源区进行能谱分析，分析位置见图6-1-22中方框虚线所示，分析表明，该区域除含有少量的Si元素外，均是基体元素，未见能对叶片造成腐蚀的有害元素存在，见图6-1-35和表6-1-11。

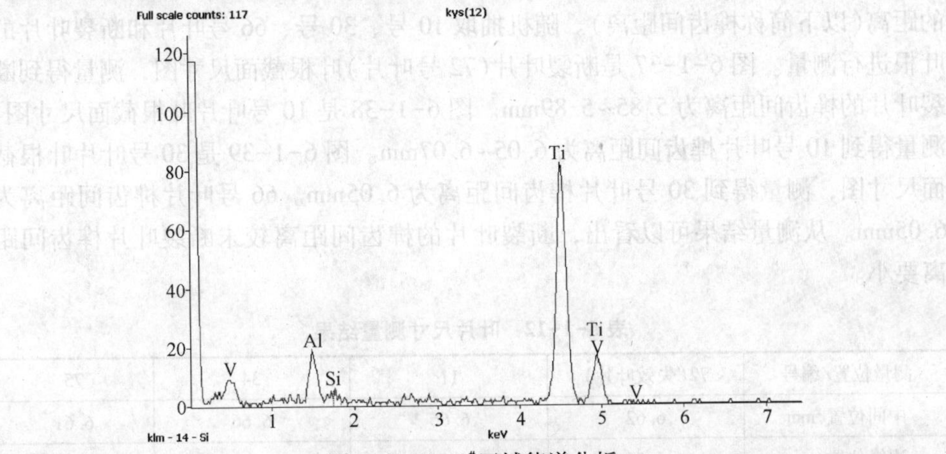

图6-1-35 3#区域能谱分析

表6-1-11 3#区域能谱分析定量结果

元素	Al	Si	Ti	V	总量
质量/%	9.28	1.12	84.35	5.25	100.00
原子/%	15.30	1.77	78.34	4.59	100.00

④ 瞬断区断口形貌观察 在瞬断区可观察到典型的韧窝形貌，见图6-1-36，整个瞬断区面积大约占整个断口面积的1/5左右。因此，可以判断疲劳应力水平不是很高。

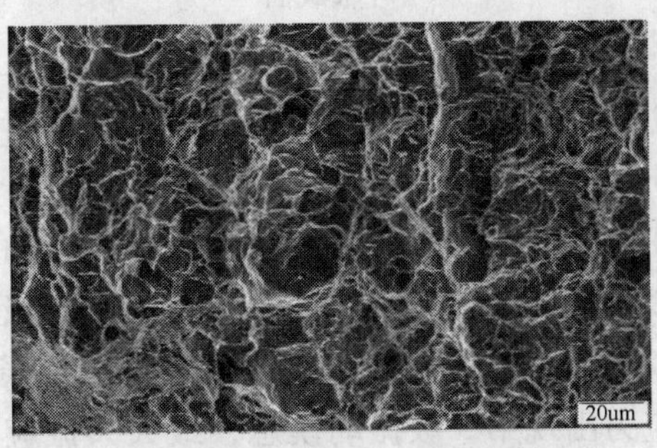

图6-1-36 瞬断区韧窝特征

(8) 叶片榫齿尺寸测量

为确定失效叶片制造尺寸与其他叶片是否一致，随机抽取了11号、34号、75号，3号叶片，用卡尺测量了第一榫齿的宽度，见表6-1-12。测量后发现失效叶片的边缘处第一榫齿边缘部分宽度较其他叶片有 0. 05~0. 09mm 的差异。

叶片根部与转子轮盘之间的连接主要有 4 个相互接触的位置，分别是第一榫齿与第二榫齿上表面两侧，因此，有必要测量第一榫齿与第二榫齿接面位置之间的距离(以下简称榫齿间距离)。随机抽取 10 号、30 号、66 号叶片和断裂叶片的叶根进行测量。图 6-1-37 是断裂叶片(72 号叶片)叶根截面尺寸图，测量得到断裂叶片的榫齿间距离为 5. 85~5. 89mm。图 6-1-38 是 10 号叶片叶根截面尺寸图，测量得到 10 号叶片榫齿间距离为 6. 05~6. 07mm。图 6-1-39 是 30 号叶片叶根截面尺寸图，测量得到 30 号叶片榫齿间距离为 6. 05mm。66 号叶片榫齿间距离为 6. 05mm。从测量结果可以看出，断裂叶片的榫齿间距离较未断裂叶片榫齿间距离要小。

表 6-1-12　叶片尺寸测量结果

测量位置/编号	72(失效叶片)	11	34	75
中间位置/mm	6. 62	6. 66	6. 66	6. 61
边缘位置/mm	6. 56	6. 64	6. 65	6. 61

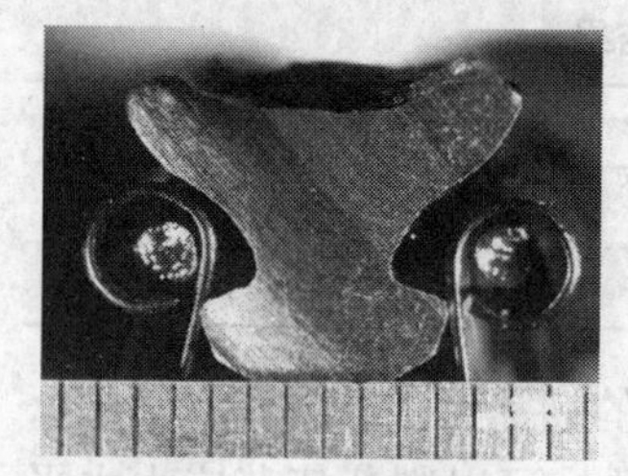

图 6-1-37　断裂叶片叶根载面

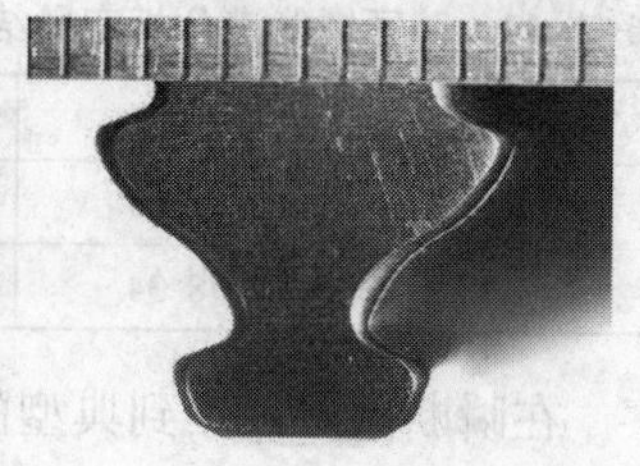

图 6-1-38　10 号叶片叶根载面

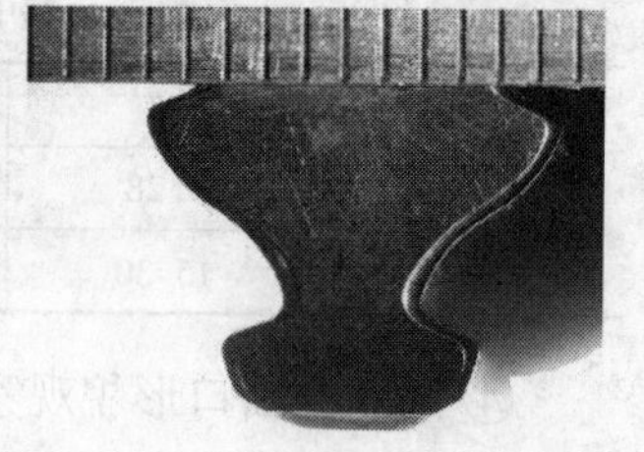

图 6-1-39　30 号叶片叶根载面

(9) 应力分析

三菱重工设计部门对第 5 级叶片在工作状态下的应力进行了分析，由于本次分析缺少叶片的精确尺寸，因此，在这里引用三菱重工的计算结果。

三菱重工使用 3D 模型和计算流体动力学进行了叶片的应力分析。第 5 级叶片的频谱图可以用来评估喷嘴通过频率共振情况。在第 5 级叶片由最小到最大的转速变化过程中，在第 4 到第 6 振动模态下，可能出现共振，有 3 个共振点。第 5 级叶片的最大共振应力出现第 5 级振动模态，最大共振应力位置在叶根处，大小约为 5. 5kgf/mm^2，最小的安全系数为 5. 8，相比叶身处的安全系数要小得多，而且比三菱重工设计规范要求的最小安全系数 6 低，因此，可以看出该设计安全余度小，存在一定的安全隐患。

3 综合分析

查阅103-JT转子运行工况记录没有发现操作异常现象。原转子已连续工作4年，没有发现任何破坏，而备用转子只工作了1年便出现了叶片断裂现象，对两个转子的工作情况进行调查，考虑工艺运行的稳定性，可以判断运行环境导致备用转子叶片发生断裂的可能性较小。

根据叶形进行的叶片振动分析结果可以看出，该叶片设计上安全余度选取得比较小，存在一定的安全隐患，但在正常的制造、安装和工作条件下，叶片不会发生破坏。

叶片的化学成分分析显示，断裂叶片与其他未断裂叶片都是钛合金制成，没有发现材料错用情况，硬度和金相组织检查结果证明材料中的夹杂物正常、金相组织未见异常。射线探伤检查没有发现叶片内部有缺陷。叶身表面虽有一定冲刷和变色痕迹，但不影响该叶片的正常工作。叶冠和榫齿表面检查虽然发现了一些表面缺陷，但未见与这些缺陷相连的微裂纹，可以排除这些缺陷引起叶片发生断裂的可能性。

叶片榫齿的工作温度较低，在正常情况下，叶片主要承受离心载荷、气动弯矩和热载荷，在发动机启动-运转-停车过程中，载荷发生循环变化，具有产生疲劳失效作用的载荷条件。

从断口的宏微观形貌观察可以发现该叶片的断裂至少有3个源区，分别位于第一和第二榫齿两侧的榫齿齿面上，这样的位置分布说明该叶片榫齿两侧的齿面上均出现应力异常现象，断口上可以清楚地看到疲劳弧线和疲劳条带，可以确认叶片的断裂模式为疲劳。裂纹起源的位置没有看到材料和加工缺陷，能谱分析结果未见到腐蚀产物，裂纹的起源与缺陷引起的应力集中和腐蚀无关，可以说该失效与腐蚀无关。瞬断区的比例较小，形貌为韧窝，说明材料具有较好的塑性，且破坏时交变应力水平不是很高，因此，该叶片的断裂是低应力下的高周疲劳失效。

由于与断裂叶片相邻的叶片(71号和73号叶片)已经切割，无法观察断裂叶片与相邻叶片之间的碰磨情况，因此，无法找到叶根松动、叶片发生弯曲变形的直接证据。

对叶片榫齿尺寸的测量发现，断裂叶片的第一榫齿和第二榫齿与轮盘相接触的位置之间的距离要小于正常的叶片，这会导致运行时叶片安装不紧，出现振动下传，在榫面上产生较大的交变应力。

从以上分析得出，第5级叶片破坏为疲劳失效，裂纹起源处没有发现材质和加工缺陷，且起源处没有发现腐蚀产物，可排除缺陷或腐蚀引起的疲劳破坏。根据叶片安装结构，结合叶根处的尺寸测量，可以判断该叶片的断裂是由于叶片与轮盘配合不紧，导致了振动下传，再加上该叶片的设计安全余度低，最终导致了叶片发生疲劳断裂失效。

4 结论

① 叶片榫齿的失效模式为疲劳断裂，而与腐蚀无关；

② 榫齿断裂的主要原因为叶片尺寸出现偏差，导致叶片运行过程中发生振动下传，发生高周疲劳失效；

③ 现有的第5级叶片设计安全余度小，存在共振的可能性，设计上共振点避开度小，从而加速疲劳破坏。

第2节 新氢压缩机入口缓冲罐接管开裂失效分析

1 背景概况

2008年7月某厂对加氢裂化装置K101A新氢压缩机进行巡检时发现三级入口缓冲罐有气体泄漏，据现场识别为南侧测压接管根部泄漏，立即采取紧急措施，防止了重大事故的发生，其后进行的宏观检查及无损检测均表明该测压接管根部存在明显的开裂。2008年7~8月对发生开裂的接管进行检测和取样试验，分析开裂的特征及发生的原因，为其他两台压缩机K101B、K101C的检测和监测提出针对性措施，防止再次发生同类事故，并为压缩机安全运行提供技术支撑，给出对于装置继续安全运行的建议。该缓冲罐相关参数见表6-2-1。

表6-2-1 缓冲罐相关资料及主要参数

名称	三级入口缓冲罐		
设计单位	沈阳气体压缩机厂	设计标准	GB 150—1998
投用日期	2000年6月1日	安装单位	中国石化集团第四建设公司
制造单位	抚顺机械制造有限责任公司	检验历史	天津石化容检所：2002年6月25日
主体材质	筒体16MnR(HIC)/封头16Mn锻	主要规格	ϕ600mm×36mm
设计压力/MPa	13	设计温度/℃	100
操作压力/MPa	11.58	操作温度/℃	40
腐蚀裕量/mm	3.0	耐压试验/MPa	16.3
容器类别	Ⅲ	焊缝系数	1.0
热处理	焊后整体热处理	结构特点	锻焊式
介质	氢气		

2 失效接管的分析内容及结果

（1）资料查阅

根据该公司提供的原始资料，该公司20×10^4t/a聚酯工程炼油厂扩建80×10^4t/a加氢裂化装置中，共设置4台压缩机组，其中由电机驱动的往复式新氢压缩机组3台，机组为4列对称平衡式往复式，型号为4M50-26/20-195-Bx，转速300r/min。装置外来的40℃/2.06MPa新氢经一级压缩升压至5.67MPa，冷却分离后再经二级压缩升压至11.58MPa，再次冷却分离然后经三级压缩升压至19.2MPa，与循环氢混合进入反应系统。因投用时间较长，现只能查阅到缓冲罐的设备装配图，失效接管材料牌号不详，直径和壁厚不详。

（2）宏观检查和无损检测

缓冲罐的安装长度方向为南北向，测压接管位于罐体西侧水平方位，共两个，发生泄漏的为南侧接管，没有附加任何支撑。对接管根部开裂部位进行宏观检查，发现开裂非常明显，裂纹宽度较窄但比较长，由于防腐涂层的遮挡及接管根部焊缝余高较高，无法准确判断开裂是发生在接管上还是发生在缓冲罐本体上，见图6-2-1。

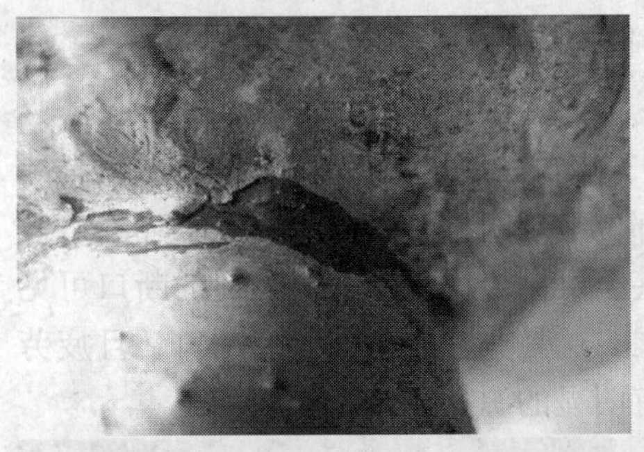

图6-2-1 宏观检查发现存在明显开裂

为进一步确认裂纹的位置及形状，对接管根部进行轻微打磨去除表面覆盖层，露出金属本体光泽，然后进行渗透检测，发现一条明显的裂纹，长度超过3/4周，仅北侧不到1/4周的区域无裂纹，见图6-2-2，开裂发生在靠近角焊缝的接管根部热影响区，在缓冲罐壳体和角焊缝上未检出任何外表面缺陷。

（3）规格测量

在运输至制造厂进行修理的路途中由于路途颠簸，接管已自行从缓冲罐本体断裂并脱落，用卡尺对断裂的接管进行直径和壁厚的测量，结果见表6-2-2。

表6-2-2 外径和壁厚测量结果表

编号	1	2	3	4
外径	35.6	36.0	36.2	35.9
壁厚	14.3	14.5	14.2	14.4

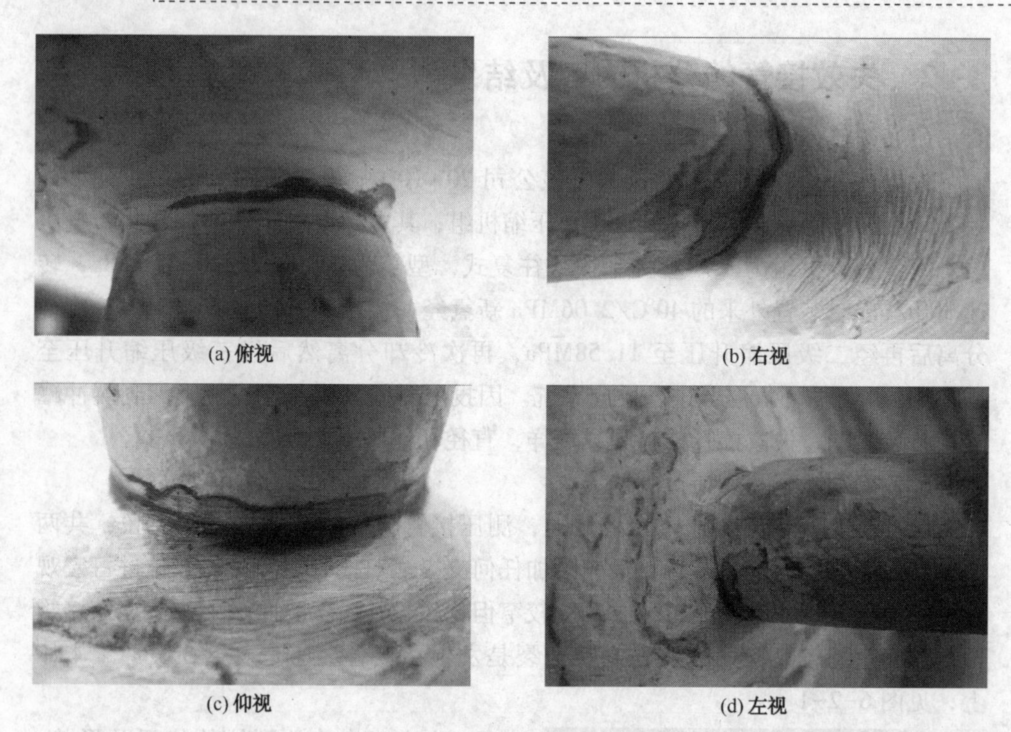

(a) 俯视　(b) 右视　(c) 仰视　(d) 左视

图 6-2-2　PT 检测发现裂纹

（4）断口宏观观察

首先对断口进行宏观检查，见图 6-2-3，如果以过截面圆心的水平线为界，将截面分为上、下两个半环，半环的相邻部位呈现明显的台阶线，上半环断口表面比较暗，而下半环断口则要明亮的多，甚至可见金属光泽。上半环的断口可见明显的贝壳状花纹，由接管的外壁向内扩展，这是非常典型的疲劳断口，且疲劳源不止一处，右上方和正上方的外壁都具有明显的源特征。

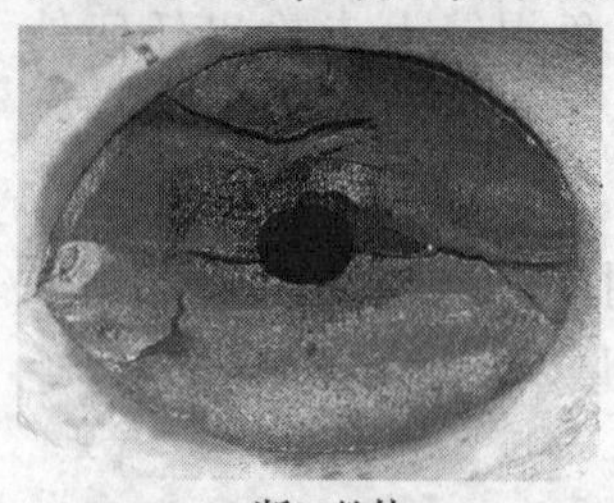

(a) 断口整体

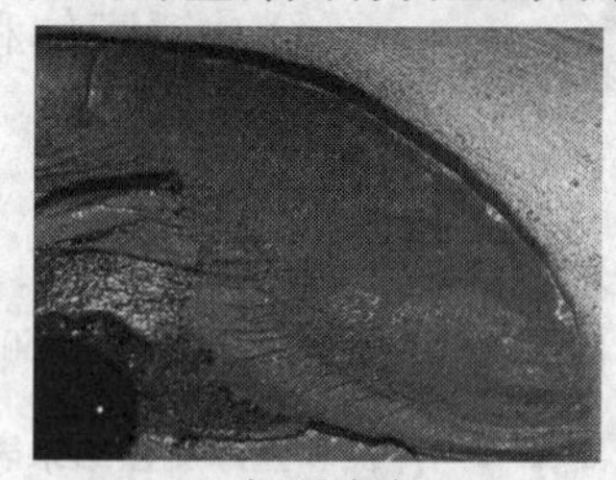

(b) 上半环右侧断口

(c) 上半环左侧断口

图 6-2-3　断口宏观检查

（5）材料化学成分分析

由于接管零件图缺失，已无法准确获知接管的材质或材料牌号，为确定接管母材化学成分，在远离焊接接头的区域取样进行化学成分分析，结果见表6-2-3，可以看出母材化学成分分析结果中P、S含量非常低，Cr、Mo的含量也比较低，考虑到缓冲罐本体壳体材质为16Mn(HIC)，封头为16Mn锻，接管规格表明该接管显然为锻件加工而成，材质也最有可能是16Mn锻，故将我国压力容器用16Mn锻件的标准JB 4726—94要求也列于表6-2-3中以供比较和参考。从表6-2-3的数据可以发现接管的化学成分符合JB 4726—94的要求，尤其是S、P含量控制的非常低。

表6-2-3 母材化学成分分析结果表

分析元素	C	Mn	P	S	Si	Cr	Mo	Cu	Ni
GB 4726—94中16Mn锻件的标准要求/%	0.12~0.20	1.20~1.60	≤0.035	≤0.035	0.20~0.60	≤0.30	—	≤0.25	≤0.30
实测值/%	0.18	1.19	0.006	<0.005	0.46	<0.05	<0.01	0.22	0.038

(6) 金相分析

沿着接管的纵向进行金相分析，结果见图6-2-4，发现断口附近的晶粒比远离断口区要更小一些，从图6-2-4(b)中能发现断口区域的部分位置还存在魏氏体组织。这可能是在接管焊接过程中，由于焊接热量的输入，接管根部相当于经历了一次正火热处理(若温度足够高，且焊后快速冷却——空冷)，该部位的晶粒会比远离断口区要小一些。但如果焊接时在高温下停留时间长，加热温度过高引起过热，有可能形成魏氏体组织。

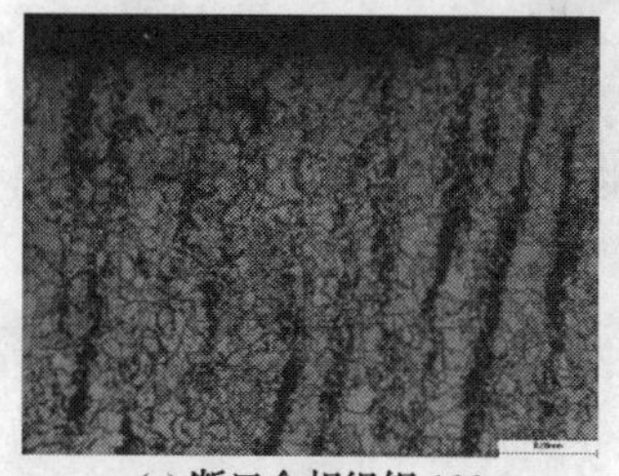
(a) 断口金相组织 100×

(b) 断口金相组织 600×

(c) 远离断口处金相组织 500×

图6-2-4 金相组织

虽然魏氏体组织一般可以通过热处理(正火处理)来矫正，但如果炉温过高，可能会产生硫化物向γ-Fe的固溶以及在冷却时沿晶界的再析出，通常将这种过热称为稳定过热或锻造过热，以便与一般过热区别开来，因为已经过热的成形锻件不可能也不允许再次加热到锻造温度并通过再度变形来改善硫化物的分布形态，虽然硫化物在晶界析出十分细小，甚至在光学显微镜下都不能直接观察出来，但会破坏晶粒间的紧密结合，使断面脆性增加，容易发生开裂。这种情况会造成材料的机械性能尤其是冲击韧性的下降，使接管抗疲劳载荷的能力降低。

（7）扫描电镜观察

在扫描电子显微镜下观察接管的断口，由于氧化物等杂质覆盖在断口表面，不能非常准确地找到微观下清晰的疲劳辉纹，只是有些部位看起来存在一些不太明显的征状，见图6-2-5。在图6-2-6中可以看到明显的断口二次裂纹。

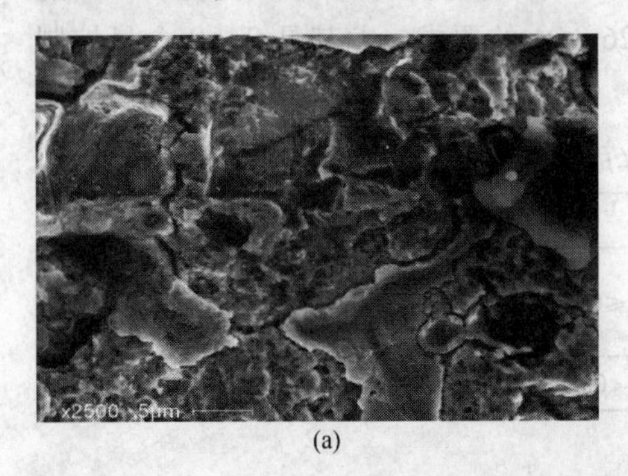

(a)

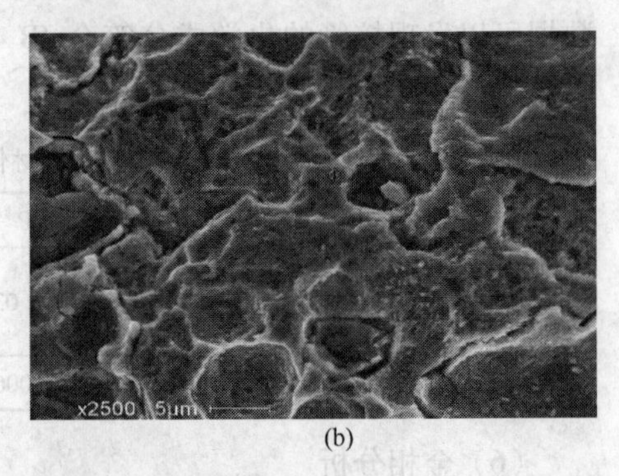

(b)

图6-2-5 有疲劳辉纹征状的部位

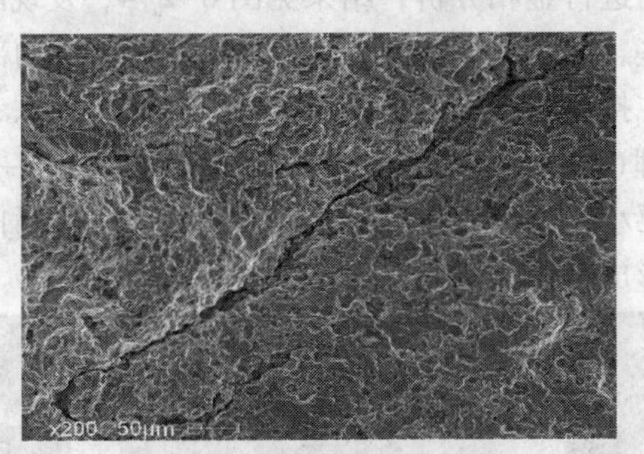

图6-2-6 断口上的二次裂纹

3 接管开裂原因分析

材料分析发现了魏氏体的存在，并且锻造中可能造成硫化物在晶界的再析出，使接管的抗疲劳载荷性能下降。

考虑到接管在服役状态下具有一端固定的简支梁特征，在压缩机的驱动下接管处于振动状态，相比较而言，由于接管及法兰本体的自重，上半环截面比下半环截面承受更多的拉应力，而下半环截面比上半环截面承受更多的压应力，因此疲劳裂纹扩展时上半环比较完整地保留了疲劳弧线，而下半环则由于压应力的作用，断口部位不停地挤压，已看不出明显的疲劳弧线，却能看到比上半环明亮的金属光泽。上、下半环之间的中间线则应处于振动的平衡位置，故应是最后断裂的部位，而左侧明亮的小块部位正是实际上接管脱落前最后相连的部位，这也是该部位在渗透检测时没有呈现开裂特征的原因。接管根部是应力最大的位置，且接管的热影响区由于晶粒相对其他区域更大，因而容易成为起裂位置。

在停车后的宏观检查时发现接管的上、下部位均有黑色的油状物体集聚在断口附近，这其实是疲劳开裂从外向内不断扩展，最先裂透的地方介质渗透出来，由于新氢中仍有少量油料，故能在断口发现，比如在图6-2-3(a)中内径位置附近，巡检人员听到的气体泄漏声即为介质泄漏产生的声响。11.58MPa的氢气从裂透部位不断泄漏出来，与空气混合，一旦遇明火或其他点燃条件，其后果是不堪设想的。

图6-2-7 另一个测压接管(未发生开裂)

在缓冲罐本体上，测压接管有两个，另外一个接管的宏观检查见图6-2-7，与开裂接管接近整圈的裂纹不同的是，另外一个接管宏观检查未发现任何开裂情况。同样的接管，为何差别如此之大呢？由于新氢压缩机的往复压缩运动，形成振源，接管受迫振动，而任何一个物体都有其固有的自振频率，如果自振频率与振源的频率接近或者相同，受迫振动的振幅可能达到非常大的值，这两个接管的差别可能跟其自振频率不同有关。

4 结论与建议

如前所述，该公司加氢裂化新氢压缩机入口缓冲罐接管根部发生开裂，断口表现为明显的疲劳特征，属于疲劳开裂。化学成分表明该接管材料符合16Mn锻件的要求，接管较小无法取样，故不能进行其他项目的力学性能试验。

疲劳开裂不仅与振源相关，还与接管本身的刚度和自振频率直接相关，如果接管的自振频率接近或者与振源频率相同，极易引发共振，导致接管快速开裂失效。

通过对制造安装、检测监测等方面采取针对性的措施，可以有效降低接管再次发生类似开裂失效敏感性，主要建议如下：

① 接管本体增加固定支撑，提高接管的刚度，需要注意的是如果采用焊接支撑板的方式应在焊后进行热处理；

② 考虑到K101A机组操作有一定的弹性，建议在压缩机的整个调节范围内进行一次接管振动频率的测量，确定是否仍存在共振的可能性，必要时采用有限元等方法进行谐振分析；

③ 加强接管的监测，巡检时注意接管的泄漏情况，一旦有异常的气体泄漏，应在做好防爆措施的情况下确定机组位号并紧急停车处理；

④ 接管的检测主要应以根部外周的表面检测为主，尤其需要注意上、下两侧的接管热影响区；

⑤ 虑到高压氢气介质泄漏后果严重，且压缩机是加氢裂化的关键机组，接管根部热影响区的表面检测周期建议缩短，以6~12个月检测一次为宜；

⑥ 建议该公司对其他主要装置的类似压缩机缓冲罐接管进行专项检测，以及早发现问题并采取针对性措施。

第3节　氢气压缩机连杆螺栓断裂失效分析

1　概况

某厂制氢装置的一台氢气压缩机于2009年12月发现其连杆螺栓有两根发生断裂，见图6-3-1。将图6-3-1中下方断裂的螺栓标记为2号螺栓，见图6-3-2，上方的螺栓标记为1号螺栓，见图6-3-3。图6-3-4为1号螺栓的断口放大照片。

图6-3-1　连杆螺栓断裂照片

图6-3-2　2号断裂螺栓

图6-3-3　1号断裂螺栓

图 6-3-4　1 号断裂螺栓断口放大照片

2　检验及试验分析

(1) 宏观检查

对截取下来的两根连杆螺栓进行检查，可以看出 1 号螺栓断口比较平整，属于脆性断口，而 2 号螺栓断口则属于典型的塑性断口。可确定 1 号螺栓为首先断裂的螺栓，当 1 号螺栓断裂后，2 号螺栓承受的力大大增加，超过材料的抗拉强度，最终导致 2 号螺栓断裂。因此查明此次事故就要重点分析 1 号螺栓的断裂原因。

从 1 号螺栓的断口上可以清晰地看到疲劳源区、裂纹扩展区和瞬断区，见图 6-3-4，图 6-3-5 为 2 号螺栓断口。

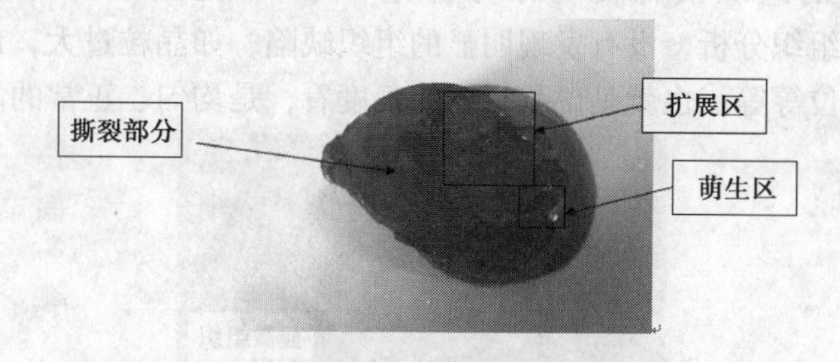

图 6-3-5　2 号螺栓断口

(2) 化学成分分析

在 1 号螺栓、2 号螺栓以及同批次的一根完好螺栓上分别取样进行化学成分分析，结果见表 6-3-1，并与 GB/T 3077—1999 中对 42CrMo 的化学成分要求值进行了对比，结果显示 1 号、2 号螺栓材质均满足要求。

表 6-3-1 材质成分化学分析结果 %

序号＼项目	C	Si	Mn	P	S	Cr	Mo
1号螺栓	0.42	0.23	0.61	0.009	0.0012	1.12	0.19
2号螺栓	0.41	0.28	0.62	0.009	0.0011	1.13	0.20
完好螺栓	0.42	0.23	0.63	0.008	0.0012	1.14	0.20
GB/T 3077—1999	0.38~0.45	0.17~0.37	0.50~0.80	—	—	0.90~1.20	0.15~0.25
出厂化学分析结果	0.41	0.21	0.58	0.019	0.005	0.98	0.18

(3) 力学性能分析

在1号螺栓、2号螺栓和完好螺栓上分别取2个拉伸试样进行室温拉伸试验，结果见表6-3-2，可见其屈服强度、抗拉强度和断后伸长率均与完好螺栓相差不大。

表 6-3-2 拉伸试验结果

序号＼项目	抗拉强度/MPa	屈服强度/MPa	延伸率/%	断面收缩率/%
1号螺栓	775	670	20	69.5
2号螺栓	785	685	22	69.5
完好螺栓	780	674	18.5	70

(4) 金相分析

将1号螺栓断口沿萌生区的中心线剖开(图6-3-6)观察截面组织及断裂原因。抛光方式为机械抛光，浸蚀剂为硝酸酒精。如图6-3-7所示，断口裂纹萌生区和扩展区的组织没有发现有明显的不同，都是正常的两相组织。结合图6-3-8显微组织分析，没有发现明显的组织缺陷，如晶粒过大，或有害析出相聚集在特殊部位等等。也就是说从材料的角度看，是均匀、正常的。

图 6-3-6 1号螺栓断口剖面

(a) 萌生区

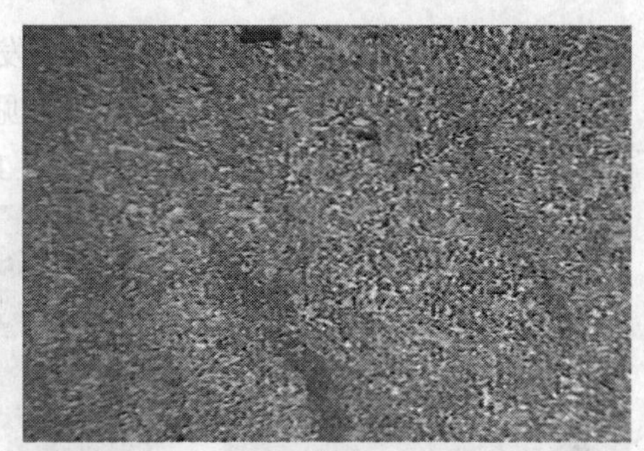

(b) 扩展区

图 6-3-7　1 号螺栓断口不同区域金相组织对比

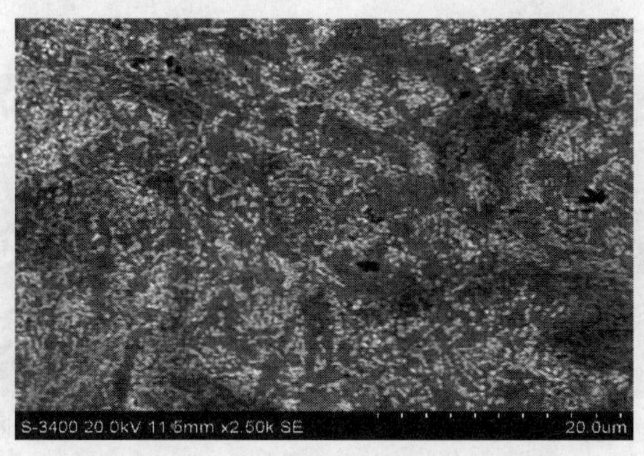

图 6-3-8　1 号螺栓基体扫描电镜组织

(5) 断口分析

对 1 号断口的萌生区、磨损区及扩展区进行扫描电镜观察，见图 6-3-9。在萌生区可以看到明显的疲劳条纹以及一些夹杂物，见图 6-3-10。当疲劳引起裂

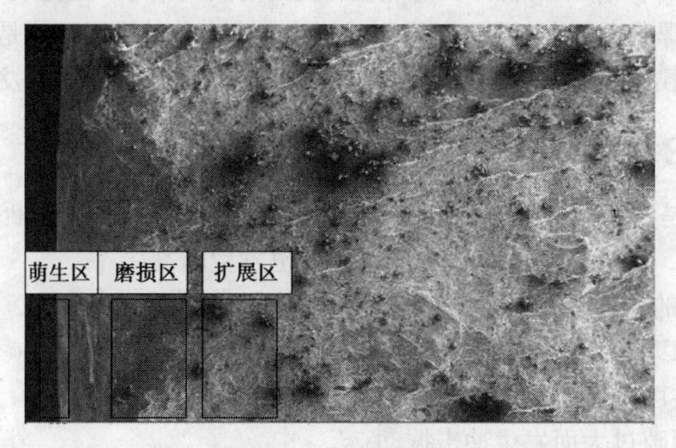

图 6-3-9　1 号螺栓断口扫描电镜观察位置示意图

纹产生之后，断口的边缘在振动下会发生一定的磨损，这就形成了磨损区，从磨损区也能看到一些疲劳条纹的痕迹，见图 6-3-11。而在进入高速扩展区的过渡阶段，也有一些疲劳条纹，见图 6-3-12，之后便是高速断裂放射条纹。

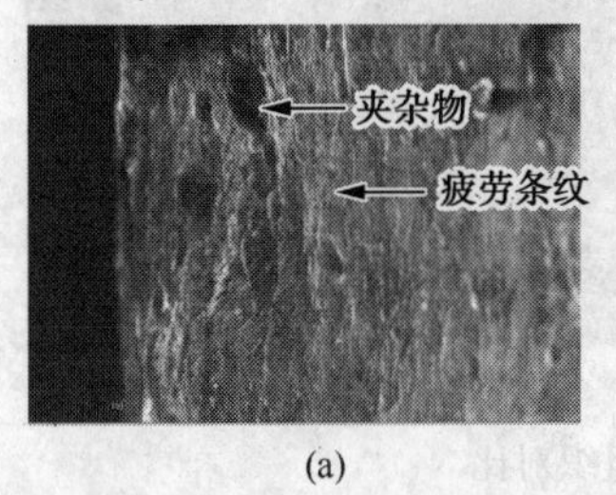

(a)

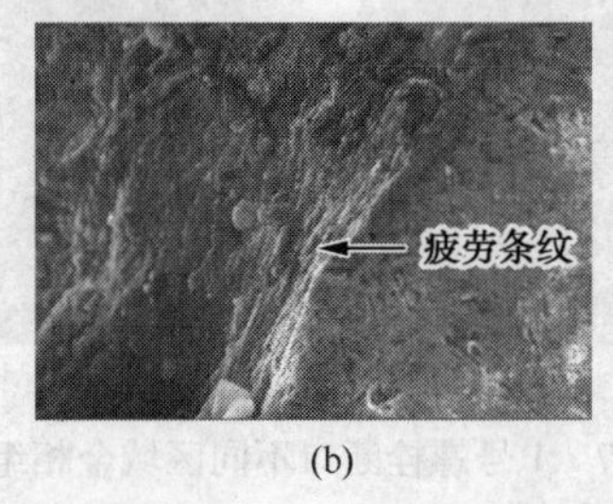

(b)

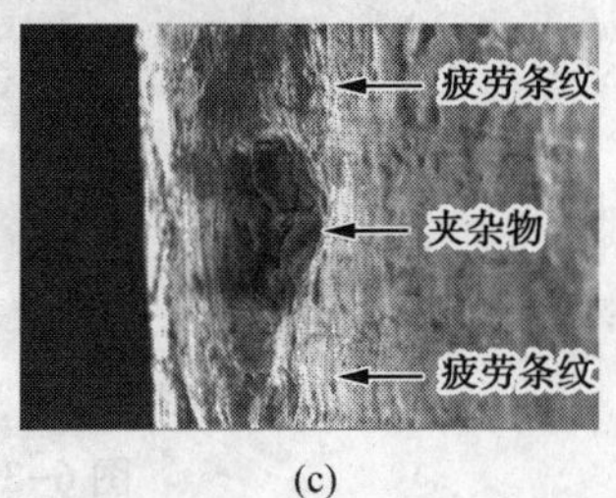

(c)

图 6-3-10　1 号螺栓断口萌生区

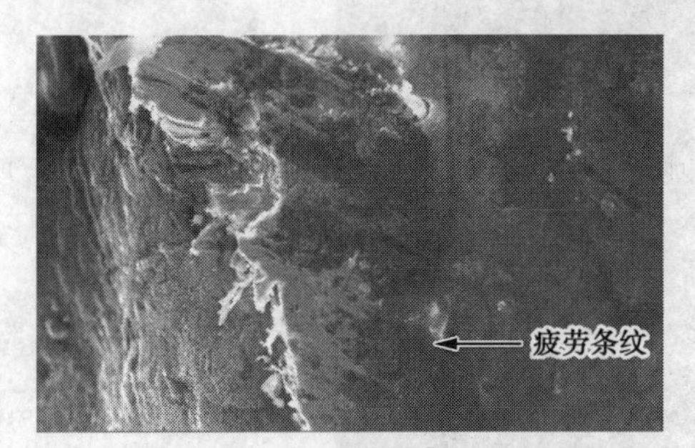

图 6-3-11　1 号螺栓断口磨损区

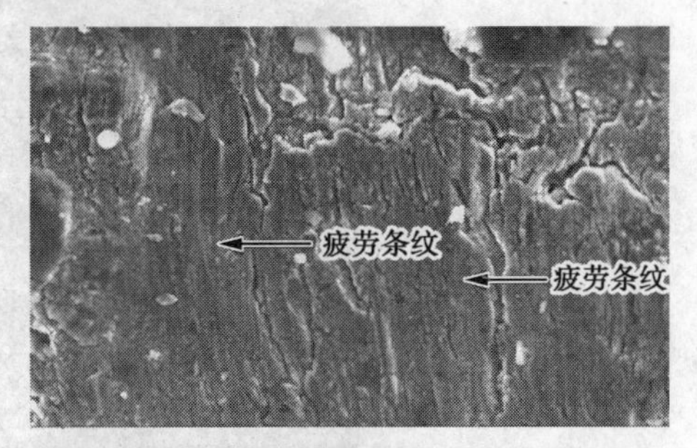

图 6-3-12　1 号螺栓断口扩展区/过渡区

3　综合分析

通过上述分析可以看到明显的疲劳条纹，因此可以确定 1 号螺栓是由于疲劳导致的断裂，在 1 号螺栓断裂后，2 号螺栓承受的力大大增加，超过材料的抗拉强度，最终导致 2 号螺栓也发生断裂。导致 1 号螺栓产生疲劳的原因可能是由于连杆螺栓的螺帽在交变载荷的作用下开始松动，使连杆螺栓失去紧固作用而发生疲劳断裂。

4　结论及建议

1 号螺栓是由于疲劳导致的断裂，2 号螺栓是由于 1 号螺栓断裂后，其承受的力大大增加，超过材料的抗拉强度，最终也发生断裂。

连杆螺栓的损坏通常是由于应力集中部位材料的疲劳造成的，疲劳破坏的主要因素一般有以下几点：

① 多次过度拧紧螺帽，使连杆螺栓变形伸长；

② 轴承间隙过大而发生冲击振动；

③ 连杆螺栓的机械性损伤；

④ 连杆螺栓头或螺帽未与连杆上的支承面垂直紧靠；

⑤ 连杆螺栓的预紧力未达到规定值，螺帽太松；

⑥ 轴承过热。

为避免或减少以上疲劳破坏，建议连杆螺栓在选材上要求选择强度高、塑性好的材料。同时在装配前应检查外表面有无刻痕、刮伤、裂纹、毛刺或敲击的痕迹并进行无损探伤。另外，装配不当也是连杆螺栓损坏的一个重要原因，必须正确检查和装配连杆螺栓，否则将会引起额外的受力或局部应力集中，造成断裂事故。装配时首先应检查连杆螺栓头及螺帽端面对连杆头支承面的靠紧状况，不允许有任何微小的歪斜，接触面应均匀分布，否则将使连杆螺栓承受偏心载荷，也易造成连杆螺栓断裂。其次，还应注意止动钉是否损坏，位置是否正确，以防连杆螺栓转动。连杆螺栓预紧后，螺帽要穿开口销锁死。

第 4 节　压缩机密封用单向阀开裂失效分析

1　设备概况

某厂超高压二次压缩机密封用单向阀垫座和中间件(材质均为仿 4340，对应我国牌号 40CrNi2MoA)发生开裂，根据化学成分分析、力学性能测试、金相组织观察、断口观察结合等手段，综合判断单向阀开裂失效渗油的产生原因，为二次压缩机上单向阀的修复和继续安全运行提供技术依据。

根据该厂提供的资料，该压缩机分为一段和二段，一段最高工作压力为 160MPa，二段最高工作压力为 200MPa。一段有两个活塞缸，每个活塞缸上有 4 个单项阀，东边和西边各两个。二段也有两个活塞缸，每个活塞缸上有 6 个单向阀，东边西边各 3 个。二段东边 3 个单向阀安装位置见图 6-4-1，有一个单向阀安装在正上方，另外两个单向阀与正中单向阀成 30°对称分布。

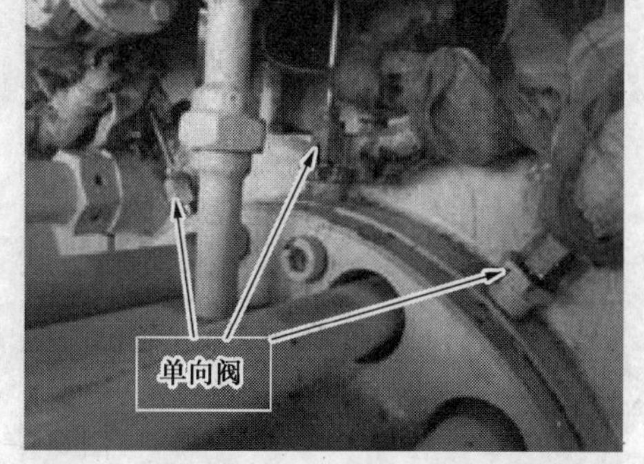

图 6-4-1　压缩机二段东边单向阀安装位置

压缩机隶属工段 2008 年 2 月份起生产 PE(聚乙烯)，2009 年经过扩容改造后于 2010 年 1 月份重新开车，生产 PE。5 月份开始，为配合生产 EVA，停车换油。2009 年，二次压缩机上某单向阀曾发生过一次开裂漏油事故，车间人员已记不清上次开裂单向阀安装位置。自

2010 年 5 月 1 日以后，应压缩机制造厂家的要求更换密封油后，频繁发生开裂漏油事故，发生漏油事故的单向阀均为正上方安置。第一次漏油发生在二段北边压缩缸东部正上方单向阀，第二次漏油发生在二段北边压缩缸西部正上方单向阀，第三次漏油发生在二段南边压缩缸东边正上方单向阀，发现漏油后该厂对此单向阀采取了紧固措施，处理几天后该单向阀再次发生渗油事故。这几次漏油严重影响了装置的正常运行，并给装置的使用维护带来了极大的安全隐患。该厂将部分在用单向阀更换为进口产品，并将开裂渗油单向阀、泄漏单向阀、更换下未开裂单向阀、新使用的进口单向阀各一件共四件进行失效分析。

漏油单项阀部件图见图 6-4-2，从图中看，单向阀主要包括管式球面垫、导套、垫座、弹簧座、弹簧、中间件、阀芯、阀座、连接件等。将此单向阀拆卸后初步观察发现 3 号垫座和 6 号中间件上发现明显裂纹，裂纹出现部位见图 6-4-2。3 号垫座裂纹位置在 3 号与 6 号中间件的对接面上，6 号中间件的裂纹位置在与 3 号垫座的连接面上，裂纹形貌见图 6-4-3。

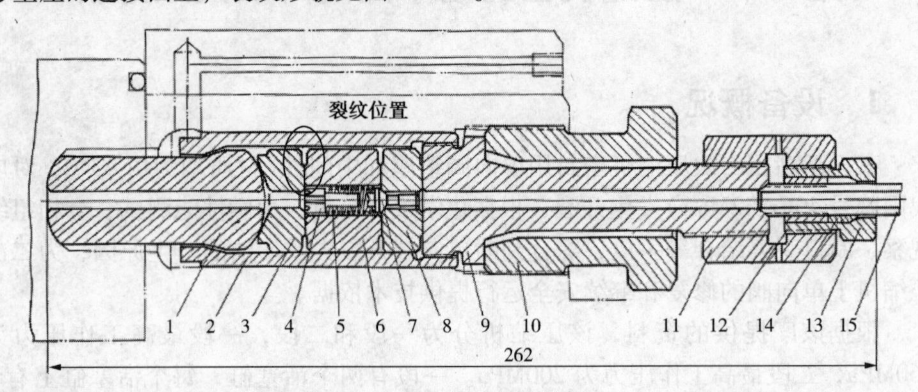

图 6-4-2 单向阀部件图

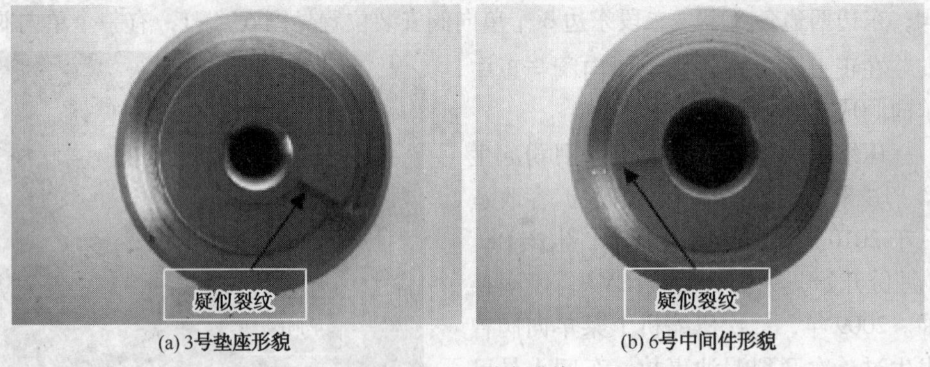

(a) 3号垫座形貌　(b) 6号中间件形貌

图 6-4-3 裂纹形貌

2 试验结果

（1）取样位置

初步试验只对开裂泄漏的单向阀垫座和中间件进行了取样分析。对于垫座，从3号截面切开，截面以下试样用来做化学分析，确定成分；截面以上材料用来进行金相分析，分别为1号纵截面、2号纵截面和横截面；洛氏硬度测量位置见图6-4-4中a~d四个点。

对于中间件，洛氏硬度测量部位为在图中不能见到的下端面，所测四个点位置分布与垫座四个点分布位置相当。硬度测试完毕以后按1号截面将中间件分成两部分，下半部分进行化学成分分析，上半部分按图中所示横截面切开，切开后将裂纹打开，分别用于观察内表面和断口；横截面用于裂纹尖端及金相观察。

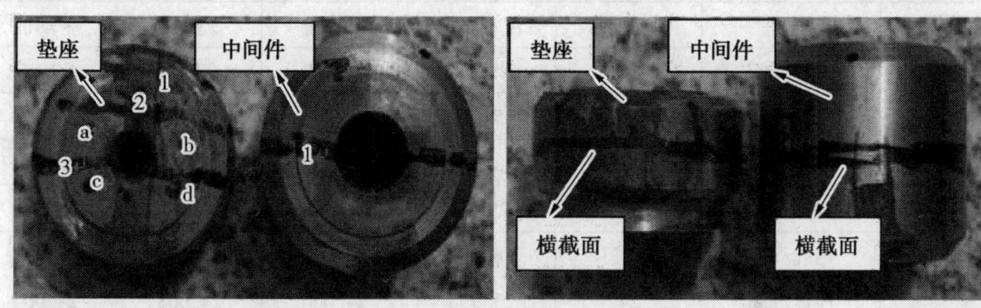

图6-4-4 取样位置示意图

（2）外形尺寸测量

用千分尺、游标卡尺等部件对阀座、垫座、中间件等部件尺寸进行测量，测量结果见表6-4-1~表6-4-3。

表6-4-1 开裂件外形尺寸

部件	位置	图纸要求	1位置	2位置	3位置	平均值
阀座	外径/mm	30	29.82	29.92	29.92	29.89
	内孔/mm	5	4.94	5.00	5.00	4.98
	高/mm	13	13.045	13.045	13.048	13.046
中间件	外径/mm	30	29.92	29.96	29.92	29.93
	内孔/mm	5	8.00	8.00	7.96	7.99
	高/mm	24	24.010	23.985	23.985	23.993
垫座	外径/mm	30	29.92	29.92	29.96	29.93
	内孔/mm	5	5.02	5.00	5.00	5.007

表 6-4-2 完好件外形尺寸

部件	位置	图纸要求	1 位置	2 位置	3 位置	平均值
阀座	外径/mm	30	29.90	29.90	29.88	29.89
	内孔/mm	5	4.92	4.90	4.86	4.89
	厚度/mm	13	13.032	13.029	13.032	13.031
中间件	外径/mm	30	30.00	29.94	29.88	29.94
	内孔/mm	5	7.90	7.96	7.88	7.91
	厚度/mm	24	24.095	24.105	24.098	24.099
垫座	外径/mm	30	29.86	29.90	30.00	29.92
	内孔/mm	5	4.82	5.00	5.00	4.94

表 6-4-3 泄漏件外形尺寸

部件	位置	图纸要求	1 位置	2 位置	3 位置	平均值
阀座	外径/mm	30	29.92	29.92	29.90	29.91
	内孔/mm	5	5.00	5.00	5.00	5.00
	厚度/mm	13	13.054	13.050	13.052	13.052
中间件	外径/mm	30	29.90	29.94	29.90	29.91
	内孔/mm	5	8.00	8.04	8.00	8.01
	厚度/mm	24	23.998	24.006	24.008	24.004
垫座	外径/mm	30	29.90	29.94	29.94	29.93
	内孔/mm	5	5.04	5.02	5.04	5.03

(3) 裂纹宏观尺寸测量

利用 MIZ-20A EDDY CURRENT INSTRUMENT 进行表面涡流检测发现，开裂件垫座内外表面未发现裂纹信号，端面也未发现裂纹信号，可以认为垫座表面没有可以导致泄漏的裂纹。开裂件中间件内表面裂纹长度从开裂面往下约 13mm 左右，端面有明显裂纹信号，裂纹信号至外倒角部位消失，外表面裂纹没有明显深度信号。

(4) 残余应力测定

对裂纹表面残余应力进行测定，测点位置见图 6-4-5。测量结果见表 6-4-4，裂纹件的垫座和中间件端面及外表面都基本为压应力状态，压应力值不高，都在 100MPa 范围内。用简单厚壁桶理论计算得中间件应力见表 6-4-5。从表中可以看出，当内部油压力达到 200MPa 时，内表面周向拉应力达到 230.62MPa。当内部油压力达到 160MPa 时，内表面轴向拉应力达到

184.50MPa。以上两种应力状态下的周向拉应力都大于根据X射线测定的端面靠近内表面处压应力值，可以认为在这两种应力状态下中间件在使用过程中内表面周向受拉应力作用。

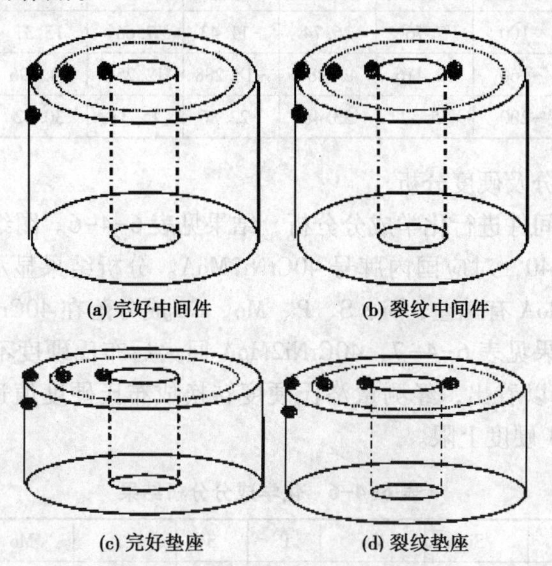

图 6-4-5 残余应力测点位置布置

表 6-4-4 X射线测试残余应力分布

完好垫座			完好中间件		
测点号	距孔中心距离/mm	残余应力/MPa	测点号	距孔中心距离/mm	应力值/MPa
1	0	-32	1	0	-60
2	4.6	-29	2	2.5	-68
3	3.4	17	3	2.5	39
4	2	9	4	2.7	-57
1	-8.84	-11	1	-10.48	-27
2	0	-38	2	0	-50
3	2	-34	3	2.15	-27
4	2	2	4	2.15	-86
5	2	-32	5	2.15	-26

表 6-4-5 根据简单厚壁桶理论中间件应力计算

内压/MPa	内表面/MPa			中间/MPa			外表面/MPa		
	周向应力	径向应力	轴向应力	周向应力	径向应力	轴向应力	周向应力	径向应力	轴向应力
100	115.31	-100	7.76	26.74	-11.43	7.66	15.31	0	7.65
160	184.496	-160	12.416	42.784	-18.288	12.256	24.496	0	12.24
200	230.62	-200	15.52	53.48	-22.86	15.32	30.62	0	15.3

(5) 化学成分及硬度分析

对裂纹和中间件进行化学成分分析，结果见表 6-4-6。图纸显示此中间件和垫座材料为仿 4340，对应国内牌号 40CrNi2MoA。分析结果显示 C、Mn、Cr、Ni 成分和 40CrNi2MoA 有偏差，Si、S、P、Mo、Cu 成分落在 40CrNi2MoA 标准范围内。硬度分析结果见表 6-4-7，40CrNi2MoA 回火后布氏硬度不超过 269HB，从本测试结果中可以看出，经测量洛氏硬度转换成布氏硬度值达到 316HB 左右，高于 40CrNi2MoA 硬度上限。

表 6-4-6 化学成分分析结果 %

	C	Si	Mn	P	S	Cr	Mo	Ni	Cu
垫座	0.28	0.27	0.51	0.0099	0.018	1.10	0.20	3.33	0.21
中间件	0.28	0.27	0.52	0.0095	0.019	1.09	0.20	3.30	0.22
40CrNi2MoA	0.38~0.43	0.15~0.30	0.60~0.80	0.025	0.025	0.70~0.90	0.20~0.30	1.65~2.0	0.25

表 6-4-7 洛氏硬度测试结果 HRC

	1		2		3		4	
	洛氏	布氏	洛氏	布氏	洛氏	布氏	洛氏	布氏
垫座	33.0	316	33.5	321	33.0	316	32.5	312
中间件	33.5	321	32.5	312	33.0	316	33.0	316
40CrNi2MoA		≤269		≤269		≤269		≤269

(6) 扫描电镜观察

① 断口分析 从中间件上截取试样切开断口，清洗后在扫描电镜下观察断口的微观形貌，如图 6-4-6 为断面低倍形貌，图 6-4-7 为裂纹源区形貌，图 6-4-8为裂纹扩展区形貌，图 6-4-9 为裂纹尖端形貌，图 6-4-10 为临近尖端附近的夹杂物能谱分析，图 6-4-11 为裂纹尖端人工断口形貌。从图 6-4-6 可以看出，试样端部内侧倒角处有一黄褐色斑块，距离端部约 5mm 处内表面也看到一块深黑色斑，黑斑面积小于 1mm。从图 6-4-7(a)看出，裂纹是从此处内表面起

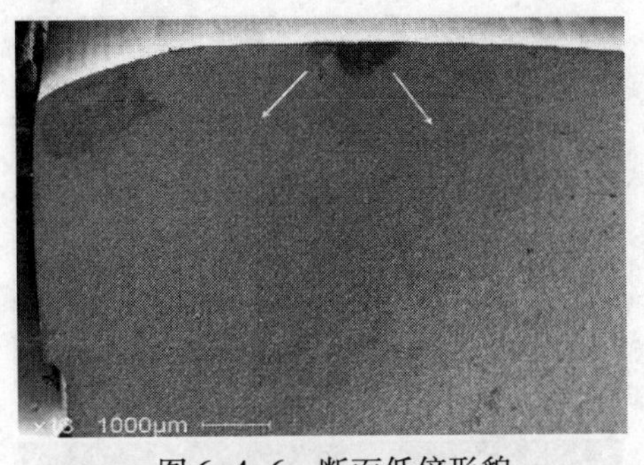

图 6-4-6 断面低倍形貌

始的，扩展方向如图中箭头所指。高倍扫描电子显微镜观察裂纹起源区断口存在凹坑，X 射线能谱分析该区含有很高的 O 等元素，表明裂纹起源区存在冶金及加工缺陷。裂纹起源区微观形态分析表明起源区为穿晶断口。从图 6-4-8 中可以看出，扩展区断口为沿晶和穿晶混合形态，具有疲劳断口特征。裂纹扩展前沿区观察到疲劳条纹。见图 6-4-9(a)和图 6-4-9(b)，在裂纹尖端还可以明显看到由于摩擦变平的痕迹，见图 6-4-9(c)，此处应是由裂纹面相互摩擦而引起的。人工断口区为韧窝形态。在断口上多处区域观察到非金属夹杂物，见图 6-4-10，X 射线能谱分析多为硫化锰类夹杂。

断口分析表明，中间件试样属于疲劳扩展断裂，裂纹起始于内表面深黑色缺陷处。

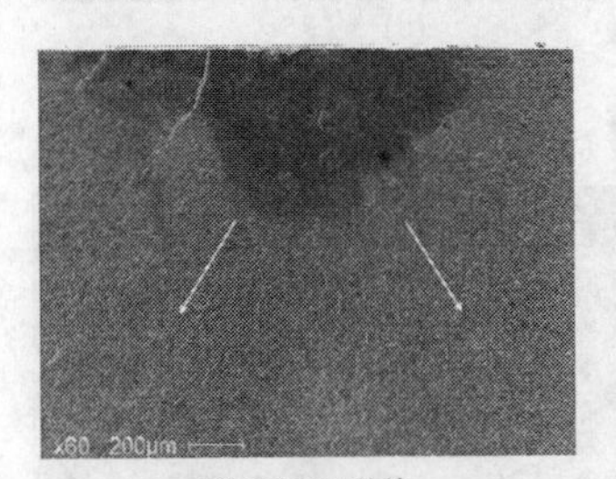

(a) 裂纹源区形貌

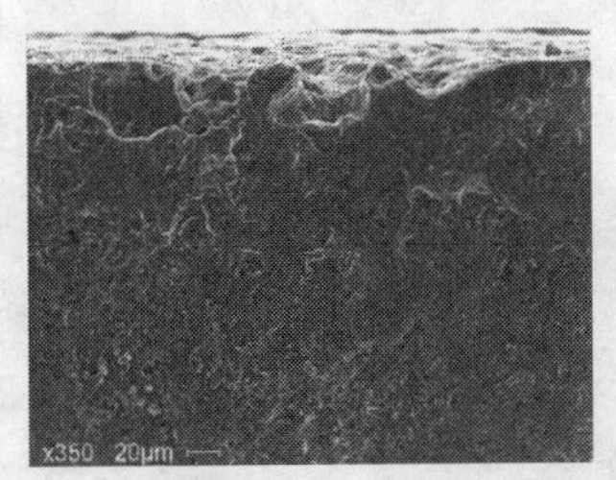

(b) 裂纹源区黑斑形貌

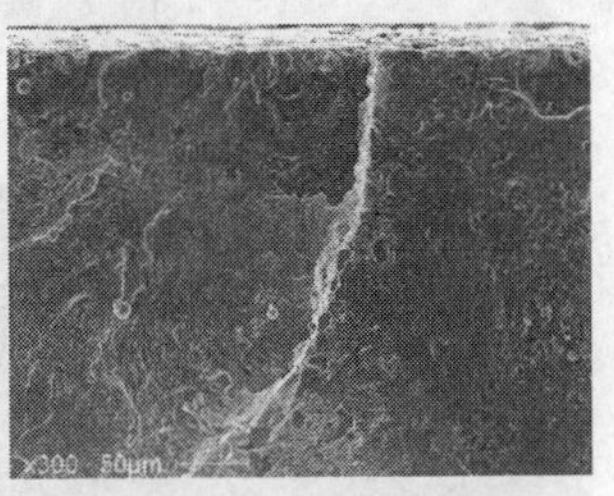

(c) 裂纹源区左边台阶放大形貌

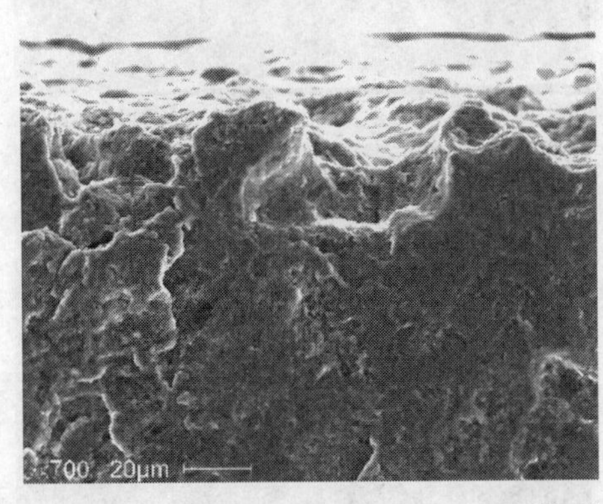

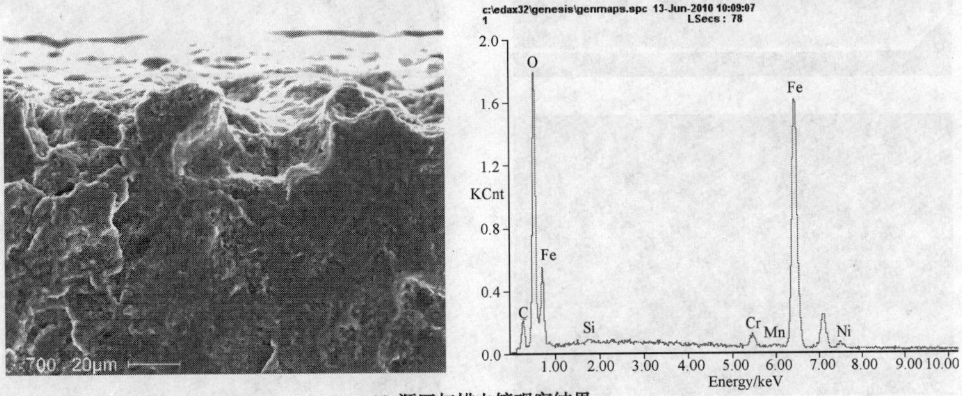

(d) 源区扫描电镜观察结果

图 6-4-7 裂纹源区形貌

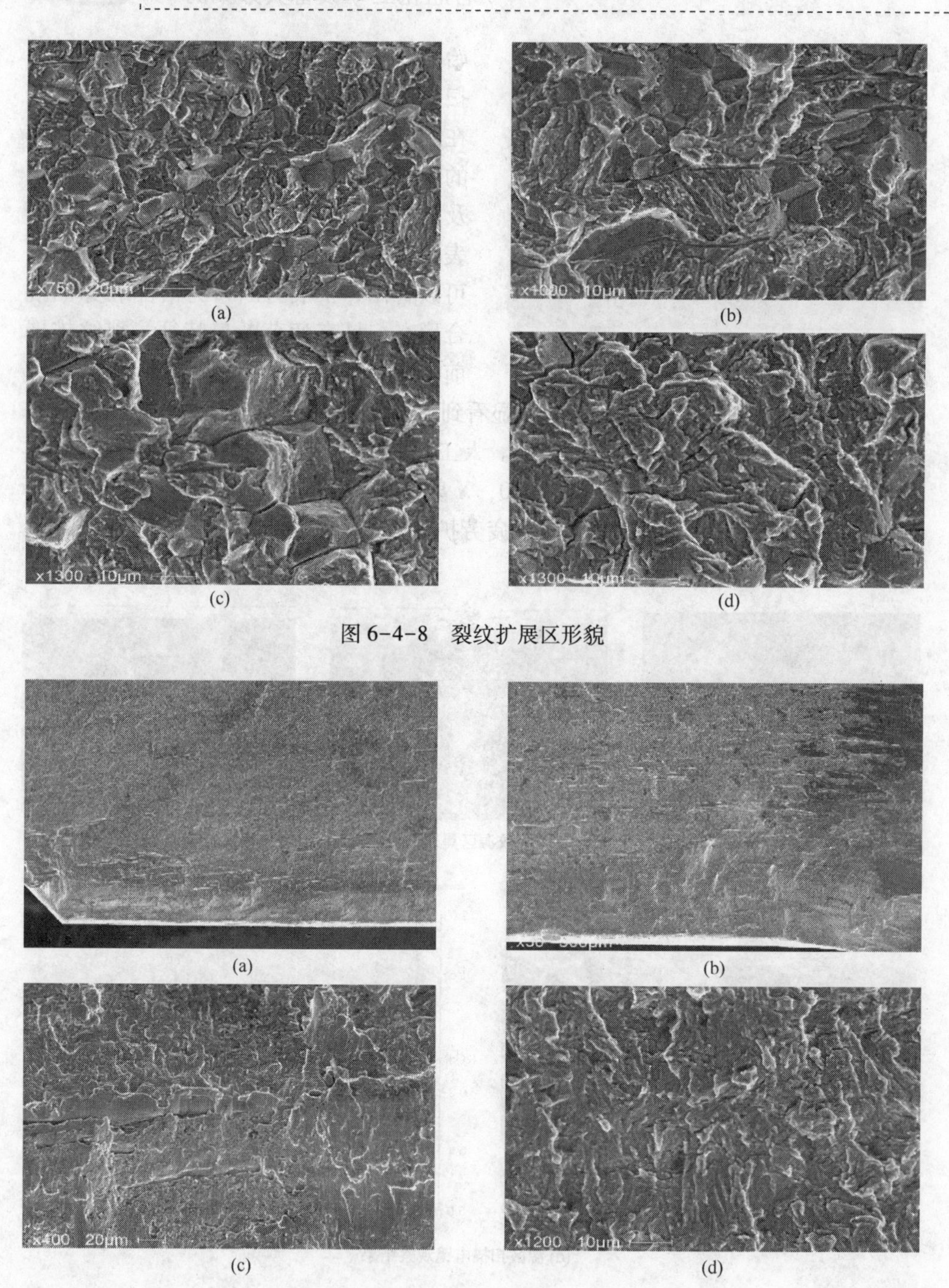

图 6-4-8 裂纹扩展区形貌

图 6-4-9 裂纹尖端形貌

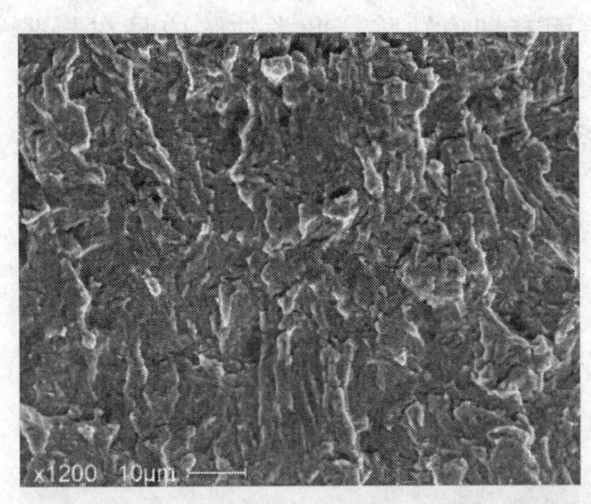

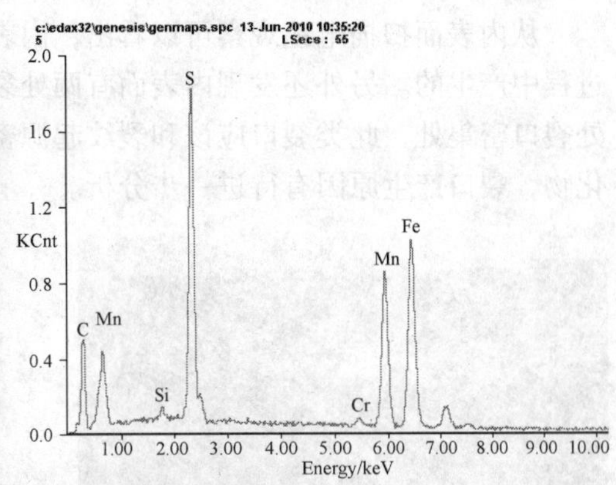

图 6-4-10 临近尖端附近的夹杂物能谱

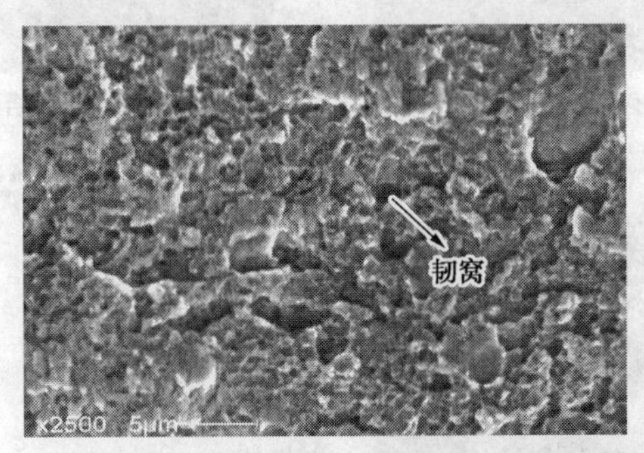

图 6-4-11 裂纹尖端末梢的人工断口形貌

② 内表面观察 利用扫描电镜对中间件内表面进行观察，内表面宏观形貌见图 6-4-12。经扫描电镜宏观扫查发现有两簇裂口密集区见图 6-4-12，裂纹源位于其中一簇。首先观察了裂纹源附近内表面形貌，从图 6-4-13(a)~图 6-4-13(d)可以看出，裂纹源附近表面有大量的裂口。在内表面周期应力的作用下，此类裂口极容易扩展，形成疲劳的源区。从 6-4-13(c)裂纹起源区的能谱可以看出，内表面主要为氧化物。

图 6-4-12 内表面宏观形貌

从内表面另一处裂口密集处可以看到大量的裂口缺陷，此类裂口缺陷成条状分布，裂口附近有组织剥离现象，能谱分析显示裂口附近内表面主要为氧化物，见图 6-4-14。另外，可以明显看到内表面上有划痕，并且有些划痕深度较大，见图 6-4-15(a)和图 6-4-15(b)，而 6-4-15(c)的正常内表面则较为平整。

从内表面扫描电镜观察可以看出，内表面有划痕缺陷，此类缺陷应是在制造过程中产生的。另外还发现内表面有两处裂口密集处，裂纹源正好位于其中的一处裂口密集处，此类裂口应该和裂纹起源密切相关。此类裂口附近表面主要为氧化物，裂口产生原因有待进一步分析。

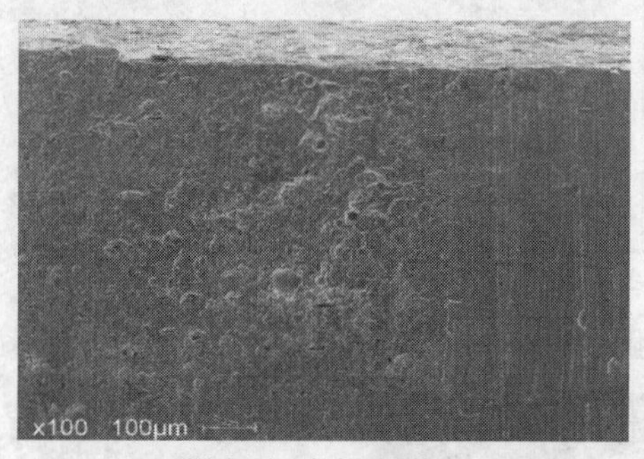

(a) 裂纹起源区内表面形貌

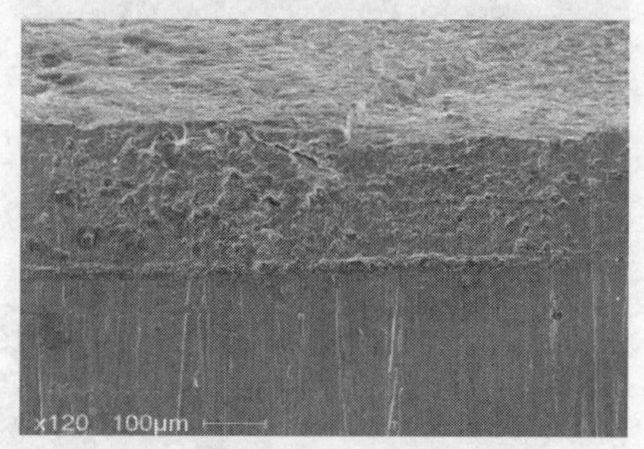

(b) 裂纹面台阶附近内表面形貌

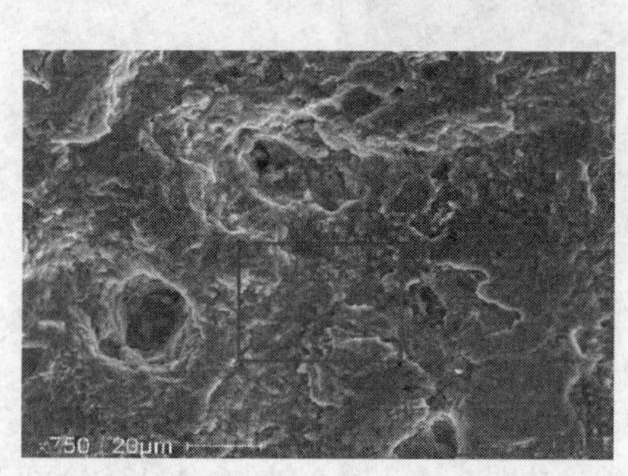

c:\edax32\genesis\genmaps.spc 13-Jun-2010 11:01:05
2-1 LSecs : 73
KCnt
O
Fe
C
Si
Mo
Cr
Fe
Ni
Energy/keV

(c) 裂纹起源区能谱

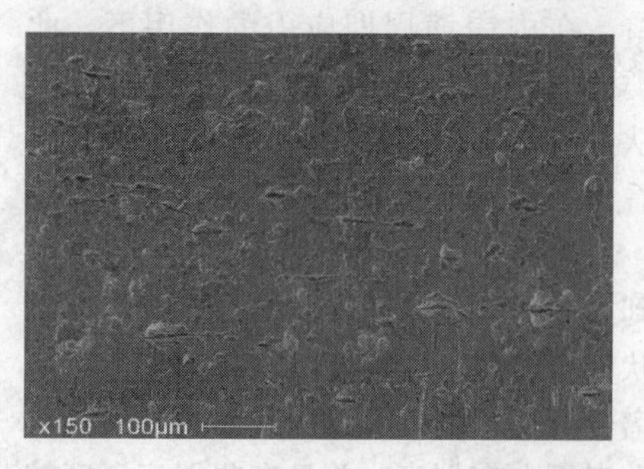

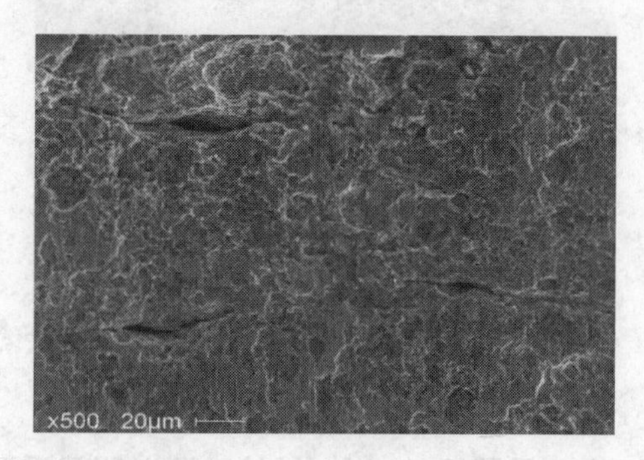

(d) 裂纹起源区附近裂口

图 6-4-13 裂纹源附近内表面形貌

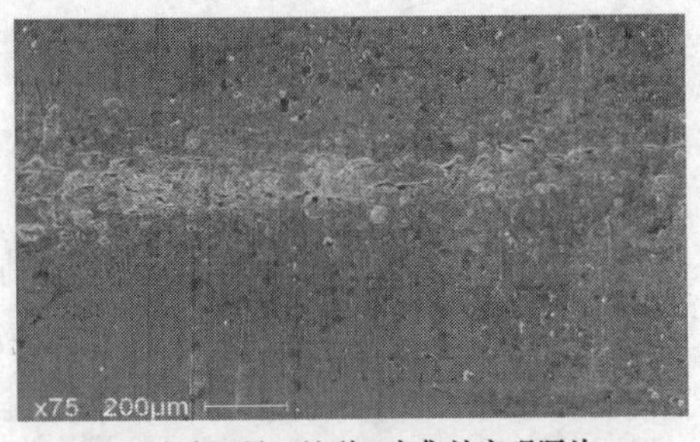

(a) 内表面另一处裂口密集处宏观照片

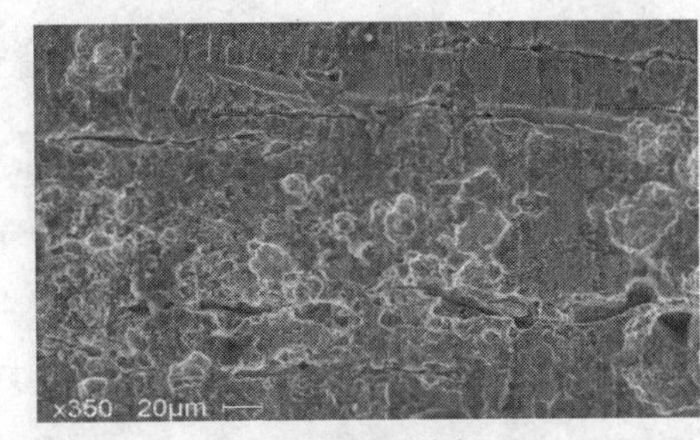

(b) 裂口处放大

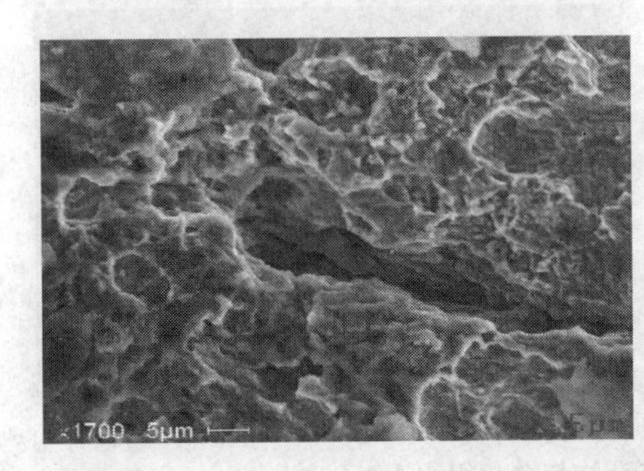

(c) 裂口附近能谱分析

图 6-4-14 内表面另一处裂口密集处形貌

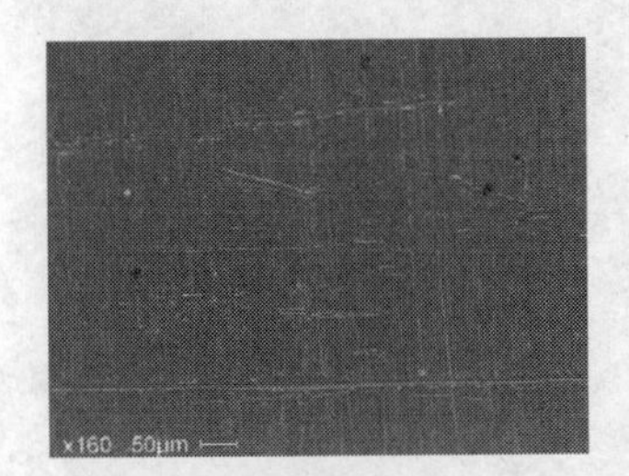

(a) 内表面形貌

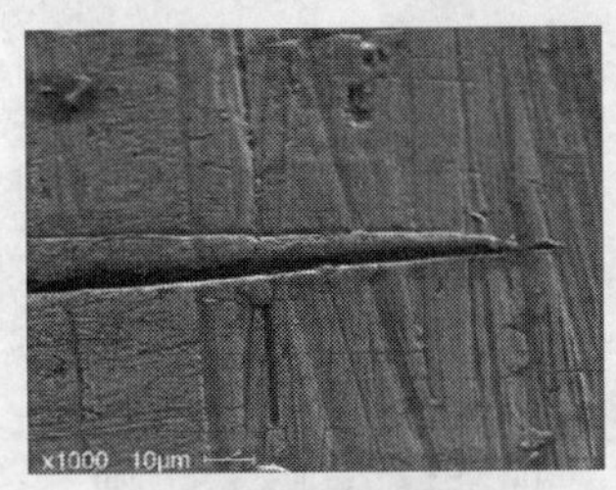

(b) 内表面划痕处形貌

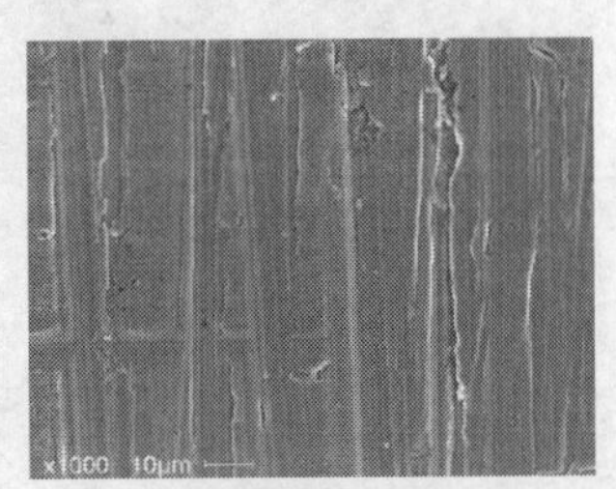

(c) 内表面正常处形貌

图 6-4-15 内表面划痕及正常处形貌

(7) 金相观察

① 垫座金相组织 在垫座试件上截取两纵截面试样和试件整个横截面的一半制成剖面金相，观察夹杂物和组织形态，见图 6-4-16~图 6-4-18。其中图 6-4-16和图 6-4-17 两处纵截面试样的夹杂物级别评定为：A2.5，B1.5，D0.5，De0.5(D 类为碳氮化合物)。在垫座怀疑有裂纹的端部表面对应的 1 号和 2 号纵截面均未发现裂纹。垫座横截面内孔表面也未观察到裂纹缺陷。基体组织为回火索氏体+极少量铁素体，纵截面 100 倍下可以观察到带状偏析见图 6-4-17(b)。

(a) 垫座1号纵截面夹杂物分布

(b) 垫座2号纵截面夹杂物分布

(c) 垫座1号截面金相组织

图 6-4-16 垫座截面夹杂物与金相组织 1

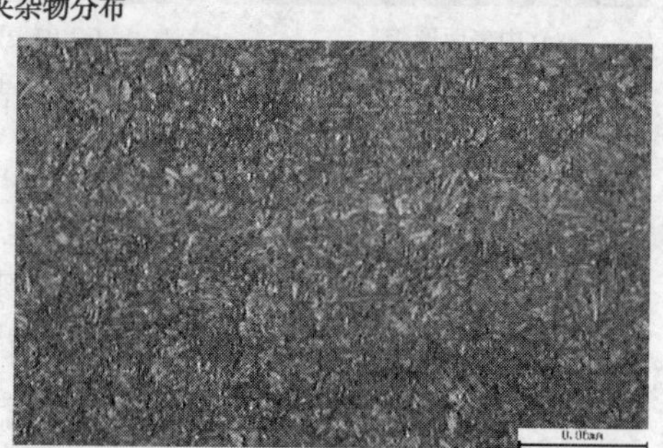

(a) 垫座2号截面夹杂物分布

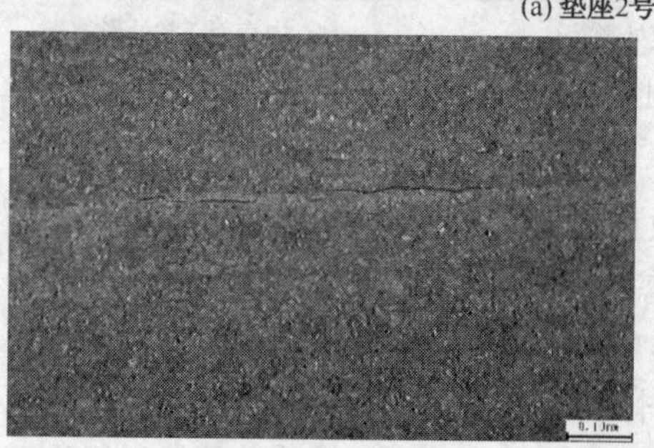

(b) 垫座2号截面金相

图 6-4-17 垫座截面夹杂物与金相组织 2

(a) 垫座横截面靠近内表面处金相

(b) 垫座横截面靠近心部金相

图 6-4-18　垫座截面金相

② 中间件金相组织　将中间件横截面一半制成剖面金相，观察组织形态见图 6-4-19~图 6-4-22。试样内表面多处观察到凹坑。裂纹蜿蜒延伸，以穿晶和沿晶形式扩展，在裂纹尖端的放大图中可以看到裂纹沿晶扩展。基体组织为回火索氏体+极少量铁素体。

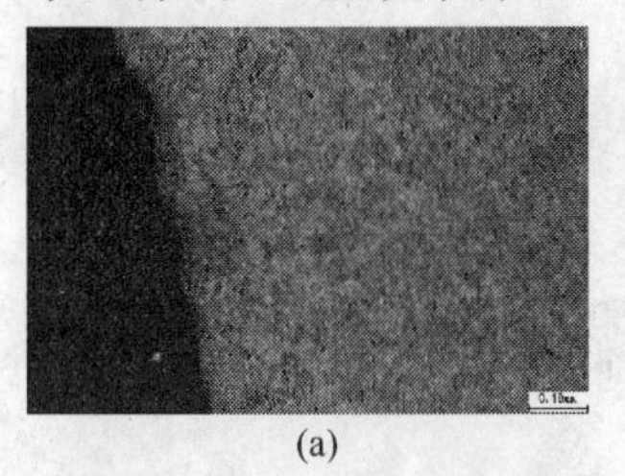

(a)

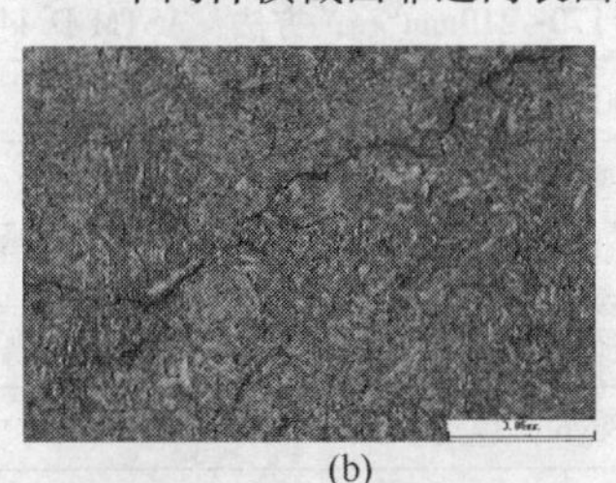

(b)

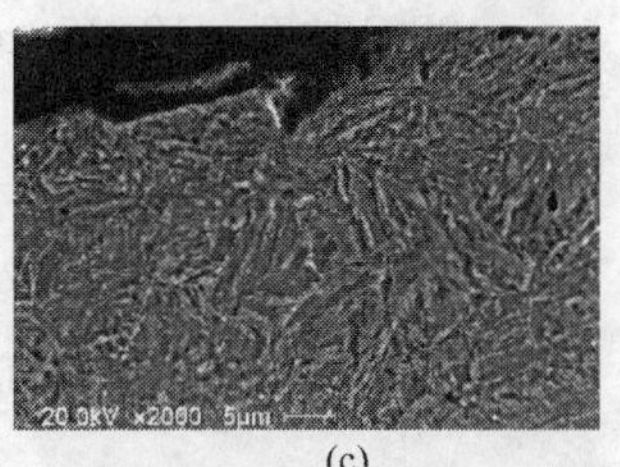

(c)

图 6-4-19　中间件横截面靠近内表面处金相

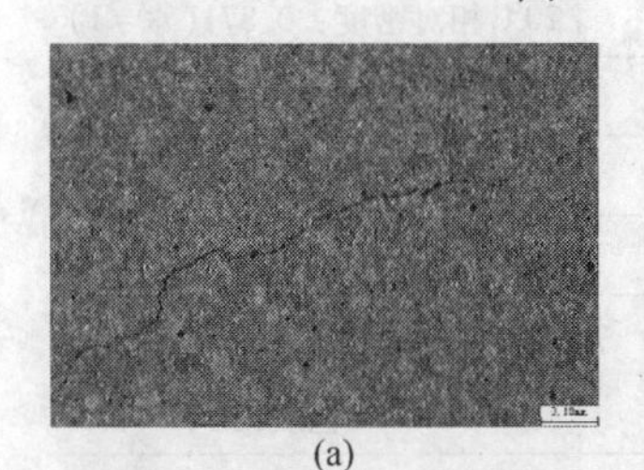

(a)

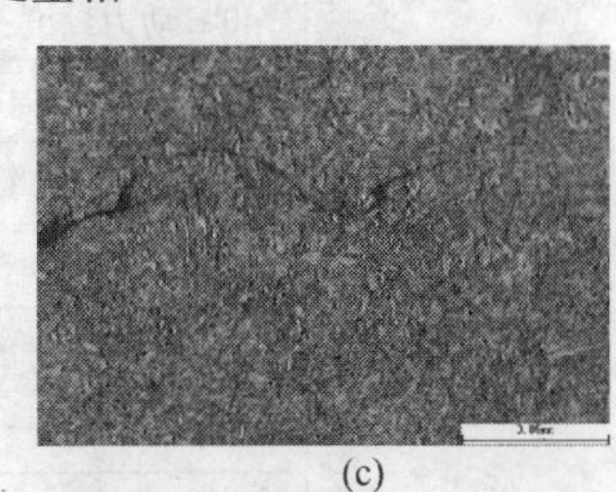

(b)

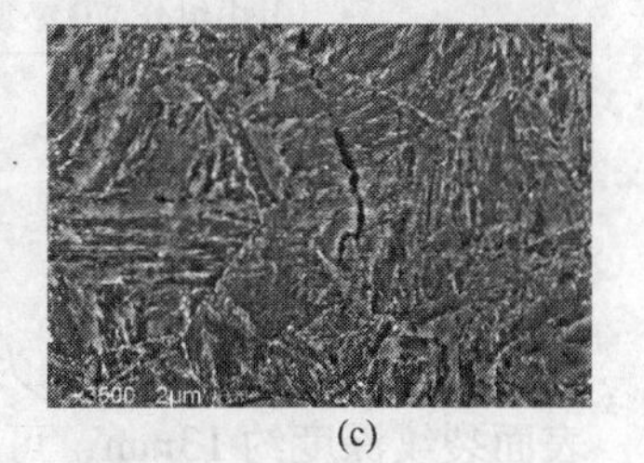

(c)

图 6-4-20　中间件横截面裂纹处金相

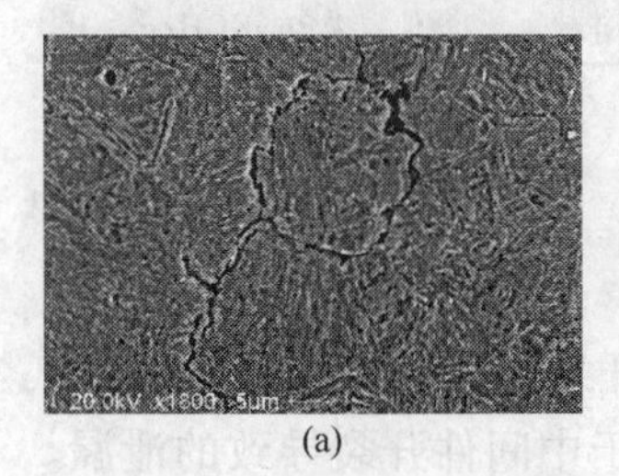

(a)

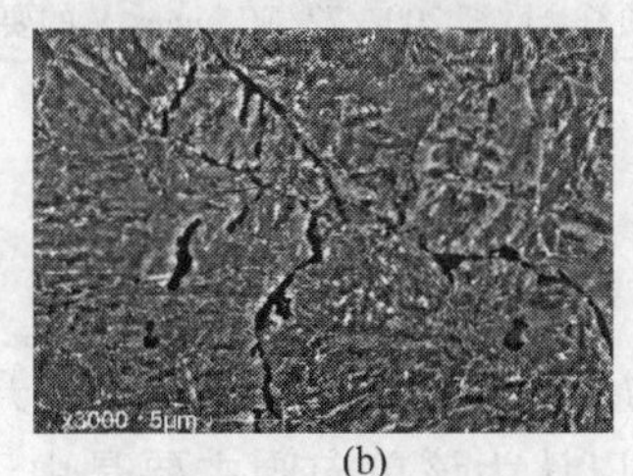

(b)

(c)

图 6-4-21　中间件横截面组织-裂纹放大图

图 6-4-22　中间件横截面基体金相

（8）介质环境分析

根据车间提供的资料，原始油性能参数见表 6-4-8，内部填料密封油更换后油品性能如下。

40℃黏度：191.1mm^2/s；

100℃黏度：19.25mm^2/s；

水分：无；

色度：>20 铂钴色号；

酸值：1.91mg KOH/g；

新油：2%的 BHT(抗氧化剂)，它使得油的黏度降低。

表 6-4-8　原始油性能参数

一、二次压缩机内部油（CL 1000-EU）	40℃动力黏度：170~210mm^2/s；方法：ASTM D 445	20℃相对密度：0.871(水=1)
	100℃黏度：18~21mm^2/s	40℃黏度：194mm^2/s
	20℃密度：0.86~0.88(水=1)	100℃黏度：20mm^2/s
	闪点：最低 200℃	VI：120
	酸值：1.8~2.5mgKOH/g	闪点，PMCC：230℃
	Saybolt 色度：最小+22	Saybolt 色度：+26
	纯度必须符合 FDA §178.3570 的要求	20℃饱和蒸汽压：<10Pa
	其中组分 WO 必须符合欧洲 2002/72/EC annex V 的要求	酸值：2.2mgKOH/g

3　综合分析

（1）试验结果综述

根据涡流分析结果认为，泄漏的单向阀垫座没有开裂，中间件裂纹明显，内表面裂纹深度约 13mm，可以认为该单向阀主要是由于中间件开裂导致的泄漏。残余应力分析显示，中间件和垫座表面主要呈压应力状态。化学分析结果显示，中间件和垫座部分元素成分与40CrNi2MoA有偏差，硬度值比40CrNi2MoA的上限高。

根据断口分析结果认为，中间件裂纹具有明显的起裂源，起裂源位置在内表面离端面倒角大约5mm处，起裂源处能谱分析有大量氧的存在显示裂纹源处有氧化物。可以看到裂纹起源后向外辐射扩展，裂纹扩展具有明显的疲劳特征。同时裂纹尖端部分位置有明显因为摩擦而变平的痕迹，也可以确认裂纹扩展过程中具有明显的疲劳特征。但从裂纹扩展过程中部分穿晶、沿晶的断口来看，不能排除腐蚀对疲劳扩展的推动作用。

通过内表面细致的扫描电镜观察结果认为，在加工过程中，内表面存在明显的机械划痕缺陷。同时，在内表面发现有几簇裂口密集区，裂口密集区附近有明显的腐蚀痕迹，裂口密集区能谱分析显示表面主要为氧化物。所分析的中间件裂纹起源位置处于其中一簇裂口密集区。

金相分析结果发现材料内部有夹杂物和带状偏析缺陷。垫座和中间件靠近内表面处有大量凹坑。裂纹扩展和断口扫描电镜观察结果吻合，为沿晶、穿晶扩展。

(2) 开裂原因分析

当油压在110~200MPa范围内波动时，单向阀中间件承受着脉动载荷的作用，显然内表面的周向拉应力最大。在脉动载荷产生的周向拉应力的作用下，原来内表面存在缺陷的部位容易产生裂纹起源，并在疲劳载荷作用下发生裂纹扩展，直至断裂。从裂纹扩展的形式和裂纹尖端处磨平的痕迹都可以判断此断口具有疲劳特征。同时，在裂纹起源位置发现的氧化物确认了疲劳裂纹起源于缺陷处。此类缺陷是在部件加工制造过程产生的还是使用过程中产生的有待进一步分析。由于中间正向单向阀比两侧斜向单向阀的脉动应力大，导致中间单向阀开裂可能性更大。

另一方面，不排除腐蚀在疲劳裂纹起源和扩展过程中的加速推动作用。原因有以下几点：

① 无论从金相还是从断口扫描电镜的观察结果看，都认为裂纹扩展同时具有沿晶和穿晶两种特征。一般认为，由于晶界原子排列混乱，位错难以移动，纯粹的疲劳开裂基本都是穿晶型特征，本次分析观察到的大量沿晶断口表明存在晶界弱化的条件。

② 从观察到的结果来看，裂纹起源位置处在一簇具有大量微裂口的部位，该部位表面能谱分析结果显示主要为氧化物，并且该部位表面凸凹不平，具有腐蚀特征。众所周知，在夹杂物、偏析等缺陷部位，由于金属与缺陷电极电位的不同，更容易产生腐蚀。在该部位存在缺陷的条件下，腐蚀会加速缺陷的扩展，并

使其优先成为疲劳裂纹源。本次观察结果不能排除疲劳裂纹源产生的过程中有腐蚀的推动作用。

③ 从垫座和中间件内表面的金相分析结果来看，内表面有明显的凹坑，不能排除此类凹坑是由于腐蚀而产生的晶粒剥落引起的。

综合以上分析得出如下结论，本次单向阀泄漏主要是由于中间件开裂引起的，失效原因主要是由于起裂源附近存在缺陷，此类缺陷是在制造过程中还是使用过程中产生的有待进一步分析，不能排除腐蚀对疲劳裂纹起源和扩展的加速推动作用。在交变载荷的作用下，在缺陷位置萌生疲劳裂纹并持续扩展，最终导致中间件发生开裂失效。中间件开裂失效后，高压流体从垫座与中间件缺口处泄出，在垫座上划上一条与中间件裂纹位置相对的痕迹。

4 结论及建议

（1）结论

① 材质中具有夹杂物、偏析缺陷，内表面有明显的加工缺陷；

② 发现明显的疲劳破坏迹象，疲劳起源于缺陷位置，中间单向阀应力脉动比两侧大，导致中间单向阀更容易开裂；

③ 对含有缺陷的材料作自增强处理，在缺陷尖端会产生更大的应力集中，从而在自增强处理过程中导致缺陷扩展，抗疲劳性能下降。

（2）建议

① 对润滑油中水和杂质的含量进行分析，以确认腐蚀及杂质颗粒对疲劳裂纹起源和扩展的影响；

② 对国产材料和进口材料进行疲劳对比分析；

③ 对在用现有的国产和进口材料做好备品备件。

第5节 小结——动设备失效原因分析

动设备是指有驱动机带动的转动设备，如泵、搅拌器、压缩机、风机、离心机等，其驱动能源可以是电动力、气动力或蒸汽动力等。

石油化工行业中，动设备种类也可按照其完成化工单元操作的功能分为以下几大类：

a. 流体输送机械类，包括离心泵、往复泵等；

b. 非均相分离机械类，如离心机等；

c. 搅拌与混合机械类，如机械搅拌混合器等；

d. 冷冻机械类；

e. 结晶与干燥设备。

当今社会，随着生产效率的不断提高，大型回转机械已经成为各类石油化工企业的关键设备。这类设备一般由转子、轴承系统、定子和机组壳体、联轴器等组成，转速从每分钟几十到几万甚至几十万，因此它们具备高速运转、连续工作和缺乏备机的特点。

动设备的故障一般可以通过异常振动、噪声、转速或输出功率的变化，以及介质的温度、压力或流量的异常上反映出来。发生故障的原因不同，所反映出来的信息也不一样。通常地，我们可以根据这些特有的信息，对动设备的故障进行诊断。

当机器的故障累积到一定程度，设备就会发生失效。动设备的失效有时可能是由单一的原因引起，如高速旋转造成的磨损或疲劳等，但大多数时候却是多种因素综合的结果。

石油化工生产常常具有高温、高压和腐蚀性强的特点，因此这些动设备在高速运转下非常容易受到腐蚀、磨损和疲劳的侵害。为了维持动设备的正常运转，尽量减少非正常停车给生产带来的巨大损失，必须了解动设备的特点、常见失效模式，并合理利用这些知识对其进行必要的维护、保养、检测和维修。

1 主要动设备的特点

(1) 泵

泵是用来输送液体并提高其压力的设备，它以一定的方式将来自原动机的机械能传递给进入(吸入或灌入)泵内的被送液体，使液体的能量(势能、压力能或动能)增大，依靠泵内被送液体与液体接纳处(即输送液体的目的地)之间的能量差，将被送液体压送到液体接纳处，从而完成对液体的输送。

按照工作原理和结构，泵主要分为叶轮式泵、容积式泵和其他形式的泵，其中叶轮式泵又可以分为离心泵、旋涡泵、涡流泵、轴流泵等；容积式泵可以分为往复泵和转子泵两大类。

所有的泵都有一些共同的性能参数，如流量、排出压力、压力差、吸入压力、汽蚀裕量、介质温度、转速和功率。这些性能参数对于泵的安全使用都有着深刻的影响，比如流量的大小，决定着泵壁和叶轮等的冲蚀和磨损；化工生产中液体物料的温度，低温可达-200℃，高温可到500℃，甚至是流速、介质密度和黏度等参数都会随着温度变化而变化，温度变化还对安装精度、选材和密封有着巨大的影响。

当然，不同结构和工作原理的泵有着各自不同的特点，下面将以离心泵和往复泵为例说明其各自的特点。

离心泵的特点为：

a. 当离心泵的工况点确定后，离心泵的流量和扬程是稳定的，无流量和压力脉动；

b. 一定的离心泵流量(或扬程)对应着一定的扬程值(或流量)；

c. 离心泵的流量不是恒定的，它将随着排出管路系统的特性不同而不同；

d. 一般离心泵没有自吸能力，启动前需灌泵；

e. 离心泵可用旁路回流、出口节流或改变转速调节流量；

f. 离心泵结构简单，体积小、质量轻、易损件少，安装、维修方便；

g. 一般离心泵的流量为 1.6~30000 m^3/h，扬程为 10~2600m。

往复泵的特点为：

a. 机动往复泵排出的液体压力取决于管路特性压力、泵结构部件的强度、密封性能和驱动机械的效率；

b. 往复泵的排出压力基本与压力无关，排量取决于液缸的结构尺寸、活塞行程往复次数；

c. 往复泵大多用于高压、小流量和高黏度的流体；

d. 往复泵的运动速度是变化的，因此其瞬时流量也是不均匀的；

e. 往复泵一般具有自吸能力，启动前可以不灌泵，但为防止液缸在使用中出现摩擦，第一次使用时应先灌泵；

f. 一般往复泵的流量可以采用适当的调节方法和调节机构来完成，能够精确计量，可以省去计量仪表；

g. 往复泵可以利用蒸汽驱动，具有安全可靠利用余热的特点，适用于要求放火防爆无电的场合。

(2) 压缩机

压缩机是将低压气体提升为高压气体的一种用于气体压缩及输送的设备。

根据工作原理，压缩机可以分为容积式和速度式两大类。其中容积式压缩机又细分为往复式压缩机和回转式压缩机，往复式压缩机的典型代表就是活塞式压缩机；速度式压缩机又可细分为离心式压缩机和轴流式压缩机。

活塞式压缩机和离心式压缩机是化工设备里最常用的两类。活塞式压缩机一般由壳体、电动机、缸体、活塞、控制设备和冷却系统组成。离心式压缩机由转子和定子两大部分组成，转子包括转轴以及安装其上的叶轮、轴套、平衡盘以及联轴器等转动元件，定子包括安装在机壳内的扩压器、弯道、回流器、蜗壳、轴承以及吸气室和排气室等固定元件。

化工领域常用的活塞式压缩机为氢气压缩机，用于油品加氢和铂重整等工艺过程。其特点为：

a. 工作压力范围大，选用不同型号的泵可获得不同的压力区域，调节输入气压输出气压相应得到调整。可达到极高的压力，液体 300MPa，气体 90MPa；

b. 流量范围广，对所有型号泵仅 1kg 气压就能平稳工作，此时获得最小的流量，调节进气量后可得到不同的流量；

c. 易于控制，从简单的手动控制到完全的自动控制均可满足要求；

d. 操作安全，采用气体驱动，无电弧及火花，可在危险场合使用；

e. 最大节能可达 70%，因为保持保压不消耗任何能量。

离心式压缩机的特点主要有：

a. 排气量大，尺寸小；

b. 没有气阀、填料及活塞环等易损件，连续运转时间长，机器利用率高，操作维修费低；

c. 气缸内不加润滑油，不污染被压缩气体；

d. 机器转速高，生产过程中产生的蒸汽、烟气等副产品可加以利用；

e. 工作流量偏离设计流量时，效率下降幅度较大；

f. 转轴和叶轮用高级合金钢制造，对加工制造工艺要求高；

g. 离心式压缩机的效率仍低于活塞式压缩机。

在离心式压缩机的主要转动元件中，叶轮式唯一对气体做功的部件，它随主轴高速旋转，气体在叶轮作用下跟着叶轮做高速旋转，因此常见的离心式压缩机的失效故障通常也发生在叶轮上。

（3）风机

风机是依靠输入的机械能，提高气体压力并排送气体的一种流体机械，它可以把机械能转变为气体的势能。

在化工行业中，风机主要用于空气、半水煤气、烟道气、氧化氮、氧化硫、氧化碳以及其他生产过程中气体的排送和加压，其命名通常根据风机所在的工艺位置和作用或输送不同的介质得到，如烟道气引风机、氧化氮排风机、煤气鼓风机、二氧化碳鼓风机等。

以离心式风机为例，其主要结构部件有叶轮、机壳、主轴、轴承、轴承座、密封组件、润滑装置、联轴器、支架和其他辅助零部件等。

风机的特点因其工作原理和结构不同而不同，如离心式风机的送气量大，但所产生的气体压力不高，出口压力一般不超过 0. 3MPa，压缩比一般在 1. 1~4 之间，一般不需要冷却装置，且各级叶轮的直径也大体相同；而罗茨鼓风机的最大特点是当压力在允许范围内调节时，流量变化甚微，压力选择范围宽，具有强制输气特征，主要缺点是噪声较大。

（4）离心机

离心机是利用转鼓旋转产生的离心力，来实现悬浮液、乳浊液及其他物料的分离或浓缩的机器。按照离心分离过程的不同，离心机可以分为过滤式离心机、沉降式离心机和分离机三种。

离心机最大的特点是它属于高速回转设备，其转动部分由于制造（如材质不均、壁厚不均等）、装配（如转子中心线和轴线不同轴等）或使用（如转子圆周方向出现偏磨损等）诸多因素的影响，转子的质心与其旋转中心不重合，总会存在一定的偏心距。因此、转子的不平衡导致的振动、噪声和零件的磨损等问题一直伴随着运行过程发生，最后甚至导致断裂等重大问题的出现。

2 动设备机械故障直接原因

根据故障原因和造成故障原因的不同阶段，可以将动设备的故障原因分为几个方面：

（1）设计原因

a. 设计不当，动态特性不良，运转时发生强迫振动或自激振动；

b. 结构不合理，应力集中；

c. 设计工作转速接近或落入临界转速区；

d. 热膨胀量计算不准，导致热态对中不良。

（2）制造原因

a. 零部件加工制造不良，精度不够；

b. 零件材质不良，强度不够，制造缺陷；

c. 转子动平衡不符合技术要求。

（3）安装维修原因

a. 机械安装不当，零部件错位，预负荷大；

b. 轴系对中不良；

c. 机器几何参数（如配合间隙、过盈量及相对位置）调整不当；

d. 管道应力大，机器在工作状态下改变了动态特性和安装精度；

e. 转子长期放置不当，改变了动平衡精度；

f. 未按规程检修，破坏了机器原有的配合性质和精度。

（4）操作运行原因

a. 工艺参数（如介质温度、压力、流量、负荷等）偏离设计值，机器运转工况不正常；

b. 机器在超转速、超负荷下运行，改变了机器的工作特性；

c. 运行点接近或落入临界转速区；

d. 润滑或冷却不良；

e. 转子局部损坏或结垢；

f. 启停机或升降速过程操作不当，暖机不够，热膨胀不均匀或在临界区停留时间过久。

(5) 机械劣化原因

a. 长期运行，转子挠度增大或动平衡劣化；

b. 转子局部损坏、脱落或产生裂纹；

c. 零部件磨损、点蚀或腐蚀等，如离心机长时间使用后，腐蚀严重，会导致其转鼓变薄；

d. 配合面受力劣化，产生过盈不足或松动等，破坏了配合性质和精度；

e. 机器基础沉降不均匀，机器壳体变形。

3 动设备失效根本原因分析

(1) 燃烧与爆炸

化工用压缩机的压缩介质绝大多数都是易燃易爆的液体或气体，当操作条件中同时具备可燃物、助燃剂和着火点三个条件时，将会发生燃烧甚至爆炸事件。

在往复活塞式空气压缩机里，汽缸润滑油是可燃物，气体温度急剧升高，一旦超过润滑油的闪点，将发生急剧氧化而引发燃烧爆炸；另外，排气系统的积炭(油沉积物)在一定条件下也会自燃进而引起着火爆炸。

沉积在排气管道内壁和器壁上的积炭，在高温条件下，其所含润滑油的工作馏分将继续氧化，氧化反应放热，会进一步促进积炭氧化，造成内部热量快速增长，最后导致积炭自燃。在积炭厚度相同时，排气管道中的压缩空气流速越低，则导致积炭的温度越高；压缩空气的温度越高，排气管道中的积炭越厚，积炭自燃的危险性也越大。

氧气压缩机(包括活塞式和透平式)也会因汽缸内的可燃物燃烧甚至爆炸。可燃物包括混入氧气的可燃气体，以及油脂、铁锈、纸屑杂质和金属缸体等。气缸内的可燃物在高温高压环境下，会很快与氧化合引起自燃。作为缸体主体材料的不锈钢，其Cr含量达到12%以上，而Cr又是燃烧值很大的金属元素，铬不锈钢一旦被引燃，会使燃烧加剧，造成严重的燃烧爆炸事故。

爆炸分为化学爆炸和物理爆炸。化学爆炸是指在极短的时间内大量能源骤然释放或急剧转化成机械功以及光和热的辐射，这种于瞬间形成高温高压气体或蒸汽的骤然膨胀，危害性远大于一般失效以及燃烧。物理爆炸是由于液体变成蒸气或者气体迅速膨胀，压力急速增加，并大大超过容器的极限压力而发生的爆炸。

在压缩机启动过程中，因操作失误，没有打开压缩机至储气罐间的阀门，或因操作中压缩机调节系统中的仪表失灵，导致气体压力过高，超过了管道与储气罐材料的强度极限，就会引起物理爆炸。

(2) 腐蚀与磨损

在不同工作介质环境下运行的动设备种类繁多，而且在这些腐蚀性介质中还经常含有微小的固体颗粒，在高速运转下，无论是腐蚀还是磨损都将被加速。因此在动设备中，腐蚀与磨损经常不是独立存在，而是成对出现的。

① 腐蚀　动设备涉及的腐蚀性介质也多达十几种，即使空气压缩机也存在腐蚀性问题。腐蚀会使零部件减薄、变脆，使得设备性能急剧下降，更严重的情况，甚至会因设计压力不够而引起断裂、泄漏或燃烧爆炸等事故。

对于输送腐蚀性气体的往复活塞式压缩机，因气体流速较低，应力也较低，润滑油在某种程度上起到一定的保护作用，所以防腐蚀问题容易解决。但对高速运转的离心式压缩机、分离机和耐酸泵等，则在选材时应考虑其耐腐蚀问题。

对于空气压缩机，压缩空气经常中含有二氧化硫和三氧化硫等气体，最高时可达1μL/L。在干燥环境中，SO_2、SO_3的腐蚀作用很弱，一旦与中间冷却器的冷凝液结合，生成亚硫酸和硫酸(pH值可达3)，将会对中间冷却器、连接管道、叶轮等部件造成较强的腐蚀作用。

② 磨损　按照磨损造成摩擦表面破坏的机理，可分为黏着磨损、磨料磨损和腐蚀磨损三种。

a. 黏着磨损　黏着磨损又称咬合磨损，它是指滑动摩擦时摩擦副接触面局部发生金属黏着，在随后相对滑动中黏着处被破坏，有金属屑粒从零件表面被拉拽下来或零件表面被擦伤的一种磨损形式。这种磨损是动设备中最常见的磨损形式。通常情况下，互相接触的两个金属表面因为凹凸不平，接触面积很小，因而造成接触应力很大，大到超过材料的屈服应力而使其发生塑性变形，从而使凹凸表面彼此黏着在一起。当两个金属表面产生相对滑动时，凹凸表面因抗剪强度较低而被剪断造成磨损。

黏着磨损的速度与接触应力、磨损面积和摩擦距离成正比，而与材料的屈服强度成反比。压缩机、风机、泵和离心泵的轴承和主轴之间、活塞与活塞环之间的磨损即为黏着磨损。

b. 磨料磨损　磨料磨损是指物体表面与硬质颗粒或硬质凸出物(包括硬金属)相互摩擦引起表面材料损失的现象。如汽缸与活塞环之间的磨损，都是由于气体净化不好，使得工艺气体中包含有大量的杂质，润滑油中含有金属屑、杂质，以及高温下润滑油分解形成积炭等造成的。

c. 腐蚀磨损　腐蚀磨损是指摩擦副对偶表面在相对滑动过程中，表面材料与周围介质发生化学或电化学反应，并伴随机械作用而引起的材料损失现象，称为腐蚀磨损。腐蚀磨损通常是一种轻微磨损，但在一定条件下也可能转变为严重磨损。这种磨损往往与黏着磨损、磨料磨损结合在一起同时产生。空气、腐蚀性介质的存在将加剧腐蚀磨损。

因腐蚀速度的不同，它又分为微动磨损、氧化磨损和特殊介质腐蚀磨损三类，其中微动磨损最容易使机件发生断裂。

动设备中的磨损颗粒无处不在。如被输送的腐蚀性气体中往往含有固体粉尘，尤其是在不经洗涤和未除尘的条件下，粉尘含量较高，对往复活塞式压缩机将加剧磨损；对输送烟气和煤粉的引风机与排粉风机，因烟气、煤粉中含有大量尘粒杂质，风机的机壳和叶轮极易磨损；潮湿的污染气体经干燥后将会产生大量的沉积物，阻塞叶片之间的通道。

构件的磨损不仅与磨损类型、材料有关，而且还与工作条件有关，如载荷、转动速度、有无润滑、温度、周围介质以及工作时间等。

(3) 振动与疲劳

在运行过程中，由于种种原因而产生的机组强烈或异常振动是动设备常见的一种故障。强烈的振动会带来可怕的后果，具体表现在连接件接头松脱、基础松动、支撑移动等。除了以上容易发现的现象外，振动还会加剧运动件与静止件的磨损、产生很大的噪音、影响机器运转的可靠性，甚至引起动设备构件的疲劳断裂，造成爆炸等破坏性事故。

化工行业中，动设备的主要运行部件，如透平压缩机和离心泵的转子、叶轮，活塞式压缩机的曲轴、连杆和连杆螺栓，离心机的转子和转鼓等，都是在交变载荷下工作的。疲劳失效总是与交变载荷相关联的，回转类机械中最常见的交变载荷是在传递扭转力矩的同时还存在固定的垂直于回转轴的力(如重力、压缩机的曲轴活塞力等)，这种垂直于轴的横向力当轴每回转一周即交变一次，而对于往复运动的活塞杆来说每一个往复来回的周期中，杆件将受一次压缩载荷和一次拉伸载荷。

化工机械的零部件在交变载荷的作用下，一般容易在零件的表面产生疲劳破坏。也就是说，零件的表面质量对于其疲劳寿命有着很重要的影响。表面缺陷，如加工刀痕、磨削裂纹等，以及键槽、油孔、拐角和螺纹等应力集中部位，都是易产生疲劳源的地方，是零部件的薄弱环节。焊缝和热影响区也是疲劳断裂破坏经常发生的部位，特别是焊缝和热影响区里的缺陷(如夹杂和气孔等)经常容易形成疲劳源。

(4) 汽蚀与喘振

① 汽蚀　汽蚀是离心泵特有的一种现象。当叶轮入口附近液体的静压等于或低于输送温度下液体饱和蒸汽压时，液体将在此部分气化并产生气泡，含气泡的液体进入叶轮高压区后，气泡就急剧凝结或破裂，产生局部真空，于是周围液体会以极大速度冲向气泡所占据的空间，相互碰撞，使它的动能立刻转化为压强

能，特别是工作叶轮，将瞬间承受巨大的冲击力，使叶片的表面成为蜂窝状或者海绵状损伤，这种现象称为汽蚀。

汽蚀造成的危害主要表现在以下几个方面：

a. 离心泵的性能下降。泵的流量、压头和效率均下降，若生成大量气泡，则可能出现气缚现象，迫使离心泵停止工作；

b. 产生噪声和振动，影响泵的正常工作环境；

c. 泵壳和叶轮的材料遭受损坏，降低泵的使用寿命。

② 喘振　喘振是离心式压缩机在正常运行及开、停车过程中常见的故障。流量减小到最小值时出口压力会突然下降，管道内压力反而高于出口压力，于是被输送介质倒流回机内，直到出口压力升高重新向管道输送介质为止；当管道中的压力恢复到原来的压力时，流量再次减少，管道中介质又产生倒流，如此周而复始的过程被称为喘振。

压缩机发生喘振的主要特征如下：a. 压缩机接近或进入喘振工况时，缸体和轴承会发生强烈的振动，其振幅要比正常运行时大大增加；b. 压缩机在稳定工况下运行，其出口压力和进口流量变化不大，所测数据在平均值附近波动，幅度很小；c. 压缩机稳定运转时，噪声较小且连续。

喘振的产生与流体机械和管道的特性有关，管道系统的容量越大，则喘振越强，频率越低。流体机械的喘振会破坏机器内部介质的流动规律性，产生机械噪声，引起工作部件的强烈振动，加速轴承和密封的损坏。一旦喘振引起管道、机器及其基础共振时，还会造成严重后果。为防止喘振，必须使流体机械在喘振区之外运转。在压缩机中，通常采用最小流量式、流量-转速控制式或流量-压力差控制式防喘振调节系统。当多台机器串联或并联工作时，应有各自的防喘振调节装置。

4　典型动设备事故原因分析

(1) 压缩机事故分析

据不完全统计，近 20 年来，化工过程中平均每年发生压缩机事故 128 起，占全国石化生产事故的 21%。其中，往复式压缩机事故 32 起，约占压缩机事故的 1/4。压缩机事故发生的原因主要可以分为以下几个方面：

a. 设计不合理、含有制造缺陷(共 79 起，占全部压缩机事故的 35%)；

b. 操作、维护管理不善(共 90 起，占全部压缩机事故的 40%)；

c. 检修不良(共 27 起，占全部压缩机事故的 12%)；

d. 其他原因，如电器事故、自然灾害等(占全部压缩机事故的 13%)。

国外的大型化肥厂运行经验表明，因蒸汽透平与压缩机机组故障而使整个工厂停产约占所有工厂停产事故的25%，其中因涉及不合理造成的事故占10%~15%，因操作不当而造成的事故占13%~15%。

常见的重大压缩机事故包括燃烧爆炸和机械事故两大类。

石油化工用压缩机的压缩介质绝大多数是易燃易爆的气体，而且在高压条件下极易泄漏。可燃性气体通过缸体连接处、吸排气阀门、设备和管道的法兰、焊口和密封等缺陷部位泄漏；压缩机零部件的疲劳断裂，高压气体冲出至厂房空间；空气进入到压缩机系统，形成爆炸性混合物。此时，如果在操作、维护和检修过程中操作、维护不当或检修不合理，达到爆炸极限浓度的可燃性气体和空气的混合物一旦遇到火源就会发生异常激烈燃烧，甚至引起爆炸事故。

本章中的四个动设备案例中，也有三个是属于压缩机事故，其中氢气压缩机占据了很大比重。

(2) 风机事故分析

离心式风机常见事故形式主要有爆炸、轴承破坏、轴承壳体损坏、轴瓦烧坏、叶片断裂和脱落等；罗茨鼓风机常见事故有燃烧爆炸、机内带水、主轴破裂、压力为负压等。

以主轴破裂为例，引起主轴破裂的主要原因有：a. 杂物被抽入风机内，如气柜内水、焦炭过滤器内的焦炭等，直接造成转子破裂、轴承破碎和轴心顶歪，导致整机报废；b. 维护保养不周，一旦电动机底座螺钉松动后没有及时拧紧，则会导致转子破碎、主轴弯曲、从动轴折断和联轴器破碎等事故；c. 压缩工段突然停电，则气体倒流也坏导致主轴破裂。

叶轮是风机唯一做功的心脏部件，它需要面对高转速、大流量、高压力比、大功率和高工况等苛刻工作条件，一旦叶轮发生损坏，将导致叶片断裂甚至解体破坏事故，不仅损坏转子，而去随转速增加将引起剧烈的振动，严重威胁风机连续、安全和稳定运行，并造成一系列的巨额经济损失。

离心式风机叶轮多采用焊接和铆接的结构形式，其损坏多发生在离心力最大的叶轮外缘和应力较高的轮盖进口侧以及铆钉的松动或断裂部位，也有的叶轮前盘连同叶片从与后盘焊接处发生断裂。大量的事故分析表明，叶轮的断裂几乎是宏观脆断，其中大部分属于应力腐蚀，其次是疲劳腐蚀，也有叶轮材料通过腐蚀反应生成氢气导致开裂的，即氢脆。疲劳的产生是因为叶轮常常处于振动的状态下，受到交变应力和叶轮与主轴的复合振动应力的双重作用，在其薄弱部位形成局部变形，超过疲劳极限产生疲劳裂纹，在振动中裂纹持续扩展，最后断裂。

离心式风机叶轮失效的直接原因一般有以下几种：a. 设计缺陷，如叶轮结构设计不合理；b. 叶轮材料中存在非金属夹杂物，使得叶轮的机械性能降低，特别是在仅有几个毫米厚的轮盖边缘上含有夹杂物，使叶轮产生局部应力集中，大大降低了叶轮的疲劳强度；c. 制造缺陷，如焊缝本身和热影响区缺陷以及叶轮加工面粗糙等。

其预防措施主要包括：a. 选用耐腐蚀、高强度的叶轮材料，确保叶轮加工质量，采用高形状精度和高表面粗糙度加工；b. 在叶轮轮盘外缘两叶片之间部位可磨削圆弧；c. 采用超声波无损探伤，从各个方向对焊缝和热影响区进行严格检查，及时发现焊缝和材质的内部缺陷；d. 叶轮与轮盖之间应全部焊透，焊后必须进行消除内应力处理；e. 消除过大振动源，调整振动频率，避免发生共振，使叶轮振动控制在允许范围内。

离心式风机的腐蚀具有其独特的特点，一般为气体与酸泥腐蚀。离心式风机输送的介质大多具有较强的腐蚀性，由于空气和工业烟气中含有酸性气体，湿度大时将形成亚硫酸、硫酸，它们对叶轮都有不同程度的腐蚀作用。裸露的叶片长期受气体和酸泥的腐蚀，在没有进行定期检查的情况下，使下一段入口气体带有酸性，在焊接叶片的焊接缩孔、气体处形成腐蚀坑，同时伴有部分氢渗现象，易形成疲劳源，致使焊接叶片在受到高应力和腐蚀时发生脆性断裂。

其预防措施主要包括：a. 采用耐腐蚀高强度的不锈钢焊接叶轮，焊后进行热处理，其表面进行防腐涂层保护；b. 尽可能降低工艺气酸性气体的含量，并控制出口温度不能过低，以防止氨基甲酸铵的生成；c. 定期排出中间冷却器内所生成的含有亚硫酸、硫酸的冷凝水，使其导出风机外；d. 安装高效的吸气过滤器(如脉冲式袋滤器)，以降低风机进口的流速，减少空气中所含的雾状水滴与粉尘；f. 严格检查叶轮腐蚀情况，并及时清除叶轮内部和表面的沉积物。

(3) 化工用泵事故分析

化工用泵输送的介质除清水外，大多数是易燃易爆、高温(最高达400℃)、超低温(最低至-200℃)、高压(最高达196MPa)、高黏度、剧毒和有化学腐蚀性的液体，再加上特殊的生产工艺特点，给化工用泵带来了多种失效可能。

化工用泵的失效主要形式有泵轴弯曲、拗断和烧断，轴承和轴瓦的严重磨损或烧坏，轴封严重泄漏，其他零部件的损坏(如靠背轮断、密封环损伤、机身断裂、叶片折断和出口止逆阀断裂等)，以及因机泵电动机烧坏和由此引起的燃烧爆炸。

泵轴烧坏或断裂主要原因有：a. 制造缺陷；b. 曲轴箱内漏入铜液导致润滑油变质；c. 上、下水总阀门忘打开，造成轴承长期缺水，冷却条件恶化。其预防措施也是与其原因一一对应的：a. 以精确的加工精度和正确的热处理工艺确保没有制造缺陷，并严格进行质量检查；b. 保证曲轴密封及时清理曲轴箱，并更新润滑油；c. 严格执行操作规程，保证轴承冷却水畅通无阻。

轴承、轴瓦烧坏主要原因有：a. 磨碎的金属颗粒随油进入轴颈而引起烧瓦；

b. 润滑油混有其他液体，油质恶化，严重供油不足甚至断油；c. 轴承锁母螺纹退松，保险垫被剪断；d. 水冷却系统结垢，严重堵塞，冷却水中断；e. 油泵齿轮断裂，烧坏轴瓦。其预防措施也是一一对应的：a. 正确选择泵油过滤网目数，并及时清理油箱；b. 按规定定期注油、换油，检查靠背轮磨损情况和轴瓦断油报警装置是否可靠；c. 重新安装拧紧，更换配件；d. 采取先进水处理工艺，定期清除水垢，启动前先开打冷却水阀门；e. 爆炸制造安装质量，避免油泵齿轮存在制造缺陷。

轴封的严重泄漏问题主要由轴、填料和轴套的严重磨损，以及密封环和机械密封环的损坏造成。一般发生严重泄漏的问题，因查明原因并及时更换，或在正确安装调整时，及时更换密封元件。

造成化工用泵燃烧爆炸的原因很多，主要包括材料问题（如泵体材料选用低强度、低硬度的灰口铸铁，代替原设计的高强度铸铁或球墨铸铁）、密封安装问题（如密封、安装不良，或泵轴封处有砂眼，导致易燃、易爆液体喷出）、检修问题（如检修不良，导致泵轴力不足）、短路问题（接头短路或定子绕组进水，绝缘损坏等）。其预防措施总结下来有几点，即进场前严格检验，安装前正确检修，使用前保证密封，操作时认真检查电器开关，严格执行防水防雨措施，及时更换绝缘严重老化的电动机。

另外，泵也会遇到其他诸如异常振动，化学腐蚀、超压和安装检修不良等问题。

（4）离心机事故分析

离心机的常见故障有电机过热和振动两大类。电机过热一般由起动时间长或起动电流大等原因引起。振动则由转鼓质量的不平衡和转鼓支撑间隙过大，或负荷运转振动过大等原因造成。又因为其转速高、处理的易燃易爆物料繁多，容易导致燃烧爆炸、腐蚀致转鼓破裂和剧烈振动等失效问题。

引起燃烧爆炸的原因有很多，主要有：a. 在刮刀式离心机处理物料的温度低于其闪点或非刮刀式离心机处理的温度等于或高于其闪点的情况下，发生燃烧爆炸的可能性较大；b. 当刮刀式离心机处理的物料温度等于或高于其闪点时，发生燃烧爆炸的可能性极大；c. 离心机因下料不均匀，偏心运转，转鼓负荷过重，致使转鼓与机壳摩擦起火，引起机内可燃性气体爆炸；d. 离心机下料管紧固螺栓松动，与推料器相碰撞产生火花，引起机内可燃性气体爆炸；e. 可燃性气体泄漏到离心机内，形成爆炸性混合气体，当离心机高速运转时，因产生静电火花而爆炸；f. 离心机使用时间过长，腐蚀严重，使其转鼓变薄而导致转鼓运转时爆炸；g. 违反操作规程，超电流、超温、超压运行或在岗位上吸烟而引爆；h. 超速运转引起转鼓爆炸。转鼓的转速一般都很高，如超速运转（超过最大安全转速)而使其应力超过转鼓材料的许用应力时，将引起转鼓爆炸。

对应地，燃烧爆炸的预防措施有：a. 采用惰性气体或其他气体保护；b. 严格控制氧浓度；c. 控制投料量，均匀下料，保证离心机上的放空管畅通无阻；d. 安装时拧紧紧固螺栓；e. 严防可燃性气体进入机内；f. 易腐蚀设备要加强防腐和维护；g. 压液阀门不宜开得过大，防止超压运行，严禁吸烟；h. 安装限速器，使其转速限制在安全范围内。

腐蚀将导致离心机的转鼓等部件壁厚减薄、强度降低，导致发生破裂事故。事故发生一般是由于转鼓长期在腐蚀性介质作用下工作或机壳材料薄厚不均，转鼓破裂时将其击碎。制造或采购时，应保证转鼓甚至整个离心机的内部零件尽可能都采用耐腐蚀材料，如无法避免时，应在离心机内部装设耐腐蚀衬套；应经常检查离心机转鼓等重要零部件的腐蚀情况，一旦发现严重腐蚀应及时修复或更换。

5 结论

动设备零部件失效的很大一部分原因是因为材料的制造加工质量问题，此外应重点关注设备所处车间的工艺特点，如疲劳、腐蚀等失效都是与其工艺息息相关的。另外，泵在发生燃爆等事故后，应重点检查其密封问题。

第7章　煤化工设备失效案例

第1节　氨加热器U形管束爆管失效分析

1　失效背景介绍

氨加热器有两个管程，管程Ⅰ介质为蒸汽，操作压力为0.36MPa，操作温度为148℃。管程Ⅱ介质为液氨，操作压力2.5MP，操作温度-33~9℃，材质为304不锈钢。壳程介质为甲醇，操作压力0.42MPa，操作温度113℃。管程Ⅱ管束时常发生开裂失效现象，见图7-1-1和图7-1-2。从图7-1-2中可以看出，爆管处鼓胀变形严重，且厚度不均匀。

图7-1-1　失效管和未失效管

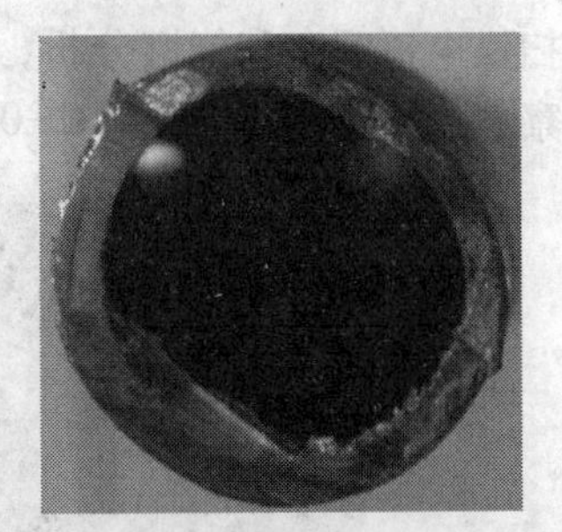
图7-1-2　失效管1纵截面图

2　取样试验及结果

（1）宏观检查

观察失效管1和失效管2可以发现，开裂部位发现鼓胀现象。并且沿鼓胀部位向里外径逐渐变小，可见鼓胀部位发生了明显的塑性变形。未失效管、失效管1、失效管2外径测量值见表7-1-1。可以看到，外径从未失效部位到失效部位是一个由小变大的过程。从图7-1-2中失效管的纵截面图可以看到，失效管管壁厚度不均匀。

表 7-1-1　换热管外径测量值

管束编号	测量位置	测量值 1/mm	测量值 2/mm	测量值 3/mm	平均值/mm
未失效管	a	20.00	19.92	20.30	20.07
	b	21.20	21.30	21.30	21.27
	c	21.78	21.78	21.88	21.81
失效管 1	a	19.38	19.42	19.48	19.43
	b	20.00	19.96	21.12	20.36
	c	20.90	21.90	21.28	21.36
	裂纹长度：18.74		裂纹最大宽度：2.04		—
失效管 2	a	19.60	19.92	19.70	19.74
	b	21.02	21.14	21.18	21.11
	c	23.66	24.66	24.20	24.17
	裂纹长度：27.00		裂纹最大宽度：1.38		—

(2) 取样试验

目前已进行的试验包括未失效管的 1 号位置和 2 号位置纵截面金相，编号分别是未失效管-1、未失效管-2，失效管 1 裂纹尖端 1 号位置内表面、2 号位置开裂面、3 号位置开裂面进行扫描电镜观察及能谱分析，编号分别为失效管 1-1、失效管 1-2、失效管 1-3。失效管 2 的 0 号裂纹尖端内表面、2 号位置开裂面的扫描电镜观察和能谱分析，失效管 2 的 0 号、1 号、2 号、3 号位置进行金相观察，编号分别是失效管 2-0、失效管 2-1、失效管 2-2、失效管 2-3(图 7-1-3)。

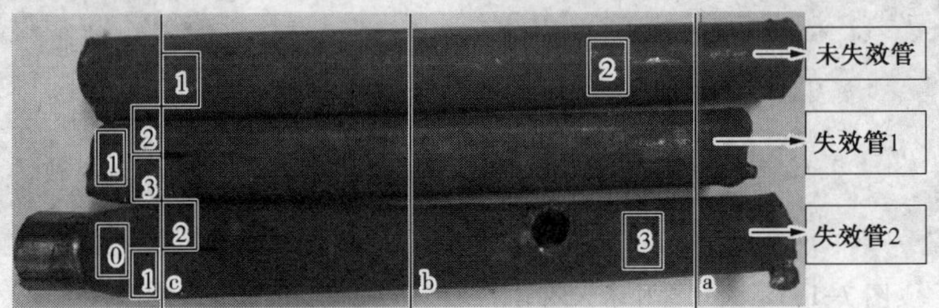

图 7-1-3　取样试验位置

(3) 金相观察

从图 7-1-4 和图 7-1-5 中可以看出，未失效管基体主要为奥氏体，有少量孪晶，基体奥氏体内有变形马氏体。对于失效管 2 号，基体主要为奥氏体，奥氏体内有大量变形马氏体和孪晶。

失效 2 号管裂纹尖端晶粒发现大量塑性变形，尖端裂纹为穿晶裂纹。裂纹附近金相组织有大量的变形马氏体，其马氏体量明显高于未失效管和失效 2 号管的未失效部位。经过用磁铁进行试验发现，两根爆裂管鼓胀部位磁性较强，显示出失效部位马氏体含量较高。

(a) 未失效管-2位置横截面金相

(b) 未失效管-1位置横截面金相

图 7-1-4 未失效管横截面金相

(a) 失效管2-1位置横截面金相

(b) 失效管2-2位置横截面金相

(c) 失效管2-3位置横截面金相

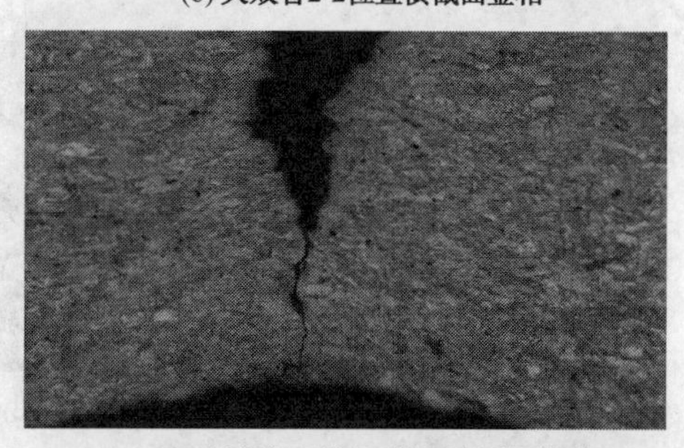

(d) 失效管2-0位置裂纹尖端裂透部位

(e) 失效管2-0位置裂尖端裂透部位前沿

(f) 失效管2-0位置裂纹尖端附近基体

图 7-1-5 失效管裂纹

（4）扫描电镜及能谱分析

① 失效管2号试样　图7-1-6~图7-1-12、表7-1-2~表7-1-5为失效管2号试样的扫描电镜及能谱分析。从裂纹尖端形貌图可以看出，裂纹尖端尚未全部裂透，可见裂纹起源于内表面。裂纹尖端沟槽应为换热管制造过程中产生的拉拔纹。从裂纹尖端放大的形貌图看到，在沟槽内部有一些微小裂纹，说明裂纹主要在原来的拉拔纹里面产生。在完全裂透部位靠近管内壁处发现大量二次裂纹，在管内壁、裂纹面、裂纹尖端都发现大量的腐蚀产物，能谱分析发现裂纹尖端和裂纹面腐蚀产物中都含有大量的氯元素，说明裂纹产生原因主要为氯离子应力腐蚀开裂。裂纹面靠近管外壁处发现大量韧窝，说明裂纹向外侧的扩展主要是通过塑性变形实现的。

(a) 未清洗

(b) 超声波除去表面附着物1

(c) 超声波除去表面附着物2

图7-1-6　失效管2-0位置内表面宏观形貌

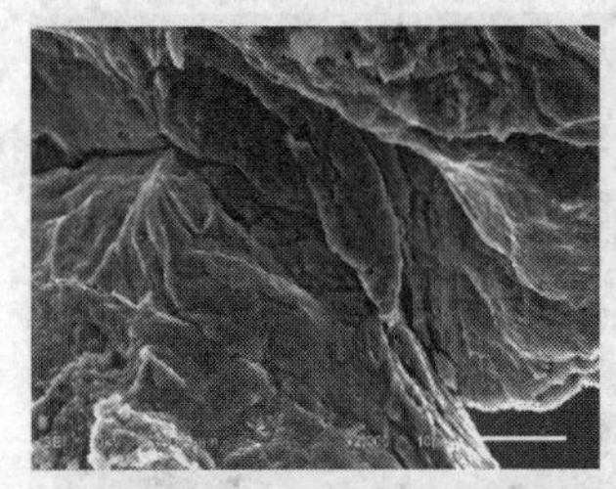
(a) 图7-1-6(b)中a位置放大后形貌

(b) 图7-1-6(b)中b位置放大后形貌

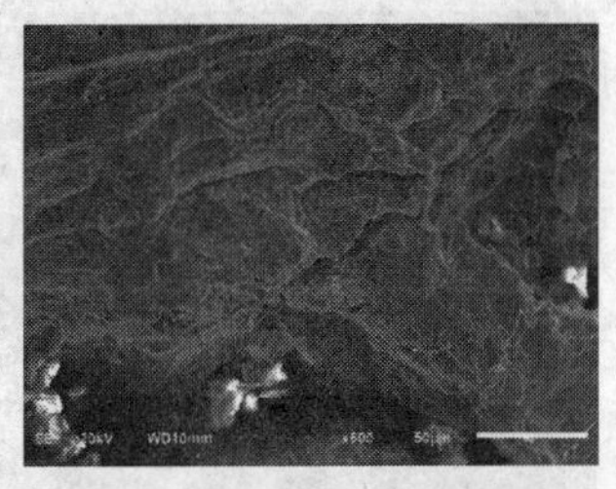
(c) 图7-1-6(b)中c位置放大后形貌

图7-1-7　图7-1-6中三个位置的放大形貌

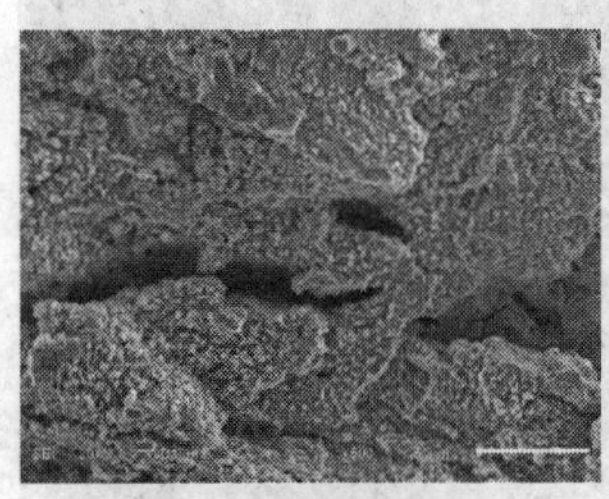
(a) 靠近管内壁形貌

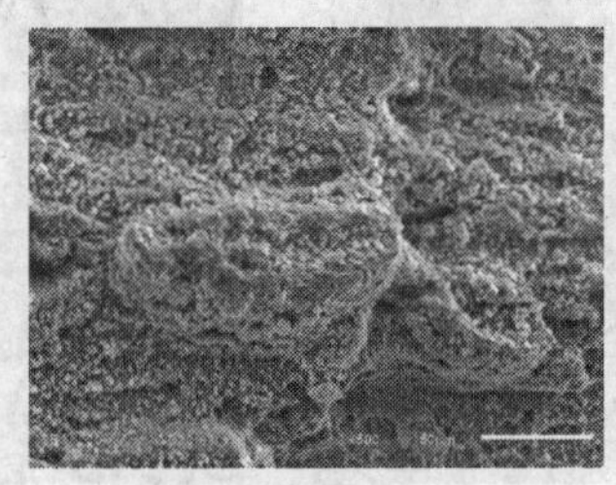
(b) 中部形貌

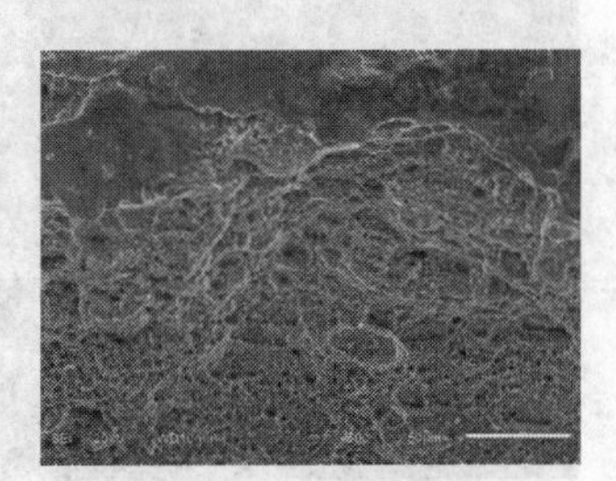
(c) 靠管外壁形貌

图7-1-8　失效管2-2位置裂纹面形貌

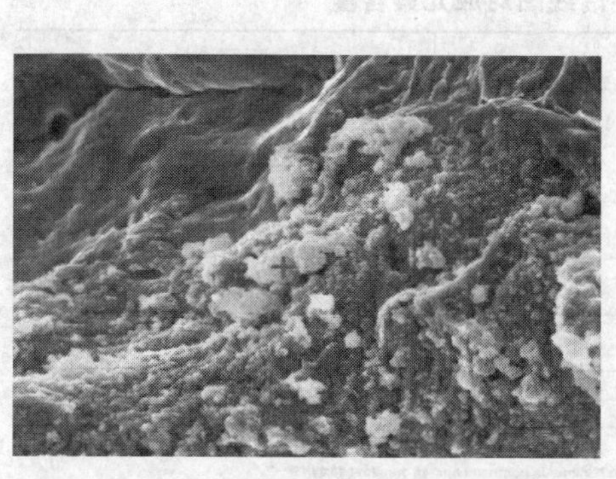
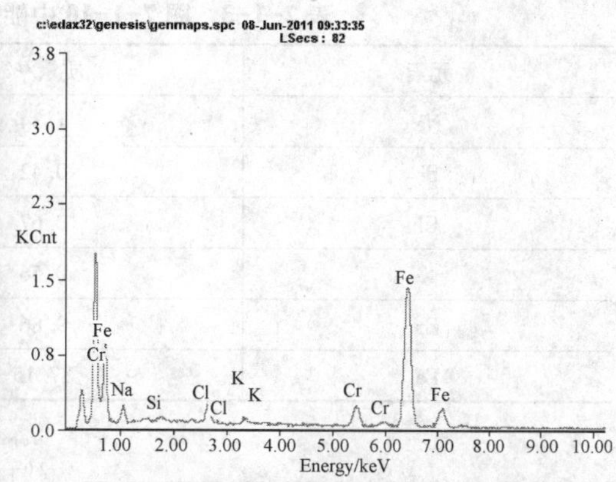

图 7-1-9　失效管 2-0 位置裂纹尖端腐蚀物能谱分析

表 7-1-2　图 7-1-9 中能谱线图对应元素含量

元素	质量/%	原子/%
Na	7.70	16.26
Si	1.09	1.88
Cl	3.34	4.57
K	1.37	1.70
Cr	6.71	6.26
Fe	79.79	69.33

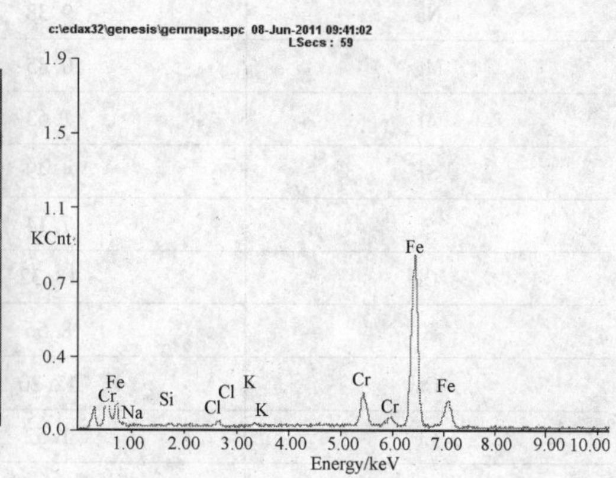

图 7-1-10　失效管 2-0 位置裂纹尖端腐蚀物能谱分析

表 7-1-3　图 7-1-10 中能谱线图对应元素含量

元素	质量/%	原子/%
Na	1.34	3.14
Si	0.42	0.81
Cl	0.67	1.01
K	0.56	0.77
Cr	9.86	10.22
Fe	87.15	84.05

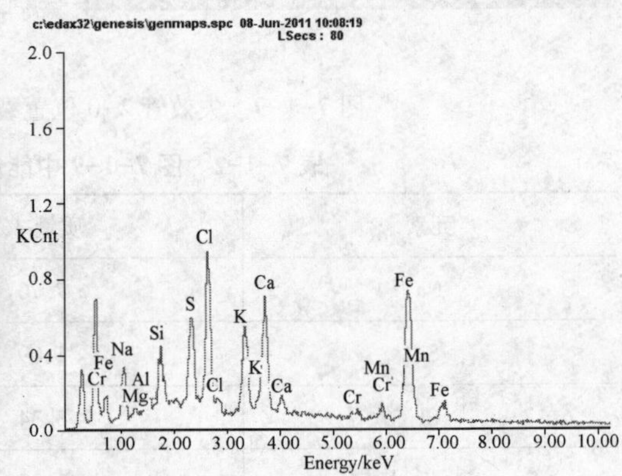

图 7-1-11　失效管 2-2 位置裂纹面上腐蚀物能谱分析

表 7-1-4　图 7-1-11 中能谱线图对应元素含量

元素	质量/%	原子/%
Na	9.38	16.01
Mg	0.85	1.37
Al	1.63	2.37
Si	4.49	6.28
S	7.14	8.74
Cl	13.32	14.75
K	8.56	8.59
Ca	12.20	11.95
Cr	1.52	1.15
Mn	2.65	1.89
Fe	38.27	26.90

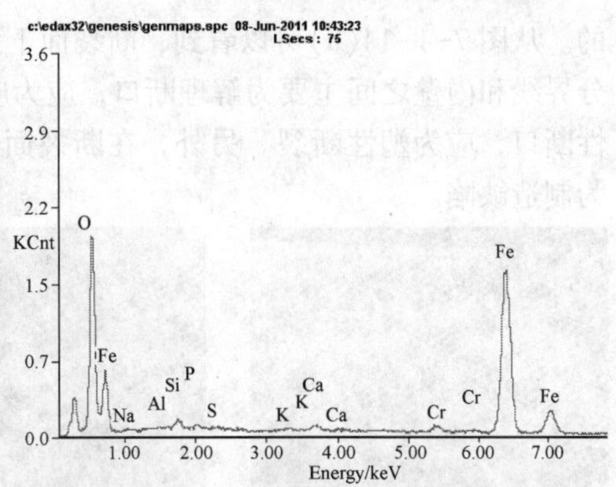

图 7-1-12 失效管 2-2 位置裂纹面上腐蚀物能谱分析

表 7-1-5 图 7-1-12 中能谱线图对应元素含量

元素	质量/%	原子/%
O	30. 24	59. 22
Na	0. 24	0. 33
Al	0. 20	0. 23
Si	1. 12	1. 25
P	0. 40	0. 41
S	0. 35	0. 34
K	0. 50	0. 40
Ca	0. 98	0. 77
Cr	1. 32	0. 80
Fe	64. 64	36. 26

② 失效管 1 号试样 图 7-1-13~图 7-1-15 为失效管 1 号试样的扫描电镜形貌，从失效管 1 号试样可以看出，裂纹起源于内表面，在主裂纹附近，有大量的腐蚀沟槽和分支裂纹。在裂纹尖端，也可见大量的微裂纹。通过对断裂面仔细观察可以发现，断裂面靠近内壁裂纹起源处，有大量的二次裂纹。在断裂面靠近外壁部位，可以看到大量韧窝，表明此断口是由于塑性断裂引起

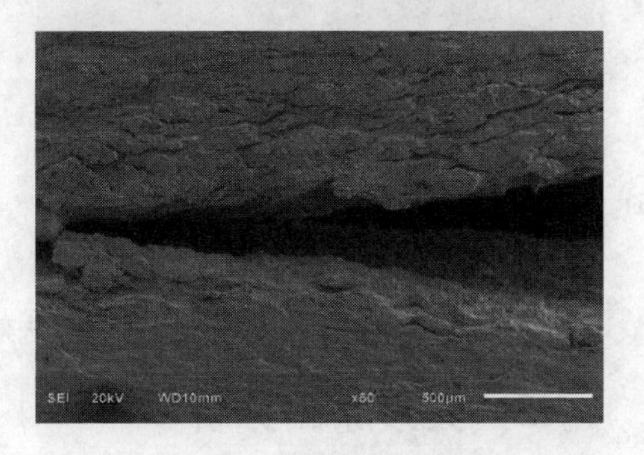

图 7-1-13 失效管 1-1 位置内表面裂纹尖端形貌

的。从图 7-1-14(a)可以看到，断裂面上解理断面和韧性断面有明显的分界线。分界线和内壁之间主要为解理断口，应为应力腐蚀开裂；分界线和外壁之间为韧性断口，应为塑性断裂。另外，在断裂面上靠近外壁 250μm 处发现一夹层，应为制造缺陷。

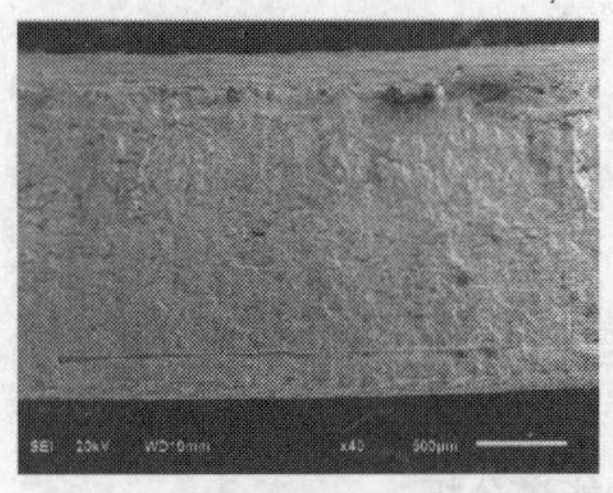
(a) 失效管1-2位置断裂面宏观形貌

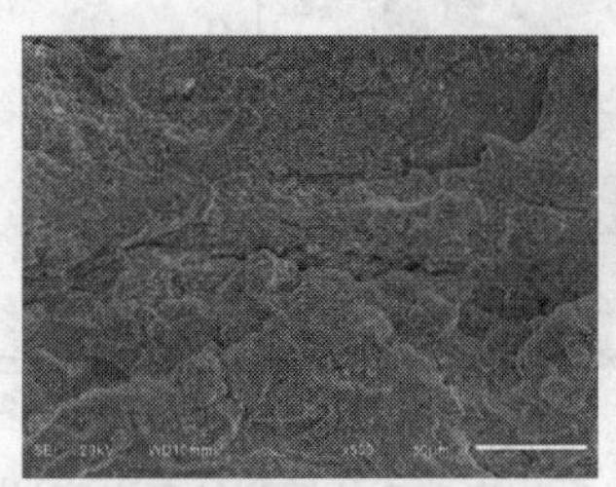
(b) 失效管1-2位置裂纹面靠近管内壁形貌

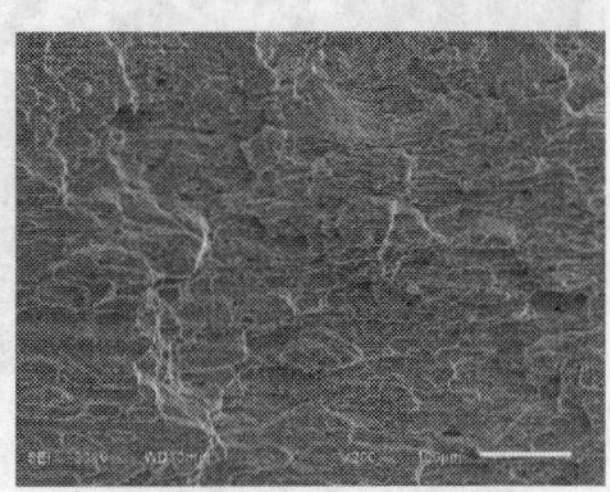
(c) 失效管1-2位置裂纹面靠近管外壁形貌

图 7-1-14　失效管 1-2 位置形貌

(a) 失效管1-3位置断裂面宏观形貌

(b) 失效管1-3位置裂纹面靠近管内壁形貌

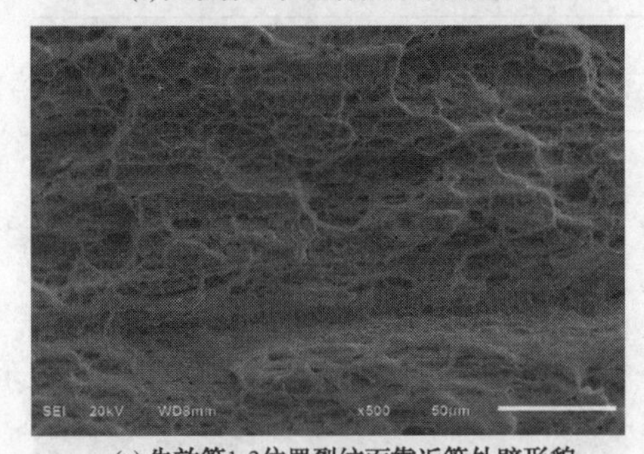

(c) 失效管1-3位置裂纹面靠近管外壁形貌

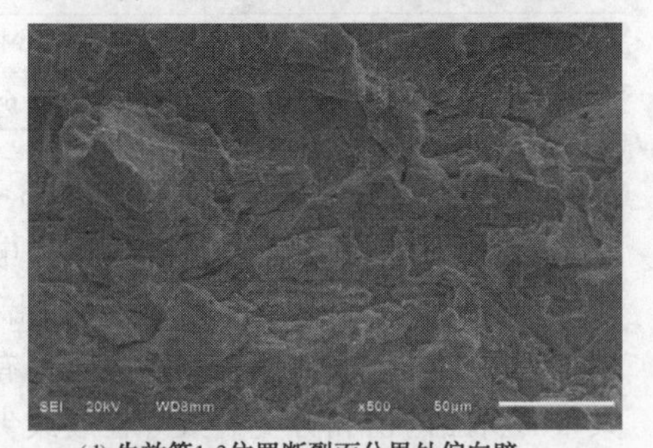

(d) 失效管1-3位置断裂面分界处偏向壁

图 7-1-15　失效管 1-3 位置形貌

3　失效原因分析

(1) 检验、试验结果总结

宏观检查发现，两根开裂失效管在裂口所处圆周发生鼓胀现象，且内壁厚度不均匀。化学成分分析发现，失效管和完好管化学成分都在标准范围之内。金相检查发现，管束基体主要为奥氏体，并有部分孪晶和马氏体，并且在裂口附近有比其他位置更多的马氏体组织。用磁铁进行吸引试验也发现，裂纹部位磁性明显比完好部位要强。通过扫描电镜观察和能谱分析，可以认定失效 1 号管和失效 2 号管的裂纹都起源于内表面，在断裂面上靠近内壁的位置发现大量的二次裂纹，呈明显的解理断口特征。而在断裂面靠近外壁处，则有大量韧窝，呈塑性断口特征。未对试样进行清洗时，可以发现裂纹尖端和断裂面上有大量的氯元素。

(2) 失效原因分析

换热管束在轧制和冷拔的过程中形成具有一定深度的拉拔纹，溶液中有氯元素存在时，容易在拉拔纹内局部聚集。氯原子由于最外层缺一个电子，为达到外层电子壳完整需达到 8 个电子，所以具有高的电子亲和力，且半径小，有变形性，侵蚀性最大。在拉拔纹内高浓度的氯离子渗透与侵入奥氏体中，与溶解氧在金属表面竞争地吸附。如果氯离子占优势，则氯离子进入膜中代替氧离子并占据它们的位置，从而有利于金属离子水化而溶出，导致在拉拔纹内发生进一步腐蚀，局部的高酸性又可导致金属的溶解速度加剧：

$$FeCl_2+2H_2O \longrightarrow Fe(OH)_2+2HCl$$

为保持电位平衡，局部腐蚀形成的蚀坑外卤素离子借电泳作用通过拉拔纹或腐蚀产物的孔隙不断扩散进来，导致卤素离子的进一步富集。这种随着局部腐蚀过程的进行，使闭塞区(拉拔纹内)愈易酸化的过程叫做“自催化”的酸化过程，据一些研究实测其氯含量甚至可达 15.19%，相应的 pH 值降低到接近于零，这种状况导致原拉拔纹与周边环境形成大阴极与小阳极的活化-钝化电池，促使腐蚀向纵深发展。

另外，在拉拔纹前沿会产生应力集中，氯离子还可以造成奥氏体不锈钢的应力腐蚀开裂。这是由于溶液中富集的氯离子使不锈钢表面的钝化膜受到破坏，在拉伸应力的作用下，钝化膜被破坏的区域就会产生裂纹，成为腐蚀电池的阳极区，连续不断的电化学腐蚀最终导致金属裂纹的进一步延伸。随着服役时间的增加，换热管束微裂纹的数量逐渐增多，裂纹的深度也逐步扩展，裂纹尖端产生巨大的应力集中，使换热管束的局部强度达不到要求，从而导致爆管。断裂面上存在明显的解理断面和韧性断面的分界线也可证明失效换热管是先发生应力腐蚀开裂后由于强度不足导致的爆管。爆管瞬间，管束发生剧烈变形，产生大量的变形马氏体，这和金相组织观察结果也是吻合的。

4 结论及建议

换热管束拉拔纹内等局部位置由于氯离子聚集产生应力腐蚀开裂裂纹，导致裂纹尖端应力集中。当裂纹达到一定深度时，由于裂纹产生的应力集中使换热管束局部强度达不到要求导致爆管。为了避免此种开裂现象的发生，可以从以下几个方面进行改进：一是提高管束加工质量，尽量较少拉拔纹的数量和拉拔纹的深度，并避免由于换热管的厚度不均导致的应力集中；二是尽量避免温度压力的波动；三是对换热管材质进行升级。

根据国内、外使用经验，对换热管材质进行升级时可采用以下材料，供厂方进行选择：

① 抗应力腐蚀开裂能力更强的奥氏体不锈钢如 304L、321、321L、316、316L 等；

② 双相不锈钢：如 2205、2507 等，具有较好的耐含氯酸性介质腐蚀能力，是可选的材料，但是价格稍贵，加工和制造存在一定的困难。

第 2 节　蒸汽轮机凝汽器管束失效分析

1　失效背景介绍

某厂空分装置一拖二机组汽轮机 4500m^{2}表面凝汽器(图 7-2-1)是 2005 年杭州汽轮机厂提供的 T6829 机组配套设备，为 N-4500-1 型，流道为二流制一流程，换热面积为 4500m^2，循环水量为 12500t/h，列管为 ϕ19mm×1mm 焊接不锈钢管，材质为 0Cr18Ni9。管程设计试验压力为 0.75MPa，操作压力为 0.35MPa，操作温度为 32℃，介质为循环冷却水；壳程设计试验压力为 0.2MPa，操作压力为-0.08MPa，操作温度为 60℃，介质为脱盐水。2005 年安装，2006 年开车试运行至 2009 年，在此运行期间未发生泄漏，每年例行检修期间对列管管程结垢采用高压冲洗水冲洗，但除垢效果不理想，冲洗后均进行试漏检测，未发现泄漏。

为提高凝汽器换热效果，节能降耗，该厂委托外单位于 2010 年 2~3 月对该设备进行化学清洗，以除去表面结垢，清洗前后的对比如图 7-2-2 和图 7-2-3 所示。根据清洗报告所提供的数据，清洗的主要步骤为水冲洗—化学清洗—中和—水冲洗，其中化学清洗的药品配方为：硝酸浓度 5%左右，Lan-826 缓蚀剂含量 0.3%~0.5%，渗透剂 0.1%~0.3%，促进剂 0.1%~0.25%，二醇醚 0.1%左右，氟化钠等其他药品根据现场反应情况添加。凝汽器东侧清洗工作安排在 2 月 28 日进行，化学清洗时间为 5.5h，中和时间为 3h22min；西侧清洗工作安排在 3 月 2 日进行，化学清洗时间为 5.5h，中和时间为 2h55min。

2010 年 7 月 22 日该厂启动低压氮机组对改造后的空分冷箱设备及空分装置

管道进行吹扫，开车前循环水建立后检查壳侧导淋未发现排水现象，判断凝汽器不漏。2010 年 10 月 18 日通循环水作开车前检查，发现凝汽器壳侧底部排放导淋泄漏严重，对凝汽器进行开盖检查发现共 180 多根列管泄漏（列管总数量为 7100 根），发现列管纵向焊缝附近有多处穿孔，孔径约 0.5～0.8 mm，呈规则圆形。为了解失效机理和失效原因，保障设备长周期安全运行，对截取的换热管进行失效分析。

图 7-2-1　蒸汽轮机凝汽器

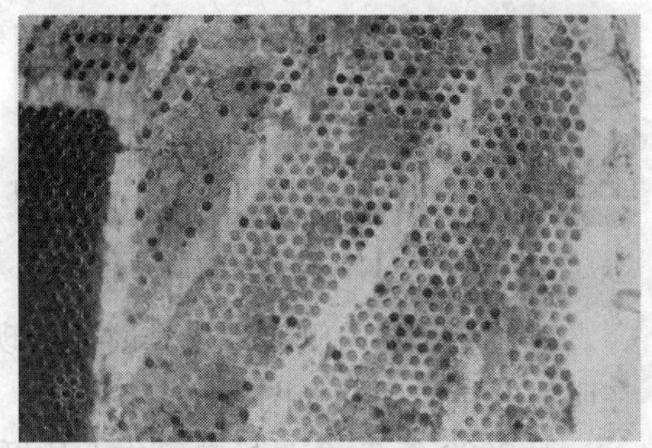

图 7-2-2　化学清洗前的管板表面

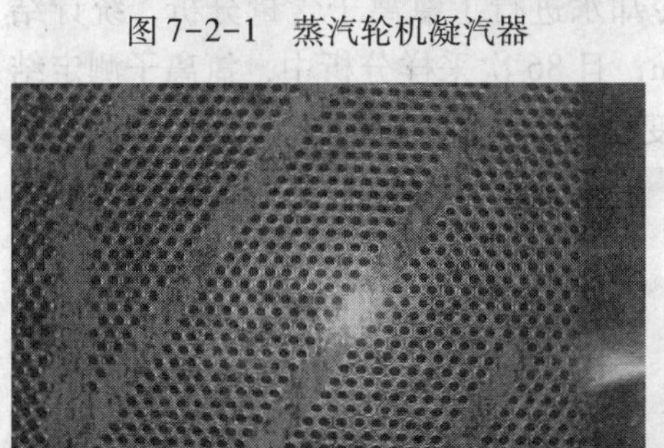

图 7-2-3　化学清洗后的管板表面

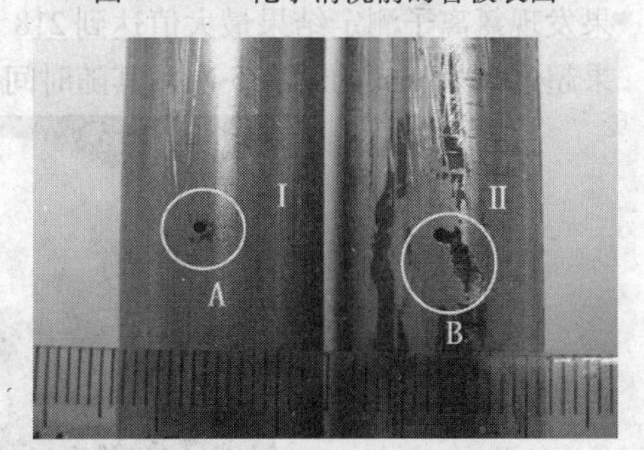

图 7-2-4　换热管发生的泄漏穿孔

图 7-2-4 所示为该公司提供的泄漏换热管试样，对换热管进行初步外观检查，发现有明显的腐蚀穿孔，Ⅰ号换热管的 A 处泄漏孔呈现非常匀称的圆形，直径约 1mm，周围无肉眼可见的腐蚀或开裂；而Ⅱ号换热管的 B 处泄漏孔则呈现为局部带不规则缺口的圆形形状，并发展为隧道状腐蚀孔，直径约 1mm。将两根换热管用手工锯割的方式剖开，Ⅰ号换热管泄漏孔侧见图 7-2-5，在孔所在位置的换热管内壁轴向存在肉眼可见的腐蚀坑带，几乎成笔直的线状分布，腐蚀坑有大有小，但直径均在 0.5mm 以下；Ⅱ号换热管的泄漏孔侧见图 7-2-6，亦可观察到明显的点蚀坑，与Ⅰ号换热管的情况比较相象，腐蚀隧道一直延伸至换热管的焊接纵缝。除腐蚀坑带外，两根换热管的内、外壁均未发现明显开裂。

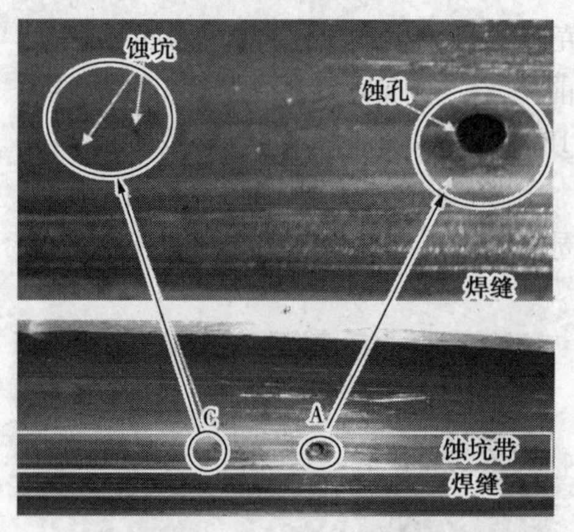

图 7-2-5 Ⅰ号换热管的泄漏孔

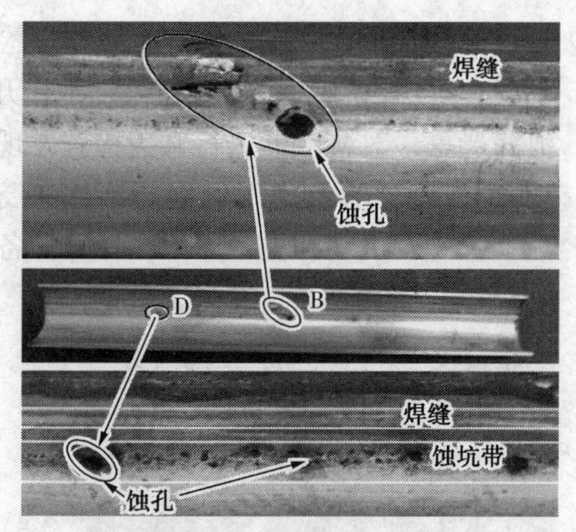

图 7-2-6 Ⅱ号换热管的泄漏孔

对换热管的内侧宏观检查时还发现了部分位置残存的结垢痕迹，结垢附近存在明显的点蚀坑，如图 7-2-7 所示。

对 2009 年 2~9 月换热管内介质循环冷却水进行了氯离子含量分析，统计结果发现氯离子测定结果最大值达到 218 ppm，且 86 次采样分析中，氯离子测定结果超过 200 ppm 的就有 5 次，其随时间的变化趋势见图 7-2-8。

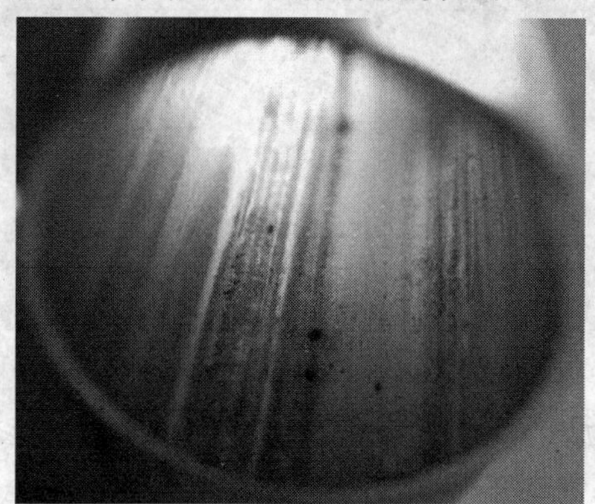

图 7-2-7 换热管内壁的结垢和点蚀坑

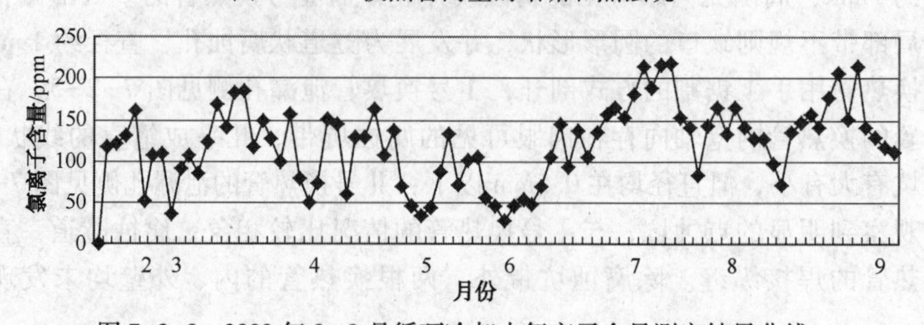

图 7-2-8 2009 年 2~9 月循环冷却水氯离子含量测定结果曲线

2 失效分析内容

（1）取样位置

根据上述换热管的内、外壁宏观检查结果，考虑到换热管的泄漏主要跟蚀坑和蚀孔相关，故须对材料的耐腐蚀能力和介质的腐蚀特性进行分析。选择Ⅱ号换热管作测试分析，取样位置示意图见图 7–2–9，加工后的试样见图 7–2–10。

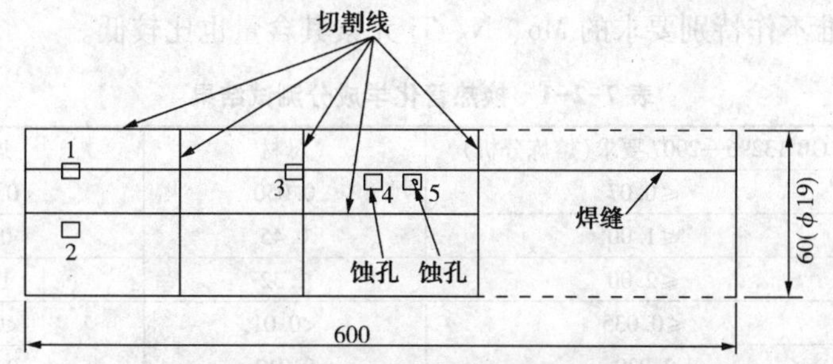

图 7–2–9 Ⅱ号换热管取样位置分布

图 7–2–10 取样加工后的试样

其中：

① 1、2 为材料化学成分分析取样点位置；

② 3 为金相观察取样点位置；

③ 4 为电镜扫描和能谱分析取样点位置；

④ 5 为蚀孔所在位置。

（2）材料化学成分分析

根据图 7–2–9 所示，从换热管的母材和焊接接头取样进行材料化学成分分析，判断管子母材和焊接接头的材质是否符合标准要求。因原始设计资料中已无法查阅到该凝汽器的设计图纸等相关资料，故也无法确定其设计标准和选材标准。这里选择 GB 13296—2007《锅炉、热交换器用不锈钢无缝钢管》中对同样材质的要求作为对比参考，判断其耐腐蚀能力，但不能作为该材质合格与否的依据。母材和焊缝熔敷金属的化学成分分析结果见表 7–2–1。

根据 GB 13296—2007 的要求，材料化学成分的允许偏差应符合 GB/T 222—2006 的规定。故按 GB 13296—2007 标准而言，母材 Ni 含量为 7.97%，焊缝为 7.88%，均低于标准要求的 8.00%~11.00%的范围；而查阅 GB/T 222—2006 中表 3 中 Ni 元素含量允许偏差为：当 Ni 含量的标准上限值在 10.00%~20.00%范围内时，上、下偏差均为 0.15%，故此换热管 Ni 元素的含量在考虑允许偏差的情况下也能达到国内同类标准的要求。其他元素含量也都达到国内同类标准的要求，对于标准不作特别要求的 Mo、N、Ti 元素其含量也比较低。

表 7-2-1　换热管化学成分测试结果　　%

分析项目	GB 13296—2007 要求(熔炼分析)	母材	焊缝
C	≤0.07	0.050	0.050
Si	≤1.00	0.45	0.46
Mn	≤2.00	1.32	1.32
P	≤0.035	<0.01	<0.01
S	0.030	0.013	0.014
Ni	8.00 ~11.00	7.97	7.88
Cr	17.00 ~19.00	17.58	17.22
Mo	无要求	<0.01	<0.01
N	无要求	0.060	0.058
Ti	无要求	<0.01	<0.01

(3)金相分析

根据图 7-2-9 所示位置从换热管取样进行金相分析，判断母材和焊接接头的金相组织是否正常，金相观察结果见图 7-2-11~图 7-2-13。图 7-2-11 为母材金相图，其组织为奥氏体，晶粒度为 8.5~9 级，未发现异常。图 7-2-12 为焊接接头的金相组织，热影响区的晶粒略显粗大，焊缝的晶粒较为细小，也未发现异常。图 7-2-13 为焊缝金相组织，可见有明显的柱状晶组织，同样未发现任何异常。

(a)

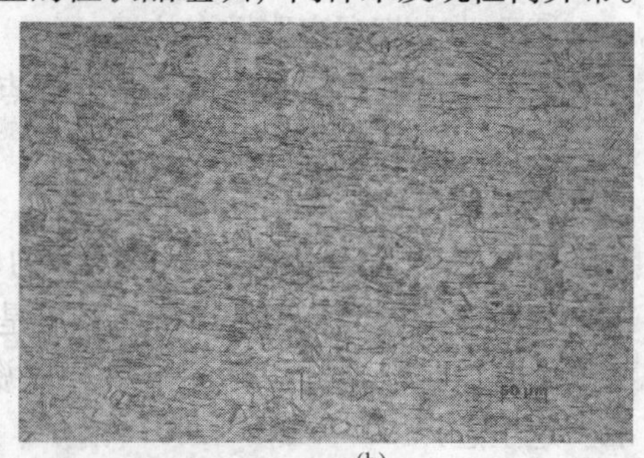

(b)

图 7-2-11　Ⅱ号换热管母材金相

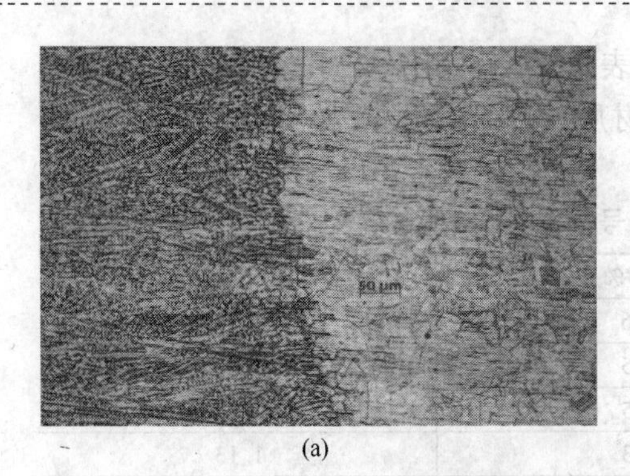

(a)

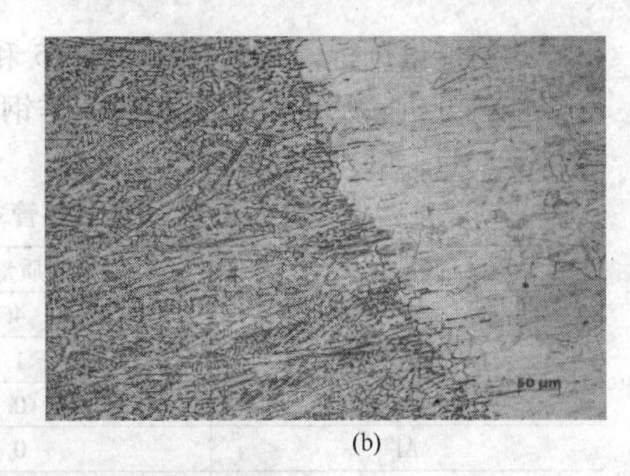

(b)

图 7-2-12　Ⅱ号换热管纵向焊接接头金相

图 7-2-13　Ⅱ号换热管纵向焊缝金相

（4）电镜观察和能谱分析

对图 7-2-9 所示 4 号位置的母材进行电镜观察和能谱分析，结果见图 7-2-14 和表 7-2-2。电镜观察发现母材表面存在结垢或腐蚀产物薄膜，能谱分析发现除了该奥氏体不锈钢材质所应有的元素外，还发现表面有丰富的 F、Na、Mg、Al 和 Ca 元素。图 7-2-15 为Ⅱ号换热管 4 号位置处蚀坑电镜图，该蚀坑未穿透壁厚，但电镜探针不能直接扫描坑底部位，蚀坑呈近似圆形，对蚀坑边缘①点和

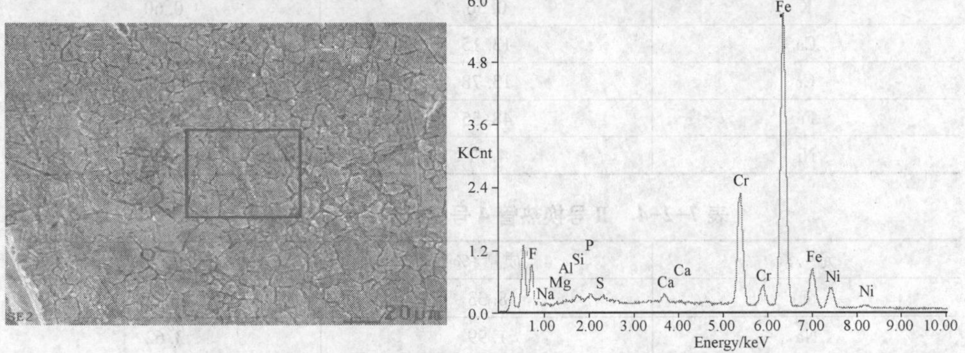

图 7-2-14　Ⅱ号换热管 4 号位置处母材电镜和能谱分析

②点进行能谱分析，结果见图 7-2-15 和表 7-2-3、表 7-2-4。蚀坑边缘①点和②点能谱分析除发现了该奥氏体不锈钢材质所应有的元素外，还发现有丰富的 F、Na、Mg、Al、Cl、K、Ca 等元素。

表 7-2-2 Ⅱ号换热管 4 号位置处母材能谱结果

元 素	质量/%	原子/%
F	4.66	1.91
Na	1.15	2.43
Mg	0.55	1.10
Al	0.63	1.13
Si	0.94	1.62
P	0.84	1.32
S	0.46	0.69
Ca	0.73	0.88
Cr	15.72	14.67
Fe	66.96	58.17
Ni	7.37	6.09

表 7-2-3 Ⅱ号换热管 4 号位置处蚀坑边缘①点能谱结果

元 素	质量/%	原子/%
F	8.33	18.33
Na	1.99	3.62
Mg	1.20	2.07
Al	1.21	1.87
Si	1.38	2.06
P	1.83	2.47
S	1.61	2.10
Cl	0.71	0.84
K	0.56	0.60
Ca	13.15	13.73
Cr	13.78	11.09
Fe	48.55	36.36
Ni	4.71	3.36

表 7-2-4 Ⅱ号换热管 4 号位置处母材能谱结果

元 素	质量/%	原子/%
F	8.33	18.33
Na	1.99	3.62
Mg	1.20	2.07

续表

元 素	质量/%	原子/%
Al	1.21	1.87
Si	1.38	2.06
P	1.83	2.47
S	1.61	2.10
Cl	0.47	0.55
K	0.50	0.54
Ca	16.35	17.05
Cr	13.53	10.88
Fe	47.49	35.54
Ni	4.10	2.92

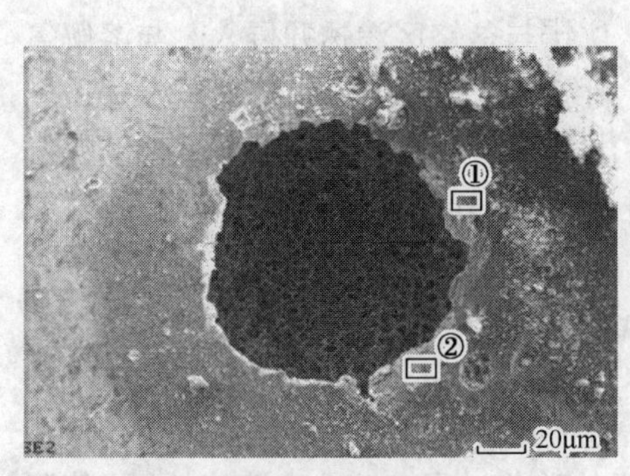

(a) 4号位置处蚀坑电镜图

(b) 4号位置处蚀坑边缘①点能谱分析

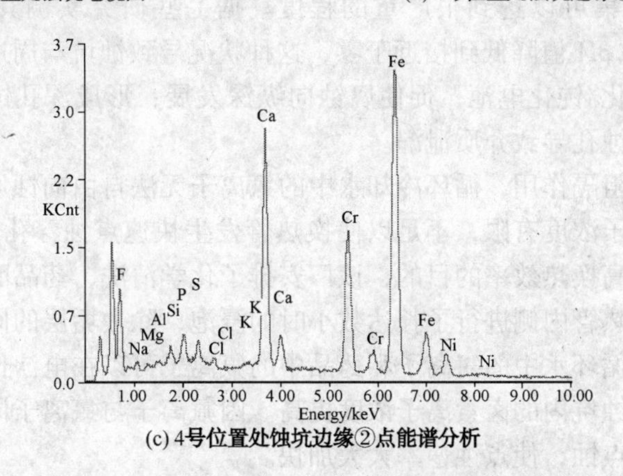

(c) 4号位置处蚀坑边缘②点能谱分析

图 7-2-15 Ⅱ号换热管 4 号位置处蚀坑电镜及能谱分析

(5) 材料基本性能分析

根据上述测试结果，换热管的母材、焊接接头的化学成分测试和金相组织观察结果虽因原始资料无从查证而无法确定其是否满足设计选材要求，但参考我国GB 13296—2007《锅炉、热交换器用不锈钢无缝钢管》中对同样材质的要求，其测试结果的各项参数均无异常。

3 失效机理和失效原因分析

从图7-2-7可观察到化学清洗后剩余的残垢和附近的蚀坑，由于循环冷却水含有丰富的Mg^{2+}、Al^{3+}和Ca^{2+}等，且循环冷却水中含有一定浓度的Cl^-(表7-2-1、图7-2-8)，而Mg^{2+}、Al^{3+}和Ca^{2+}等极易在换热管内壁沉积结垢，易在结垢部位形成局部高浓度的氯离子溶液。

氯原子由于最外层缺一个电子，为达到外层电子壳完整需达到8个电子，所以具有高的电子亲和力，且半径小，有变形性，侵蚀性最大。氯离子可通过奥氏体不锈钢表面缺陷、杂质(如MnS)、晶界、位错与贫铬区渗透并侵入，与溶解氧在金属表面竞争吸附。如果氯离子占优势，则氯离子进入膜中代替氧离子并占据它们的位置，从而有利于金属离子水化而溶出，特别是在表面缺陷或夹杂部位发生点蚀，形成垢下蚀坑。金属氯化物又可进一步水解产生HCl，局部的高酸性又可导致金属的溶解速度加剧：

$$FeCl_2+2H_2O \longrightarrow Fe(OH)_2+2HCl$$

为保持电平衡蚀坑外的卤素离子借电泳作用通过坑口或腐蚀产物的孔隙不断扩散进来，导致卤素离子在蚀坑内的富集。这种随着局部腐蚀过程的进行，使闭塞区(蚀坑内)愈易酸化的过程叫做“自催化”的酸化过程，蚀孔内溶液的pH值降低和卤素离子富集可以达到很严重的程度。据一些研究实测其含量甚至可达15.19%，相应的pH值降低到接近于零，这种状况导致蚀坑与周边环境形成大阴极与小阳极的活化/钝化电池，促使腐蚀向纵深发展，形成深孔蚀，严重时甚至穿透壁厚，产生蚀孔导致介质泄漏。

由于垢层的阻隔作用，循环冷却水中的氯离子无法自由向蚀坑内迁移，故蚀坑内形成的氯离子浓度有限，不足以使换热管发生快速点蚀穿孔。2010年年初，出于化学除垢提高换热效率的目的，该厂安排了化学清洗，药品配方中包含硝酸和氟化钠，对换热管内侧进行了长达数小时的浸泡，除去垢层的同时将垢下蚀坑暴露出来，这时循环水中的氯离子和药品中的氟离子可以在电泳作用下向蚀坑内自由移动，导致蚀坑内的卤素离子浓度提高。因氟离子与氯离子同族，亦可导致奥氏体不锈钢的点蚀，使点蚀速率大大加快。

在化学清洗结束后，蚀坑内的氟离子和氯离子并不能完全去除，其后设备停用至7月22日，蚀坑部位的残存水渍因水分缓慢蒸发导致坑内氟离子和氯离子浓度升高，点蚀加剧。同时，水分蒸发也使蚀坑尖端的面积缩小，水分完全蒸发后点蚀过程停止。氟离子和氯离子以化合物的形态残存在蚀坑内表面。当2010年7月22日该厂启动低压氮机组对改造后的空分冷箱设备及空分装置管道进行吹扫，开车前循环水建立后，蚀坑尚未穿透壁厚形成蚀孔，循环水未泄漏到壳程，导致检查时壳侧导淋未发现排水现象，故该厂判断凝汽器未漏。

7月22日的吹扫工作中循环水的建立使蚀坑内再次充盈液体水，形成溶液环境，吹扫结束后一直至10月18日开车前长达近3个月的停车期间再次引起蚀坑部位的残存水渍因水分缓慢蒸发导致坑内氟离子和氯离子浓度升高，点蚀加剧，由于换热管壁厚仅1mm，经过再次腐蚀后，换热管的一些点蚀严重部位出现穿透壁厚的蚀孔，大部分未穿透区域仍为蚀坑。因蚀坑和蚀孔的形成和扩展均与早期循环冷却水的沉淀结垢、化学清洗后以及吹扫后的残存水渍蒸发相关，所以，蚀坑和蚀孔基本集中在换热管内壁底部一条直线上。图7-2-6中D处蚀孔则可能是因为换热管本身存在焊接缺陷或母材内部夹杂杂质，最先在此部位形成蚀坑，焊接缺陷或母材内部夹杂的耐腐蚀能力较低，被首先腐蚀穿透壁厚后形成隧道状蚀孔。

4 结论及建议

综合以上分析结果，该公司蒸汽轮机凝汽器管束发生了垢下氯离子点蚀，化学清洗除去垢层暴露出蚀坑，并因配置药品增加了可能加剧点蚀倾向的氟离子。经过清洗—吹扫—开车中间的两个停工期，在自然蒸发作用下氯离子和氟离子发生聚集浓缩，点蚀加剧，吹扫时可能发展最快的点蚀坑还未穿透壁厚，到开车时却出现了180多根管子泄漏。

根据国内外工业生产装置的使用经验，为防止奥氏体不锈钢设备的点蚀，通常可以采取以下措施：

① 采用抗腐蚀能力好的材质。通过对奥氏体不锈钢304、316L、317L和双相不锈钢2205在模拟环境下的腐蚀倾向和耐蚀性能试验，发现双相不锈钢2205的耐均匀腐蚀性能、耐点蚀性能均优于奥氏体不锈钢，特别是当温度升高至110℃及磨损腐蚀环境中，2205耐蚀优越性更加明显。不锈钢抗点蚀指数可用以下经验公式来评价：

$$PRE = Cr\% + 3.3Mo\% + 16N\%$$

PRE 越高则不锈钢抗点蚀性能越好，添加Cr、Mo、N的不锈钢均有优良的抗氯离子点蚀能力。几种典型材料 *PRE* 值的排列：304L(304)<316L(316)<317L(317)<904L<2205<2507<254SMO<654SMO。如按本次失效分析中换热管母材化

学成分分析结果，其 *PRE* 值约为 17.6（即 17.58+3.3×0+16×0），而一般的 316 奥氏体不锈钢其 *PRE* 值通常可达 23，316N 奥氏体不锈钢其 *PRE* 值通常可达 25，317 奥氏体不锈钢其 *PRE* 值通常可达 28。在工艺条件无法有效改善腐蚀情况的条件下，对设备和管道相应的材质进行升级是最佳的选择。如果设备更换可考虑至少应将换热管升级至 Cr、Mo、N 含量更高的材质，如选用 316，利用材料中添加的 2%~3%Mo 元素来提高抗点蚀能力，必要时还可选用 316N，利用材料中特别添加的氮元素进一步提高抗氯离子点蚀能力。

② 降低介质中氯离子含量，对改善设备腐蚀状况有一定作用。同时采用水化学处理技术，控制水侧污垢沉积，尽可能减少 Cl^- 等卤素离子浓度及积聚程度，防止垢下氯离子的浓缩是对不锈钢设备防点蚀的关键。化学清洗时不应采用含有卤素离子的药品，中和可选用 NaOH 等也应选用低含氯的产品。

③ 控制换热管内循环冷却水的流速，尤其注意流速不宜过低，减少水中杂质的沉淀结垢，即使在装置开停车或非正常工况时亦应保持在工艺允许范围内的流速上限；

④ 凝汽器管程的介质为循环冷却水，壳程介质为脱盐水，如果除已堵管外的剩余换热管发生泄漏，其在安全风险方面造成的失效后果较低，在装置停车损失等经济风险可以接受的情况下，该凝汽器应可继续服役一段时间，期间如不采取有效手段，控制介质中氯离子含量，则可能会有部分换热管继续因点蚀穿孔而泄漏，故应做好应急堵管的预案，减少停用时间，防止残存水渍的自然蒸发导致点蚀加速。在下次停车检修时建议对换热管内壁进行内窥镜等检测，全面了解换热管的点蚀状况并评价其合于使用的性能，为修复或更换工作提前做好准备。

第 3 节　煤气化装置变换气管道失效分析

1　变换气管道 PG-02122 失效背景

某厂煤代油改造工程于 2003 年 7 月动工，2006 年 12 月建成投产。煤气化装置采用 Shell 粉煤气化技术，即煤气制取（煤粉与蒸汽、氧气混合后在气化炉内进行部分氧化反应），煤气净化（出气化炉的合成气经冷却、除灰处理），煤气变换（粗水煤气在耐硫变换催化剂的作用下在变换炉内进行反应得到变换气），得到的变换气经除杂质后主要含有 CO、H_2，可作为化肥行业合成氨及尿素的原料。

按厂方提供的资料，煤代油工程投料运行不久，变换系统设备、管道就多次发生焊缝开裂、泄漏等事故，主要表现为复合材料的奥氏体不锈钢内衬开裂泄漏、奥氏体不锈钢换热器管板角焊缝开裂泄漏、操作温度在 40~350℃ 的奥氏体不锈钢管道环焊缝开裂。

该厂曾对发生开裂的管道进行多次修复处理，主要过程见表 7-3-1。并且曾于 2009 年 6 月和 8 月份，分别对其他化肥生产单位进行调研，对比结果见表 7-3-2。

表 7-3-1　管道发生的问题及主要处理情况

序号	时间	处理部位	处理方式	结果
1	2008-2	第二变换炉入口管线	有缝钢管更换为无缝钢管，消应力热处理	2008 年底部分焊缝抽查未发现缺陷
2	2008-7	变换工段其余 16 条工艺管道	焊缝缺陷部分返修，取样分析	2008 年下半年发现这些管道的原始安装焊缝仍发生开裂泄漏
3	2008-12	除 PG-02109 以外的其余 17 条管道	检测、修复处理	原始焊缝切除、焊接、900℃消应力热处理
4	2008-6-13	气化装置工艺气体窜入变换系统，10 条处理过的新焊缝	紧急加固处理	紧急加固处理
5	2008-6	7 条新、老焊缝	紧急处理	紧急处理

表 7-3-2　调研结果对比表

序号	单位	变换工艺及选材	取热流程	变换段粗煤气进料 Cl^- 含量	纵焊缝缺陷	环焊缝缺陷
1	湖北化肥	耐硫变换工艺，变换工段采用奥氏体不锈钢有缝管	淬冷：存在 Cl^- 富集可能	300~500ppm	未发现	开裂
2	渭河化肥		废锅		未发现	
3	安庆化肥		废锅	<1ppm	未发现	未发现开裂
4	金陵化肥		废锅	3~4ppm	未发现	开裂
5	巴陵化肥		废锅	<1ppm	制造质量有问题	未发现开裂

2009 年 9 月 4 日，该厂就煤气化配套装置变换工艺气管道环焊缝开裂问题进行了讨论研究，认为变换工艺管道频繁开裂是一个综合问题，建议利用停工检修机会彻底分析查找开裂原因。对管道编号为 PG-02122-450-6P7J 的变换气管道上检出裂纹的管段进行进一步检测和取样试验，以确定裂纹的形状及特点，并分析其形成原因，给出继续安全运行的建议。该管段见图 7-3-1，相关参数见表 7-3-3。

图 7-3-1　变换气管道发生开裂的管段

表 7-3-3　管段相关资料及主要参数

名　称	变换气管道(PG-02122-450-6P7J)		
投用日期	2006.12	结构特点	直缝钢管+无缝钢管
主体材质	0Cr18Ni9	主要规格/mm	ϕ480×11
设计压力/MPa	4.0	设计温度/℃	160
操作压力/MPa	3.462	操作温度/℃	144
应力分析	OK	直缝钢管标准	GB/T 12771—2000
介质	变换气(主要成分为 H_2、CO_2、H_2O，并含有少量 N_2、CO、Ar、H_2S、CH_4)		

2　管段开裂失效分析内容及结果

(1) 资料查阅

根据厂方提供的相关原始资料，该管段材料牌号为 0Cr18Ni9，按 GB/T 12771—2000《流体输送用不锈钢焊接钢管》要求制造，标准中化学成分、热处理和力学性能要求见表 7-3-4。2008 年该公司将本次失效分析的管段原直管与弯头的焊缝割除，并添加无缝短管组对，形成双环向焊接接头结构，采用 H0Cr20Ni10Ti (YB/T 5092—1996)氩弧焊打底，E347(GB/T 983—1995)手工电弧焊填充，焊前不预热，层温控制在 60℃以内，焊后加热至 900℃保温 50min 进行去应力热处理。

表 7-3-4　GB/T 12771—2000 的 0Cr18Ni9 化学成分(熔炼分析)和强度等要求

	项目	要求
化学成分/%	C	≤0.07
	Si	≤1.00
	Mn	≤2.00

续表

	项目	要求
化学成分/%	P	≤0.035
	S	0.030
	Ni	8.00~11.00
	Cr	17.00~19.00
	Mo	无要求
	其他	无要求
热处理	固溶	1010~1150℃，快冷
力学性能	屈服点/MPa	≥210
	抗拉强度/MPa	≥520
	断后伸长率/%	≥35（非热处理状态交货时≥25）

（2）宏观检查和测量

对管段进行宏观检查，发现管段内外壁母材腐蚀情况均较轻微，焊缝处有少量的腐蚀坑。焊接接头内侧的错边及焊缝内凹比较明显，最大错边量约2.5mm，焊缝内凹最大处约2mm，检测发现管段无显著变形。在光线较为明亮的条件下，可以观测到管段的两道环向焊接接头内侧附近存在明显的裂纹，且部分区域外侧也可见明显的裂纹。

（3）壁厚测量

考虑到宏观检测发现管段的腐蚀并不明显，故只进行壁厚抽查，最小测量值为10.5mm，最大测量值为11.4mm，无明显异常减薄。位置及结果见图7-3-2、表7-3-5。

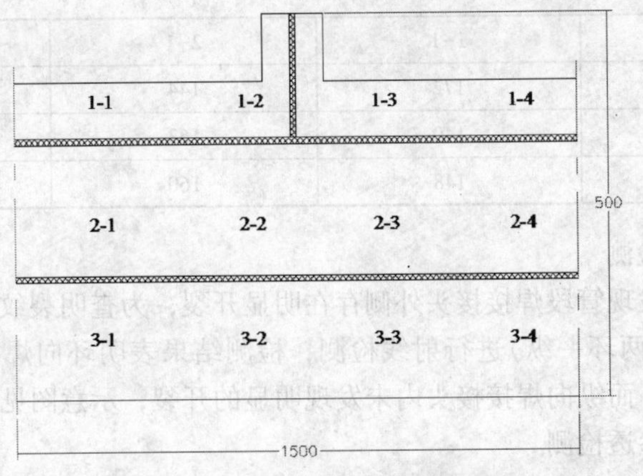

图7-3-2 壁厚测量位置示意图

表 7-3-5 管段测厚结果统计表

测点位置	1-1	1-2	1-3	1-4
超声波测厚结果/mm	10.7	10.8	10.7	10.9
测点位置	2-1	2-2	2-3	2-4
超声波测厚结果/mm	10.8	10.5	11.0	11.2
测点位置	3-1	3-2	3-3	3-4
超声波测厚结果/mm	11.4	10.9	11.5	10.7

(4) 硬度测量

管段的硬度测量位置及测量结果见图 7-3-3、表 7-3-6。从硬度测量结果可以分析出无论是焊接接头的母材、焊缝和热影响区，硬度值均不高。

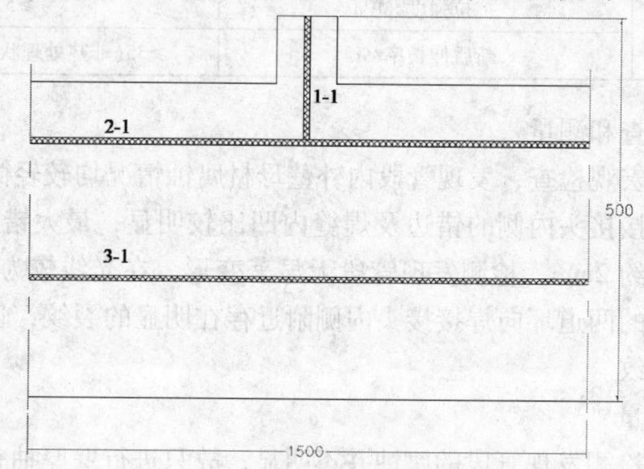

图 7-3-3 硬度测量位置分布示意图

表 7-3-6 硬度测量结果统计表

测点位置	1-1	2-1	3-1
母材/HB	172	144	151
热影响区/HB	140	163	171
焊缝/HB	148	160	168

(5) 射线检测

宏观检查发现管段焊接接头外侧存在明显开裂，为查明裂纹的分布状况，对管段焊接接头（两环一纵）进行射线检测，检测结果表明环向焊接接头热影响区几乎整口开裂，而纵向焊接接头内未发现明显的开裂，示意图见图 7-3-4。

(6) 表面渗透检测

宏观检查发现管段焊接接头外侧存在明显开裂，射线检测则表明管段焊接接头存在明显的开裂，为查明管段焊接接头内侧是否存在裂纹类表面缺陷，对管段内壁一整口环向焊接接头进行渗透探伤检测。检测按照 JB/T 4730—2005 的要求，采用 DPT-5 渗透剂，检测结果见图 7-3-5 和图 7-3-6。渗透结果表明环向焊接接头内侧几乎整圈发生开裂，见图 7-3-5；图 7-3-6(a)则表明焊接接头丁字口附近的内侧无表面裂纹，这与射线检测的结果是相吻合的；图 7-3-6 表明环向焊接接头内侧表面裂纹可能位于焊缝上，也可能位于焊接接头的热影响区，渗透检测结果还发现大量与环向焊缝垂直的支裂纹明显可见，支裂纹之间保持一定间距互相平行排列，支裂纹的长度均比较短，一般不超过 10mm。

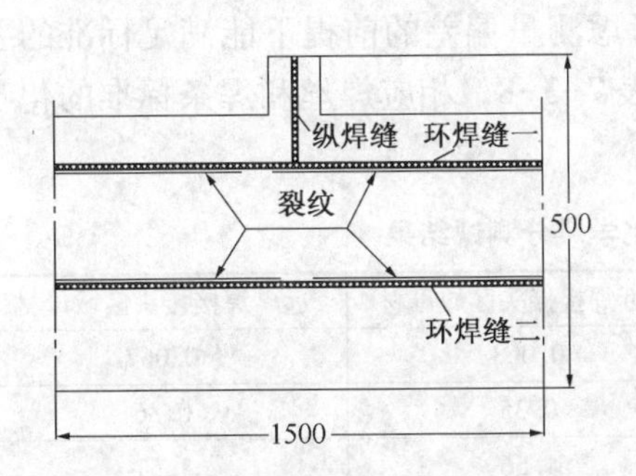

图 7-3-4 射线检测结果示意图(纵向外展开)

图 7-3-5 环向焊接接头内侧渗透检测结果示意图

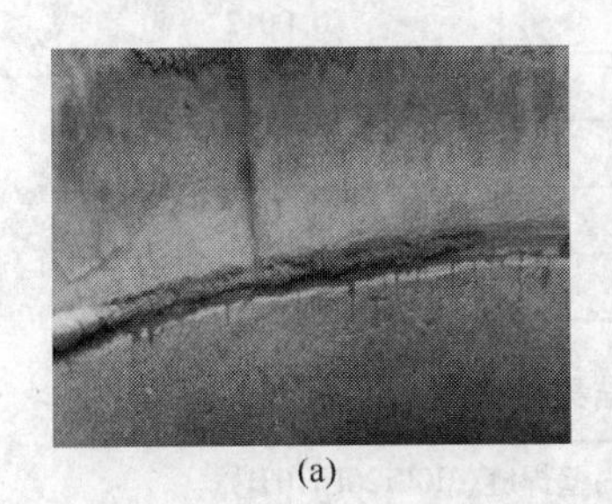

(a)

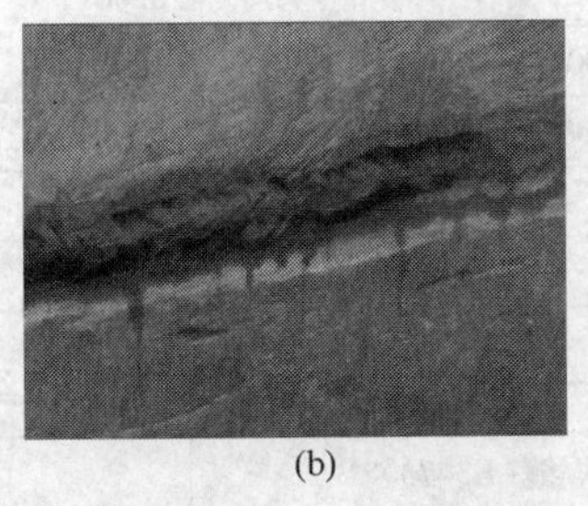

(b)

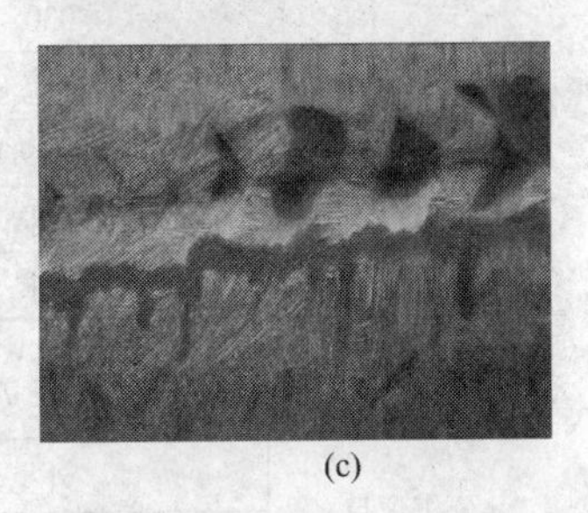

(c)

图 7-3-6 管段环向焊接接头内侧渗透检测发现的裂纹

(7) 取样及加工

为进一步分析须对管段进行取样加工，取样位置见图 7-3-7，金相试样分为焊接接头试样(以下简称 A 金相试样)和纵向裂纹试样(以下简称 B 金相试样)；扫描电镜试样也分为焊接接头试样(以下简称 A 电镜试样)和纵向裂纹试样(以下简称 B 电镜试样)；化学成分分析主要分析靠近焊接接头区域和远离焊接接头区域的母材。力学性能测试的单轴拉伸试样按照 GB/T 228—2002《金属材料室温拉伸试验方法》，为圆形 ϕ5mm 比例试样，取样方向平行于管道轴线，分别进行常温下和操作温度下的拉伸试验，试样各制三备二，共计 10 件。

（8）材料化学成分分析

为分析管段母材化学成分，在靠近焊接接头区域（近缝区）、远离焊接接头区域（远缝区）取样，见图7-3-7，结果见表7-3-7，按照GB/T 12771—2000的要求，钢管化学成分的允许偏差应符合GB/T 222—1984中表3的规定，查阅GB/T 222—1984中表3中P元素含量允许偏差为：当P含量≤0.04%时，上偏差为0.005%，故此管段P元素的含量在考虑测量偏差的前提下能满足标准的要求。焊缝熔敷金属的化学成分分析结果见表7-3-8，相应焊丝和焊条标准的化学成分值也在表7-3-8中列出。

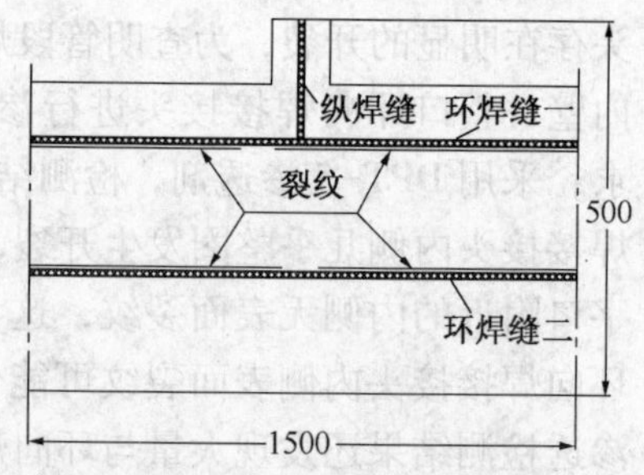

图7-3-7 取样及加工位置示意图

表7-3-7 管段母材化学成分测试结果 %

分析项目	GB/T 12771—2000要求（熔炼分析）	靠近焊接接头区域母材	远离焊接接头区域母材
C	≤0.07	0.068	0.067
Si	≤1.00	0.35	0.36
Mn	≤2.00	1.56	1.57
P	≤0.035	0.039	0.040
S	0.030	0.0011	0.0012
Ni	8.00~11.00	8.26	8.10
Cr	17.00~19.00	17.56	17.58
Mo	无要求		
其他	无要求		

表7-3-8 管段焊缝化学成分测试结果 %

分析项目	外壁焊缝（E347）		内壁焊缝（H0Cr20Ni10Ti）	
	GB/T 983—1995	实测值	YB/T 5092—1996	实测值
C	≤0.08	0.062	≤0.08	0.056
Si	≤0.9	0.58	≤0.60	0.78
Mn	0.5~2.5	0.86	1.00~2.50	0.96
P	≤0.040	0.0083	≤0.030	0.0075
S	≤0.030	0.0094	≤0.030	0.0086
Ni	9.00~11.00	8.29	9.00~10.50	8.77
Cr	18.00~21.00	17.80	18.50~20.50	18.20
Mo	≤0.75	0.066		
Cu	≤0.75	0.20		

续表

分析项目	外壁焊缝(E347)		内壁焊缝(H0Cr20Ni10Ti)	
	GB/T 983—1995	实测值	YB/T 5092—1996	实测值
Ti			(9×C%)~1.0	0.013
Nb	(8×C%)~1.0	0.34		

(9) 金相分析及能谱分析

如前所述，A金相试样的观察面为沿壁厚方向的截面，且与管道环向焊缝所在平面垂直，浸蚀前形貌见图7-3-8，裂纹明显肉眼可见，属于一次裂纹。裂纹的整体形貌见图7-3-9，图7-3-10则显示在主裂纹附近还存在明显的与主裂纹不相连的细小裂纹。为避免浸蚀过程中对材料元素成分的影响，对浸蚀前试样的典型区域进行了能谱分析，见图7-3-11~图7-3-13。图7-3-11和图7-3-12的能谱分析位于裂纹边缘的基体上，从结果可看出各元素含量分布正常，但后者检出断口上存在S元素；图7-3-13的能谱分析位于裂纹内的腐蚀产物上，S的含量较为丰富。能谱分析元素含量见表7-3-9~表7-3-11。

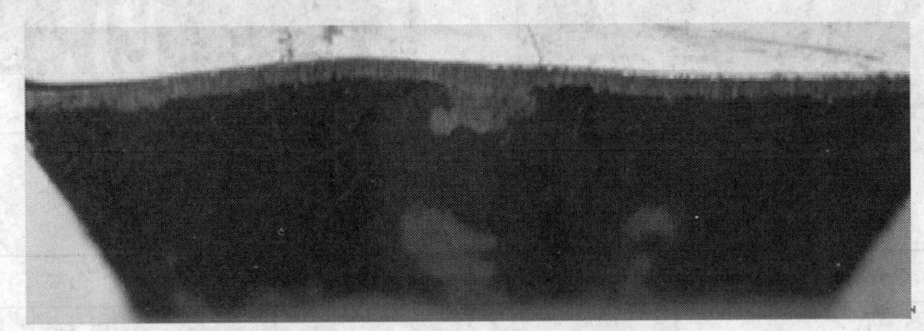

图7-3-8　A金相试样示意图(浸蚀前)

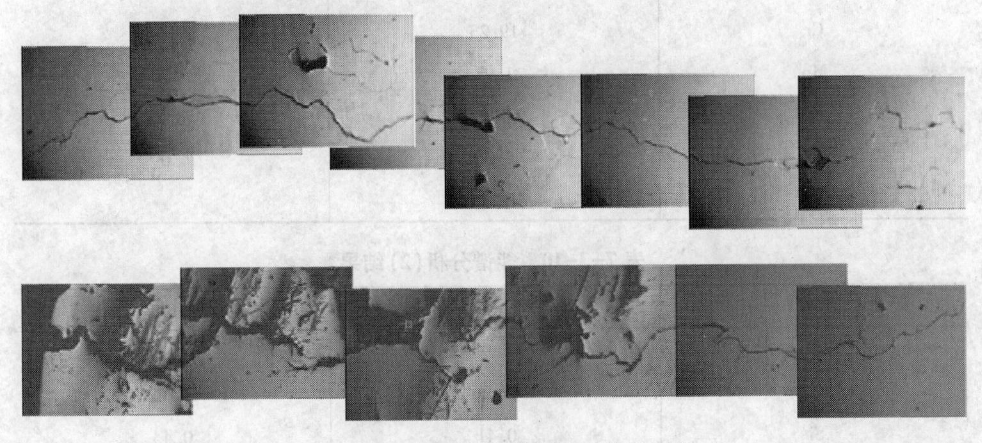

图7-3-9　A金相试样裂纹整体形貌(浸蚀前)

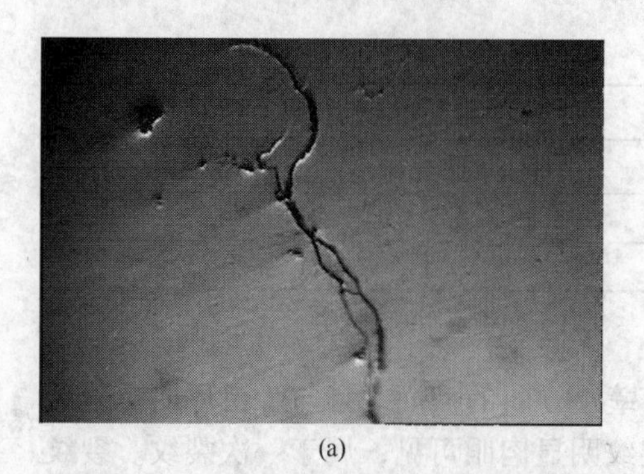

(a)

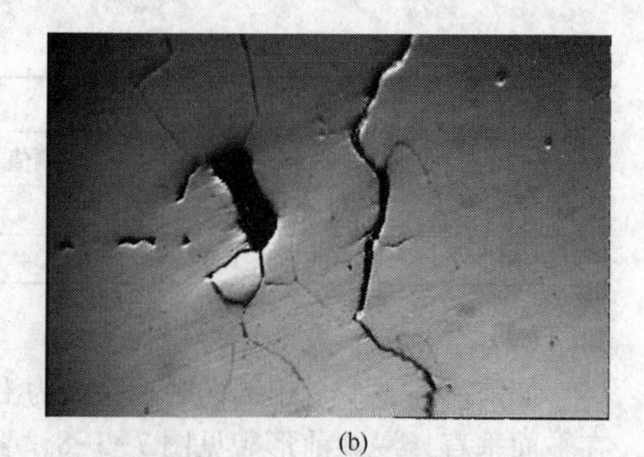

(b)

图 7-3-10　A 金相试样裂纹形貌(浸蚀前)

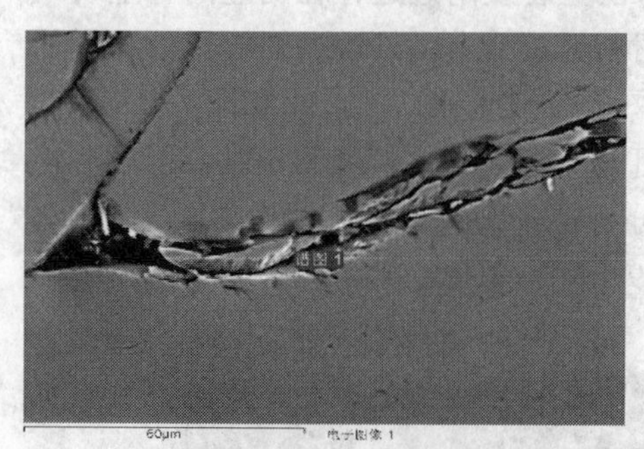

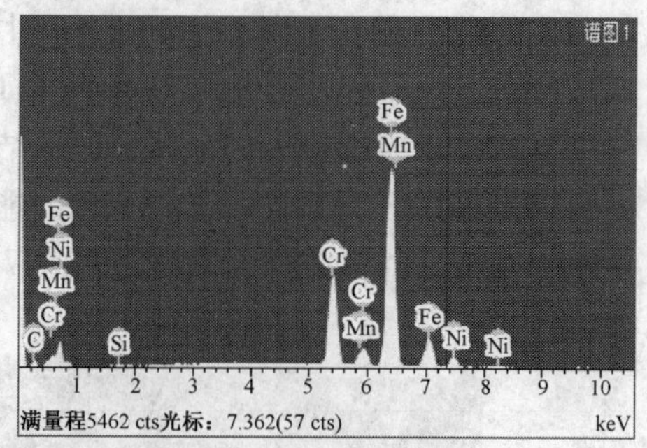

图 7-3-11　A 金相试样的裂纹局部形貌和元素分析 1(浸蚀前)

表 7-3-9　能谱分析(1)结果

元素	质量/%	原子/%
C	4.45	17.58
Si	0.20	0.33
Cr	19.23	17.56
Mn	1.97	1.70
Fe	69.09	58.73
Ni	5.06	4.09
总量	100.00	

表 7-3-10　能谱分析(2)结果

元素	质量/%	原子/%
C	15.95	38.87
O	12.36	22.62
Si	0.41	0.43

续表

元素	质量/%	原子/%
S	0.75	0.69
Cr	15.26	8.59
Mn	1.17	0.63
Fe	48.08	25.20
Ni	6.00	2.99
总量	100.00	

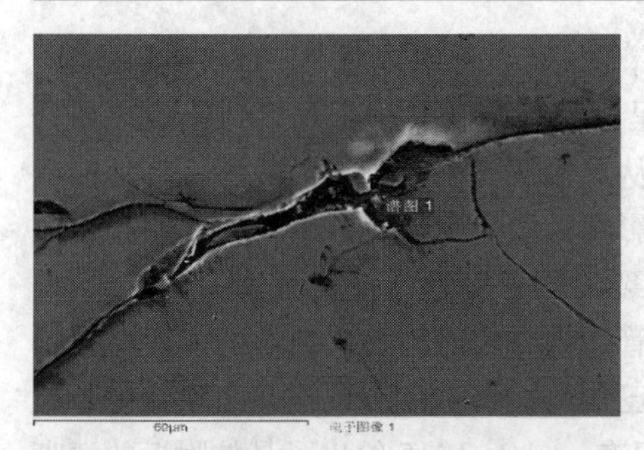

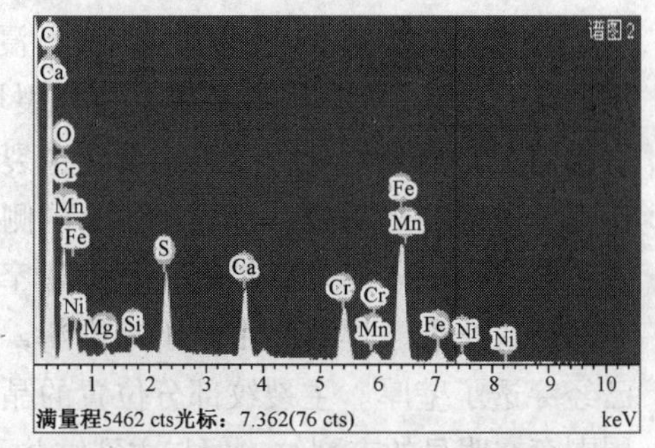

图 7-3-12 A 金相试样的裂纹局部形貌和元素分析 2(浸蚀前)

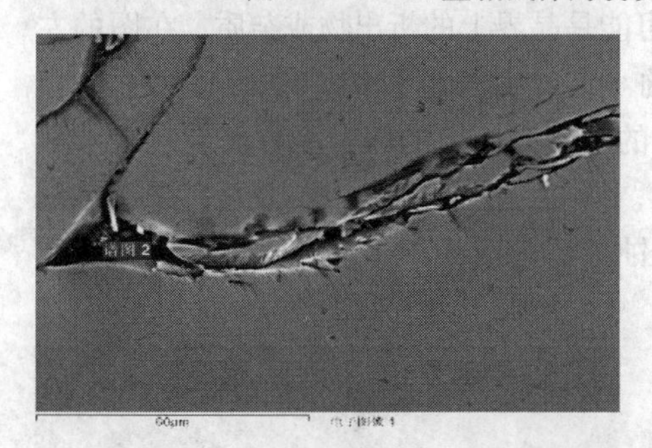

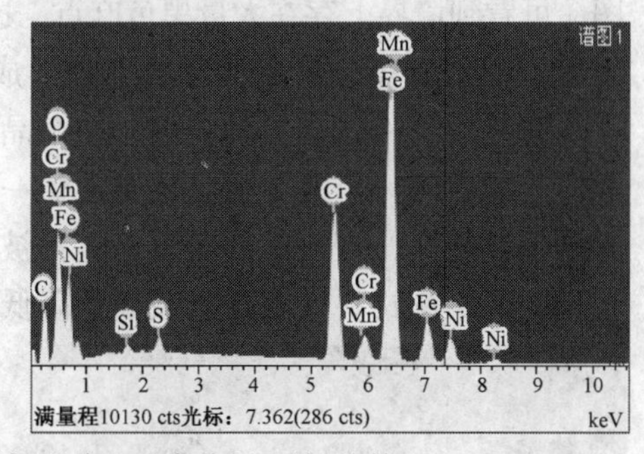

图 7-3-13 A 金相试样的裂纹局部形貌和元素分析 3(浸蚀前)

表 7-3-11 能谱分析(3)结果

元素	质量/%	原子/%
C	56.36	73.91
O	18.20	17.92
Mg	0.21	0.14
Si	0.18	0.10
S	2.38	1.17

续表

元素	质量/%	原子/%
Ca	2.71	1.07
Cr	3.98	1.20
Mn	0.40	0.12
Fe	13.97	3.94
Ni	1.61	0.43
总量	100.00	

对A金相试样的上述观察面进行浸蚀，见图7-3-14，对裂纹部位进行观察，见图7-3-15，从图可明显观察到开裂均呈沿晶特征，几乎未观察到任何穿晶开裂的情况。从金相分析结果来看，主裂纹从焊接接头内侧的热影响区一直延伸至接近于外壁的焊缝处，且焊接接头内侧热影响区的裂纹最宽，应为裂纹的起裂位置，裂纹沿壁厚向外壁扩展，宽度最窄的裂尖位于接近外壁表面处的焊缝位置，亦即裂纹止裂于焊缝。由此不难推断，在管段内外表面均发现裂纹的位置，裂纹已经穿透了壁厚。主裂纹部分位置的晶粒已脱落，形成明显的黑色斑块。主裂纹周围存在明显的支裂纹，但与主裂纹并不相连。图7-3-15给出了晶粒附近的清晰图，可看到境界上存在大量黑色麻点，这可能是晶界上的析出物或杂质，在图的左下方可明显观察到晶界被腐蚀刚刚形成的小裂纹，长度仅约20μm；图7-3-15可观察到裂纹沿着晶界的轨迹，一个晶粒的观察截面上的四个晶界已有三个被腐蚀掉，最后的一个晶界也已被腐蚀掉一半，裂纹可能会沿着晶界继续扩展，将晶界全部腐蚀掉，当晶粒的所有晶界都被腐蚀掉后就成为单个晶粒，和周围的基体轻松脱开，使材料的有效承载面积降低。

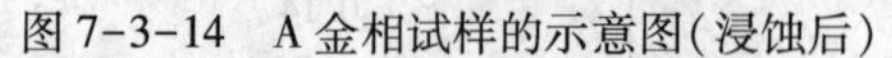

图7-3-14 A金相试样的示意图(浸蚀后)

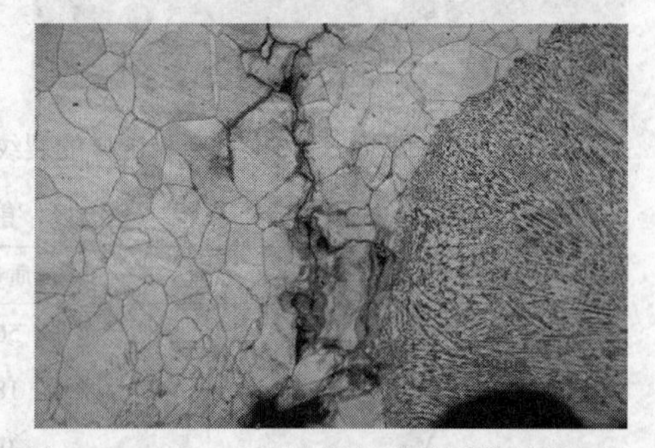

图7-3-15 A金相试样的裂纹形貌(浸蚀后)

B金相试样的观察面为沿壁厚方向的截面，且与管道环向焊缝所在平面平行，观察到的裂纹属于二次裂纹，垂直于上述A金相试样的一次裂纹，从图7-3-16观察结果来看，纵向裂纹的形貌与A金相试样中的环向裂纹几乎完全一样，也是沿着晶界开裂，未观察到任何穿晶开裂的情况，部分晶粒脱落后形成黑斑，在裂纹主干的附近存在不相连的裂纹分支。图7-3-16给出了晶粒的放大图，同样可见晶粒的晶界被腐蚀的情况，且可以看出裂纹尖端的走向，刚刚腐蚀完一个晶界的裂纹尖端清晰可见。图7-3-17则给出了未发现裂纹区域的金相组织，焊缝区晶粒细密，热影响区晶粒粗大。

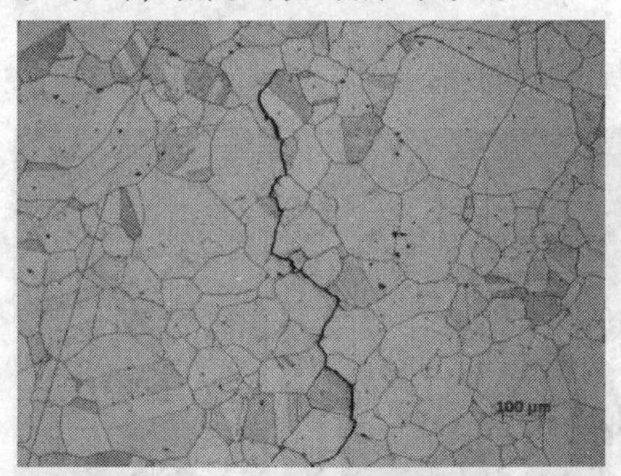

图7-3-16 B金相试样的裂纹形貌（浸蚀后）

图7-3-17 B金相试样未见裂纹的部分（浸蚀后）

（10）扫描电镜观察及能谱分析

A电镜试样为环向裂纹的断面试样，即观察面为一次裂纹的断面，见图7-3-18，约5/6的壁厚已裂透，仅剩约不到2mm的厚度，断开后为新鲜金属表面。相关的断口形貌见图7-3-19(a)~图7-3-19(c)，沿晶开裂特征较为明显，与上文所述金相观察的结果一致，在断面上可以观察到明显的沿晶界二次裂纹，在高倍显示下断口明显存在许多类似腐蚀产物的膜片。如图7-3-20~图7-3-22所示，不同部位的能谱分析显示断口的S元素含量较为丰富。能谱分析结果见表7-3-12~表7-3-14。

图7-3-18 A电镜试样示意图

B电镜试样为纵向裂纹的断面试样，即观察面为二次裂纹的断面，如图7-3-23所示，相关的断口形貌见图7-3-24(a)~图7-3-24(d)，结果与A电镜试样的特征基本一致，亦为明显的沿晶开裂。能谱分析的结果也与A电镜试样类似，断口的S元素和O元素含量比较丰富，见图7-3-25~图7-3-27。能谱分析结果见表7-3-15~表7-3-17。

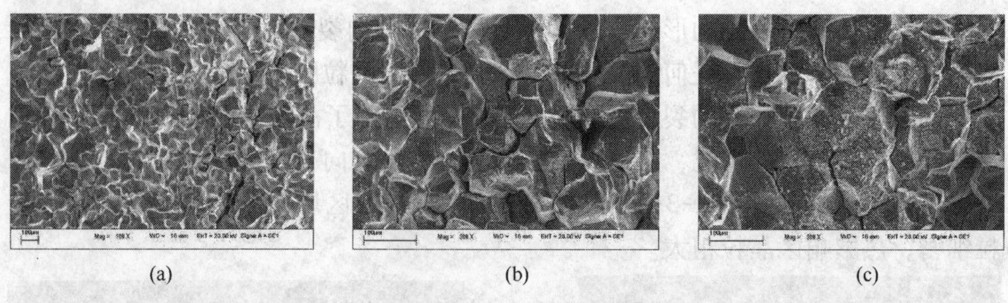

(a) (b) (c)

图 7-3-19 A 电镜试样断口局部形貌

图 7-3-20 A 电镜试样断口局部能谱分析(1)

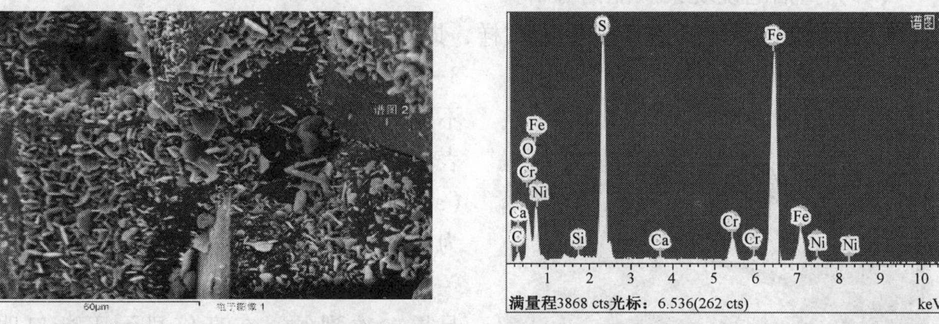

图 7-3-21 A 电镜试样断口局部能谱分析(2)

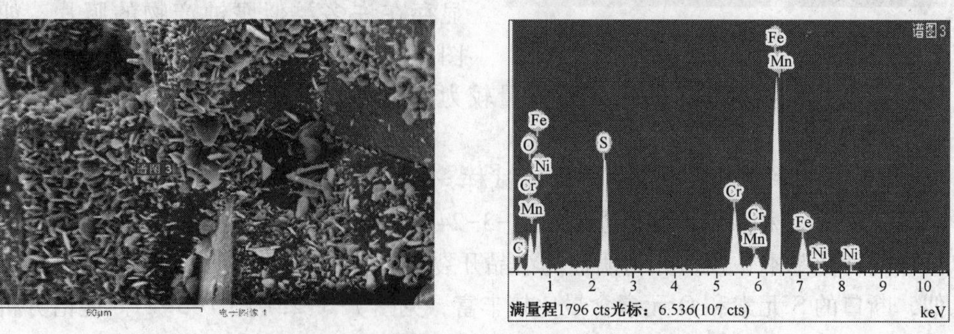

图 7-3-22 A 电镜试样断口局部能谱分析(3)

表 7-3-12 能谱分析结果(1)

元素	质量/%	原子/%
C	10.40	28.48
O	10.37	21.33
S	6.91	7.09
Cr	12.59	7.96
Fe	57.94	34.13
Ni	1.80	1.01
总量	100.00	

表 7-3-13 能谱分析结果(2)

元素	质量/%	原子/%
C	9.17	24.99
O	9.47	19.37
Si	0.24	0.27
S	17.48	17.85
Ca	0.22	0.18
Cr	4.07	2.56
Fe	57.69	33.83
Ni	1.68	0.93
总量	100.00	

表 7-3-14 能谱分析结果(3)

元素	质量/%	原子/%
C	5.57	17.40
O	7.92	18.57
S	10.71	12.54
Cr	11.46	8.27
Mn	1.72	1.17
Fe	61.19	41.12
Ni	1.44	0.92
总量	100.00	

图 7-3-23 B 电镜试样示意图

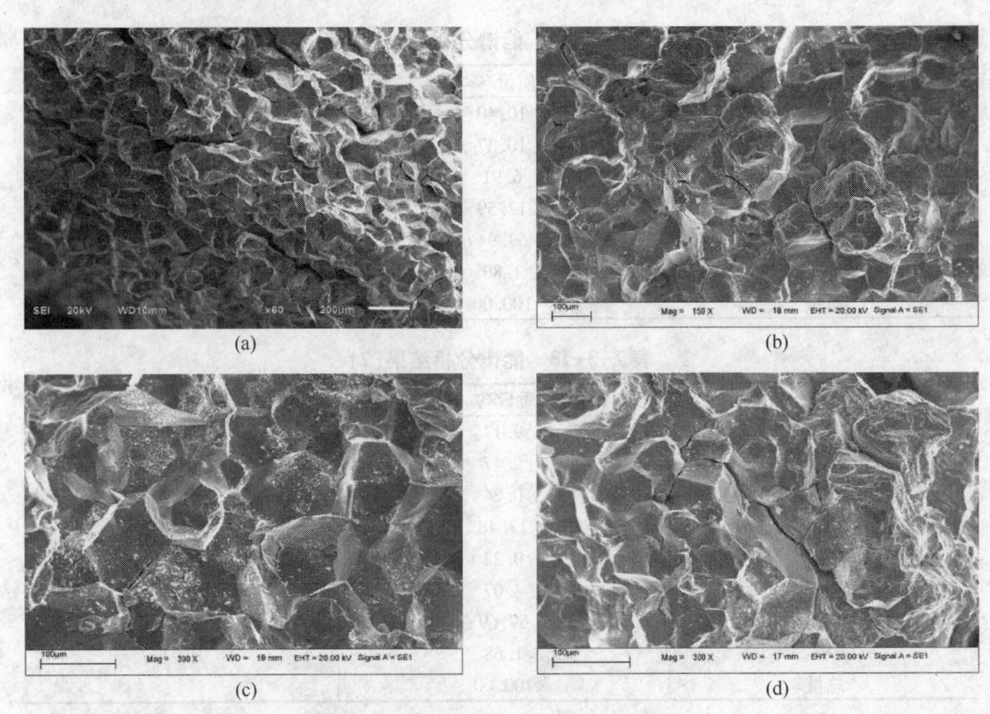

(a) (b) (c) (d)

图 7-3-24 B 电镜试样断口局部形貌

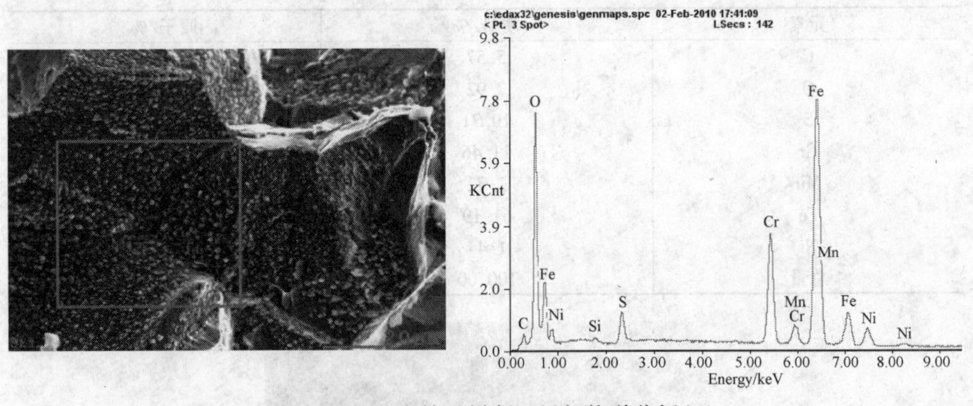

图 7-3-25 B 电镜试样断口局部能谱分析(1)

表 7-3-15 能谱分析结果(1)

元素	质量/%	原子/%
C	4.60	13.83
O	14.29	32.24
Si	0.27	0.34

续表

元素	质量/%	原子/%
S	1.70	1.91
Cr	15.03	10.43
Mn	1.14	0.75
Fe	56.69	36.63
Ni	6.29	3.87

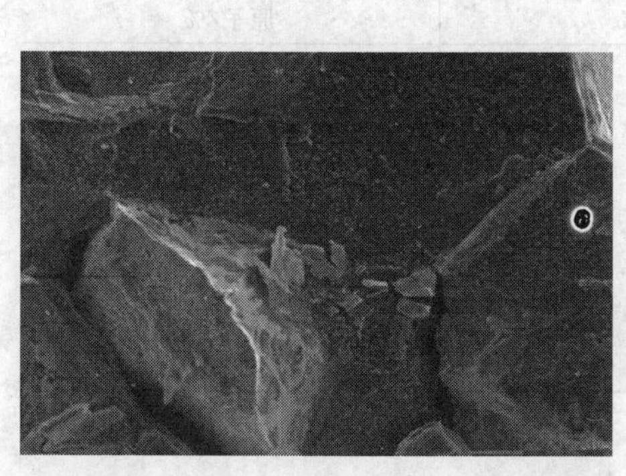
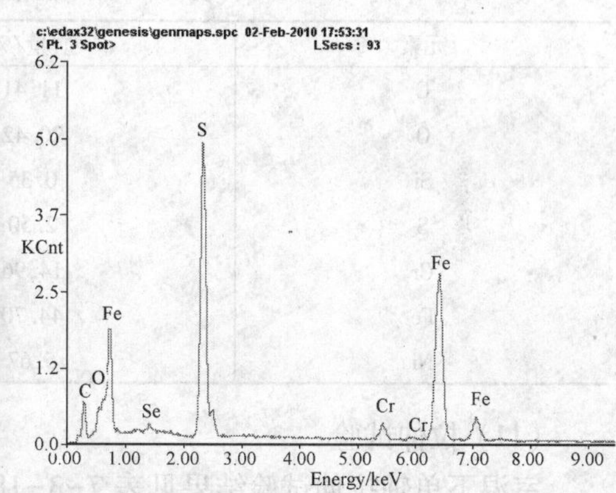

图 7-3-26 B 电镜试样断口局部能谱分析(2)

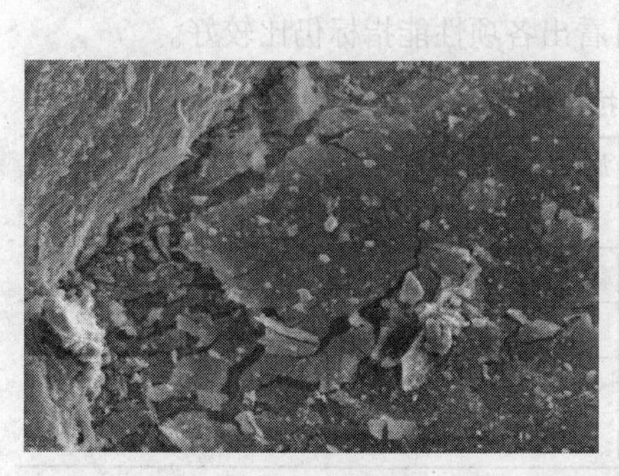
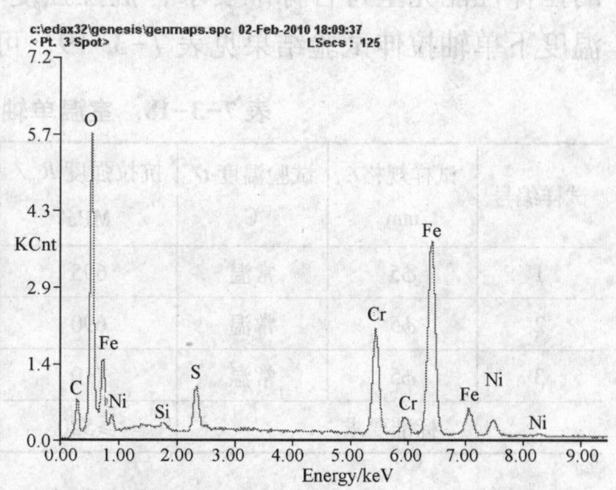

图 7-3-27 B 电镜试样断口局部能谱分析(3)

表 7-3-16 能谱分析结果(2)

元素	质量/%	原子/%
C	23.91	52.23
O	4.36	7.14

续表

元素	质量/%	原子/%
Si	1.04	0.34
S	20.03	16.39
Cr	2.52	1.27
Fe	48.16	22.63

表 7-3-17 能谱分析结果(3)

元素	质量/%	原子/%
C	11.41	27.14
O	20.42	36.46
Si	0.35	0.35
S	2.50	2.22
Cr	14.96	8.22
Fe	44.70	22.86
Ni	5.67	2.76

(11) 拉伸试验

室温下单轴拉伸试验结果见表 7-3-18，对比材料标准要求发现常温下母材的拉伸性能完全符合标准要求，抗拉强度和断后伸长率均比标准高出许多。操作温度下单轴拉伸试验结果见表 7-3-19，可看出各项性能指标仍比较好。

表 7-3-18 室温单轴拉伸性能试验结果

试样编号	试样规格/mm	试验温度 t/℃	抗拉强度 R_m/MPa	屈服强度($\sigma_{0.2}$) R_{eL}/MPa	断后伸长率 A/%
1	$\phi 5$	常温	695	235	70
2	$\phi 5$	常温	690	230	68.5
3	$\phi 5$	常温	710	295	61
标准要求			≥520	≥210	≥35(非热处理状态交货时≥25)

表 7-3-19 操作温度下单轴拉伸性能试验结果

试样编号	试样规格/mm	试验温度 t/℃	抗拉强度 R_m/MPa	屈服强度($\sigma_{0.2}$) R_{eL}/MPa	断后伸长率 A/%
1	$\phi 5$	144	470	187	52.5
2	$\phi 5$	144	475	255	54.0
3	$\phi 5$	144	470	186	57.0

（12）运行状态下应力分析

对分析管段所在管道进行现场测绘，并按测绘结果建立有限元模型，其结构见图7-3-28，本次失效分析发现开裂的部位如图所示，并按现场实际情况设置边界条件和约束。按照操作条件、持续载荷作用和热膨胀载荷作用三种工况进行应力分析，其结果示意图见图7-3-29～图7-3-31。根据相关分析结果，在上述三种工况条件下该管系均满足标准GB 50316—2000《工业金属管道设计规范》的要求，其中本次管段失效分析的部位其规范应力值有限元分析结果为40.154MPa，远小于该材料的许用应力（在常温和操作温度下均为137MPa），只相当于许用应力值的29.3%，说明其载荷造成的应力水平并不高。

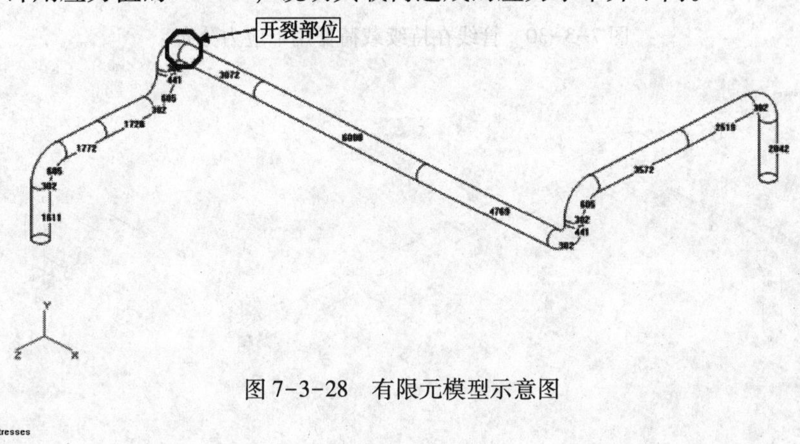

图7-3-28　有限元模型示意图

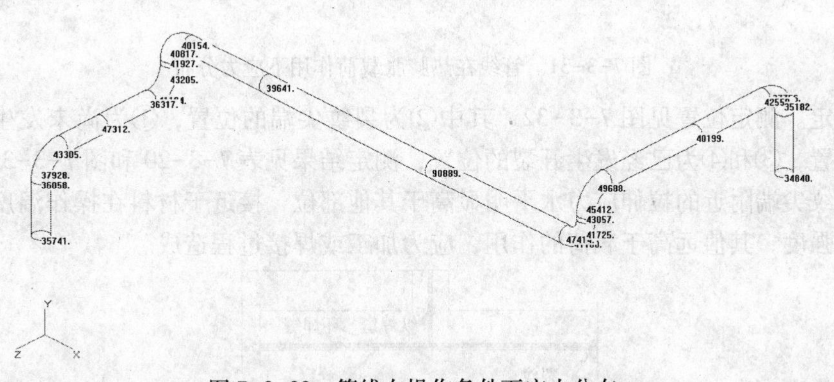

图7-3-29　管线在操作条件下应力分布

（13）残余应力测定

由于开裂发生在焊接接头区域内，除了载荷作用导致的应力外，该区域因焊接作业造成的加热和冷却过程可能引起较高的局部残余应力，为进一步了解残余应力分布状况，本次失效分析还对环向焊接接头环向裂纹附近母材进行了残余应

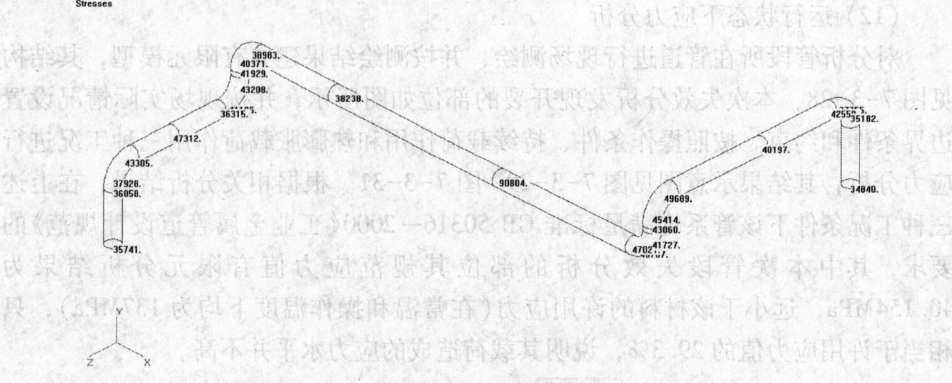

图 7-3-30　管线在持续载荷作用下应力分布

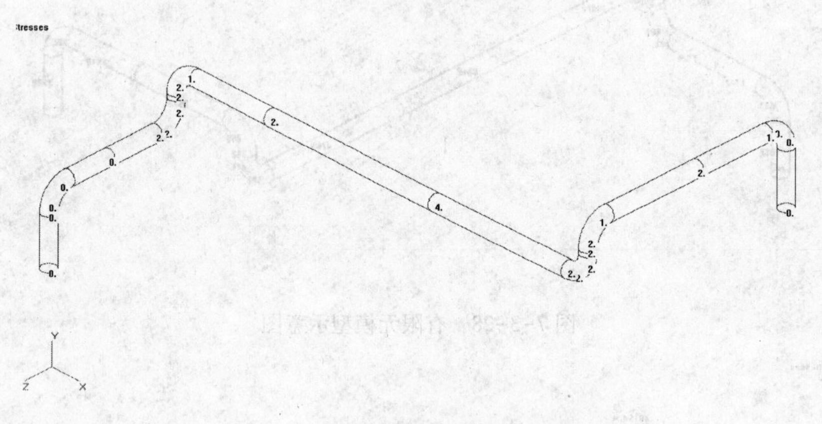

图 7-3-31　管线在热膨胀载荷作用下应力分布

力测定。测定位置见图 7-3-32，其中②为裂纹尖端的位置，①为尚未发生开裂的位置，③和④为已经发生开裂的位置，测定结果见表 7-3-20 和图 7-3-33，显然裂纹尖端附近的拉伸应力水平明显高于其他部位，接近于材料在操作温度下的屈服强度，其值远高于载荷的作用，应为加工或焊接过程造成。

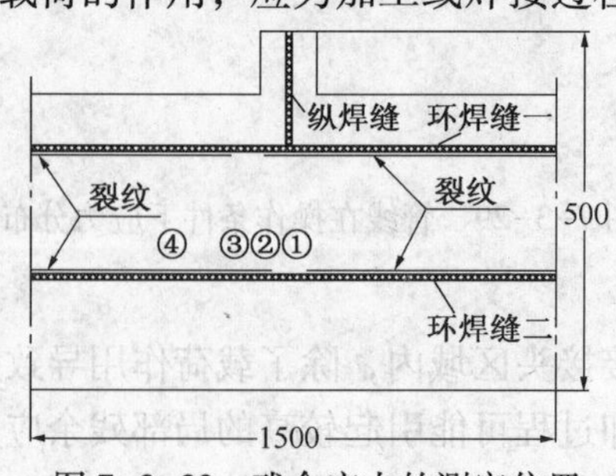

图 7-3-32　残余应力的测定位置

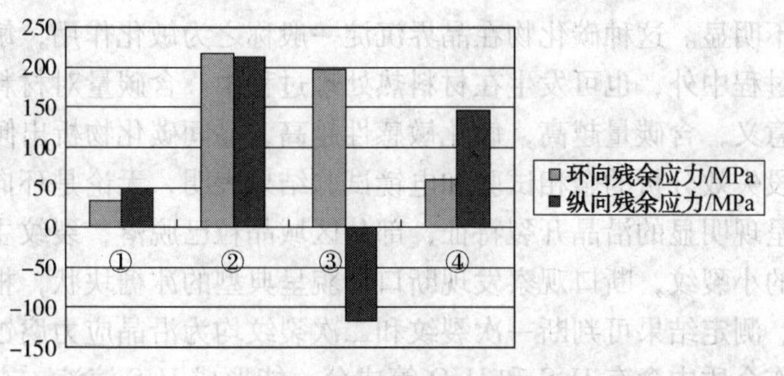

图 7-3-33 残余应力的测定结果分布图(负值表示压应力)

表 7-3-20 残余应力测定结果

测定位置	环向残余应力/MPa	纵向残余应力/MPa
①	32. 3	48
②	217. 3	212. 6
③	197. 4	-116. 7
④	59. 5	145. 6

(14) 材料性能分析

根据上述化学成分分析、拉伸试验分析结果，可以判断出母材各项指标均符合标准的要求。

3 开裂失效原因分析与讨论

管段所用材质为 0Cr18Ni9，且含碳量较高，属不稳定的奥氏体型不锈钢(即不含钛或铌等稳定化元素)。室温时碳在奥氏体中的溶解度很小，约为 0. 02% ~ 0. 03%，远低于不锈钢的实际含碳量，故过饱和的碳被固溶在奥氏体中。管道安装过程进行焊接作业时，焊接接头的热影响区经历加热和冷却过程，当温度超过 425℃并在 425 ~ 815℃范围内停留一段时间时，过饱和的碳就不断地向奥氏体晶粒边界扩散，并和铬元素化合，在晶间形成碳化铬的化合物，如 $Cr_{23}C_6$等。铬在晶粒内扩散速度比沿晶界扩散的速度小，内部的铬来不及向晶界扩散，所以在晶间形成的碳化铬所需的铬主要不是来自奥氏体晶粒内部，而是来自晶界附近，结果就使晶界附近的含铬量大为减少。当晶界的铬质量分数低到小于 12%时，就形成所谓的“贫铬区”，贫 Cr 区和晶粒本身存在电化学性能差异，使贫 Cr 区(阳极)和处于钝化态的基体(阴极)之间建立起一个具有很大电位差的活化 —钝化电池。贫 Cr 区的小阳极和基体的大阴极构成腐蚀电池，在腐蚀介质作用下，贫铬区被快速腐蚀，晶界首先遭到破坏，晶粒间结合力显著减弱，力学性能恶化，机械强度大大降低，然而变形却不明显。这种碳化物在晶界沉淀一般称之为敏化作用，敏化作用除了发生在焊接过程中外，也可发生在材料热处理过程中。含碳量对材料敏化敏感性具有决定性意义，含碳量越高，敏化敏感性越高，晶间碳化物析出倾向性越大。

本次管段失效分析的金相试验和电镜试验结果表明，无论是环向裂纹还是纵向裂纹，均呈现明显的沿晶开裂特征，部分区域晶粒已脱落，裂纹主干周围存在若干不相连的小裂纹，断口观察发现断口形貌呈典型的冰糖块状，根据裂纹走向和应力分析、测定结果可判断一次裂纹和二次裂纹均为沿晶应力腐蚀开裂。工艺分析表明操作介质中含有 H_2S 和 H_2O 等成分，能形成 H_2S 溶液，查阅历史档案也发现 2009 年一次三变二段出口的典型物料采样分析中，pH 值分析结果为 4.8，硫化物分析结果为 69ppm。由于工艺操作中装置多次开停车，如果管道内壁保护不善，可能在管道焊接接头内侧热影响区形成连多硫酸($H_2S_xO_6$，$x=2\sim6$)。H_2S 溶液和连多硫酸溶液均可能造成 0Cr18Ni9 材料敏化区应力腐蚀开裂。能谱分析结果显示，断口能谱分析显示 S 元素和 O 元素含量较为丰富，由连多硫酸溶液造成开裂的可能性比较大，但并不能排除 H_2S 溶液造成开裂的可能性。

本次断口能谱分析多个位置的检测均没有检出 Cl 元素，但考虑到即使是微量的 Cl^- 也可能会对开裂造成较大的影响，且考虑到能谱分析也只能对局部位置进行抽样测定，不能绝对排除 Cl 元素的存在，故也不能判定 Cl^- 在本次失效分析管段发生开裂中有无推动作用。但经验表明一般 Cl^- 造成的应力腐蚀开裂多能观察到穿晶特征，而本次分析并未观察到任何穿晶裂纹。对工艺的进一步分析表明，从第三变换炉出来的物料，经低压废锅 E2104 后送 1#变换气分离器 D2107，D2107 出来的物料再经 E2106 冷却后送 2#变换气分离器 D2108，D2108 出来的物料又经本次失效分析的管段送至 E2107，故本次失效分析的管段位于三变二段出口，且处于 D2107 的下游。目前装置已处于停工状态，故无法采样进行介质分析，查阅历史档案可知，未对失效管段内介质进行 Cl^- 含量分析，而对 D2107 的取样分析则显示 Cl^- 浓度为 0.1~0.2ppm，故可判断失效管道内介质的 Cl^- 浓度也比较低，即使可能会对开裂能起到一定的推动作用，也应不是本管道发生开裂失效的主要原因。

而且本次失效分析的管段于 2008 年在原始焊接接头无损检测时发现存在裂纹，通过将原焊接接头割除后，中间加一截短管并两端焊接的方式对原焊接接头进行修复，焊接时热影响区经受更多的加热和冷却过程，致使热影响区存在敏化倾向。在返修后对焊缝进行了消应力热处理，热处理时焊接接头温度低于固溶热处理所要求的温度，故析出的碳化物无法再次溶解，在晶界析出碳化物量值更高，晶界敏化的倾向性也进一步增大。

从应力测试的结果来看，消应力热处理对于降低整体应力水平有一定的作用，但由于裂纹扩展时应力的释放导致裂纹尖端部位应力水平仍较高，故热处理并不能使整个焊接接头所有部位的应力水平都降下来。与之形成对比的是，在本次失效分析管段相连原始管道的纵向焊接接头区域并没有发现任何开裂，这可能跟其是在工厂制造成型，焊接质量较好有关，且焊后经过固溶热处理，不仅降低了应力水平，还同时避免了晶界敏化。

4 结论及建议

综上所述，本次管段失效分析结果表明，0Cr18Ni9 材质的管段在焊接过程以及消应力热处理过程中对环向焊接接头热影响区的加热和冷却作用，因 Cr 的碳化物在晶界析出导致晶界敏化，使晶界附近形成贫 Cr 区，耐腐蚀能力严重降低。金相和断口分析结果显示裂纹断口形貌的沿晶应力腐蚀开裂特征明显。连多硫酸溶液造成开裂的可能性比较大，H_2S 溶液或 Cl^- 造成开裂的可能性比较小，但不能完全排除。

对此类开裂多年的管道研究成果表明一般可用如下方法预防：

① 使用低碳牌号的奥氏体不锈钢，如 00Cr19Ni10(304L)。

② 使用含有稳定化元素的奥氏体不锈钢，如 0Cr18Ni11Ti(321) 或 0Cr18Ni11Nb(347)，添加了 Ti 或 Nb 等稳定化元素，在碳元素析出时优先与稳定化元素结合，防止形成贫 Cr 区，保证焊接接头的耐腐蚀性能。

③ 在炉中进行固溶热处理，即加热到 1040~1150℃ 进行热处理以溶解碳化铬，并且冷却时在 425~815℃ 区间快速通过以防止 Cr 的碳化物在晶界析出。

④ 通过调整钢中奥氏体形成元素与铁素体形成元素的比例，使其具有奥氏体+铁素体双相组织，这种双相组织不易产生晶界敏化，典型钢号有 0Cr21Ni5Ti、1Cr21Ni5Ti、0Cr21Ni6Mo2Ti 等。

按实际施工要求来分析，现场固溶热处理是不现实的，故 0Cr18Ni9 不能适应此工艺条件下的服役要求。通过国内同行业的经验交流，类似装置的管道采用含有稳定化元素的奥氏体不锈钢材质，如 0Cr18Ni11Ti(321)，有的工厂使用状况良好，未发生开裂现象，而有的工厂则发生了数起开裂失效，究其原因既可能是材料本身的性能指标不高，也可能是各用户工艺参数控制要求不同，故采用稳定化奥氏体不锈钢未必能适应厂方的工艺状况。

因并不能完全排除 Cl^- 在本次管段开裂中的作用，故不能判定稳定化奥氏体不锈钢或低碳奥氏体不锈钢是否能适应服役要求。采用双相不锈钢固然可以同时减少晶间腐蚀倾向和应力腐蚀开裂倾向，尤其对 Cl^- 致应力腐蚀开裂不如纯奥氏体材料敏感，但如此大口径的管道更换成本比较昂贵。

故对本次失效分析的管道提出如下建议：

① 将管道 PG-02122-450-6P7J 的材质进行升级，优先选择 304L 低碳型奥

氏体不锈钢材料；

② 选用合适的焊接工艺，如较低的线能量和适当的层间温度，并注意焊接接头内侧表面成型质量；

③ 后续运行中对管道 PG-02122-450-6P7J 定期进行介质取样分析，特别是氯离子含量分析；

④ 在役管道停工期间要加强检测，以焊接接头的内表面裂纹检测为主，优先选择射线检测，无法进行射线检测时也可以选择超声波探伤，以便在裂纹穿透壁厚前及时发现并采取针对性措施，防止酿成严重事故。

考虑到装置不同流程部位的工艺介质较为复杂，为降低装置风险，实现长周期安全稳定运行，建议厂方在以下方面开展进一步的工作：

① 在装置全工艺流程的典型部位增加低碳奥氏体不锈钢、稳定化奥氏体不锈钢和双相不锈钢的焊接试样挂片，或者在管道中增加这些不同材料制作的试验管段，以验证在实际工况下不同材料尤其是焊接接头的服役适应性；

② 经过一个运行周期或更长时间的试验后评价不同材料的耐用性能，装置材质升级时应按既满足耐用性要求，经济代价又最小的原则进行；

③ 介质操作温度在140℃左右，操作压力较高，且介质中含有 H_2S 等毒性成分，建议在装置材质升级前增加现场的远程监控系统，减少运行状态下现场人员的活动时间和频次，避免介质泄漏可能导致的人员伤亡，同时针对部分管道容易发生泄漏的情况完善应急预案。

第 4 节　煤气化装置预变换炉出口管线弯头失效分析

1　煤气化装置弯头失效背景介绍

根据某厂提供的资料，该厂煤代油改造工程于 2003 年 7 月动工，2006 年 12 月建成投产。煤气化装置采用 Shell 粉煤气化工艺制取粗合成气，粗合成气经冷却、除灰处理后，送耐硫变换、低温甲醇洗去除 H_2S、CO_2、CO 等杂质，制取合成氨的原料气（N_2、H_2）。2011 年底，进行了低水气比节能改造，增加一台预变换炉 R2100。其工艺过程是将 Shell 气化炉送来的粗合成气进行预变换。2013 年 3 月 1 日，预变换炉 R2100 出口管道 PG02105a-500-6P3C-HI6 一个弯头突然开裂泄漏，裂纹迅速扩展，导致装置紧急停车。该管道于 2011 年 12 月 30 日投入运行，于 2012 年 4 月 2 日停车，共计运行 2054h；2013 年 1 月 9 日，该管道再次开车运行，至 2013 年 3 月 1 日突然开裂。从管道投用直到出现事故，累计运行 3321h。开裂失效弯头采用 GB/T 12459—2005 设计制造，材质为 0Cr18Ni10Ti，

规格为 DN500mm×16mm。

该管道物料状态和组分设计值分别见表 7-4-1 中 3#、4#物料(初期)。由于工艺条件的波动和催化剂活性的影响，变换炉 R2100 出口温度日常在 420℃条件下运行，因工艺特性的影响在开、停车工况下，出口温度可能短时超温至 500℃。

由于上游装置特性，粗煤气虽经洗涤塔洗涤，进入变换时有饱和大量蒸汽，在入口分离器 D2101 的冷凝水(流量较低)中检测出约 700ppm 的氯离子，但在气相中未检测出氯离子(图 7-4-1)。

表 7-4-1　3#和 4#物流介质相关数据

	介质组别	说明		相态	温度/℃		压力/MPa	分子量	
介质相关说明	3#	R2100 进口		蒸汽	201.384		3.790	20.913	
	4#	R2100 出口		蒸汽	378.818		3.760	20.913	
介质组成	摩尔分量	H_2	N_2	CO	AR	CO_2	H_2S	CH_4	H_2O
	3#	0.2305	0.0537	0.5155	0.001	0.0318	0.0030	0.0001	0.1644
	4#	0.3785	0.0537	0.3675	0.001	0.1789	0.0030	0.0001	0.0164

(a) 失效管道弯头外部整体图

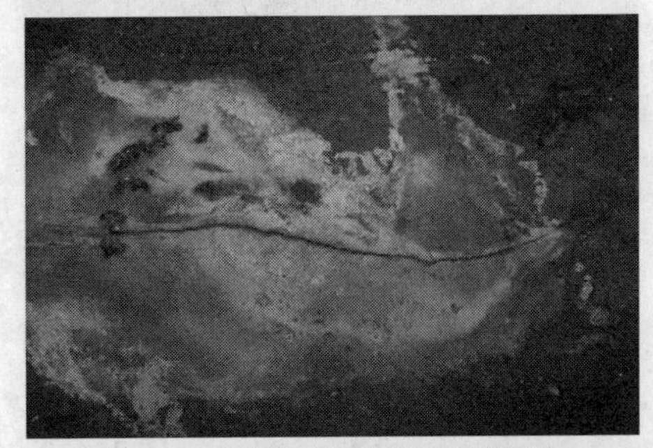

(b) 失效管道外部裂纹处局部放大

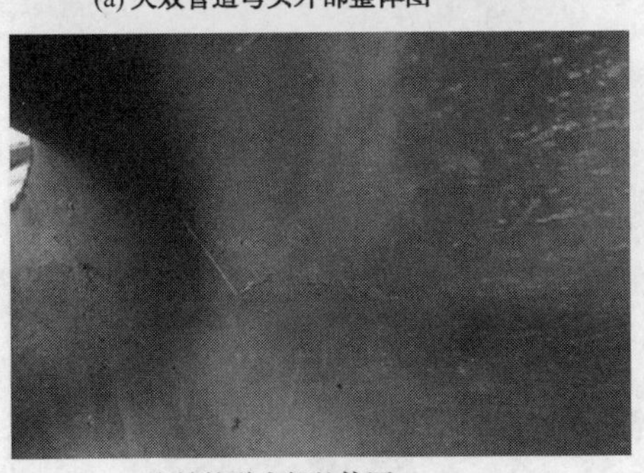

(c) 失效管道内部整体图

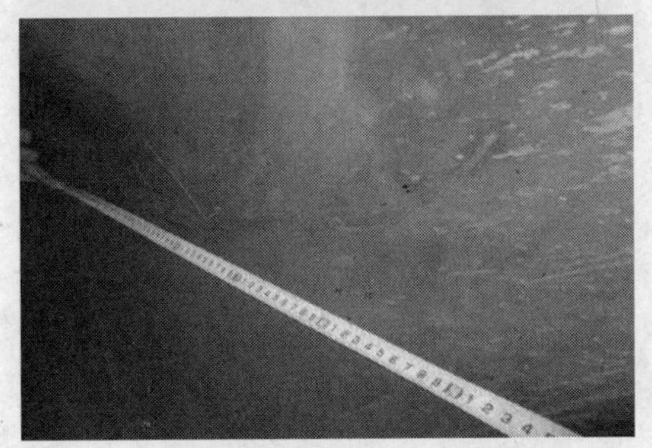

(d) 失效管道内部裂纹处局部放大

图 7-4-1　失效管道宏观形貌

2 试验结果

(1) 宏观检查

开裂管段取样后，对内外表面及裂纹进行仔细的宏观检查，并对打开的断面进行了仔细检查。检查发现：①未见内外表面明显腐蚀减薄痕迹；②裂纹长度约为420mm，从内表面向外起裂；③裂纹周围无明显的塑性变形痕迹，为脆性断口；④内表面主裂纹周边有二次裂纹(图7-4-2~图7-4-4)。

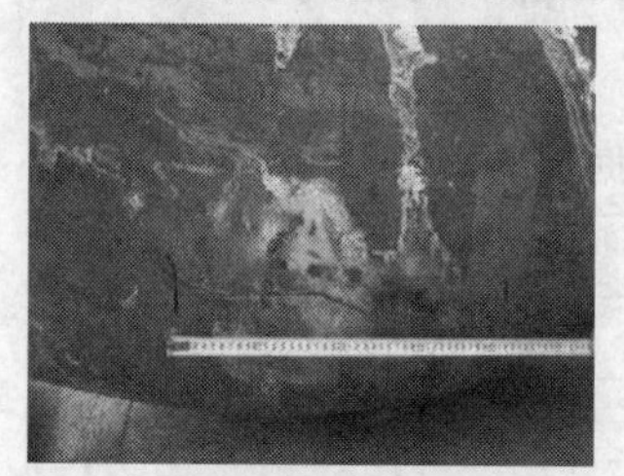

(a) 失效弯头外表面形貌

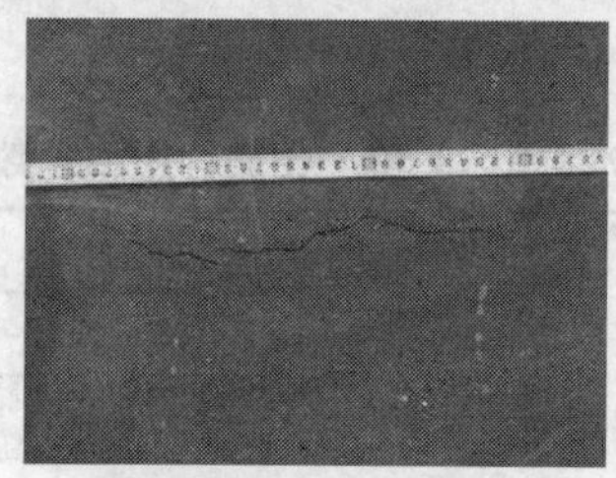

(b) 失效弯头内表面形貌

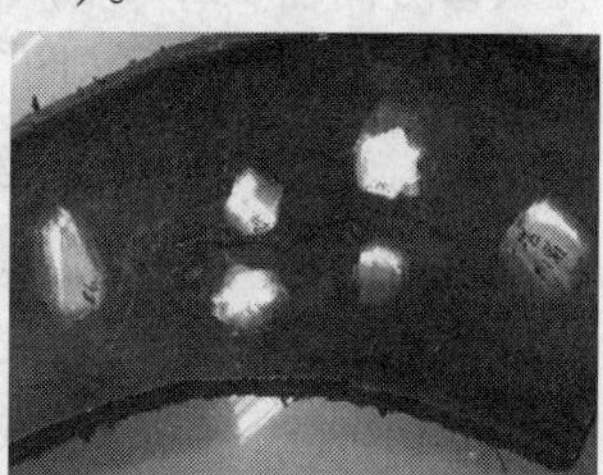

(c) 失效弯头含宏观裂纹部分形貌

图7-4-2 失效弯头宏观形貌

(a) 含裂纹的纵截面样品形貌

(b) 裂纹部位取样图

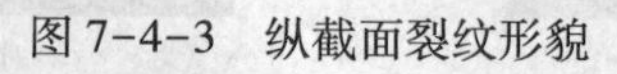

图7-4-3 纵截面裂纹形貌

(a) 断口宏观形貌

(b) 主裂纹附近二次裂纹形貌

图7-4-4 取样形貌

(2) 化学成分分析

对失效弯头不同部位取样进行化学成分分析(表7-4-2)，1#试样为远离裂纹部位，2#试样和3#试样均为靠近裂纹部位，取样部位见图7-4-5。首先对1#试样进行了化学成分分析，结果表明：其中Ti含量偏低，其余元素含量均满足设计标准要求。对2#试样和3#试样进行分析，对钛元素含量进行复验，复验结果证实，裂纹部位Ti含量也偏低。Ti是奥氏体不锈钢的稳定化元素，其含量偏低容易导致材料发生敏化，在晶界贫铬，诱发晶间腐蚀。

表7-4-2 材料化学成分分析结果 %

元素 样品编号	C	Si	Mn	S	P	Cr	Ni	Ti	Cu	Mo
1#试样	0.050	0.58	1.23	0.0008	0.020	17.52	10.60	0.16	0.048	0.032
2#试样	0.054							0.18		
3#试样	0.053							0.19		
GB/T 14976 标准要求	≤0.08	≤1.00	≤2.00	≤0.030	≤0.035	17.00~19.00	9.00~12.00	≥5C		

图7-4-5 化学成分分析取样部位

(3) 硬度检测

对内弯、外弯、裂纹附近等部位内表面不同位置抽查进行硬度检测，结果说明，检测的多处位置硬度值差别不大，而且都在标准要求的范围内。根据GB/T 12459—2005，不锈钢管件硬度值应在190HB以下。弯头不同部位的硬度值见表7-4-3。

表7-4-3 弯头不同部位硬度值 HB

部 位	硬度测点1	硬度测点2	硬度测点3	硬度测点4	硬度测点5	平均值
内弯1	146	154	136	153	147	147.2
内弯2	141	150	140	158	147	147.2

续表

部　位	硬度测点1	硬度测点2	硬度测点3	硬度测点4	硬度测点5	平均值
内弯3	133	121	130	122	124	126
裂纹尖端	150	141	152	161	151	151
远离裂纹尖端	164	147	162	143	162	155.6
裂纹两侧1	129	129	121	130	114	124.6
裂纹两侧2	136	136	133	147	146	139.6
外弯1	143	139	129	127	140	135.6
外弯2	136	124	144	134	144	136.4
外弯3	147	135	136	143	150	142.2

(4) 断口及能谱分析(清洗前)

对图7-4-5中2号位置、4号位置、5号位置对应断口在未进行清洗时在扫描电镜下观察并进行能谱分析。其中4号位置和5号位置观察结果见图7-4-6和图7-4-7。从图中可以看出，断口面基本被腐蚀产物覆盖，只有图7-4-7(e)中局部位置未被腐蚀产物覆盖，可见沿晶开裂特征。2号位置断口未清洗时断口形貌与4号位置类似。

对断口上腐蚀产物进行能谱分析，能谱图见图7-4-8。4号和5号位置断口能谱分析结果见表7-4-4，2号位置能谱见表7-4-5。能谱分析结果表明，断面上有大量的氧元素和硫元素，进行能谱分析的几处位置只有一处发现氯元素。

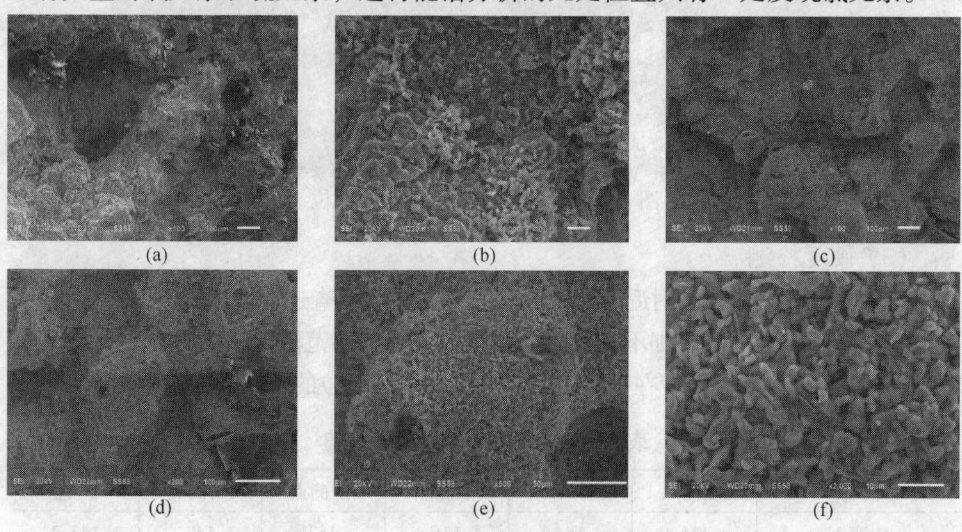

图7-4-6　4号位置断口形貌(清洗前)

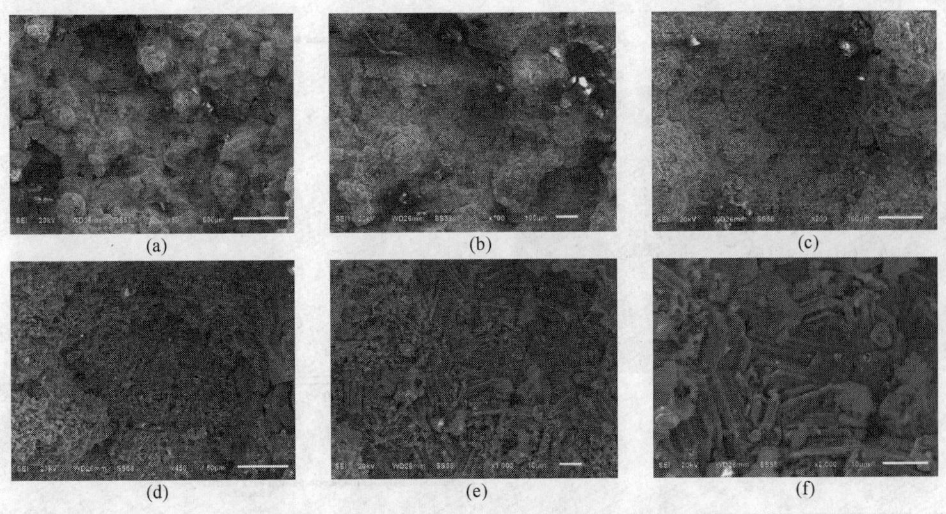

图 7-4-7　5 号位置断口形貌(清洗前)

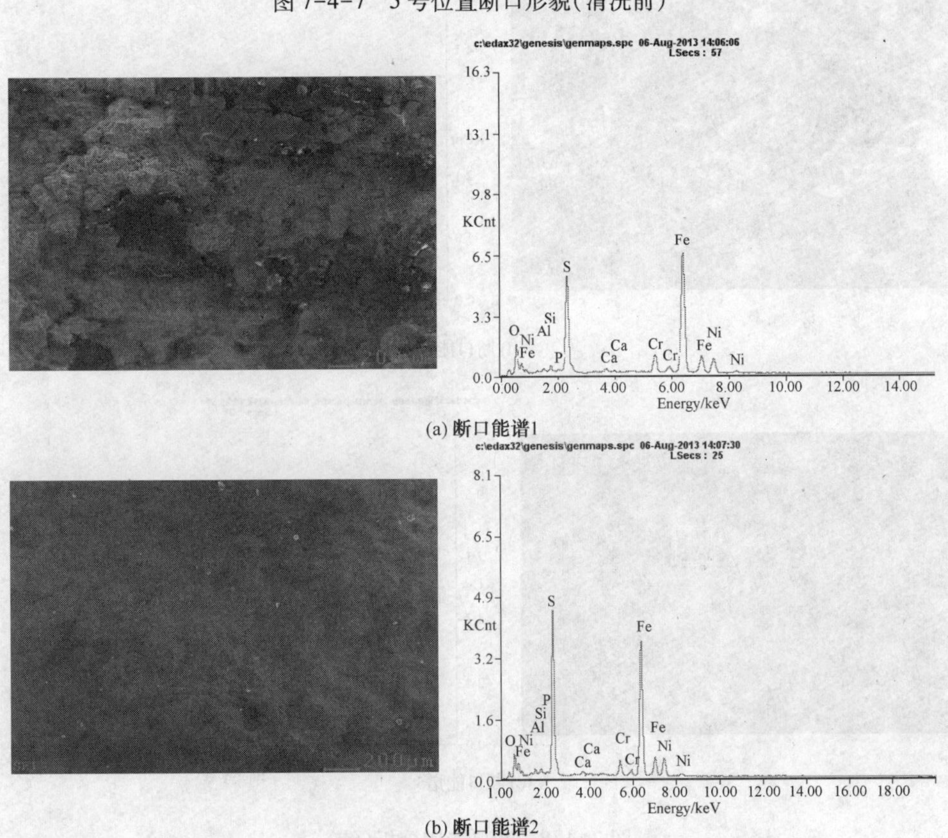

(a) 断口能谱1

(b) 断口能谱2

图 7-4-8　断口能谱分析

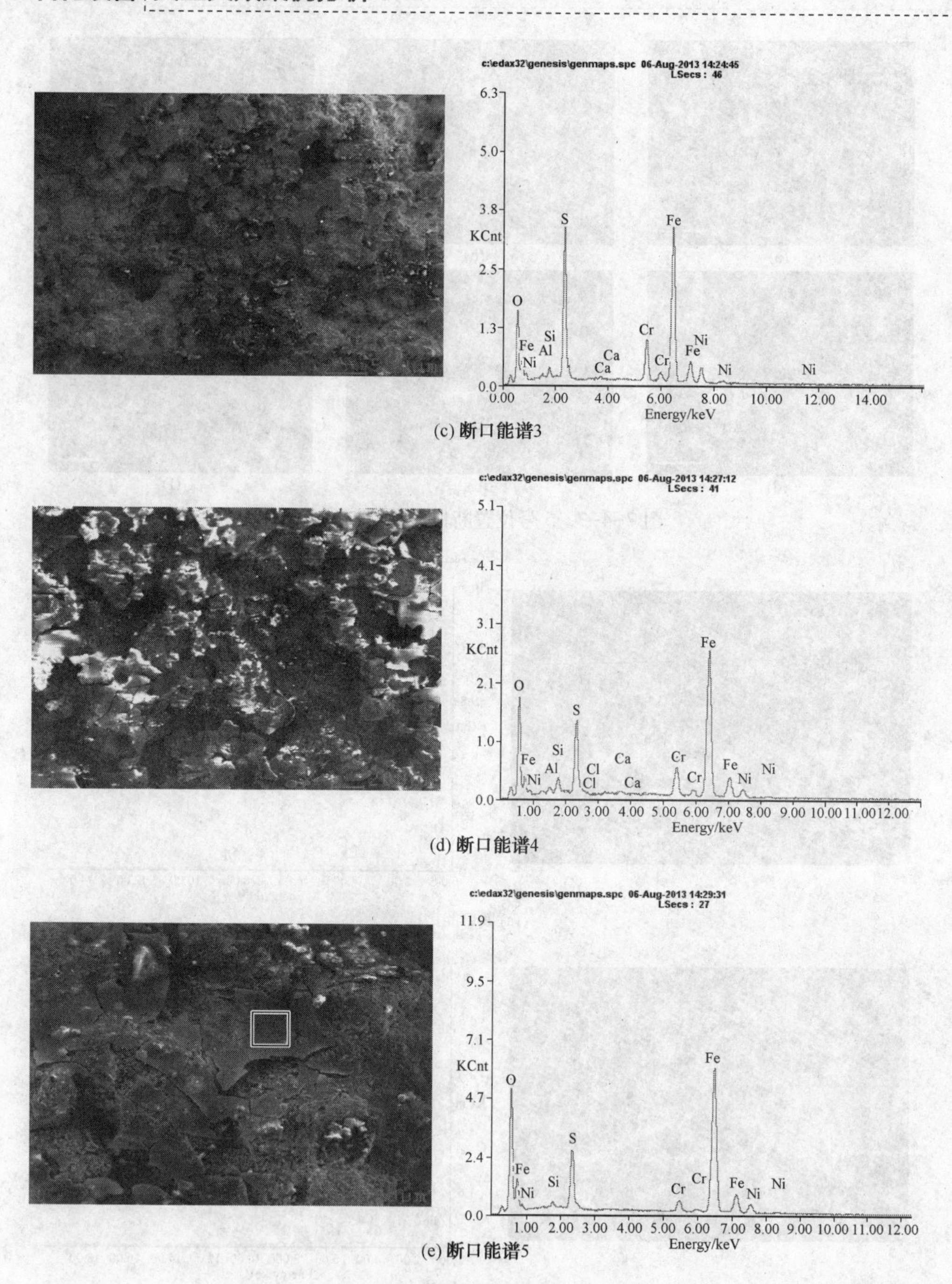

(c) 断口能谱3

(d) 断口能谱4

(e) 断口能谱5

图 7-4-8　断口能谱分析(续)

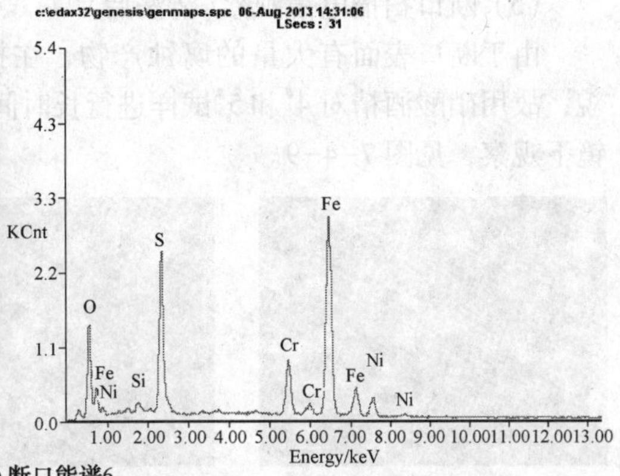

(f) 断口能谱6

图 7-4-8 断口能谱分析(续)

表 7-4-4 4#和 5#试样断口能谱结果 %(质)

元素	O	Al	Si	P	S	Ca	Cr	Fe	Ni	Cl
1	13.39	0.95	1.14	0.34	16.82	0.63	5.0	52.92	8.82	
2	9.92	1.08	1.09	0.46	23.74	0.56	3.17	50.49	9.50	
3	12.98	0.48	1.12		15.08	0.31	9.00	53.24	7.79	
4	17.90	0.73	1.96		8.38	0.49	6.94	57.83	5.45	0.33
5	23.08		0.76		7.47		2.76	60.49	5.43	
6	14.11		0.95		13.32		8.99	55.21	7.43	

表 7-4-5 2#试样断口能谱结果 %(质)

元素	O	Al	Si	P	S	Ca	Cr	Fe	Ni	Mn	K	Mg
1	7.99	0.71	0.69	0.40	18.74	0.49	4.36	55.19	10.84		0.32	
2	9.82	1.35	1.26	0.44	18.98	0.90	3.42	52.58	9.87		0.55	0.57
3	8.95	1.04	0.97	0.33	20.06	0.95	3.85	52.83	9.97		0.49	0.56
4	8.79	1.03	0.96	0.33	19.79	0.93	3.80	52.02	9.84	1.47	0.48	0.55
5	9.10	1.19	1.09	0.61	19.73	0.86	4.21	51.00	9.41	1.69	0.61	0.50
6	8.97	0.67	0.64	0.28	20.71	0.73	3.88	52.39	9.47	1.44	0.49	0.32
7	10.09	0.46	0.69	0.25	20.56	0.51	5.79	50.66	9.18	1.32	0.49	
8	9.77	0.18	0.66	0.26	22.95	0.57	3.12	52.86	8.21	0.97	0.46	

(5) 断口扫描电镜观察(清洗后)

由于断口表面有大量的腐蚀产物，在扫描电镜下不能很好地观测到断面形貌，故用硝酸酒精对4#和5#试样进行长时间浸泡并用超声波进行清洗后在扫描电镜下观察，见图7-4-9。

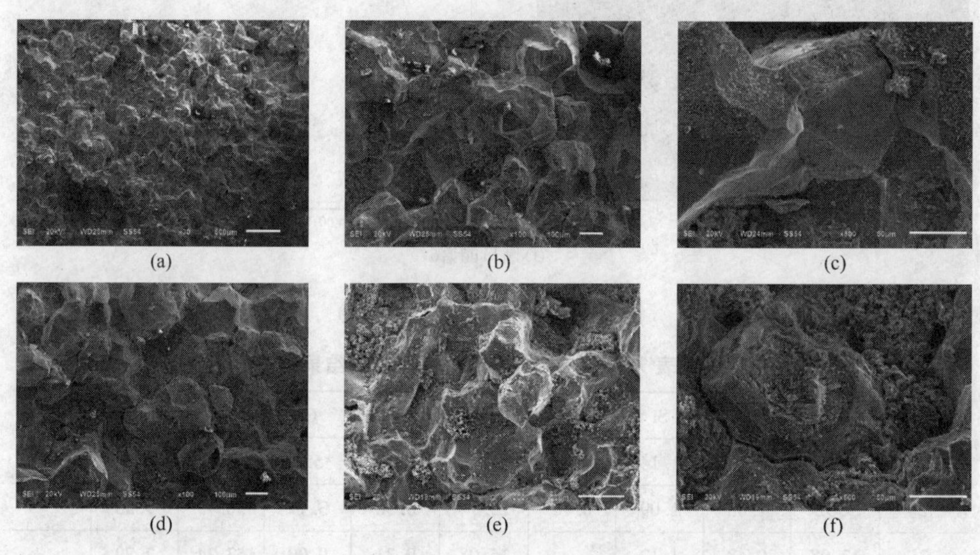

(a) (b) (c) (d) (e) (f)

图7-4-9 清洗后断口形貌

从图中可以看出，断口具有明显的冰糖块状特征，为典型的沿晶开裂，部分位置还发现明显的二次裂纹。

(6) 金相分析

观察裂纹附近母材、裂纹尖端、裂纹尖端母材、二次裂纹等位置金相组织。裂纹附近母材观察位置为3号位置和6号位置，裂纹尖端观察位置为13-1、13-3、13-5，裂纹尖端母材观察位置为13-7，二次裂纹观察位置为2-2，13-8。金相观察取样位置分布见图7-4-10，金相组织见图7-4-11~图7-4-18。从金相组织观察得到以下信息：①主裂纹附近有大量二次裂纹；②主裂纹和二次裂纹均为沿晶开裂；③弯头表面主要为奥氏体组织，表面层往内金相组织基体为奥氏体，奥氏体内有大量形变马氏体。

(7) 内弯和外弯部位金相

在靠近内弯部位和靠近外弯部位随机取样进行金相组织观察，可以看到外弯内外表面都主要为奥氏体组织，有少量的马氏体，横截面上马氏体组织含量多于内外表面。内弯内外表面和横截面上都有马氏体组织，见图7-4-19和图7-4-20。

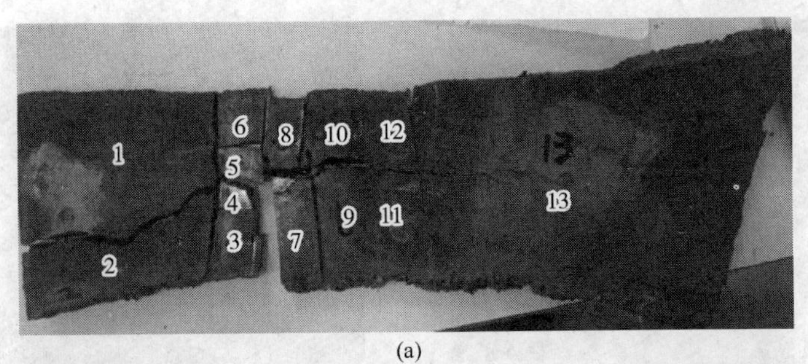

(a)

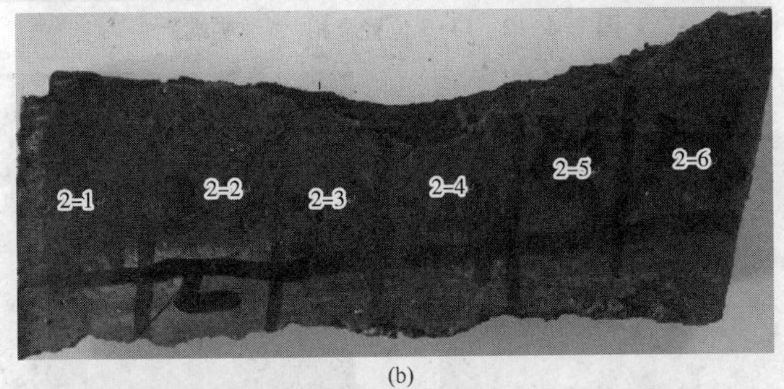

(b)

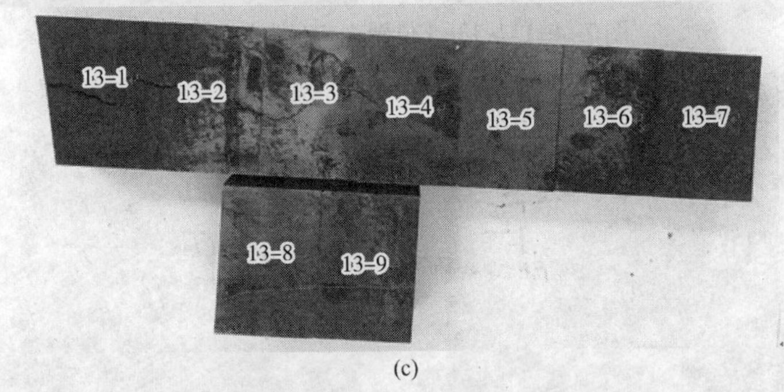

(c)

图 7-4-10　金相组织取样位置图

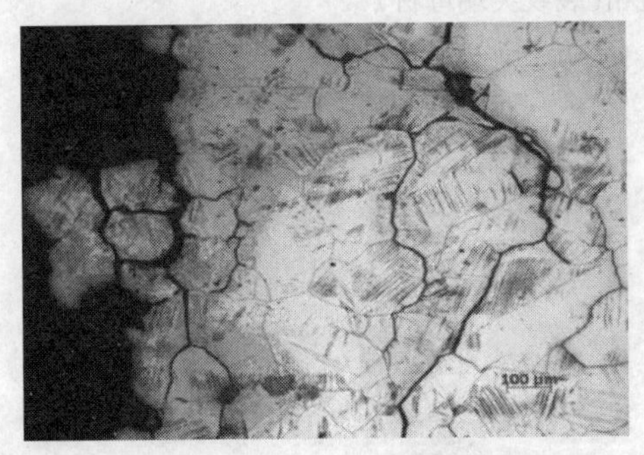

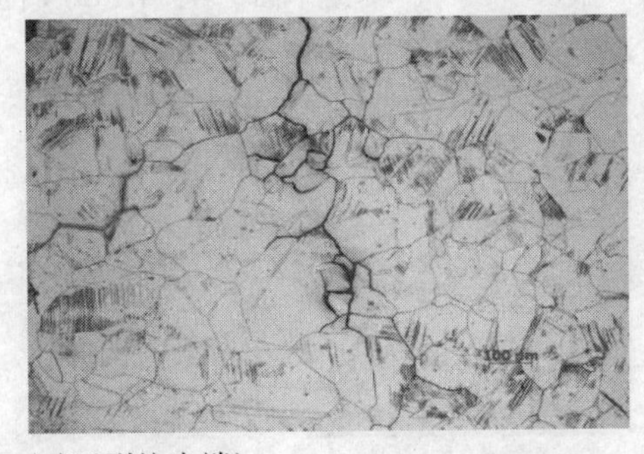

图 7-4-11　13-1 位置金相(裂纹尖端)

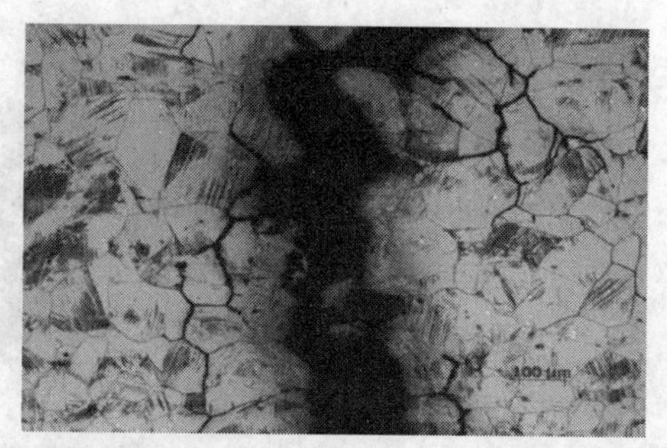

图 7-4-12　13-3 位置金相(裂纹尖端)

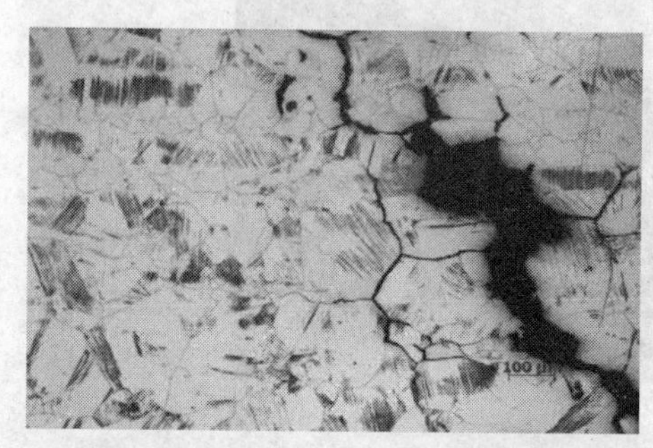

图 7-4-13　13-5 位置金相(裂纹尖端)

图 7-4-14　13-7 位置金相(裂纹尖端母材)

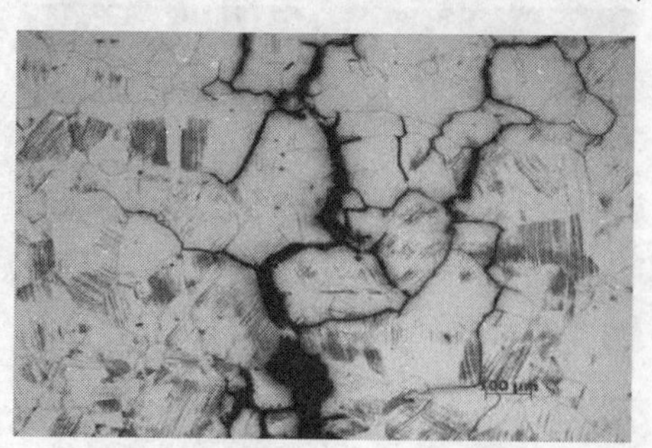
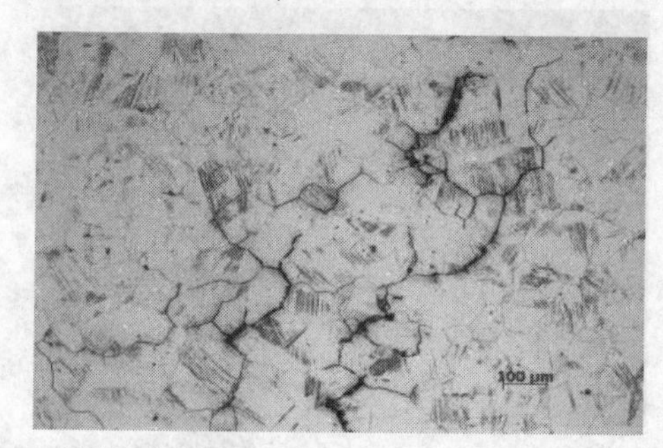

图 7-4-15　13-8 位置金相(二次裂纹)

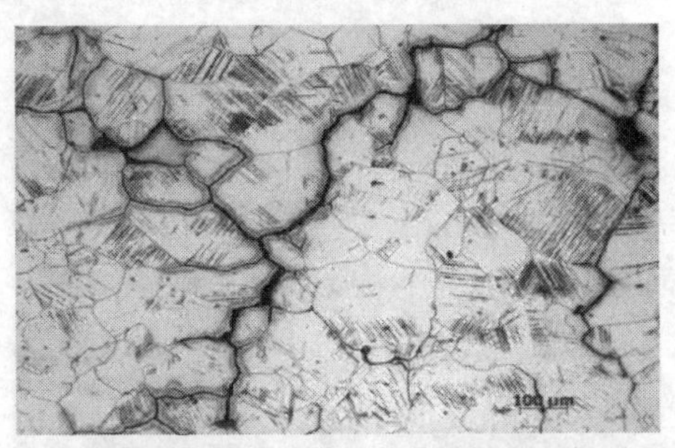
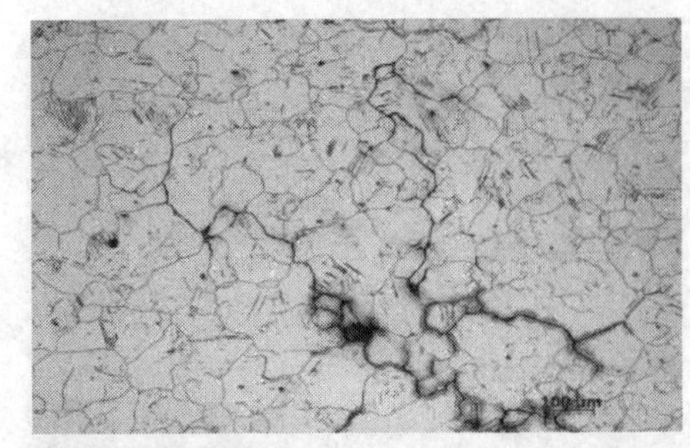

图 7-4-16　2-2 位置金相(二次裂纹)

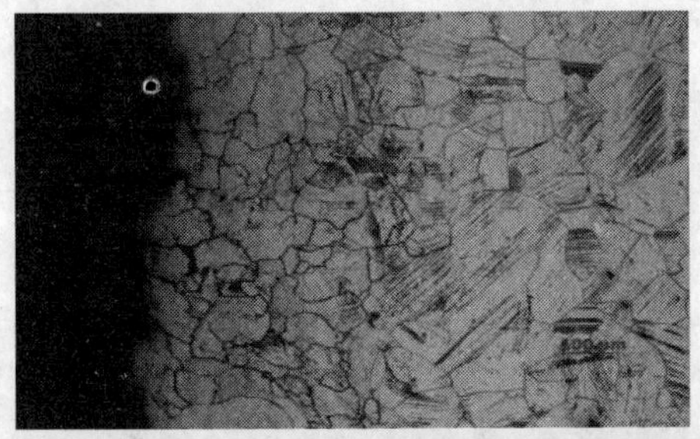
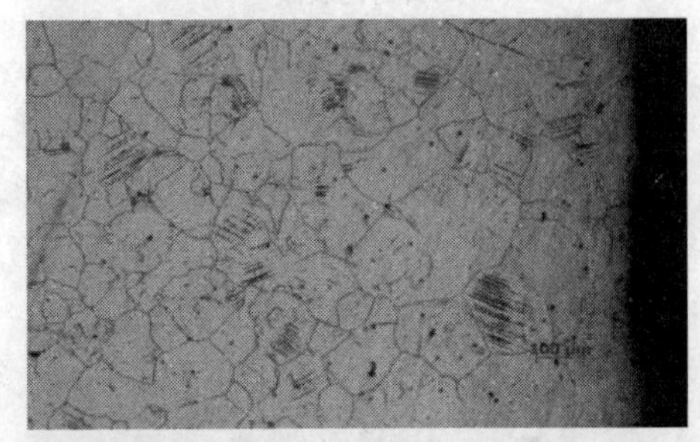

图 7-4-17　6 号位置金相(裂纹附近母材)

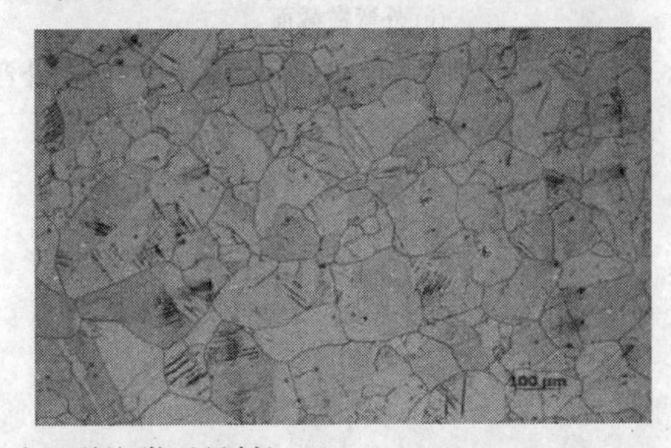

图 7-4-18　3 号位置金相(裂纹附近母材)

(8) 残余应力分析

X-stress 3000 X 射线衍射应力分析仪测试裂纹附近及裂纹尖端残余应力，测试位置见图 7-4-21，测试结果见表 7-4-6。从表中可以看出，P1、P2、P5、P6 位置残余应力较大，P2 处垂直于裂纹方向应力为 367.1MPa，远大于 0Cr18Ni10Ti 常温下的屈服强度(205MPa)。P3、P4 点残余应力较 P5、P6 点小，主要是由于在完全裂透部位发生了残余应力释放。

对内弯和外弯，外弯垂直于裂纹方向残余应力值大于平行于裂纹方向残余应力，但其平均残余应力小于侧弯方向；内弯垂直于裂纹方向残余应力小于平行于焊缝方向。测试结果见表 7-4-7。

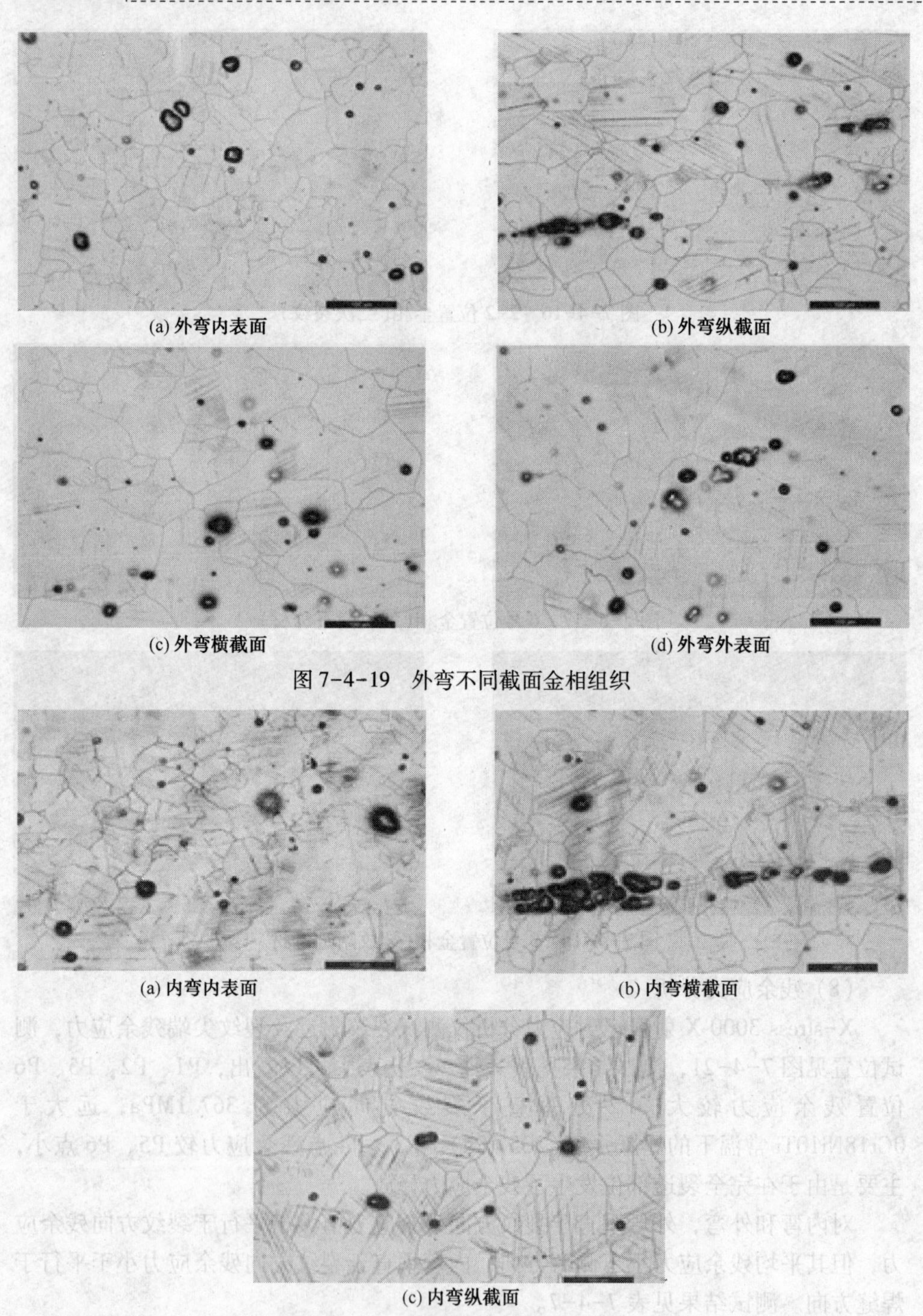

(a) 外弯内表面　(b) 外弯纵截面

(c) 外弯横截面　(d) 外弯外表面

图 7-4-19　外弯不同截面金相组织

(a) 内弯内表面　(b) 内弯横截面

(c) 内弯纵截面

图 7-4-20　内弯不同截面金相组织

表 7-4-6 裂纹附近应力分析结果

测点编号	测点位置	0°（垂直于裂缝） 残余应力值/MPa	90°（平行于裂缝） 残余应力值/MPa	备 注
1	内 P1	229.1/219.1/223.0		裂纹尖端及未开裂部位
2	P1	228.3/198.2	39.6/58.8	
3	P2	367.1	334.8	
4	P3	10.0	240.0	
5	P4	77.1	122	
6	P4	113.3	0.2	
7	P5	207.1	140.5	裂纹尖端及未开裂部位
8	P6	229.7	313.7	
9	P6	139.0	224.0	

表 7-4-7 内弯和外弯残余应力测试结果

测点编号	测点位置	0°（垂直于裂缝） 残余应力值/MPa	90°（平行于裂缝） 残余应力值/MPa
W-1	外弯 1	348.3	121.1
W-2	外弯 2	144.1	21.1
W-3	外弯 3	112.8	-21.2
N-1	内弯 1	216.6	193.0
N-2	内弯 2	124.4	94.8
N-3	内弯 3	33.3	134.3
N-4	内弯 4	-18.3	175.3
N-5	内弯 5	122.1	190.7

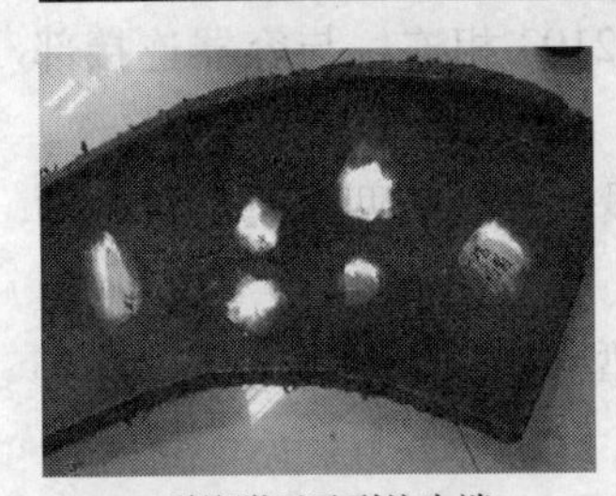
(a) 裂纹附近及裂纹尖端

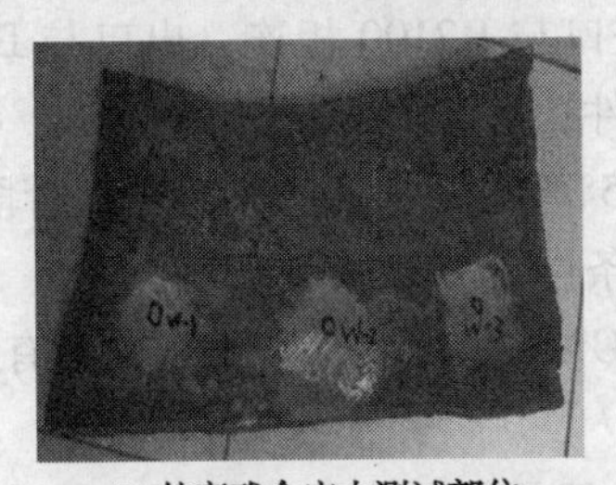
(b) 外弯残余应力测试部位

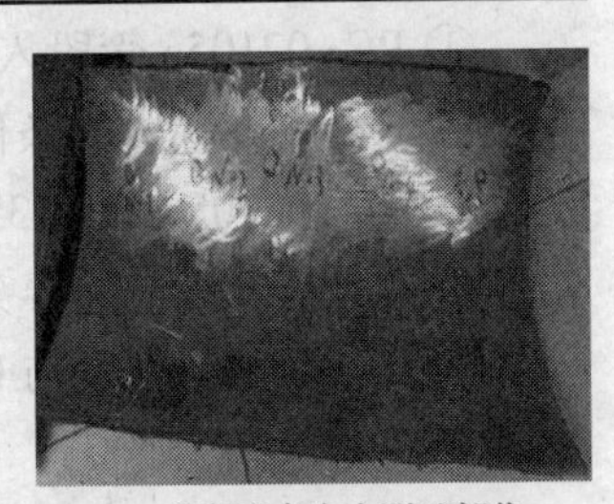
(c) 内弯残余应力测试部位

图 7-4-21 残余应力测试部位

对图 7-4-21 所示位置中测试残余应力位置进行铁素体含量测量，未发现有明显铁素体显示。

3 管线应力计算

(1) 模型建立

根据图纸数据，通过管线计算软件 CAESARII 5.0，建立 PG-02105a 管线模型，见图 7-4-22。PG-02105a(红色管段)及相关管线 GAN-02114(蓝色管段)参数见表 7-4-8。相关管线 GAN-02106(黄色管段)与研究对象较远，截取一段建模。

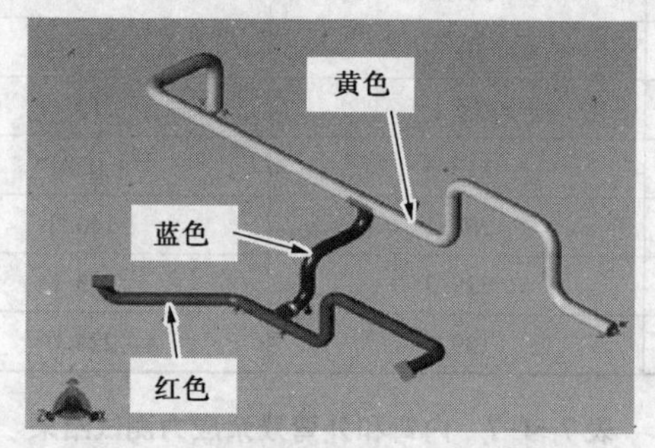

图 7-4-22 PG-02105a 段管系模型

管线基本参数如下表所示，管线 GAN-02114 只在装置开车期间作氮气升温时投用，在变换装置设备管道温度达到预定的 270~280℃后，阀门 Z941W 关闭且阀后倒换为盲板，管线 GAN-02114 温度为常温状态。

表 7-4-8 管线基本参数

管道编号	管道尺寸/mm	计算压力/MPa	计算温度/℃	管道材质
PG-02105a	*DN*500×16	3.8	380	0Cr18Ni10Ti
GAN-02114	*DN*500×8	0.42	280/25	15CrMoG

(2) 模型边界条件

① PG-02105a 管段入口与 R2100 相连，出口与 D2103 相连，与容器连接部位按固定约束设置边界条件；

② PG-02105 管段 135°弯头处，三通靠近垂直管段处分别有两个垂直方向约束，按实际情况设置边界条件；

③ PG-02105 管段与 GAN-02106 管段连接位置有型号为 Z941W-110P 阀门，按实际情况建模；

④ GAN-02106 管段位置最低的弯头处有垂直方向支撑，按实际情况设置边界条件；

⑤ GAN-02106 管段与研究对象较远，截取其中一段，管段远端径向、轴向分别设置相应约束条件。

(3) 计算结果

图 7-4-23 中标注了模型计算的节点编号，各节点应力大小见表 7-4-9(选取重点位置主要节点)。

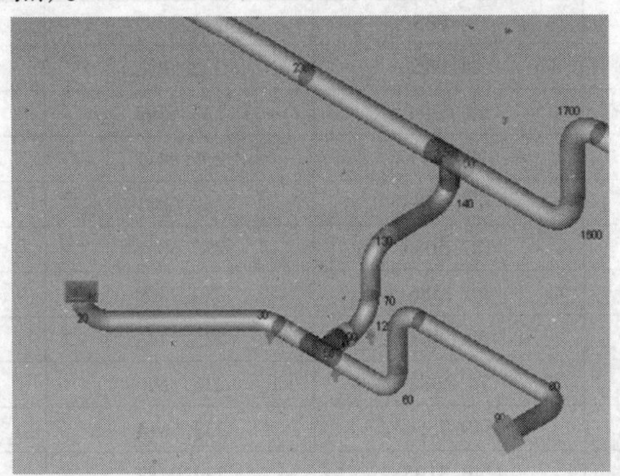

图 7-4-23　主要节点位置

表 7-4-9　管线应力计算结果(二次应力)

节点编号	节点应力/MPa	许用应力/MPa	比率/%
10	155.6988	233.0631	66.8
19	196.6826	223.082	88.2
19	196.6826	223.082	88.2
20	218.2047	225.5898	96.7
20	115.8596	233.1924	49.7
28	88.1606	230.6721	38.2
28	192.8548	222.6279	86.6
29	219.8948	218.8646	100.5
29	219.8948	218.8646	100.5
30	225.8199	218.0464	103.6
30	100.2901	228.2908	43.9
40	92.5206	218.4512	42.4
40	39.7021	232.6901	17.1
100	28.7722	227.0715	12.7
110	129.3039	199.0378	65
119	40.4522	199.0378	20.3
119	40.4522	199.0378	20.3
120	35.463	199.0378	17.8

续表

节点编号	节点应力/MPa	许用应力/MPa	比率/%
40	80.8242	229.5975	35.2
50	74.035	232.2872	31.9
50	74.035	232.2872	31.9
58	92.0394	235.5543	39.1
58	200.717	231.8415	86.6
59	187.5088	230.6081	81.3
59	187.5088	230.6081	81.3
60	90.1586	230.2309	39.2
60	53.5004	235.3446	22.7
68	74.2682	236.1596	31.4
68	149.7554	232.6614	64.4
69	240.3195	234.9482	102.3
69	240.3195	234.9482	102.3
70	250.3926	232.2398	107.8
70	110.1987	235.9427	46.7
78	32.4903	238.3208	13.6
78	83.9138	236.5955	35.5
79	138.0043	234.7506	58.8
79	138.0043	234.7506	58.8
80	212.5696	232.3962	91.5
80	80.0281	236.7112	33.8
90	200.2144	233.2495	85.8

由应力分析结果看出，PG-02105a管段有部分位置存在应力较大的情况。弯头1、弯头3局部应力超过许用应力，弯头2、4局部应力虽未超过许用应力，但局部应力较大。

（4）弯头处局部应力分析

① 有限元模型简化　使用通用结构分析软件ANSYS Multiphysics建立了有限元实体模型(图7-4-24)。采用8节点的solid45单元对有限元实体模型并进行单元网格划分，并使用扫掠为主的网格划分方法，获得了六面体为主的较为理想的有限元网格，见图7-4-25。单元总数为2304个，节点总数为4656个。

② 材料参数　该管线(DN500mm×16mm)材料为0Cr18Ni10Ti，参数设置如下：弹性模量$E=1.85\times105$MPa，泊松比$\nu=0.3$。

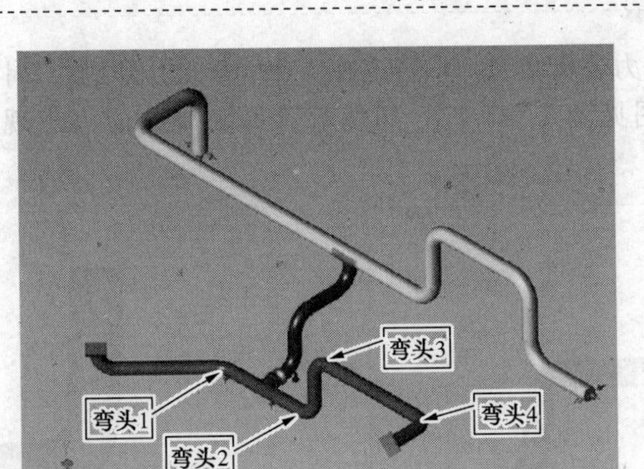

图 7-4-24 管线弯头位置示意图

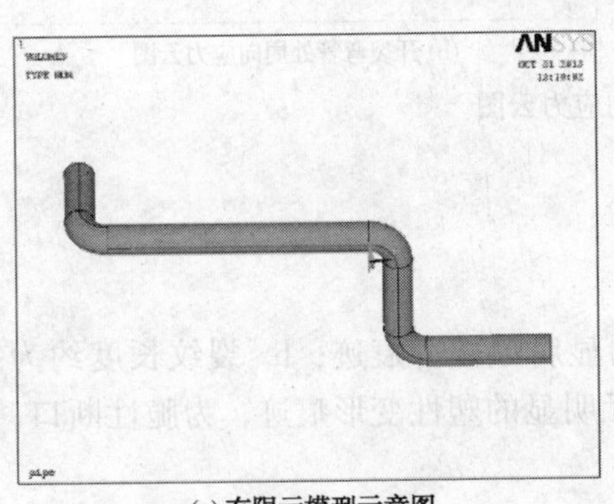

(a) 有限元模型示意图

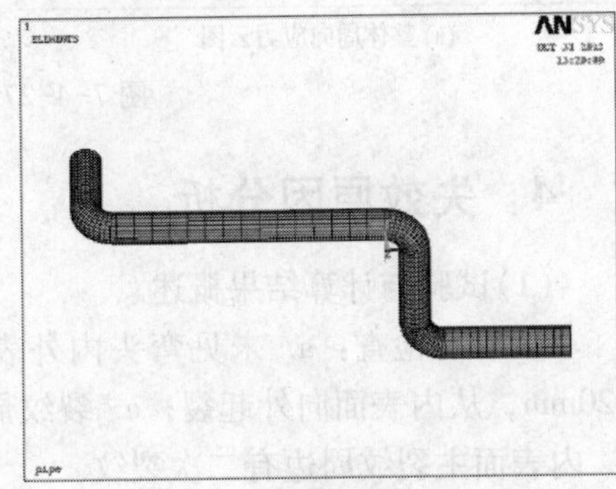

(b) 网格划分

图 7-4-25 有限元模型

③ 载荷及约束 在管道内表面施加 $P_0 = 3.79$MPa 的内压载荷，在管道右侧端面施加等效轴向载荷 28.573MPa。在管道左侧端面施加全约束，在管道右侧端面施加 Z 向约束，具体见图 7-4-26。

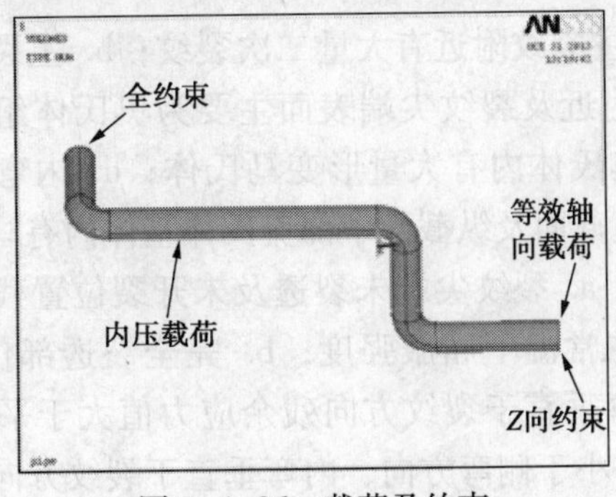

图 7-4-26 载荷及约束

④ 有限元应力分析结果　该管道在3.79MPa的压力下，周向应力(第四强度理论计算值)云图见图7-4-27。开裂弯管最大周向应力出现在管道侧面的内表面。

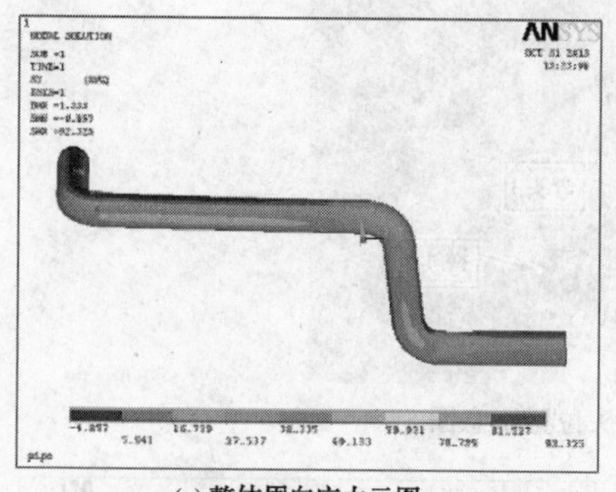

(a) 整体周向应力云图

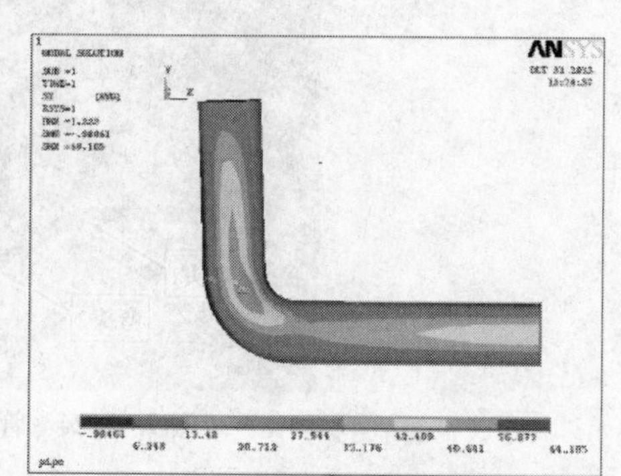

(b) 开裂弯管处周向应力云图

图7-4-27　周向应力云图

4　失效原因分析

(1)试验与计算结果概述

① 宏观检查：a. 未见弯头内外表面明显腐蚀减薄痕迹；b. 裂纹长度约为420mm，从内表面向外起裂；c. 裂纹周围无明显的塑性变形痕迹，为脆性断口；d. 内表面主裂纹周边有二次裂纹。

② 化学成分分析：钛含量低于设计标准要求。

③ 断口分析：断口具有明显的冰糖块状特征，为典型的沿晶开裂，部分位置还发现明显的二次裂纹。

④ 能谱分析：断面上有大量的氧元素和硫元素，进行能谱分析的几处位置只有一处发现氯元素。

⑤ 金相分析：a. 主裂纹附近有大量二次裂纹；b. 主裂纹和二次裂纹均为沿晶开裂；c. 弯头裂纹附近及裂纹尖端表面主要为奥氏体组织，表面层往内金相组织基体为奥氏体，奥氏体内有大量形变马氏体；d. 内弯与外弯部位内外表面主要为奥氏体组织，横截面及纵截面中部奥氏体基体内有马氏体。

⑥ 残余应力分析：a. 裂纹尖端未裂透及未开裂位置残余应力较大，测出最大值部位远高于材料在常温下屈服强度；b. 完全裂透部位附近残余应力较小；c. 对内弯和外弯，外弯垂直于裂纹方向残余应力值大于平行于裂纹方向残余应力，但其平均残余应力小于侧弯方向，内弯垂直于裂纹方向残余应力小于平行于焊缝方向。

⑦ 铁素体含量测定：对裂纹附近及裂纹尖端进行铁素体含量测量，未发现有明显铁素体显示。

⑧ 应力分析计算：PG-02105a 管段有部分位置存在应力较大的情况。弯头1、弯头3局部应力超过许用应力，管段2(失效弯头)、4局部应力虽未超过许用应力，但局部应力较大。局部应力分析结果表明，该管道在3.79MPa的压力下，周向应力(第四强度理论计算值)云图如图7-4-27所示。开裂弯管最大周向应力出现在管道侧面的内表面。

(2) 失效原因分析

本次管道弯头失效分析试验结果表明，裂纹呈明显沿晶开裂特征，部分区域晶粒已脱落，存在大量二次裂纹，断口观察发现断口形貌呈典型的冰糖块状，并且裂纹尖端残余应力较大，根据裂纹走向和应力分析，测定结果可判断一次裂纹和二次裂纹均为沿晶应力腐蚀开裂。管道停车期间可能存在连多硫酸应力腐蚀及湿 $H_2S-CO_2-H_2O$ 导致的晶间腐蚀，开车后，裂纹进一步扩展导致开裂。发生沿晶应力腐蚀的三要素为材质、环境介质和应力，热处理对材质结构状态及应力均有重要影响，以下对影响此次沿晶应力腐蚀开裂的三要素及热处理进行分析。

① 材质因素：

a. 材质元素组成

碳元素　碳元素的存在能够增加奥氏体不锈钢的强度，但其对奥氏体不锈钢的防腐蚀性能有负面影响，这主要是因为碳元素是奥氏体不锈钢发生敏化的必需元素，碳元素含量越高，越容易发生敏化。本次弯头进行的化学成分分析表明碳含量在对应设计标准要求范围内。

铬元素　铬是不锈钢中最基本的合金元素，其含量一般均在13%以上。它的主要作用是提高钢的耐蚀性。在氧化性介质中，有使钢表面形成一层牢固而致密的铬的氧化物，使钢受到保护。铬也是一种碳化物形成元素。本次弯头进行的化学成分分析表明铬含量在对应设计标准要求的范围内。

钛元素　钛和碳的亲和力比铬大，钛加入奥氏体不锈钢后，碳优先与钛元素结合，形成碳化钛，就避免了析出碳化铬而造成晶界贫铬。为防止晶间腐蚀，含钛的钢一般进行固溶处理后还须进行稳定化处理。本次弯头进行的化学成分分析表明，弯头中钛含量小于对应设计标准要求的5倍碳含量。钛含量偏低意味着在进行稳定化热处理时，有部分的碳不能和钛元素结合成TiC，这部分碳将继续固溶在奥氏体中，在热处理的冷却过程、管道开车及正常使用期间，均可能发生敏化。

b. 组织结构

敏化　奥氏体不锈钢含碳量较高，室温时碳在奥氏体中的溶解度很小，约为0.02%~0.03%，远低于不锈钢的实际含碳量，故过饱和的碳被固溶在奥氏体中，当温度超过425℃并在425～815℃范围内停留一段时间时，过饱和的碳就不断地向奥氏体晶粒边界扩散，并和铬元素化合，在晶间形成碳化铬的化合物，如$Cr_{23}C_6$等。铬在晶粒内扩散速度比沿晶界扩散的速度小，内部的铬来不及向晶界扩散，在晶间形成的碳化铬所需的铬主要来自晶界附近，结果就使晶界附近的含铬量大为减少。当晶界的铬质量分数低到小于12%时，就形成所谓的"贫铬区"，贫Cr区和晶粒本身存在电化学性能差异，使贫Cr区(阳极)和处于钝化态的基体(阴极)之间建立起一个具有很大电位差的活化-钝化电池。贫Cr区的小阳极和基体的大阴极构成腐蚀电池，在腐蚀介质作用下，贫铬区被快速腐蚀，晶界首先遭到破坏，晶粒间结合力显著减弱，力学性能恶化，机械强度大大降低，然而变形却不明显。这种碳化物在晶界沉淀一般称之为敏化作用。装置开车时，管道温度达到510℃，处于敏化温度区间，当管道材质处于非稳定态时，极易发生敏化。

马氏体相　根据奥氏体的稳定性可将奥氏体不锈钢分为稳态和亚稳态两种，前者是指在大变形后仍然保持奥氏体显微结构的那些钢，而后者是在应变时容易转变为马氏体显微结构的那些钢。本次失效管道弯头所用奥氏体不锈钢为0Cr18Ni10Ti属于亚稳态不锈钢，其从高温骤冷到室温所获得的奥氏体是亚稳态的，当继续冷却到室温以下温度，或者经过变形时，有一部分或大部分奥氏体会变成马氏体组织，即发生马氏体转变。一般来说，奥氏体不锈钢在进行固溶热处理和稳定化热处理的温度区间，变形马氏体都应该能完全转变成奥氏体。从本次弯头失效分析结果来看，失效弯头管壁内部特别是主裂纹附近及裂纹尖端均有大量马氏体，说明弯头变形过程中形成的马氏体并未在热处理过程中完全转变成奥氏体。形变马氏体将使材料变硬变脆，屈服强度和抗拉强度升高，韧性降低，当材料产生裂纹时，更易扩展。

② 环境介质因素：

a. 温度条件

变换炉R2100出口温度日常在420℃条件下运行，因工艺特性的影响，在开停车工况下，出口温度可能短时超温至500℃。从上面分析可知，敏化温度区间普遍认为在425～815℃之间，不同文献的记载还有差异。开、停车时出口短时超温至500℃时处于敏化温度区间，未稳定的奥氏体不锈钢容易发生敏化，在正常运行温度420℃下长时间使用也可能发生敏化。

b. 低温H_2S-CO_2-H_2O腐蚀环境

正常工作下，介质中CO_2摩尔分量为0.0318，H_2S摩尔分量为0.2305，H_2O摩尔分量为0.1644。装置停车期间，水蒸气发生凝结，CO_2和H_2S等溶于水中，形成H_2S-CO_2-H_2O酸性腐蚀环境。该腐蚀环境对300系列不锈钢主要是发生晶间腐蚀，但对碳钢和低合金钢较强的腐蚀作用。

c. 连多硫酸应力腐蚀环境

正常工况下，介质中含有H_2S(摩尔分量为0.2305)且在高温下运行，在管道内表面形成硫化物腐蚀产物，在停工期间，管道内部的硫化物腐蚀产物可在管道内表面与空气和水反应生成连多硫酸($H_2S_xO_6$，$x=3\sim6$)，形成连多硫酸应力腐蚀环境。从厂里提供资料来看，该管道于2012年4月2日至2013年1月9日经过长时间停车，存在形成连多硫酸应力腐蚀开裂的环境条件，重新开车后不到2个月即发生开裂事故。

d. 能谱分析结果的分析

断面上有大量的氧元素和硫元素，进行能谱分析的多处位置只有一处发现氯元素；说明发生连多硫酸及H_2S-CO_2-H_2O酸性水晶间腐蚀可能性较大，氯元素可能不是发生沿晶应力腐蚀开裂的主导因素，但也不能完全排除其对本次管道开裂的影响。

③ 应力因素　从残余应力测定结果来看，裂纹尖端及未开裂处残余应力较大，外弯垂直于裂纹方向残余应力值大于平行于裂纹方向残余应力，但其平均残余应力小于侧弯方向；内弯垂直于裂纹方向残余应力小于平行于焊缝方向。通常来说，较大的残余应力特别是拉应力对裂纹的产生和扩展具有促进作用。残余应力主要为管件制造过程或管道安装过程中产生。符合规范的固溶热处理和稳定化热处理应能消除管件制造过程的残余应力，若热处理温度达不到要求，则可能消除不了制造过程中的残余应力。

④ 制造过程及热处理因素　该弯头的制造工艺为：原材料复验→切割下料→加热压制→整形→盘头→热处理→加工坡口→表面抛光→酸洗钝化→标识→资料确认→包装运输，据制造厂家介绍，该批不锈钢弯头进行的热处理为固溶热处理+稳定化热处理。

为了防止敏化，含钛的钢固溶处理后还必须经过稳定化热处理，固溶处理后不锈钢得到单相奥氏体组织，这种组织处于不稳定状态，当温度升高到450℃以上时，固溶体中的碳逐步以碳化物形态析出，650℃是碳化铬形成温度，900℃是碳化钛形成温度。要防止晶间腐蚀就要减少碳化铬形成，使碳化物全部以碳化钛形态存在。由于碳的钛化物比碳的铬化物稳定，钢加热到700℃以上时，铬的碳化物开始向钛的碳化物转变。固溶处理和稳定化热处理温度都在消应力热处理之上，进行固溶热处理和稳定化热处理还可以消除弯头中残余应力。

5　结论及建议

综合以上分析表明，本次管道开裂的主要原因为沿晶应力腐蚀开裂，管道停车期间的连多硫酸应力腐蚀及湿 $H_2S-CO_2-H_2O$ 导致的晶间腐蚀是导致管道开裂的主要原因，裂纹形成后，在开车期间裂纹继续扩展，导致管道弯头开裂泄漏。材料敏化是发生上述开裂的必要条件，残余应力较高及组织中含有马氏体，特别是裂纹尖端部位较大的残余应力及大量的形变马氏体对裂纹的产生和扩展具有推动作用。根据以上分析，针对此种开裂可从以下几个方面进行预防：

（1）选材方面

超低碳奥氏体不锈钢如 304L、321L 抗晶间应力腐蚀开裂能力较 321 好，但其强度较 321 差，选用超低碳奥氏体不锈钢应注意其强度问题。在氯离子存在的情况下，304L、321L 也可能发生应力腐蚀开裂。含钼不锈钢 316L 和双相不锈钢抗氯离子应力腐蚀开裂能力较好。

在工艺流程的典型部位增加各种低碳奥氏体不锈钢、双相不锈钢的焊接试样挂片，或者在管道中增加这些不同材料制作的试验管段，以验证在实际工况下不同材料的服役适应性。

（2）材料进厂审查

对管件进厂资料随机进行审查，确定其满足相关规范的要求，审查资料包括：原材料质量证明书、射线检测报告、热处理报告及热处理工程师签字的热处理温度曲线、出厂检验报告等。

进厂复验：a. 用光谱分析法检测 C、Mn、Cr、Ni、Ti 等主要元素含量是否满足标准要求；b. 用现场金相法检测材料组织，观察材料中是否有马氏体，变形组织等；c. 用铁素体测量仪检测材料中铁素体含量及对材料进行硬度检测；d. 对管件进行宏观检查和尺寸测量，确保管件表面无划痕、变形等缺陷，管道尺寸应满足标准要求。

（3）现场安装

在现场安装过程中，应严格按照经评定合格的焊接工艺进行焊接施工，防止焊接接头敏化而导致对焊接接头的腐蚀。

（4）使用维护方面

在装置开、停车期间，应注意对相关系统进行保护，可以采用充氮保护或碱洗等手段，防止连多硫酸应力腐蚀开裂的发生。

介质操作温度大，操作压力大，且介质主要为易燃易爆的氢气、一氧化碳、硫化氢、甲烷等。建议安装远程监控系统和紧急切断装置，同时减少运行状态下现场人员的活动时间和频次，避免介质泄漏可能导致的燃烧爆炸以及人员伤亡，同时针对此管道发生泄漏的情况做好应急预案。

（5）其他方面

建议下次大修时对煤气化装置容器管道进行仔细检测，不锈钢管线主要进行射线检测和超声波检测，不锈钢容器主要在内壁进行宏观检查和渗透检测，尤其是容器接管角焊缝部位，及时发现运行过程中产生的应力腐蚀开裂裂纹，杜绝安全隐患。

第5节　煤气化炉合成气冷却器氮气吹扫管线失效分析

1　冷却器氮气吹扫管线爆管失效背景介绍

根据厂方提供的资料，该厂煤代油煤气化 106 装置 2008 年 9 月开工，至 2013 年 4 月 7 日因管线爆裂停工，间断累计运行约 1240 天。2013 年 4 月 7 日 7 时 30 分班组人员巡检发现 106 框架 9 楼有泄漏声音，经仔细查找发现为 13HV0008 阀后至 SGC 氮气吹扫管线发生泄漏，在管理人员准备安排人员搭架子、拆保温进行详细确认的过程中，8 时 15 分管线突然爆裂发生大量气体泄漏，因该管道与气化炉直接相连无法隔离，为防止事故扩大造成二次事故，气化装置紧急停车处理。

停车后对此氮气管线进行了检查，发现爆裂部位管道因腐蚀而严重减薄，最终发生泄漏，爆管形貌见图 7-5-1。为了保证安全，停工后对 13HV0008 至 SGC 氮气吹扫管线进行了全部更换。气化装置与 4 月 12 日检修完毕，当日 10 时 50 分投煤开车成功。

失效管线名称为 106 气化炉合成气冷却器氮气吹扫管线，管道编号为 106-80-NHP1-13020-EEBA1-ST4，起始点为 5.2MPa 氮气管网至气化炉，于 2008 年 5 月投用，管道规格为 *DN*80mm×4.5mm×65m，设计压力为 5.8MPa，操作压力为 5.2MPa，介质为氮气/合成气，材质为 20#钢，温度为常温。气化炉操作运行参数见表 7-5-1。

表 7-5-1　气化炉操作参数表

操作参数	压力/MPa	温度/℃	介质组成/%							
			H_2O	H_2	CO	CO_2	H_2S	N_2	Ar	COS
数据	3.9	230/670	9.6	26.3	55.3	2.4	0.11	6.1	0.1	0.01

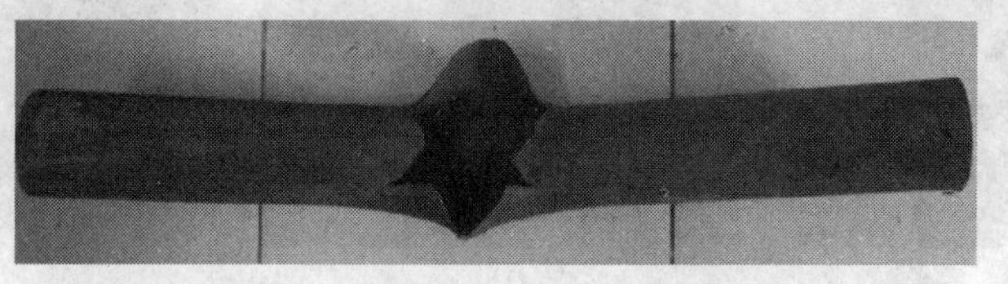

图 7-5-1　爆管后截取管段(包括爆管部位)

2 检测及试验

(1) 宏观检查

将管道取下后，进行仔细的宏观检查。宏观检查主要进行了以下几部分工作：

① 可以明显看出，爆开部位起爆处为图 7-5-2(a)中 3#位置；② 测定了失效管段五个位置的外周长，其周长分别为 1#位置 281mm、2#位置 281mm、3#位置 279mm、4#位置 280mm、5#位置 281mm，可见起爆点部位(3#位置)在环向无明显的变形伸长；③ 从图 7-5-2(e)~图 7-5-2(g)可以看出，内表面有明显腐蚀，从图 7-5-2(d)中可以看出，管道壁厚不均匀，厚度相差较大，最薄处已接近腐蚀穿透，图 7-5-2(a)中中心线对应截面壁厚减薄最严重；④ 断口部位起爆处减薄严重，断口尖端部位断面呈斜面，为典型的剪切撕裂；⑤ 管子内表面现腐蚀垢层，其中垢层最外层为黑色，黑色垢层剥离后为黄色。

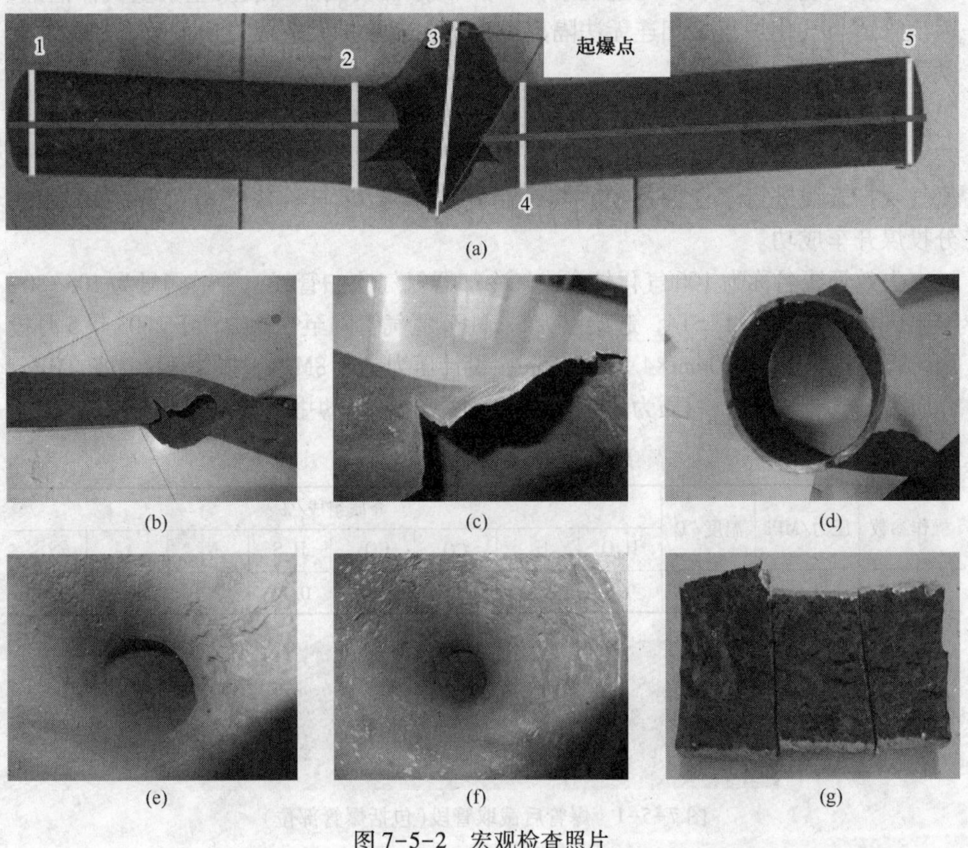

(a) (b) (c) (d) (e) (f) (g)

图 7-5-2 宏观检查照片

(2) 壁厚测量

壁厚测量位置见图 7-5-3，测量结果见表 7-5-2，从表中可以看出，壁厚整体出现腐蚀减薄，其中 0 点钟位置附近壁厚减薄最严重，从图 7-5-3 中也可以看出，0 点钟位置方向附近是管道起裂位置。

表 7-5-2 壁厚测量结果 mm

序号	0 点	1 点	2 点	3 点	4 点	5 点	6 点	7 点	8 点	9 点	10 点	11 点
1	4.34	4.32	4.20	4.50	4.62	4.64	4.54	4.66	4.42	4.64	4.40	4.66
2	1.90	3.00	4.20	4.10	4.32	4.20	4.12	4.22	4.32	4.20	3.80	3.70
3	1.56	3.54	4.24	4.22	4.20	4.30	4.20	4.24	4.12	4.30	3.94	3.60

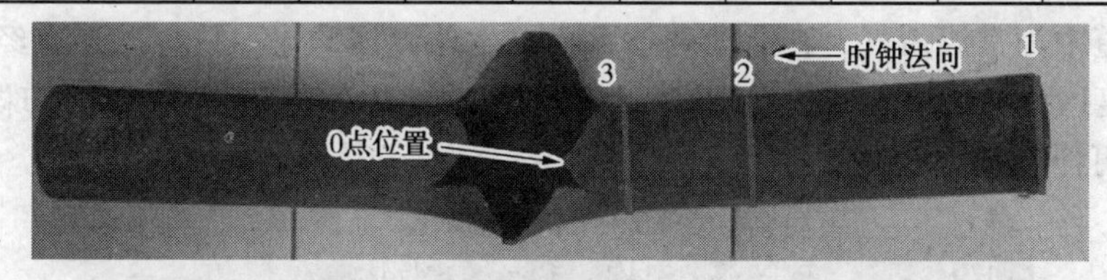

(a) 壁厚测量截面位置

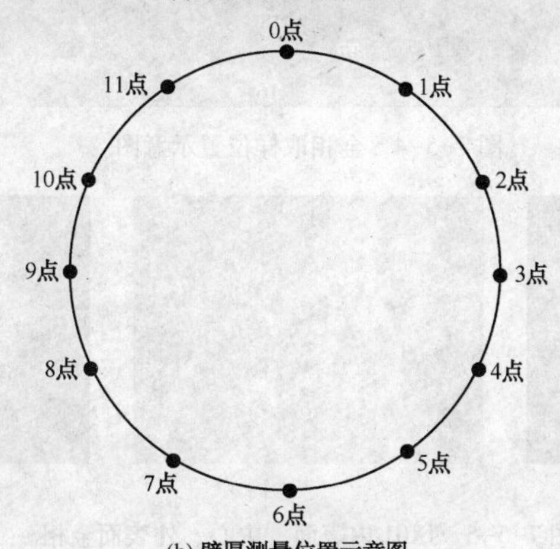

(b) 壁厚测量位置示意图

图 7-5-3 测厚示意图

(3) 化学成分分析

经过化学分析可知(表 7-5-3)，钢材成分在特级优质 20 号钢范围内。

表 7-5-3 化学成分分析表

元素	C	Si	Mn	P	S	Cr	Ni	Mo
化学分析	0.20	0.22	0.46	0.010	0.0018	0.024	0.014	<0.01
标准要求(GB/T 699)	0.17~0.23	0.17~0.37	0.35~0.65	≤0.025(特级优质)	≤0.025(特级优质)	≤0.25	≤0.30	

(4) 金相分析

金相分析位置见图 7-5-4 中 11-18 号位置，分别为端部减薄处横截面(17#)和纵截面(18#)，起爆点部位附近纵截面(11#)和横截面(12#)，断口扩展部位纵截面(13#)，裂口尖端纵截面(14#)，裂口尖端横截面(15#)，裂口尖端含裂纹部位(16#)，及 A-A 截面 0 点钟方向(1#)、1 点半方向(2#)、3 点钟方向(3#)、4 点半方向(4#)、6 点钟方向(5#)、7 点半方向(6#)、9 点钟方向(7#)、10 点半方向(8#)。部分金相组织见图 7-5-5～图 7-5-11。

从金相组织可以看出，从 JX01～JX08、JX11～JX18 金相组织基本相同，组织基本都发生了 3 级珠光体球化，部分位置内外表面有脱碳现象。正常运行工况下，管道中为常温氮气，在此温度下不会发生珠光体球化。只有当管道经过一个较高温度区间(>454℃)时，才会发生珠光体球化。此管道发生了 3 级珠光体球化，说明管道经历了高温过程。

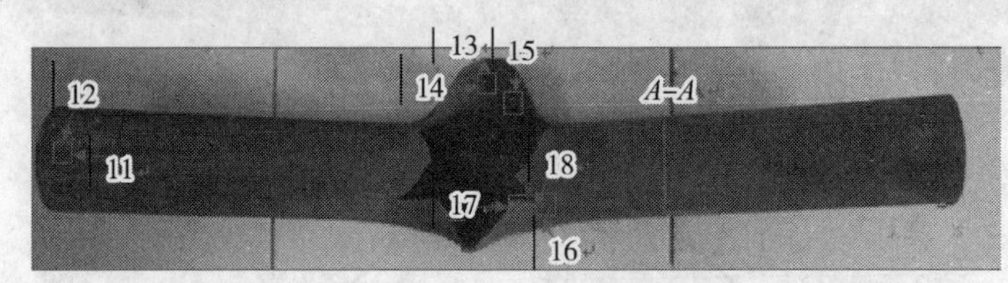

图 7-5-4　金相取样位置示意图

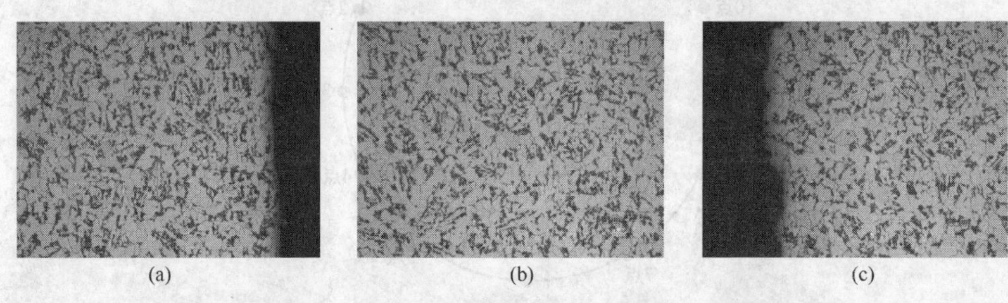

(a)　　(b)　　(c)

图 7-5-5　JX01 内表面、中心、外表面金相

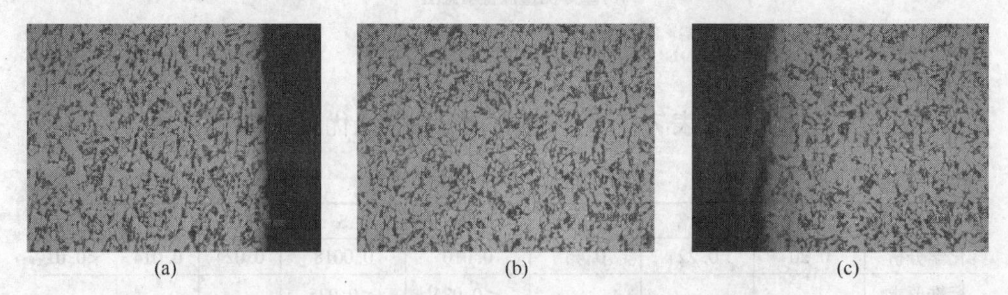

(a)　　(b)　　(c)

图 7-5-6　JX02 内表面、中心、外表面金相

(a) (b) (c)

图 7-5-7 JX03 内表面、中心、外表面金相

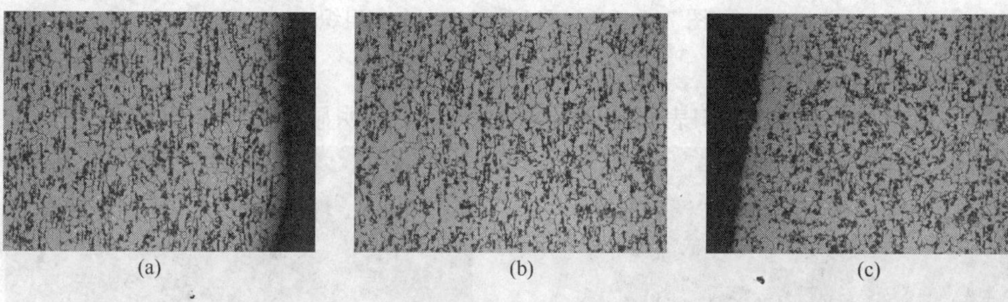

(a) (b) (c)

图 7-5-8 JX04 内表面、中心、外表面金相

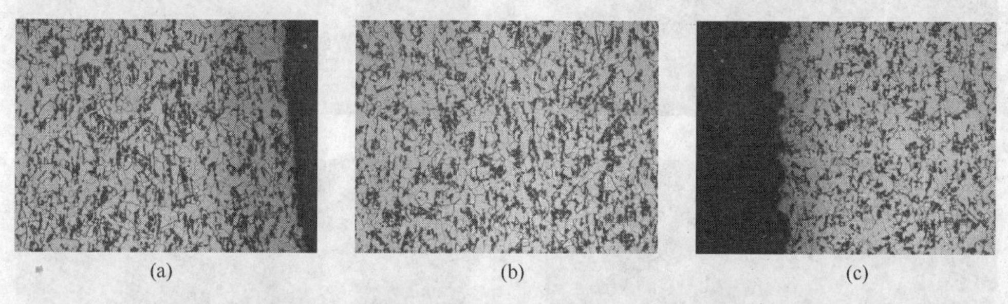

(a) (b) (c)

图 7-5-9 JX05 内表面、中心、外表面金相

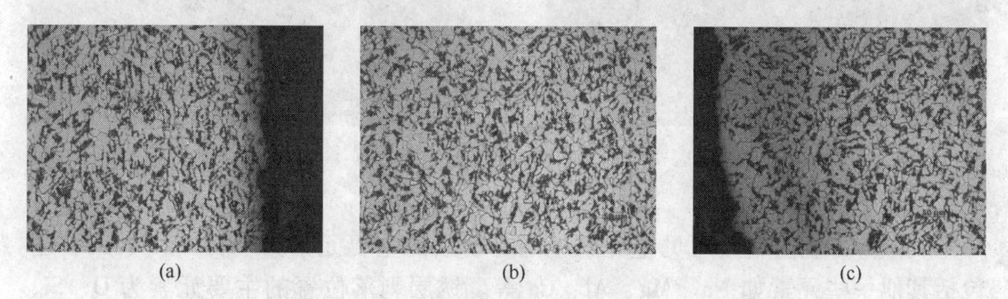

(a) (b) (c)

图 7-5-10 JX06 内表面、中心、外表面金相

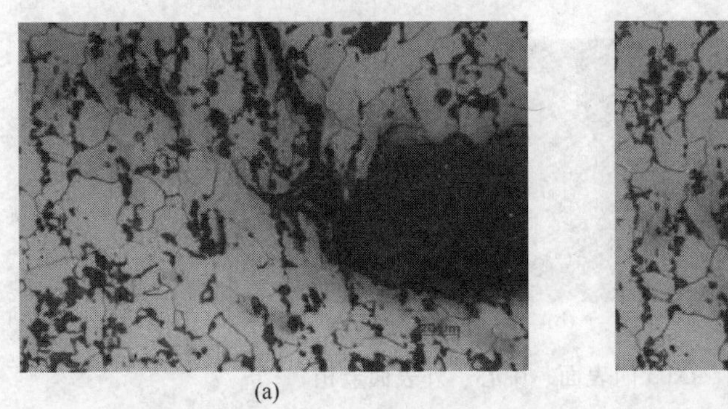

(a)

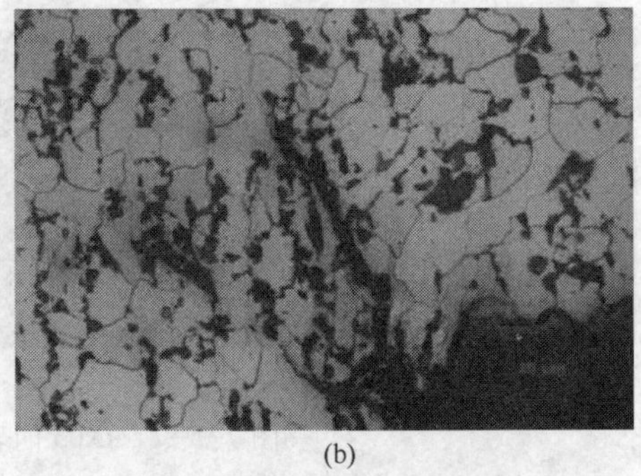

(b)

图 7-5-11　JX16 裂口尖端金相组织

(5) 断口分析

从断口分析来看，断口表面已全部腐蚀，未能见到明显的断裂特征(图 7-5-12)。

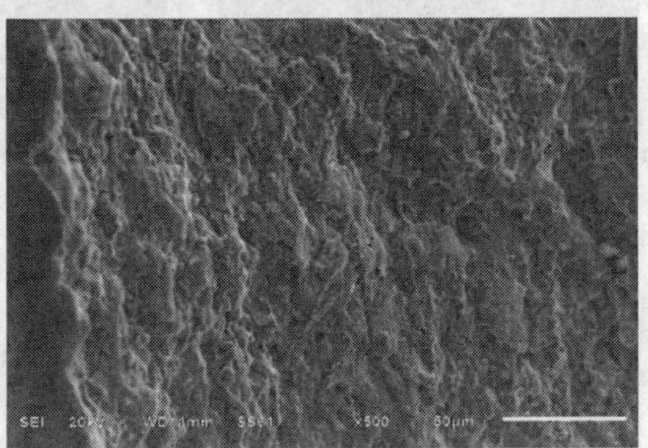

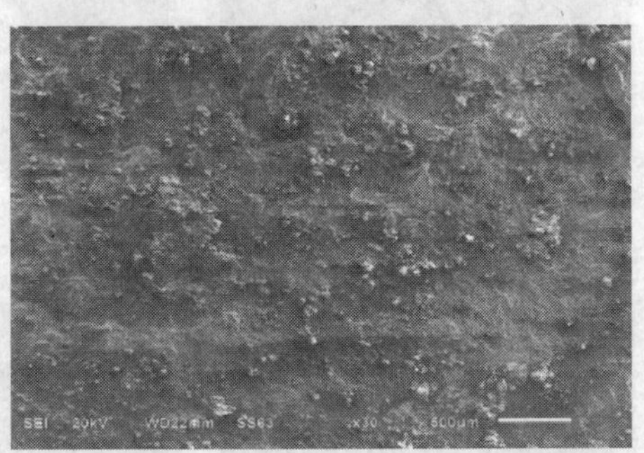

图 7-5-12　扫描电镜断口形貌

(6) 能谱分析

从减薄方位内表面可见龟壳状锈层，锈层的主要元素为 O、Si、S、Fe，还包括其他一些元素如 Na、Mg、Al、Ca 等。锈层剥落位置的主要元素为 O、Si、S、Fe、Mn，其他元素含量较少。断口上的主要元素为 O、Al、Si、S、Ca、Fe。能谱分析结果见表 7-5-4 和图 7-5-13。

表 7-5-4 能谱分析元素表 %(质)

位置 \ 元素	O	Na	Mg	Al	Si	S	K	Ca	Fe	Mn	Ti
内部锈层 1	23.99	0.60	0.38	4.94	14.06	14.27	0.89	3.20	37.68		
内部锈层 2	21.52	0.33	0.24	4.13	12.13	12.12	0.67	2.48	46.00		0.39
内部锈层 3	17.46			1.93	6.72	10.09	0.38	1.46	61.25		
内部锈层 4	18.86			3.54	9.66	9.02	0.86	2.88	53.16	1.03	1.00
锈层脱落 1	15.73				0.88	3.77			78.95	0.65	
锈层脱落 2	16.34				1.26	4.28			77.20	0.42	
锈层脱落 3	20.01				1.24	2.47			75.34	0.94	
锈层脱落 4	21.21				1.77	3.75		0.40	71.84	0.70	
断口能谱 1	27.27			5.43	9.70	8.64	0.79	3.25	44.92		
断口能谱 2	28.12			3.40	6.97	11.92	0.58	1.95	47.07		
断口能谱 3	20.96			1.40	3.35	13.22	0.36	1.92	58.79		
断口能谱 4	21.32			1.01	3.20	16.48	0.43	1.15	56.40		
断口能谱 5	11.96			1.07	2.04	9.81		0.64	74.49		
断口能谱 6	16.10			3.17	7.17	11.42	0.56	2.50	59.09		

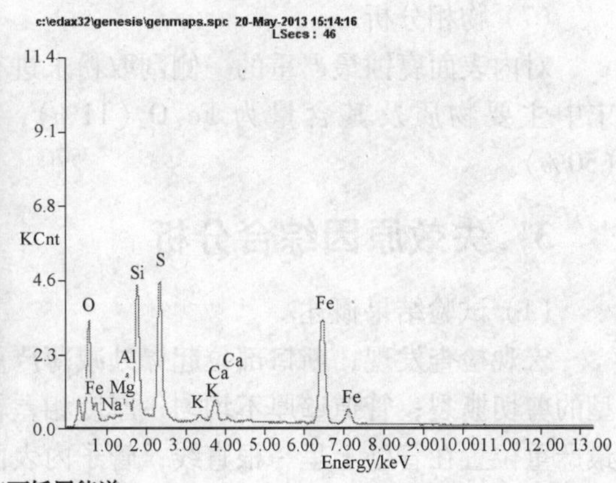

(a) 内表面锈层能谱

图 7-5-13 能谱分析结果

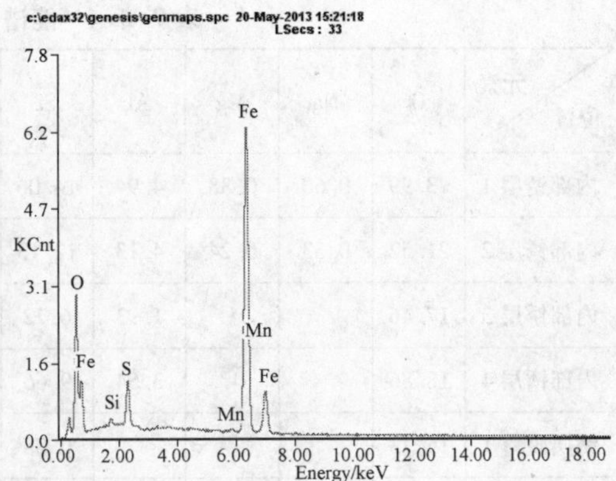

(b) 内表面锈层脱落后能谱

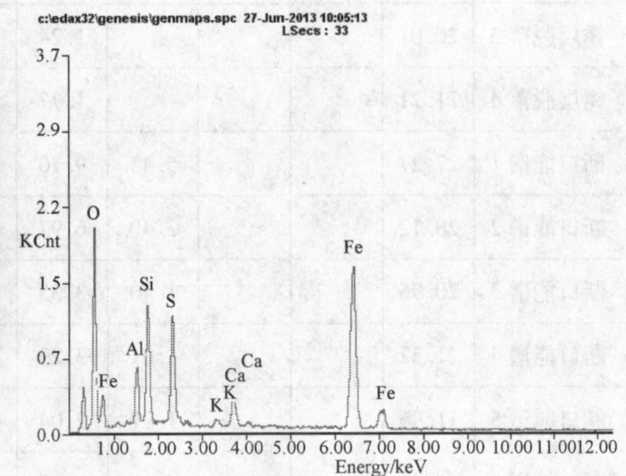

(c) 断口上能谱

图 7-5-13 能谱分析结果(续)

(7) 物相分析

对内表面腐蚀最严重的一侧刮取粉末进行物相分析(图 7-5-14)，分析得粉末中主要物质及其含量为 Fe_3O_4(11%)，Fe(9%)，Fe_7S_8(30%)，$Fe(CO_3)$(50%)。

3 失效原因综合分析

(1) 试验结果概述

宏观检查发现，断口部位起爆处减薄严重，裂口尖端部位断面呈斜面，为典型的剪切撕裂；管道壁厚不均匀，厚度相差较大，最薄处已接近减薄穿孔；减薄最严重位置在管壁上呈一根直线；管子内表面现腐蚀垢层，其中垢层最外层为黑色，黑色垢层剥离后为黄色。壁厚测定结果证实了宏观检查结论即壁厚测定结果得最薄处基本上呈一根直线。化学成分分析结果未见管道元素组成有异常，金相分析发现截取下来的管段试样各个部位都发生了珠光体球化，且球化级别基本相同，都为3级。能谱分析发现内部锈层元素为O、Na、Mg、Al、Si、S、K、Ca、Fe、Mn、Ti。其中O、Si、S、Fe为锈层、锈层剥落后及断口表面发现的主要元素。内部锈层物相分析表明锈层中主要物质为Fe_3O_4(11%)，Fe(9%)，Fe_7S_8(30%)，$Fe(CO_3)$(50%)等。

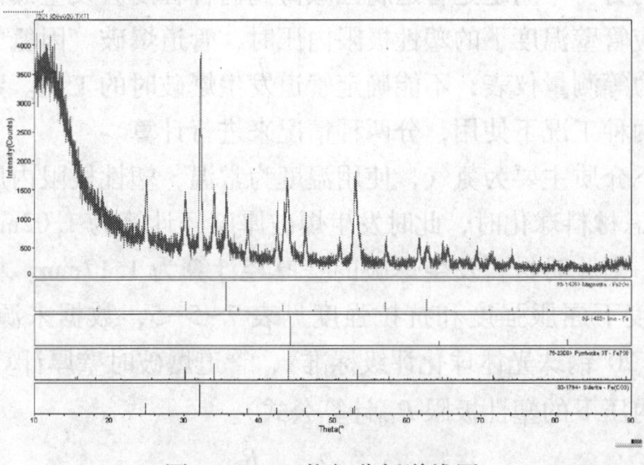

图 7-5-14　物相分析谱线图

（2）失效原因分析

从宏观检查结果可以看出，管道强度型失效特征明显，根据爆口附近管道减薄及外径未发生明显变化特征看，管道爆裂的主要原因为壁厚减薄到一定程度后强度不足而引起的瞬间爆破。

根据资料查阅情况，正常情况下，管道中主要介质为吹扫氮气，一般不具有腐蚀性。失效前几个月，由于煤气化炉运行压力高，造成到SGC的吹扫氮气量小或无流量，可能造成气化炉内合成气返流。从能谱分析来看，管道内壁及断口发现大量S元素，也可知该氮气管道发生过返流。返流后管道运行温度、压力及介质与气化炉接近，气化炉操作参数见表7-5-1。返流介质在氮气吹扫管线中可能发生高温H_2S/H_2腐蚀，但由于硫化氢含量并不高，引起的高温H_2S/H_2腐蚀可能不会如此严重。当返流结束，温度降低至露点以下或局部保温效果不良时，气体介质在管壁凝结，局部形成液滴或小面积水溶液，硫化氢、二氧化碳等酸性气体溶解在这些液滴或小面积水溶液中，形成酸性很强的局部腐蚀环境，发生$H_2S-CO_2-H_2O$等酸腐蚀。腐蚀产物比较疏松，容易吸收水分和酸性气体，使局部腐蚀加速。从物相分析结果来看，锈蚀产物主要为Fe_3O_4(11%)，Fe(9%)，Fe_7S_8(30%)，$FeCO_3$(50%)。腐蚀产物中50%为碳酸铁，可推断发生的损伤主要为$H_2S-CO_2-H_2O$腐蚀。

综合以上分析可见，管道的爆裂主要是由于腐蚀减薄导致强度不足引起的，腐蚀减薄的主要原因为炉内气体返流至管道内，在高温下发生高温 H_2S/H_2腐蚀。冷却下来后，H_2S、CO_2、H_2O 凝结，局部浓度升高，发生 $H_2S-CO_2-H_2O$ 腐蚀。根据物相分析结果，可知在这两种腐蚀形态中，后一种占主导作用。

需要讨论的另一个问题是管道腐蚀减薄到何种程度会发生爆破，假设管道内部压力达到相应管壁温度下的塑性极限内压时，管道爆破。因氮气管道上没有相关的温度、压力等测量仪表，不能确定管道发生爆破时的工况。鉴于管道可能在返流和不返流两种工况下使用，分两种情况来进行计算。

一种工况下介质主要为氮气，使用温度为常温，塑性极限内压取操作压力为5.2MPa，不考虑材料球化时，此时发生爆破厚度经计算为1.02mm；若考虑材料发生3级球化，则此时材料发生爆破的壁厚经计算为1.17mm。材料在不同温度和不同球化程度下屈服强度和抗拉强度见表7-5-5，数据来源为DLT—674—1999《火电厂用20#钢珠光体球化评级标准》，管道爆破时壁厚计算见式(7-1)(无缺陷管道在纯内压下的塑性极限 P_{L0} 计算公式)。

$$P_{L0}=\frac{2}{\sqrt{3}}\sigma\ln\frac{R_0}{R_i} \tag{7-1}$$

式中 P_{L0}——无缺陷管道在纯内压下的塑性极限内压，MPa；

R_0——管外径，取管子外径的名义值，或由实测所得，mm；

R_i——管道内直径，mm；

σ——流变应力，取对应温度下屈服强度和抗拉强度的平均值。

另一种工况是管道内介质为返流气，操作压力取气化炉环形空间内操作压力3.9MPa，使用温度为450℃，不考虑材料球化时，此时发生爆破时厚度经计算为1.07mm；若考虑材料发生3级球化，则此时材料发生爆破时壁厚经计算为1.36mm。由于发生返流各个时段工况不可考证，在有相关标准数据支撑的情况下(图7-5-15)，温度为450℃、内压为5.2MPa、球化程度为3级时，计算爆破时壁厚为1.81mm(表7-5-6)；温度为常温、内压为3.9MPa、球化程度为1级时，计算爆破壁厚为0.77mm(表7-5-7)。

表7-5-5 20#钢不发生球化和发生3级球化时屈服强度、抗拉强度、流变应力值

操作温度/℃		常温	250	300	350	400	450
球化程度1级(不球化)	屈服强度/MPa	325	288	306	302	260	231
	抗拉强度/MPa	455	470	466	449	382	326
	流变应力/MPa	390	379	386	375.5	321	278.5

续表

操作温度/℃		常温	250	300	350	400	450
球化程度为 3 级	屈服强度/MPa	262	193	184	177	171	158
	抗拉强度/MPa	416	386	399	384	341	280
	流变应力/MPa	339	289.5	291.5	280.5	256	219

表 7-5-6　20# 钢塑性极限内压载荷为 5.2MPa 时温度、流变应力与计算爆破壁厚的关系

项　目	外直径 R_0/mm	流变应力/MPa	温度/℃	极限塑性内压载荷/MPa	计算爆破壁厚/mm
球化程度 1 级	89	390	常温	5.2	1.02
	89	379	250	5.2	1.05
	89	386	300	5.2	1.03
	89	375.5	350	5.2	1.06
	89	321	400	5.2	1.24
	89	278.5	450	5.2	1.43
球化程度 3 级	89	339	常温	5.2	1.17
	89	289.5	250	5.2	1.37
	89	291.5	300	5.2	1.36
	89	280.5	350	5.2	1.42
	89	256	400	5.2	1.55
	89	219	450	5.2	1.81

表 7-5-7　20# 钢塑性极限内压载荷为 3.9MPa 时温度、流变应力与计算爆破壁厚的关系

项　目	外直径 R_0/mm	流变应力/MPa	温度/℃	极限塑性内压载荷/MPa	剩余壁厚/mm
球化程度 1 级	89	390	常温	3.9	0.77
	89	379	250	3.9	0.79
	89	386	300	3.9	0.78
	89	375.5	350	3.9	0.80
	89	321	400	3.9	0.93
	89	278.5	450	3.9	1.07
球化程度为 3 级	89	339	常温	3.9	0.88
	89	289.5	250	3.9	1.03
	89	291.5	300	3.9	1.03
	89	280.5	350	3.9	1.07
	89	256	400	3.9	1.17
	89	219	450	3.9	1.36

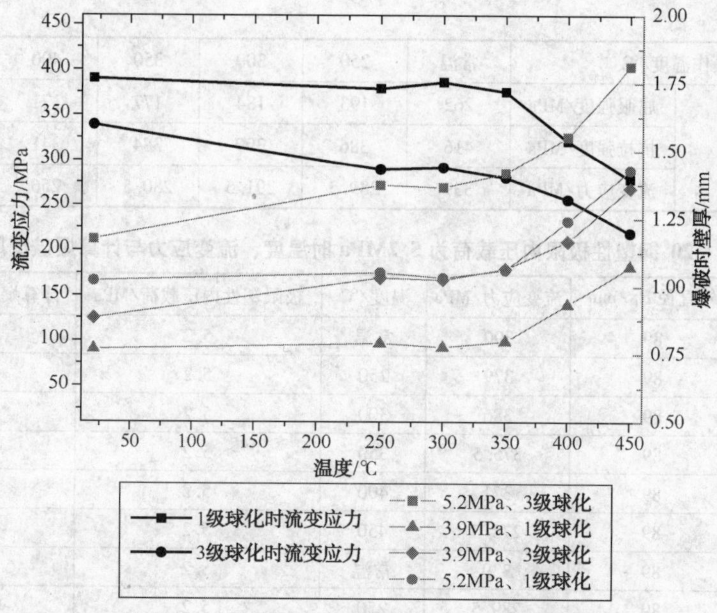

图 7-5-15 不同温度下的流变应力及爆破壁厚

4 结论及建议

（1）结论

综合以上分析可见，管道爆裂主要原因是由于腐蚀减薄引起的，腐蚀减薄的主要原因为炉内气体返流至管道内，在高温下发生高温 H_2S/H_2 腐蚀。冷却下来后，H_2S、CO_2、H_2O 凝结，局部浓度升高，发生 $H_2S-CO_2-H_2O$ 腐蚀。其中低温下 $H_2S-CO_2-H_2O$ 腐蚀起主导作用。根据理论计算，在有数据支撑的 450℃各种工况下，爆破时壁厚经计算在 0.77～1.81mm 范围内。温度超过 450℃，该温度下爆破时计算壁厚更大。

（2）建议

为防止此管道及类似工况管道再次发生爆破失效，建议采取以下一些措施：

① 超声导波检测，对可能发生类似返流工况的管道进行超声导波筛查，发现减薄严重的管道应立即更换，杜绝类似问题的发生。

② 升级材质，考虑到高温气体返流时碳钢材质的强度比较低，可将面临返流高温气体的管段材质升级为 Cr-Mo 低合金钢，如 15CrMo、12Cr2Mo、1Cr5Mo 等，但应该注意可能发生的湿 H_2S 破坏的问题，焊接接头应彻底进行消应力热处理。奥氏体不锈钢也是一个不错的选择，耐高温性能和耐 $H_2S-CO_2-H_2O$ 腐蚀性能远强于碳钢，但应注意焊接接头的敏化问题。

③ 从工艺上考虑，尽量减少炉内气体返流的情况发生，可在管道内与炉腔接口附近装设监控探头及截止阀，一旦监测到返流情况发生则自动切断阀门，防止返流气进入管道产生腐蚀。

④ 保温效果不良时，反流的高温气体更容易在管道内壁冷凝造成腐蚀。可采用红外热成像检测仪对在用管道进行温度场检测，发现保温不良的部位应及时进行修复。

第6节 煤气化炉喷嘴冷却盘管失效分析

1 失效背景介绍

按某厂提供的资料，粉煤气化装置2006年12月投入运行，其采用shell粉煤气化技术，原料使用干煤粉，用高压氮气输送入气化炉，煤粉与氧气燃烧产生高温，发生水煤气反应，生产出粗合成气(以 H_2+CO 为主)，经过冷却器回收热量，在高温高压飞灰过滤器中过滤出合成气中的飞灰，经水洗涤后送下游作为合成氨部分的粗原料气。按气化炉主要部件功能可分为：气化段、急冷段、输气管段、气体反向段、合成气冷却段以及辅助设备(敲击器、烧嘴、监视器和恒力吊架等)。煤气化工艺流程见图7-6-1。

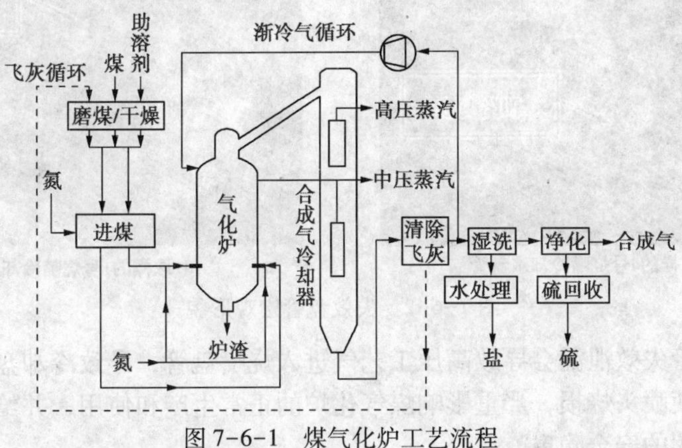

图7-6-1 煤气化炉工艺流程

原料煤经初步磨碎后由皮带送至磨煤和干燥单元，加入适量助熔剂后磨成粉煤进行干燥，然后经粉煤仓缓存给料，由高压氮气流化态输送的粉煤与配加的氧气及蒸汽同时进入煤气化炉烧嘴喷入炉膛内，在瞬间完成升温、挥发分脱除、裂解、燃烧及转化等一系列物理和化学过程，气化产物为粗合成气，煤灰融化后以液态形式排出。

气化炉有四个喷嘴成90°分布在同一平面上。煤粉和高压氧气对喷进入气化炉，对喷撞击进入六个特征各异的流动区即射流区、撞击区、撞击流股、回流区、折返流区、管流区。冷却水盘管主要用于抵御炉内高温气体对外部大喷头的烘烤，盘管规格为ϕ26. 9mm×6. 3mm，其材质为1-7335(13CrMo4-5)。冲刷腐蚀减薄、烧嘴逆火造成局部超温等是造成烧嘴冷却盘管失效的主要原因。

气化炉烧嘴冷却盘管投用至今，屡次发生失效现象，如图7-6-2。从图中可以看到，每个冷却盘管中都有管子发生了变形，其中有三个盘管中的管子发生了穿孔泄漏。发生变形和穿孔泄漏的管子主要集中在冷却盘管的第3、第4根管。

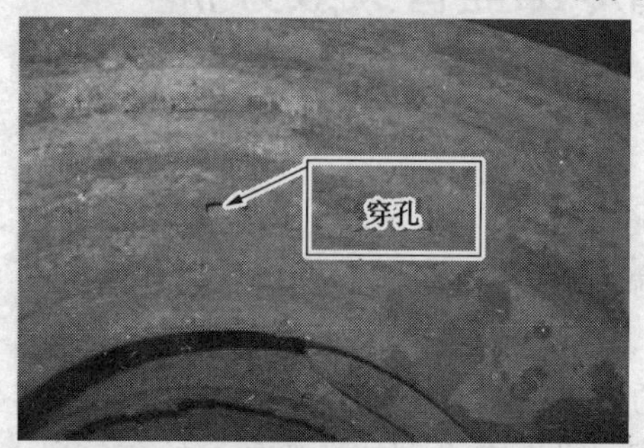

(a) 失效冷却盘管

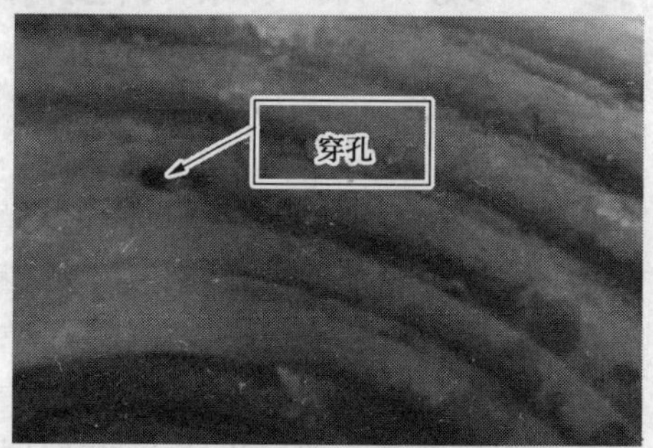

(b) 失效冷却盘管

(c) 取样的4号烧嘴冷却水盘管

(d) 取样的1号烧嘴冷却水盘管

图7-6-2　失效盘管宏观形貌

冷却盘管失效泄漏会导致高压工艺气进入烧嘴盘管，导致冷却盘管冷却性能丧失，进而使喷头烧损，严重影响煤气化炉的正常生产和使用，并给装置的使用维护带来极大的安全隐患。

2　取样试验及试验结果

(1) 宏观检查及取样试验

① 宏观检查　失效的4号管穿孔部位被胶带覆盖，1号位置有明显腐蚀凹坑，见图7-6-3，2号位置表面有凹槽。失效的1号烧嘴泄漏，泄漏位置呈现明

显的烧蚀特征，见图7-6-4(a)，腐蚀严重位置见图7-6-4(b)，也呈现明显的烧蚀特征。烧嘴冷却盘管向火侧局部位置有明显的玻璃渣，见图7-6-4(c)。

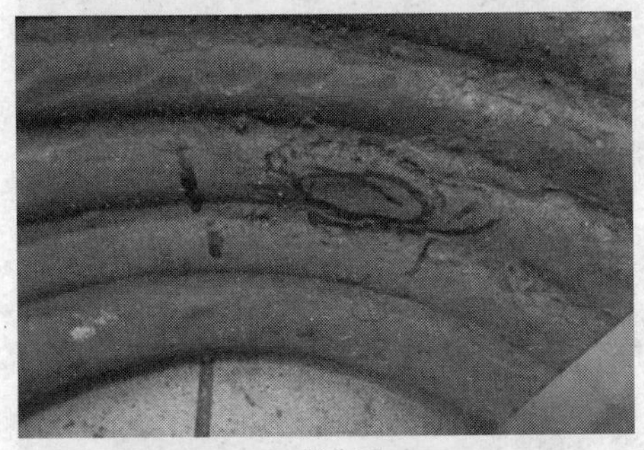

(a) 1号位置

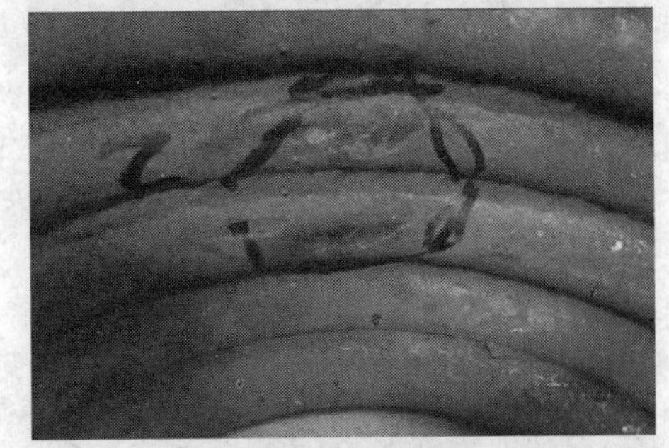

(b) 2号位置

图7-6-3 失效4号烧嘴盘管

(a) 烧蚀穿孔

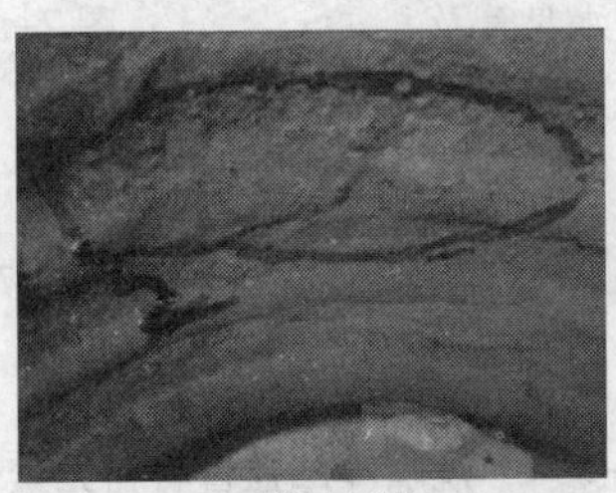

(b) 腐蚀严重

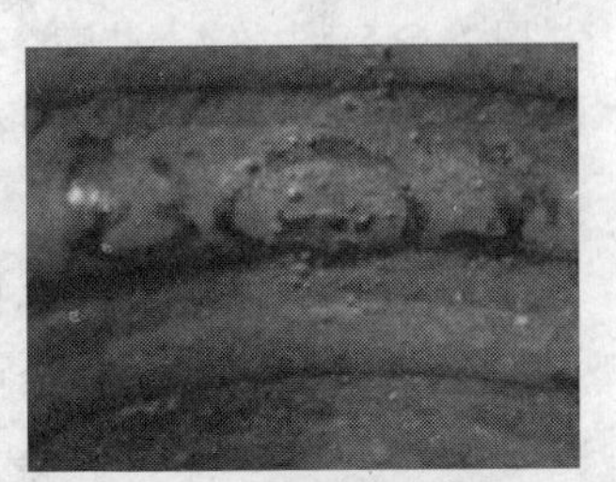

(c) 表面残存玻璃渣

图7-6-4 失效1号烧嘴盘管

② 取样试验 取冷却水进出口管a位置横截面进行金相观察，样品代号为冷却水进出口管-a。

如图7-6-5对失效的4号烧嘴冷却水盘管，取向火侧带凹槽的位置A和其对应的背火侧B横截面进行金相观察，其样品编号分别为4-A、4-B；取腐蚀凹陷处D位置及其所对背火面E位置横截面进行金相观察，其样品编号分别为4-D、4-E；取完好处C位置横截面进行金相观察，其样品编号为4-C。

如图7-6-6对失效的1号烧嘴冷却水盘管，对腐蚀穿孔附近A位置、B位置、C位置及A位置对应背火侧D位置横截面进行金相分析，其样品编号分别是1-A、1-B、1-C、1-D；对腐蚀明显处E位置及其所对背火侧F位置横截面进行金相分析，其样品编号分别是1-E、1-F；对腐蚀轻微处G位置、H位置横截面进行金相观察，其样品编号分别是1-G、1-H；

对失效的1号烧嘴1号位置背火侧取样进行化学分析，分析C、Si、Mn、S、P、Cr、Mo等7个元素；将1号烧嘴的2号位置和4号位置表面腐蚀粉末刮下进行能谱分析和物相分析，确定腐蚀产物元素组成及相组成。

图 7-6-5 失效 4 号烧嘴冷却水盘管及冷却水进出口管道取样示意图

图 7-6-6 失效 1 号烧嘴冷却水盘管取样部位示意图

（2）化学成分分析

通过化学分析可以发现，烧嘴冷却盘管材料 1-7335（13CrMo4-5）各元素含量在标准范围之内，具体含量见表 7-6-1。

表 7-6-1 烧嘴冷却盘管材料元素含量 %

元素	C	Si	Mn	S	P	Cr	Mo
化学分析含量	0.12	0.22	0.42	0.0020	0.010	0.91	0.44
标准含量	0.08~0.18	>0.35	0.40~0.10	<0.010	<0.025	0.70~1.15	0.40~0.60

（3）金相试验

进、出口水管金相组织（图 7-6-7）较为均匀，主要为铁素体+珠光体。由于进出口水管不接触高温，可以认为进出口水管的金相组织与其原始组织无太大变化。

图 7-6-7 冷却水进出口管 a 位置横截面金相组织

泄漏点附近 A、B、C 的金相组织从外表面到内表面有明显差异。失效 1 号冷却盘管泄漏处附近 1-A 位置外表面（受火面）主要为马氏体+残余奥氏体组织，中心主要为索氏体组织，内表面（水冷壁）主要为铁素体+珠光体组织，中心到内表面过渡段为铁素体+细粒状珠光体。离泄漏处稍远位置 1-B 处金相组织和 1-A 处类似，1-C 处金相组织也和1-A处类似，但1-C处内表层铁素体+珠光体层更厚。1-A位置所对背火侧1-D位置金相组织与冷却水管a位置金相组织类似，都为铁素体+珠光体组织。

失效1号冷却水盘管腐蚀严重处1-E位置外表面为细低碳马氏体+少量残余奥氏体，中心为索氏体或细粒状珠光体组织，内表面为珠光体+铁素体组织。1-E位置所对背火侧1-F位置为铁素体+珠光体。从失效1号烧嘴冷却水盘管相对完好处1-G位置和1-H金相组织可以看出，1-G位置向火面珠光体明显球化，中心和内表面为典型的珠光体+铁素体组织。1-H位置为珠光体+铁素体组织。1号烧嘴冷却盘管各位置金相组织见图7-6-8~图7-6-15。

(a)外表面

(b)中心

(c)内表面

图7-6-8 失效1号烧嘴冷却水盘管泄漏位置边沿A横截面金相组织

(a)外表面

(b)中心

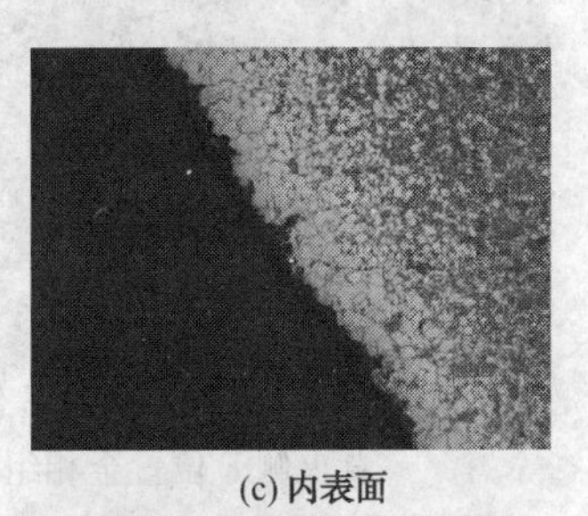
(c)内表面

图7-6-9 失效1号烧嘴冷却水盘管泄漏位置附近B横截面金相组织

(a)外表面

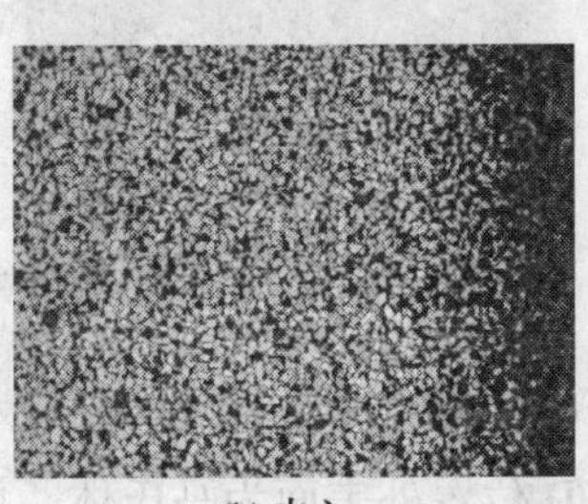
(b)中心

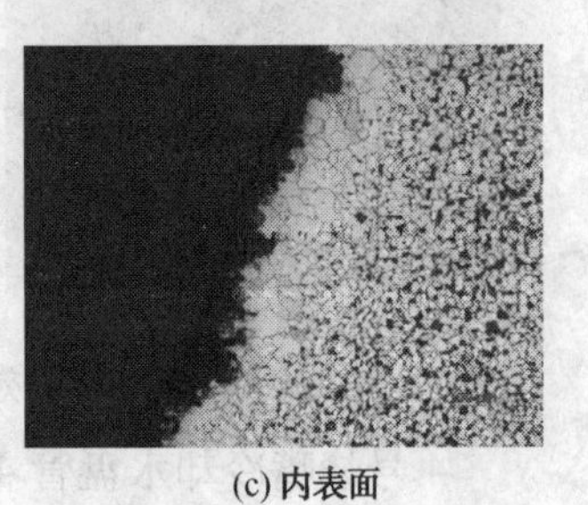
(c)内表面

图7-6-10 失效1号烧嘴冷却盘管泄漏位置附近第4根管上C横截面金相组织

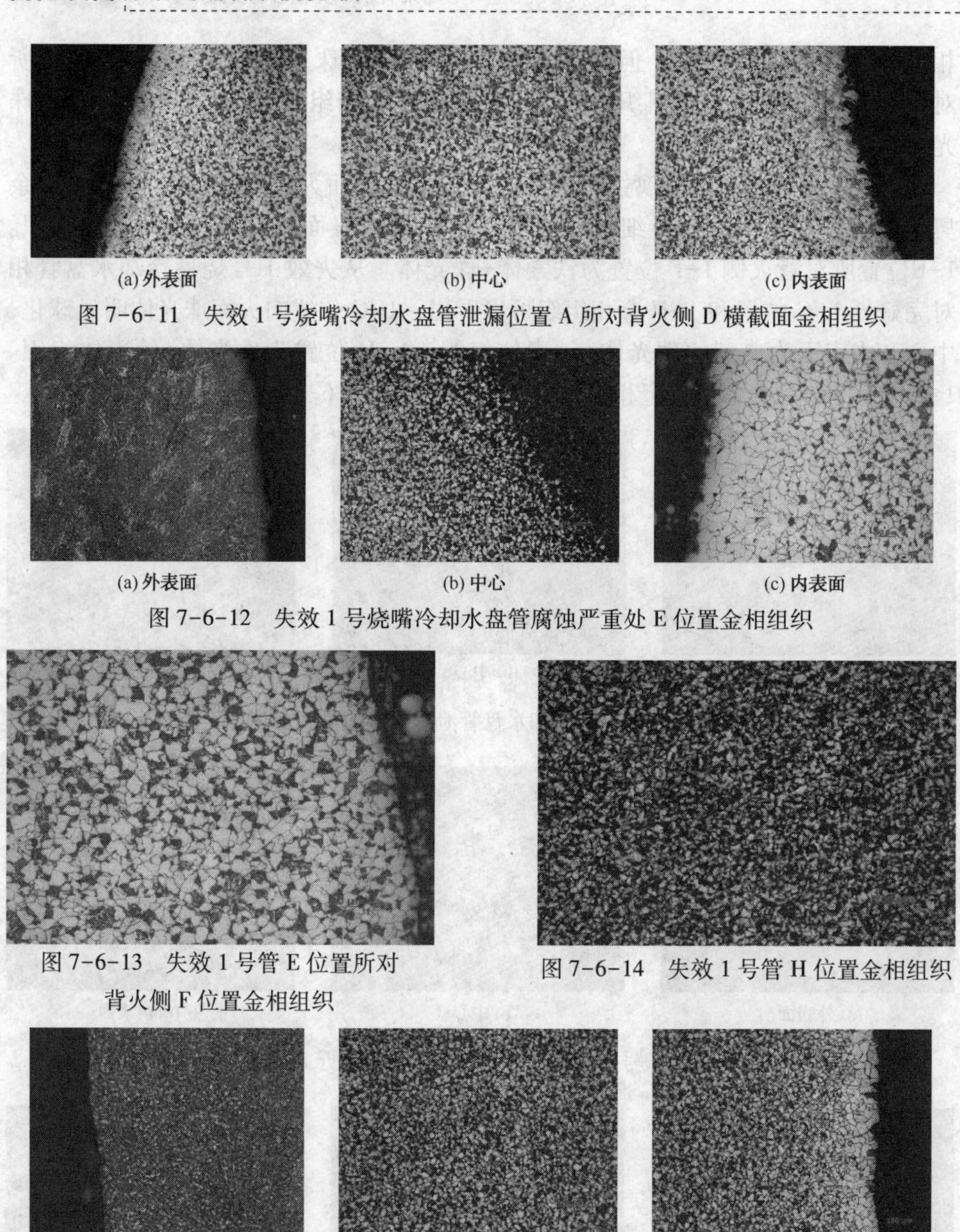

图 7-6-11　失效 1 号烧嘴冷却水盘管泄漏位置 A 所对背火侧 D 横截面金相组织

图 7-6-12　失效 1 号烧嘴冷却水盘管腐蚀严重处 E 位置金相组织

图 7-6-13　失效 1 号管 E 位置所对背火侧 F 位置金相组织

图 7-6-14　失效 1 号管 H 位置金相组织

(a) 外表面　(b) 中心　(c) 内表面

图 7-6-15　失效 1 号烧嘴冷却水盘管相对完好处 G 位置金相组织

4 号烧嘴冷却水盘管 4-D 位置外表面为马氏体，中心局部位置为马氏体，局部位置为索氏体，内表面为典型的珠光体+铁素体组织。4-D 所对的背火侧位置 4-E 为典型的珠光体+铁素体组织。

4号烧嘴冷却水盘管相对完好处4-C位置为典型的珠光体+铁素体组织，内表层脱碳。凹槽处4-A位置为珠光体+铁素体组织，可以看到晶粒被拉长，发生了明显塑性变形。4-A位置所对背火侧4-B位置为典型珠光体+铁素体组织。4号烧嘴冷却水盘管各位置金相组织见图7-6-16~图7-6-20。

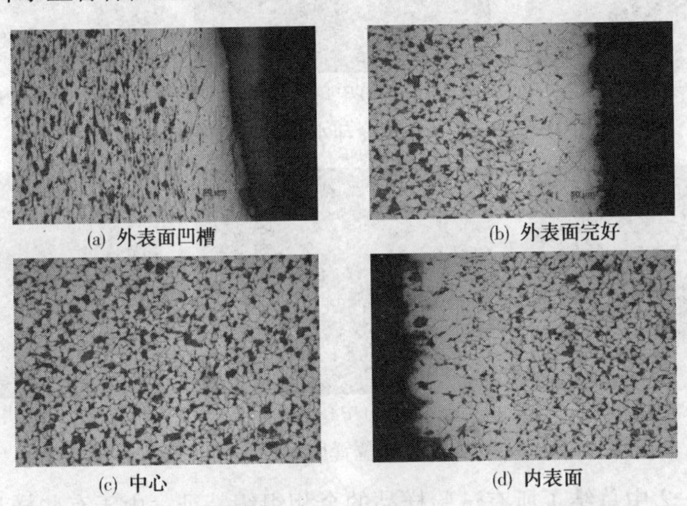
(a) 外表面凹槽　(b) 外表面完好　(c) 中心　(d) 内表面

图7-6-16　失效4号烧嘴冷却水盘管A位置金相组织

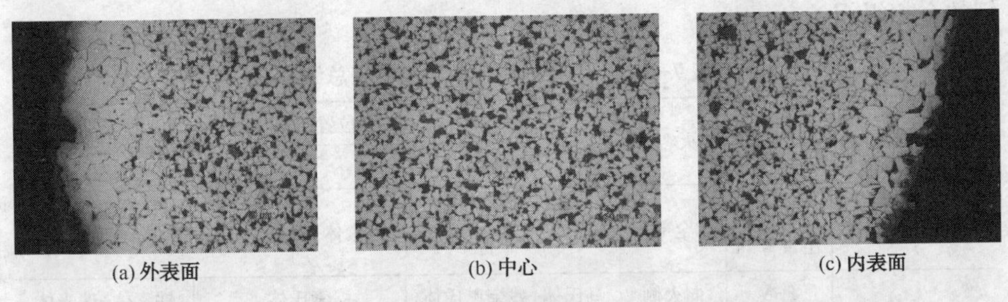
(a) 外表面　(b) 中心　(c) 内表面

图7-6-17　失效4号管A位置所对背火侧B截面金相组织

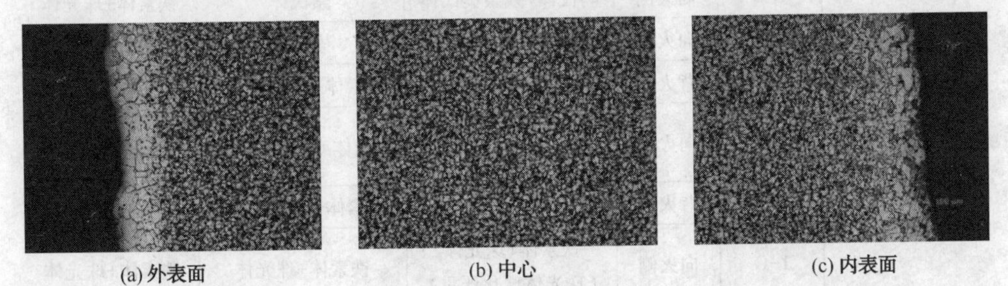
(a) 外表面　(b) 中心　(c) 内表面

图7-6-18　4号烧嘴冷却水盘管相对完好处C位置金相组织

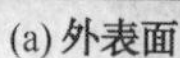

(a) 外表面

(b) 中心

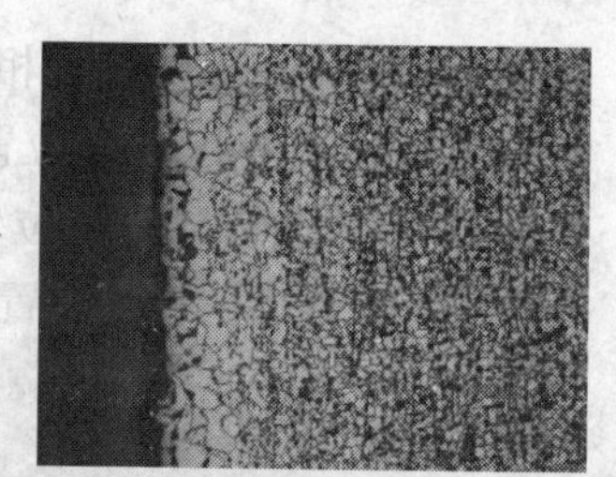

(c) 内表面

图 7-6-19　4 号烧嘴冷却水盘管 D 位置金相组织

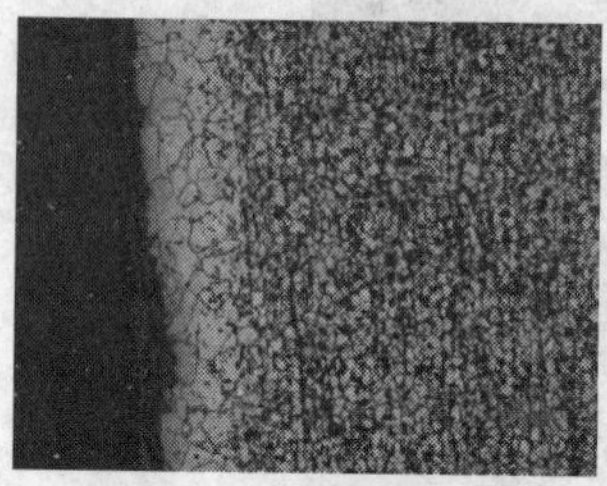

(a) 外表面

(b) 中心

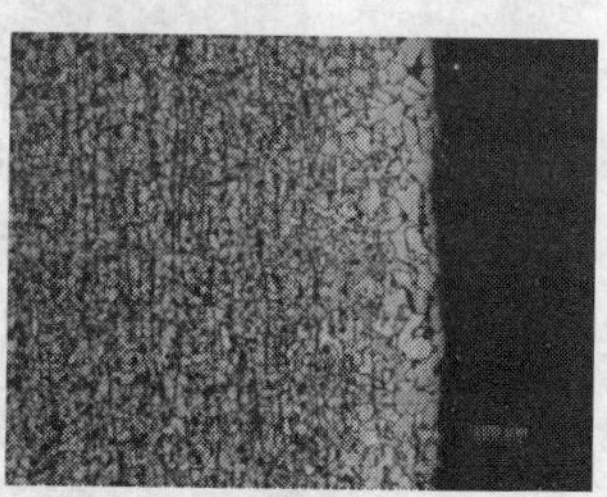

(c) 内表面

图 7-6-20　失效 4 号管 D 位置所对背火侧 E 截面金相组织

表 7-6-2 中总结了所有试验样品的金相组织特征，由于有些样品内外表面组织差异较大，将每个样品按外表面、中心、内表面划分为三个区，分别描述他们的金相组织。

表 7-6-2　所有样品金相组织特征总结

所属位置	样品编号	向火/背火	不同位置组织特征		
			外表面	中心	内表面
冷却水进出口管	冷却水进出口管-a	全部	铁素体+珠光体		
失效 1 号烧嘴冷却水盘管	1-A	向火侧	马氏体+残余奥氏体	索氏体	铁素体+珠光体
	1-B	向火侧	马氏体+残余奥氏体	索氏体	铁素体+珠光体
	1-C	向火侧	马氏体+残余奥氏体	索氏体	铁素体+珠光体
	1-D	背火侧	铁素体+珠光体		
	1-E	向火侧	细低碳马氏体+残余奥氏体	索氏体或细粒珠光体	铁素体+珠光体
	1-F	背火侧	铁素体+珠光体		
	1-G	向火侧	铁素体+珠光体（珠光体球化严重）	铁素体+珠光体	铁素体+珠光体
	1-H	全部	铁素体+珠光体		

续表

所属位置	样品编号	向火/背火	不同位置组织特征		
			外表面	中心	内表面
失效4号烧嘴冷却水盘管	4-A	向火侧	铁素体+珠光体(凹槽位置组织被拉长，发生塑性变形)		
	4-B	背火侧	铁素体+珠光体		
	4-C	全部	铁素体+珠光体		
	4-D	向火侧	马氏体	马氏体	铁素体+珠光体
	4-E	背火侧	铁素体+珠光体		

(4) 能谱分析及物相分析

对失效1号烧嘴冷却水盘管2号区域及4号区域表面粉末样取样进行能谱分析发现，粉末中存在主要元素为C、O、Al、Si、S、Ca、Ti、Mn、Fe、P等元素。其中C元素由于受扫描电镜能力限制，能谱值不能准确的反应该元素含量。其余O、Al、Si、S、Ti元素含量比金属基体元素含量偏高，应为从外界带入。另外，根据物相分析结果，粉末样中的主要物质为FeS_2、Fe_3C、SiC和一些非晶态物质。具体分析结果见图7-6-21~图7-6-23及表7-6-3~表7-6-5。

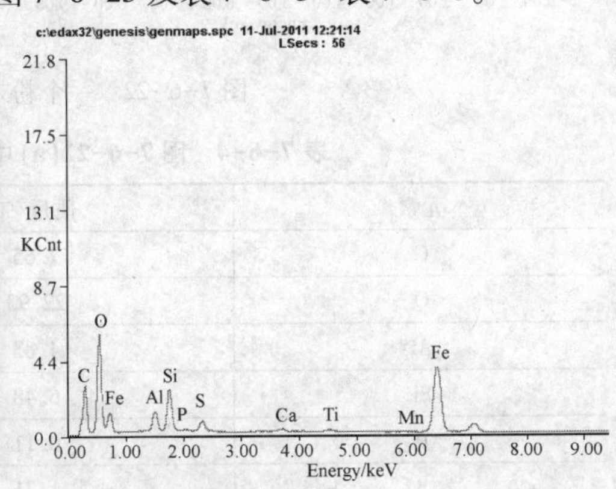

图7-6-21 粉末形貌及能谱分析

表7-6-3 图7-6-21中谱线图对应元素含量

元素	质量/%	原子/%
C	30.80	48.05
O	30.86	36.13
Al	2.53	1.76
Si	4.81	3.21
P	0.17	0.10

续表

元素	质量/%	原子/%
S	1.25	0.73
Ca	0.50	0.23
Ti	0.41	0.16
Mn	0.22	0.07
Fe	28.44	9.54

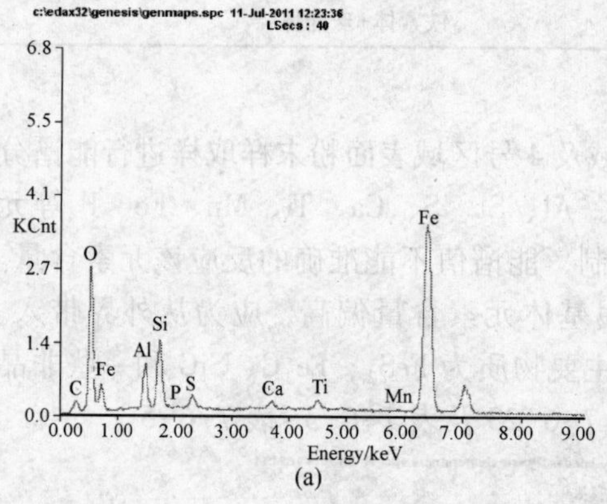

(a)

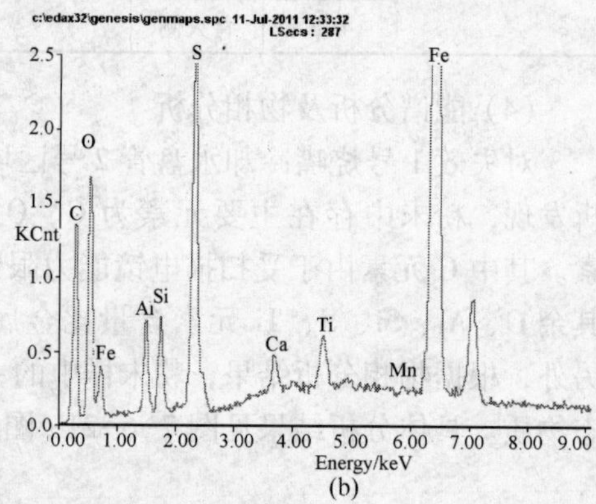

(b)

图 7-6-22 一个粉末颗粒能谱线图

表 7-6-4 图 7-6-22(a)中谱线图对应元素含量

元素	质量/%	原子/%
C	7.65	17.96
O	22.93	40.41
Al	4.83	5.05
Si	6.48	6.51
P	0.11	0.10
S	1.21	1.07
Ca	0.62	0.44
Ti	1.23	0.72
Mn	0.43	0.22
Fe	54.52	27.53

表 7-6-5 图 7-6-22(b)中谱线图对应元素含量

元素	质量/%	原子/%
C	25.19	50.28
O	12.64	18.94

续表

元素	质量/%	原子/%
Al	1.98	1.76
Si	1.64	1.40
S	7.00	5.24
Ca	0.77	0.46
Ti	1.79	0.89
Mn	0.35	0.15
Fe	48.65	20.88

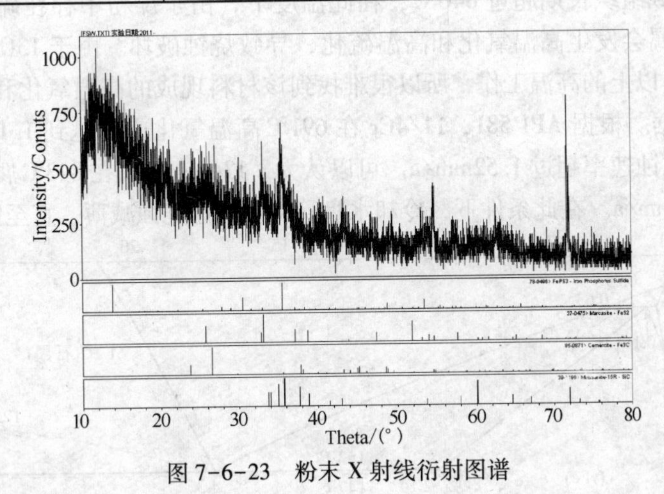

图 7-6-23 粉末 X 射线衍射图谱

3 失效原因分析

(1) 试验结果概述

通过化学分析，喷嘴冷却盘管化学成分在标准范围之内。总结金相分析结果可以看出，不受火的冷却水进、出口管和冷却盘管背火侧组织为正常的铁素体+珠光体组织。喷嘴冷却盘管向火侧的腐蚀穿孔或存在腐蚀凹坑部位组织变化明显，外层(向火面)主要为马氏体或马氏体+残余奥氏体组织，中心主要为索氏体或屈氏体组织，内表面(水冷面)主要为铁素体+珠光体组织。而对于喷嘴冷却盘管向火侧的腐蚀不明显处，主要为珠光体+铁素体组织，部分位置发生珠光体球化。可以认为，未受火的水冷面或者向火侧未腐蚀部位组织基本和原始组织接近，都为铁素体+珠光体，未发生明显的组织转变。穿孔部位或腐蚀严重部位都发生了类似于淬火的过程，特别是外表面，基本上全部为马氏体，该组织是由于材料经过了完全奥氏体化后，急冷而得到的。

从腐蚀产物分析可以看出，腐蚀产物中 O、Al、Si、S、Ti 元素含量比金属基体元素含量偏高，应为从煤粉中带入。物相分析得粉末中主要物质为 FeS_2、Fe_3C、SiC 和一些非晶态物质，非晶态物质应为煤粉裂解后生成的玻璃渣。

(2) 失效原因分析

由铁-碳相图(图 7-6-24)可以看出，在 13CrMo4-5 钢中含碳量范围内，A_3 点的平均温度在 840℃。Cr、Mo 都是缩小奥氏体相区的元素，要使 13CrMo4-5 完成奥氏体化，必须长期暴露在温度超过 840℃的范围内。而烧嘴冷却盘管腐蚀部位向火面全部为马氏体，可以证明在冷却以前，该区域组织已全部被奥氏体化，即该区域组织长期超过 840℃，在此温度下，由于煤粉中存在硫以及喷吹进来的氧，金属会发生高温氧化和高温硫化，导致烧蚀破坏。由于 13CrMo4-5 不适用于在 840℃以上的高温工作，所以很难找到该材料现成的高温氧化和高温硫化速率的相关数据。根据 API 581，11/4Cr 在 691℃高温氧化速率达到 1. 17mm/a，9Cr 在 843℃时腐蚀速率超过 1. 52mm/a。可以认为，13CrMo4-5 在 843℃腐蚀速率将远远超过 1. 52mm/a。在此条件下，冷却水盘管将被迅速烧蚀减薄，直至蚀穿。

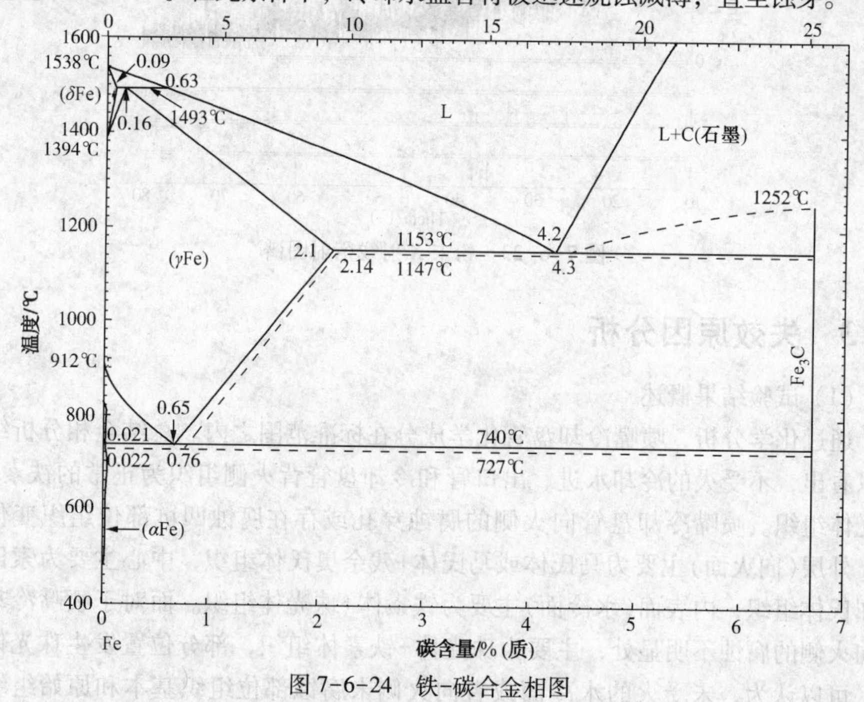

图 7-6-24 铁-碳合金相图

局部位置向火面马氏体层厚度不局限于表面一层，有一定厚度，如 1-C 位置马氏体区超过 1mm，可见在烧嘴某些局部位置内表面往里 1cm 其温度超过了完全奥氏体化温度 840℃。据此，根据热传导方程可以简单推断其外表面最高温度。可以把弯曲的冷却盘管管子假设成圆筒壁，由于管子规格为 ϕ26. 9mm×6. 3mm，则其内径 R_1 为 10. 3mm，外径 R_2 为 13. 45mm。管壁内任意一点的温度可以由公式 $T=T_2-(T_2-T_1)\ln(R/R_2)/\ln(R_1/R_2)$，其中 T_1 为内壁温度，T_2 为外壁温度，T_1 假设与冷却水操作温度相同为 271℃，通过其完全奥氏体化层厚度简单推算，当某局部位置完全奥氏体化层厚度超过 1mm 时，则外表面外部超过 1071℃。在这种情况下，管壁横截面上任一点温度方程为 $T=1073-(1073-273)\ln(R/13.45)/\ln(10.3/13.45)$℃，见图 7-6-25。此时，冷却盘管局部高温部位从内到外分别为铁素体区、两相区、奥氏体区。

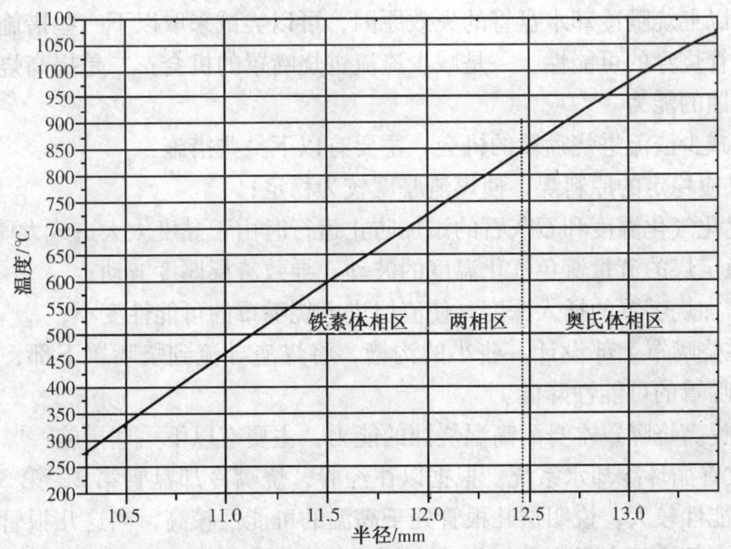

图 7-6-25　内表面温度为 271℃、外表面温度为 1071℃管壁温度分布

当煤气化炉停车时，冷却盘管管子迅速冷却，原来的超温部位外表面温度最高、冷却速度较快，又处于奥氏体区，转化成马氏体或贝氏体。中部两相区冷却后根据冷却速度不同，会生成铁素体和珠光体、贝氏体、索氏体和屈氏体等几相混合组织。由于原来处于两相区，晶粒较小，快速冷却会保持这种组织特征，这点可以从各腐蚀部位横截面中心位置金相组织证明。内表面组织在冷却过程中变化不大，碳化物含量会稍微增加。

从以上分析可以看到，烧嘴腐蚀泄漏的原因主要为局部超温导致的烧蚀。局部超温的原因主要有：①渣流进烧嘴罩导致火焰和合成气偏斜，高温火焰对冷却盘管进行烧蚀，导致泄漏，渣流未进烧嘴罩及渣流进烧嘴罩后导致火焰偏斜；②气化炉内高温合成气逆流进入烧嘴罩，导致“逆火”，局部温度升高，进而烧蚀破坏。

4 结论及建议

综合以上分析可以看出，烧嘴冷却水盘管失效的原因为局部温度升高，在氧和硫的作用下，发生高温氧化和高温硫化，局部迅速烧蚀减薄。局部超温的原因主要有两个：一是渣流进烧嘴罩导致火焰和合成气偏斜，高温火焰对冷却盘管进行烧蚀，导致泄漏；二是气化炉内高温合成气逆流进入烧嘴罩，导致“逆火”，进而烧蚀破坏。依据温度不同，部分位置减薄严重，部位位置烧穿，导致冷却盘管失效进而停车。

根据以上烧嘴冷却水盘管的失效原因，可以尝试采取以下一些措施来降低烧嘴冷却盘管烧穿的可能性，一是减少渣流进烧嘴罩的机会；二是提高烧嘴罩本身耐高温烧蚀的能力。

对于减少渣流进烧嘴罩的机会，主要有以下一些措施：

① 供应稳定的原料煤，使煤渣厚度较为稳定；

② 优化气化温度和石灰石的添加防止运行时由于黏度太大造成太厚的渣层；

③ 稳定煤的流量避免气化温度的波动，导致渣层厚度波动；

④ 增加烧嘴罩的插入深度，使渣层进入烧嘴罩的可能性变小；

⑤ 在烧嘴罩上部设计一些小的沟槽，将煤渣导流到烧嘴罩下部，从而使煤渣进入烧嘴罩的可能性降低。

对于提高烧嘴罩本身耐高温烧蚀的能力，主要有以下一些措施：

① 改善循环冷却水系统，根据以往经验，烧嘴冷却盘管第 2、第 3、第 4 根管烧穿可能性较大，说明这几根管处于高温的可能性较高，当这几根管局部承受高温时，内部循环水很容易气化，使循环水的流动更加困难，此时循环水在其他管内的流速可能加快，受火的管子循环水流速减少，更容易受到烧蚀破坏。可以尝试将此 3 根管的循环冷却水管道和其他四根管分开，使用不同的循环水泵，增大第 2、第 3、第 4 根管冷却水流量，使之冷却能力更强。同时，要尽量采用高品质的冷却循环水，要求循环水的杂质更少，避免因大量结垢而影响其冷却能力。

② 升级材质，将可以备选的一些材质特性介绍如下，供用户选择。

a. 铁素体珠光体耐热钢　这类钢中合金元素含量一般不超过 5%，属低合金钢。有代表性的钢种如 15CrMo、12Cr1MoV、12Cr2MoWVSiTiB、20Cr3MoWV 等。这类钢的优点有：合金元素含量低、因而价廉；有较好的加工性能；有较小的线膨胀系数；缺点是其主要用于 650℃以下的工况。

b. r-铁基耐热钢　r-铁基耐热钢又称奥氏体型耐热钢，为了获得稳定的奥氏体型组织，必须在钢中加入大量的扩大 r 相区，稳定 r 相区的合金元素，如 Ni、

Mn、N等。为了提高钢的抗气体腐蚀和抗氧化能力，一般在钢中加入Cr、Al、Si等元素。为了提高基体的再结晶温度，增加基体组织结构的稳定性，常加入Mo、W、Co、Cr等使之固溶强化的元素。在工业上，这类钢分为以下几种：18-8耐热钢，这类钢实际上就是18-8型不锈钢，主要包括1Cr18Ni9、1Cr18Ni9Ti、1Cr18Ni11Nb等，它们可在750℃以下长期抗氧化；炉用耐热钢，这类钢的使用范围一般在800~1100℃，在1000℃以上使用的有800H、HK40、HP40、HP40Nb、HP50等，此类钢价格昂贵、加工较为困难，但在石油化工领域有着广泛应用。950℃以下使用的有Cr20Mn9Ni2Si2N、Cr19Mn12SiN等，以及Fe-Al-Mn系耐热钢、如7Mn28Al8。

c. 镍基耐热合金　镍基高温合金比γ-铁基耐热钢有更高的高温强度，但其抗高温氧化性能比γ-铁基耐热钢差。它们是在Fe20Ni80基础上发展起来的，主要有GH32、GH33、GH37、GH49、K3、M17等。此类合金加工困难，主要用在航空航天领域，在石化工业较少应用。

第7节　小结——煤化工设备失效原因分析

随着我国经济的发展，对能源的需求量逐年递增，而我国又是一个多煤、缺油和少气的国家，在今后很长一段时间里煤炭都将是我国的主要能源。本世纪初，国家对于洁净煤化工技术的大量投入，正是对这一能源结构在考量环境影响后的动作。然而，由于煤种适应性、煤气激冷、煤的输送、灰水和黑水、变换工段的磨损腐蚀等种种问题，导致洁净煤气化技术在实际运行中积累了各种各样的失效问题。

目前，国内的主流煤气化技术是德士古水煤浆气化技术和壳牌干煤粉气化技术，企业使用这两种气化技术的比重超过60%，其他诸如多元浆料加压气化技术、四喷嘴对置式水煤浆气化技术、航天炉气化技术以及GSP气化技术在国内也占据一定用户。

水煤浆和干煤粉这两种气化技术，尽管都属于气流床气化技术，但由于粉煤(水煤浆或干煤粉)进入气化炉的相态不一样，经过并流式燃烧和气化反应后出来的粗合成气成分比例也不一致，以壳牌干煤粉气化技术为例，CO和H_2在粗合成气中的比例可以达到93%以上，而水煤浆技术则只能在85%左右。这对气化工段以及后续变换工段的设备和管道都提出了不一样的要求。

因此，煤化工设备和管道的失效问题，难点在于：a. 各企业使用的煤种不一样(灰分、灰熔点和煤灰黏稳特性等)，煤质的变化往往会导致渣口堵塞、渣口压差超标、下降管内局部积渣或部分堵塞等问题，一旦操作不利，则将造成气化炉炉壁超温、气体短路烧坏下降管等失效事件；b. 工艺流程的选择不一样，企业采用不同的气化工艺会根据实际情况选用不同的后续工艺包，这也使得不同企业之间失效设备和管道之间不存在参照的可能；c. 各地水质不一样，水中含有的 Cl^- 含量也不同，随着冷凝水的不断循环，浓缩的 Cl^- 含量将对设备用钢，特别是奥氏体不锈钢造成腐蚀损害，这往往会被工艺、维护和设计人员所忽略。

1 煤化工简介

煤气化技术是指把经过适当处理的煤送入反应器(如气化炉)内，在一定的温度和压力下，通过氧化剂(如蒸汽/空气或氧气等)以一定的流动方式(移动床、流化床或携带床)将固体煤转化为含有一氧化碳(CO)、氢气(H_2)和甲烷(CH_4)等可燃成分的混合粗原料气，然后通过转化、净化、合成等过程加工成各种民用和化工成品。

20 世纪 70 年代初的国际能源危机中，很多国家出于对石油天然气供应前景的担忧，纷纷将发展煤气化技术作为替代能源提上日程，并在前期基础上发展了第二代煤气化技术，也就是洁净煤气化技术。

洁净煤气化技术(Clean Coal Gasification Technology，CCGT)是人们在利用煤炭气化过场中采用洁净的、安全的、无污染或最小污染的而煤炭利用效率又是最高的燃烧、气化和转化技术。由于煤炭气化后，制成的合成气可以脱除硫化物等污染物后再利用，大幅降低煤炭直接燃烧带来的环境污染。洁净煤气化技术的主要优点有：煤种适应性广；大型化；气化效率高；环境污染小。

煤气化过程中的主要反应包括以下几种。

部分氧化反应：$C_mH_nS_r+m/2O_2 \longrightarrow mCO+(n/2-r)\ H_2+rH_2S+Q$

煤的燃烧反应：$C_mH_nS_r+(m+n/4-r/2)O_2 \longrightarrow (m-r)CO_2+n/2H_2O+rCOS+Q$

煤的裂解反应：$C_mH_nS_r \longrightarrow (n/4-r/2)CH_4+(m-n/4-r/s)\ C+rH_2S-Q$

CO_2还原反应：$C+CO_2 \longrightarrow 2CO-Q$

碳的完全燃烧反应：$C+O_2 \longrightarrow 2CO_2+Q$

非均相水煤气反应：$C+H_2O \longrightarrow CO+H_2-Q$

$C+2H_2O \longrightarrow 2H_2+CO_2-Q$

甲烷转化反应：$CH_4+H_2O \longrightarrow 3H_2+CO-Q$

逆转化反应：$H_2+CO_2 \longrightarrow H_2O+CO-Q$

副反应：$COS+H_2O \longrightarrow H_2S+CO_2$

$C+O_2+H_2 \longrightarrow HCOOH$

$N_2+3H_2 \longrightarrow 2NH_3$

$$N_2+H_2+2C \longrightarrow 2HCN$$

变换反应：$CO+H_2O \longrightarrow CO_2+H_2+Q$

变换反应副反应：$2CO \longrightarrow C+CO_2+Q$

$$CO+3H_2 \longrightarrow CH_4+H_2O+Q$$

$$2CO+2H_2 \longrightarrow CH_4+CO_2+Q$$

$$CO_2+4H_2 \longrightarrow CH_4+2H_2O+Q$$

这些反应生成的酸性产物可能会使渣水的 pH 值降低，呈酸性，造成渣水系统设备和管道的腐蚀。气化反应中生成的硫化物主要以无机硫 H_2S 的形式存在，有机硫 COS 的含量很少。

反应活性强的煤，在气化和燃烧过程中反应速度快、效率高。反应活性的强弱直接影响到粗合成气的产率、耗氧量、灰渣含碳量和热效率。因此，反应活性高的煤有利于各种气化工艺，如褐煤反应活性就很高，而无烟煤的反应活性则比较低。

煤气化技术的反应器主要包括固定床、流化床和气流床，而洁净煤气化技术主要采用气流床反应器。德士古水煤浆气化技术和壳牌干煤粉气化技术就是气流床的代表。

气流床气化过程中，粉煤（水煤浆或干煤粉）由气化剂代入气化炉，入炉煤的粒度均在 0.1mm 以下，以纯氧作为气化剂，进行并流式燃烧和气化反应（火焰反应），反应温度位于 1300～1600℃ 区间，但反应时间很短，仅为 1～10s。出炉煤气组分以 CO、H_2、CO_2、H_2O 为主，CH_4 含量比较低，热值不高。

（1）德士古水煤浆气化技术

德士古煤气化技术是一种以水煤浆为进料的加压气流床煤气化工艺，由美国德士古（Texaco）石油公司于 1946 年开发成功，后该公司被美国 GE 公司收购。德士古于 20 世纪 70 年代石油危机开始大规模发展，1984 年该技术首次工业化，后在全世界范围内得到广泛应用。目前该技术主要用来合成氨、甲醇和联合循环发电（IGCC）。

德士古水煤浆气化工艺有激冷和全热回收两种流程。以激冷流程为例，气化炉由两部分组成，上部为燃烧室，下部为激冷室，中间有激冷环，连着下降管。燃烧室上不装有气化烧嘴，烧嘴是水煤浆气化的关键设备之一，它的雾化性能的好坏直接影响合成气的有效气含量和碳的转化率。煤和氧气经烧嘴喷入燃烧室，在高温下发生反应，生产合成气。约 1350℃ 的高温合成气出燃烧室后先进入下降管，在下降管中与激冷水进行热交换，高温气被急速冷却，一部分灰分被洗掉，同时，高温气体迅速被水蒸气饱和，温度也急速降低，经过下降管的导引后进入激冷室水浴，其中含有的灰分被进一步洗除，绝大部分的渣进入激冷室，合成气被进一步饱和后经导气管从激冷室上部排出。

目前德士古水煤浆气化技术工艺流程主要为：制浆系统→气化炉系统→合成气洗涤系统→烧嘴冷却水系统→锁斗系统→闪蒸及黑水处理系统。

德士古水煤浆气化技术的关键设备是气化炉、烧嘴、洗涤塔、高压煤浆泵、洗涤塔循环泵。

德士古技术的缺点主要有：

a. 水煤浆进料，限制了原料适应性，增加了煤耗和氧耗，限制了合成气的有效气组分；

b. 采用耐火砖热壁炉，对砖的要求较高，换砖会影响开工率；

c. 液态排渣限制了煤灰流动温度提高；

d. 激冷流程，黑水处理系统易堵塞、结垢，对黑水系统机泵的要求较高；

e. 喷嘴寿命相对较短。

(2) 壳牌干煤粉气化技术

壳牌煤气化工艺以干煤粉进料，纯氧作气化剂，液态排渣。干煤粉由少量的氮气(或二氧化碳)吹入气化炉，对煤粉的粒度要求比较灵活，一般不需要过分细磨，但需要经热风干燥，以免粉煤结团，尤其对含水量高的煤种更需要干燥。气化火焰中心温度随煤种不同约在1600~2200℃之间，出炉煤气问题约为1400~1700℃。产生的高温煤气夹带的细灰尚有一定的黏结性，所以出炉需与一部分冷却后的循环气混合，将其激冷至900℃左右再导入废热锅炉，产生高压过热蒸汽。经废锅回收热量后的煤气进入干式除尘及湿法洗涤系统，处理后的煤气含含尘量小于1mg/m^{3}送后续工序。湿洗系统排出的大部分黑水经冷却后循环使用，小部分黑水经闪蒸、沉降及气提处理后送污水处理装置进一步处理。闪蒸气及气提气可作为燃料或送火炬燃烧后放空。在气化炉内气化产生的高温熔渣，自流入气化炉下部的激冷室进行激冷，高温熔渣经激冷后形成数毫米大小的玻璃体，可作建筑材料或用于路基。

壳牌煤气化技术包含主装置7个单元和公用工程7个单元，主装置有磨煤及干燥系统(磨煤)，煤粉加压及输送系统(加压)，气化、激冷及合成气冷却系统(气化)，渣脱除系统(除渣)，干灰脱除系统(干洗)，湿灰脱除系统(湿洗)，初步水处理系统(初水处理)。

壳牌干煤粉气化技术的关键设备主要有：壳牌煤气化炉(上部为燃烧室、下部为激冷室，包括烧嘴)、合成气冷却器、废热锅炉、急冷管和输气管。

壳牌技术的缺点主要有：

a. 流程复杂；

b. 控制系统多；

c. 设备结构复杂，气化炉、输气管和合成气冷却器3台设备就有200多个管口，设备结构和受力情况复杂，对材料要求高，内件组装对外壳接管标高及方位要求严格，设计、制造、组装、运输和吊装难度大；

d. 疲劳设备多：煤气化装置有13台疲劳设备；

e. 引进设备和仪表较多；

f. 布置结构复杂；

g. 项目建设周期相对较长，投资也较高。

(3) 变换工段

CO与水蒸气在催化剂上进行变换反应，生产H_2和CO_2，这个过程在1913年就用于合成氨工业，以后并用于制氢工业。在合成氨和合成油生产中，也用此反应来调整CO与H_2的比例(即CO变换)，以满足工艺要求。

按照目前能源结构的发展趋势，采用褐煤作为煤气化的原料是必然的，因此，变换工艺流程也将逐渐向高水汽比方向发展。变换设备大多处于高温临氢的工作状态，合理选择设备材质、合理制定操作流程对于装置的稳定运行有很大影响。

德士古水煤浆气化技术的CO变换多采用全耐硫宽温变换工艺，壳牌干煤粉气化技术的CO变换则均采用宽温耐硫变换串低温耐硫变换工艺。

2 气化工段失效

(1) 烧嘴及冷却水盘管失效

气化炉粉煤烧嘴的失效形式及导致的后果主要有以下两种：①气化炉烧嘴头部端面氧气通道口部出现微裂纹，继而产生冷却水通道泄漏等次生问题；②磨损严重，导致气化炉燃烧室燃烧流场发生变换，火焰直接喷向对面耐火砖，烧坏耐火砖后致使炉壳烧穿。

导致这种失效的直接原因有几点：a. 保护烧嘴的冷却水盘管失效，导致头部过烧；b. 煤浆通道运行时间过长，造成生产烧嘴磨损严重；c. 使用高灰熔点、高灰分的煤种，原煤灰熔点偏高后助溶剂添加量增加，对烧嘴磨损加剧；d. 挂渣和工艺参数波动。

气化炉粉煤烧嘴的头部材料一般为GH4169，该材料是一种高温合金，具有极好的耐腐蚀开裂和点蚀能力，高温抗氧化性能出色，材料综合性能优越。SCGP气化炉煤烧嘴头部与燃烧区域示意图见图7-7-1。

为避免烧嘴失效，在操作过程中的优化建议是：a. 严格控制工艺操作参数，避免各项参数出现波动，导致火焰及其流场不稳。若高温区离烧嘴过近，严重时发生回火，最终导致烧嘴产生裂纹和烧蚀等问题；b. 调整煤源灰分，使气化炉内挂渣正常；c. 严格控制烧嘴安装质量。

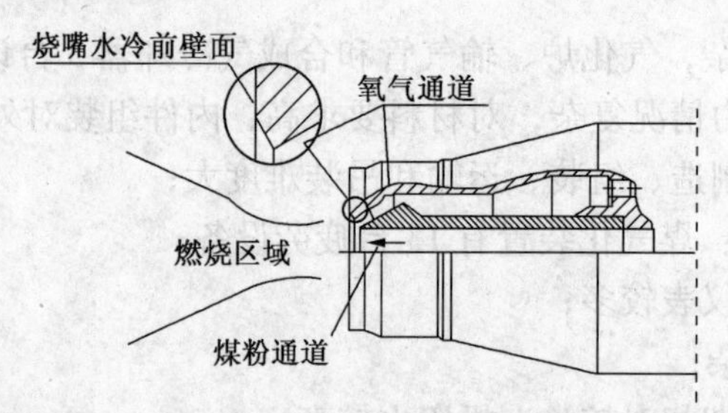

图 7-7-1　SCGP 气化炉煤烧嘴头部与燃烧区域示意图

影响烧嘴使用寿命的主要问题是与其失效模式和导致失效的直接原因息息相关的。

a. 冷却水盘管破坏　设计冷却水盘管的目的是为了保护烧嘴处于高温工艺气体的本体部分，冷却水盘管承受着最恶劣的外部环境。破坏方式一般有三种：冷却水盘管和外喷头焊接处的热应力破坏，其原因是两个零件之间的焊接方式为角焊缝，壁厚差别较大，使用材料也不一样，又处于烧嘴的端部，在使用过程中，容易产生裂纹(主要是热应力的影响)形式的破坏；冷却水盘管内的冷却水温度如果控制不当，会造成盘管表面的低温腐蚀，一般将冷却水温度控制在170℃以上比较合适，另外盘管的材质应选用高温性能更佳的 Inconel 600 更稳定，而且冷却水盘管在弯制过程中，要控制好加热温度和弯制速度，控制管材的变形量和减薄量，保证盘管成型后的整体强度和刚度；在正常运行过程中，由于工艺烧嘴断面处存在较强的气体回流，工艺烧嘴与气化炉内壁之间的空隙处经常会出现积渣，在烧嘴拔出时也会造成盘管的损坏，增加盘管的壁厚等级可以有效减轻这一损坏方式。

b. 物理磨损　物理磨损是水煤浆气化炉工艺烧嘴的致命弱点，也是影响水煤浆气化炉连续运行时间和整个工艺路线连续运行时间的主要因素之一。一般情况下，水煤浆气化炉工艺烧嘴的连续运行时间为 30~60 天，就需要停炉进行检修和更换。

c. 热、化学和应力影响　影响水煤浆气化炉工艺烧嘴连续使用寿命的另外一种损坏形式是喷头端面的径向放射性裂纹及不规则龟裂的形成。在烧嘴正常运行一段时间后，沿着外喷头孔口的边沿会出现密集的径向放射性裂纹及不规则的龟裂，其影响因素主要有热冲击的影响、化学影响、应力影响等。

国内大多数壳牌炉在开工初期总是频繁出现开工烧嘴点火故障，其原因主要有：

a. 点火时氧油不同步；

b. 阀门的控制逻辑不合理；

c. 柴油管线压力不稳；

d. 火检信号延时设置不合适。

因此，对开工烧嘴故障应采取合理的预防措施，而因为造成开工烧嘴点火故障的原因是多方面的，要从根本上降低壳牌炉开工烧嘴的故障率，一定要针对烧嘴的特性，在烧嘴的安装、调试和运行等各个阶段，均采取有针对性的预防措施，主要建议有以下几点：

a. 烧嘴安装前，按规定最好相关试验，如烧嘴喷头雾化试验、柴油管线和氧气管线充氮模拟试验等，测定相关阀门带压时的开关时间、柴油(用高压水代替)和氧气(用高压氮气代替)各自送到开工烧嘴头部的时间、柴油流量控制阀和压力调节阀的预设开度、氧阀开的延迟时间等相关参数以及烧嘴顺控程序的正确性，尽量获得精确的数据。

b. 严格按照说明书要求的尺寸来安装设备，开工烧嘴插入位置既不能离气化炉水冷壁太近而烧坏水冷壁，也不能离水冷壁太远而造成燃烧火焰分散，导致火焰强度低而使粉煤烧嘴难以点燃。

c. 因烧嘴铜头在首次开车时很容易烧坏，在存在烧嘴铜头备件的同时，需预先委托国内相关厂家加工铜头备用。

d. 纯氧点火控制难度很大，稍有不慎就会将烧嘴烧坏，建议点火时在纯氧中加入适量高压氮气，以降低氧气的纯度，变成富氧点火。

另外，除了在点火前的准备工作外，日常维护对烧嘴的寿命也有很大影响，平时维护人员应注意：

a. 采购时确保柴油质量，保证柴油系统过滤器的投运效果，防止柴油管路堵塞而引起开工烧嘴跳车；

b. 定期通过柴油罐导淋排水装置将柴油中的水排掉；

c. 开工烧嘴投运前，应及时将覆盖插入孔的渣层清除，防止开工烧嘴插入时烧嘴头与渣层相撞，造成物理损伤；

d. 开工烧嘴投运前，及时清除烧嘴驱动链条上的杂物，并检测驱动小车所有限位开关是否正常，确保烧嘴伸缩正常；

e. 开工烧嘴投运前，仔细检查进入烧嘴的氧气、柴油、冷却水软管，是否有破损或泄漏现象；

f. 严寒季节，要确保柴油管线的伴热系统运行良好，以防止柴油因低温而变稠，流动性变差而引起烧嘴跳车；

g. 开工烧嘴正常运行时，应密切注意烧嘴冷却水系统，防止冷却水量减少而造成烧嘴头烧坏

h. 开工烧嘴点燃后，应将气化炉压力控制在 1. 2MPa 以下，否则开工烧嘴会

因背压大、火焰不稳而跳车

i. 控制好氧油比，3.2~3.3 比较合适，具体数值有待调试时确定，但必须小于3.5；

j. 开工烧嘴燃烧时间不宜过长，以防止烧嘴头因长期高温而烧坏。

(2) 激冷水系统

激冷水系统是德士古煤气化的核心组成部分，介质流为高温、高压、含气/液/固的三相黑水，普遍存在结垢堵塞、冲刷磨损、工艺腐蚀等系统性问题，其失效问题主要表现为管线阀门堵塞腐蚀、激冷环失效、激冷水过滤器堵塞、激冷水泵体积渣和出口总管单向阀入口卡堵等。

德士古煤气化激冷水系统由洗涤塔侧目排出的黑水(240℃)，经激冷水泵加压7.75~8.4MPa，分成两路，一路经调节阀到文丘里作为文丘里洗涤水，洗涤来自气化炉的粗合成气，并返回洗涤塔；另一路经调节阀、激冷水过滤器、激冷环到气化炉激冷室，对气化炉燃烧室排出的粗合成气和熔渣进行激冷和洗涤(具体流程示意图见图7-7-2)

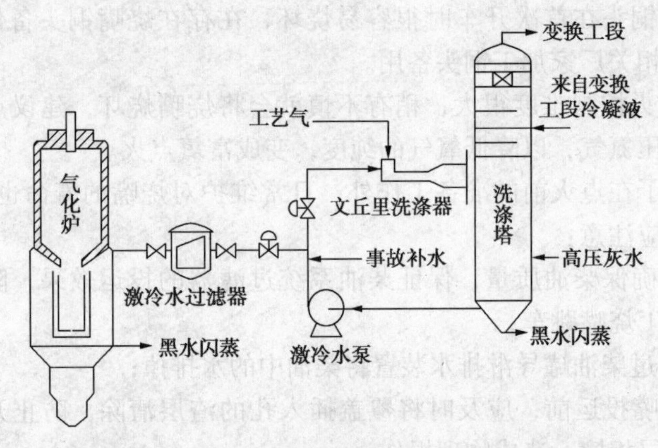

图7-7-2 德士古煤气化激冷水工艺流程示意图

激冷水的水源主要有：洗涤塔底部黑水、黑水闪蒸单元来高压灰水以及变换单元来高压冷凝液。其运行周期一般不到一年，如齐鲁煤气化装置激冷水系统目前的运行周期就为5~6个月。

① 系统结垢堵塞 德士古煤气化激冷水系统堵塞的主要原因有两方面，一是灰水中$CaCO_3$和$MgCO_3$结垢脱落引起堵塞；二是灰水中悬浮的大量灰渣发生局部沉降引起堵塞。

a. 结垢堵塞 激冷水系统产生结垢的根源是因为德士古煤气化的主要原料为固液混合相的水煤浆(原料煤和水)，原料煤种存在大量的钙、镁矿物质，水

中也存在少了的 Ca^{2+}、Mg^{2+}，原料成浆气化后均以 Ca^{2+}、Mg^{2+} 形式存在于灰水中，与溶于灰水的 CO_2 在较高温度调节下形成 $CaCO_3$ 和 $MgCO_3$。一旦系统中水的硬度超过 519.227mg/L，系统就会有沉淀生成，形成结垢。

当在管道内表面附着的垢达到一定厚度时，由于装置开、停车及操作参数波动造成不稳定流体产生和激冷水温度的急剧变化，会使得管道内壁附着的垢体受冲击而脱落，在系统内产生局部堵塞，造成激冷水流量的大幅下降，严重影响煤气化运行负荷，最终导致系统停车。

另外，变换单元返回的高压冷凝液中的氨含量较高，这部分水通过洗涤塔进入灰水系统，造成激冷水系统 pH 值升高。在激冷水系统中氨逐渐浓缩，总碱度不断升高，促使生成 $CaCO_3$ 和 $MgCO_3$，进而结垢。

b. 灰渣堵塞　在装置正常生产过程中，气化反应产生的大量煤灰和未反应的残碳细微颗粒随粗合成气进入洗涤塔，部分通过洗涤塔底黑水进入激冷水系统，形成悬浮物。当操作条件发生变化或系统发生故障导致激冷水在管内的流速过低时，会使激冷水中悬浮物沉积而堵管；加上管道上的流量计及调节阀设计口径很小，也加速了激冷水管道的堵塞。

如果洗涤塔底堵塞使得塔内积聚下来的细灰无法排出，大量的细灰将随着洗涤塔循环泵送入气化炉激冷环，这一过程无疑将加剧激冷环的堵塞，造成气化炉液位不稳定，使粗合成气中携带的大量的细灰进入洗涤塔，增加洗涤塔下部灰量，发生堵塞，造成恶性循环。

② 系统冲刷腐蚀　德士古煤气化工艺中激冷水是含有气/液/固三相的混合介质流，其中固体悬浮物较多，而且液相中含有诸如 Cl^-、S^{2-}、$CO_3{}^{2-}$ 和 $NH_4{}^+$ 等离子。因此，系统中存在冲刷磨损和化学腐蚀并存甚至是联合作用的情况。

一般来说，在流速、流向易发生突变的部位最容易发生冲刷磨损腐蚀，在激冷水系统中主要是文丘里、调节阀、弯头、三通以及大小头等设备和管道。这些部位的冲刷磨损腐蚀表现为局部减薄，而在压力、流速没有变化或变化较为平缓的部位主要表现为均匀减薄的化学腐蚀。

冲刷磨损腐蚀是金属表面与腐蚀流体之间由于高速相对运动而引起的金属损坏现象，是材料受冲刷和腐蚀交互作用的结果，往往表现为局部腐蚀，危害性较大。煤气化装置的黑水、灰水存在气/液/固三相介质流的循环，冲刷磨损腐蚀是一种最普遍的失效机理。尤其在角阀节流口，流体流速最高，对角阀阀芯、阀座及阀后球阀的阀芯、阀体及管道带来严重的冲刷磨损，导致内部材料表面暴露在腐蚀性流体中，进一步承受腐蚀和冲蚀。

气化反应生成的 H_2S、HCN、NH_3 和 HCl 溶解在水中形成大量的含有 H_2S、

CN^-、NH_4^+和 Cl^-的黑水，这些洗涤塔下部的黑水是激冷水的主要水源之一。而激冷水系统设备和管线的主要材质为 304L 和 316L 以及少量的奥氏体合金(如下降管为 Inconel 825)，在上述介质和工艺条件下，激冷水系统的失效机理主要是酸性水腐蚀、氯离子应力腐蚀开裂(ClSCC)以及连多硫酸应力腐蚀开裂(PAS-CC)。

酸性水腐蚀　激冷水中含有一定量的 H_2S 是部分管道和设备发生酸性水腐蚀的主要原因，易发生在弯头、三通以及其他产生局部湍流的部位。

氯离子应力腐蚀开裂　介质流中的 Cl^-会使奥氏体不锈钢材质的管道设备产生 ClSCC，裂纹最易发生在焊缝热影响区附近。

连多硫酸应力腐蚀开裂　主要发生在开停车阶段，材质为不锈钢或不锈钢衬里且介质里含硫的设备管线表面，FeS 膜与氧及凝结水反应生成连多硫酸，使奥氏体不锈钢产生应力腐蚀开裂，裂纹形态为沿晶开裂，通常易发生在焊缝热影响区，也有在母材或焊缝高应力区产生。

激冷水系统的冲刷磨损腐蚀问题的解决办法主要有三点：a. 选用低灰分、低灰熔点以及低硫含量的优质煤种，这是从源头加以控制，尽量减少可以造成磨损的灰分和造成酸性水腐蚀以及连多硫酸应力腐蚀开裂的罪魁祸首硫含量；b. 提高材料的抗冲刷腐蚀性能，这是增强材质自身抵抗力的思路，比如下降管就采用了 Inconel 825 合金，对于激冷水系统的阀芯、阀座密封面也可以使用表面处理技术增强其抗磨损性能，对文丘里洗涤器出水孔最好镶嵌硬质合金套管，提高抗冲蚀性能；c. 加强运行管理，尽量避免造成气化炉带水，使整个灰水系统的含固量大大增加，加速管道、阀门的磨损腐蚀；尽量避免调节阀小开度工作，以减缓流速，较少黑水中颗粒介质对阀门的冲击。

③ 激冷环失效　气化炉的燃烧室与激冷室由连接管相连，连接管内装有激冷环，下面链接激冷管和导气管，激冷环的作用就是引进激冷水激冷反应气体，保护连接管免受高温作用。

激冷环材质为 Incoloy 825，平均寿命 3~4 个月，其失效形式主要为开裂和穿孔。

激冷环的失效机理和原因比较复杂，归纳起来主要是以下几点：a. 激冷环的工作条件恶劣，其内侧承受着高温反应气的作用，反应气温度为 1320℃ ±20℃，外侧为激冷水，水温为 260℃，这样导致激冷环的壁温在 600~700℃之间，热应力很大；b. 结构设计不合理，直角连接并设置焊缝，结构应力和应力集中以及焊缝应力等重叠在一起，加大了局部应力；c. 选材不当，Incoloy 800 承受不了 600~700℃的工作温度，在高温高压条件下，气体中的 NiS 与金属中的 Ni 发生作用，使金属遭受侵蚀，生成一共晶体使金属变薄；d. 开、停车频繁，有时超负荷运行，大大增加了激冷环的实际负荷；e. 激冷水泵发生故障或激冷水系统排水孔发生堵塞，引起激冷水供应不足或中断，产生高温边热，局部超温引起金属材料的蠕变变形和损坏。

激冷环损坏的后果很大。一方面燃烧室和激冷室之间的碳素钢隔板过热损坏，提高了下游工序的气体温度，激冷水易溅于燃烧室耐火砖上引起耐火砖的急冷损坏，每年引起停炉2~3次造成巨大的经济损失。另一方面，更换激冷环时冷空气进入炉内与侵入耐火砖中的NiS、VS等硫化物发生反应生成低熔点化合物，待炉温升至1200℃以后，耐火砖则发生熔融和剥落现象，造成耐火砖的损坏。

④ 气化炉合成气冷却器氮气吹扫管线　气化炉合成气冷却器氮气吹扫管线是由氮气管网到气化炉这一段的管线，一般设计压力为5.8MPa，操作压力为5.2MPa，介质为氮气/合成气，管线材质多为20#钢，温度为常温。

氮气吹扫由13HV0008阀控制，阀后氮气分两路，一路为气化炉环形空间吹扫，一路去SGC环形空间吹扫。设计时阀门正常运行状态为关闭，只在开、停车时使用，阀门打开时开度较大，让两路管线都有充足的氮气进入气化炉。正常运行时，为防止合成气反窜造成管路腐蚀，会让阀门保持一定的开度以保证少量氮气持续进入气化炉。

因此，当操作不当或工况异常时，一旦合成气反窜，炉内气体返流至氮气吹扫管道内，会在高温下发生高温H_2S/H_2腐蚀。冷却后，H_2S、CO_2、H_2O凝结，局部浓度升高，发生$H_2S-CO_2-H_2O$腐蚀。低温时$H_2S-CO_2-H_2O$腐蚀起主导作用。

当管道减薄至一定厚度时，会发生爆破失效。因此，应当定期对可能发生返流工况的管道进行超声导波筛查，注意减薄严重管道的更换。面临高温气体返流的管段应注意材质升级，如耐高温腐蚀性能较好的Cr-Mo钢或进行过焊后热处理且不存在敏化的不锈钢。

(3) 合成气洗涤塔

合成气洗涤塔是将从气化炉出来的粗合成气进行湿法洗涤净化处理的煤气化关键设备。目前国内不论是壳牌还是德士古的煤气化装置陆续出现洗涤塔不同程度的腐蚀，导致后续工序发生故障，造成装置停产检修。洗涤塔腐蚀的主要失效模式是碱腐蚀和氯化物晶间腐蚀。

文丘里洗涤器内部往往结垢严重，且无法用物理方法清洗，这些碱垢的出现是由于NaOH碱溶液加入过量，碳钢在NaOH溶液中发生了电化学腐蚀而产生了大量的腐蚀产物，导致洗涤器内部大量结垢。另外，碱量添加不适当，高温下碳钢也会出现碱脆现象。造成碱液过量的原因是加碱控制上采用的计量器长时间在碱性环境中失效不能进行正确计量，而借助洗涤水 pH 值分析确定加碱量的结果存在偏差。

某公司的洗涤塔塔底及底部管道竖直段与水平段弯头的焊口处曾出现泄漏，泄漏点为肉眼可见的穿透性小孔，小孔周围有结晶状物质，分析认为可能发生了氯离子晶间腐蚀。

针对碱腐蚀，必要的防护对策有：a. 使用抗碱腐蚀计量器；b. 严格控制碱液的添加量，以保证碱液用量的准确性，防止碱垢生成；c. 开、停车期间，增加热 N_2 对洗涤塔系统吹扫的力度和次数，定期清除管道内的腐蚀物质，消除腐蚀环境。

针对氯离子晶界腐蚀，必要的防护措施有：a. 严格控制洗涤塔循环水，令其 pH 值在 6.5~8.0 之间；b. 加大补水量，控制溶液中氯离子浓度在 1×10^{-6}mol/L 范围内，防止氯化物晶间腐蚀；c. 通过优化设计，在文丘里洗涤器和洗涤塔之间增加气液分离器和循环水泵，使一次洗涤水和二次洗涤水分开循环，将洗涤塔出口合成气中氯离子浓度降到一个新的低点。

3 变换工段失效

(1) 变换气管道

按湖北化肥分公司提供的资料，煤代油工程投料运行不久变换系统设备、管道就多次发生焊缝开裂、泄漏等事故，主要表现为复合材料的奥氏体不锈钢内衬开裂泄漏、奥氏体不锈钢换热器管板角焊缝开裂泄漏以及操作温度在 40~350℃ 的奥氏体不锈钢管道环焊缝区开裂。其主要机理有以下几种。

① 氯离子应力腐蚀开裂　在用奥氏体不锈钢制造的压力管道中，如果有氯化物溶液存在，会产生应力腐蚀。这是由于溶液中的氯离子使不锈钢表面的钝化膜受到破坏，在拉伸应力的作用下，钝化膜被破坏的区域就会产生裂纹，成为腐蚀电池的阳极区，连续不断的电化学腐蚀最终可能导致金属的断裂。有时，即使是微量的氯离子，也可能产生应力腐蚀。

氯离子应力腐蚀开裂通常发生在焊接接头处。煤化工里的氯离子应力腐蚀开裂主要发生在变换管道的焊接接头及奥氏体不锈钢管道上。

变换管道中的氯往往来自原料煤。氯离子很容易在缝隙(螺纹连接、承插焊接连接或管子与管板焊接处)里发生浓缩，一旦不锈钢材料存在拉应力，则很容易发生应力腐蚀开裂。为避免发生氯离子应力腐蚀开裂，应尽量减少工艺气中的氯离子含量，当氯离子不可避免时，应选用相应的耐氯化物应力腐蚀开裂的材料，并减少焊接应力和残余应力。

② 工艺冷凝液CO_2腐蚀　CO_2干气本身不具备腐蚀性，但CO_2易溶于水形成碳酸，碳酸是一种弱酸，但却具有腐蚀性。CO_2腐蚀最典型的特征就是呈现局部的点蚀，轮癣状腐蚀和台面状蚀坑。其中，后者的腐蚀速率可达20mm/a，极为严重。

CO_2腐蚀主要取决于温度、CO_2分压以及水的存在。在一定温度下，随着CO_2分压增加，溶液pH值下降，腐蚀速率增加；在CO_2蒸发点温度下，温度的升高，腐蚀速率增加。

变换装置的工艺冷凝液中溶解有一定量的CO_2，为防止腐蚀，输送这些工艺冷凝液的管道可考虑采用13Cr不锈钢或18Cr-18Ni及其以上的不锈钢，采用300系列奥氏体不锈钢时应防止氯化物应力腐蚀开裂和硫化物应力腐蚀开裂。

③ 硫化物应力腐蚀开裂　硫化物应力腐蚀开裂(SSC)的环境条件应是含有游离水(以液相存在)且具有如下条件之一者。

a. 游离水中溶解有>50mg/L的H_2S；

b. 游离水的pH值<4且存在有溶解的H_2S；

c. 游离水的pH值>7.6且游离水溶解有20mg/L氢氰酸(HCN)并存在有溶解的H_2S；

d. 工艺气体中H_2S的绝对分压>0.0003MPa。

变换装置中的一些操作过程会出现饱和蒸汽或开、停车状态下会产生冷凝的工艺管线，以及一些输送工艺冷凝液的管线，应考虑采用耐硫化物应力腐蚀开裂的材料。

④ 连多硫酸应力腐蚀开裂　停工期间变换管线内表面的硫化物腐蚀产物与空气和水反应生成连多硫酸($H_2S_xO_6$，$x=2\sim6$)，容易造成敏化后的300系列不锈钢产生开裂，这种应力腐蚀开裂易发生在高应力区域或焊接接头热影响区，裂纹一般沿着晶界扩展，开裂时间很短，一般在几分钟到几小时内迅速扩展。其开裂断口，在能谱分析中显示的S元素和O元素含量都较为丰富。

造成连多硫酸应力腐蚀开裂一般都与以下情况有一定关系：a. 工艺操作过程中装置多次开、停车，这是连多硫酸得以形成的基本条件；b. 管道内壁保护不善；c. 管道内存在焊接接头，焊接接头存在热影响区，容易造成不锈钢的敏化，且焊接接头一般都存在一定的残余应力。

连多硫酸应力腐蚀开裂的主要预防措施主要有：a. 停工过程中或停工后立即用碱液或苏打粉溶液冲洗设备，以中和连多硫酸，或在停工期间用干燥氮气吹扫管线，以防止空气接触；b. 选用不易敏化的材料，如稳定态的奥氏体不锈钢，但有时即便是稳定态的奥氏体不锈钢也存在二次敏化的可能，因此使用如304L这样的超低碳的奥氏体不锈钢最保险，双相不锈钢比较昂贵，对于较粗大的管线不够经济。

⑤ 低温 $H_2S-CO_2-H_2O$ 腐蚀　装置停车期间，水蒸气发生凝结，残留于变换管道的工艺气中的 CO_2 和 H_2S 等溶于水中，形成了 $H_2S-CO_2-H_2O$ 酸性腐蚀环境，该腐蚀环境对 300 系列不锈钢造成的影响是诱发其晶间腐蚀，但对碳钢和低合金钢具有较强的腐蚀作用。

(2) 换热器

变换工段里有大量的换热器，因其工艺流程位置不同，工艺气组分也不相同，水分摩尔比、硫化氢摩尔比也不相同。换热器的工作温度不会超过变换炉的出口温度，也就是 420~460℃，所以只要选择铬-钼钢，均不用考虑高温氢腐蚀的问题。但随着换热过程中，工艺气温度的逐渐下降，工艺水冷凝量的逐渐加大，工艺条件向着有利于湿硫化氢腐蚀的方向发展，硫化氢应力腐蚀开裂(SSC)的情况随流程逐渐加剧。另外，采用急冷流程或废锅流程的变换工艺冷凝液都可以循环利用，在此过程中，氯离子浓度是逐渐加大的。因此，为防止湿硫化氢、氯离子腐蚀，液相设备、管线需要考虑采用 316L、304L 或者双相钢。

按照不同的工艺位置，变换换热器的选材原则取舍如表 7-7-1 所示。在资金充裕的情况下，低碳不锈钢最佳，复合板次之，不锈钢堆焊最差。在选择堆焊设备或复合板设备的同时，要尽量避免异种钢焊接，工艺气侧、冷凝液侧力争采用法兰连接，杜绝因异种金属焊接产生焊缝晶间腐蚀等次生问题。

表 7-7-1　煤化工换热器选材

换热器变换气有无相变	工艺环境	考虑因素	选择材料
粗煤气或变换气无相变	气相环境	温度、氢分压	低碳钢或铬钼钢
有相变产生	液相设备	H_2S、Cl^-	304L、316L 或双相钢
	内部	FeS 保护膜	碳钢
	积液环境	H_2S、Cl^-	复合板，避免堆焊

蒸汽轮机凝汽器管束是一种将汽轮机排汽冷凝成水的换热器，其管程操作压力都不大，在 0.35MPa 左右，操作温度不过 32℃，介质为循环冷却水；壳程操作压力为 0.08MPa 的负压，操作温度为 60℃，介质为脱盐水。

如案例中说的那样，凝汽器管束易发生垢下氯离子点蚀，停工期间进行化学清洗去除垢层时，不应选用具有 F^-、Cl^- 等可能加剧点蚀倾向的卤素元素的清洗剂。

防止换热器发生点蚀或其他腐蚀的有效措施有：a. 采用抗腐蚀能力好的材质，从抗点蚀方面考虑，双相钢 2205 最佳，其次 317L(317)，然后 316L(316)，最后才是 304L(304)；b. 降低介质中的氯离子含量，同时采用水化学处理技术，控制水侧的污垢沉积，防止氯离子在垢下聚集和浓缩；c. 控制换热管内循环冷却水的流速，不宜过低，减少水中杂质沉淀结垢。

4 结论

目前市面上的煤气化工艺就有十几种，但主流工艺只有德士古和壳牌两种，这两种工艺也是相对成熟的工艺。之所以目前出现这么多失效事故，一个是煤种的问题，这极大地影响了粗合成气的组成以及工艺气中的 H_2S、CO_2和 NH_3的含量，也将极大地影响相关设备的腐蚀；第二个是工艺流程的选择，特别是变换装置的选择，对动静设备、管道选型还有设备选材，都应该根据不同温度区间、介质组分来选择最合适的设备类型和管道材质，才能实现投资和维护的最佳结合，才能实现动静设备的长周期稳定运行。

中国石化出版社设备类图书目录

书　　名	定价
石油化工设备维护检修规程	
第一册—通用设备	100
第二册—炼油设备	185
第三册—化工设备	95
第四册—化纤设备	300
第五册—化肥设备	110
第六册—电气设备	88
第七册—仪表	100
第八册—电站设备	90
第九册—供排水设备 空分设备	40
石油化工厂设备检修手册	
—基础数据(第二版)	120
—焊接(第二版)	80
—土建工程(第二版)	23
—防腐蚀工程	50
—泵(第二版)	58
—压缩机组	100
—加热炉	38
—换热器(第二版)	68
—容器	158
—工艺管道	158
—吊装工程	35
工业过程与设备丛书	
—分离过程与设备	50
—传热过程与设备	48
—设备检修与维护	48
—反应过程与设备	48
—输送过程与设备	48
—燃烧过程与设备	50
石油化工设备设计手册(上下册)	498
现代塔器技术(第二版)	190
管式加热炉(第二版)	100
炼油设备工程师手册(第二版)	180
换热器(第二版)(上下册)	398
空气冷却器	118
管壳式换热器	68
换热器技术及进展	48
冷换设备工艺计算手册(第二版)	60
工业汽轮机技术	98
工业锅炉技术	68
石油化工设备设计便查手册(第二版)	70
石油化工常用国内外金属材料手册	160
石油炼厂设备	80
炼油设备基础知识(第二版)	36
压力容器工程师设计指南	128
压力容器设计实用手册	268
压力容器焊接实用手册	178
实用压力容器知识	25
锅炉压力容器安全技术及应用	38
石化行业压力容器安全操作培训读本	32
设备管理新技术应用丛书	
—基于风险的检验(RBI)实施手册	15
—石化装置风险管理技术与应用	28
—全面规范化生产维护(TnPM)技术与应用	28
—企业设备综合管理	68
—企业设备管理创新	66

书　　名	定价
炼油工业技术知识丛书	
—炼油厂动设备	35
—炼油厂静设备	35
—电气设备	25
石油化工设施风险管理丛书	
—设备风险检测技术实施指南	25
—石化装置定量风险评估指南	20
—HAZOP 分析指南	15
—风险管理导论	20
石油化工设备维护检修技术(2011 版)	85
石油化工设备维护检修技术(2012 版)	88
石油化工设备维护检修技术(2013~2014 版)	128
石油化工设备维护检修技术(2015 版)	88
石油化工厂设备检查指南(第二版)	98
石油化工厂设备常见故障处理手册(第二版)	48
含缺陷承压设备安全分析技术	45
渗铝、共渗技术及钢材防腐蚀	68
炼油化工设备腐蚀与防护案例(第二版)	85
催化裂化装置设备维护检修案例	70
石油化工企业生产装置设备动力事故及故障案例分析	98
炼化装置设备前期技术管理与实践	30
机械设备故障诊断实用技术	48
机械设备故障诊断实用技术丛书	
—机械振动基础	30
—信号处理基础	30
—旋转机械故障诊断实用技术	40
—往复机械故障诊断及管道减振实用技术	40
—滑动轴承故障诊断实用技术	30
—滚动轴承故障诊断实用技术	32
—齿轮故障诊断实用技术	30
—转子动平衡实用技术	48
—电动机故障诊断实用技术	32
石化装备流体密封技术	38
机械密封技术及应用	60
焊接残余应力的产生与消除(第二版)	38
压力容器安全评定技术基础	25
压力容器目视检测技术基础	15
压力容器焊后热处理技术	22
自行式起重机吊装实用手册	30
设备检修安全	60
机泵维修钳工	68
热电联产锅炉机组设备及经济运行	55
石化设备与建(构)筑物隔震技术开发和应用	49
含油污水处理与设备	24
中国石化设备管理制度汇编—炼化销售分册	40
中国石化设备管理制度汇编—油田分册	55
石油化工设备技术问答丛书(已出 20 余种)	
【美】泵手册(第三版)	198
【美】压缩机手册	85
【美】工厂工程师手册	188
【英】管道风险管理手册(第二版)	60
【美】化工过程设备手册	65
【美】换热器设计手册	158
【美】配管数据手册	125
【美】阀门手册(第二版)	55
【美】压力容器设计手册(第三版)	100
【美】无损检测与评价手册	78
【美】管道手册(第七版)	280
【美】冲击与振动手册(第五版)	198